普通高等教育园林景观类"十二五"规划教材

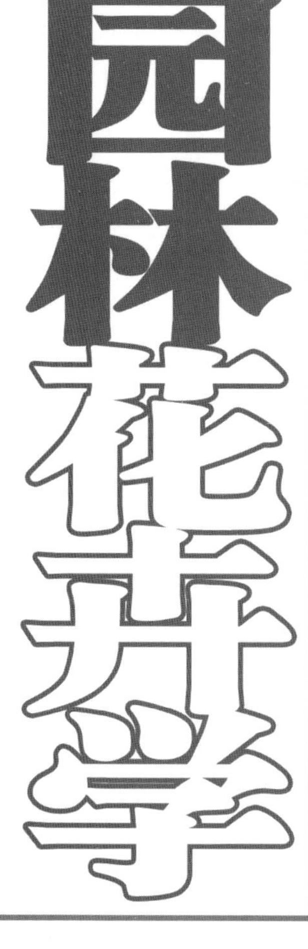

园林花卉学

主　编　刘会超　杨春雪

副主编　吴红芝　武荣花　王少平

中国水利水电出版社
www.waterpub.com.cn

内 容 提 要

本教材为普通高等教育园林景观类"十二五"规划教材之一，具有新颖、精简、图文并茂、便于学生学习等特点。

本教材包括14章内容，具体包括绪论，花卉的分类，花卉的生长发育与环境因子，花卉的繁殖，花卉的栽培管理，花卉的应用，一、二年生花卉，宿根花卉，球根花卉，水生花卉，室内观叶植物，兰科花卉，地被植物，仙人掌类与多浆植物，木本花卉。本教材在编写的过程中，力求求实、系统、全面。

本教材可以作为园林、园艺、林学、农学、城市规划、环境艺术等本科专业的教材或教学参考书使用，也可以作为花卉爱好者的休闲读物。

图书在版编目（CIP）数据

园林花卉学 / 刘会超，杨春雪主编. -- 北京 : 中国水利水电出版社，2014.2(2022.8重印)
普通高等教育园林景观类"十二五"规划教材
ISBN 978-7-5170-1754-7

Ⅰ. ①园… Ⅱ. ①刘… ②杨… Ⅲ. ①花卉一观赏园艺一高等学校一教材 Ⅳ. ①S68

中国版本图书馆CIP数据核字(2014)第030700号

书　　名	普通高等教育园林景观类"十二五"规划教材 **园林花卉学**
作　　者	主编　刘会超　杨春雪　副主编　吴红芝　武荣花　王少平
出版发行	中国水利水电出版社 （北京市海淀区玉渊潭南路1号D座　100038） 网址：www.waterpub.com.cn E-mail：sales@mwr.gov.cn 电话：（010）68545888（营销中心）
经　　售	北京科水图书销售有限公司 电话：（010）68545874、63202643 全国各地新华书店和相关出版物销售网点
排　　版	中国水利水电出版社微机排版中心
印　　刷	清淞永业（天津）印刷有限公司
规　　格	210mm×285mm　16开本　21.75印张　682千字
版　　次	2014年2月第1版　2022年8月第3次印刷
印　　数	5001—6000册
定　　价	59.00元

本书编委会

主　编　刘会超（河南科技学院）

杨春雪（东北林业大学）

副主编　吴红芝（云南农业大学）

武荣花（河南农业大学）

王少平（河南科技学院）

参　编　年玉欣（沈阳农业大学）

贾文庆（河南科技学院）

刘　磊（信阳农林学院）

孙陶泽（长江大学）

前言 Preface

随着社会经济发展，人民生活水平的逐步提高，花卉已走进千家万户，融入我们的生活。人们对花卉的鉴赏水平及对花卉栽培知识的需求越来越高。全国高等院校除了农林院校的园林、园艺专业开设花卉学课程外，很多学校在城乡规划、环境设计等专业也相继开设花卉学课程，这对于学生专业素养的提高，以及人文素养的培养具有重要作用。

近十年来，随着花卉的产业化程度越来越高，花卉新品种、新技术及新的应用方式越来越多，比如工厂化育苗技术已经逐渐替代了传统的育苗方式，园林应用的概念及形式不断扩展。作为花卉工作者和教育工作者，有责任把这些新变化作出系统总结和凝练，形成文字，组织成教材，但是近年公开出版的花卉学书籍很少，一些教材的知识结构及教材体系需要进一步完善与提高。基于此，2012 年 8 月，由中国水利水电出版社发起，邀请来自全国 6 所大学的 9 名一线教师，先后召开了编写大纲、书稿研读与审稿交流等三次会议，花费近一年时间编辑成书，以期给读者带来新的喜悦。

本教材具有以下特点。

（1）新颖。编者紧密结合近十年花卉产业的新技术、新品种及新应用方式进行编写，如在地被植物中新增观赏草等一些花卉种类；在花卉的应用中对屋顶花园、立体花坛等新的园林应用方式进行介绍；结合分子生物学的新理论，重点介绍一些关键基因对花卉发育进程的调控机理等。

（2）精简。花卉学涉及的植物种类很多，栽培技术也很复杂，内容庞杂，之前使用的花卉学书籍大多字数在 80 万字左右，随着信息化时代的到来，我们认为学生可以在网上找到很多资源，纸质图书资料应该精炼，突出重点，因此本教材控制在 68 万字，比之前出版的花卉学书籍在篇幅上有所减少。

（3）图文并茂。由于受到成本的限制，很多花卉学图书没有或很少插图。插图既能够给读者带来美的享受，又能方便读者学习，因此本教材精选了大量图片，以满足读者直观、易懂的学习要求。

（4）便于学生学习。每章都附有思考题，便于读者有重点地对该章内容进行学习和思考，更重要的是每一章后都附有信息链接，为读者提供网络资源，拓宽视野。

本教材可以作为园林、园艺、林学、农学、城市规划、环境艺术等本科专业的教材或教学参考书使用，也可以作为农村及花卉爱好者的休闲读物。学时分配建议，总学时为 80 学时，其中理论讲授 50 学时，实验实习等实践环节 30 学时。不同专业和层次的教学，可酌情选择内容。

本教材在编写过程中，参考了大量相关资料和研究成果，在每章后的参考文献中都一一列出，在此对被引用资料的作者表示衷心的感谢。

在本教材编写的过程中，编者力求求实、系统、全面，但还有可能存在疏漏和错误之处，欢迎读者提出宝贵意见，以便再版时修正、更新和提高。

最后对中国水利水电出版社的大力支持表示衷心感谢。

编者

2013 年 8 月

目录
Contents

0 绪　　论

花卉是美的象征，也是社会文明进步的标志。随着中国经济社会发展和人民生活水平的逐步提高，花卉在改善和美化环境、建设美丽中国的事业中发挥越来越重要的作用。花卉不再只是富裕阶层人士的消费商品，而是已经走入寻常百姓家，种花、赏花已经逐渐成为时尚，并且随着农业结构调整，在中国很多地区花卉已成为具有较高附加值和经济效益的产业。

0.1 花卉与花卉学的定义及范畴

“花卉”是由“花”和“卉”两个字组成。“花”是指种子植物的繁殖器官，后来引申为开花植物的代称；“卉”是指草的总称。“花卉”二字联用，在《梁书・何点传》（589—636）中有“园内有卞忠贞冢，点植花卉于冢侧”的记述。但在此后的中国古文献中，“花卉”二字联用较少。日本现代园艺著作中，多引用中国有关典籍参考，如在 1689 年日本出版的《花谱》中，首次出现“花卉”一词。20 世纪 30 年代，日本“花卉园艺学”一词传入中国，后逐渐被中国的园艺工作者所普遍接受和广泛使用。

狭义的花卉概念是指有观赏价值的草本植物。随着社会进步及科学技术发展，花卉的概念在不断地延伸扩大，广义的花卉概念是指所有具有观赏价值的植物，即除了有观赏价值的草本植物外，还包括木本花卉和观赏草类，即观花、观果、观叶和其他具有观赏价值的植物。

在园林行业和教学科研中还应用园林植物的概念，是指适用于环境绿化、美化的观赏植物，既包括乔灌木、观赏竹和观赏针叶树等木本及其他草本花卉，也包括一些野生花卉。

花卉学是以花卉为主要研究对象，研究它们的分类、品种、观赏特性、生长发育规律及其与外界环境条件的关系，探讨花卉的繁殖、栽培、应用、储藏保鲜等方面的理论和技术的一门科学。花卉学是一门综合性很强的科学，它的理论体系建立在植物分类学、植物生理生化学、遗传学、细胞学、植物病理学、植物昆虫学、土壤肥料学、储藏运销学、环境学、生态学以及美学等科学的基础上。

0.2 花卉的作用与地位

0.2.1 花卉是城乡绿化的重要材料

花卉种类繁多，用途广泛。在园林绿化中是绿化、美化、彩化、香化的重要材料，同时花卉也是人工植物群落的构成成分之一。

花卉既可以地栽，也可以盆栽。地栽花卉用来布置花坛、花境、花带等。丛植或孤植来强调出入口和广场的构图中心，点缀建筑物、道路两旁、拐角和林缘，在烘托气氛、丰富景观方面有它独特的效果。盆栽花卉用来装饰厅堂、布置会场、点缀房间等。花卉能给人们创造一个幽美、清新、舒适的工作、生活和休息的环境，给人以美的享受，陶冶人的情操，增进人的身心健康。

花卉还多应用于各种重大节日、各类展览会和各种会议的装饰和布置，用以增添欢快和喜庆的气氛。如“五一”、“十一”、元旦、春节等节假日，在街头巷尾用花卉点缀，可以增加节日的气氛。近年来以花卉为主要素材的世界园艺博览会和中国花卉博览会的举办，对于提高举办城市的形象、带动旅游、花卉文化知识普及具有重要作用。

0.2.2 有助于改善居住环境

花卉对净化空气有独特的作用，它能吸滞烟灰和粉尘，能吸收有害气体，吸收二氧化碳并放出氧气，比如草坪植物吸收空气中的烟尘，铺设草坪比不铺草坪的足球场灰尘减少 2/3 ~ 5/6。有些花卉吸收空气中的 SO_2、HF、Cl_2、甲醛等有害气体，据报道，一盆吊兰在 8 ~ 10m^2 的房间内就相当于一个空气净化器，它可在 24h 内，吸收掉 86%的甲醛。空气中散布着各种细菌，又以城市公共场所含菌量为最高，种植花卉一方面可以使绿化地区空气中的灰尘减少，从而减少细菌，另一方面一些花卉本身具有杀菌作用，可以减少细菌对人体的危害。种植花卉可以调节小气候，增加环境空气湿度，夏季还可以降低温度。噪声是现代城市中的一大公害，种植花卉能够吸收部分环境噪音，起到减弱噪音的作用。

0.2.3 有助于人们修身养性，增进友谊与感情

现代社会工作节奏加快，容易使人身心疲惫。种花、养花成为现代人们休闲养性、舒展身心的重要方式。业余时间培育花卉可以陶冶性情、培养高尚情操，丰富业余文化生活，有利于人们的身心健康。20 世纪 90 年代以来，在欧美国家逐渐实施以花卉为主要题材的园艺疗法（Horticulture Therapy），通过植物栽培和园艺操作活动，诸如维护管理植物，接触自然环境而缓解压力与复健心灵，目前园艺疗法在一些发达国家已成为一种重要医疗手段，有助于手术后恢复、治疗慢性病和心理疾病。另外用花卉进行家庭居室绿化装饰，使人们足不出户，也可领略自然风光。

在日常生活中，花卉可以作为相互交往的礼品，作为传送友情的纽带，发挥着联络感情、增进友谊、促进交流的作用。

0.2.4 创造巨大经济效益，促进社会经济发展

中国民间素有“种粮不如种菜，种菜不如种花”、“一亩花十亩粮”的说法，从事花卉栽培和经营，可以给生产者和经营者带来巨大的经济效益。20 世纪 80 年代以来，中国花卉事业飞速发展，成为“朝阳”产业。1992 年中国花卉产值为 12 亿元，2001 年为 215.8 亿元，2010 年花卉产值达到 861.9 亿元，花卉产业在近 20 年间呈几何级数增长。国际上一些花卉生产大国，如荷兰，花卉产业属于支柱性产业，在本国的经济中占有举足轻重的地位，近些年来荷兰每年花卉出口占国际花卉市场的 40% ~ 50%，鲜切花、花卉球茎、观赏树木和植物的年出口总值达 60 亿美元，其中鲜切花为 35 亿美元。

花卉还是风景区和旅游区的重要旅游资源，能够带动旅游业及相关产业的发展。如荷兰的库肯霍夫公园（Keukenhof park），种植郁金香、百合、风信子等主要球根花卉，1949 年开始举办花展，在过去的 60 年内接待全世界各地游客超过 4400 万人，给荷兰带来巨大的旅游收益。

花卉产业是一个高技术附加及劳动密集型产业，随着花卉产业迅速发展，专业化程度越来越高，从而带动相关产业的发展。据统计，1 元的花卉产值可以带动 6 元相关产业的产值，比如能够带动诸如保护地设施（温室、大棚）、栽培容器生产（穴盘、花盆）、栽培材料（基质、营养液、农药、化肥）以及就业（劳动力市场）。

0.2.5 花卉还是重要的经济植物

很多花卉不但可观赏同时还是药用植物、香料植物或其他经济植物。牡丹、芍药、桔梗、麦冬、鸡冠、凤仙、百合、贝母及石斛为重要的药用植物；晚香玉、香堇、玫瑰、小苍兰、薰衣草、栀子、桂花等为重要的香料植物；月季、茉莉、菊花等花瓣可以做茶叶；荷花、百合、菊花可直接食用或加工成高级食品和菜肴；玫瑰、腊梅等可提取香精，其中玫瑰花中提取的玫瑰油，在国际市场上被誉为“液体黄金”；万寿菊、玫瑰还可以提取天然色素等。

0.3 花卉栽培历史与现状

0.3.1 中国花卉栽培的历史

中国早在汉字出现以前就开始了花卉的栽培及利用。在新石器时代的陶器造型上，就有对果形、叶形美的反映；在仰韶文化的彩陶中，还见有五出花被片和四出花被片的花朵纹样。在公元前 11 世纪的商代，甲骨文中已有“园、圃、枝、树、花、果、草”等字。秦汉年间，栽植的名花异草进一步增多，据《西京杂记》所载，当时收集的果树、花卉已达 2000 余种，其中梅花即有候梅、朱梅、紫花梅、同心梅、胭脂梅等很多品种，说明当时人们已开始欣赏、应用花和果了。西晋的《南方草木状》记载了各种奇花异木的产地、形态、花期，如茉莉、睡莲、菖蒲、扶桑、紫荆等。并且已开始栽培菊花和芍药。至唐、宋两代，花卉的种类和栽培技术均有较大发展，有关花卉方面的专著不断出现。唐朝是中国封建社会的鼎盛时代，花卉的种类和园艺技术发展迅速。如唐朝王芳庆著《园林草木疏》、李德裕著《平泉山居竹木记》，宋朝范成大著《范村梅谱》、王观著《芍药谱》、王贵学著《兰谱》、欧阳修著《洛阳牡丹记》、刘蒙著《菊谱》等。其中，《兰谱》不仅记载了兰花品种分类，还讲到兰花的繁殖栽培方法。《菊谱》对加强菊花栽培管理以改进品种，使小花变大花，单瓣花变为重瓣花均有详细记载。从以上记载可以看出，在中国古代利用人工选择和栽培技术来改良花卉品质的方法已被人们所重视。北宋范仲淹诗云：“绿树碧帘相掩映，何人知道外边寒？”说明冬天大臣的居室中，已有花卉布置装饰了。

元朝为文化的低落时期，花卉栽培也处于低潮。明朝花卉栽培又日趋兴盛，不仅有大量花卉专类书籍出现，而且出现了一些综合性著作，如王象晋著《群芳谱》、宋诩著《花谱》、程羽文著《花小品》《花历》等，并对插花艺术进行了研究。袁宏道著《瓶史》是中国第一部论述插花的专著。在栽培技术方面，《群芳谱》中记载了一些花卉嫁接方法，可以看出嫁接技术得到了广泛应用。

清初，花卉栽培亦盛，专谱、专籍颇多。其中著名的有陆廷灿著《艺菊志》、李奎著《菊谱》、赵学敏著《凤仙谱》等书籍，说明对花卉栽培技术和品种分类更加专业、详细。清朝末期，尤其是鸦片战争以后，由于遭受帝国主义侵略，大量的名花品种资源被掠夺。这一时期广大人民生活困难，民不聊生，花卉事业日渐衰退。同时国外的一些草花及温室花卉也开始进入中国，中国的花卉资源也得到了不断丰富。

新中国成立以后，花卉事业受到了越来越多的重视，尤其是改革开放之后花卉产业发展迅速，花事活动也十分活跃。1984 年 11 月“中国花卉协会”成立，对于中国花卉产业的发展起着重要的指导作用。1986 年，天津《大众花卉》编辑部发起评选中国十大名花活动，按得票多少评出牡丹、月季、梅花、菊花、杜鹃、兰花、山茶、荷花、桂花、君子兰为十大名花。1987 年，举办了第一届中国花卉博览会。1999 年，在昆明举办了世界园艺博览会，获得国内外有关学者及专家的高度赞誉。自此各地纷纷成立花卉产业协会，积极组织、引导花卉产业的生产栽培，由露地栽培逐步转入设施栽培；由传统的保护地栽培转入现代化设施栽培；由传统一般盆花栽培转入高档盆花栽培；由国内市场转入国内、国际市场并举。在野生花卉资源的开发利用，新品种选育与引进，商品化栽培技术研究，现代温室改进与应用，花卉的无土栽培、化学控制、生物技术、工厂化育苗技术等方面均取得了可喜的进展。

0.3.2 中国花卉生产现状与存在问题

1. 生产现状

花卉业作为高效农业的组成部分，改革开放以来得到了快速发展，目前中国的花卉产业基本实现了现代化，成为世界花卉生产大国。据农业部发布的数据，2012 年全国花卉生产面积为 112 万 hm^2，其中，切花切叶种植面积 5.9 万 hm^2；盆栽植物面积 9.9 万 hm^2；观赏苗木类 63.8 万 hm^2，全国花卉销售额为 1207.7 亿元，出口创汇

5.3 亿美元。

2012 年，全国花卉市场 3276 个，花卉企业 68878 个，种植面积在 $3hm^2$ 以上或年营业额在 500 万元以上的大中型企业 14189 个，从业人员 49.3 万余人，其中专业技术人员 24 万余人。

江苏、河南、浙江、四川、湖南、山东、云南等省是花卉苗木种植大省，其中江苏省和河南省的种植面积超过 10 万 hm^2。2012 年全国花卉销售额前三名的是江苏省、浙江省、广东省，分别为 147.0 亿、135.1 亿和 132.9 亿元。广东省观赏苗木、盆栽花卉和鲜切花类产品齐头并进，这三大产品的销售额占全省总销售额的 95.8%，而江苏省则主要为观赏苗木，其销售额占全省销售额的 75.2%。云南、福建、广东、上海、北京、天津、浙江等省（自治区、直辖市）不仅是中国的花卉主产地，也是中国花卉的主销地和花卉出口强省（自治区、直辖市），这几个省（自治区、直辖市）巨大的消费能力和出口能力也拉升了花卉产品的价格。2012 年云南省花卉出口额高达 1.96 亿美元，占全国花卉总出口额的 36.8%，稳居中国花卉出口额第一宝座。

辽宁、云南、广东、湖北、四川、浙江等省是中国的鲜切花类产品生产大省。2012 年鲜切花种植面积前 5 位的依次是云南省、湖北省、广东省、辽宁省和四川省；鲜切叶种植面积前 5 位的是湖北省、浙江省、海南省、广东省、四川省；鲜切枝种植面积前 5 位的是广东省、四川省、海南省、湖北省、陕西省。尽管云南省、广东省、海南省、辽宁省、浙江省传统鲜切花类产品生产大省在鲜切花、鲜切叶、鲜切枝 3 个分项中排名有所变化，但总体来看，鲜切花生产布局并没有大的调整，尤其是云南省，其鲜切花销售量已占全国鲜切花总销量的 39.2%。而广东省既有气候优势，又有产业基础，因此鲜切花、鲜切叶和鲜切枝均衡发展。

2012 年，全国盆栽花卉（含盆栽植物、盆景、花坛植物）种植面积 9.9 万 hm^2，有 9 个省的种植面积超过 $4000hm^2$，分别为广东省、四川省、江苏省、陕西省、福建省、河南省、湖南省、云南省和辽宁省。广东省不愧为盆花和室内观叶植物生产大省，其盆栽植物种植面积高达 1.7 万 hm^2，比位列第二的四川省几乎高出一倍。盆景生产面积上千公顷以上的有 6 个省，依次是广东省、福建省、四川省、浙江省、湖南省、陕西省。

观赏苗木种植区域非常广泛，全国各地均有栽培。2012 年全国观赏苗木种植面积 63.8 万 hm^2，其中种植面积上万公顷的省分别是江苏省、浙江省、河南省、山东省、广东省、四川省、安徽省、湖南省、福建省、江西省、河北省、湖北省、陕西省、吉林省、辽宁省和重庆市，它们的苗木总种植面积占全国的 93.6%。

2. 发展花卉业的优势

（1）种质资源丰富。中国花卉种质资源十分丰富，既有热带、亚热带、温带、寒温带花卉，又有高山花卉、岩生花卉、沼泽花卉、水生花卉等，是世界上花卉种类和资源最丰富的国家之一，素有“世界园林之母”的美称。据报道，原产中国的观赏植物达 113 科、523 属、1 万 ~ 2 万种。中国也是野生植物种质资源最丰富的国家之一，约占世界高等植物的 1/9。谁占有花卉资源，谁就占有花卉产业的未来。得天独厚的资源优势，为中国花卉业雄居于世界花卉园艺之林，奠定了雄厚的物质基础。

经过历代的栽培选育，中国的花卉资源产生了丰富多彩的园艺变种和品种。例如，杜鹃花全世界约有 900 多种，原产中国的约有 600 种，除新疆、宁夏等省（自治区）外，各省均有分布，而以西南山区最为集中。报春花全世界约有 500 种，原产中国的有 390 多种，是世界著名的草花。百合花全世界约有 100 多种，原产中国的有 60 多种，如兰州百合、崂山百合、台湾百合、通江百合、南京百合、鹿子百合、王百合、黄土高原的山丹丹、长白山麓的大花卷丹等，都有很高的观赏、食用和药用价值。龙胆全世界约有 400 多种，原产中国的约 230 多种，它是“高山花坛”的重要成员，是温带城市园林布置的极好材料。蔷薇全世界有 150 多种，原产中国的约 100 多种，主要分布于北部各省（自治区、直辖市）。至于其他可供观赏的各种草花，可供垂直绿化的藤蔓植物，可观果、观叶的植物等更是不胜枚举。

（2）生态类型多样。中国幅员辽阔，地跨热带、亚热带、温带等多个气候带，具有得天独厚的气候资源优势，加上地形、海拔、降水、光照等的不同和变化，形成多种生态类型和气候类型，适合多种花卉生长。花卉种类繁多，使得中国很多地区都能找到适合某种花卉生产的最佳区域，以较小的投入获得较大的收益。如中国云南省昆明市四季如春，这种气候条件为月季、百合等花卉生产提供了最佳生长环境，降低了生产成本，为中国花卉生产发展奠定了很好的基础。

（3）劳动力资源比较丰沛。中国人口众多，劳动力资源丰富。花卉是鲜活产品，属劳动密集型产业。与发达国家相比，中国劳动力成本相对较低，因此，在产业竞争中具有相对的比较优势。现在世界上经济发达国家和地区由于劳动力少，工人工资高，花卉生产成本高。比如荷兰、意大利等国家劳动力的个人月平均工资至少 2000 美元，而中国随着人口的增加和农业现代科学技术的应用，剩余劳动力越来越多，价格较为低廉。比如作为中国鲜切花重点产区的云南省，每个劳动力平均月工资不足 200 美元，廉价的劳动力大大降低了花卉生产成本。

（4）花卉消费市场巨大。中国有 13 亿多人口，这是一个十分巨大的花卉消费市场，而且丰厚的花文化基础更是中国花卉消费的一大优势。改革开放以来，中国经济得到了长足发展，国内生产总值已跃居世界第二位，人均国内生产总值已突破 3000 美元大关。经济的发展促使精神文明的发展，花卉是重要的精神文明载体，在美化环境、陶冶情操等方面具有不可替代的作用，因此花卉市场的潜力巨大，中国花卉业前景广阔。

3. 存在的问题

（1）新品种开发和保护工作力度不够，具有自主知识产权的花卉新品种少。新品种、新技术是花卉产业发展的动力，新的科研成果能否迅速转化为生产力直接影响着花卉产业的发展。花卉新品种开发落后和保护引进不力，已成为中国花卉产业发展中的瓶颈。中国花卉行业对植物资源系统研究与应用不够，大量引进国外品种，忽略国内资源的开发利用。据估计，中国花卉市场上草花种子的 80% 是从国外进口的。中国的花卉新品种选育与花卉产业发展极不相配，严重缺乏拥有自主知识产权、具有较强市场竞争力的花卉新特优品种，这已成为制约中国花卉产业发展，参与国际市场竞争的突出问题。

新品种的保护是花卉产业可持续发展的内在动力。重视新品种的保护：①能吸引国外新品种尽快进入中国，提升国内花卉产业水平，增强国际竞争力；②促进培育有自主知识产权的品种，以加快进入花卉生产强国的行列。近几年来，世界花卉贸易中知识产权保护越来越严格。从 2005 年开始，世界花卉行业要求出口花卉必须持有知识产权证，否则无法出口。在缺乏自主知识产权的新优产品的情况下，要想扩大出口，就必须按照国际规则，通过支付品种权费，来取得国际市场份额。据报道，情人节最受欢迎的月季切花“泰坦尼克”，中国每种植一棵，都要向荷兰莫尔海姆公司交纳 8.5 元的新品种保护费，如果不交纳品种保护费就不可能走出国门。

（2）花卉质量普遍较低，生产条件和技术落后。

1）花卉生产方面。花卉设施生产面积所占比重过小，花卉生产主要靠露地生产、靠天吃饭，耕作方式落后，淡季很难生产出高品质的花，花卉质量得不到保证，2012 年中国花卉保护地栽培面积达 93272.3 万 m^2，占总种植面积的 11.2%，而花卉业发达国家如荷兰花卉温室生产面积约占花卉生产总面积的 60% 左右，韩国占 57%。由于中国贯彻推广花卉标准化生产的工作严重滞后，栽培管理水平低，造成花卉产品质量不稳定，甚至低劣。农业部花卉产品质量监督检验测试中心（上海）于 2002 年的“五一”“十一”节假日和 2003 年的春节期间，抽检了上海市及其他省 126 个生产单位的包括鲜切花、盆栽植物（包括观叶植物、盆花）、种苗 3 大类 56 个品种共 308 个样品，结果显示，三次抽检鲜切花 135 个样品，一、二级品仅占 13.7%，三级品占 40.7%，而不合格品高达 45.9%。抽检的 10 个种子种苗样品，则全部为不合格品。产品质量差，档次低是生产效益低的主要因素之一。国际市场对于花卉品质要求极为严格，比如，许多国家进口花卉和苗木要求株高、干径都要统一。另外，很多国家为了防止植物危险性有害生物随进境栽培介质传入，进口花卉要求不带土，但中国目前栽培介质发展水平还不高，这样就造成许多产品被挡在了国际市场的大门之外。

2）花卉流通方面。花卉流通需要有完整的冷链保障体系。从中国花卉流通的整个环节来看，由于缺乏采收、预冷、分级、捆扎、包装、保鲜、运输、配送、销售等产后处理技术，几乎都程度不同地存在冷链环节中断情况，花卉保鲜技术落后致使鲜花售前保鲜期大大缩短，对到达目标市场后的品质造成了极大影响。尤其在鲜切花出口中，该问题表现得更为突出。以出口日本为例，从哥伦比亚到日本的康乃馨，海运所需时间是上海市到日本的 7 倍，但哥伦比亚的康乃馨比上海货新鲜得多，价格也要高出 3 倍之多。也正是由于上述原因，导致国内花卉出口商在向远距离国家（美国、荷兰等）出口鲜切花、切叶时，会放弃成本优势，更多地选择运费较高的航空，而放弃海运运输方式。同时这也是为什么中国鲜切花出口市场过于集中在周边国家（日本、韩国等）的原因所在。

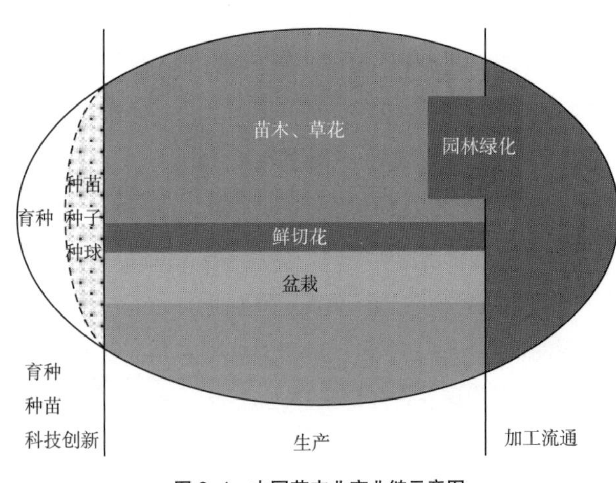

图 0–1　中国花卉业产业链示意图

（3）产业结构不合理，产业化程度低。从产业结构上看，如果将中国花卉企业分布到产业链上形成一个图形，大致就是一个“鸡蛋”（见图 0–1）。

图 0–1 从左到右代表花卉产业链的育种种苗、生产以及流通几个主要环节，特点大致是“两头小，中间大”，大部分企业从事生产，从面积上看，中国是名副其实的花卉生产大国。图中育种的部分没有上颜色，那是因为目前育种能力比较低，花卉生产所需的品种、种子、种球、种苗（星点部分）主要依赖国外直接进口或者进口扩繁。花卉企业的大部分分布在“鸡蛋”的中间——生产上，大中型企业在园林、苗木、切花、盆栽生产上都有分布，而中小企业和花农主要集中在苗木、草花生产，其次是鲜切花，从事盆栽植物生产的花农不多，可能是因为盆栽的设施和技术水平门槛较高的缘故。“鸡蛋”的尾部，也就是中国的花卉流通，也是一个产业瓶颈，不仅企业（含个体户）数量偏少，这些企业力量也有限，不能为庞大的生产提供足够的流通支持。

从产业化程度上看，在国际上尚无有影响的大型花卉企业，在国内知名度高的花卉企业很少，多是中小企业，或小农经营。中国花卉企业呈现“多、散、小、差”，从事花卉生产的企业多、规模小，花农种植分散，管理粗放，规模化、专业化、组织化程度较差。中国花卉企业基本上是在农户及国有苗圃生产基础上发展起来的，过去农林生产中的小农经济、分散经营的主体格局仍然存在，难以吸收新技术，例如中国花卉企业多采用常规的播种、扦插、嫁接等繁殖方法，繁殖方式落后，繁殖系数小，受生产季节的影响较大，生产成本较高，无法形成批量生产和规模效益。

（4）科研基础薄弱，技术力量分散。目前，中国花卉科研力量分散，研究资金少，研究人员也较少，多集中于高等院校和科研院所，高等院校和科研机构多以研究为主，与实际生产应用还有一定的距离，同行之间缺乏交流与合作，研究范围小而全，缺少专业化的系统研究，科研成果转化率低、速度慢，低水平重复研究现象也很严重，如组培快繁及重复引种等，大部分切花品种靠引进，栽培技术不配套，没有突破性品种，技术含量、商品性好的科技成果较少，一些科学研究项目脱离产业需求。

0.3.3　国外花卉栽培历史

据考证，约在 3500 多年前，古埃及帝国就已经在容器中种植植物了。在金字塔里发现了茉莉的种子和叶子。埃及、叙利亚等国在 3000 多年前已开始种植蔷薇和铃兰，并在宅园、神庙和墓园的水池中栽种睡莲等水生花卉。在古埃及，宅园中除了规则式种植埃及榕、棕榈、柏树、葡萄、石榴、蔷薇等树木外，还有装饰性的花池和草地以及种植钵的应用。以夹竹桃、桃金娘等灌木篱围成规则形植坛，其内种植虞美人、牵牛、黄雏菊、矢车菊、银莲花等草本花卉和月季、茉莉等木本花卉，也用盆栽罂粟布置花园。早期花园中草花种类较少，种植量也小。公元前 2500 年的埃及法老（国王）贝尼哈桑墓壁上的瓶插睡莲图案，以及公元前 2400—公元前 1800 年随葬品五口插花容器、工艺美术作坊，这些发现都是人类生活中最早的有关插花的最可靠的文物佐证。古埃及人视睡莲花（印度蓝睡莲）为祭祀司育女神的圣花，是神圣幸福的象征，因此，常把它作为宫廷中的雅卉，插入器皿中，装饰餐桌或作为馈赠礼品，也常用作丧葬品。

古巴比伦（公元前1900—公元前331年）虽然有茂盛的天然森林，但人们仍然崇敬树木，在园林中人工规则栽植香木、意大利柏木、石榴、葡萄等树木，在神庙中营造树林。建于公元前6世纪的“空中花园”，曾经是古巴比伦的重要建筑，据说采用立体造园手法，在高达20多米的平台上，栽植各类树木和花卉，远看犹如花园悬于空中。人们在屋顶平台上铺设泥土，种植树木、草花、蔓生和悬垂植物，也使用石质容器种植植物。这种类似屋顶花园的植物栽培，从侧面反映了当时观赏园艺发展到了相当高的水平。

古希腊（公元前2000—公元前300年）是欧洲文明的摇篮。园林中栽植的植物种类和形式对以后欧洲各国园林植物栽培应用都有影响。考古发掘的公元前5世纪的铜壶上有祭祀阿冬尼斯时，祭祀场所布置的各种种植钵栽植的图案。在阿冬尼斯花园中，其雕像周围四季都有花坛环绕。在神庙外种植树木——圣林，在竞技场中布置林荫路。据记载，园林中种植油橄榄、无花果、石榴等果树，还有月桂、桃金娘等植物，更重视植物的实用性，使用绿篱组织空间。到公元前5世纪后，随国力增强，除蔷薇外，草本花卉也开始盛行，如三色堇、荷兰芹、罂粟、番红花、风信子、百合等，同时，芳香植物也受到喜爱。以后，植物栽培技术进步，亚里士多德的著作中记载用芽接繁殖蔷薇。提奥弗拉斯特《植物研究》中记载了500种植物，还记载了蔷薇栽培方法，培育重瓣品种。也开始重视植物的观赏性，除了柏树、榆树、柳树等树木外，也栽培夹竹桃等花木。文人园中有树木花草布置，创造良好的景观。园林中常见的栽培植物有桃金娘、山茶、百合、紫罗兰、三色堇、石竹、勿忘我、罂粟、风信子、飞燕草、芍药、鸢尾、金鱼草、水仙、向日葵等。根据雅典政治家Simon的建议，在雅典大街上种植悬铃木作行道树，这是欧洲最早关于行道树的记载。社会生活中，人们用蔷薇欢迎凯旋的英雄，或作为送给未婚妻的礼物；或用来装饰庙宇殿堂、雕像或作供奉神灵的祭品。壁画中有结婚时使用插花装饰和花环的画面。

在古罗马早期（公元前753—前405年）的宫廷花园中有百合、蔷薇、罂粟等花卉组成的种植坛，但主要是实用栽培。在公元前190年，古罗马征服被叙利亚占领的希腊后，接受了希腊文化，园林得到发展，观赏园艺也逐渐发展到很高的水平。在古罗马有历史记载以来，1～4英亩的世袭地产称花园而不是农场。大量资金投资在乡间的花园或农场、庄园中。花园多为规则式布置，有精心管理的草坪，在矮灌木篱围成的几何形花坛内栽种番红花、晚香玉、三色堇、翠菊、紫罗兰、郁金香、风信子。但是当时主要是供采摘花朵制成花环或花冠，用于装饰宴会的餐桌或墙面，或作为馈赠的礼物。这一时期，植物修剪技术发展到较高水平，园林中使用植物造型，用绿篱建造迷宫园（Labyrinth）。庄园中常有田园部分，种植水果及百合、月季、紫罗兰、三色堇、罂粟、鸢尾、金鱼草、万寿菊、翠菊等花卉。木本植物种在陶质或石质的容器中装点庭院。还有蔷薇、杜鹃、鸢尾、牡丹等植物专类园。园林中栽种乔灌木，如悬铃木、山毛榉、梧桐、瑞香、月桂、槭树等。有应用芽接、劈接技术的记载。还有在冬季使用云母片作窗的暖房中栽培花卉的记载。罗马城内还建立了蔷薇交易所，每年从亚历山大城运来大量蔷薇。

罗马衰亡后的中世纪（公元5～15世纪）西欧花卉栽培最初注重实用性，以后才注意观赏性。修道院中栽培的花卉主要是药用和食用，由于教堂的行医活动，药用植物研究较多，种类收集广泛，形成最早的植物园，但形式很简单；有少量鲜花用于装饰教堂和祭坛。还有果园、菜园、灌木、草地的布置。城堡庭院的花园中有天然草地，草地上散生着雏菊，由修剪的矮篱围成，内部用彩色碎石或沙土等装饰成开放式花园（open knot garden），或栽种各种色彩艳丽草花的封闭式花园（closed knot garden），最初主要采收花朵，种植密度低，以后密度提高，注意整体装饰效果。花坛形状也从简单的矩形到多种形状，从高床到平床，设在墙边或街头。园林中常见栽培的有鸢尾、百合、月季、梨、月桂、核桃及芳香植物。十字军东征时又从地中海东部收集了很多观赏植物，特别是球根花卉，丰富了花卉种类。

文艺复兴时期（15～17世纪），花卉栽培在意大利、荷兰、英国兴起，成为很多人的业余爱好，花园中的花卉常被切取后装饰室内。文艺复兴初期，意大利出现了许多用于科学研究的植物园，研究药用植物，同时引种外来植物，丰富了园林植物种类，促进了园林事业的发展。以后，园林中植物应用形式多样化，大量使用绿篱、树墙，花坛轮廓为曲线。意大利台地园中的植物不遮挡视线，为满足夏天避暑需要，色彩淡雅，因此草花用量少，主要使用常绿植物，使用绿丛植坛、迷宫园、修剪的植物雕塑和配有温室的盆栽柑橘园。这一时期法国园林中草本花卉的使用量很大，花坛成为花园中重要的元素，成片布置在草坪上。出现了模仿服饰上的刺绣纹样为花坛图案的刺绣花坛。还有盛花花坛、绿篱、编枝修剪植物的应用。花坛的使用在 17 世纪凡尔赛宫达到最盛，大量使用蔷薇、石竹、郁金香、风信子、水仙等花卉作为装饰。

文艺复兴时期，在园林中大量使用色彩鲜艳明快的草花，形成绚丽的景观。也有大量的花卉书籍出版，1597 年出版了《花园的草花》，1629 年出版了《世俗乐园》。荷兰以喜爱花草而闻名，但早期花园主要是菜园和美丽的草药园。以后使用色彩艳丽的花卉弥补景色的单调，有了多种多样的花坛。在法国刺绣花坛的影响下，改用图案简单的方格花坛，种满鲜花。园林中大量使用乡土树种，花园中种植了“女性化”的花卉，如楼斗菜、百合，象征圣母玛利亚。1669 年出版的格罗恩（J.Van de Groen）的《荷兰造园家》中，有关于花卉、树木、葡萄、柑橘的栽培技术，简易花坛的设计，树木指南针和黄杨数字造型等内容。1667 年出版的《宫廷造园家》收集了种类繁多的花坛设计样式，对英国园林的花卉应用影响很大。

欧洲花卉园艺从 16 世纪开始，一方面继承希腊、罗马的花卉事业；另一方面又从国外输入大量观赏植物。荷兰也正是这时开始成为世界球根王国的，郁金香、风信子、水仙等都是 16 世纪从地中海沿岸输入。17 世纪，欧洲的许多富翁都建造柑橘园和植物园。18 ~ 19 世纪，英国风景园出现，影响了整个欧洲的园林发展。这一时期，植物引种成为热潮。美洲、非洲、澳大利亚、印度、中国的许多植物被引入欧洲。据统计，18 世纪已有 5000 种植物引入欧洲。英国在 18 ~ 19 世纪通过派遣专门的植物采集家广泛收集珍奇花卉，极大地丰富了园林植物种类，也促进了花卉园艺技术的发展。1724 年出版了第一部花卉园艺大词典《The gardeners of Florists dictionary》，1728 年出版了《造园新原则及花坛的设计与种植》。商业苗圃开始大规模生产观赏植物，使其能被大多数植物爱好者利用。

19 世纪公园和城市绿地等出现，并成为观赏植物的主要应用场所。林荫道、花架、草坪、花坛、花境、花卉专类园为常见应用形式。19 世纪中叶，植物热转到北美，当时建立了许多私人植物园和冬季花园。19 世纪 30 年代出现小玻璃罩，改进了世界各地的植物运输，促进了外来植物的引种和栽培。

中国花卉传入西方，对西方花卉生产和园林事业做出了重大贡献。中国的花卉很早就通过丝绸之路传入西方，如原产中国的桃花、萱草，约在 2000 年前就传入欧洲。进入近代后，西方英、法各国随着社会经济的进步，园林艺术的发展迅速，对海外的奇花异草有更多的需求。当时来华的西方商人等很快对中国众多异乎寻常的美丽花卉产生了强烈兴趣，千方百计设法引进中国花卉的种苗。在 18 世纪下半叶的时候，西方通过各种途径从中国输入的花卉和观赏树木包括石竹、蔷薇、月季、茶花、菊花、牡丹、芍药、迎春、苏铁、银杏、荷包牡丹、角蒿、翠菊、侧柏、槐树、臭椿、栾树、皂荚和各种竹子等。其中荷包牡丹、翠菊、角蒿是后来非常普遍栽培的花卉植物，被冠以颇为动听的名称，如荷包牡丹被西方人称为闪耀红心（Show Bleeding Heart），颇富浪漫色彩。翠菊是中国特产的美丽花卉，在西方很受欢迎，被西方人称为“中国紫菀”。一些树木也有类似的情况，如臭椿也是欧洲普遍栽培的绿化植物，被称为天堂树（the Tree of Heaven）。栾树在西方被称为金雨树（the Golden Rain Tree）。进入 19 世纪后，英国丘园派出的科尔，英国东印度公司的验茶员雷维斯等又从中国的广东省沿海等地收集了大量的棣棠、栀子、忍冬、蔷薇、杜鹃、紫藤和藏报春等的种苗送回英国。

在西方早期从中国引种的花卉中，菊花和月季无疑是最为引人注目的。菊花在中国有悠久的栽培历史和大量的品种。这种美丽的鲜花很快引起欧洲商人的注意。大约在 1688 年，有“海上车道夫”之称的荷兰人，引进了 6 个漂亮的菊花品种，花的颜色分别为淡红、白色、紫色、淡黄、粉红和紫红。1751 年，瑞典著名博物学家林奈的学生奥斯贝克从澳门带回一种野菊花到欧洲。1789 年，英国当时的皇家学会主席班克斯又重新引进中国的菊花，据说其后英国栽培的菊花主要由此种培育而来。后来，在 1798—1808 年间又有 8 个新的品种被直接引到英国。月季也是中国非常古老的一种观赏花卉，在南方四季都开花，花期很长，因此叫月季，俗称月月红。月季是近代西方从中国引种的重要花卉，在当今西方园艺界的重要性堪称举足轻重，它在西方被誉为“花中皇后”，栽培的品种据说达两万多个。根据美国植物学家里德（H.S.Reed）的说法，西方栽培的月季和蔷薇属植物主要来源于中国的三个种。1899 年，英国年轻的园艺学者威尔逊由维彻花木公司派出来到中国，在湖北和四川等省地工作了十多年，为西方国家引去了大量的园林花卉植物。

20 世纪，法国、德国、荷兰、意大利等欧洲国家的花卉园艺不断发展。近几年国际花卉市场异常活跃，行业产值（包括鲜切花、盆花、盆景、绿化苗木、草皮等）每年以 10% 以上的速度递增。目前，欧美发达国家花卉产业结构合理，花卉生产中广泛使用先进的栽培设施，采用穴盘育苗、无土栽培、采后保鲜处理等新技术，采用科学化、专业化生产管理，产品不断依市场要求更新。值得注意的动向是，近年园林植物生产量逐年升高，苗圃植物和花坛花卉用量正在逐年上升，表明人们对环境建设中绿化美化的要求在提高。

0.3.4 国外花卉产业现状

根据 2007 年的不完全统计，荷兰、美国、德国等 45 个主要花卉生产国的切花和盆栽植物生产总面积为 609938hm^2，产值超过 260 亿欧元。2005 年，生产面积最大的国家依次为印度（65000hm^2）和美国（25245hm^2）；产值最多的国家依次为美国（43.08 亿欧元）、荷兰（约 38.90 亿欧元）和日本（约 29.87 亿欧元）。

世界切花和盆栽植物 2005 年进口贸易总额约为 97 亿欧元，其中进口贸易额最大的国家依次为德国（14.93 亿欧元）、英国（10.27 亿欧元）和美国（8.93 亿欧元）。2006 年，切花进口额最大的国家依次为英国（7.91 亿欧元）、德国（7.56 亿欧元）和美国（6.08 亿欧元）；盆栽植物进口额最大的国家依次为德国（6.08 亿欧元）、法国（3.7 亿欧元）和荷兰（3.01 亿欧元）。

2005 年世界切花和盆栽植物的出口贸易总额约为 99.5 亿欧元。2006 年荷兰的花卉出口额约为 39.4 亿欧元，高居世界首位；哥伦比亚位居第二达 7.7 亿欧元；厄瓜多尔位居第三为 3.55 亿欧元。切花出口额最大的国家依次为荷兰（24.02 亿欧元）、哥伦比亚（7.7 亿欧元）和厄瓜多尔（3.54 亿欧元）。盆栽植物出口额最大的国家依次为荷兰（15.36 亿欧元）、丹麦（2.89 亿欧元）和加拿大（2.6 亿欧元）。

根据 2004 年的统计数据，切花和盆栽植物人均消费额最多的国家依次为瑞士（122 欧元）、挪威（115 欧元）和荷兰（88 欧元）。总体来看，花卉市场消费额最高的国家依次为德国（71.38 亿欧元）、日本（67.5 亿欧元）和美国（57.96 亿欧元）。

0.4 花卉生产的发展趋势

0.4.1 重要花卉的生产逐渐由发达国家向发展中国家转移

世界花卉业生产与市场格局，总体上不会有大的改变。美国、欧洲、日本等世界三大经济体仍将是世界花卉业生产、市场和消费的主体，其花卉业是一个比较成熟的产业，将保持持续发展的趋势。由于发达国家共同的问题是土地及劳动力成本的增加，环境保护压力的增高，能源、农业和肥料的限制等，使花卉生产向国外转移。如荷兰在近十年花卉产业转向土地和劳动力较便宜、能源使用较少、技术转移较容易且靠近市场的意大利和西班牙等南欧国家。日本同荷兰性质相似，从晚秋到早春的寒冷季节生产成本高。因此亚洲的中高档花卉的生产也势必转移到日本以南的国家和地区，其中地处南半球的澳大利亚和新西兰的季节恰好与日本相反，并且拥有很多原生品种，生产优势明显。中国南方亚热带地区发展花卉生产的优势也很大。

新的花卉生产与贸易中心正在形成之中，中南美洲、非洲、亚洲的中国和印度都将成为成长中的花卉生产中心，这是花卉业发展的大好时机。中国极有可能成为新的世界花卉贸易中心。世界花卉贸易中以切花为主，中国云南省已经具备成为这个中心所在地的基本条件，而且，已被国际花卉界认同，所显趋势已不可逆转。

0.4.2 花卉生产工厂化、专业化与规模化

花卉生产总量长期保持上升势头，花卉产品生产以专业化、规模化为特征。由于温室结构标准化，设备现代化，生产科学化，有利于提高花卉的质量和产量。工厂化生产可以进行流水作业，连续生产和大规模生产，提高产量和质量，其产值比露地高出 10 倍左右。专业化生产便于集约化生产和大规模生产。工厂化生产是科技进步在花卉生产上的体现，温室设施栽培为不同花卉的生产创造了条件，先进国家在盆花、切花的种苗生产、包装、保鲜、储藏、运输等各个环节，有相应的配套技术和机械设备，如种苗繁殖过程中营养土装填机，种子精确播种机、移栽机等，电脑自动监控调节温度、湿度和气体浓度，自动化水肥灌溉和无土栽培等系统极大地提高了生产效率，花卉生产在人工气候条件下实现了工厂化的全年均衡供应，同时为高质量花卉产品的生产提供了保障。

高度专业化生产既可有效地降低生产成本，又便于栽培管理，提高产品的质量和产量，同时可以充分利用本国资源和气候优势，生产具有本国特色的花卉品种。各主要花卉出口国已出现国际性的专业分工，荷兰凭借其悠久的花卉发展历史，逐渐在花卉种苗、球根、鲜切花、自动化生产方面占有绝对优势，尤其以郁金香为代表的球根花卉，已成为荷兰的象征；美国则在草花、花坛植物育种及生产方面走在世界前列。

规模化是发达国家花卉生产中的另一重要特点，其优点是集中经营，节省投资，扩大批量，方便管理，集中生产某种花卉甚至其中的某几个品种，既简化了生产过程，又提高了市场竞争力。

0.4.3 花卉销售体系更加完善、快捷与高效

对于很多花卉生产者来说，花卉生产的主要目的是销售。花卉是一种鲜活产品，销售过程的快捷、高效，才能保证花卉质量，得到顾客的满意。世界花卉产业发达的国家，其花卉流通体系也是一流的，主要表现在，流通体系健全，花卉销售快捷、高效。比如荷兰花卉流通体系包括七大拍卖市场、近 800 家批发企业和 14000 多家零售店，流通体系中龙头和核心是拍卖市场，它是由一批龙头企业为成员组建的股份制联合体。拍卖市场的主要特征是公平、公开、快捷、高效。荷兰花卉出口额的 80% 是通过拍卖市场进行的，拍卖已成为荷兰花卉销售的主要方式和主渠道。拍卖市场将花卉购买者集中，对买方形成一定的竞争压力，以保证生产者利益的最大化和风险最小化。为保持花卉的新鲜，拍卖时只需把各种产品的部分样品在拍卖市场展示，产品拍卖成交后将直接运抵买主指定的地点。同时，由于拍卖市场对花卉保鲜、包装、检疫、海关、运输、结算等服务环节实现了一体化和一条龙服务，确保了成交的鲜花在当天晚上或第二天出现在世界各地的花店里，不仅降低了交易成本和风险，而且提高了效率。

0.4.4 花卉生产过程更加环保

生态与环境保护是全世界各国所面临的重要问题，21 世纪，花卉产业发达国家都重视花卉生产过程中的环境保护，不能造成花卉生产过程中对环境造成污染，提倡提高花卉产品质量，保护消费者利益，提倡生产和经营环保型的花卉产品，保护人们的生存环境。20 世纪 90 年代中期以来，一些发达国家就着手制订环保型花卉产品的生产技术要求和管理办法 MPS 认证（Floriculture Envirornenatal Programme），1996 在荷兰发起，现已成为一种世界通行的花卉认证形式。MPS 认证分为 A、B、C 三级，获得 A 级认证的还可以同时使用政府颁发的环境标志。荷兰的花卉拍卖市场上大约 70% 的营业额是来自得到了 MPS 认证的产品。现在 MPS 认证在国际花卉市场上也获得了广泛认可，荷兰、以色列、日本等国都有 MPS 认证花卉产品在市场上出售。目前，荷兰已基本完成符合环保要求的生产技术研发，并给 3600 多家企业颁发了观赏植物环保生产 MPS 认证。其中荷兰企业 3300 家，比利时 154 家，以色列 90 家，以及非洲一些国家的花卉企业。如肯尼亚已与荷兰达成合作推广 MPS 认证的协议，使其环保型花卉产品生产得到国际市场认可。2002 年 10 月，美国的 Orgganic Bouquet,hic. 公司率先向市场投放了产于厄瓜多尔并由 GOCA 认证（Guaranteed Organic Certification Agency）的有机玫瑰，这是世界上首个有机认证

花卉产品。欧洲零售商集团提出的花卉良好农业规范（EUREP — GAP），EUREP 授权认证机构对花卉供应商进行认证上，获得认证的产品方可进入超市出售。

0.4.5 由传统花卉向新优花卉及品种多样性发展

世界切花品种从过去的四大切花为主导变为以月季、菊花、香石竹、百合、唐菖蒲、郁金香等为主要种类，盆栽植物以蝴蝶兰、大花蕙兰、丽格海棠、印度榕、凤梨科植物、龙血树、杜鹃花、万年青、一品红等最为畅销。而近年来，一些新品种受到欢迎。如大花飞燕草、乌头属、风铃草属、羽衣草属、虎耳草属、石竹属、丁香属花卉以及在南美、非洲和热带地区开发的花卉种类在市场上受到欢迎。科技进步将进一步助推世界花卉业的发展，新兴花卉生产国的花卉生产者必须加强知识产权保护意识，否则，就不可能成为花卉业强国。特别是生物技术的发展将把花卉业的发展，带到一个崭新的天地，这同样需要知识产权保护来提供有力保障。

思 考 题

1. 花卉的狭义概念与广义概念的联系与区别。
2. 花卉在园林绿化中的作用有哪些？
3. 试述花卉产业的发展趋势。
4. 你认为本地区发展花卉业的优势有哪些？

本 章 参 考 文 献

[1] 周媛．中国花卉企业发展历程及现状分析［J］．中国花卉园艺，2007（7）：20–22.
[2] 谯德惠．花卉产销实现平稳增长—2012 年全国花卉统计数据公布［J］．中国花卉园艺，2012（15）：26.
[3] 刘会超，王进涛，武荣花．花卉学［M］．北京：中国农业出版社，2006.
[4] 北京林业大学园林系花卉教研组．花卉学［M］．北京：中国林业出版社，2006.

本章相关资源链接网站

1. 中国花卉网 http://www.china-flower.com
2. 中国花卉网 http://www.cnhhw.net
3. 中国花木网 http://www.cnhm.net

第1章 花卉的分类

花卉的种类繁多，习性各异，栽培方式和栽培要点多有不同，其观赏特性和园林用途也是多种多样，因此为了满足识别、栽培管理和应用等方面的需要，人们从不同的角度出发对花卉进行了分类，本章将介绍几种常用的分类方法。

1.1 根据花卉的生态习性分类

根据花卉的生态习性分类的方法是根据花卉的生态习性和生活习性进行的综合分类，它能较好地反映花卉的生长发育和栽培特点，便于人们按类别栽培和应用，因此被广泛采用。本教材中花卉各论的章节编排即采用了这种分类方法。

1.1.1 一年生花卉

一年生花卉是指在一个生长季内完成种子萌发—生长—开花—结实—枯死这一生命周期的花卉，也可以理解为当年完成整个生命周期的花卉。虽然称作“一年生花卉”，但其实际的生长时间往往达不到一整年。这类花卉往往喜欢温暖，不耐严寒，其种子萌发通常在春季，夏秋季节开花结实，然后枯死，生产上常在春季进行播种，所以又称为“春播花卉”，如半支莲（*Portulaca grandiflora*）、凤仙花（*Impatiens balsamina*）、鸡冠花（*Celosia cristata*）等。

1.1.2 二年生花卉

二年生花卉是指在两个生长季内完成种子萌发—生长—开花—结实—枯死这一生命周期的花卉，也可以理解为跨年完成整个生命周期的花卉。虽然其整个生命过程跨越了两个年头，但实际的生长时间通常达不到两整年。这类花卉往往喜欢凉爽，不耐高温，种子萌发后当年只进行营养生长，经过低温的冬季，第二年春夏季开花结实，然后枯死，生产上常在秋季进行播种，所以又称为“秋播花卉”，如紫罗兰（*Matthiola incana*）等。

需要指出的是，有些多年生花卉在非原产地栽培时，常因气候不适应，而不能露地越冬（越夏），或作为多年生栽培时观赏效果会变差，这样的多年生花卉如果可以用播种方法繁殖，且具有播种当年（或次年）能开花、种子容易获得的特点，则常作为一、二年生花卉来栽培，如矮牵牛（*Petunia hybrida*）和一串红（*Salvia splendens*）等是多年生花卉，但生产中常作一年生栽培；三色堇（*Viola tricolor*）和金鱼草（*Antirrhinum majus*）等也是多年生花卉，但生产中常作二年生栽培；而有的多年生花卉既可以作一年生栽培又可以作二年生栽培，如香雪球（*Lobularia maritima*）等。

1.1.3 宿根花卉

宿根花卉是指能够存活多年，可多次开花结实的花卉。有些宿根花卉的地上部分可常年保持常绿状态，如君子兰（*Clivia miniata*）、吊兰（*Chlorophytum comosum*）等；有些种类的地上部分每年都会枯死，而地下部分宿存在土壤中，第二年生长季再重新萌芽—生长—开花，如桔梗（*Platycodon grandiflorus*）、萱草（*Hemerocallis fulva*）、芍药（*Paeonia lactiflora*）等。

1.1.4 球根花卉

球根花卉指的是地下部的茎或根发生变态，膨大或块状、根状、球状的多年生草本植物。多数球根花卉的地上部分在寒冷的冬季或干旱炎热的夏季到来时枯萎，而以膨大的地下储藏器官越冬或越夏，当环境条件适宜时，再次生长并开花，如风信子（*Hyacinthus orientalis*）；也有少数种类在环境条件适宜的情况下可以保持常绿状态，如马蹄莲（*Zantedeschia aethiopica*）等。

球根花卉根据其地下变态器官的形态和结构还可分为鳞茎类、球茎类、块茎类、根茎类和块根类，具体内容将在第 8 章详细阐述。

1.1.5 水生花卉

水生花卉泛指生长在水中、沼泽地及湿地的观赏价值较高的花卉，这类花卉对水分的要求较高，是园林水体及水岸造景的重要材料。根据水生花卉对水分要求的不同，可以分为挺水类、浮水类、漂浮类和沉水类，如荷花（*Nelumbo nucifera*）、睡莲（*Nymphaea tetragona*）、凤眼莲（*Eichhornia crassipes*）、金鱼藻（*Ceratophyllum demersum*）等。具体内容将在第 9 章中阐述。

1.1.6 岩生花卉

岩生花卉指耐旱性强，适于在岩石园中栽培的花卉。这类花卉通常要求植株低矮、生长缓慢、耐贫瘠、抗逆性强，且观赏期长，是布置岩石园的重要材料，如常夏石竹（*Dianthus plumarius*）、岩生庭荠（*Aurinia saxatilis*）、丛生福禄考（*Phlox subulata*）及景天属（*Sedum*）等的部分种类。

1.1.7 室内观叶植物

室内观叶植物指以叶片为主要观赏对象，适用于室内装饰和造景，并且能够适应室内环境条件的植物。室内观叶植物的种类很多，且形态各异，多为喜温暖的常绿植物，可供周年观赏，它们不仅可以美化室内环境，还能够起到净化室内空气的作用，因此备受青睐，被广泛用于家庭、办公室、宾馆、餐厅等场所。由于室内观叶植物的种类丰富多样，其对光照、温度、空气湿度等环境条件的要求也有较大差别，应根据室内环境的具体情况选择适合的种类，并注意摆放位置以及科学的养护管理。常见的室内观叶植物有铁线蕨（*Adiantum capillus-veneris*）、肾蕨（*Nephrolepis cordifolia*）、鸟巢蕨（*Neottopteris nidus*）、肖竹芋类（*Calathea spp.*）、喜林芋类（*Philodendron spp.*）、一叶兰（*Aspidistra elatior*）、龟背竹（*Monstera deliciosa*）、吊兰、合果芋（*Syngonium podophyllum*）、橡皮树（*Ficus elastica*）、散尾葵（*Chrysalidocarpus lutescens*）、香龙血树（*Dracaena fragrans*）等。

1.1.8 兰科花卉

兰科花卉多数产于热带、亚热带地区，少数种类产于温带地区，喜疏松透气的基质和较高的空气湿度。根据其生态习性的不同，又可分为以下 3 类。

（1）地生兰。地生兰根系生长在土壤中，如春兰（*Cymbidium goeringii*）、建兰（*Cymbidium ensifolium*）、墨兰（*Cymbidium sinense*）等。

（2）附生兰。附生兰根系附生在树干、枯木或石缝中，如蝴蝶兰（*Phalaenopsis aphrodite*）、石斛（*Dendrobium nobile*）等。

（3）腐生兰。腐生兰寄生在腐烂的植物体上，无叶绿素，园林中罕有栽培。

具体内容将在第 11 章中详细阐述。

1.1.9 仙人掌类与多浆植物

仙人掌类与多浆植物指茎、叶或根具有发达的储水组织，外形上肥厚多汁，耐旱力强，能在长期干旱的条件下生存的一类植物，大部分产于热带、亚热带的干旱地区或森林中，包括仙人掌科、景天科、番杏科、百合科、大戟科等 50 多个科。因仙人掌科植物的种类较多，为了分类和栽培管理上的方便，常将仙人掌科植物称为“仙人掌类”，而将其他科合称为“多浆植物”。常用的种类有金琥（*Echinocactus grusonii*）、仙人球（*Echinopsis tubiflora*）、长寿花（*Kalanchoe blossfeldiana*）、蟹爪兰（*Zygocactus truncatus*）、生石花（*Lithops pseudotruncatella*）等。

1.1.10 木本花卉

木本花卉指以观花和观果为主要目的的木本植物。与园林树木相比，园林花卉学中所涉及的木本花卉体量都不是很大，通常都盆栽观赏；此外，木本花卉要求比园林树木更精细的栽培管理。为了避免交叉重叠，把以观叶为主要目的、且适于盆栽观赏的木本植物归入到观叶植物之中。

木本花卉包括以下 3 类。

（1）乔木类。乔木类是具有明显主干的常绿或落叶木本花卉，如桂花（*Osmanthus fragrans*）、梅花（*Prunus mume*）、山茶（*Camellia japonica*）等。

（2）灌木类。灌木类茎自地面或近地面丛生，为没有明显主干的常绿或落叶木本花卉，如栀子花（*Gardenia jasminoides*）、牡丹（*Paeonia suffruticosa*）、火棘（*Pyracantha fortuneana*）等。

（3）藤本类。藤本类是茎细长而不能直立，常攀援他物生长的常绿或落叶木本花卉，如龙吐珠（*Clerodendrum thomsonae*）、金银花（*Lonicera japonica*）等。

1.2 根据花卉的原产地气候型分类

原产地的环境特点会直接影响到花卉的生态习性和生长发育习性，因此原产地相同的花卉，在栽培管理方法上也有很多相似之处。了解花卉的原产地及其气候特点，对花卉的引种、栽培及应用都大有裨益。

原产地的环境条件包括气候、土壤、生物等诸多方面，但以气候条件的作用较为显著。根据 Miller 和日本塚本氏对花卉原产地气候型的划分，全球可分为 7 个气候型地区。根据原产地的气候型可以将花卉分为以下 7 种类型。

1.2.1 中国气候型花卉

中国气候型花卉又称大陆东岸气候型花卉。该气候型的气候特点是四季分明，年温差大，冬季温度较低，夏季炎热，且降水量较多。

属于这一气候型的地区有中国大部分地区、日本、北美洲东南部、巴西南部、大洋洲东部、非洲东南部。

根据原产地冬季气温高低不同又可将中国气候型花卉分为冷凉型花卉和温暖型花卉。

1. 冷凉型花卉

冷凉型花卉主要分布在高纬度地区，包括中国北部、日本东北部、北美洲东北部。

属于这一类型的重要花卉有翠菊（*Callistephus chinensis*）、向日葵（*Helianthus annuus*）、芍药、荷包牡丹（*Dicentra spectabilis*）、菊花（*Chrysanthemum morifolium*）、玉蝉花（*Iris ensata*）等。

2. 温暖型花卉

温暖型花卉主要分布在低纬度地区，包括中国长江以南、日本西南部、北美洲东南部、巴西南部、大洋洲东部、非洲东南部。

属于这一类型的重要花卉有凤仙花、半支莲、报春花（*Primula malacoides*）、非洲菊（*Gerbera jamesonii*）、捕蝇草（*Dionacea muscipula*）、石竹（*Dianthus chinensis*）、中国水仙（*Narcissus tazetta* var.*chinensis*）、野百合（*Lilium brownii*）、麝香百合（*Lilium longiflorum*）、马蹄莲、山茶、南天竹（*Nandina domestica*）等。

1.2.2 欧洲气候型花卉

欧洲气候型花卉又称大陆西岸气候型花卉。该气候型的气候特点是气温平和，冬季不寒冷，夏季不炎热，年温差较小，降水均匀，四季皆有。

属于这一气候型的地区有欧洲大部分地区、北美洲西海岸中部、南美洲西南部和新西兰南部。

欧洲气候型花卉最忌夏季高温多湿，在中国的华北和东北地区栽培较为适宜。常用的重要花卉有羽衣甘蓝（*Brassica oleracea* var.*acephala f.tricolor*）、毛地黄（*Digitalis purpurea*）、宿根亚麻（*Linum perenne*）、耧斗菜（*Aquilegia vulgaris*）、三色堇、雏菊（*Bellis perennis*）、喇叭水仙（*Narcissus pseudo-narcissus*）、铃兰（*Convallaria majalia*）等。

1.2.3 地中海气候型花卉

地中海气候型的气候特点是雨、热不同期，夏季干旱少雨，最热月平均气温为 20 ~ 25℃；冬季温和湿润，最冷月平均气温为 6 ~ 10℃；秋季至翌年春末降水较多。

属于这一气候型的地区有地中海沿岸、南非好望角附近、大洋洲东南和西南部、智利中部和北美洲西南部等地。这些地区是多种秋植球根花卉的分布中心，产于该区的一、二年生花卉的耐寒性较差。

属于这一类型的重要花卉有紫罗兰、金鱼草、风铃草（*Campanula medium*）、金盏菊（*Calendula officinalis*）、瓜叶菊（Senecio cruentus）、蒲包花（*Calceolaria crenatiflora*）、天竺葵（*Pelargonium hortorum*）、君子兰、鹤望兰（*Strelitzia reginae*）、风信子、葡萄风信子（*Muscari botryoides*）、小苍兰（*Freesia refracta*）、仙客来（*Cyclamen persicum*）等。

1.2.4 墨西哥气候型花卉

墨西哥气候型花卉又称热带高原气候型花卉。该气候型的气候特点是四季如春，温差小，年平均气温为 14 ~ 17℃。降水量因地区不同而有差异，有的地区降水集中在夏季，有的地区四季雨水丰沛。

属于这一气候型的地区有墨西哥高原、南美安第斯山脉、非洲中部高山地区、中国云南省一带。这些地区是一些春植球根花卉的分布中心。

墨西哥气候型花卉往往不耐寒，喜欢冬季温暖、夏季冷凉的气候。常用的重要花卉有百日草（*Zinnia elegans*）、万寿菊（*Tagetes erecta*）、波斯菊（*Cosmos bipinnatus*）、一品红（*Euphorbia pulcherrima*）、晚香玉（*Polianthes tuberosa*）、大丽花（*Dahlia pinnata*）等。

1.2.5 热带气候型花卉

热带气候型的气候特点是周年高温，温差较小，离赤道稍远的地区，温差有所增加。降水量大，有雨季和旱季之分，但也有全年雨水充足的地区。

属于这一气候型的地区有亚洲、非洲、大洋洲的热带地区以及中美洲、南美洲的热带地区。

热带气候型花卉不耐寒，多年生花卉和木本花卉在温带地区需要在温室中栽培，一年生花卉可以在无霜期作露地栽培。常用的重要花卉有鸡冠花、彩叶草（*Coleus blumei*）、长春花（*Catharanthus roseus*）、虎尾兰（*Sansevieria trifasciata*）、非洲紫罗兰（*Santpaulia ionantha*）、鹿角蕨（*Platycerium bifurcatum*）、竹芋（*Maranta arundinacea*）、四季秋海棠（*Begonia semperflorens*）、卡特兰属（*Cattleya*）、美人蕉（*Canna indica*）、朱顶红（*Hippeastrum vittatum*）、大岩桐（*Sinningia speciosa*）等。

1.2.6 沙漠气候型花卉

沙漠气候型的气候特点是周年气候变化很大，昼夜温差大，全年降水量很少，气候干燥；土壤的质地多为沙质或以沙砾为主，多为不毛之地。

属于这一气候型的地区有非洲、阿拉伯半岛、伊朗、黑海东北部、大洋洲中部、墨西哥西北部、秘鲁与阿根廷部分地区、中国海南岛西南部。这些地区是仙人掌类和多浆植物的主要分布区。

常用的重要花卉有仙人掌科多浆植物、伽蓝菜（*Kalanchoe laciniata*）、芦荟属（*Aloe*）、十二卷属（*Haworthia*）、龙舌兰（*Agave americana*）、霸王鞭（*Euphorbia neriifolia*）、光棍树（*Euphorbia tirucalli*）等。

1.2.7 寒带气候型花卉

寒带气候型的气候特点是气温偏低，冬季严寒且漫长，夏季凉爽而短暂，年降水量很少，每年的生长季只有 2 ~ 3 个月，此时有足够的湿气。

属于这一气候型的地区有阿拉斯加、西伯利亚、斯堪的纳维亚等寒带地区及高山地区，这些地区分布着各地自生的高山植物。

该气候型的花卉往往较低矮，常成垫状，且生长缓慢。常见的花卉有雪莲花（*Saussurea involucrata*）、细叶百合（*Lilium tenuifolium*）、绿绒蒿属（*Meconopsis*）、龙胆属（*Gentiana*）的许多种。

1.3 其他分类方法

1.3.1 根据植物分类学方法分类

植物分类学是植物学科中一门历史悠久的分支学科，它以自然存在的各种植物为研究对象，以植物形态学、植物解剖学、孢粉学、细胞分类学、植物化学分类学和植物分子分类学为依据，研究各植物类群的亲缘关系，以及由低级到高级的进化发展规律，把复杂的植物界分门别类，并按进化程度和亲缘关系排列起来，从而形成植物分类系统，每一种植物在植物分类系统中的位置都是唯一的。这种分类方法便于人们的识别和利用，对花卉的栽培管理和遗传育种工作也具有重要的意义。

1. 分类系统上的等级

植物分类的等级依次为界（Kingdom）、门（Divisio 或 Phylum）、纲（Class）、目（Order）、科（Family）、属（Genus）、种（Species）。“种”即指“物种”，它是自然界客观存在、且占有一定分布区域的一种类群，这个类群中的所有个体都有极其近似的形态特征和生理、生态特性，个体间可以自然交配产生正常的后代而使种族延续；种与种之间除了形态特征的差别外，还存在着“生殖隔离”现象，即异种之间不能交配产生后代，即使产生后代也不能具有正常的生殖能力。“种”是最基本的分类单位，相近的“种”集合在一起即为“属”；相近的“属”集合在一起即为“科”；相近的“科”集合在一起即为“目”，以此类推，就形成了完整的植物分类系统。有时在各等级之下可根据情况分别加入亚界、亚门、亚纲、亚目、亚科、亚属等级别，种下的级别有亚种、变种、变型。

亚种（Subspecies）：种内的变异类型，在形态上有显著而稳定的变异，且有一定范围的地带性分布区域。

变种（Varietas）：也是种内的变异类型，形态上有显著而稳定的变异，但没有明显的地带性分布区域。

变型（Forma）：在形态特征上变异比较小的类型。

以中国水仙（*Narcissus tazetta* var.*chinensis*）为例，它在植物分类系统中的位置如下所述。

界：植物界 Plantae

门：被子植物门 Angiospermae

纲：百合纲 Liliopsida

目：百合目 Liliales

科：石蒜科 Amaryllidaceae

属：水仙属 *Narcissus*

种：欧洲水仙 *Narcissus tazetta*

变种：中国水仙 *Narcissus tazetta* var.*chinensis*

由此可以看出，中国水仙是欧洲水仙的一个变种。

需要指出的是，不同的植物分类学家对于自然界中植物的进化程度以及物种之间的亲缘关系有不同的观点，因此产生了不同的分类系统，常见的被子植物分类系统有恩格勒（Engler）系统、哈钦松（Hutchinson）系统、塔赫他间（Takhtajan）系统、克朗奎斯特（Cronquist）系统。同一种植物在不同的分类系统中可能被归入不同的科，如香龙血树在恩格勒系统和哈钦松系统中被归入龙舌兰科，而在塔赫他间系统中则被归入龙血树科；再如风信子在恩格勒系统、哈钦松系统和克朗奎斯特系统中被归入百合科，而在塔赫他间系统中则被归入风信子科。

在实践中常常会遇到"品种（Cultivar）"一词，也称为栽培变种，它是指在园林、园艺或农业等生产实践中，在某种植物的基础上由人工培育而成的一类植物群体，它们在形态、生理或生化等方面具备优于原种的特性（如观赏价值高、品质好、抗性强等），这些特征可以通过有性或无性繁殖的方法得以保持，当该群体达到一定规模而成为生产资料时，即可称为该种植物的"品种"。需要特别说明的是，品种不是植物分类单位，它原来并不存在于自然界，而是由人为创造出来的，因此，它不是植物分类系统的分类对象。但是从生产实践的角度而言，品种因具有优良的观赏价值和经济价值而成为生产和应用中不可或缺的一类栽培植物，因此，优良品种的繁殖与利用以及新品种的培育一直是园林工作者的重要研究内容。

2. 植物的命名

根据国际植物命名法规的规定，以双名法作为植物学名的命名法，即植物的学名由两个拉丁化的词组成，第一个词为其所在属的属名，首字母要大写；第二个词为种加词，首字母小写。完整的学名还要求在种加词之后加上该植物命名人的姓氏缩写（本章略去了命名人的姓氏缩写）。杂交种的命名要在种加词前加"×"，如美女樱：*Glandularia×hybrida*。对于亚种的命名，要求在种加词之后加上亚种的缩写字母"subsp."或"ssp."后，再加上亚种名及亚种命名人的缩写；对于变种的命名，则是在种加词之后加上变种的缩写字母"var."后，再加上变种名及变种命名人的缩写；对于变型的命名，则是在种加词之后加上变型的缩写字母"f."后，再加上变型名及变型命名人的缩写。具体写法参见上述"中国水仙"的写法。

对品种的命名有两种写法：①在种加词后面加"cultivar"的缩写"cv."，再加上品种名，首字母需大写；②不写"cv."，而直接将品种名写于单引号内，首字母大写，如密叶龙血树的学名可以写为：*Dracaena deremensis* cv.Compacta 或 *Dracaena deremensis* 'Compacta'。

1.3.2 根据花卉的用途分类

根据花卉的用途分类可分为地栽花卉、盆栽花卉、切花花卉、地被花卉、盆景花卉、食用花卉、药用花卉、香料花卉和茶饮花卉。

1. 地栽花卉

地栽花卉指适于露地栽植的花卉，常用于布置花坛、花境、花丛、花池、专类园、公园、庭院等。通常要求适应性强，栽培管理容易。地栽花卉又可细分为花坛花卉（适用于布置花坛的花卉，如矮牵牛、一串红）、花境花卉（如波斯菊、萱草）、花丛花卉（如风信子、葱兰）、庭院花卉（如牡丹、芍药）等。

2. 盆栽花卉

盆栽花卉指适于用盆器栽培，以供观赏或销售的花卉。通常要求植株高度适中，株形规整，观赏价值高。盆栽花卉种类繁多，如用于观花的瓜叶菊、蒲包花、小苍兰；用于观叶的海芋（*Alocasia odora*）、一叶兰、冷水花（*Pilea cadierei*）、吊兰；可以观果的火棘、观赏辣椒（*Capsicum annuum* var.*cerasiforme*）；用于观茎的假叶树（*Ruscus aculeatus*）、仙人球（*Echinopsis tubiflora*）、龟甲龙（*Dioscorea elephantipes*）；可以观根的龟背竹。

3. 切花花卉

切花花卉指用于进行切花生产的花卉，即以采收供装饰使用的花朵、花枝、叶片或果枝为主要栽培目的的花卉。如以花朵为采收对象的菊花、香石竹（*Dianthus caryophyllus*）、非洲菊、马蹄莲；以花枝为采收对象的梅花（*Armeniaca mume*）、银芽柳（*Salix leucopithecia*）、蜡梅（*Chimonanthus praecox*）；以叶片为采收对象的肾蕨、散尾葵、龟背竹、香龙血树；以果枝为采收对象的火棘、南天竹、乳茄（*Solanum mammosum*）。广义的切花不仅包括鲜切花，还包括干花，适于作干花的花卉其花瓣（或苞片）常为膜质或含水量较少，干燥后可用于制作花束、香花袋或其他工艺品，如麦杆菊（*Helichrysum bracteatum*）、千日红（*Gomphrena globosa*）、霞草（*Gypsophila elegans*）。

4. 地被花卉

地被花卉指适于作地面覆盖材料的花卉，通常要求植株低矮或匍匐生长，抗性强，且有一定观赏性，有些藤本花卉也可用于作地被。常见的地被花卉有半支莲、白车轴草（*Trifolium repens*）、丛生福禄考（*Phlox subulata*）、连钱草（*Glechoma longituba*）、络石（*Trachelospermum jasminoides*）、蔓长春花（*Vinca major*）等。

5. 盆景花卉

盆景花卉指适于制作盆景的草本花卉、木本花卉及多浆植物，如菊花、中国水仙、马拉巴栗（*Pachira macrocarpa*）、紫薇（*Lagerstroemia indica*）、山茶（*Camellia japonica*）、富贵竹（*Dracaena sanderiana*）、绿萝（*Epipremnum aureum*）、虎刺梅（*Euphorbia milii*）等。

6. 食用花卉

食用花卉指全株或部分器官（根、茎、叶、花、果实、种子）可供食用的花卉。如荷花的根茎和种子可供食用，黄花菜（*Hemerocallis citrina*）的花蕾经处理后可食用，桔梗的根可食用，百合属部分种类的鳞茎可食用。

7. 药用花卉

药用花卉指全株或部分器官（根、茎、叶、花、果实、种子）可供药用的花卉。如荷花的全株、射干（*Belamcanda chinensis*）的根茎、番红花（*Crocus sativus*）的柱头、芍药的根、凤仙花的根、花和种子均可以入药。

8. 香料花卉

香料花卉指全株或部分器官（根、茎、叶、花、果实、种子）中含有芳香成分或挥发性精油，可以作香料工业原料的花卉。中国的香料花卉资源丰富，从香料花卉中提取的天然香料在香料香精产业中占有极其重要的地位，被广泛用于化妆品、日用化学品、糖果、食品和烟酒等制品中。常见的香料花卉有菖蒲（*Acorus calamus*）、晚香玉、百里香（*Thymus mongolicus*）、茉莉花（*Jasminum sambac*）、金银花等。

9. 茶饮花卉

茶饮花卉指根、茎、叶、皮、花、果实或种子具有一定保健或美容功效，可以煎煮或冲泡代茶饮的花卉，这些花卉不含茶叶成分，可以单独使用，也可以与茶叶或其他茶饮花卉配合使用，品种繁多、口味丰富，如茉莉花、菊花、桂花、千日红、金银花等。

1.3.3 根据花卉的主要观赏部位分类

1. 观叶类

观叶类指以叶片的大小、形状、颜色、姿态或质地为主要观赏对象的花卉，通常具有叶形奇特、颜色富于变化或姿态优美等特点，包括木本类、藤本类和草本类。如叶色丰富、形状多变的变叶木（*Codiaeum variegatum*）；叶片细小、质地细腻的翠云草（*Selaginella uncinata*）；斑纹奇异、姿态秀雅的肖竹芋类；叶片硕大、质地厚实的橡皮树；叶色翠绿清新、可攀援生长的绿萝；叶色娇艳的彩叶草；叶丛婀娜多姿、刚柔并济、“看叶胜看花”的中国兰。

2. 观花类

观花类指以花色、花形、花姿、花韵为主要观赏对象的花卉。如唐菖蒲（*Gladiolus hybridus*）、多花报春（*Primula polyantha*）花色丰富而艳丽；牡丹拥有托桂型、金环型、皇冠型、绣球型、台阁型等多种花型，每种花型各具风姿，富有雍容华贵、富丽堂皇、娇艳欲滴的韵味；菊花花姿变化万千、花韵清秀高雅；蒲包花花形奇特、花朵繁茂；虞美人（*Papaver rhoeas*）花色浓艳华美，花姿如美人婆娑起舞；耧斗菜属（*Aquilegia*）花卉花形别致，绰约多姿。

3. 观果类

观果类指果实形状奇特或色彩艳丽，挂果时间长，可供观赏的花卉。如佛手（*Citrus medica* var.*sarcodactylis*）的果实形状如手，千姿百态，妙趣横生；乳茄果实基部具乳头状突起，果形奇特，果色金黄，观果期可达半年；火棘果实累累，颜色红艳，秋、冬季均可供观赏。

4. 观茎（枝）类

观茎（枝）类指茎（枝）的形态或颜色具有独特观赏价值的花卉。如仙人掌类植物的茎发生变态而呈球形、圆柱形、棱柱形或扁平，肉质肥厚，其中的斑锦、缀化和石化的变异植株因色彩独特，形态奇异，观赏价值更高；竹节蓼（*Homalocladium platycladum*）多枝丛生，枝扁平、绿色，具有明显的节和节间，似竹节；彩云阁（*Euphorbia trigona*）多分枝，垂直向上生长，刚劲挺拔，观赏价值较高。

5. 观根类

观根类指根具有观赏价值的花卉，如龟背竹、榕属（*Ficus*）植物的气生根观赏价值都很高。

6. 观芽类

观芽类指叶芽或花芽具有较高观赏价值的花卉，如银芽柳、结香（*Edgeworthia chrysantha*）等。

7. 观苞片类

观苞片类指以苞片为主要观赏部位的花卉。天南星科的许多花卉佛焰苞较大，颜色丰富，观赏价值很高，如红掌、马蹄莲等。

8. 芳香类

芳香类指具有怡人芳香的花卉，如白兰花（*Michelia alba*）、米兰（*Aglaia odorata*）、茉莉花等。

1.3.4 根据开花的季节分类

园林花卉的种类丰富，其开花的季节（这里指自然花期）也不尽相同，掌握花卉的开花季节对花卉的栽培管理、花期调控以及植物造景中的花卉选择都具有重要的指导意义。

1. 春花类

春花类指自然花期在春季的花卉，如雏菊、牡丹、芍药、郁金香（*Tulipa hybrids*）、葡萄风信子、铃兰等。

2. 夏花类

夏花类指自然花期在夏季的花卉，如凤仙花、夏堇（*Torenia fournieri*）、萱草、射干、蜀葵（*Althaea rosea*）等。

3. 秋花类

秋花类指自然花期在秋季的花卉，如雁来红（*Amaranthus tricolor*）、醉蝶花（*Cleome spinosa*）、石蒜属（*Lycoris*）的部分种类。

4. 冬花类

冬花类指自然花期在冬季的花卉，如蟹爪兰、一品红、中国水仙、小苍兰。

思 考 题

1. 根据花卉的生态习性可以将其分为哪几类？各类型的代表花卉是什么？

2. 根据花卉的原产地气候型可以将其分为哪几类？各类型的代表花卉是什么？各气候型的气候特点是什么？

3. 根据花卉的用途可以将其分为哪几类？各类型的代表花卉是什么？

本 章 参 考 文 献

[1] 刘燕．园林花卉学［M］.2 版．北京：中国林业出版社，2009.

[2] 包满珠．花卉学［M］.2 版．北京：中国农业出版社，2003.

[3] 鲁涤非．花卉学［M］．北京：中国农业出版社，1998.

[4] 车代弟．园林花卉学［M］．北京：中国建筑工业出版社，2009.

[5] 北京林业大学园林系花卉教研组．花卉学［M］．北京：中国林业出版社，1990.

[6] 陈有民．园林树木学［M］．北京：中国林业出版社，1990.

[7] 卓丽环，陈龙清．园林树木学［M］．北京：中国农业出版社，2004.

[8] 中国科学院中国植物志编辑委员会．中国植物志［M］．第一卷．北京：科学出版社，2004.

[9] 芦建国，武翠红．浅谈香料花卉的特点与应用［J］．北方园艺，2007（10）：74-76.

本章相关资源链接网站

1. 中国花卉网 http://www.china-flower.com

2. 花卉论坛 http://www.huahui.cn/forum-157-1.html

3. 中国数字植物标本馆 http://www.cvh.org.cn/cms

4. http://davesgarden.com

第 2 章　花卉的生长发育与环境因子

2.1　花卉的生长发育

花卉同其他植物一样，生长发育除了受其本身的遗传特性决定外，还依赖于环境因子的影响。花卉植物种类不同，它们的生长发育类型和对外界环境条件的要求也不相同。只有充分了解每种花卉生长发育的特点，以及所需要的环境条件，才能创造和运用相应的栽培技术措施，达到繁殖、栽培和利用花卉的预期目的。

2.1.1　花卉生长发育特性

花卉的生长是指植物体积增大与重量的增加，发育是指花卉生殖器官和营养器官机能的形成与完善。

2.1.1.1　花卉生长发育的规律性

花卉无论是从种子到种子或从球根到球根，在一生中既有生命周期的变化，又有年周期的变化。在个体发育中，多数种类经历种子休眠和萌发、营养生长和生殖生长三大时期，上述各个时期或周期的变化，基本上都遵循着一定的规律性，如发育阶段的顺序性和局限性等。由于花卉种类繁多，原产地的生态环境复杂，常形成众多的生态类型，其生长发育过程和类型以及对外界环境条件的要求也比其他植物繁多而富于变化。不同种类花卉的生命周期长短差距甚大，一般花木类的生命周期有数年至数百年，如牡丹的生命周期可达 300 ~ 400 年之久；草本花卉的生命周期短的只有几日，如短命菊；长至 1 年、2 年和数年，如菊花、凤仙花、须苞石竹、蜀葵、毛地黄、美女樱、三色堇等。

花卉在年周期中表现最明显的有两个阶段，即生长期和休眠期的规律性变化。但是，由于花卉种和品种极其繁多，原产地立地条件也极为复杂，年周期的类型和特点多种多样。一年生花卉由于春天萌芽后，当年开花结实而后死亡，仅有生长期的各时期变化，因此年周期即为生命周期，较短而简单；二年生花卉秋播后，以幼苗状态越冬休眠或半休眠，夏季死亡，完成整个生命周期；多年生的宿根花卉和球根花卉则在开花结实后，地上部分枯死，地下储藏器官形成后进入休眠进行越冬（如萱草、芍药、鸢尾以及春植球根类的唐菖蒲、大丽花等）或越夏（如秋植球根类的水仙、郁金香、风信子等，它们在越夏中进行花芽分化），还有许多常绿性多年生花卉，在适宜环境条件下，几乎周年生长保持常绿而无休眠期，如万年青、书带草和麦冬等。

一般情况下，花卉都要经过营养生长阶段才开始孕育花芽，随之开花结果。把开花前的这段时期称为“花前成熟期”或“幼期”（在果树学和树木学中称为“童期”），这段时期的长短因植物种类或品种而异。花卉不同种或品种间的花前成熟期差异很大，有的短至数日，有的长至数年乃至几十年，如矮牵牛，在短日照条件下，于子叶期就能诱导开花；唐菖蒲早花品种一般种植后 90 天就可开花，而晚花品种需要 120 天；瓜叶菊的大叶品种播种后需经过 8 个月才能开花；牡丹播种后需 3 ~ 4 年甚至 4 ~ 5 年才能开花；有些木本观赏树更长，可达 20 ~ 30 年，如欧洲冷杉为 25 ~ 30 年，欧洲落叶松为 10 ~ 15 年。一般来讲，草本花卉的花前成熟期短，木本花卉的花前成熟期较长。

2.1.1.2　花卉生长发育的相关性

1. 地上部与地下部的相关性

植物根系庞大者，吸收能力强，地上部枝叶茂盛，反之则地上部生长弱；植株枝叶多，制造养分多，根系则生长量大，如果摘除部分叶片，则会减少根的生长量。

2. 营养生长与生殖生长的相关性

植物有着密切的物质运转的源—库关系。营养生长适度，容易开花结果而且花多色艳，反之如果叶面积小，叶片制造的养分较少，则花器官发育不良；如果肥水供应过多，易导致徒长，此时大部分同化物质都运送到茎端生长点和嫩芽中被生长所消耗，植株养分积累少，也不易成花。生殖生长反过来也影响营养生长，大量开花和结果会使营养消耗过多，而影响茎叶的继续生长。控制过旺营养生长可通过控制肥水（氮肥）、生长点摘心、喷施植物生长抑制剂（B9、矮壮素等）等措施，以促进花芽分化和开花结果。

2.1.1.3 花卉生长发育相关理论

人们在长期的生产实践和科学研究中，不仅逐渐认识和掌握了植物生长发育过程的规律，而且随着植物科学理论及技术水平的不断提高，对于植物的许多重要发育过程，如开花、休眠等机制的研究也已经深入到了分子生物学的水平，但是，植物生育过程是极为复杂的生命现象，不仅与植物整体的生理机制密切相关，还受外界环境条件的影响。

1. 春化作用（Vernalization）

某些植物在个体生育过程中要求必须通过一个低温周期，才能继续下一阶段的发育，即进行花芽分化，否则不能开花。这个低温周期就叫春化作用。植物通过该阶段所要求的主要外界环境条件是低温作用，而不同植物所要求的低温值和通过的低温时间各不相同。依据要求低温值的不同，可将花卉分为 3 种类型。

（1）冬性植物（winterness plant）。这一类植物在通过春化阶段时要求低温，约在 0 ~ 10℃的温度下，能够在 30 ~ 70 天的时间内完成春化阶段。在近于 0℃的温度下进行得最快。有人称这类植物为春化要求性植物。

早春开花的多年生花卉，如鸢尾、芍药等，在冬季经过低温刺激后，春季才能开花。否则，将不开花或开花不良。

二年生花卉，如月见草、毛地黄、毛蕊花等为冬性植物。在秋季播种后，以幼苗状态度过严寒的冬季，满足其对低温的要求而通过春化阶段，使植物正常开花。这些植物若在春季气温已暖时播种，便不能正常开花，因其未经低温的春化阶段。但若春季播种前经过人工春化处理，可使它当年开花，但缺点是植株矮小，花梗太短，若作为切花是不利的。

对于二年生花卉如需在春季播种时，应于早春开冻后及早播种，可取得较好的效果，也可开花，但不及秋播的好。如延误播种，对开花则不利。罂粟、虞美人、蜀葵及香矢车菊等，如春播，时间应当更早，否则开花极为不良。

（2）春性植物（spring plant）。这一类植物在通过春化阶段时，要求的低温值（5 ~ 12℃）比冬性植物高，也就是说，需要较高的温度诱导才能开花，同时完成春化作用所需要的时间亦比较短，约为 5 ~ 15 天。一年生花卉和秋季开花的多年生花卉为春性植物。

（3）半冬性植物（half winterness plant）。在上述两种类型之间，还有许多种类，在通过春化阶段时，对于温度的要求不甚敏感，这类植物在 15℃的温度下也能够完成春化作用，但是，最低温度不能低于 3℃，其通过春化阶段的时间是 15 ~ 20 天。在花卉栽培中，不同品种间对春化作用的反应性也有明显差异，有的品种对春化要求很强，有的品种要求不强，有的则无春化要求。

花卉通过春化阶段主要包括植物体春化和种子春化两种方式。以萌芽种子通过春化阶段的称为种子春化；以具一定生育期的植物体通过春化阶段的称为植物体春化。多数花卉种类是以植物体方式通过春化阶段的，如紫罗兰、六倍利等。

2. 光周期作用（Photoperiod）

植物对昼夜相对长度变化发生反应的现象叫做光周期作用。植物的光周期作用不仅可以控制某些植物的花芽分化，而且还影响植物的其他生长发育现象，如分枝习性，块茎、球茎、块根等地下器官的形成以及其他器官的衰老、脱落和休眠，所以光周期与植物的生命活动有密切的关系。

通过一系列研究发现，许多植物都依赖于一定的日照长度和相应的黑夜长度的相互交替，才能诱导花的发生和开放。因此常依据植物对光照时间的要求来划分为长日照植物、短日照植物和中性植物。

2.1.2 花卉生长发育过程

2.1.2.1 不同种类花卉的生长发育过程

一年生花卉多为春播秋花花卉。在播种当年开花结实，采收种子，植株完成生命周期而枯死。一年生花卉在幼苗成长不久后就进行花芽分化，直到夏季才开花结实。

二年生花卉多为秋播春花花卉，播种当年进行营养生长，越冬后，次年才开花结实。植株完成生命周期也不超过一年，但跨越一个年度，多为长日照花卉。如三色堇、金盏菊、石竹、紫罗兰、瓜叶菊、桂竹香、虞美人等。

宿根花卉包括耐寒宿根花卉和不耐寒宿根花卉。耐寒宿根花卉耐寒性较强，春夏生长，冬季地上部分枯死以地下部分越冬休眠，如芍药、菊花等。不耐寒宿根花卉通常耐寒性较弱，无明显休眠期，是常绿的宿根花卉，如君子兰、非洲菊、花烛、万年青、麦冬、鹤望兰等。

球根花卉包括春植球根和秋植球根。春植球根如朱顶红、唐菖蒲（夏花、长日性）、大丽花、美人蕉等。秋植球根如郁金香、水仙、风信子、百合、小苍兰、银莲花、雪钟花等。

2.1.2.2 花卉个体生长发育过程

以种子播种为繁殖方式的花卉通常包括种子时期、营养生长期和生殖生长期。

1. 种子时期

种子时期包括胚胎发育期、种子休眠期及发芽期。胚胎发育期是指从卵细胞受精开始到种子成熟为止，受精后胚珠发育成种子；大多数花卉种子成熟后都有不同程度的休眠期，休眠期长短差异很大。种子经过一段时间休眠后，遇到适宜环境（温度、水分、氧气等）即能吸水发芽。种子大小及质量对发芽快慢及幼苗生长影响很大，栽培上宜选择大而饱满、发芽力强的种子。

2. 营养生长期

营养生长期包括幼苗期、营养生长旺期和营养生长休眠期。种子发芽后，进入幼苗期，即营养生长初期。幼苗生长的好坏，对以后花卉的生长和发育有显著影响。幼苗期以后，一年生花卉在夏季进入营养生长旺盛期，而二年生花卉也有营养生长旺盛期，但由于冬季低温，又进入一个营养休眠期，到第二年春季温度升高后，又开始快速生长。

3. 生殖生长期

生殖生长期包括花芽分化期、开花期及结果期。花芽分化是营养生长过渡到生殖生长的标志，在栽培上要尽可能满足花芽分化的条件，促进多分化花芽，分化出高质量的花芽。开花期是从现蕾开花到授粉受精的过程，这一时期对外界环境抗性较弱，对温度、光照及水分的反应敏感，逆境时引起落花落蕾。观果类花卉结果期是观赏价值最高时期。木本花卉结果期间仍然进行营养生长，故营养生长与生殖生长之间易竞争养分而失衡。

2.1.3 花芽分化

花芽的多少和质量不但直接影响观赏效果，而且也影响到花卉种子的生产。因此，了解和掌握各种花卉的花芽分化时期和规律，确保花芽分化的顺利进行，对花卉栽培和生产具有重要意义。

2.1.3.1 花芽分化的理论

近年来，随着花卉生产事业的迅速发展，大大促进了植物开花生理学科的研究和发展，不少中外学者多方面探讨有关花芽分化的机理问题并提出有关学说，如碳/氮比（C/N）学说，“促花激素”学说等，这些理论都对进一步促进花卉学及花卉生产事业的发展做出了一定的贡献。

1. 碳/氮比学说

碳/氮比学说认为花芽分化的物质基础是植物体内糖类（即碳水化合物）的积累，并以C/N率来表示。这种学说认为植物体内含氮化合物与同化糖类含量的比例，是决定花芽分化的关键，当糖类含量比较多，而含氮化合物少时，可以促进花芽的分化。中外学者都支持这一观点。从多数试验结果和事实证明：C/N 率对于花芽分化有其特殊的重要性。在同化养分不足的情况下，也就是营养物质供应不足时，花芽分化将不能进行，即使有分化，其数目也甚少。一些花序花数较多的种类，特别是一些无限花序的花卉，在开花过程中，通常基部的花先开，花形也最大，愈向上部，花形渐小，至最上部，花均发育不全，花芽停止分化，这说明同化养分的多少决定花芽分化与否和开花的数目。同化养分的多少，也决定花的大小，如在菊花、芍药、香石竹的栽培中，为使花朵增大，常将一部分花芽疏去，以便养分集中于少数花中，使花朵增大。

2. 成花素（也可称开花激素）学说

成花素学说认为花芽分化是由于成花素的作用，认为花芽的分化是以花原基的形成为基础的，而花原基的发生则是由于植物体内各种激素趋于平衡所导致。形成花原基以后的生长发育速度也主要受营养和激素所制约。综合有关的研究和报道，目前都广泛认为花原基的发生与植物体内的激素有重要关系。但有关成花素的形成、运转机理至今尚未明晰，有待进一步的探讨和研究。

除上述学说外，也有一些研究认为植物体内有机酸含量及水分的多少，也与花芽分化有关。不管哪一种学说，根据研究的结果都承认这样一点，即花芽分化必须具备组织分化基础、物质基础和一定的外界条件，也就是说，花芽分化是在内外条件综合作用下产生的，物质基础是首要因素，激素和一定的外界环境因子则是重要条件。

2.1.3.2 花芽分化的阶段

当植物进行一定营养生长，在合适的环境下即进入生殖阶段，营养生长逐渐缓慢或停止，花芽开始分化，芽内生长点向花芽方向形成，直至雌、雄蕊完全形成为止。整个过程可分为生理分化期、形态分化期和性细胞形成期，三者顺序不可改变，缺一不可。生理分化期是在芽的生长点内进行生理变化，通常肉眼无法观察；形态分化期进行着花部各个花器的发育过程，从生长点突起肥大的花芽分化初期，至萼片形成期、花瓣形成期、雄蕊形成期和雌蕊形成期。有些花木类的性细胞形成期是在第二年春季发芽以后、开花之前才完成，如樱花、八仙花等。

2.1.3.3 花芽分化的类型

由于花卉种类繁多，栽培环境条件差异很大，因此花卉花芽分化的类型很多，主要有以下 5 种。

1. 夏秋分化类型

在夏季至秋季花芽分化，到秋末花器官的主要部分已完成分化，但其性细胞的形成必须经过低温，第二年春天开花。如牡丹、丁香、梅花、榆叶梅等许多木本类的花卉。球根类花卉也在夏季较高温度下进行花芽分化，如郁金香、风信子、水仙等球根在进入夏季后，地上部分全部枯死，进入休眠状态停止生长，花芽分化在夏季休眠期间进行。

2. 冬春分化类型

原产温暖地区的大多数花卉均属此类型。其特点是花芽分化时间短并连续进行。如柑橘类在 12 月至翌年 3 月完成花芽分化。一些二年生花卉和春季开花的宿根花卉仅在春季温度较低时期进行。

3. 当年一次分化、一次开花类型

一些当年夏秋开花的种类，在当年茎顶端形成花芽。木本类如木槿、木芙蓉等，夏秋开花的宿根花卉如萱草、菊花、芙蓉葵等，基本属此类型。

4. 多次分化类型

一年中多次发枝，新枝均能形成花芽并开花。如茉莉、月季、倒挂金钟、香石竹等四季性开花的花木及宿根花卉，在一年中都可连续分化花芽，当主茎生长达一定高度时，顶端营养生长停止，花芽逐渐形成，养分即集中于顶花芽。在顶花芽形成过程中，其他花芽又继续在基部生出的侧枝上形成，如此在四季中可以开花不绝。这些花卉通常在花芽分化和开花过程中，其营养生长仍继续进行。一年生花卉的花芽分化时期较长，只要在营养生长达到一定大小时，即可分化花芽而开花，并且在整个夏秋季节气温较高时期，继续形成花蕾而开花。开花的早晚依播种出苗时期和以后生长的速度而定。

5. 不定期分化类型

每年只分化一次花芽，但无一定时期，只要达到一定的叶面积就能开花，主要视植物体自身养分的积累程度而异，如月季、倒挂金钟、凤梨科和芭蕉科的某些种类。

2.1.3.4 花卉的花芽分化实例

百日草在短日照下，花芽形成得早，但是花朵小而茎细，植株分枝不多；长日照下虽然开花迟，但株丛紧密，花朵也大。

大岩桐花芽的形成没有特定的日照和低温的要求。植株成长后，花芽开始形成，因此，生长越迅速，开花越早。温度低，生长缓慢时，侧枝增多，花数也相应增多。

报春花在低温下，无论长日照或短日照均可开花，但是温度高时，仅在短日照下开花。

大丽花在 10 ~ 12h 短日照下，花芽发育速度快，开花也早。长日照下，侧枝多，花也多，但是，花的发育比较慢。在短日照下，生育结束得早也能促进块根的形成。

叶子花在高温和短日照下进行花芽分化，但在 15℃条件下，无论在长日照或短日照下都能进行花芽分化。经过赤霉素处理，在长日照和低温下，能促进花芽分化，但在短日照下无效果。

一些常见花卉的花芽分化条件如表 2-1 所示。

表 2-1 花卉花芽分化的条件

种　类	花芽分化适温（℃）	花芽伸长适温（℃）	其他条件
郁金香	20	9	
风信子	25 ~ 26	13	
喇叭水仙	18 ~ 20	5 ~ 9	
麝香百合	2 ~ 9	20 ~ 25（花序完全形成）	
球根鸢尾	13		
唐菖蒲	>10		花芽分化和发育要求较强光照
小苍兰	5 ~ 20		分化时要求温度范围广
旱金莲	15		17 ~ 18℃，长日照下开花，超过 20 ~ 21℃不开花
菊花	13 ~ 15（某些品种）；8 ~ 10（某些品种）		

2.2 花器官发育的分子机制与花卉基因工程

花器官的正常发育是植物赖以繁衍的基础，一直以来，人们都在寻求揭示植物开花的奥秘，而花发育的研究多限于形态以及开花生理方面。20 世纪 80 年代以来，随着分子遗传学手段的运用，借助于现代生物技术，结合模式植物拟南芥、矮牵牛和金鱼草的花发育突变体，花发育的研究在短短十几年内获得了突飞猛进的进展，成为发育生物学研究中最引人瞩目的热点。

2.2.1 花序发育的机理

花序的发育是花发育的第一步，标志着植物个体从营养生长向生殖生长的转变。植物生理学研究表明，花序的发育一般需要有一定的外界因子诱导，如光照长短、光质、温度、土壤水分等。在一定的诱导条件下，营养型顶端分生组织属性发生渐变，到诱导结束，营养型分生组织发生不可逆转的变化，成为花序分生组织。许多研究表明，植物个体可用不同的部位感知不同的环境因子，然后导致成花。相对应基因的突变能使个体对外界因子的感应能力发生改变，因而导致花序的发育时间有所变化。研究表明 *Emf*、*Tfl1* 和 *Cen* 基因直接与植物花序发育的遗传机理有关，对顶端分生组织的属性起着决定的作用。在前期，*Emf* 突变，功能丧失后，个体发育仅有生殖发育，它对花序的发育有抑制作用，因为突变体表现花序发育的前体。在后期，当花序顶端分生组织发育后，*Tfl1* 和 *Cen* 基因一样，都起着维持花序型顶端分生组织属性的作用。

2.2.2 花芽分化的分子机理

花芽分化是有花植物发育中最为关键的阶段，同时也是一个复杂的形态建成过程。这一过程是在植物体内外因子的共同作用，相互协调下完成的。花芽分化首先取决于植物体内的营养水平，具体说就是取决于芽生长点细胞液的浓度，细胞液浓度又取决于体内物质的代谢过程，同时又受体内内源调节物质（如脱落酸、赤霉酸、细胞激动素等）和外源调节物质（如多效唑、B9、乙烯利、矮壮素等）的制约。相反，激素的多少与运转方向又受体内物质代谢、营养水平及外界自然条件、栽培技术措施的影响。任何单一的因素都不能全面地反映植物花芽形成的本质。此外，研究者利用分子生物学技术已经从不同植物中分离出多种色素蛋白基因，发现 5 种光敏素基因（*PhyA*、*PhyB*、*PhyC*、*PhyD*、*PhyE*）和 2 种隐花色素基因（*CRY1* 和 *CRY2*）。在调节开花过程中，*PhyA*、*PhyB* 有不同的敏感功能，如 *PhyA* 在某些条件下促进成花，*PhyB* 则抑制成花。转基因的拟南芥中，隐花色素 *Cry2* 的过量表达也导致了花期的提前，表明 *Cry2* 能够感应光周期，从而调节花芽的发育。

2.2.3 花器官发育的分子机理

花器官的正常发育是植物赖以繁衍的基础。当花分生组织分化完成后，开始进行花器官原基的分化，科学家们目前已经克隆了拟南芥和金鱼草中控制花器官分化的基因，并据此提出了 ABC 模型学说。即通过遗传分析发现调控花器官形成的基因按功能可以划分为 ABC 三组，每一组基因均在相邻的花器官中发挥作用，即 A 组基因控制第一轮花萼和第二轮花瓣的形成；B 组基因决定第二轮花瓣和第三轮雄蕊的发育；C 组基因决定第三轮雄蕊和第四轮心皮的发育。花的每一轮器官受一组或相邻的两组基因控制：A 组基因单独作用于萼片；A 和 B 组基因决定花瓣的形成；B 和 C 组基因共同决定雄蕊的发育；C 组基因单独决定心皮的形成。这些基因在花器官中有各自的位置效应，并且 A 和 C 组基因在表达上相互抑制，A 组基因不能在 C 组基因控制区域内表达，即 A 组基因只能在花萼和花瓣中表达，反之亦然。这些基因中任何一个功能缺失或者突变都会导致花器官形状的改变。对拟南芥的研究发现，其花器官的发育是由三组不同的基因共同控制的，分别是 *AP1* 和 *AP2*（*A*）、*AP3* 和 *PI*（*B*）、*AG*（*G*），如果 *AP2* 发生突变，则花器官被生殖器官替代，而当 AG 发生突变时，由 AG 控制的雄蕊和心皮则被花萼和花瓣所替代。随着研究的深入和克隆出的花同源异型基因数量的增加，出现了许多该模型无法解释的现象。如 ABC 三重突变体的花器官除了叶片外仍含有心皮状结构，而不像预测的那样不再含有任何花器官状组织结构。这预示着还存在有与 AG 功能相近的能促进心皮发育的基因。1995 年 Angenent 等在矮牵牛中分离到 *FBP7* 和 *FBP11* 基因，提出了决定胚珠发育的 D 组基因。*FBP11* 专一地在胚珠原基、珠被和珠柄中表达。*FBP11* 异位表达，转基因植株的花被上形成异位胚珠或胎座。抑制 *FBP11* 表达，在野生型植株形成胚珠的地方发育出心皮状结构，所以 *FBP11* 被认为是胚珠发育的主控基因。这样经典 ABC 模型被扩展成 ABCD 模型。2000 年，Pelaz 等发现 *SEP* 基因与花器官特异性决定有关。*SEP* 基因的发现导致了 ABC 模型的重新修正，因此 *SEP* 基因也被称为 E 类基因，连同 D 类基因一起将 ABC 模型延伸为 ABCDE 模型。

2.2.4 花型发育的分子机制

花型是由花的对称性决定。在 19 世纪中期就已经发现金鱼草一系列突变体背对称性变化，Coen 的实验证明 *CYC* 基因和 *DICH* 基因参与了金鱼草花腹背对称性的建立。RAN 原位杂交结果表明，在花分生组织的早期，*CYC* 基因仅在 2 个靠近花序轴的腹面区域表达。这种腹背特异性的表达能够持续到花瓣和雄蕊原基发育的后期。金鱼草腹背对称性的建立，是因为 *CYC* 基因早期在区域的表达抑制了该区域原基的形成生长。而且，有 *CYC* 和 *DICH*

所导致的腹背对称性不仅表现在花的整体上，还表现在单个花器官的对称性上。有学者用豆科植物做研究，*Ljcyc1* 原位杂交结果表明，*Ljcyc1* 在营养生长向生殖生长转化时，在顶端分生组织（I1）中表达；在花序原基的表达与 *Ljcyc2* 相似，但亦有显著区别，提示 *Ljcyc1* 与 *Ljcyc2* 有功能上的异同，也参与了花序和花不对称性发育的过程。对转基因株系的分析表明，*Ljcyc1* 基因的功能有可能主要与花瓣的数目与对称性有关。金鱼草花型发育过程揭示了腹背轴的存在。实际上，花发育的其他过程也存在轴向性。

2.2.5 花卉基因工程

2.2.5.1 花色基因工程

花色是决定花卉观赏价值的重要因素。花色主要由类胡萝卜素、类黄酮和花青素三大类物质决定。目前，利用基因工程改良花色的方法主要有 2 种：①利用反义 RNA 和共抑制技术抑制基因的活性，造成无色底物的积累，使花的颜色变浅或变成无色；②通过外源基因来补充某些品种缺乏合成某些颜色的能力。Vander Krol 等将查尔酮合成酶基因 *CHS* 的 cDNA 反向转入矮牵牛中，使紫红色的花变为粉红色带白，甚至完全白色。Courtney 等将 *CHS* 基因以正义和反义 2 个方向分别导入开粉红色花的菊花品种 Moneymaker 中，得到浅粉红色和白色花，而对照没有出现白色花。北京大学植物蛋白质工程国家重点实验室转基因获得的矮牵牛转化株，花色由原来的紫色变成了白色或具有不同模式的紫白相间的花朵。通过引入外源基因，可补充某些品种缺乏合成某些颜色的能力。如将从其他花卉中克隆到的合成蓝色翠雀素必需的 F3'5'H 酶基因，转到玫瑰和香石竹中，从而获得蓝色的玫瑰和香石竹。日本三得利公司和美国两位生物化学家分别宣布开发出蓝色玫瑰。三得利公司还利用基因重组技术，让玫瑰具备了制造“翠雀花素”的能力。美国田纳西州纳什维尔市范德比尔特大学的两位生物化学家在研究治疗癌症和早老性痴呆症的药物时发现，将肝酶转入到细菌中后，这种细菌会变成蓝色。后来他们利用转基因技术将这项发现运用到植物栽培领域，培育出了蓝玫瑰。湖北大学蔡得田教授等人经过“诱导”植物体内的叶绿素等潜在发光物质，研制出了一种荧光促进剂，只需将这种特制的荧光促进剂向花瓣喷洒 1 次，即可使该花卉在整个花期内“自然”地具有了一种神奇效果，在没有光线的夜间，发出色泽明丽、种类繁多的荧光。另外，科学家对花瓣条纹、彩斑等方面的研究也取得了很大进展。

人们在拟南芥、金鱼草、矮牵牛的花原基中分离出一些被称为同源异形基因（Homeotic genes）的对花器官分化起关键作用的基因，这些基因的表达会影响花朵的大小、形状和花期。科研人员还从矮牵牛、拟南芥和金鱼草的突变体中鉴定出几个控制花朵形态的基因。如控制花瓣数、花瓣形状、花瓣对称性的基因；控制花器官原基数目和位置的基因，花发育抑制基因等。将这些基因导入某些花卉内，有望培育出特异花形的新品种。利用突变体，已从拟南芥中克隆到大量控制花器官发育的基因 *AP1-3*、*AG*、*CAL*、*TFL1*、*LEY*、*CEN*、*FLO*、*SQUA*、*UFO* 等。

2.2.5.2 花香基因工程

香味在人类生活中的作用越来越重要，其应用价值也极大。由于芳香物质的代谢过程和种类复杂，加之对芳香性状的了解较少等因素，造成香味育种的研究进展较慢。现虽已开始重视花香的遗传改良，但还处于起步阶段。

为了解决花香的遗传退化问题，首先需要弄清花香物质的合成途径及分离相关的关键基因。近期研究主要集中于单萜（一类重要的花香物质）的合成过程。*lis* 基因可编码 S- 萜烯醇（s-linalool）合成酶，该酶可将牻牛儿焦磷酸转化成 S- 萜烯醇。因此，这一基因对培育新型香味的转基因花卉具有潜在价值。Dudareva 等在山字草中克隆出了 *lis* 基因、编码 IEMT 的基因、编码 BEAT 的基因和编码 SAMT 的基因。IEMT 能够产生丁子香酚甲醚和异甲基丁子香酚，BEAT 能催化苯甲基乙酸的形成，SAMT 能够产生苯甲酸甲酯。Dudareva 等还在金鱼草中分离出了 BAMT 基因、（E）-β- 罗勒烯基因和香叶烯合酶基因。Lavy 等将 *lis* 基因转入香石竹，结果发现转基因植株能够产生出萜烯醇，但并没有香味。Lucker 等将 *lis* 基因转入矮牵牛，结果发现转基因矮牵牛中不能产生萜烯醇。法国研究人员利用野生型发根农杆菌转化柠檬天竺葵，发现转化植株中的芳香物质牻牛儿醇含量比对照株增加 3 ~ 4 倍，其他芳香物质如萜烯醇和桉树脑也有很大增加，这一研究为花卉香味的遗传操作提供了一条途径。

以色列研究者分离出了香味浓郁的香云玫瑰特有基因，现正在研究怎样将香味基因插入无香味的玫瑰品种中。日本科技人员采用最新基因技术向大花蕙兰注入香味基因并且获得成功，让这种原本不香的兰花变得芳香四溢，从而身价倍增。英国的科学家正在试图改造花卉植物的基因，让花朵经得起风吹雨打，实现四季芬芳、永开不败的梦想。许多花卉如中国兰花和中国水仙，虽然花小且颜色简单，但具有浓郁的芳香；而附生兰类如蝴蝶兰等热带兰和水仙属的其他植物，花朵虽大、色泽鲜艳，却大多没有芳香，如何通过基因工程使这些植物既具香味，又花型美观，是科学家们的一个重要课题。

2.2.5.3 花发育基因工程

花发育相关性状主要包括花期、花数、花序类型、花朵大小、花型和花瓣的形态等。花的发育可分为花序的发育、花芽的发育、花器官的发育和花型的发育 4 个阶段，或花的起始、花的诱动、花的分化与发育 3 个步骤。研究人员已从拟南芥、金鱼草等植物中克隆出了一批与花发育相关的基因。如：影响花序或花芽分生组织发育，且同时也会影响开花早晚的花分生组织特性基因（*TFL*、*CEN*、*FLY*、*FLO* 等）；调节花分生组织大小并影响器官数目的花分生组织基因（*CLVl*、*CLV2*、*CLV3*、*WIG*）；花瓣发育基因（*CRABS*、*CLAW* 等）；调控金鱼草等花瓣对称性的花型基因（*CYC*、*DICH*）；影响开花早晚的花期基因（*ADG1*、*CO*、*CCAJ*、*CLF* 等）等。

Luo 等发现金鱼草中的 1 对基因 *CYC* 和 *DICH*，对花形状的形成起关键作用。此类基因发挥作用时，金鱼草的花就发育成不规则型；而当它们发生变异时，金鱼草的花就发育成规则型 。Einset 等用根癌农杆菌法将番茄反义 ACC 氧化酶基因导入秋海棠属植物中，结果得到了延长花朵寿命的转基因植株。Winefield 等用发根农杆菌法将 *rolC* 基因导入矮牵牛属植物中，结果花期推迟，与 Winefield 所得的结果相反。Giovannini 等用同样的方法将 *rolA*、*B*、*C* 基因导入 *Osteospermum* 属植物中，结果却得到了提早花期的转基因植物。邵寒霜等（1999）克隆了调控花分生组织启动的相关基因 – 拟蓝芥 *LFY* cDNA，然后转化到菊花中，转化后代有 3 株与对照相比其花期分别提前 65 天、67 天和 70 天；另外有 2 株，花期分别推迟 78 天和 90 天。Yu 等（2000）用反义抑制法将 DOH1 基因导入石斛，获得转化株，其花期比对照早 10 天。Zheng 等（2001）将 PHYBI 基因转入菊花，转基因植株 LE31 和 LE32 花芽分化比对照植株分别延迟 4 天和 5 天，而开花分别延迟 17 天和 20 天，表明 PHYBI 基因主要影响花芽发育而不是影响花芽分化。

2.2.5.4 花卉株形基因工程

花卉形态对花卉植物的经济价值起着决定性影响。因此，花卉形态改良一直是科学工作者研究的重点之一。花卉形态包括花器官形态、花枝着生状态、花序类型及植株形态等。人们在拟南芥、金鱼草、矮牵牛的花原基中分离出一些被称为同源异形基因的对花器官分化起关键作用的基因，这些基因的表达会影响花朵的大小、形状和花期。科研人员还从矮牵牛、拟南芥和金鱼草的突变体中鉴定出了几个控制花朵形态的基因，如控制花瓣数、花瓣形状、花瓣对称性的基因；控制花器官原基数目和位置的基因，花发育抑制基因等。将这些基因导入某些花卉内，有望培育出特异花形的新品种。利用突变体，已从拟南芥中克隆到大量控制花器官发育的基因 *AP1–3*、*AG*、*CAL*、*TFL1*、*LEY*、*CEN*、*FLO*、*SQUA*、*UFO* 等。

法国科研人员通过发根农杆菌介导转化法，把野生型 Ri 质粒导入柠檬天竺葵，获得了节间缩短、分枝和叶片增加、株形优良的转化株。Zheng 等将烟草光敏色素基因导入菊花品种 Kitau 中，获得了株型明显矮化且分枝角度比野生型大的植株。可能是由于光敏色素合成引起 GA_3 过量表达，从而导致茎缩短，分枝多，这与人工喷施 GA_3 取得的效果是相似的。Dolgov 等将 *rolC* 基因导入菊花品种 White Snowdon 中，获得 2 个转化系，其中 1 个转化系表现为丛生、矮化，并且叶多分裂。Petty 等把光敏色素基因 *phyA* 导入菊花中，发现其花梗变短，叶绿素增加，衰老延缓。Yu 等将 *DOH1* 基因导入金钗石斛中，转基因植株分枝性强且矮化。

2.2.5.5 花卉抗性基因工程

抗性育种也是花卉育种的一个重要方面。花卉抗性基因工程包括抗冻、抗病毒、抗虫、抗病菌、抗旱、抗盐碱、抗除草剂等。

1. 抗冻基因工程

在研究植物反应低温的信息处理过程中，美国学者 Thomashow 发现，调节蛋白（如各种反式作用因子等）在与低温反应有关的基因表达调控中起着重要作用。将转录因子 *GBF1* 基因导入拟南芥，转录因子 *GBF* 与 *COR* 基因中的 c 一重复序列识别结合，*CBF1* 能够作为 COR 蛋白表达的开关，诱导了一系列 COR 蛋白的表达，使未经过低温驯化的植株产生很强的抗冻力 。1987 年，Davies 等将抗冻蛋白（AFP）基因整合在 Ti 质粒上，用叶盘法转化郁金香，获得具有一定抗冻力的植株。*CBF1* 基因导入植物，提高植物抗冻力，对研究其他多基因性状（如固氮作用）有一定的借鉴意义。国内一些研究机构已着手将 CBF1 基因导入重要的经济作物和名贵花卉。

2. 抗病毒基因工程

烟草花叶病毒衣壳蛋白基因的导入可以增强植物对烟草花叶病毒、黄瓜花叶病毒和苜蓿花叶病毒的抗性。Marchant 等将几丁质酶基因转入现代月季中，使转基因植株黑斑病的发生率大大降低。Takatsu 等将水稻几丁质酶基因导入菊花品种 Yamabiko 中，获得抗灰霉病的转化植株。中国的花卉工作者也成功地获得了提纯的香石竹叶脉斑驳病毒外壳蛋白基因 cDNA，并测定了序列，为香石竹的培育奠定了生物技术方面的基础。

3. 抗虫基因工程

1987 年，比利时科学家获得第一例基因杀虫烟草，近些年在花卉中也转化成功。 基因的转化使花卉增强了对鳞翅目害虫幼虫及食草害虫的抗性。但 *Bt* 毒蛋白对同翅目害虫无效。Wordragen 等以离体叶片为材料将 *Bt* 基因转入到菊花品种 Parliament，获得了抗虫植株。

4. 其他抗性基因工程

科学家在花卉抗病菌、抗旱、抗盐碱、抗除草剂等基因工程方面的研究也取得了一定进展。在花卉的转基因育种中，Hoshino 等为了建立抗除草剂的金鱼草遗传转化体系，将除草剂抗性标记基因 *bar* 基因用根癌农杆菌法转入了金鱼草中，并获得了转化植株，同时还观察到植株性状的改变。

2.2.5.6 花卉保鲜基因工程

鲜切花从采收、分级、包装、储运到销售等一系列过程，需要很长时间，而且会损伤切花。因此，往往会出现在切花售出以前，就已失去其商业价值。所以，切花保鲜在鲜切花产业中显得很重要，尤其对乙烯敏感型的花卉，如香石竹、月季等。乙烯能够促进花瓣衰老，衰老过程中释放的乙烯会进一步加速切花衰老。利用基因工程技术，对乙烯敏感型花卉瓶插寿命改良是一个经济、安全和有效延长花卉寿命的方法。 乙烯合成中最重要的两个酶是 ACC 合成酶和 ACC 氧化酶，前者是限速酶。故可以利用基因工程技术将这两种酶合成相关的基因导入需要改良的乙烯敏感型花卉植物中，降低植株对乙烯的敏感度，以达到保鲜目的。利用反义技术将 ACC 合成酶或 ACC 氧化酶基因反义导入香石竹中，使转基因切花瓶插寿命明显延长（刘会超，2007）。Bovy（1999）将拟南芥 clr-1 等位基因导入香石竹中，大约一半再生转化植株花的瓶插寿命比对照延长了 6 ~ 16 天，是对照瓶插寿命的 3 倍左右。

2.2.6 展望

中国花卉资源丰富，应当抓住基因工程带来的发展机遇，充分利用中国花卉植物种质资源优势及已取得的研究成果：①把花卉基因工程育种与传统育种方法紧密结合起来。在传统育种的基础上应用基因工程技术改良某些运用传统育种所不能取得的性状，将转基因花卉的外源目的基因持续地遗传给后代或通过有性生殖转移到别的品种中；②加强部门行业学科间的交流合作，加大应用研究，充分发挥我国花卉资源的优势，使中国花卉基因工程育种得到长足发展；③花卉基因工程育种应把目的基因的开发利用与花卉基因文库的保存紧密地结合起来，保护花卉遗传资源的多样性；④应加强国际合作，借鉴欧美国家的研究成果，加快中国花卉基因工程育种的步伐。

随着基因工程研究的全面深入，可以预见，在不远的将来，由人类设计的前所未见，美不胜收的花卉将展现在我们面前，更好地美化我们的生活。

2.3 花卉生长发育相关的环境因子

花卉的生长发育除决定于其本身的遗传特性外，还决定于外界环境因子。影响花卉生长发育的主要环境因子有温度（气温与地温）、光照（光谱、光照度和光周期）、水分（空气湿度和土壤湿度）、土壤（土壤组成、物理性质及土壤 pH 值）、大气以及生物因子等。只有充分了解每种植物生长发育所需要的环境条件，才能创造和运用相应的栽培技术措施，达到人们改造植物、利用植物的预期目的。当前国际花卉生产中广泛采用的人工加光生产、遮光处理、种子和球根的低温处理等技术措施，都是在充分了解和掌握某些花卉生长发育特点的基础上制定的栽培措施，这些措施都大大提高了花卉生产的经济价值和观赏价值。

2.3.1 花卉与温度

温度是影响花卉生长发育最重要的环境因子之一。它影响着花卉的地理分布，制约着生长发育的速度及体内生理生化过程。花卉只有在合适的温度范围内才能健康生长。

2.3.1.1 花卉种类对温度的要求

由于花卉种类和原产地气候型不同，花卉植物对温度要求的“三基点”（即最低点、最适点、最高点）也不同。原产热带的花卉，生长的基点温度较高，一般在 18℃开始生长；原产温带的花卉生长基点的温度通常在 10℃左右；原产亚热带的花卉，其生长基点温度介于前二者之间，一般在 15 ~ 16℃开始生长。

耐寒性花卉原产温带与寒带，一般能耐 0℃以上的温度，其中一部分能忍耐 -5 ~ -10℃以下的低温。在北京如蜀葵、玉簪、金银花、丁香等，均能在露地越冬。半耐寒性花卉一般要求温度在 0℃以上越冬。长江流域大多可以露地越冬。北方地区需稍加保护越冬，如牡丹、桂花、夹竹桃、金鱼草、金盏菊等，在春季冷凉气候下迅速生长开花。不耐寒性花卉原产于热带和亚热带地区，不能忍受 0℃以下的温度，其中一部分种类甚至不能忍受 5℃左右的温度，这类花卉大多只在一年中无霜期内进行生长发育。或者在温室内生长一段时期，如扶桑、鸡冠花、一串红、百日草等。

2.3.1.2 温度对花芽分化及开花的影响

1. 在低温下进行花芽分化

有些花卉在开花之前需要一定时期的低温刺激才能成花，如一些禾本科植物，许多原产温带中北部及高山花卉，如八仙花、卡特兰属和石斛属的某些种类在低温 13℃左右和短日照下促进花芽分化。有些球根花卉如风信子、水仙等，初期要求低温，以后温度逐渐升高。此时的低温最适值与变化范围因花卉种和品种而异。郁金香为 2 ~ 9℃，风信子为 9 ~ 13℃，水仙为 5 ~ 9℃。

2. 在高温下进行花芽分化

许多花木如杜鹃、山茶、梅、桃和樱花、紫藤等都在 6 ~ 8 月气温高至 25℃以上时进行花芽分化。入秋后植物体进入休眠，经过一定低温后结束或打破休眠而开花。许多球根花卉的花芽也在夏季较高温度下进行分化，如唐菖蒲、晚香玉、美人蕉等春植球根花卉于夏季生长期进行。而郁金香、风信子等秋植球根花卉是在夏季休眠期进行花芽分化。

3. 对花色的影响

温度对花色的影响尤其表现在花青素系统的色素上。如在矮牵牛蓝和白复色品种中，蓝色部分和白色部分的多少，受温度影响很大，如果在 30 ~ 35℃高温下，开花繁茂时花瓣完全呈蓝色或紫色。而在 15℃条件下，花开同样繁茂时，花色却呈白色。若在上述两者之间的温度条件下，就呈现蓝和白复色花。蓝和白色的比例随温度而变化，当温度趋近于 30 ~ 35℃时，蓝色部分增多，温度变低时白色部分增多。此外，如菊花、翠菊以及其他草花于寒冷地区栽培时，其花色均比在暖地时浓艳。

昼夜温度差对花卉也有明显的影响。一般热带植物最适的昼夜温度差为 3 ~ 6℃，温带植物为 5 ~ 7℃，沙漠地区原产的花卉植物，如仙人掌类则为 10℃或以上。一些主要花卉的昼、夜最适温度，如表 2-2 所示。

表 2-2　一些主要花卉的昼、夜最适温度

种　类	白天最适温度（℃）	夜间最适温度（℃）
金鱼草	14 ~ 16	7 ~ 9
心叶藿香蓟	17 ~ 19	12 ~ 14
香豌豆	17 ~ 19	9 ~ 12
矮牵牛	27 ~ 28	15 ~ 17
彩叶草	23 ~ 24	16 ~ 18
翠菊	20 ~ 23	14 ~ 17
百日草	25 ~ 27	16 ~ 20
非洲紫罗兰	19 ~ 21	23.5 ~ 25.5
月季	21 ~ 24	13.5 ~ 16

当昼夜温差不适宜时，花卉也表现为生长不良或观赏价值降低。适宜的昼夜温度及其变化范围，配合适宜的其他环境条件，花卉才能生长发育良好，花（果）着色浓艳，香气浓，抗逆力强。

2.3.2　花卉与光照

阳光是花卉生长发育的必要条件和能量源泉。光照对花卉的影响主要表现在光照强度、光照时间和光质等 3 个方面。

2.3.2.1　光照强度对花卉的影响

不同花卉对光照强度的反应不同。多数露地草花在光照充足的条件下，植株生长健壮，着花多且花也大。而有些花卉如玉簪、铃兰、万年青等在光照充足的条件下生长极为不良，在半阴条件下才能健康生长。

1. 阳性花卉

自然界一些植物，必须在完全光照下，才能生长发育良好，不能忍受短期荫蔽。原产于热带及温带平原上、高原南坡以及高山阳面岩石的花卉均为阳性花卉。如多数露地 1 ~ 2 年生花卉及宿根花卉、仙人掌科、景天科及番杏科等多浆植物。

2. 阴性花卉

多数生于热带雨林下或分布于林下及阴坡的花卉植物，如蕨类植物、兰科植物、苦苣苔科、凤梨科、姜科、天南星科以及秋海棠科等植物都为阴性花卉。许多观叶植物也属于阴性花卉。这类花卉要求在适度荫蔽下方能生长良好，不能忍受强烈的直射光线。阴性花卉生长期间一般要求有 50% ~ 80% 荫蔽度的环境条件，在花卉应用方面多作室内花卉。

3. 中性花卉

中性花卉既不耐阴又怕夏季烈日照射，对于光照强度的要求介于上述二者之间。一般喜欢阳光充足，但在微阴下生长也良好。此类花卉中多数种与品种在 2000 ~ 4000lx 已可达到生长和开花的光照要求了。夏季里光强的一半照度即可达到中性花卉的要求，过强的光照会使植物的同化作用缓慢。当日光不足时，这类花卉也会因同化和蒸发作用减弱而导致徒长、花色及花香不足，分蘖力减小，且易感染病虫害。

光照强度对花蕾开放时间也有很大影响。有些花卉必须在强光下才开花多，如半支莲、酢浆草等；有些花卉在傍晚时如紫茉莉、月见草、晚香玉等；昙花更需在夜间开放；牵牛与亚麻只盛开于每日的晨曦中；还有相当多的花卉则晨开夜闭。

光照强度对花色也有影响，特别是对色原素的形成影响较大。由于高山植物体中色原素含量较平地植物多，花色

才更艳丽。花青素是各种花卉的主要色素，它来源于色原素。花青素必须在强光下才能产生，在散射光下不易产生。实验结果表明在不同的光照度和温度共同作用下，随光照度增大，矮牵牛花白蓝色复色花朵上白色部分变大。彩叶草、枫叶、秋海棠的叶片，在强光下叶黄素合成增多，在弱光下胡萝卜素合成增多，于是显现出由黄到橙到红等不同颜色。

此外，光对种子萌发有不同影响。有些花卉的种子，见光时发芽比在黑暗中发芽的效果好，通常称为光性种子，如报春花、秋海棠、六倍利等，播种后不覆土或稍覆土可发芽。有些花卉的种子需要在黑暗条件下发芽，通常称为嫌光性种子，如喜林草属在播种后必须覆土，否则不会发芽。

2.3.2.2 光照时间对花卉的影响

花卉开花的多少、花朵质量优劣除了与本身的遗传特性有关外，光照时间长短对花芽分化和花卉都有一定的影响。根据花卉对光照时间的要求不同，通常将花卉分为以下 3 类。

1. 长日照植物（long-day plant）

这类植物要求较长时间的光照才能成花。一般要求每天长于 12h 的光照，才能正常形成花芽并开花，相反，在较短的日照下，便不开花或延迟开花。二年生花卉秋播后，在冷凉的气候条件下进行营养生长，在春天长日照下迅速开花。瓜叶菊、紫罗兰于温室内栽培时，通常 7 ~ 8 月播种，早春 1 ~ 2 月便可开花，若迟至 9 ~ 10 月播种，在春季长日照下也可开花，但因植株未及充分成长而变得很矮小。

2. 短日照植物（short-day plant）

这类植物一般要求每天短于 12h 的光照，而在较长的光照下便不能开花或延迟开花。一年生花卉在自然条件下，春天播种发芽后，在长日照下生长茎、叶，在秋天短日照下开花繁茂。若春天播种较迟，当进入秋天后，虽植株矮小，但由于在短日照条件下，仍如期开花。如波斯菊通常 4 月份播种，9 月中旬开始开花，株高可达 2m，如迟至 6 ~ 7 月播种，至 9 月中旬仍可开花，但株高仅 1m。

秋天开花的多年生花卉多属短日照植物，如菊花、一品红等在短日照下方能开花，因此为使它们在“十一”国庆节开花，必须进行遮光处理。

3. 中性植物（day-neutral plant）

这类花卉对光照时间长短不敏感，在较长或较短的光照下都能开花，对于光照长短的适应范围较广。如香石竹、扶桑、非洲紫罗兰、花烟草、非洲菊等。

植物的春化作用和光周期反应之间有密切的关系，既相互关联又可相互取代。许多春化要求性植物，往往对光周期反应也很敏感，如不少长日照植物，如果在高温下，即使在长日照条件下也不会开花或大大延迟花期，这是由于高温“抑制”了长日照对发育影响的缘故。

一般在自然条件下，长日照和高温（夏季）、短日照和低温（冬季）总是相互伴随着关联着。另外，短日照处理在某种程度上可以代替某些植物的低温要求；在某些情况下，低温也可以代替光周期的要求，因此许多情况下应当把光周期和温度因子结合起来分析问题。

2.3.2.3 光质对花卉的影响

光质又称光的组成。光的组成包含不同波长的太阳光谱成分。不同波长的光对植物生长发育的作用不同。已经实验证明，红光、橙光有利于植物碳水化合物的合成，加速长日照植物的发育，延迟短日照植物的发育。相反，蓝、紫光能加速短日照植物的发育，延迟长日照植物的发育。蓝光有利于蛋白质的合成，而短光波的蓝、紫光和紫外线能抑制茎的伸长和促进花青素的形成，紫外光还有利于维生素 C 的合成。由于高山上和热带地区接受的紫外线较多，所以，高山花卉和热带花卉的花色较之温带平原的更为浓艳。

2.3.3 花卉与水分

水分在花卉植物内占有很大的比重。木本花卉的含水量约为植物体重的 50%，有些草本花卉含水量达植株体重的 70% ~ 80%。由于水分的存在，才使花木呈直立、饱满、挺拔状态。

水分是花木生命活动的必要条件，花卉生存所需的营养物质大部分是通过水中溶解的物质而吸收的。光合作用也只有在水分存在的情况下才能进行。花卉依靠水分，通过叶片的蒸腾作用调节植物体的温度，同时减少生理病害的发生。

2.3.3.1 花卉对水分的需求

不同种类的花卉对水分需求也不同。耐旱花卉能忍受较长时间土壤和空气的干燥而继续生活，如原产于炎热而干旱地区的仙人掌科、景天科等多肉类花卉。这类植物叶片气孔的保卫细胞肥大，遇干旱会立即收缩，将气孔关闭，同时，其肉质多浆的茎叶能储存大量水分，具有很强的抗旱性，在栽培管理中宁干勿湿。耐湿花卉生长期间要求经常有大量水分存在，如蕨类植物、兰科植物、秋海棠类植物等。水生花卉植物的根或茎都具有较发达的通气组织，它们必须在水中生长，其中适宜在浅水中生长的有荷花、睡莲、凤眼莲、萍蓬草等；适宜在沼泽或低洼积水地生长的有石菖蒲、千屈菜、水葱等。自然界大多数露地花卉要求适度湿润的土壤，对水分的要求介于上述耐旱和耐湿花卉之间，即通常称之为中生花卉，它们对土壤水分的要求多属于中耐旱花卉，应保持土壤湿度见干见湿，土壤含水量在60% 左右，如月季、茉莉、丁香、桂花及某些一、二年生草本花卉，还有一些肉质根系的花卉如君子兰等。

观花类花卉如水分过大，花色会浅淡。相反，如水分缺乏则花色加深。花芽分化时如水分不足会影响花芽的形成，如水分过多则会造成花木徒长，抑制花芽分化。一般来说，在花芽分化期要控制水分使营养生长受到抑制，从而达到促进花芽分化的目的。

同一种花卉在不同生长时期对水分的需求不同。当花木进入休眠期时，浇水量应减少或停止。从休眠期进入生长期，浇水量逐渐增加。生长旺期，浇水量要充足。开花前浇水量应适当控制，盛花期适当增多，结实期又需要适当减少浇水量，如果水分过大会造成落花和落果。

水分也影响花卉的花芽分化与花色。通常采用对水分控制的方法可以达到控制营养生长促进花芽分化的目的。广州的盆栽——“年橘”就是在 7 月控制水分促使花芽分化，初冬开始开花结果的。梅花栽培中的“扣水”是减少浇水，使新梢顶端自然干梢叶面卷曲，停止营养生长而转向花芽分化。球根鸢尾、水仙、风信子、百合等采用 30 ~ 35℃的高温处理种球使其脱水，而达到提早花芽分化并促进花芽伸长的目的。适当的湿度有利于花卉正常花色的显现，如果水分缺乏常引起花色变浓而失去应有的神韵。

2.3.3.2 花卉与空气湿度

花卉所需要的水分，大部分来源于土壤，但是空气湿度对花卉的生长发育也有很大影响。生长时期的花卉，一般都要求湿润的空气，但湿度过大时植株易徒长。开花结实时要求空气湿度小。开花期湿度过大，有碍开花，影响结实等。反之，空气湿度过小，会使花期缩短，花色变淡。种子成熟时更要求空气干燥。而有些花卉植物要求更高的空气湿度，如湿生花卉、附生植物、一些蕨类、苔藓植物、苦苣苔科植物、凤梨科、食虫植物及气生兰类等，附生于树干或树枝上，生长于岩壁上或石缝中，依靠吸收湿润空气的水分，甚至有些花卉需要置于云雾状近于饱和的空气湿度中才能生长良好。因此南花北养，如空气长期干燥，就会生长不良，影响开花和结果。北方冬季气候干燥，室内养花如不经常保持一定的湿度，一些喜湿润花卉，往往会出现叶色淡黄，叶子边缘干枯等现象。

根据不同花卉对空气湿度的要求不同，可采取喷洗枝叶或罩上塑料薄膜等方法增加空气湿度，创造适合它们生长的湿度条件。兰花、秋海棠类、龟背竹等喜湿花卉，要求空气相对湿度不低于 80%；茉莉、白兰花、扶桑等中湿花卉，要求空气湿度不低于 60%。

2.3.4 花卉与空气

花卉植株地上部分茎、枝、叶及地下部分的根系都需要空气。空气中含有 23.08% 的氧、0.053% 的二氧化碳、75.58% 的氮、0.001% 的氢、1.28% 的氩和 0.001% 的稀有气体，供给花卉生存的需要。花卉叶片的光合作用、呼吸作用都必须在有空气的条件下进行。没有空气，花卉光合作用不能进行，制造有机营养物质受阻，花卉无法生存。在一般栽培条件下，出现氧气不足的情况较少，仅在土壤过于紧实或表土板结时才引起氧气不足，使根呼吸困难，生长受到抑制，甚至不能萌发新根，严重时嫌气性有害细菌就会大量滋生，引起根系腐烂，造成全株死亡。

适当提高空气中 CO_2 的含量会增加花木的光合作用。温室内应用 CO_2 施肥会收到较好的增产效果。不同花卉对 CO_2 浓度的要求不同。据有关资料介绍，月季栽培中 CO_2 浓度增高到 1200 ~ 2000μl/L 就有增收效果。菊花和香石竹由于增施 CO_2，大大提高了产品的质量。但当空气中的 CO_2 含量达到 2% ~ 5% 以上时，对花卉的光合作用就会起到抑制作用，过量的 CO_2 甚至会危害花木。 在温室中，使用过量的有机肥，会使土壤中 CO_2 量增加 1% ~ 2%，从而造成花卉根系呼吸不畅，使病虫害孳生。花卉的根系在土壤中也需要空气，若浇水过多、排水不好或土壤板结，造成空气不足会造成根系呼吸作用困难，引起烂根。若持续缺少空气会造成植株死亡。不论幼苗或高大花卉均要通风良好，保持自然界 CO_2 和 O_2 的平衡。若通风不良会加速土壤中的细菌繁殖和空气中细菌的滞留，使花卉感染病害。在通风条件下，即使置于荫凉处，花卉的蒸腾作用和土壤的水分蒸发也能正常进行。花卉种子萌发也要求具有一定的氧气和湿度，若将翠菊、波斯菊种子浸泡于水中会由于缺氧而使发芽受阻。

二氧化硫（SO_2）是花卉生长的有害气体，当空气中二氧化硫含量增至 20μl / L 甚至为 10μl/L 时，便会使花卉受害，浓度越高，危害越严重。综合一些报道材料，对二氧化硫抗性强的花卉有金鱼草、蜀葵、美人蕉等。氟化氢（HF）首先危害植物的幼芽和幼叶，以后则出现萎蔫现象。氟化氢能导致植株矮化、早期落叶、落花及不结实。抗氟化氢的花卉有棕榈、凤尾兰、大丽花、一品红、天竺葵、万寿菊、倒挂金钟、山茶、秋海棠等。抗性弱的有郁金香、唐菖蒲、万年青、杜鹃等。从工厂烟囱中散出的还有其他有害气体，如乙烯、乙炔、丙烯、硫化氢、氯化氢、氧化硫、一氧化碳、氯、氰化氢等。这些气体即使含量稀薄，如乙烯含量只有 1μl/L、硫化氢含量仅有 40 ~ 400μl/L 时，就会使植物遭受损害。各种花卉对有害气体的抗性差异很大。在花卉应用和环境绿化设计时，在可能污染地区应选用敏感植物作为“报警器”，以监测预报大气污染程度。常见的敏感指示花卉有监测 SO_2 的向日葵、波斯菊、百日草、紫花苜蓿等；监测氯气的百日草、波斯菊等；监测氮氧化物的秋海棠、向日葵等；监测臭氧的矮牵牛、丁香等；监测过氧乙酰硝酸酯的早熟禾、矮牵牛等；监测大气氟的地衣类、唐菖蒲等。

2.3.5 花卉与土壤

土壤（Soil）是培育花卉的重要基质，是花卉赖以生存的物质基础，也是供给花卉生长发育所需要的水、肥、气、热的主要源泉。这是因为土壤是由矿物质、有机质、土壤水分和土壤空气组成的。矿物质是组成土壤的最基本物质，它能提供花卉所需的多种营养元素和有机质，不仅能供应花卉生育的养分，而且对改善土壤的理化性质和土壤团粒结构以及保水、供水、通风、稳温等都有重要作用。土壤水分是花卉生育必不可少的物质条件；土壤空气是花卉根系吸收作用和微生物生命活动所需要氧气的来源，也是土壤矿物质进一步风化及有机物转化释放出养分的重要条件。科学实验证明，适合植物生长的土壤按容积计，矿物质约占 38%，有机质约占 12%，土壤空气和土壤水分各约占 15% ~ 35%。一般盆栽花卉根系被局限在花盆里，依靠有限的土壤来供应养分和水分，维持生长和发育的需要，因此，对土壤的要求就更加严格。

2.3.5.1 花卉对土壤的基本要求

花卉的种类很多，对土壤的要求各异。一般而言，多数花卉要求土壤富含腐殖质，疏松肥沃，排水良好，透气性强。部分需要中性土壤，还有部分花卉则要求酸性土壤。

1. 花卉要求的土壤特性

（1）团粒结构良好，排水透气。团粒结构是土壤中的腐殖质与矿物质粘结所成的 0.01 ~ 5mm 大小的团粒。团粒内部有毛管孔隙，可蓄水保肥，团粒之间又有较大的孔隙，可以排水透气。团粒结构不良的土壤，多粘重、板结、排水不畅，栽培花卉时容易导致根系腐烂，叶片发黄，甚至干枯死亡。

（2）腐殖质丰富，肥效持久。腐殖质是动植物残体及排泄物经腐烂后形成的有机物。腐殖质含量丰富，有效态营养元素的含量丰富，利于花卉根系的吸收。增加土壤腐殖质的方法，主要依靠增加充分腐熟的有机肥。

（3）酸碱度（pH 值）要适宜。大多数露地花卉要求中性土壤，而多数温室花卉要求微酸性土壤。植物对环境中酸碱性的适应性是由植物的根系特性决定的。根据植物根系对环境酸碱性的适应性将其分为酸性土植物、弱酸性土植物、近中性（偏酸性）土植物和弱碱性土植物。土壤酸碱度对某些花卉的花色变化有重要影响，八仙花的花色变化即由土壤 pH 值的变化而引起，著名植物生理学家 Molisch 研究结果指出，八仙花蓝色花朵的出现与铝和铁有关，还与土壤 pH 值的高低有关，pH 值低，花色呈现蓝色，pH 值高则呈现粉红色。另外，随着 pH 值的减少，萼片中铝的含量增多。土壤的酸碱度通常可以用硫酸和生石灰调节，硫酸亚铁也可调节土壤的 pH 值。一般用工业废硫酸调节，以节约成本。

2.3.5.2 各类花卉对土壤的要求

1. 露地花卉

（1）一、二年生花卉。在排水良好的沙质壤土、壤土及黏质壤土上均可生长良好，重黏土及过度轻松的土壤上生长不良；适宜的土壤是表土深厚、地下水位较高、干湿适中、富含有机质的土壤。夏季开花的种类最忌干燥的土壤；秋播花卉如金盏菊、矢车菊等，以表土深厚的黏质壤土为宜。

（2）宿根花卉。根系较强，入土较深，应有 40 ~ 50cm 的土层；栽植时应施较多的有机肥，以长期维持较好的土壤结构。一次施肥后可维持多年开花。一般宿根花卉在幼苗期要求富含腐殖质的轻质壤土。而在第二年以后则以稍粘重的土壤为宜。

（3）球根花卉。对于土壤要求十分严格。一般以富含腐殖质的轻质排水良好的壤土为宜，壤土也可。尤以下层为排水良好的砾石土、表土为深厚的沙质壤土为宜。但水仙花、风信子、百合、石蒜、晚香玉及郁金香等则以壤土为宜。

2. 温室花卉

温室花卉要求土壤疏松柔软，富含腐殖质，透气性和排水性良好，能长久维持湿润状态，不易干燥。

2.3.6 花卉与营养

维持植物正常生活所必须的大量元素，通常认为有 10 种，其中构成有机物的元素有 4 种，即碳、氢、氧、氮等，形成灰分的矿物质元素有 6 种，即磷、钾、硫、钙、镁、铁等。在植物生活中，氧、氢二元素可自水中大量取得，碳素可取自空气中，矿物质元素均从土壤中吸收。氮素不是矿物质元素，天然存在于土壤中的氮素含量通常不能满足植物生长所需。

除上述大量元素外，尚有为植物生活所必须的微量元素，如硼、锰、锌、铜、钼等，在植物体内含量甚少，约占植物体重 0.0001% ~ 0.001%。此外尚有多种超微量元素，亦为植物生活所需要。近来试验证明，如镭、钍、铀及锕等天然放射性元素，也是植物所必需，有促进生长的作用。

在植物栽培中，除大量元素以不同形态，作为肥料供给植物需要外，各种微量元素已开始应用于栽培中。

主要元素对花卉生长的作用如下所述。

花卉正常生长发育需要的主要营养元素有碳、氢、氧、氮、磷、钾、硫、钙、镁等。

（1）氢、氧。可从水中吸取。碳自空气中获得，其余元素从土壤或栽培基质中得到补充。

（2）氮。适量可促进花卉营养生长，使花朵硕大、种子饱满。但过量会造成花卉徒长、植株瘦弱、延迟开花或不开花，降低花卉对病虫的抵抗能力。对于观叶花卉来说，整个生命周期对氮的需求都较高，氮充足可保持叶片浓绿、肥大。对于观花类花卉，生殖阶段需控制氮的供给。

（3）磷。有促进种子萌发、提早开花结实的功能。磷不足影响花木孕蕾、开花、结果。造成花朵小，花少，花色不鲜艳，果实不丰满。磷还具有使花卉茎较坚韧，根系茂盛，增强对病虫害及不良环境抵御能力的作用。花卉幼苗期需适量的磷，开花后需磷更多。

（4）钾。可使花卉植株强健，加强茎的坚韧性，增强光合作用的进行。尤其在冬季阳光不足时施入钾肥可使光合作用增强，促进根系生长，使花色鲜艳，提高花卉抗寒及抗病虫害能力。但钾也不可过量，若过量会造成植株低矮、节间缩短、叶子变黄、植株枯萎。

（5）钙。可促进根系发育，改良土壤，降低土壤酸度；粘重土壤施钙后变疏松；沙质土壤施钙后变密结。缺钙花卉植株矮小、根系不发达、幼叶卷曲、叶尖焦枯。

（6）硫。可促进土壤中微生物的活动。缺硫时叶色淡，严重时呈白色。

（7）铁。是构成叶绿素不可缺少的元素。植株缺铁，妨碍叶绿素的生成，造成叶片发白、枯黄，尤以幼叶明显。北方碱性土壤中生长的南方花卉常出现缺铁现象。

（8）镁。对光合作用起着重要作用。缺镁的花卉植株叶脉仍为绿色但叶缘卷曲，有时呈紫红色。

（9）硼、锰、锌、铜、钼等。可促进花卉生长发育、增强花卉对病虫害、干旱、低温等不良环境的抵抗能力，促使花卉生长健壮，开花繁茂。

思 考 题

1. 影响植物花芽分化的因素有哪些？生产中如何通过栽培管理措施控制花卉的开花？
2. 温度、光照、水分、土壤等条件如何对花卉的生长发育产生影响？
3. 花卉生长发育的必要元素有哪些？对花卉生长发育有什么主要作用？
4. 土壤的哪些性质影响花卉生长发育？
5. 大气中影响花卉的有害气体主要有哪些？
6. 调控开花的基因有哪些？如何应用？

本章参考文献

[1] 黄春琼，郭安平，等．基因工程在花卉育种中的应用进展［J］．热带农业科学，2006，26（2）：54-88.

[2] 王关林，方宏筠．植物基因工程原理与技术［M］．北京：科学出版社，1998.

[3] 包满珠．植物花青素基因的克隆及应用［J］．园艺学报，1997，24（3）：279-284.

[4] 傅荣昭，马江生，等．观赏植物色香形基因工程研究进展［J］．园艺学报，1995，22（4）：381-385.

[5] 吴乃虎．基因工程原理［M］.2 版．下册．北京：科学出版社，2001. 172-173.

[6] 刘会超．花卉学［M］．北京：中国农业出版社，2006.

[7] 包满珠．花卉学［M］．北京：中国农业出版社，2003.

[8] 刘燕．园林花卉学［M］．北京：中国林业出版社，2002.

[9] 鲁涤非．花卉学［M］．北京：中国农业出版社，1998.

[10] Tanaka Y，Tsuda S，Kusumi T.Metabolic engineering to modify flowers color.Plan t an d Cell Physiology，1998，39（11）：1l19-1126.

[11] Van der Zrol A R，Lenting R E，Veenstra J Meer，etal.An an ti-sense chalcone synthase gene in transgenic plants inhibits flower pigmentation.Nature，1988，333（6176）：860-869.

[12] 罗达．植物发育的分子机理［M］．北京：科学出版社，1997.

[13] 刘良式，等．植物分子遗传学［M］．北京：科学出版社，1997.

[14] 赵惠思，陈俊愉．花发育分子遗传学在花卉育种中应用的前景［J］．北京林业大学学报，2001，23（1）：81-83.

[15] Wang Hong，Woodson William R.Nucleotide sequence of a cDNA encoding the.ethylene-forming enzyme

from Petunia corollas.Plant Physiology，1992，100（1）：535-536.

[16] 刘青林，陈俊愉.观赏植物花器官主要观赏性状的遗传与改良－文献综述[J].园艺学报，1998，25（1）：81-86.

[17] 潘会堂，张启翔.花卉种质资源与遗传育种研究进展[J].北京林业大学学报，2000，22（1）：81-86.

[18] Raghothama K G，Lawton K A，Coldsbrough P B，et a1.Characterization of an ethylene-regulated flower senescence-related gene from carnation.Plant Molecular Biology，1991，17（1）：61-71.

[19] Park K Y，Drory A，Woodson W R.Molecular cloning of an 1-aminocyclopropan e-1-carboxylate synthase from senescing carnation flower petals.Plant Molecular Biology，1992，18（2）：377-386.

[20] Dolgov S V，Mityshkina T U，Rukavtsova E B，et a1.Production of transgenic plants of Chrysanthemum morifoUum Ramat with the gene of Bar.thuringiensis δ-endotoxin.Acta Horticulture.1995（420）：40-47.

本章相关资源链接网站

1. 花谈 http://www.huatan.net
2. 踏花行 http://www.tahua.net
3. CVH 植物图片库 http://www.cvh.ac.cn/
4. 中科院植物所的数据库 http://pe.ibcas.ac.cn/pe/chinese/data/data_center.asp
5. 台湾生物多样性 http://www.taibif.org.tw/
6. 生物谷 http://www.bioon.com

第3章 花卉的繁殖

繁殖是园林花卉繁衍后代、保存种质资源的重要手段，也是实现花卉园林应用的基本保证。花卉的繁殖方式主要包括有性繁殖和无性繁殖两大类，花卉的种类不同，最适宜的繁殖方式和时期也各有不同，如一、二年生花卉多以有性繁殖为主；温室木本花卉则常用无性繁殖中的分生或扦插等方式进行繁殖等。

相比较而言，有性繁殖和无性繁殖各有优点和不足。尽管有性繁殖所获得的幼苗即实生苗具备较强的抗性，但是这种繁殖方式却可能会使 F_1 代植株的种子发生性状分离；利用无性繁殖方式得到的幼苗抗性虽然相对较弱，但是无性繁殖却能够保持亲本的优良性状。在生产实践当中，常常取长补短，优势互补，将这两种繁殖方式有机地结合到一起，以实现既定的目标，比如，可以先利用有性繁殖的方式获得新的性状，再利用无性繁殖的方式对该性状加以保留。当然，由于进行自然有性繁殖的种子生长环境、花色、花型等性状都非常相似，导致出现优良品种的概率通常是特别小的，因此，实践中如期待获得新的优良性状常常要借助于航空育种、辐射诱变等更为有效的手段。

3.1 有性繁殖

3.1.1 有性繁殖的定义及特点

3.1.1.1 定义

花卉在营养生长后期转为生殖期，进行花芽分化和花芽发育而开花，经过双受精后，由合子发育成胚，而受精的极核则发育成胚乳，由珠被发育成种皮即通过有性过程而形成种子。花卉的有性繁殖指的就是利用花卉种子进行繁殖的方法，也称为种子繁殖，是从种子到下一代种子的完整过程。近年来也有将受精后所得到的胚取出，进行培养以形成新的植株，这种方法即为“胚培养”。

园林中应用的大部分一、二年生草花和部分多年生草花，如一串红等都以有性繁殖为主，目前市场上这些种子大部分为 F_1 代种子，具有优良的性状，但需要每年制种。

3.1.1.2 特点

有性繁殖具备如下特点：①种子便于运输、储存、携带和包装；②以播种方式获得的实生苗相比于无性繁殖的幼苗，具备生长势旺盛，寿命长等优势；③繁殖系数高，生长速度快，通常在短时间内就能产生大量幼苗，能够满足不同季节对种苗的大批量需求；④因为 F_1 代植株种子必然发生性状分离，所以有性繁殖在生产实践当中也常被作为一种新品种培育的常规手段。

3.1.2 种子的特性

3.1.2.1 种子的基本结构

各种植物的种子，在形状、大小、色泽和硬度等方面，都有很大的差别，常常作为识别各类种子和鉴定种子质量的根据。种子一般由种皮、胚和胚乳三部分组成。根据成熟后胚乳的有无，种子可分为以下两类。

1. 无胚乳种子

无胚乳种子只有种皮和胚两部分，子叶肥厚，储藏大量的营养物质，占据胚的绝大部分体积，代替了胚乳的功能，如香豌豆、慈姑等花卉的种子就属于无胚乳种子。

2. 有胚乳种子

有胚乳种子由胚、胚乳和种皮三部分组成，胚乳占据种子大部分体积，胚较小。大多数园林花卉的种子都是有胚乳种子。

3.1.2.2 种子的大小和形状

不同种类花卉种子不仅颜色各异，有的种子表面光滑发亮，也有的暗淡或粗糙，就连种子的形状和大小差异也很大。

1. 种子的大小

目前发现世界上最大的种子是生长在塞舌耳群岛上的海椰子，它的种子大得惊人，一粒种子的重量就可以达到 15kg；而最小的种子则为四季秋海棠的种子，它的千粒重只相当于一粒芝麻种子的重量，约为 0.005g，因其种子过小，为增加它的体积以便于播种，生产实践中常将其制作成丸粒化包衣种子出售。以长轴为准，花卉种子按粒径大小不同，通常可以分为以下 4 种（见表 3-1），图 3-1 所示为大粒、中粒、小粒和微粒四种不同粒径的种子示例图，图中标尺均为每小格为 1mm。

表 3-1 花卉种子大小按粒径分类

种子类型	种子粒径（mm）	代表花卉
大粒种子	不小于 5.0	美人蕉、牡丹、紫茉莉等
中粒种子	2.0 ~ 5.0	一串红、凤仙花等
小粒种子	1.0 ~ 2.0	鸡冠花、三色堇等
微粒种子	不大于 0.9	四季秋海棠、金鱼草等

美人蕉热情玫瑰红色（大粒）

一串红展望红色（中粒）

鸡冠花娃娃橙色（小粒）

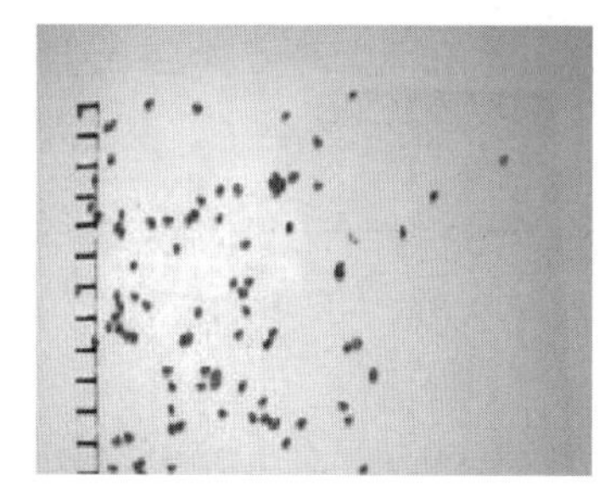
四季秋海棠派司白色（微粒）

图 3-1 不同粒径种子示例图

2. 种子的形状

常见的花卉种子形状有椭圆形（如秋海棠）、广卵形（如金鱼草）、倒卵形（如三色堇）、弯月形（如金盏菊）、长圆形（如矢车菊）等。

3.1.2.3 种子的寿命

种子和一切生命现象一样，有一个有限的生活期——寿命，种子成熟后，随着时间的推移，生活力逐日下降，发芽的速度与百分率逐渐降低，最后完全丧失发芽力。种子的寿命是指在一定的条件下能保持生活力的期限。实际上，一株植物上所产生的种子，可能每一粒都各有一定的寿命；不同植株、不同地区、不同环境、不同年份产生的种子寿命差异则会更大。因此种子的寿命不可能以单粒种子或单粒寿命的平均值表示，只能从群体来测定，通常取样测定其群体的发芽百分率来表示。

生产上将种子（从收获时起）群体的发芽力降低到原有的 50% 的时间定为种子群体的寿命。这个时间称为种子的半活期。种子 100% 丧失发芽的时间可视为种子的生物学寿命。在自然条件下，不同种类园林花卉的种子寿命也各不相同，按寿命的长短，一般可以将种子划分为以下三种类型（见表 3-2）。

表 3-2 花卉种子按寿命长短分类

种子类型	种子寿命	代表花卉
短命种子	1 年左右	慈姑、非洲菊等
中命种子	2 ~ 3 年	大多数草花
长命种子	4 ~ 5 年以上	荷花等

花卉种子寿命的长短，主要受种子的遗传和生理代谢等内在因素的影响，有记载表明，具有 1000 多年历史的古莲子仍然具有一定的萌发能力，这是因为莲子的种皮坚硬不透气，从而限制了氧气的进入，减少了营养物质的消耗。除种皮硬度以外，种子含水量也是影响种子寿命的重要因子之一，每种花卉种子内的含水量都有一个阈值，常规储存时，大多数种子的含水量保持在 5% ~ 8% 为宜，含水量过高或者过低都会降低种子的寿命。如飞燕草的种子要求较低的含水量，在一般储藏条件下，寿命为 2 年左右，在充分干燥后密封于 -15℃的条件下，18 年后仍能保持 54% 的发芽率；而对于牡丹、芍药等的种子，则需要有一定的含水量，过度干燥时种子会迅速失去发芽率。此外，种子采收时的状态和质量、种子成熟度、饱满度等也在一定程度上影响种子的寿命。

除了内在因素以外，环境条件尤其是温度和湿度也对种子的寿命有一定的影响，研究表明，利用低温干燥的环境保存种子可使其寿命比常温未干燥条件下的高出数十倍。种子的遗传特性固然难以改变，但是在生产实践当中，却可以通过控制种子储存时的生理状态和储存环境条件来有效地延长种子的寿命。目前，科学工作者们正在开发研究的超低温保存和超干燥保存已在很大程度上延长了种子的保存时间，延长了种子的寿命，理论上甚至可以实现永久保存，为园林花卉种质资源的保存提供了可能。

在常规的播种实践当中，为保证播种后种子萌发的数量和质量，应尽量做到随采随播，避免因为久置而引起的种子萌发力下降。

3.1.2.4 种子的休眠和萌发

1. 种子萌发所需要的环境条件

水分、温度、氧气对于花卉种子的萌发都是至关重要的，相比之下，大多数花卉种子萌发对光照并不敏感，只有少部分花卉的种子萌发时需要光照。

（1）水分。种子萌发需要吸收充足的水分，种子的吸水能力随种子的构造不同而有较大差异。如文殊兰的种子，胚乳本身含有较多水分，因此在播种中吸水量就少；而那些较干燥的种子则需要较大的吸水量。

（2）温度。一般来说，花卉种子的萌发适温比其生育适温高 3 ~ 5℃。原产地不同的花卉，种子萌发时需要的适宜温度也各不相同。通常原产热带的花卉需要的温度较高，如原产美洲热带地区的王莲（*Victoria amazonica*）需在 30 ~ 35℃的水池中，经过 10 ~ 20 天才能萌发；亚热带及温带的一、二年生花卉种子萌发的适温为 20 ~ 25℃，较高的可达到 25 ~ 30℃，如鸡冠花、半支莲等；原产温带北部的花卉则需要一定的低温才能萌发，如金鱼草、三色堇等的萌发适温为 15 ~ 20℃；而原产在南欧的大花葱（*Allium giganteum*）则是一种低温发芽型的球根花卉，在 2 ~ 7℃的条件下较长时间才能萌发，温度一旦高于 10℃则几乎不能够萌发。

（3）氧气。氧气也是种子萌发的条件之一，供氧不足会妨碍种子萌发。但对于水生或湿生花卉来讲，只需要少量的氧气便可满足种子萌发的需求。

（4）光照。尽管自然界中的大多数花卉种子萌发对光照并不敏感，有无光照均能萌发，但有些花卉的种子在光照下不能萌发或者萌发受到光的抑制，如雁来红（*Amaranthus gangeticus*）的种子需要覆土、覆盖黑布或者提供暗室等进行种子的萌发，这类花卉的种子一般被称为厌光种子；另有些小粒花卉种子，如毛地黄（*Digitalis purpurea*），因为没有从深层土中伸出的能力，所以在播种时适宜覆土较薄，这类种子被称为喜光种子。

2. 种子休眠的原因及解除休眠的方法

（1）成熟的种子遇到合适的萌发条件依然不能够萌发的现象叫做种子的休眠，种子休眠的原因主要有下列几个方面。

1）胚的影响。种子采收时外部形态已近成熟，但胚尚未分化完全，仍需从胚乳中吸收养料，继续分化发育，直至完全成熟才能发芽。如银杏、人参等的种子。另如樱桃、山楂、梨、苹果、小麦等种子胚的外部形态虽已具备成熟特征，但在生理上必通过后熟过程，在种子内部完成一系列生理生化变化以后才能萌发。

2）种皮的影响。主要是由种皮构造所引起的透性不良和机械阻力的影响。有的是种皮因具有栅状组织和果胶层而不透水，导致吸水困难，阻碍萌发（如豆科植物种子）；有的种皮虽可透水，但气体不易通过或透性较低，因而阻碍了种子内的有氧代谢，使胚得不到营养而不能萌发（如椴树）。有些“硬实”种子则是由于坚厚种皮的机械阻力，使胚芽不能穿过而阻止萌发（如苜蓿、三叶草）。

3）抑制物质的影响。有些种子不能萌发是由于种子或果实内含有萌发抑制剂，其化学成分因植物而异，如挥发油、生物碱、激素（如脱落酸）、氨、酚、醛等都有抑制种子萌发的作用。这些抑制剂存在的部位因植物种类不同而异，存在于果汁中的如西瓜、番茄；存在于胚乳中的如鸢尾；存在于颖壳中的如小麦和野燕麦；存在于种皮的如桃树和蔷薇。它们大多是水溶性的，可通过浸泡冲洗逐渐排除；同时也不是永久性的，可通过储藏过程中的生理生化变化，使之分解、转化、消除。

（2）各类影响种子萌发的因素及相应的解除方法如表 3-3 所示。

表 3-3　　**影响种子萌发的因素及相应的解除方法**

影响种子萌发的因素	解除方法	代表花卉
种皮较厚、较硬	浸种、刻伤种皮	香豌豆、荷花、美人蕉等
种皮附属物影响吸水	去除影响种子吸水的附属物	勋章菊、千日红等
种子内存在化学抑制物质	层积、水浸泡、GA 处理	银杏
胚发育不完全或缺乏胚乳	对胚进行无菌培养	兰花等
存在需要冷冻的休眠胚	GA 浸泡	大花牵牛等
上胚轴休眠	温水浸种，GA 涂抹胚轴	牡丹、芍药等

3.1.2.5　种子的采收与处理

种子达到形态成熟时必须及时采收和处理，以防散落、霉烂或丧失发芽力。在园林生产实践当中，应多注意观察，如可选取开花早或成熟早的种子留种，因为这样的种子往往第二年播种时也会发芽较早且种苗生长健壮，开花时间也将提前；花朵或颜色等有变异的种子也应单独采收，单独种植，这样有可能繁育出新的品种；而对于水生花卉的种子，为防止它们被水冲走，应在花卉种子成熟前在花托上套袋加以保护。

注意选择适宜的时间进行种子的采收，采收过早或过晚都是不利的，采收过早，种子的储藏物质尚未充分积累，生理上也未成熟，种子干燥后皱缩成瘦小、空瘪、千粒重低、发芽差、活力低、不耐储藏的低品质种子；采收过晚，则有些花卉的种子已自然散落，且易受鸟虫啮食，或因雨湿造成种子在植株上发芽及品质降低。因此，最好能够在种子已经完全成熟，果实刚刚开裂或自落时采收。

采收花卉种子的方法因花卉种类不同各有差异。有的可将整个花朵摘下，风干后取种，如鸡冠花、一串红等。浆果类花卉种子采摘后应放在水中，用手揉搓洗去果肉，清洗出种子，然后再把种子晾干储藏，如金银茄、珊瑚豆等。有些花卉在果实成熟时，果皮开裂，种子会弹射出去，如三色堇、紫薇、凤仙花等，因此应在果实由绿转为黄褐色时及时采收，以免种子散失。

需要注意的是，各类种子均不宜在阳光下暴晒，而应置于通风处阴干，否则会影响发芽率。晾干后应把种子放在通风处储藏，注意防潮、烟熏和鼠害。

3.1.2.6 种子的购买和储藏

1. 种子的购买

（1）为保证种子的质量，应尽量购买 F_1 代花卉种子，因为 F_1 代种子结合了双亲的优势，具有抗病能力强，品性好等优点。

（2）购买种子要向有《种子经营许可证》的公司或有固定营业地点、持有《营业执照》，讲信用，并有经济实力的代经销商或个人购买，避免出现种子质量问题造成损失无能力赔偿。不买流动车经销的种子。

（3）购买种子要买经过精选、加工、分级、包装后的种子，同时检查种子包装袋上的标签标识是否标注作物种类、种子类别、品种名称、产地、种子经营许可证编号、质量指标、检疫证明编号、净含量、生产日期、生产商名称、地址及联系电话等信息。

（4）购买种子时，除了要认真查看标签内容外，还要查看种子的色泽、大小及形状。种子色泽鲜亮的是新种子，种子大小、形状均一的纯度高。

（5）购买种子时要索要购种发票，播种后要保留种子包装袋、罐，以便在发生种子质量纠纷时作为要求赔偿损失的证据。

（6）购买种子在时间上需打好提前量，如计划在当年夏季运用，应在前一年冬季以前（一般为 11 ~ 12 月）到种子公司购买种子。

（7）购买种子的数量要提前根据需要的苗量做好预算，一般应以所需苗量除以种子的萌发率（种子包装袋上会提供有关种子萌发率等信息），所得的数值即为理论上所需种子数量，为稳妥起见，购买种子的实际数量应在此基础上根据具体情况适当增加一些。

2. 种子的储藏

（1）干存法。对于大多数的露地草花来讲，在日常生产和栽培中最常用的种子储存方法即为干存法，最简单的干存法是把充分干燥后的草花种子放进干燥的纸袋或纸箱内，但是这种方法只适合于短期的种子保存，若想保存的时间稍长些，可考虑干燥密闭的储藏方法，再结合低温的环境，会取得更好的效果。近年来，在种子生物学的科学研究中，越来越多的科学工作者已开始应用超低温储存法对种子进行储存，这种方法是将种子脱水到一定含水量，直接或采用相关的生物技术存入液氮中长期保存，理论上可以对种子实现永久保存。

（2）湿存法。有些花卉的种子，若较长期置于干燥条件下容易丧失生活力，因此一般应采用层积法来进行保存，把种子和湿沙交互地作层状堆积，这种方法不仅利于保存种子，还有助于促进休眠的种子发芽，如牡丹、芍药的种子采收后就可以进行沙藏层积。而对于王莲、睡莲等水生花卉的种子，则必须储藏于水中才能保持其发芽力，为避免种子流失，可将种子装于网袋内，然后再挂于水池当中。

3.1.3 播种的时间和方法

3.1.3.1 播种的时间

不同花卉的播种期依耐寒力和越冬温度而定。中国南北各地气候有较大差异，冬季寒冷季节长短不一，因此露地播种适宜期依各地气候而定。

一年生花卉耐寒力相对较弱，遇霜即枯死，因此通常在春季晚霜过后播种。为了促使种实提早开花或者花较多，往往在温室、温床或冷床（阳畦）中提早播种育苗。

露地二年生花卉为耐寒性花卉，种子宜在较低的温度下发芽，温度过高时，反而不易发芽。华东地区不加防寒保护可以顺利地露地过冬；北方冬季气候寒冷，在北京仅有蛇目菊等少数种类可在露地越冬，多数种类须在冷床中越冬。

宿根花卉的播种期依其耐寒力强弱而异。耐寒性较强的宿根花卉春、夏、秋季均可播种，尤以种子成熟后即播为佳。一些要求低温与湿润条件完成休眠的种子，如飞燕草等必须秋播，不耐寒常绿宿根花卉宜春播。

各类花卉在中国不同地区具体的播种时间可参照表 3-4。

表 3-4　　花卉的播种时间

播种地点	花卉种类	特　点	播　种　时　间		
			北方	中部	南方
露地	一年生花卉	耐寒力弱	4 ~ 5 月	3 月左右	2 ~ 3 月
	二年生花卉	耐寒力强	8 ~ 9 月	10 月左右	10 ~ 11 月
温室	一、二年生花卉 多年生花卉	受季节性气候的影响较小。常随所需要的花期而定	大多数种类在春季，即 1 ~ 4 月播种。少数种类如瓜叶菊、仙客来、蒲包花等通常在 7 ~ 9 月间播种		

3.1.3.2　播种的方法

1. 露地播种

对于虞美人、羽扇豆等不宜移植的直根性种类，一般应采用露地直播法，以免损伤幼苗的主根。首先应选用土质较好、日光充足、空气流通、排水良好的地方作为播种床，播种前需将播种床的土壤翻耕 30cm 深，并清除杂物，将较大的土块儿敲碎，适当施以腐熟而细碎的堆肥或厩肥作为基肥，以提高土壤的肥力，上面覆盖过筛的细土，将床面耙平待用；然后，将准备好的种子按照一定的株行距播到播种床上，株行距的大小由所播花卉的株高和冠幅来决定，对于较大粒的种子，可采用点播法播种，播种后覆土的厚度约为种子粒径的 2 ~ 3 倍即可，而对于粒径较小的种子，则多采用撒播法，种子过轻时，为使撒播均匀，可在种子中混入细沙再进行撒播，撒播后只需要覆盖一层薄薄的细土即可；覆土完毕后，如果是在干旱季节，可考虑在播种前充分往播种床内灌水，待水分渗入土中再播种覆土，如为湿季，可在床面均匀地覆盖一层稻草，然后用细孔喷壶充分喷水，待种子发芽出土时，应及时撤去稻草等覆盖物，以防幼苗徒长。

2. 保护地育苗

由于受到温度等环境因子的限制，大多数的露地花卉均需先在温室等保护地内进行播种育苗，经分苗后再定植于露地当中，播种期没有严格的季节性限制，常随所需花期以及种子从播种到开花所需要的时间而定，一般来讲，大粒种子从播种到开花所需要的时间为 12 ~ 14 周；中粒种子为 14 ~ 16 周；小粒种子则为 16 ~ 18 周。温室播种育苗的具体方法如下。

先选择好播种的花盆，用小石块或碎盆片等将花盆的底孔堵住，在花盆的底层放入少许粗沙，上面放入事先用泥炭土、蛭石、珍珠岩及细沙等配好的栽培基质，并用木板将混合好的栽培基质压实，让基质表面距盆沿 1 ~ 2cm 左右，压好后用盆浸法给水，方法是将花盆下部浸入到一个较大的水盆或水池中，使土面位于盆外水面以上，几分钟之后就会发现盆土表面已被浸湿，此时应将盆立即提出，将过多的水分渗出后，即可开始播种。对于大粒种子，采用点播法，对于小粒种子，采用撒播法，适度覆土后，将塑料薄膜或报纸等覆盖在盆表面，以最大限度地保持盆土湿润，减少水分的蒸发，但需要注意，应在薄膜或报纸上划出几个小孔，以保证一定的透气性，待所播种的幼苗有 70% 左右都已萌发时，应及时揭去覆盖物，以防止幼苗因光照不足或通风不良而徒长。

3. 穴盘播种法

穴盘播种指的是以穴盘为容器，选用泥炭土配蛭石等作为培养土，采用机器或人工播种，一穴一粒或几粒种子的播种方法。一般发芽力高的种子每穴只需放一粒即可，而发芽率偏低的种子每穴需放两粒或多粒。穴盘播种技术的突出优点是在移苗过程中对种苗根系伤害很小，缩短了缓苗的时间；种苗生长健壮，整齐一致；操作简单，节省劳力。常见的穴盘规格有 72 穴、128 穴、288 穴和 392 穴的，当穴盘中的种子萌发形成穴盘苗（见图 3-2），并长到一定大小时需移栽到大一号的穴盘中，一直到出售或应用。使用过的穴盘再次使用时，必须经过清洗和消毒。

穴盘播种对种子的要求相对较高，要选用高质量的种子，一般应保证发芽率在 98% 以上，在花卉生产中以穴盘的方式大量播种时，还常常需要配有专门的发芽室，以精确地控制温度、湿度和光照等环境因子，为种子萌发创造最佳条件，播种后将穴盘移入发芽室，待出苗后再移回温室。此外，还需要有生产穴盘苗的专业技术，以及用于穴盘生产的特殊设备，如穴盘填充机、播种机、覆盖机、水槽等。穴盘育苗对环境、水分、肥料同样需要精确管理。

随着人们对优质化苗不断扩大的需求，作为与花卉温室化、工厂化育苗相配套的现代栽培技术之一，自动化穴盘育苗技术目前已日趋成熟并被广泛用于花卉、蔬菜及苗木等的育苗，获得了良好的成效。自动化播种育苗采用机械化、自动化手段，稳定地成批生产优质种苗。目前穴盘育苗播种机基本可分为针式播种机、滚筒式播种机、盘式（平板式）播种机三大类，其中针式播种机、滚筒式播种机在国内应用较多。穴盘育苗精量播种的生产线以草炭、蛭石等轻型无土基质材料作育苗基质，以不同孔穴的塑料穴盘为容器，用机械化精量播种生产线自动填充基质、播种、覆土、镇压、浇水，然后在催芽室和温室等设施内进行有效的环境管理和培育，一次性成苗。该生产线的主要工艺过程包括：基质筛选→混拌装料→穴盘装料→刷平→压穴→精量播种→刷平→喷水等。

自动化穴盘育苗以其成苗快、不伤根系、高产、适合远距离运输等特点深受广大生产者欢迎，逐步替代了传统手工播种。图 3-3 所示为简易的手持管式播种机，这种播种机一般由播种管、针头、种子槽及气流调节阀等部分组成，播种管有 8 个、10 个、12 个、16 个针头等多种规格，分别适合 128 目、200 目、288 目、512 目的穴盘，播种管配有多种规格的针头，常用的针头孔径为 0.7mm、0.5mm 和 0.3mm。手持管式播种机的工作原理为真空吸附，特点是结构简单、使用方便，非常适用于中小型穴盘苗生产商以及大型花卉及专业的种苗公司在播种一些较少量的种子时使用。

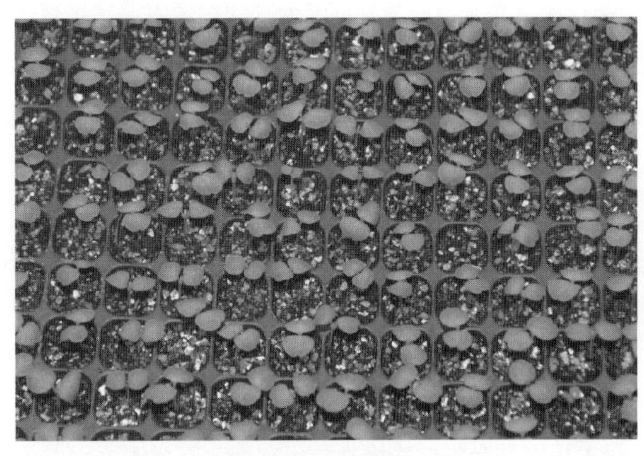

图 3-2 育苗穴盘

图 3-3 简易手持管式播种机

3.1.4 播种后的管理

3.1.4.1 露地花卉的播后管理

露地花卉播种后的管理至关重要，要经常观察，注意以下几个环节。

1. 浇水

根据季节的不同和苗本身需水性的不同适当地浇水，雨天少浇，热天多浇，每次浇水都应浇透，但是总体讲，幼苗期间不宜浇水过多，否则易引起徒长，影响日后的开花结实。

2. 除草

花卉种子中或者露地土壤当中都可能混有其他草花种子或某些蕨类植物的孢子等，这样就难免在播种床上发现一些杂草，若不及时清除，则会与所播的花卉幼苗争夺养分和空间，影响幼苗的生长发育，因此应及时发现并加以清除

3. 松土

为防止土壤板节，应适当松土，保证花卉幼苗正常的呼吸。但要注意松土时应避免伤及幼苗的根系。

4. 施肥

为促进叶片生长，幼苗期间可适当施氮肥作为追肥，也可根据幼苗的实际生长情况，适当追加其他肥料，为幼苗生长提供更大的动力，但应注意苗期施肥量不宜过多，应遵守“薄肥勤施”的原则，以避免徒长。如果选用的肥料为有机肥，在使用之前一定要先将其充分发酵，无机肥料则可溶解在水中施用。此外还要注意施肥的时间，不要选择晴天的正午或者雨天，以免因为蒸发过快或雨水稀释而改变了原有的肥料浓度。

3.1.4.2 保护地花卉的播后管理

1. 浇水

用花盆播种的花卉幼苗，在播种初期，为避免幼苗被水流冲走，如需要浇水，还是要继续采用浸水法，对于小粒种子，这种方法一直要坚持到幼苗出现 6 ~ 8 片真叶以后，而对于大粒种子，因其幼苗的体积也相对较大，在出现 2 ~ 3 片真叶时即可改用喷壶直接浇水，浇水时应尽量用力均匀，使水流较稳。

2. 间苗

在多数幼苗都萌发以后，应根据情况进行适当间苗，间苗的目的有两个，第一是为了拔除混在幼苗中间的杂草，以避免杂草与幼苗争夺生长空间；即便没有杂草混在其中，在幼苗之间间距过小时，也应适当拔掉一部分长势相对较弱的幼苗，以防幼苗因为过于拥挤而光照不足，进而引发徒长。

3. 分苗

在幼苗长到一定大小后，就需要进行分苗，否则盆内的幼苗会因为过度拥挤而徒长，分苗的步骤如下。

（1）润湿。分苗前需先将播种盘内的土润湿，以使湿润的土壤附着在根系上，避免起苗时根系受伤。

（2）起苗。盆土湿润后，将手轻轻伸入盆底（最好可深入沙子层），取出一块湿润的土坨（上面有多株小苗），取出后再一株一株将小苗分开，注意不要伤根。每株苗的下部都要带一些原土，以利缓苗。

（3）填土。准备好多个塑料钵，将筛好的土放入其中，土的深度为塑料钵深度的一半左右。

（4）入盆。在塑料钵土面的中部挖一个凹坑，将分好的苗轻轻放入坑中，再把两侧的土往中间传送，待土面近乎平整后再往盆内填入筛过的土，直至土面距离盆沿约 2cm 时为止。

（5）墩盆。填完土后还可用双手的拇指和食指将塑料钵提起，再放到地面，反复轻墩几次，使土壤与根系充分接触。

（6）再浇水。用自来水将每个盆都浇透，然后将装着幼苗的小钵集中摆放，便于统一管理。

4. 移苗

当塑料钵中的幼苗长到一定大小时，待温度回升以后，应将幼苗移至室外，移苗前不要浇太多水，将塑料钵倒扣，直接将苗带土坨取出，带土移植；预先估算好株行距，在露地苗床上定好点之后，每处挖 3 ~ 5cm 的小坑，将带土坨的苗放入其中，覆土，压实；移苗时应尽量使苗交错排列，让地下营养分配合理并注意浇水，除草等日常管理。

3.2 无性繁殖

3.2.1 无性繁殖的定义及特点

3.2.1.1 定义

无性繁殖又称为营养繁殖，是以花卉植株体的部分营养器官为材料，利用植物细胞的全能性而获得新植株的繁殖方法。主要包括分生繁殖、扦插繁殖、嫁接繁殖和压条繁殖几种类型。通常一些多年生草本花卉及温室木本花卉等常常用扦插、嫁接等无性的方式进行繁殖。

3.2.1.2 特点

相比于有性繁殖，无性繁殖的最大优点是子代能够保持亲本的优良性状，而不会发生性状的分离，因此，在园林中，一旦通过有性繁殖或者其他方式获得了某些新的性状，如与众不同的颜色性状或者早花性状等，在希望对新性状加以保留的时候，都会用到无性繁殖的方法；无性繁殖的另一个优点是繁殖系数高，繁殖速度快。但是通过无性繁殖所获的幼苗通常没有主根，根系不够发达，因此生长势不够强健，生命力不够旺盛，这是它的一个较明显的不足之处。

3.2.2　无性繁殖的类型

3.2.2.1　分生繁殖

分生繁殖是人为地将植物体分生出来的幼植物体（如吸芽、珠芽等），或者植物营养器官的一部分（如走茎及变态茎等）与母株分离或分割，另行栽植而形成独立生活的新植株的繁殖方法。分生繁殖的特点是简便、容易成活及成苗较快等。分生繁殖又包括分株繁殖和分球繁殖两大类。

1. 分株繁殖

分株繁殖是宿根花卉常用的一种繁殖方式，一般早春开花的种类在秋季生长停止后进行分株，而夏秋开花的种类则在早春萌动前进行分株。

（1）分根蘖。将根际或地下茎发生的萌蘖切下栽植，使其形成独立的植株，如玉簪、萱草等。

（2）分珠芽。一些植物具有特殊形式的芽，如卷丹的珠芽生于叶腋间，珠芽脱离母株后自然落地即可生根。

（3）分走茎。叶丛抽生出来的节间较长的茎，节上着生叶、花和不定根，也能产生幼小植株，分离小植株另行栽植即可形成新株，以走茎繁殖的花卉如吊兰等。

（4）分吸芽。吸芽为一些植物根颈部或近地面叶腋自然发生的短缩、肥厚呈莲座状的短枝，其上有芽。吸芽的下部可自然生根，故可自母株分离而另行栽植，如多浆植物中的芦荟、石莲花等在根颈处常着生吸芽。

2. 分球繁殖

对于有些球根花卉，可以利用它们自然分生的能力，分离栽种新的球体，大球可以当年开花，小一点的子球有时要培养 2 ~ 3 年才开花。而对于那些自然分球率低的球根花卉，如风信子等，则可采用人工分割繁殖法来实现分球繁殖。根据球根花卉类型的不同，通常可以将分球繁殖分为以下 4 种类型。

（1）分根茎。美人蕉、紫菀等具根茎类的球根花卉，地下茎肥大呈粗而长的根状，并储藏营养物质，根茎与地上茎在结构上相似，具有节、节间、退化鳞叶、顶芽和腋芽。节上常形成不定根，并发生侧芽而分枝，继而形成新的株丛。用根茎繁殖时，上面应具有 2 ~ 3 个芽才易成活。

（2）分球茎。对于唐菖蒲、慈姑等具有球茎的花卉，生产中通常将母球产生的新球及小球分离开另行栽植。

（3）分鳞茎。具有鳞茎的花卉，鳞叶之间可发生腋芽，每年可从腋芽中形成一至数个子鳞茎，并从老鳞茎旁分离开，可通过栽种子鳞茎的方法实现分球繁殖。

（4）分块茎。具块茎的花卉如仙客来等，因不能自然分生块茎，常需借助人力进行分割成数块，保证每块上应具有 2 ~ 3 个芽点，以利成活。

3.2.2.2　扦插繁殖

扦插繁殖是无性繁殖的一种，它是用植物的营养器官如根、茎、叶作为插穗，插于基质中，使之生根、抽枝长成完整的新植株，从而获得与母株遗传性状完全一致的种苗的繁殖方法。

扦插繁殖具有繁殖材料充足、来源广、成本低、产苗量大、成苗快、简便易行和开花早等特点，因此适用的花卉范围较广。

1. 扦插的种类和方法

扦插的方法因扦插材料不同，可分为根插、茎插和叶插，它们分别适用于不同种类的花卉植物。

（1）根插。一些具有肥大肉质须根系或直根系的花木，如芍药、牡丹、贴梗海棠、紫藤等，都可以进行根插繁殖，依靠根上的不定芽萌发而长出新的苗株。根插多结合春秋两季对母株进行移栽或分株时进行。把母株上剪下或挖断的主根截成 10cm 左右长的小段。粗根可斜入表土的下面，宿根福禄考等细根应平置在苗床的表面，上覆 1cm 厚的细沙。根插一般较浅，否则由不定芽萌发的苗株不易出土，因此苗床的表土应保持湿润，但需见全光，以提高土温，才能尽快成苗。

（2）茎插。茎插包括叶芽插、嫩枝扦插、硬枝扦插、鳞片插。

1）叶芽插。叶芽插是在腋芽成熟饱满而尚未萌动前，连同节部的一小段枝条一同剪取下来，然后浅浅地插入沙床内，并将腋芽的尖端露出沙面，当叶柄基部主脉的伤口部分发生新根以后，腋芽开始萌动，然后长成新苗，为了使叶片保持直立，在叶芽插时常绑扎棍棒来支撑。一些木本植物或少量草本植物的扦插可用叶芽插，此法可节约插穗，生根也较快，但管理要求较高，尤应防止水分过分蒸发。常见可用叶芽插的种类有橡皮树、菊花、大丽花、天竺葵、山茶、杜鹃、桂花和宿根福禄考等。

2）嫩枝扦插。嫩枝扦插又可称为绿枝扦插，多用于常绿木本花卉、草本花卉和仙人掌与多肉植物，一些半常绿的木本花卉植物也常采用嫩枝在生长季节里进行扦插繁殖。

研究证明，枝条内积累的糖类等营养物质越多，插条的发根率也就越高。在植物的年生长周期中，以开花后准备结实阶段向花枝输送的营养最多，因此人们常利用花后的枝条作插穗，并对花枝进行短剪，不使它们结实，让营养集中在枝条中部，从而提高扦插成活率和扦插苗的生命力。

在花卉植物的生长旺季，采当年生发育充实的半木质化枝条，剔去顶端过嫩的部分，按 2 ~ 4 节一段剪开，每段长 10cm 左右，保留上部 1 ~ 2 枚叶片，如果叶片过大可剪去叶片的 1/2 ~ 2/3，然后用利刀或刀片在基部节下 1.5 ~ 3mm 处削平或削成马蹄形，不要造成韧皮部剥离，随即插入湿润的扦插基质中。插前最好用略粗于插条的小木棒事先插孔，以防插条直接插入时使基部伤处形成层破伤。为了防止伤口发霉，对仙人掌和多肉植物的插穗切口还应涂抹草木灰或墨汁等防腐，扦插深度则越浅越好。有些多肉植物则需把伤口充分晾干后平置在略微潮湿的土面上，否则极易腐烂。此外，当以水作为扦插基质，采取嫩枝进行水插时，应将数根插条捆成小束，然后将插条基部 1/3 的部分插入清水中。为了防止插条向上漂浮，还应用铅丝等加以固定，一般每 2 天换水一次，并放在阴凉处养护。

3）硬枝扦插。硬枝扦插又叫做硬材扦插，多用于落叶木本花卉。插条应剪取一、二年生充分木质化的枝条，剪去叶片和叶柄，插入平整的露地苗床上。硬枝扦插多在落叶后至来年萌芽前的休眠期进行，南方多行秋插；北方多行春插；华南等热带和亚热带地区最好进行冬插；一些容易发根的蔷薇科及其他藤木植物，还可在雨季扦插。扦插时大多不需要遮阴。插条长一般为 20cm 左右，并将插条的大部分插入土中，上面只留侧芽 1 ~ 2 枚。插条的切削方法和嫩枝扦插基本相同。在北方进行秋插时，为了防止插条抽干，都应埋土保护越冬，至来年萌芽前再将土扒开。

4）鳞片插。很多带有鳞茎的球根花卉，可以通过扦插鳞片的方式进行无性繁殖，如百合。在 7 月花谢后，将百合鳞片挖出，干燥数日，剥下鳞片，逐个插入沙床或旧盆土内，经 40 ~ 60 天，在鳞片基部即可产生小球茎。

（3）叶插法。叶插是利用叶脉处人为造成的伤口部分产生愈伤组织，然后萌发出新的不定根或不定芽，从而形成一棵新的植株。也可将叶片连同叶柄一起插入水中。叶插需保持较高的空气湿度和良好的通气条件，否则叶片容易腐烂。常用于一些叶片主脉粗壮的多年生草本花卉、景天科和龙舌兰科的多肉植物以及个别的常绿木本花卉。叶插的方法主要有以下几种。

1）平置法。这里以蟆叶秋海棠为例来加以说明，取蟆叶秋海棠的一枚成熟叶片，把叶柄剪掉，先将叶片背面的各段主脉用刀片切出许多伤口，然后把它平铺在干净湿润的沙面上，再用小块的碎玻璃或卵石压在叶面上，或用竹签等将叶子固定在栽培基质中，使主脉和沙面密切贴合。同时保持较高的空气湿度，经过 1 个月左右，幼苗就会从主脉伤口处萌发而出。为了减少叶面蒸腾和节省沙床面积，可事先把叶片的边缘剪掉。

2）立插法。许多植物具有较长的革质叶片，如虎皮兰等，可将它的革质多肉叶片切成小段，每段长 4 ~ 6cm，然后浅浅地插入素沙土中，经过一段时间，基部伤口即发生须根，并长出地下根状茎，由根状茎的顶芽长出一棵新的植株。燕子掌、落地生根等都可以用整个叶片或一段叶片直插繁殖。

3）叶柄插。大岩桐带叶柄扦插后，可自叶柄基部萌发小球茎，能够长成新苗。橡皮树的叶片连同叶柄泡在水中，在叶柄基部的伤口处能长出新根，再在叶片和叶柄连接处刻伤并栽入沙土内，经过 3 个月以上的时间可从根际处萌发叶芽，从而长出新苗。

2. 影响扦插成活的因素

（1）影响插穗生根的内因。植物本身的遗传特性、母株的年龄、着生位置及营养状况等都会对插穗的生根产生重要的影响，插穗的粗度、长度、生长期、扦插的留叶量、插穗内部的抑制物质等对生根都有一定的影响。如巴西木、橡皮树等较易生根，而美人蕉、蜡梅等则生根相对困难；较嫩且取自母枝基部、中部的枝条生根相对容易，而硬枝或顶枝生根相对困难等。

（2）影响插穗生根的环境条件。影响扦插生根的外部因素主要包括温度、湿度和光照三方面和基质。

1）温度。温度对插条生根影响很大，温度适宜则生根快。由于不同植物有不同的生长适温，对生根的适宜温度要求差异也很大。大都在 15 ~ 25℃较适宜，原产热带的种类要求温度较高，如茉莉、米兰、橡皮树、龙血树、朱蕉等宜在 25℃以上，而桂花、山茶、杜鹃、夹竹桃等较适在 15 ~ 25℃的范围内，杨柳等则可更低一些。一般生长期嫩枝扦插比休眠期硬枝扦插要求温度高，适宜在 25℃左右。

此外，基质温度如能高于空气温度对生根有利，一般以高出 3 ~ 5℃为宜。在气温低于生长适温，而基质温度却稍高的情况下，最为有利，可使生根速度较快，而地上部分生长相对较慢。尤其是休眠期扦插时，先生根后萌发枝叶，以利于在插穗时营养消耗优先保证根系生长，枝叶萌发后使插穗的根系吸收水分与地上部消耗水分趋于平衡。现在生产上常在基质下部铺设电热丝加温来提高基质温度，可有效促进生根。

2）湿度。包括空气湿度和基质湿度在内的水分供应也是插穗生根成活的关键。插穗在生根前难于从基质中吸收水分，但插穗本身由于蒸腾作用，尤其在生长期带叶插时，水分消耗很大，极易因失去水分平衡而干枯。因此较好地保持较高的空气湿度和一定的基质湿度对扦插的成功是非常重要的。

首先空气湿度应高，以最大限度地减少插穗的水分蒸腾，与此同时基质湿度又要适度，既保证基质生根所需湿度，又不能因水分过多，导致基质通气不良，含氧量低，同时温度下降，最终延长生长时间，甚至使插穗基部由于缺氧窒息而腐烂。一般基质含水量宜在最大持水量的 50% ~ 60% 为宜。

近来用密闭扦插床和间歇喷雾插床，可较好地解决空气湿度和基质湿度的矛盾。采用全日照电子叶自动控制间歇喷雾，可使空气湿度基本饱和，叶面蒸腾降至最低，同时叶面温度下降，又不至于使基质温度过高，且在全日照下叶片通过光合作用所产生的生长素及营养物质为插穗生根提供了充足的物质基础。因此这种间歇喷雾插床比较适用于生长期的带叶嫩枝扦插。而密闭插床则通过薄膜对扦插床密封保湿，提高空气湿度，同时结合遮阴设施及适当通风来调节湿度，也能提高扦插的成活率。

当然随着插穗开始逐渐生根，也应及时调整湿度，逐渐地降低空气湿度和基质湿度，有利于根系生长，并可达到炼苗的目的。

3）光照。光照对扦插的作用有两个方面：①适度光照，可提高基质和空气温度，同时促使生长素形成，诱导生根，并可促进光合作用积累养分加快生根；②光照也可能会使插穗温度过高，水分蒸腾加快而导致萎蔫。因此在扦插期，尤其在生根的前期应适当遮阴降温，减少水分散失，并通过喷水等方法来降温增湿。但随着根系生长，也应使插穗逐渐延长见光时间。此外如能配合使用间歇喷雾，则可在全日照下进行扦插。

4）基质。扦插基质不一定需要有养分，但应具有保温保湿、疏松透气、不含病虫源及质地轻、运输便利及成本低等特点。生产中为了取长补短，经常将蛭石、珍珠岩、河沙、泥炭土等多种基质混合使用，以满足不同插穗的实际需求。

3. 促进扦插生根的方法

促进插条生根的方法很多，常用的有如下几种。

（1）利用植物生长激素。目前在生产中常用的是利用植物生长激素来进行处理。能够促进插条发根的激素主要有吲哚乙酸、吲哚丁酸、萘乙酸、2，4-D、三十烷醇等。常用的激素浓度是：吲哚乙酸、吲哚丁酸和萘乙酸为500 ~ 2000ppm 左右，这种浓度适用于能够自然发根但发根率不高的花卉。而对于有些很难发根的花木，如雪松、龙柏、五针松等，则可以把浓度提高到 10000 ~ 20000ppm，具体使用浓度还要通过实验来确定，因为它们还要受各地环境条件和所使用扦插基质类型的影响。

（2）物理方法。除以上用化学药剂处理促使植物生根的方法之外，生产中还可适当采用一些相应的物理方法处理。如机械割伤或环剥法，即在用作插穗的枝条基部，于剪穗前 20 ~ 30 天，割伤或环剥，阻止枝条上部制造的养分和生长素等向下运输，而停留于枝条中，用这种方法处理后的插穗在剪下扦插后，可有效促进生根；另一种黄化处理法，则是将作插穗用的枝条用黑色纸、布或薄膜等遮光，使枝条在黑暗下生长一段时间后因缺光而黄化、软化，从而促进根原细胞的发育而延缓芽组织的发育，最终促进插穗生根。

（3）插床加温。插床管理虽然是扦插成败的关键，但如果能综合运用现代技术，加强管理，则可大大提高生根率。常见方法有基质地热线加温法，尤其适用于冬春季的扦插，如广泛应用于香石竹在冬春季的扦插。全日照间歇喷雾法则较适用于生长期特别是高温季节的嫩枝扦插，如夏季用此法扦插切花菊种苗可有效防止插穗萎蔫、腐烂等，并提早生根。如结合基质消毒，扦插期插床上喷洒杀菌剂，适度遮阴，再配合前述几种插穗处理方法，则可达到更加满意的效果。

3.2.2.3 嫁接繁殖

嫁接繁殖是人们有目的地利用两种不同植物能结合在一起的能力，将一种植物的枝或芽，接到另一种植物的茎或根上，使之愈合在一起，形成一个独立的新个体的繁殖方法。供嫁接用的枝或芽叫“接穗”，而接受接穗的植株叫“砧木”。嫁接成活的生理基础是植物的再生能力和分化能力。嫁接后砧木和接穗接合部位的各自形成层薄壁细胞大量进行分裂，形成愈伤组织。不断增加的愈伤组织充满砧木和接穗之间的空隙，并使两者的愈伤组织结合成一体。此后进一步进行组织分化，愈伤组织的中间部分成为形成层，内侧分化为木质部，外侧分化为韧皮部，形成完整的输导系统，并与砧木、接穗的形成层输导系统相接，成为一个整体，使接穗成活并与砧木形成一个独立的新植株，保证了水分、养分的上下输送和交流。

嫁接繁殖多用于一些扦插或压条不易成活的优良品种，它们具有成苗快、开花早，能保持原品种的优良性状等优点。在利用一些野生植物作砧木时，还能延长苗木的寿命，以及增加抗寒、抗旱、抗涝和抗病虫害的能力。当然，嫁接繁殖也有它的一些局限性和不足之处，如嫁接主要限于双子叶植物，而单子叶植物则难以成活，嫁接苗的寿命也较短；同时，嫁接还相对比较费工，技术要求又高，且苗成活后砧木易滋生萌蘖，小苗的嫁接处易折断等。

1. 嫁接的方法和时期

（1）切接法。切接多用于露地木本花卉。常在春季顶芽刚刚萌动而新梢尚未抽生时进行，这时枝条内的树液已开始流动，接口容易愈合，嫁接成活率高。

选一年生充实的枝条作接穗，剪成 6 ~ 10cm 长的茎段，每段必须有腋芽两个以上，然后用切接刀在接穗的基部削出大小不同的二个对称斜面，一面长约 2cm，另一面长约 1cm，削面必须平滑，最好是一刀削成。与此同时将砧木从距地面 20cm 处短剪，把上部的枝梢剪掉，再按照接穗的粗度，在砧木截面的北侧选择一个合适的位置，用切接刀自上而下劈开一条裂缝，深 2.5cm 左右。然后把接穗的长削面向下，插入砧木的切口内，并将两侧的形成层对齐，最后用塑料条将接口绑紧。对一些比较幼嫩的花卉接穗，为了防止接口亲和前造成接穗抽干，特别在嫁接常绿花木时，最好用一个小的塑料袋把接穗和接口一起套住，待接穗抽生新梢后再把它去掉。

（2）靠接法。靠接多用于嫁接不易成活的常绿木本盆花，如用女贞作砧木靠接桂花；用木兰靠接白兰；用侧柏靠接翠柏；用山茶花靠接云南山茶；用黑松靠接五针松等。

靠接应在生长旺季进行，但要躲过雨季和伏天。先把培养好的一、二年生砧木苗上盆栽植，待长出新根后把它们搬到用作接穗的母株附近，选择母株上和砧木苗粗细相当的枝条，在适当部位削成梭形切口，长约3～5cm，深达木质部，削口要平展，砧木和接穗的削口长短和大小要一致，然后把它们靠在一起，使四周的形成层相互对齐并紧密绑扎在一起。嫁接成活后先自接口下面将接穗剪断，再把切口上面的砧木枝梢剪掉。

还有一种方法叫做留尾靠接，在靠接成活后，在切口下面剪断接穗时沿着砧木的盆土剪断，使其留下一段尾巴，在下一次翻盆换土时，用大盆把这段接穗的留尾部分栽入盆内，让接穗发生自己的根系，待根充分发育后，再脱盆把砧木的根系剪掉。这种作法常用于云南山茶和金桂、银桂，因为作为砧木的山茶或女贞的萌蘖力很强，常常从根际处长出许多萌蘖苗，与接穗争夺水养分，使接穗无法正常生长，以致影响开花。

（3）芽接法。芽接的成活率比较高，方法简便，熟练的工人每天能接千株以上，并且节省接穗。在接不活的情况下砧木仍可补接，还适合在砧木苗比较细的情况下使用，因此大量繁殖时常采用这种方法。但是，用于芽接的花卉必须容易将皮层和木质部剥离。大部分花卉的芽接都应在夏末秋初进行，这时许多花卉植物都比较容易剥皮，同时体内树液的流动也比较旺盛，大部分营养都向枝条内集中，因此成活率高。具体时间因地区和花卉不同而有差异，北方各省多在8月中、下旬进行，南方各地区多在9月上旬进行，一些特殊的花卉如五针松、龙爪槐等，则在早春或夏初进行。用于芽接的接穗应选当年生充分成熟的枝条，上面必须具有充实而又饱满的腋芽，将它们从母株上剪下后，立即剪掉叶片，但需保留叶柄，然后用湿布包好，不要泡在水里，准备嫁接。

1）T字形芽接法。先在接穗上选择中部的饱满腋芽，在它的上方约0.3cm处横切一刀，深入木质部约0.1cm左右，再从腋芽下方0.5～0.6cm处深达木质部向上推削，至腋芽上方的切口为止，然后取下接芽，并用指甲把芽片里侧的木质部剥掉，立即含入口中。再在砧木苗的北侧距地面10～15cm之间，选一处比较平滑的皮面，将韧皮部切出一个“T”字形切口，其大小应和接芽相一致，随即把盾形芽片自T字形切口的上方插入砧木的皮层内，使盾形芽片的上方切口和砧木上“T”字形上的切口紧密吻合，最后用马蔺或塑料条绑扎。

2）嵌芽接。这种接法和“T”字形芽接的不同之处在于，不是在砧木的皮层上只切出T字形伤口，而是按照接穗芽片的大小和形状把砧木上的皮层剥掉。常用的取芽和剥皮形式有片状、环状和盾状。这种方法的嫁接成活率不如“T”字形芽接高，但适用于砧木苗较细和砧木皮层不易自然剥离的花卉植物。

芽接后，砧木和接穗的亲和很快，1周以后就可检查成活情况。方法是用手触动芽片上保留的叶柄，如果一触即落，说明已经接活，否则芽片肯定已经死亡，应立即在它的下面补接。成活后的芽片，其腋芽在当年都不萌发，因此不要将绑扎物解掉，待来年早春接芽萌动后再小心地解掉它们。以后接芽萌发而抽生新枝，当它们长到10cm长以上时，应尽早自接芽上方把砧木苗的枝梢剪掉，同时剪除接芽以下砧木上萌发的侧枝和根蘖。

（4）劈接法。劈接法常在利用大型母株作砧木时使用，这时的砧木粗度常比接穗粗得多。落叶花木的劈接时间和切接一样，常绿花木多在立秋后进行。北京地区劈接盆栽柑橘类花卉时，以9月中、下旬的成活率最高，因为嫁接后不会遇到炎热的伏天，伤口不容易发霉或干裂。

劈接法和切接法的不同之处在于，短剪后砧木截面上的接口应位于截面的中央，接穗下部两侧的削面长短应一致。为了提高成活率，常用2根接穗插入砧木切口的两侧，仅将接穗外侧的形成层和砧木一侧的形成层对齐，最后进行绑扎。由于劈接时砧木的截面伤口很大，嫁接后最好用塑料条带或接蜡将它封住，以免伤口抽干。

2. 影响嫁接成活的因素

嫁接能否成活，一方面要受到砧木、接穗的营养状态和生活力等内因的影响，也在一定程度上受到温度、湿度、光照及嫁接技术的外因的影响。如一般的插穗均需要相对温暖、湿润和弱光的环境。

3. 接后管理

（1）检查成活，及时补接。苗一般在接后20～30天检查成活。如接穗芽已萌发，或接穗鲜绿，则有望成苗。芽接苗一般接后10天左右检查，如芽新鲜，叶柄手触后即脱落，则基本能成活，反之如芽干瘪、变色，叶柄不易脱落则未成活。如检查出了未成活的芽，则应及时补接，枝接如时间允许也可补接，如已太迟，则可在夏秋季在新芽萌发枝条上进行补接。

（2）脱袋、松绑。当芽穗上芽全长 3cm 以上时，可将套袋剪一小口通风使幼芽锻炼适应。5 ~ 7 天后脱袋，嫁接成活 1 个月后，可视情况松绑，不宜过早，否则接穗愈合不牢固，受风吹易脱落。当然也不宜过迟，否则绑缚处出现缢伤影响生长。

芽接在成活后半月左右则可解绑，如秋季芽接当年不出芽，则应至第二年萌芽后松绑，松绑只需用刀片纵切一刀割断绑扎物即可，随着枝条生长绑扎物会自然脱落。

（3）剪砧、抹芽、去萌蘖。剪砧应视植物种类而异，一些种类尤其芽接苗可在当年分 1 ~ 2 次剪去，松类在春季发芽的宜在 2 ~ 3 年内分次剪砧。

（4）绑块。由于嫁接苗接口部位易劈折，尤其芽接苗，接芽成枝后常横生，更易劈折损伤，应尽可能立标绑块以减少人为碰伤和风折等。

3.2.2.4 压条繁殖

压条繁殖指的是给予一定的生根环境，让茎上着生不定根，之后将其与母体分离的一种无性繁殖方式。这种方法的优点是能在茎上生根，有许多通过扦插繁殖都较难生根的植物利用这种压条的方式，反而很容易成活。但是因为操作相对较复杂，难度较大，部分种类生根所需要的周期过长等原因，使得一般的露地草花极少采用压条繁殖的方法。

1. 压条繁殖的种类和方法

（1）空中压条。适用于大树及不易弯曲埋土的植物种类，如山茶、米兰、蜡梅等，应先在母株上选好枝梢，将基部环割并用生根粉处理，之后再用水藓或其他保温基质包裹，外面再套聚乙烯膜包密，两端扎紧即可，等几个月植物生根后再与母体剪离，重新栽植成独立新株，剪离的时间最好选择在其休眠期。

（2）埋土压条。对于较幼龄及较柔软的母株，可在春季发芽前将近地表处的枝条基部堆土或将其下部压入土中，较短的枝条长度只够压一次，即单干压条，而对于较长的枝条，则可将藤蔓作蛇曲状，一段埋入土中，另一段露出土面，如此反复多次，实现多段埋土压条，以增大繁殖系数，如紫藤、铁线莲属植物等。待枝梢上生出不定根以后，再利用休眠期将它们与母株分离，之后另行栽植即可。

2. 促进压条生根的方法

对于不易生根或生根时间较长的品种，为了促进压条快速生根，可采用刻伤法、软化法、生长刺激法、扭枝法、缢缚法、劈开法及土壤改良法等阻滞有机营养物质向下运输而不影响水分和矿物质的向上运输，使养分集中于处理部位，刺激不定根的形成。

3. 压条后的管理

压条之后应保持土壤的合理湿度，调节土壤通气和适宜的温度，适时灌水，及时中耕除草。同时，要注意检查埋入土中的压条是否露出地面，若露出则需重压，留在地上的枝条如果太长，可适当剪去部分顶梢。

3.3 其他繁殖方法

3.3.1 组织培养

3.3.1.1 植物组织培养的定义及一般程序

植物组织培养是指在无菌条件下，分离植物体的一部分（外植体），接种到人工培养基上，在人工控制的环境条件下，使其产生完整植株的过程。由于培养的对象是脱离了母体的外植体，在试管内培养，所以也称为植物离体培养或试管培养。花卉组织培养快速繁殖的一般程序如下，首先要进行花卉外植体的选取和采集，花卉种类不同，适宜作为外植体的部位也各不相同，如某些蕨类植物的孢子，兰花的种子，大部分花卉的茎端、根尖、幼叶、幼花等都可以作为组织培养的外植体，然后是建立相应的无菌培养体系，继而是初代培养和继代增殖，在成功生根后，进行试管苗的锻炼及移栽。

3.3.1.2 植物组织培养的特点

近代的组织培养技术在花卉生产上应用最为广泛，它不仅具有生长周期短、繁殖速度快、可控性后代整齐度高、管理方便等优点，而且还是获得无病毒苗的有效途径。目前，包括兰花、非洲紫罗兰、香石竹、唐菖蒲等在内的很多园林花卉都已获得了组培繁殖的成功。然而，利用组织培养技术对花卉进行繁殖时，对设备、技术及环境条件的要求都是非常高的，如需要建立一套用于组织培养快速繁殖的实验室及试管苗移栽的配套温室，需要相关的仪器和设备，需要严格的无菌操作条件，同时也需要较高素质的技术人员和操作人员等。

3.3.1.3 组培瓶景

目前园艺中较为流行组培瓶景，又称迷你植物、天使花房或植物宝宝（见图 3-4），这种组培瓶景小巧精致，吸引人眼球的不仅是瓶中的小小植物，还有其中如“彩色果冻”般的培养基。因为具有观赏性好、观赏时间长、无需人工管理、而且可从瓶内取出进行种植等特点而深受人们的喜爱，它也是利用植物组织培养技术，以植物根、茎、叶等组织为材料，采用适宜的培养基，在无菌的条件下快速繁殖的克隆苗制成的。目前浙江省农科院植物组培中心等多家科研机构已经先后成功建立了 400 多种观赏花卉的培养技术体系，如朱蕉、红掌、大花蕙兰、竹芋等。

图 3-4　植物宝宝

3.3.1.4 影响组培成功的因素

1. 植物种类

虽然在理论上植物细胞具有广泛的全能性，但是实践中却发现不同种类的植物，生根的难易存在天然的差别，有些木本花卉迄今都尚未获得组培的成功。尽管目前已知各种植物组培成苗的难易和增殖速度与植物亲缘关系有一定的相关性，但是具体的情况还必须通过实验不断地摸索。

2. 外植体的类型

一般而言，凡处于旺盛分裂的幼嫩组织均可作为外植体，常用的外植体多取自茎端、根尖、幼茎、幼叶、幼花茎、幼花等，不同的植物常常各有其最适的外植体。

3. 无菌环境和培养条件

无菌环境对于组培的成功非常关键，因为组培都是在植物生长的最适温度及高湿度下进行的，培养基本身又含有糖分和丰富的营养物质，这些条件非常适于各种微生物的快速繁衍，因此，如果外植体消毒不彻底，用具杀毒不完全，或者操作时有污染等，都可能会导致组培的失败，一定要在整个过程中严格注意操作规程。培养基的配方对于组培的成功也起到至关重要的作用，在不同阶段应选择不同的适宜配方。

4. 试管苗的锻炼

已生根的组培苗要及时从试管中取出并移栽于土壤或人工基质中，再培养一段时间成为商品苗出售。组培苗从封闭的玻璃器内的无菌、保温、保湿及以糖为主的丰富营养综合转移到开放的土壤基质中，在各方面都发生了较大的变化，柔嫩的幼苗常会因为环境不适而死亡，因此，从试管内移入土中这一环节也是组培成败的关键之一，应使组培苗在试管内预先受到锻炼，以适应环境的逐渐改变。

3.3.1.5 成功实现组织培养的园林花卉

近年来，随着组织培养技术研究的不断深入和发展，已有多种花卉获得了组培的成功。

1. 蝴蝶兰的组织培养

蝴蝶兰是兰科蝴蝶兰属的一种具有极高的观赏价值和经济价值的植物。随着人们生活水平的不断提高，蝴蝶兰的市场需求量也越来越大，但蝴蝶兰为典型的单茎性热带附生兰，植物很少发生侧枝，分株繁殖系数极低，且其种子没有胚乳，自然条件下很难萌发，通过自身的营养繁殖和种子繁殖均不能满足工厂化育苗的要求。应用植物组织培养技术进行蝴蝶兰的快速繁殖可以缩短育苗周期，在短时间内获得大量成株。实验表明对蝴蝶兰花梗芽组织进行组织培养，可以取得很好的效果，为工厂化育苗提供了可能。

（1）外植体的选择和消毒。取蝴蝶兰花梗在自来水下用细软毛刷轻刷表面，并吸干表面水分，剪成 2 ~ 3cm 长的茎段。然后进行灭菌处理，用解剖刀切除坏死部分后，接入培养基。

（2）无菌材料的试管培养。培养材料的选择是蝴蝶兰组培快繁的关键。腋芽节位以下第 3 ~ 4 节花梗芽是最适宜的外植体，注意抑制褐化。然后选择较适宜的愈伤组织诱导培养基、分化培养基和生根培养基。

（3）试管苗的炼苗移栽。试管苗移栽前需要有炼苗的过程，移栽前 5 天左右，在室内将封口膜打开 1/3 左右，使幼苗与空气有一定接触。2 天后，移栽到驯化温室内，使幼苗完全暴露在空气中，要适当遮阳，避免高温和强光直接照射，3 天后即可移栽。移栽时将幼苗取出，洗去根部的培养基，去掉老叶，并要注意保湿。栽培基质为经过高温消毒后的苔藓，控制好水分和温度，当新叶长出、新根伸长时，每周用 0.3% ~ 0.5%磷酸二氢钾进行叶面施肥 1 次，成苗率达 80%以上。

2. 其他花卉的组织培养

除蝴蝶兰以外，仙客来、百合、唐菖蒲等球根花卉；香石竹、菊花、非洲菊、君子兰等宿根花卉也都已成功实现通过组织培养来实现快速繁殖，有些已经形成规模化生产。

3.3.2 孢子繁殖

3.3.2.1 孢子繁殖的过程

除了分株繁殖以外，观赏蕨类植物还可以通过孢子进行繁殖。孢子是在孢子囊中经过减数分裂产生的单倍体的结构，其形状、大小和结构因种类而异。成熟的蕨类植物体（又可称作孢子体）叶片的背面或叶缘等部位常成群分布有孢子囊，内面有数量众多的孢子，孢子成熟后，孢子囊开裂，将孢子散出，散出的孢子一旦遇到适宜的萌发生境，便会萌发生长为体积较小的配子体（又称原叶体），配子体上的精子器和颈卵器同体或异体而生，精子器内产生的精子借助外界水流的帮助，游动到颈卵器中与卵细胞结合，形成合子，合子再发育为胚，胚在颈卵器中直接发育为幼小的蕨类植株体，即孢子体，这样就完成了一个完整的从蕨类植物孢子体到下一代孢子体的循环。

3.3.2.2 孢子繁殖的步骤

1. 孢子的采收

孢子的繁殖要掌握好采收时间，少数蕨可全年产生孢子，大多数蕨是季节性的，多在夏末或秋天孢子成熟。

（1）采收时期。孢子囊通常是浅绿色的，随着成熟而逐渐变成浅棕色或黄色，蕨叶最佳的采摘时间是大多数孢子囊刚要脱落而孢子还没有扩散出来时。看到淡褐色的破损的孢子囊，多是孢子已散落完的。囊群盖也是判断孢子成熟度的标志，不成熟的孢子囊群盖是绿色的，完整地覆盖着孢子囊，当成熟后，就变褐、变黑，边缘开始反卷，此时要立即采收孢子，以免孢子迸落。孢子囊群盖完全翻卷或脱落说明孢子囊过熟，孢子已脱落。

（2）采收部位。孢子的采收还应选择适宜的部位，一般孢子是从叶下部往上逐渐成熟的，同一叶片上的孢子成熟度不同，宜采收健康蕨类植物叶片中下部的孢子作繁殖用，这个部位的孢子成熟度好，生命力强。还要注意选择无灰尘脏物的干净叶片。

（3）采收方法。采集孢子时，摘下有成熟孢子的叶片，放入对折的干净报纸上，保存于温暖干燥的环境下，很快纸上就会显现出粉末状物，但这不完全是孢子，还包含着孢子囊的碎片及一些附属物等，真正的孢子是下部褐色或黑色近圆形的小颗粒。在温暖干燥的条件下孢子会很快脱落出来，应在去掉杂质后将孢子装入纸袋或信封里，避免用塑料袋以免产生霉菌。

对于珍稀种类及抽生叶片少的蕨类植物，在采收孢子时，也可直接用刀将孢子囊刮下，干燥后装入纸袋，不必摘除叶片，虽然这种方法的弊端是容易损伤孢子，但对于珍稀蕨类植物的保护却有着至关重要的意义。

孢子除了自己收集外，还可通过交换得到。采收好的孢子在装袋之后一定要注明种类、采收日期及采收地点等信息。

2. 孢子的生命及储藏

不同种类的蕨类植物，其孢子保持生活力的时间也有很大差异。木贼属等的绿色孢子生活期非常短，大约仅有 2 ~ 3 天，少数种 3 ~ 6 个月；非绿色孢子的生命期相对较长，一般可保存 3 ~ 5 年，一些树蕨类甚至能保存 10 ~ 15 年。但是，随着时间的延长，孢子的萌发率和萌发时间等都难免受到影响。因此，如果有条件的话，采收孢子后最好立即播种，如不能及时播种，则要注意提供适宜的保存条件，可将装入纸袋内的孢子放入 4℃冰箱中冷藏保存。

3. 孢子的去杂及灭菌

采收孢子时，难免会在里面混入苔藓、藻类、菌类及其他杂质，为保证孢子的纯度，应在播种前对孢子进行去杂和灭菌。去杂的具体方法是，将孢子倒入对折的纸槽中，然后将纸槽稍加倾斜，使其中较大的碎片因为移动快而分离出去，或用 100 ~ 150 目细筛将杂质滤出，让孢子落入下面。去杂后再对孢子进行消毒，将筛出的孢子放入 5% 次氯酸钠（钙）中浸 5 ~ 10 分钟，然后用无菌水冲洗 1 ~ 2 次；也可先将孢子没扩散的叶片放入次氯酸钠中整体消毒，取出后干燥，之后再收集散落的孢子，这样同样可以达到为孢子灭菌的目的。

4. 孢子的播种技术

先配制好播孢子用的基质并准备好容器，将基质和容器在高压灭菌锅内进行消毒，之后将基质装入容器中铺平压实，然后将孢子均匀地撒播在容器表面，再以盆浸法浸水，然后用塑料薄膜或玻璃片盖在容器表面以保持湿度，再将容器置于 20 ~ 30℃的温暖蔽荫处即可。

5. 孢子播后管理

播种孢子后需经常喷水保湿，约经过 3 周左右，孢子即开始萌发，此时，应保持适宜的光照和温度条件，光照不足时可考虑适当补光，并适当喷施稀薄的雾肥，以防霉变。播种 30 天左右时，多数萌发的孢子由丝状体的一维生长变为二维生长，开始出现绿色片层结构。播种 50 天左右需要适当通风，当配子体发育趋于成熟时，便开始产生精子器和颈卵器，此时应在配子表面适量喷雾以促进受精，当精卵结合之后形成的胚逐渐分化出胚芽、胚根时，给予 3000lx 左右的光照，并且保持水温，适当通风。约 100 天左右孢子体幼苗长至 0.5 ~ 1.5cm，此时配子体渐渐枯死。可将过密苗分成若干小块，分别栽于与播种相同的培养基质上，在栽植槽内缓苗。待到叶片长到 3 ~ 5cm，4 ~ 8 片叶时，再经炼苗后定植于小瓦盆中。为保证小瓦盆中有足够的湿度，可采用双盆法，即将带有底孔的小瓦盆置于盛有湿润水苔的大盆内，这样小瓦盆就可以借助盆壁或底孔吸收水苔中的水分，这样更有利于幼蕨的生长发育。

3.3.2.3 孢子繁殖失败的可能原因

1. 孢子不育

孢子没有完全成熟，或采收时已过熟，都会影响孢子繁殖，应选择好最适时机，在孢子叶上的孢子囊群盖颜色刚刚变褐并微微翻卷时进行采收，保证孢子的质量，杂交种也可能孢子不育，要注意绿色孢子随采随播。

2. 播得过密

孢子播种的密度不宜过大，一般应以每平方厘米 3000 个孢子左右为宜，孢子播得过密，配子体太拥挤，生长势弱，容易产生畸形，并使配子体过早萎缩，而且过分拥挤的配子体主要产生精子器，从而阻碍了它的育性。

3. 灭菌不严

灭菌不严容易造成混在孢子当中的其他速生杂草种子或苔藓、菌类以及一些草性蕨如毛蕨、姬蕨等快速生长，从而与孢子的萌发争夺养分和生长空间，抑制了正常孢子的生长。

4. 水分控制不好

精子必须要借助水流才能流动到颈卵器内与卵细胞结合，因此，如果在特定的生殖阶段没有往原叶体上喷施足够的水分，不能保证足够大的空气湿度，则必然会影响精子与卵细胞的结合这一关键环节；水分过多则会引起腐烂及霉菌的产生。应使原叶体表面有一层水膜，使精子顺利地游向卵使之受精。

5. 温度光线不适

合适的温度和光照条件对蕨类植物孢子的萌发也至关重要，大多数孢子在播种后 2 ~ 3 周内即可萌发，萌发后要求的温度一定不能低于 10℃，光照强度应维持在 2000 ~ 5000lx 的范围内。低温和暗光会减慢生长速度，光线过强会使叶子变黄或变白，如适时喷施稀薄的液体肥料，能很快使叶片恢复绿色。

思考题

1. 园林花卉有哪些繁殖方法？
2. 花卉种子萌发需要哪些条件？
3. 花卉的有性繁殖和无性繁殖各有何特点？
4. 扦插繁殖包括哪些类型？扦插繁殖成功的标志是什么？
5. 简述园林花卉组织培养繁殖的特点。

本章参考文献

[1] 刘燕 . 园林花卉学 [M] . 北京：中国林业出版社，2003.
[2] 刘延江 . 新编园林观赏花卉 [M] . 沈阳：辽宁科学技术出版社，2007.
[3] 北京林业大学园林系花卉教研室 . 花卉学 [M] . 北京：中国林业出版社，1988.
[4] 鲁涤非 . 花卉学 [M] . 北京：中国农业出版社，1997.
[5] 石雷 . 观赏蕨类 [M] . 北京：中国林业出版社，2002.
[6] 王雁，岳桦，汤一方，中国黑龙江野生花卉 [M] 北京：中国林业出版社，2008.
[7] 葛红英 . 穴盘种苗生产 [M] . 北京：中国林业出版社，2003.

本章相关资源链接网站

设施园艺网 http://www.agri-garden.com

第4章 花卉的栽培管理

花卉的整个生命周期，必须在各种不同环境条件作用下，方能彻底完成。在此期间，为了使花卉能够更加健壮地生长，姿态优美，需要人为地创造一些花卉生长发育的适宜条件，让花卉茁壮成长，而单靠自然的条件远不能满足花卉生长所需。为此，在花卉生产过程中，常常需要加设一些辅助的栽培措施对花卉生长进行调节，使花卉产品质量更高，获得更大的经济效益。正所谓“三分种、七分管”就是这个意思。

4.1 露地花卉的栽培管理

露地栽培一般指正常条件完全依靠自然气候条件，人工不加设任何保护的栽培形式。而露地花卉是指用露地栽培方式栽培而成的各类花卉。对于露地栽培花卉，花卉自身的生长周期与自然条件的变化周期一般相吻合。由于露地栽培投入一般较少，设备相对简单，生产程序也不复杂，所以成为花卉栽培中最为常见的栽培形式。

4.1.1 土壤质地与土壤改良

土壤是由土壤矿物质、空气、水分、微生物、有机质等组成的。它与土壤酸碱度、土壤温度等共同构成一个土壤生态系统。作为花卉根系生长的介质，土壤的深度、肥沃度、质地、构造等理化性质均会影响花卉根系生长所需的水分、氧气、盐分、酸碱度。

大部分花卉茁壮生长所需要的土壤条件是一样的，一般肥沃、疏松、排水良好的土壤都可以作为花卉生长的优良基质。对于一些适应性比较强的花卉，对土壤的要求不严格，而另一些则必须对土壤进行适当改良后方能正常生长。因此，土壤质地是影响花卉生长状况的决定性因素之一。

4.1.1.1 土壤质地类型

按照土壤矿质颗粒的大小，将土壤分类为沙土类、壤土类和黏土类，在介乎于沙土和壤土之间，又可多分一类为沙壤土；介乎壤土和黏土之间，分类为黏壤土。

1. 沙土类 (sand soil)

沙土类土壤颗粒大，通透性较好，透水排水性佳，但保水保肥能力差，昼夜温差大，肥料分解较快，有机质含量少，肥效猛但肥力短。一般适用于培养土的配置或作为黏土改良用。也可作扦插及播种基质或耐干旱花木栽培。

2. 黏土类 (clay soil)

黏土类土壤颗粒小，结构致密而空气少，保水保肥能力高，但通透性差。矿质营养丰富，有机质含量高且昼夜温差小。早春黏土升温慢，不适合用于花卉栽培。除少数特殊花卉喜黏土外，绝大部分花卉栽培不可单独使用黏土，需与其他土壤或基质混合改良黏土性质后方可使用。

3. 壤土类 (loam)

壤土类土壤颗粒大小适中，性状一般介乎沙土与黏土之间，兼顾二者优点。既有较强的保水保肥能力，又有较为丰富的有机质，通透性能良好，且土温较稳定，适合于大部分花卉的生长发育。

4.1.1.2 土壤改良

由于在自然界中，完全适应花卉生长所需的理想土壤是很少的，因此在种植花卉之前，必须针对土壤的 pH 值、土壤成分、土壤养分等方面对土壤进行全面的检测，为改良提供有效数据。若土壤本身过沙、过黏、有机质的含量较低，一般通过客土或加沙再配合使用有机肥，来达到改良土质的目的，也可以加入一些易于获得的有机物质，如堆肥、厩肥、锯末、腐叶、泥炭等。合理的耕作在一定时期内也可以改善土壤的结构状况，或者可以采用施用土壤结构改良剂的方法以促进团粒结构的形成，利于花卉生长发育所需。

不同花卉对土壤酸碱度的要求不同，栽培时应根据种类或品种需要对土壤进行改良。对于在碱性土壤上栽培喜酸性土壤的花卉，一般施用硫酸亚铁，施用后 pH 值降低 0.5 ~ 1.0，但对于黏性重的土壤，施用量应适当增加。当土壤酸性过高而不适应花卉生长时，一般用生石灰中和，提高土壤 pH 值。草木灰是良好的钾肥，同时也可以起到中和酸性土壤的作用。对于含盐量较高的土壤，一般均采用淡水洗盐的方法来降低土壤中的盐浓度。

另外，松土除草对露地花卉栽培也有至关重要的作用，是栽培过程中必不可少的管理措施。松土除草可以防止土面板结和阻断毛细管的形成，并且可以有利于保持水分和土壤中各种气体交换及微生物的活动。

4.1.2 整地、作畦

整地的目的在于改良土壤的物理学结构，使土壤具备良好的通气性和透水条件。在保证根系伸展的同时，还可以促进土壤风化，有利于微生物的活动，从而加速有机肥料的分解，使花卉更容易吸收。整地还可以将土壤中的杂草、虫卵、病菌暴露于空气中，通过紫外线的照射以及干燥、低温来达到除草、除虫、防病的效果。

4.1.2.1 整地的时间

通常情况下，春季使用的土地应该在头年秋季就进行翻耕，而秋季使用的土地应该在上茬花苗出土后，立即开始翻耕。翻耕的最佳状态是土壤含水量达到 40% ~ 50% 时，过干会导致翻耕困难，而过湿又会导致土团粘在一起，往往会破坏土壤的团粒结构。对于过度粘重的土壤，在翻耕前应该适当掺沙和施入大量有机肥，以改变土壤的物理结构。

耙地应该在耕种开始之前进行，如果土壤过干，土块不容易破碎，应事先灌水，直到土壤含水量达到 60% 左右，先耙两、三遍，再将田面整平。若在土壤较湿时耙地，容易造成土壤板结，对栽种和播种都极为不利。

4.1.2.2 整地的深度

一般整地的深度没有固定的值，要根据花卉本身和土壤的状况来确定。通常情况下，对于一、二年生草花，生长周期较短，而根系较浅，为了能充分发挥表土优越性，一般耕深为 20cm 左右。而对于需要较为疏松土壤的球根花卉，为了保证其地下球茎的生长，一般耕深为 30cm 左右。多年生露地木本花卉的栽植，除了应该将表土深耕整平外，还应该开挖定植穴。大苗的穴深一般为 80 ~ 100cm，中型苗为 60 ~ 80cm，小型苗木为 30~40cm。绿篱或花篱的栽植，还应该开挖栽植沟，一般沟深为 40 ~ 50cm。

4.1.2.3 整地的方法

大面积花圃的整地一般采用机械耕作。而在一般花圃的育苗地或园林花坛中，最好使用铁锹“立茬”翻耕，以便使土壤充分和阳光、空气接触，促进风化，同时可以清除杂草的宿根、砖块、石头等。若是不立即栽苗的休闲地，翻耕后不要将土细碎整平，应该等到种植前再灌水，然后耙平。在挖掘定植穴和定植沟时，应该将表土和底土分开投放，以便栽苗时将表层的好土填入坑底。

4.1.2.4 作畦

花卉栽培时的作畦方式可谓多种多样，具体选择要视具体情况而定。有的作畦方式是按花坛的设计要求来定的，有的则是按照栽培的目的、花卉的种类和习性以及当地的雨量多少来决定。在花圃地中，用于播种和草花的移植地，大多需要密植，因此畦宽一般不超过 1.6m，以便站在畦埂上进行间苗、中耕除草等作业。球根类花卉、切花和木本花卉的栽植地，应该保留较宽的株行距，因此畦面一般较为宽大，主要应根据水源的流量来决定每畦面积的大小。在水量较小的情况下，如果畦面过大，会给均匀灌水带来困难。

在雨量较大的地区，如果地栽一些例如牡丹、大丽花等怕水渍的花卉，一般建议打造高畦，并在四周开挖排水沟，防止畦面积水。畦埂的高度应该根据灌水量的大小和灌水方式来决定。一般情况下，若采用渠道自流给水，畦面较大时，应适当加高畦埂，防止外溢。用浇灌、喷灌或胶管灌水时，因水量不大，因此畦埂不用过高。畦埂的高度和宽度是相应的，沙质土一般较宽，粘壤土则相对较窄，但总体不宜小于 30cm，以便于来往行走。

4.1.3 灌溉与排水

4.1.3.1 花卉的需水特点

花卉的需水量根据不同的种类有极大的差别，主要与原产地的雨量及其分布状况有关。一般而言，宿根花卉根系强大，并能深入地下，因此需水量与其他花卉相比较少。一、二年生花卉多数容易干旱，灌溉次数与宿根和木本花卉相比应适量增加。对于一、二年生花卉，灌水渗入土层的深度应该达到 30 ~ 35cm, 草坪应该达到 30cm，一般灌木 45cm，就能满足各类花卉对水分的需要。

同一花卉不同生长时期对水分的需求量也不相同，种子发芽时需要较多的水分，以便渗入种皮，有利于胚根的抽出，并供给种皮必要的水分。幼苗期必须经常保持湿润。生长时期需要给予充足的水分，以维持旺盛的生长。但水分供应若过多，容易引起植株的徒长，所以水分要控制适当。开花结实时，要求空气湿度要小。

花卉在不同季节和气象条件下，对水分的需求也不相同。春秋季干旱时期，应有较多的灌水，晴天风大时应比阴天无风时多浇水。

4.1.3.2 土壤状况与灌水

植物根系从土壤中吸收生长发育所需要的各类营养物质及水分，只有当土壤的各种理化性质均满足植物生长所需的水、肥、通气和温度要求时，才能获得最佳质量的花卉。

土壤的性质会直接影响灌水特性，壤土较易管理，优良的园土持水力强，对于多余出的水也比较容易排出。黏土的持水性能也很强，但是由于空隙比较小，水分渗入比较慢，灌水容易引起流失，还会影响花卉根部对氧气的吸收，造成土壤的板结。疏松的土质灌溉次数应该稍多于黏土，所以对黏土应该特别注意干湿相间的管理。沙土颗粒越大，持水力就越差。不同的土壤需要不同的灌水量。

土壤性质不良往往是引起花卉缺水的因素之一，适当增加土壤中的有机质，有利于土壤通气与持水力。

灌水量一般因土质不同而不同，以根区渗透为宜。若灌水的次数和灌水量过多，花卉的根系反而会生长不良，以至于引起伤害，严重时甚至会造成根系腐烂，导致植株死亡。但若灌水量不足，水不能渗透入底层，会导致根系分布较浅，这样反而会大大降低花卉对干旱和高温的抗性。

4.1.3.3 灌溉方式

1. 漫灌

漫灌指大面积的表面灌水方式，用水量最大，适用于夏季高温地区植物生长密集的大面积草坪。

2. 沟灌

沟灌一般适用于宽行距栽培的花卉，采用行间开沟灌水的方式，水能完全到达根区，但灌水后易引起土面板结，应在土面见干后进行松土。

3. 畦灌

畦灌是将水直接灌于做好的畦内，是北方大田低洼和树木移植时的灌溉方式。

4. 浸灌

浸灌适用于容器栽培的花卉，灌水充足可达饱和的程度，比较省水，且不会破坏土壤结构。在地下埋设具有渗水孔的输水管道，水从中渗出浸润土壤。

5. 喷灌

喷灌是利用喷灌设备系统，使水在高压下通过喷嘴喷至半空，呈雨滴状落在周围植物上的一种灌溉方式。

6. 滴灌

滴灌一般利用低压管道系统，使水分缓慢不断地呈滴状浸润根系附近的土壤，能使土壤保持湿润状态，同时节约用水。

4.1.3.4 水质要求

灌溉用水一般用软水，水质以清澈的活水为上，如河水、湖水、雨水、池水，避免用死水或含矿物质较多的硬水，如井水等。若使用自来水，应注意当地的自来水水质，如酸碱度、含盐量等，可采取存水的方法，让氟、氯离子及其他重金属离子等有害物质充分挥发、沉淀后再使用。

4.1.3.5 灌溉时期

根据不同季节、土质浇水。就全年来说，“春秋两季少浇，夏多浇，冬不浇”。在中国南方，如江浙等地，春季雨水多，蒸腾耗水量少，可少灌水；夏季温度高、生长旺盛、蒸腾量大，宜多浇；秋冬季气温下降，生长缓慢，应控制浇灌。但在大棚栽培中，冬季两层薄膜内，湿度很大，往往会给人一种错觉，认为不必浇水。其实只是土壤表层湿润，土壤的中下层是比较干的，单靠薄膜内汽化形成的雾滴水并不能满足于根系的需水，所以也需要适当地浇水。以温室栽培切花菊为例，一般冬季水分的消耗仅为夏季的 1/3，为春、秋季的 1/2。就土质来说，黏性土保水性强，少浇为宜；而沙性土保水性差，应增加浇水次数。就每次来说，以彻底灌透为原则，干透浇足。不能半干半湿，避免浇水时出现“干夹层”，但也不能过干过湿。而土壤适当程度地经常性干湿交替，对植物根系的不断发育有利。

浇水时间。夏季以早、晚为好，秋季则可在近中午时浇灌。原则就是使水温与土壤温度相近，如水温、土温的温差较大，会影响植株的根系活动，甚至伤根。

4.1.3.6 排水

排水是指通过人为的设施避免植物生长积水的方法。排水也是花卉栽培中的重要环节之一，在露地花卉栽培中比较常见的是在地下埋设排水层，在栽培基质的耕作层以下，先铺砾石、瓦块等粗料，其上再铺排水良好的细沙，最后覆盖一定厚度的栽培基质。这种方法的排水效果非常好，但是工程量相对较大，工程造价高。

4.1.4 施肥

花卉生长所需的营养元素，碳素一般取自空气，氧氢一般由水中获得，氮在空气中的含量很高，但是植物不能直接利用。虽然土壤中含有花卉可利用的含氮物质，但大部分土壤中含量不足，因此必须通过施肥来补充。另外植物生长所需的其他元素，土壤中的含量一般各不相同，所以对于缺少或不足的元素应该及时补足，以满足花卉生长所需。

4.1.4.1 基肥

基肥主要是指有机肥，常用的有机肥有厩肥、堆肥、骨粉、豆饼等。厩肥和堆肥一般在整地的过程中，一同翻入土层中，或者可以直接施入定穴的底部；骨粉和豆饼则更常见于栽苗时与坑土相结合，这样做主要是为了防止流失而造成浪费。

有时，化肥也可作为基肥施用，以加速幼苗前期的生长。但注意化肥不能施用得过早，也不能施用得过深。同时还应注意掌握氮、磷、钾的合理配合。由于化肥一般只含有一种元素，作为基肥来说，更常见于对有机肥料中某种不足元素的补充。

4.1.4.2 追肥

有机追肥一般包括有速效性的人粪尿和麻酱渣等，都必须充分腐熟后方能使用。化肥如果是以液态进行追肥，其使用浓度大体上是：硫酸铵 0.1% ~ 0.5%，硝酸钾 0.1% ~ 0.3%，过磷酸钙 0.5% ~ 1.0%。

常见的追肥施用方法为沟施、穴施和随灌水冲入土中，很少进行撒施。沟施或穴施后应通过中耕将它们翻入表土内，然后立即灌水。

4.1.4.3 施肥量

施肥量因花卉种类、品种、土质以及肥料种类不同，很难确定统一的标准。一般而言，若植株矮小、生长旺盛的花卉可以少施；相对的，植株高大、枝繁叶茂、花朵丰硕的应该适当多施肥料。喜肥植物应该多施肥料，耐贫瘠植物可适当少施。缓效的有机肥可以适当多施，而速效有机肥则应该适度使用。若要确定准确的施肥量，必须通过田间试验，结合土壤营养分析和植物体营养分析，根据养分吸收量和肥料利用率来测算。

4.1.4.4 施肥时期

植物对肥料的需求一般分为两个时期，养分临界期和最大效率期。掌握花卉种类间的营养特性，可以充分利用这两个关键时期对植物进行施肥。一般对于木本花卉，春季应该多施氮肥，夏末则应该少施氮肥，否则会促使秋梢生长，冬前不能成熟老化，易遭冻害。秋季当花卉顶端停止生长后，施用完全肥，这样对冬季或早春根部继续生长的多年生花卉有促进作用。冬季不休眠的花卉，在低温、短日照条件下的吸收相对较差，应减少或停止施肥。

追肥施用的时期和次数一般受到花卉生育阶段、气候和土质的影响。苗期、生长期以及花前花后应该施加追肥，高温多雨时节或沙质土，追肥应该少量多次。

施肥后应该及时灌水，对于土壤干燥的情况下，还应该先灌水再施肥，以利于吸收并防止伤根。

4.1.4.5 施肥方式

施肥一般有土壤施肥和根外施肥两种。土壤施肥的深度和广度，应该根据根系分布的特点而定，最好将肥料施加在根系分布范围内或稍远处。这样做一方面可以保证花卉根系对肥料的吸收，另一方面还可以促使花卉的根系扩大，形成更为强大的根系。由于不同的营养元素在土壤中移动性不同，不同肥料的施肥深度也不同。氮肥在土壤中移动性强，可浅施；磷、钾肥移动性相对较差，应该深施到根系分布区内，或者与其他有机质混合使用效果更好。一般氮肥多用于追肥，而磷、钾肥与有机肥则多用于基肥。

4.1.5 中耕除草

中耕可以对表土进行疏松，切断土壤的毛细管，减少水分蒸发，增加土壤水分，使土壤内的空气流通，促进土壤中有机物的分解，为根系正常生长和吸收各类营养物质创造良好条件。在中耕同时一般结合除草，就算在没有杂草的情况下，每次灌水后也应该进行一次中耕。

苗木栽植的初期，大部分田面都暴露在阳光下，这时土表容易干燥，杂草也繁殖很快。因此应该经常进行中耕除草。秋季露地花卉大多已布满田面，形成了郁闭状态，因此应该在郁闭状态之前将杂草除尽。

中耕的深度应该是随着花木的生长逐渐加深，远离花苗的行间应该深耕，花苗附近应该浅耕，平均深度3 ~ 6cm，并应该将土块打碎。

除草工作应该在杂草发生的初期尽早进行，在杂草结实之前必须清除干净。不但要清除花卉栽培地上的杂草，还应该把四周的杂草都清除干净。对多年生宿根杂草，应把根系全部挖出深埋或烧掉。

也可运用除草剂对杂草进行清除，但需要注意不能在花期用于与被除杂草同科的花草地上，一般在木本花卉的栽植地上使用较为方便。

4.1.6 越冬防寒

大部分露地花卉都需要防寒越冬，有的则需要防霜冻。越冬防寒的方法有许多，应根据当地的自然情况和花卉的耐寒力来灵活运用。先将几种常见的防寒保护方法介绍如下。

4.1.6.1 培土法

培土保护是最安全的越冬方法，用湿土压埋后，一旦土层冻结，不论气温下降多少，土温常保持在 -5℃左右，特别能够避免被冬季的寒风抽干。压埋的方法有壅土压埋和开沟压埋两种方式，前者多用于植株矮小的丛生型花灌木，后者常用于藤本花木。压埋的厚度和开沟的深度要根据花卉的耐寒力来确定。

4.1.6.2 覆盖法

宿根落叶草花以及一些可以露地越冬的球根花卉一般常用此法。目的是防止地下球根或接近地表的幼芽以及根茎的茎盘部分受冻。具体方法是在地面上覆盖稻草、落叶、马粪、蒲帘、草帘以及泡沫塑料等，等到来年春季晚霜过后再把覆盖物清理掉。

4.1.6.3 熏烟防霜法

霜冻对花木的影响一般集中在长江以北的地区，特别是早春花木萌动后，常常因为晚霜，将幼梢、花蕾以及开放的花朵冻坏。熏烟是一种防止霜冻的有效方法，由烟和水汽组成的烟雾可以很好地阻挡土壤热量的散失，以此来防止土温的降低。在早春花木萌动后，如果夜间气温下降至 0℃，而又晴朗无风，就很可能在次日的早晨形成霜降。所以防霜工作应该提前准备。

熏烟的方法可谓多种多样，但是在花卉生产场地较常用的就是防烟堆。烟堆的位置一般多放于花圃道路上，烟堆的数量和距离应该以放出的烟量能布满花圃的低空为准。但是在园林和城市绿化小区则不能采用防烟堆的方法，否则会造成交通的堵塞和环境的污染。此时可以采用另外一种熏烟方法——将空的汽油桶放在小车上，在汽油桶内放防烟材料，制成防烟车，这种方法的效果也很明显。

4.1.6.4 保温材料包扎法

对于一些大型的观赏类树木，一般树体高大，无法压埋或覆盖，常用包草、包纸以及蒙盖灰色塑料薄膜等方式进行防寒越冬。对于一些耐寒力比较强，但是比较怕寒风的花木，可以在植株周围搭设防风的苇帐。

4.1.7 轮作

4.1.7.1 轮作的概念

轮作是指在一定年限内，同一块土地按计划轮换栽植不同种类作物的种植制度，即时间上的轮换，就是同一块地上逐年轮换种植不同作物。轮作也可以是空间上的轮换，就是同一作物每年在不同的田块上种植。两者紧密结合，时间轮换和空间的轮换顺序是一致的。

4.1.7.2 轮作的作用

1. 有效减轻种植花卉的病虫草害

许多花卉病原菌一般都为专性寄生菌类，害虫也有一定的专食性和寡食性，有些杂草也有其相应的伴生者和寄生者；如果连续种植同种花卉作物，如百合连作的话，通过土壤传播的镰刀菌引起的茎腐病等必然会大量发生。

2. 协调和均衡地利用土壤养分和水分

各种花卉作物的生物学特性不同，从土壤中吸收养分的种类、数量、时期和利用率也不相同。利用营养生态位不同而又具有互补作用的作物轮作，可以协调前、后茬作物养分供应和均衡利用土壤养分。

3. 改善土壤理化性状，调节和提高土壤肥力

花卉作物的茎秆、残茬、根系和落叶是补充土壤有机质和养分的重要来源。禾本科花卉秸秆量大、有机碳含量多，豆科花卉、十字花科花卉等落叶量大，含氮量高。进行禾本科花卉和豆科花卉、十字花科花卉的轮作，可利用豆科花卉的生物固氮维持土壤的氮素平衡，利用禾本科和十字花科花卉的茎叶、根茬维持和提高土壤有机质平衡，增进土壤肥力。

4. 有利于合理利用农业资源，提高经济效益

根据作物的生理生态特性，在轮作中前后作物搭配，茬口衔接紧密，既有利于充分利用土地和光、热、水等自然资源，又有利于合理均衡地使用机具、肥料、农药、灌溉用水以及资金等社会资源；还能错开农忙季节，均衡投放劳畜力，做到不误农时和精细耕作。

由于轮作具有培肥地力和减轻农作物病虫草害的作用，无须肥料、农药、劳力等资源的过多投资，只需作物合理的轮换就可获得与连作在高投入条件下相当的产量，降低了生产投资成本，提高了经济效益。

4.1.7.3 露地花卉的轮作

露地花卉的轮作，在一年一熟地区采用定区式轮作，即将花卉栽培的各个区域用事先设计的轮换次序每年分别种植不同的花卉作物；在一年多熟地区采用换茬式轮作，即要求在同一地块栽植的作物不但与上一个季节栽培的作物不同，而且与其时间相邻的作物也不相同。

轮作的周期应根据各种花卉病原菌在栽培环境中存活和侵染的时间而定，原则上，轮作周期越长越好。还可采用土壤消毒或基质消毒、均衡施肥等方法来解决。

4.2 花卉的设施栽培管理

花卉设施栽培，是指由人工保护设施所形成的小气候条件下进行的花卉栽培。利用栽培设施及设备创造栽培环境，可以实现自然条件下不能实现或难于实现的花卉繁殖和育苗等栽培活动，或是提供更加优良的花卉。

4.2.1 概述

4.2.1.1 保护地的概念、作用和特点

花卉栽培设施和设备所创造的环境，称为保护地。利用这种人工创造的栽培环境进行花卉栽培，实现在自然条件下不能实现或难于实现的栽培活动，称为花卉保护地栽培。常用的保护地设施主要有温室、荫棚、风障、冷床、温床、冷窖、塑料大棚等以及其他一些相关的设备，比如环境控制设备和各种机具、用器等。

与露地栽培相比，保护地栽培一般具有如下特点。

（1）需要保护设施。应当根据当地的自然条件、栽培季节和栽培目的选定栽培设备。

（2）设备费用大，生产费用高，占用劳动力多。

（3）不受季节和地区限制，可周年进行生产。但考虑到生产成本和经济效益，应选择耗能较低，产值又高，适销对路的花卉进行生产。

（4）产量可以成倍增加。要科学地安排好温室面积，尽量提高单位面积产量。

（5）栽培管理技术要严格。①对栽培花卉的生长发育规律和生态习性要有深入的了解。要精确知晓花卉生长发育各阶段对光照、温度、湿度、营养等的最佳要求，还要知道它对不适宜环境的抗性幅度等；②对当地气候条件和栽培地周围环境条件要心中有数；③对花卉栽培设备的性能要有全面了解，才能在栽培中充分发挥设备的作用；④要有熟练的栽培技术和经验，才能取得良好的栽培效果。

（6）生产和销售环节之间要紧密衔接。若生产和销售脱节，产品不能及时销出，会造成很大的经济损失，而且空占温室的宝贵面积，影响整个生产计划的完成。

4.2.1.2 花卉保护地栽培的发展历史

1. 中国花卉保护地栽培的发展历史

中国保护地栽培有着悠久的历史，远在公元前 2 世纪就有了保护地栽培的记载。据《古文奇字》云："秦始皇密令人种瓜于骊山沟谷中温处，瓜实成。"骊山在陕西省西安市临潼区，冬天不可能露地栽培，可以推断是利用当地温泉进行瓜类栽培的，这是一种最原始的保护地栽培。中国种植植物的温室始建于汉代。汉未央宫内有扶荔宫和温室殿，种植荔枝及由南方引进的植物。到唐代，利用温室种菜已经相当普遍。宋代已有用温室催花的技术，"宋时武林马塍藏花之法，以纸窗糊密室，凿地作坑，编竹置于上……然后沸汤于坑中，候气熏蒸扇之经宿，则花即放"。明代，在北京的黄土岗地区用土坑纸窗的土温室来培养花卉，后来发展成前窗为直立纸窗的土温室，即"花洞子"，用于木本花卉的越冬。到清朝时候，北京劳动人民制造了"北京式土温室"，用于牡丹及其他花卉的促成栽培和一般栽培。

19 世纪末，上海出现了现代的玻璃温室；20 世纪初，出现专门栽培一种盆花（如大岩桐、球根海棠）的单栋

温室。1979 年，北京从日本引进了面积 $2hm^2$ 的双屋面连栋现代玻璃钢温室，用于栽种观赏植物。1980 年以后，中国各地陆续从国外引进了大型连栋温室，中国农业科学院蔬菜花卉研究所于 1988 年建造 $1hm^2$ 双面玻璃连栋温室，用于栽培月季切花。从 20 世纪 80 年代开始，原为种菜而设计的塑料大棚逐步用于栽种花卉，现已成为长江下游花卉生产的主要设施。在中国北方地区，包括东北南部、华北、京、津一带，日光温室发展很快，起初用于种菜，后在花卉栽培上得到推广应用，现已成为北方地区盆花和切花生产的主要设施。

目前，中国的温室设计制造厂家已从最初的仿制进口温室开始逐渐转向独立自主地开发适合中国气候特点的现代化大型温室，在解决进口现代化温室与中国气候特点和生产力发展水平不相符的问题上取得了一些有益的成果。到 2000 年为止，中国已经自建大型现代化温室 $400hm^2$，拥有制造销售大型现代化温室能力的企业多达 40 家。

2. 国外花卉保护地栽培的发展历史

罗马人在公元前已经用透明矿物质覆盖透光，烧木材和马粪加温来栽培植物。现代意义上的温室雏形出现在法国。1385 年，在法国的波依斯戴都，人们首次用玻璃建成亭子，并在其内栽培花卉。当时玻璃还是很珍贵的材料，玻璃温室不能推广应用。直到 18 世纪，玻璃工业发展起来以后，英国人将它改建为玻璃房，玻璃建造的温室才普及应用。15 世纪末，西班牙和意大利建造了一种被称为“柑橘栽培室”的温室建筑，它通常是坐南朝北，北面是砖墙，而南面则是一种类似于窗户的结构，里面主要种植柑橘、凤梨等植物。这种被称为“一面坡式”的设计在后来很长一段时间内都没有很大变化。1903 年和 1967 年，荷兰人先后建成历史上第一座双屋面温室和第一座连栋温室，为现代温室业的发展做出了巨大贡献。美国在 1800 年建造了第一栋商用玻璃温室，20 世纪 70 年代初期，美国盛行由双层充气薄膜覆盖的连栋温室，其后又为玻璃钢温室所代替，至今欧洲各地则仍以玻璃温室为主。

4.2.2 设施的类型

常用的栽培设施一般有温室、风障、冷床和温床、地窖、荫棚、塑料大棚及日光温室等。

4.2.2.1 温室

温室是以有透光能力的材料作为全部或部分围护结构材料建成的一种特殊建筑，能够提供适宜植物生长发育的环境条件。温室是花卉栽培中最为重要，同时也是应用最为广泛的栽培设施。相对于其他栽培设施，温室能更好地调控环境因子，是比较完善的保护地类型。同时，温室还是北方地区栽植热带和亚热带植物的主要设施。温室有许多不同的类型，对于环境的调控作用也有相应的不同，在花卉栽培应用中有不同的用途。

1. 温室的种类

（1）依据不同应用目的划分。

1）观赏温室。专供陈列观赏花卉之用，一般建于公园及植物园内。温室外形要求美观、高大。有的观赏温室中有地形变化和空间分隔，创造出各种植物景观，供游人游览。

2）栽培温室。以花卉生产栽培为主。建筑形式以符合栽培需要和经济适用为原则，不注重外形美观与否。一般建筑低矮，外形简单，室内面积利用经济，如各种日光温室、连栋温室等。

3）繁殖温室。这种温室专供大规模花卉繁殖之用。温室建筑多采用半地下式，室内维持较高的湿度和温度。

4）人工气候室。过去一般供科学研究用，可根据需要自动调控各项环境指标。现在的大型自动化温室在一定意义上就已经是人工气候室。

（2）依照是否有人工热源划分。

1）不加温温室。不加温温室也称为日光温室，只利用太阳辐射来维持温室温度。

2）加温温室。除利用太阳辐射外，还用烟道、热水、蒸汽、电热等人为加温的方法来提高温室温度，其中以烟道、蒸汽和热水三种方法应用最为广泛。

（3）依照建筑形式划分。温室的屋顶形状对温室的采光性能有很大影响。出于美观的要求，观赏温室建筑形式很多，有方形、多角形、圆形、半圆形及多种复杂的形式。生产性温室的建筑形式比较简单，基本形式有4类。

1）单屋面温室。温室屋顶只有一个向南倾斜的玻璃屋面，其北面为墙体。

2）双屋面温室。温室屋顶有两个相等的屋面，通常南北延长，屋面分向东西两方，偶尔也有东西延长的。

3）不等屋面温室。温室屋顶具有2个宽度不等的屋面，向南一面较宽，向北一面较窄，二者的比例为4:3或3:2。

4）拱顶温室。温室屋顶呈均匀的弧形，通常为连栋温室。

由以上若干个双屋面或不等屋面温室，借纵向侧柱或柱网连接起来，相互连通，可以连续搭接，形成室内串联的大型温室，即为连栋温室，现代化温室均为此类。

（4）依照温室相对于地面的位置划分。

1）地上式温室。室内与室外的地面在同一个平面上。

2）半地下式温室。四周短墙深入地下，仅侧窗留于地面以上。这类温室保温效果好，室内又可以维持较高的湿度。

3）地下式温室。仅屋顶突出于地面，只由屋面采光。此类温室保温、保湿性能好，但采光不足，空气不流通，适于在北方严寒地区栽培湿度要求大及耐阴的花卉。

（5）依据建筑材料划分。

1）土温室。墙壁用泥土筑成，屋顶上面主要材料也是泥土，其他各部分结构为木材，采光面最早为纸窗，目前采用玻璃窗和塑料薄膜。只限于北方冬季无雨季节使用。

2）木结构温室。屋架及门窗框等都为木制。木结构温室造价低，但使用几年后，温室密闭度常减低。使用年限一般为15～20年。

3）钢结构温室。柱、屋架、门窗框等结构采用钢材制成，可建筑大型温室。钢材坚固耐久，强度大，用料较细，支撑结构少，遮光面积较小，能充分利用日光。但造价一般较高，容易生锈，由于热胀冷缩常使玻璃棉破碎，一般可用20～25年。

4）钢木混合结构温室。除中柱、桁条及屋架用钢材外，其他部分都为木制。由于温室主要结构应用钢材，可建较大的温室，使用年限也较久。

5）铝合金结构温室。结构轻，强度大，门窗及温室的结合部分密闭度高，能建大型温室。使用年限很长，可用25～30年，但是造价比较高，是目前大型现代化温室的主要结构类型之一。

6）钢铝混合结构温室。柱、屋架等采用钢制异型管材结构，门窗框等与外界接触的部分是铝合金构件。这种温室具有钢结构和铝合金结构二者的长处，造价比铝合金结构的低，是大型现代化温室较为理想的结构。

（6）依照温室覆盖材料划分。用于温室的覆盖材料有许多种，透光率、老化速度、抗碰能力、成本等都不同，在建造温室时，需要根据具体用途、资金状况、建造地气候等条件选择适宜的覆盖材料进行建造。

1）玻璃温室。以玻璃为覆盖材料。为了防雹，有用钢化玻璃的，玻璃透光度大，使用年限长。

2）塑料薄膜温室。以各种塑料薄膜为覆盖材料，用于日光温室以及其他简易结构的温室，造价低，也便于用作临时性温室。可以用于制造连栋式大型温室。形式多半圆形或拱形，也有尖顶形。单层或双层充气膜，后者保温性能更好，但透光性能较差。常用的塑料薄膜有聚乙烯膜、多层编织聚乙烯膜、聚氯乙烯膜等。

3）硬质塑料板温室。多为大型连栋温室。常用的硬质塑料板材主要有丙烯酸塑料板、聚碳酸酯板、聚酯纤维玻璃、聚乙烯波浪板。聚碳酸酯板是当前温室制作应用最广泛的覆盖材料。

2. 温室的设计与建造

一个完整的温室系统通常有以下几个组成部分：温室的建筑结构、覆盖材料、通风设备、降温设备、保温节能设备、遮光/遮阳设备、加热设备、加湿设备、空气循环设备、二氧化碳施肥设备、人工光照设备、栽培床/

槽、灌溉施肥设备、防虫设备、气候控制系统等。在决定建造温室时，必须考虑以下问题。

（1）要有足够的土地面积。除温室所占的土地外，还要考虑温室辅助用地的面积。

（2）温室建造的位置。建造温室的地点必须有充足的光照，不可有其他建筑物及树木遮阴。温室南面、西面、东面的建筑物或其他遮挡物到温室的距离必须大于建筑物或遮挡物高度的 2.5 倍。温室的北面和西北面最好有防风屏障，最好北面有山，或有高大建筑物，或有防风林等遮挡北风，形成温暖的小气候环境，可以降低温室的能耗。

（3）气候条件。气候条件极大地影响了温室花卉生产的地理分布。影响温室应用的首要限制因子是冬季的光照强度。

（4）温室的排列。在进行大规模花卉生产的情况下，对于温室的排列及冷床、温床、荫棚等附属设备，应有全面的规划。要避免温室之间相互遮阴，但不可相距过远，过远不仅工作不便，而且对防风保温不利。

（5）温室屋面倾斜度和温室朝向。太阳辐射是温室的基本热量来源之一，能否充分利用太阳辐射热，是衡量温室性能的重要标志。温室吸收太阳辐射能量的多少，取决于太阳的高度角和南向玻璃屋面的倾斜角度。温室一般为东西朝向，连栋温室也可建成南北方向。

3. 几种温室的特点

（1）单屋面温室。仅有一个向南倾斜的透光屋面，构造简单，小面积温室多采用此种形式。温室采光有两类：①半拱圆形；②一斜一立式。单屋面温室光线充足，保温良好，结构简单，建筑容易，是中国园艺生产中采用的主要温室类型。为防止互相遮挡，一般温室间的距离约为温室本身的跨度，因此土地利用面积仅为 50% 左右。由于温室前部较低，不能栽植较高的花卉，温室空间利用率较低，尤其是做切花栽培。温室空间较小，不利于机械化作业。另外，由于光线来自一面，常造成植物向光弯曲，对生长迅速的花卉种类影响较大，所以要经常进行转盆以调整株态；对木本花卉影响较小。目前，中国花卉生产中常用的各种日光温室均为此类。

（2）不等屋面温室。采光面积大于同体量的单屋面温室。由于来自南面的照射较多，室内植物仍有向南弯曲的缺点，但比单屋面温室稍好。北向屋面易受北风影响，保温性不及单屋面温室。

（3）双屋面温室。这种温室因有两个相等的屋面，因此室内受光均匀，植物没有弯向一面的缺点。由于采光屋面较大，散热较多，必须有完善的加温设备。

（4）连栋式温室。连栋温室除结构骨架外，一般所有屋面与四周墙体都为透明材料，如玻璃、塑料薄膜或硬质塑料板，温室内部可根据需要进行空间分隔。但一般连栋式温室的通风换气差。

4. 温室内环境调节

（1）温度的调节。一般温室的温度调节是指冬季的保温、加温和夏季的降温。

1）保温。常用的提高温室保温性能、减少放热量的方法有三种，增加光的透射率、增加地热储存减少浪费和减少散热。一般通过使用透射率高的覆盖材料，并经常清洗打扫覆盖面来增加光的透射率；用地表覆盖来减少土壤的蒸发量和作物的蒸腾量，可以有效增加保温性，常用的方法有，在地表铺一层锯末，既减少土壤蒸发，又可起到反射作用，使植物下部的枝叶得到更多的光和热，作物收获后，还可将锯末翻入土中作肥料；减少热损失一般可通过采用双层门窗和玻璃屋面等措施，但需注意的是，此法减小了透明度，影响光质，对花卉生长发育不利。

2）加温。温室加温的方法较多，有火炕、散热管系统和热风加温等。

火炕加温是最简单易行的方法，在中国花卉生产的土温室中常见。但缺点明显，使室内空气干燥，烟尘和二氧化硫污染严重。

散热管加温系统，可用于高温度地区，由锅炉集中供热，以煤、石油液化气或天然气为燃料。散热管装置在温室四周，亦可根据需要在地下、种植床下或空中（可上下移动）装置散热管，以提高局部种植面或地面的温度。

风热加温系统是由加热器、风机和送风管组成，在现代化大型温室中使用，主要用于低纬度地区作临时加温，空气被加热后由风机通过悬吊在温室上部的塑料薄膜管吹送出来，散布在植物生长区。缺点是室温冷热不均，热风机一开温度剧升，一停又骤降，还需安装温度自动控制器。

温泉地热加热也是一种冬季温室加温的方法。主要运用于在温泉或地热深井的附近建造的温室。将热水直接泵入温室用以加温，是一种极为经济的加温方法。

3）降温。温室降温通常采用自然降温和机械降温两种方式。

自然降温采取遮阴、通风、屋顶喷水或屋顶涂白相结合的方法，效果比较显著，也经济实用。机械降温有两种方式：①用压缩式冷冻机制冷，降温快，效果好，但是耗能大，费用高，而且制冷面积有限，只用于试验研究性温室；②现代化大型温室常用的湿帘降温系统，其结构是在温室的北墙（迎风侧）安装湿帘，南墙（背风侧）安装排风扇。使用冷水不断淋过湿帘，使其饱含水分，开动排风扇，随室温气体的流动、蒸发、吸收而起到降温的作用。

（2）光照的调节。

1）补光。补光的目的：①满足光合作用的需要，在高纬度地区冬季进行切花生产时，温室内光照时数和光照强度均不足，因此需补充高强度的光照；②调节光周期，为了调节花期，达到周年生产，需延长或缩短日照长度，这种补光不要求高强光。

2）遮光。在高纬度地区栽培原产热带、亚热带的短日性花卉，让其于春夏长日照季节开花时，需用遮光来调节。常在温室外部或内部覆盖黑色塑料薄膜或外黑里红的布帐，根据不同花卉对光照时间的不同要求，在下午日落前几个小时放下，使室内每天保持一定时间的短日照环境，以满足短日性花卉生长发育的生理需要。

3）遮荫。夏季在温室内栽培花卉时，常由于光照强度太大导致室内温度过高，影响花卉的正常生长发育，所以可用遮荫来减弱光照强度。方法有覆盖帘子、使用遮荫网、涂白和在温室外种植藤本植物等方法。

（3）湿度的调节。

1）空气湿度。温室内的空气湿度是由土壤水分的蒸发和植物体内水分的蒸腾在温室密闭的情况下形成的，空气湿度的大小直接影响花卉的生长发育。温室内降低空气湿度一般都采用通风法，即打开所有门窗，通过空气的流动来降湿。提高温室内湿度可采用以下几种方法：室内修建蓄水池、装配人工喷雾设备、室内人工降雨和室外屋顶喷水。

2）土壤湿度。土壤湿度直接影响花卉根系的生长和肥料的吸收，间接影响地上部分的生长发育。调节土壤湿度的方法有：地表灌水法、底面吸水法、喷灌法和滴灌法等几种。

（4）土壤条件及其调节。

1）土壤中盐类浓度及其调节。温室一般是用于在特定的季节里生产特定的花卉，连续施用同种肥料，形成了高度连作的栽培方式，使温室内的土壤性质和土壤微生物的情况发生了很大变化。为了减轻或防止盐类浓度的障碍，可采取正确地选择肥料的种类、合理确定施肥量和施肥位置、深翻改良土壤、防止表层盐分积累、更换新土等措施。

2）土壤生物条件及其调节。土壤中有病原菌、害虫等有害生物，也有微生物、硝酸细菌、亚硝酸细菌、固氮菌等有益生物。正常情况下这些微生物在土壤中保持着一定的平衡，但连作时由于植物根系分泌物不同或病株的残留，打破了土壤中微生物的平衡，造成连作危害。解决的方法有更换土壤和土壤消毒。土壤消毒一般采用药剂消毒法和蒸汽消毒法。

4.2.2.2 其他类型保护地

1. 风障

风障是用秸秆或草席等材料做成的防风设施，是中国北方常用的简单保护设施之一，在花卉生产中多与冷床或温床结合使用，可用于耐寒的二年生花卉越冬，一年生花卉提早播种和开花，南方地区少用。

（1）风障的作用。风障是利用各种高秆植物的茎秆栽成的篱笆形式，以阻挡寒风，提高局部环境温度与湿度。风障的防风性能极为显著，能使风障前近地表气流比较稳定，一般能削弱风速 10% ~ 50%；风速越大，防风效果越显著。风障的防风范围为风障高度的 8 ~ 12 倍，风障设置排数越多，效果越好。风障能充分利用太阳辐射能，提高风障保护区的地温和气温。还有减少水分蒸发和降低相对湿度的作用，形成良好的小气候环境。

（2）风障的设置。依照结构不同，分为有披风风障和无披风风障两种，前者防寒作用大。花卉栽培常用有披风风障，由基埂、篱笆、披风 3 部分组成。篱笆是风障的主体，高度约为 2.5 ~ 3m，一般由芦苇、高粱秆、玉米秸、细竹等构成。

2. 冷床和温床

冷床和温床是花卉栽培常用的设备。冷床只利用太阳辐射热以维持一定的温度；温床除利用太阳辐射热外，还需人工加热以补充太阳辐射的不足，两者在形式和结构上基本相同。冷床和温床在花卉生产中一般用于露地花卉的促成栽培及二年生草花和半耐寒盆花的保护性越冬。

（1）冷床。冷床是不需要人工加热而只利用太阳辐射维持一定温度，使植物安全越冬或提早栽培繁殖的栽植床。它是介于温床和露地栽培之间的一种保护地类型，又称"阳畦"。冷床广泛用于冬春季节日光资源丰富而且多风的地区，主要用于二年生花卉的保护越冬及一、二年生草花的提前播种，耐寒花卉的促成栽培及温室种苗移栽露地前的锻炼期栽培。冷床分为抢阳阳畦和改良阳畦两种类型。

（2）温床。温床除利用太阳辐射外，还要人为加热以维持较高温度，供花卉促成栽培或越冬之用，是中国北方地区常用的保护地类型之一。温床保温性能明显高于冷床，是使不耐寒植物越冬，一年生花卉提早播种，二年生花卉促成栽培的简易设施。温床建造宜选在背风向阳、排水良好的场地。一般由床框、床孔及玻璃窗（也可以用塑料薄膜代替）3 部分组成。

3. 地窖

地窖又称冷窖，是不需人为加温的用来储藏植物营养器官或植物防寒越冬的地下设施。冷窖是植物材料越冬的最简易的临时性或永久性保护场所，在北方地区应用较多。冷窖具有保温性能较好、建造简易的特点，建造时，从地面挖掘至一定深度、大小，而后作顶，即形成完整的冷窖。冷窖通常用于北方地区储藏不能露地越冬的宿根、球根、水生花卉及一些冬季落叶的半耐寒花木。

4. 荫棚

荫棚也是花卉栽培与养护中必不可少的设施。大部分温室花卉在夏季出温室后，均需置于荫棚下养护，夏季花卉的嫩枝扦插及播种等也需要在荫棚下进行，一部分露地栽培的切花花卉如有荫棚保护，可获得比露地栽培更好的效果。

5. 塑料大棚

塑料大棚简称大棚，是中国 20 世纪 60 年代发展起来的保护地设施，与玻璃温室相比，具有结构简单，一次性投资小，有效栽培面积大，作业方便等优点，是目前常用的花卉生产设施。

6. 日光温室

日光温室由围护墙体、后屋面和前屋面三部分组成，前屋面采用透明覆盖材料，以太阳辐射能为热源，具有蓄热及保温功能，是可在冬春寒冷季节不需人工加温或极少量人工加温的条件下进行蔬菜生产的栽培设施。它具有结构简单、造价较低、节省能源等特点，是我国特有的园艺植物栽培设施。

4.2.3 设施花卉的栽培管理技术

4.2.3.1 盆栽花卉栽培技术

1. 培养土常见的组分

（1）园土。园土是果园、菜园、花园等的表层活土，具有较高的肥力及团粒结构，但因其透气性差，干时板结，湿时泥状，故不能直接拿来装盆，必须配合其他透气性强的基质使用。

（2）厩肥土。厩肥土是由马、牛、羊、猪等家畜厩肥发酵而成，其主要成分是腐殖质，质轻、肥沃，呈酸性反应。

（3）沙和细沙土。沙通常指建筑用沙，粒径在 0.1 ~ 1mm 之间；用做扦插基质的沙，粒径应在 1 ~ 2mm 之间较好，素沙指淘洗干净的粗沙。

（4）腐叶土。腐叶土是由树木落叶堆积腐熟而成，土质疏松，有机质含量高，是配制培养土最重要的基质之一。

（5）堆肥土。堆肥土是由植物的残枝落叶、旧盆土、垃圾废物等堆积，经发酵腐熟而成。堆肥富含腐殖质和矿物质，一般呈中性或碱性。

（6）塘泥和山泥。塘泥是指沉积在池塘底的一层泥土，挖出晒干后，使用时破碎成直径 0.3 ~ 1.5cm 的颗粒。这种材料遇水不易破碎，排水和透气性比较好，也比较肥沃。山泥是江苏、浙江等地山区出产的天然腐殖土，呈酸性反应，疏松、肥沃、蓄水，是栽培山茶花、兰花、杜鹃、米兰等喜酸性土壤花卉的良好基质。

（7）泥炭土。分为褐泥炭和黑泥炭，褐泥炭成浅黄至褐色，含有机质多，呈酸性反应，是酸性植物培养土的重要成分。黑泥炭炭化年代久远，呈黑色，矿物质较多，有机质较少。

（8）松针土。由山区松林林下松针腐熟而成，成强酸性，是栽培杜鹃花等强酸性植物的主要基质。

（9）草皮土。取草地或牧场上的表土，连草及草根一起掘取，将草根向上堆积起来，经一年腐熟即可使用。草皮土含较多的矿物质，腐殖质含量较少，堆积年数越多，质量越好，因土中的矿物质能得到较充分的风化。草皮土呈中性至碱性反应。

（10）沼泽土。主要由水中苔藓和水草等腐熟而成，取自沼泽边缘或干涸沼泽表层约 10cm 的土壤。含较多腐殖质，呈黑色，强酸性。我国北方的沼泽土多为水草腐熟而成，一般为中性或弱酸性。

2. 栽培容器类型

（1）素烧泥盆。素烧泥盆又称瓦盆，由黏土烧制而成，有红色和灰色两种，底部中央留有排气孔。这种盆虽质地粗糙，但排水性能好，价格低廉，是花卉生产中常用的容器。素烧泥盆通常为圆形，其规格大小不一，一般口径与高相等。盆的大小在 7~40cm 之间。

（2）陶瓷盆。陶瓷盆是素烧盆外加一层彩釉，质地细腻，外形美观，但透气性差，对栽培花卉不利，一般多作套盆或短期观赏使用。陶瓷盆除圆形外，还有方形、棱形、六角形等式样。

（3）木盆或木桶。素烧盆过大时容易破碎，因此当需要用口径在 40cm 以上的容器时，则采用木盆或木桶。外形仍以圆形为主，两侧设有把手，上大下小，盆底有短脚，以免腐烂。材料宜选用坚硬又耐腐的红松、栗、杉木、柏木等，外面刷以油漆，内侧涂以环烷酸铜防腐剂。

（4）紫砂盆。紫砂盆形式多样，造型美观，透气性差，多用来养护室内名贵盆花及栽植树桩盆景。

（5）塑料盆。塑料盆质轻而坚固耐用，形状各异，色彩多样，装饰性极强，是国外大规模花卉生产常用的容器。但其排水、透气性不良，应注意培养土的物理性质，使之疏松透气。在育苗阶段，常用小型软质塑料盆，底部及四周留有大孔，使植物的根可以穿出，倒盆时不必磕出，直接置于大盆中即可，利于花卉的机械化生产。另外，也有不同规格的育苗塑料盘，整齐，运输方便，非常适于花卉的商品生产。

（6）纸盆。纸盆是供培养不耐移植的花卉幼苗之用，如香豌豆、香矢车菊等在露地定植前，先在温室内纸盒中育苗。在国外，这种育苗纸盒已商品化，有不同的规格，在一个大盘上有数十个小格，适用于各种花卉幼苗的生产。

3. 培养土的调制

在一个花场里，除为了专门培养酸性土花卉而使用山泥、松针土、泥炭土外，南方多用塘泥，北方多使用面沙，并按照 2∶8 或 3∶7 加入人粪、厩肥和鸡鸭粪等，待肥料充分腐熟后上盆使用。对于服务类花场来说，为了提高盆花的质量，除对生产量较大的菊花、月季及一、二年生草花使用腐叶土外，还常利用各种土壤的优点按一定比例来配合，供盆花上盆及换盆使用。

4. 上盆

将花苗由苗床或育苗器皿中带土团移出后，栽入花盆叫做上盆。上盆前必须根据植株的大小，根系的多少来选择适宜的花盆大小，切勿一味追求大盆。如果很小的花苗栽入很大的花盆，每次浇水后盆土很难见干，特别在低温或冬季养护阶段，往往造成根系腐烂。同时还会浪费室内的使用面积，占地过多。小株大盆还会显得头轻脚重，上下比例失调。

在栽植一些不耐水湿的花卉时，应事先用尖锤将排水底孔砸大，砸成一条窄长的缝隙，防止盆土漏掉。最后垫上一些碎瓦片。瓦片垫好后先把较粗的培养土放在底层，并放入迟效肥料，再用细培养土把肥料盖住，并将花苗放在盆的中央，使苗株直立，最后在四周填入培养土，将花盆提起在土地上敦实。幼小花苗填土后不要用手按压，大型花木在上入大盆或木桶时，应随填土将盆土的四周捣实，这道工序非常重要，如果忽略会导致盆土不能充分落实，出现孔洞，对根系生长非常不利。

5. 翻盆和换盆

所谓翻盆是指换掉大部分培养土，而不上入大盆。换盆是在原盆过小的情况下，换入大盆，同时添加一部分新的培养土。

翻盆时应抖掉大部分旧土，如果根系已经长满，将外围宿土清除干净后还应该修剪根系。有的多年生老桩根系抱团很紧，这时可以用锋利的镰刀将根团削掉 1/3，如果在脱盆前对植株进行了重修剪，还可以多削掉一些根团。需要注意的是，根团中心的护心土应该保留，否则容易造成常绿花木的死亡。

换盆时一般不用大量抖掉旧土和旧根，仅需将底土和肩土各挖掉一部分，然后换入比原盆大一号的花盆并添加一部分新培养土。

6. 浇水

（1）浇水量。盆花浇水量的大小除了应该根据各类花卉自身对水分要求不同外，还应该根据花卉植物在不同阶段需水量不同，做适当调整，避免生搬硬套。

在冬季室内养护阶段，大部分花卉都处于休眠或半休眠状态，或者生长量大大减少，加上室内的空气湿度相当大，叶面的蒸腾作用会大大降低，因此浇水量要少。对于一些进入冷室或地窖储藏过冬的花卉而言，在入室前浇一次透水后，一般整个冬季都不用再浇水。而生长旺盛季节则不同，就算是非常耐干旱的仙人掌和多肉植物也应该经常浇水，以促进它们的生长。

在一年当中，当春季气温回升后，浇水量要逐渐增加，夏季浇水最多，秋季为了防止枝条徒长和形成二次枝，一般浇水量应该适当减少。就一株盆花而言，同一种花卉因花盆大小、植株大小以及土壤的保水性能不同，要区别对待。

（2）浇水方式。花卉工作者在长期实践中总结盆花浇水工作有以下 6 种形式。

1）浇水。用浇壶将盆土浇透。

2）找水。在全园中找缺水的盆花，进行浇水，以免缺水萎蔫。

3）勒水。连阴久雨或平时浇水量过大，使盆土缺氧而导致根系腐烂，叶片开始变黄脱落，这时应停止浇水并立即松土。

4）放水。在生长旺季结合施肥来加大浇水量，这时即使盆面积水也无妨，以满足枝叶快速生长对水肥的要求。

5）喷水。对于一些生长缓慢的花卉植物，荫棚养护阶段，盆土常常保持湿润，虽然表土变干，但下层土壤有一定含水量，因此只需每天向植株叶片喷水一、两次，不需要浇水。

6）扣水。在翻盆换土时，由于修剪掉了周围根系，造成了很多伤口，有些不耐水的花卉如果遇到大水往往会根系腐烂。此时保证土壤含水 60% 左右后，不再进行浇水，只对叶面进行适当喷水。

7. 施肥

（1）施肥的原则和应该注意的事项。

1）盆花施肥应该根据花卉的种类、观赏目的以及不同生长发育阶段进行灵活掌握。

2）盆花用肥必须充分腐熟，否则它们会在盆土内腐熟分解，放出大量热能和氨等有毒气体，同时招来蝇蛆和臭味，不但会伤害根系，还会妨碍盆花的陈设和摆放。

3）盆花用肥应多种配合，不要单一施用，否则常发生某种营养素缺失症状。

4）施肥的浓度不宜过大，以稀施勤施为原则。

5）肥料的酸碱度关系到养花的成败，特别是酸性土花卉，人粪尿、未充分腐熟的厩肥、马蹄片、尿素、草木灰等都是碱性，因此不能施用。

6）施肥应该在晴天进行，但不要在中午烈日当头时施肥，应该在傍晚时施肥。

（2）施肥的方法。

1）基肥。盆花在使用有机肥时，都应该与培养土混合均匀。

2）追肥。在花盆内干施追肥害多利少。一方面由于盆土内根系稠密，不容易将它们翻入土中，另一方面还常常使盆土表面结成粪皮，以致发霉并放出臭味，因此都应追施液肥。

3）根外施肥。目前在施用一些无机化肥或微量元素时，常把它们稀释到 0.05% ~ 0.1% 的浓度，然后用超微量喷雾器喷到叶片的背面以及没有开放的小花蕾上，可使花卉快速吸收，又能节约肥料，避免流失。

（3）施肥的次数和时间。盆养花卉施肥在一年当中一般分为三个阶段，基肥应该在春季出室后配合翻盆换土一次施用。第二阶段是生长旺盛季节和花芽分化期至孕蕾阶段施用追肥。第三阶段在进入温室前进行，但要区别对待，对一些入室后仅仅为了过冬储存的花卉不用施加肥料，但对一些需要在温室内进行催花以供元旦春节使用的花卉，应该在入室后至开花期继续施加追肥。

4.2.3.2　温室环境因子的管理

在温室中，花卉生长所需的各种环境条件几乎都由人工来控制，其中以温度、湿度、光照和空气四项因子最为重要。这些因子之间是相辅相成而又相互制约的，忽略哪一方面都会引起一系列的连锁反应。

1. 温度的控制

温室管理中，温度的控制不仅仅是温度高低的问题，室内的年温差、日温差、气温和土温、通风及光照之间都有着不可分割的关系。

（1）温度的高低。室温的控制应该尽量符合自然规律，在不超越最高和最低温度的前提下，中午的温度应该是最高的，凌晨的温度应该最低。春秋的室温应该适当高于冬季的室温。

（2）温差问题。原产地若为热带或亚热带的花卉，一般比较适宜日温差和年温差均比较小的环境条件，在调温时应该格外注意。若日温差和年温差过大，对于热带和亚热带花卉生长非常不利。

（3）盆土的温度。自然界中，一般情况下白天土壤受光面大，相应的温度就高些。为了使室内盆土的温度尽量符合上述规律，室内盆花不宜摆放得过密，以便使其吸收一部分阳光以提高土温。也可以将盆花置于花架上，通过人工加温措施提高土温。

（4）室内降温。常年利用温室来栽培花卉时，春夏秋三季由于日照强烈，一般室内温度会远大于室外温度。过高的温度对植物生长危害极大，除了加大通风外，在温室玻璃顶上还应该适当遮阴。

（5）温度与湿度。温度越高，植物蒸腾和土壤内水分散失也越快，温度若下降，相对湿度会大大增加，反之，若温度突然升高，往往会伴随湿度急剧下降。一般温室花卉都需要较高的空气湿度，但是若湿度过高，病虫害又极为严重，所以应尽量避免低温高湿现象的发生。

（6）温度与通风。通风是调节室温的有效措施，可以通过通气面积的大小，时间的长短和通气次数来控制温度。夏季应将温室的门窗全部打开，冬季则应该在夜间保湿而停止通风。

2. 光照

冬季温室所栽培的花卉，无论是阴性还是半阴性的都需要有良好的光照，因此冬季温室都不需要遮阴。夏季在温室养护阳性花卉，如果使阳光直射于玻璃屋面，不但室内高温会使植物无法忍受，还常常会因为玻璃屋面上的水珠等聚光作用而造成日灼病。强烈的阳光还会大大降低室内的湿度，因此必须遮阴防护，但不等于全部遮阴。秋季和春季的阳光也比较强烈，因此在秋季入室的初期和春季出室之前，在玻璃屋面上也要适当遮阴。

3. 湿度

一般冬季温室内盆花比较集中，不需要增湿也能满足盆花生长所需，但在春秋夏三季，特别是北方的春夏两季，当温室的门窗全部打开后，应人工增加室内湿度。

4. 通风

冬季室温因保湿的要求往往使通气不良，新鲜的空气往往不能与室内废气及时交换，以致白天空气中二氧化碳缺乏，而夜间氧气又不足，致使呼吸作用和光合作用均不能正常进行。所以必须克服冬季保湿通风之间的矛盾，适当通风，保证气体交换。

4.2.3.3 日光温室的管理

阳光是日光温室冬春季节生产中最重要的条件之一。它不仅是花卉光合作用的必备条件，更是提高室温的能量来源。因此应该充分了解不同地区冬春日照情况，对日光温室进行全面规划、合理布局。了解冬春的光照特点，通过改变屋面受光角度，减少屋内遮荫面，以及采取一系列日常管理，达到最大限度地利用光照，是搞好日光温室冬春生产的重要手段。

温度是花卉生长发育的重要因素。每种花卉的生长发育都是在一定的温度范围内进行的。对温度的要求都有一个下限温度、上限温度和最适温度。日光温室是利用自然能源，受外界环境条件的影响较大。如果任其自然，在一天中高于上限温度或低于下限的温度都会出现。因此，日光温室需要通过人为的保温、放风等措施，使室内最适温度出现的时间加长，防止高于上限温度或低于下限温度的出现。

日光温室属于封闭和半封闭环境，在不通风时室内气流稳定，水分蒸发扩散都很慢。一般植株的蒸腾与土壤水分的蒸发量只相当于露地的70%。室内空气的绝对湿度和相对湿度都比露地高。因此，一般采取的降湿方法有：加强通风换气，地膜覆盖和控制灌水量改进灌水方法。

4.2.3.4 塑料大棚的管理

塑料大棚的覆盖材料——塑料薄膜具有易于透过短波辐射和不易透过长波辐射的特性，塑料薄膜大棚又是个半封闭的系统，在密闭的条件下，棚内空气与棚外空气很少交换，因此晴好天气下大棚内白天的温度上升迅速，并且晚间也有一定的保温作用，这种效应称作“温室效应”，是大棚内气温一年四季通常高于露地的原因所在。因此塑料大棚的日常管理要格外注意温度的控制。平时注意通风，覆盖遮荫网等都可以有效降低棚内温度。

另外，大棚内的光照强度与薄膜的透光率、太阳高度、天气状况、大棚方向及大棚结构等有关，同时大棚内光照也存在着季节变化和光照不均现象。日常管理时，要根据具体花卉的需光情况，覆盖透光率不同的遮荫网。

一般大棚内空气的绝对湿度和相对湿度均显著高于露地，这是塑料大棚的重要特性。通常大棚内的空气绝对湿度是随着棚内温度的升高而增加，随着温度的降低而减小；而相对湿度则是随着棚内温度的降低而升高，随着温度的升高而降低。一般来说，若大棚处于高湿环境，花卉作物容易发生各种病害，生产上应采用放风排湿、升温降湿、抑制蒸发和蒸腾（地膜覆盖、控制灌水、滴灌、渗灌、使用抑制蒸腾剂等），采用透气性好的保湿幕等措施，降低大棚内的空气相对湿度。

4.3 花期控制

观赏植物栽培中，观花植物最具观赏价值的时期是开花期。“花开花落物有时”，在自然界中，开花及开花的时间是自然过程。人类对花卉美的追求，产生了“集百花于一时”的渴望，并进行着努力。随着人们对植物生长发育过程的不断了解，尤其是花卉生产栽培中工厂化周年生产的要求，花卉花期的早晚直接影响到它上市时间和商品价值。虽然园林植物的季相美是园林美之一，但由于园林花卉，尤其是草花在园林中的应用特点，有时也需要进行花期调控。园林花卉花期调控的主要目的是：①丰富不同季节花卉种类；②满足特殊节日及花展布置的用花要求；③创造百花齐放的景观。

在花卉栽培中，采用人为措施，控制花卉开花时间的技术，称为花期调控技术，也称促成抑制栽培、催延花期。使花期提前的，称为促成栽培，使花期推后的称为抑制栽培。

4.3.1　花期调控的基本原理

目前对花期控制的基本依据，一是通过对植物成花与开花机制的了解，改变或干预一些已经清楚的、与成花时间、开放过程有关的内因或生态因子，主要是通过调控外部因子，从而控制开花的时间。二是通过对植物休眠机制的了解，控制影响休眠的内外因子，延迟或打破休眠，控制生长节律，实现花期控制。

4.3.1.1　温度与开花

温度对植物有两方面的作用，质的作用和量的作用。所谓温度质的作用，是指温度对植物打破休眠和春化作用，即植物在一定的温度条件下才能开始生长和花芽分化，是温度对植物质的、变化性发育发生的作用。温度量的作用，是指植物可以在较宽的温度条件下开花和生长，但温度将影响生长速度，从而影响开花的迟早，如由于高温或低温促进或抑制生长，使花期提前或推迟。

在花期调节方面，质的作用比较受重视，但在园林花卉实际促成和抑制栽培中，利用温度质的作用的同时，也在广泛地利用温度量的作用。

1. 休眠和莲座化的诱导

某些植物的生活史中，存在着生长暂时停止和不进行节间伸长两种状态，一般称这样的情况为休眠和莲座化。植物进入休眠状态时，生长点的活动完全停止；而莲座化植物的生长点还是继续分化，只是节间不伸长，也就是说莲座化的植物处于低生长活性状态。通常意义上讲，影响伸长和生长停滞的原因有两种：①由恶劣的环境条件导致的植物不进行生长和伸长（强迫休眠），比如低温和干旱；②由植物内在的生长节律引起的休眠和莲座化（生理休眠），即使在适宜的环境条件下，也不伸长和生长。

2. 打破休眠和莲座化状态

休眠有不同的阶段，一般处于休眠初期和后期时，容易被打破，而处于中期的深休眠状态不易被打破。强迫休眠较生理休眠易于打破。能够有效地打破植物休眠和莲座化的温度，因植物的种类不同而不同。

3. 春化作用

低温对植物成花的促进作用，称为春化作用。根据植物可以感受春化的状态，通常分为种子春化，器官春化，植株整体春化。春化作用的温度范围，不同植物种类之间的差异不大，一般是 -5 ~ 15℃左右，最有效温度一般为 3 ~ 8℃，但是最佳温度因植物种类的不同而略有差异。不同花卉要求的低温时间长短也有差异，在自然界中一般是几周时间。

从整体上看，需要春化才能开花的植物一般是典型的二年生植物和某些多年生植物。大苗和多年生植物接受低温时最适温度偏高。一般而言，必须秋播的二年生花卉种子有春化现象，一年生和多年生草花种子一般没有春化现象，但也有例外，如勿忘我虽然是多年生草本，但是种子却有春化现象。

春化作用过程没有完全结束前，就被随后给予的高温抵消，此种现象称脱春化，但是如果给予了充分的低温，一般不会发生脱春化现象。

4. 花芽分化的温度

香石竹或大丽花只要在可生长的温度范围内，或早或晚，只要生长到某种程度就进行花芽分化而开花。月季也可在一个很广泛的温度范围内进行花芽分化。但是他们的花芽正常发育需一定的温度，温度太低会导致盲花。与之相反，夏菊花芽分化需要一定的低温，温度高于临界低温，则只生长，不开花。一般春夏季进行花芽分化的植物，需要特定温度以上方能花芽分化。秋季进行花芽分化的植物，需要温度降至一定温度之下才能花芽分化。

5. 花发育的温度条件

对一般植物而言，花芽可以在诱导花芽分化的温度条件下顺利发育而开花，但是有些植物花芽分化后，要接受特定的温度，尤其是低温，花芽才能顺利发育开花。因此很多春季开花的木本花卉和球根花卉，花芽分化往往发生在前一年的夏秋季。有些植物在进行促成栽培时，如果低温处理的时间不够，则导致花茎不能充分伸长。

4.3.1.2 光周期与开花

一天内白昼和黑夜的时数交替，称为光周期。植物某个发育现象的发生需要一定的光周期，称为光周期现象。根据植物成花对光周期的反应，可以将其分为 3 种类型。短日照植物、长日照植物、日中性植物。

（1）短日照植物要求光照长度短于一定时间才能成花，如秋菊、蟹爪兰、一品红等。

（2）长日照植物要求光照长度长于一定时间才能成花，如矢车菊、草原龙胆、兰花、鼠尾草等。

（3）日中性植物对光照长度没有一定的要求，这类植物有扶桑、香石竹、百日草等。

植物光周期反应与植物的地理起源有着密切的关系，通常低纬度起源者多属于短日照植物，高纬度起源者多属于长日照植物。

短日照植物和长日照植物都可以利用日照长度调节花期。利用光周期调控植物的花期，是周年生产最常利用的手段。例如要使短日植物秋菊在长日照季节开花，需进行遮光，缩短其光期，这种处理称为短日照处理；在秋冬短日照季节抑制其花芽分化，采用灯光照明以加长光期，这种处理称为长日照处理。长日照植物花期的调控则与此相反。

4.3.1.3 植物生长调节物质与开花

植物生长调节物质是一些调节控制植物生长发育的物质。其分为两类：①植物激素（在植物体内合成，能从产生之处运送到起作用处，对生长发育产生显著效果的微量有机物），对花期控制有重要作用的主要是赤霉素及 6- 苄基嘌呤；②植物生长调节剂（一些具有植物激素活性的人工合成物质），主要有乙烯利和矮壮素、琥珀酰胺酸、多效唑、缩节胺等生长抑制剂。

植物生长调节物质在花期调控中的主要作用如下所述。

1. 代替日照长度，促进开花

有许多花卉植物在短日照下呈莲座状，只有在长日照下才能抽薹开花。而赤霉素有促使长日照花卉在短日照下开花的趋势，如对紫罗兰、矮牵牛的作用，但不能取代长日照。赤霉素促进长日照花卉在非诱导条件下形成花芽，其作用的部位可能是叶片。对大多数短日照植物来说，赤霉素起着抑制开花的作用。

2. 代替低温打破休眠

对于一些花卉而言，赤霉素有助于打破休眠，可以完全代替低温的作用。如处于休眠各阶段的桔梗，其根系浸泡于赤霉素溶液中，都可以打破休眠。同样的方法处理蛇鞭菊，则只对处于休眠初期和后期起作用。用赤霉素处理处于休眠初期或后期的芍药和龙胆休眠芽，也可以打破休眠。对杜鹃花来说，赤霉素处理比低温储存对开花更有利。

乙烯可以打破小苍兰、荷兰鸢尾等一些夏季休眠性球根的休眠，但却促进夏季高温后菊花的莲座化形成。

人工合成的植物生长调节剂，如萘乙酸、2,4- 二氯苯氧乙酸、苄基腺嘌呤等都有打破花芽和促进储藏器官休眠的作用。

3. 促进或延迟开花

在花卉生产中，利用植物生长抑制剂来延迟开花及延长花期是屡见不鲜的，植物生长抑制剂已广泛用于木本花卉，如杜鹃花、月季花、茶花等。

4.3.2 确定开花调节技术的依据

开花调节，尤其是准确预定花期是一项复杂的技术。选定适宜的技术途径及正确的技术措施，不仅需对栽培对象生长发育的特性有透彻的了解，对栽培地的自然环境及所要控制的环境有充分的估计，还需掌握市场需求信息，具有成本核算等经济概念。

4.3.2.1 根据生长发育特性采取相应措施

充分了解栽培对象生长发育特性，如营养生长、成花诱导、花芽分化、花芽发育的进程和所需要的环境条件，休眠与解除休眠的特性与要求的条件。如需要光周期诱导的花卉应采用人工长日处理；对温度诱导成花的种类和花芽分化有临界温度要求的种类，需采用温度处理；对具有休眠特性的种类，可采用人工打破休眠或延长休眠的技术。

4.3.2.2 配合使用各种措施

一种措施或多种措施的配合使用能达到定期开花目的。一些花卉在适宜的生长季内只需调节种植期，即可起到调节花期的作用，如凤仙花、万寿菊、百日草等，于 3 ~ 7 月分期播种，则可在 6 ~ 10 月陆续开花。而菊花周年供花需要调节扦插时期、摘心时期，采用长日照抑制成花，促进营养生长，应用短日照诱导花芽分化、孕育花等多项措施方可达到目的。

4.3.2.3 了解各种环境因子的作用

在控制环境调节开花时，需了解各环境因子对栽培花卉起作用的有效范围及最适范围，分清质性与量性作用范围，同时还要了解各环境因子之间的关系，是否存在相互促进或相互抑制或相互代替的性能，以便在必要时相互弥补。如低温可以部分代替短日照作用，高温可部分代替长日照作用，强光也可部分代替长日照作用。

4.3.2.4 了解设施设备性能

控制环境实现开花调节需要加光、遮光、加温、降温及冷藏等特殊设施，在实施栽培前需先了解或测试设施、设备的性能是否与栽培花卉的要求相符合，否则可能达不到目的。如冬季在日光温室促成栽培唐菖蒲，若温室缺乏加温条件，光照过弱，往往出现“盲花”、花枝产量降低或每穗花朵过少等现象。

4.3.2.5 充分利用自然环境条件

应尽量利用自然季节的环境条件以节约能源及降低成本。如促成木本花卉开花，可以部分或全部利用户外低温以满足花芽解除休眠对低温的需求。

4.3.2.6 制定开花调节计划

人工调节开花，必须有明确的目标和严格的操作计划。根据需求确定花期，然后按既定目标制定促成或抑制栽培计划及措施程序，并需随时检验。根据实际进程调整措施，在控制发育进程的时间上要留有余地，以防意外。

4.3.2.7 选择适宜品种

人工调节开花应根据开花时期选用适宜的品种。如促成栽培宜选用自身花期早的品种，抑制栽培宜选用晚花品种，可以简化栽培措施。如香豌豆是量性长日花卉，冬季生产可用对光周期不敏感的品种，夏季生产可用长日性的品种。

4.3.2.8 配合常规管理

不管是促成栽培还是抑制栽培，都需与土、肥、水、气及病虫害防治等常规管理相配合。

4.3.3 花卉花期调控的主要方法和主要措施

园林花卉花期调控的主要方法有温度调节、光照调节、化学调节、应用繁殖栽培技术。此外，土壤中水分或养分状态，有时会影响花期或开花量，因此养分水分管理也作为花期调控的辅助手段。

要实现花期调控，正确选择花卉非常重要。包括种类、品种。要充分了解所处理材料的生理特性、品种特点、生态习性，配合最好的栽培技术才能有效。

4.3.3.1 花期调控的主要方法

1. 温度调节

（1）增加温度。主要用于促进开花，提供花卉继续生长发育的温度，以便提前开花。特别是在冬春季节，天气寒冷，气温下降，大部分花卉生长变缓，在 5℃以下，大部分花卉停止生长，进入休眠状态，部分热带花卉受到冻害。因此，增加温度防止花卉进入休眠，防止热带花卉受冻害，是提早开花的主要措施。

（2）降低温度。许多秋植球根花卉的种球，在完成营养生长和球根发育过程中，花芽分化已经完成，但这时把球根从土壤里取出晾干，如不经过低温处理，这些种球不开花或者开花质量差，难与经过低温处理的球根开花相媲美。

（3）利用高山海拔地。除了用冷库冷藏处理球根类花卉的种球外，在南方的高温地区，建立高海拔（800 ~ 1200m 以上）花卉生产基地，利用暖地高海拔山区的冷凉环境进行花期调控，无疑是一种低成本、易操作、能进行大规模批量调控花期的理想之地。由于大多数花卉在最适温度范围，生长发育要求的昼夜温差较大，在这样的温度条件下，花卉生长迅速，病虫危害相对较少，有利于花芽分化、花芽发育以及休眠的打破，为花期调控降低大量的能耗，大大加强了花卉商品的竞争力。大规模的花卉生产企业，都十分重视高海拔花卉生产基地的选择。

（4）低温诱导休眠，延缓生长。利用低温诱导休眠的特性，一般用 2 ~ 4℃的低温冷藏处理球根花卉，大多数球根花卉的种球可长期储藏，推迟花期，在需要开花前取出进行促成栽培，即可达到目的。在低温环境条件下，花卉生长变缓慢，延长了发育期与花芽成熟过程，也就延迟了花期。

（5）不同种类花卉花期调控。

1）球根花卉。球根花卉的种类不同，花芽分化的时期也不同。如郁金香、风信子和水仙等在种植前已完成花芽分化，而香雪兰、球根鸢尾等则在种植后进行花芽分化，因此低温处理的作用是不完全一样的。对于已完成花芽分化的种类，低温只对发育阶段的转变产生作用，而对未经花芽分化的种类，低温处理相当于春化作用。

a. 促成栽培。秋季种植、春季开花、夏季地上部分枯萎而进入休眠的秋植球根类花卉，如郁金香、风信子、球根鸢尾、百合、香雪兰等，首先通过高温打破休眠，再给以低温处理完成春化即可，通过适温促进开花，下面列举几种主要花卉温度处理的促成栽培过程。

郁金香：6 月下旬采收后，经 30 ~ 35℃处理 3 ~ 5 天，30℃干燥 2 周，可缩短休眠时间，促使其提早开始在球根内部进行花芽分化。郁金香花芽分化的适温是 20℃，处理 20 ~ 25 天后转至 8℃下处理 50 ~ 69 天，促进花芽发育。然后 10 ~ 15℃下进行发根处理，根抽出可见时即可种植。在催花过程中，一般可将环境温度控制在 10 ~ 20℃间，即能保证郁金香正常开花。如果环境温度过高，会出现哑蕾。

百合：10 ~ 15℃下进行发根处理，待根长出后，放于 0 ~ 3℃低温下春化处理 45 天，然后定植，即能提早开花。百合类鳞茎在发根处理前要进行一段 30℃左右的高温热处理，鳞茎必须先发根再冷藏，否则会影响生根。

夏季收藏球根时，有皮鳞茎类可用干燥法，即将球茎直接放置箱内进行储藏；而无皮鳞茎类则必须与湿锯木屑或水苔混合放置箱内，保持适当的湿度，以避免鳞片干缩。

b. 抑制栽培。为了周年生产的需要调节花期时，如球根类花卉，可以利用储藏于不同温度的方法，以延迟栽种时间，达到推迟开花的目的。例如郁金香、风信子、球根鸢尾、香雪兰等，通常采用 0 ~ 3℃低温或 30℃高温下储藏，以进行强迫休眠来推迟种植时间。

唐菖蒲采收后，储藏于 2℃的冷库中，可持续储藏两年之久。在这期间，可根据预定花期确定取出栽植时间，即可应时开花。在日本，小苍兰球根采收后，立即储藏于 0 ~ 5℃的条件下，于预定栽植前 13 个星期取出，经 30℃高温打破休眠之后，种植于 10℃以上的环境中，3 ~ 4 个月便开花。

2）宿根花卉。大多数原产温带的宿根花卉，如满天星、洋桔梗等，在冬季低温到来之前及短日照条件下形成莲座状，经过一定时间的低温处理，在较高温度下可以抽薹开花。因此，使这类花卉提早开花必须先进行低温处理，然后加温。例如芍药，利用自然低温进行低温处理，12 月移入温室，至翌年 2 月便可开花；也可以在 9 月上旬进行 0 ～ 2℃的低温处理，早花品种需 25 ～ 30 天，晚花品种需 40 ～ 50 天，然后在 15℃的温度下处理 60 ～ 70 天即可开花。宿根性满天星经夏季高温后，生长势已减弱，至短日低温来临时则进入休眠状态，一旦进入休眠则必须经过一定低温后才能重新生长开花。进行促成栽培时，可将开花后的老株大部分茎叶除去，于 5℃低温下处理 50 ～ 70 天，然后定植。呈莲座状休眠的菊花，用 1 ～ 3℃低温处理 30 ～ 40 天后定植，也可提前开花。

3）二年生草花。种子发芽后立即进行低温处理有春化效果的花卉很少，花卉都在一定营养生长的基础上进行绿体低温春化处理，才能促进花芽分化。例如紫罗兰、报春花等。

紫罗兰花芽分化或春化处理有一个温度界限，只有白天温度低于 15.6℃时才能开花。当温度高于 15.6℃时，植株生长受抑制，并会引起叶片形态发生变化。紫罗兰在促成栽培时应注意其大苗移植不易恢复生长，以真叶 2 ～ 5 枚时定植较为适宜。低温处理以 10 枚真叶时较好。

报春花在 10℃低温下，不管日照长短均可进行花芽分化，若同时进行短日照处理，花芽分化则更加充分。花芽分化后保持 15℃左右的温度，并进行长日照处理，则可促进花芽发育，提早开花。

4）花木类。许多在冬季低温休眠、春夏开花的花木，均需打破休眠后才可催花。其生长和开花与温度关系极为密切。打破休眠虽可以用乙醚蒸汽、温水浴处理等方法。但实际生产中以低温处理效果最好、应用最多。通常是先经自然低温处理，然后移进温室中促进开花。如果冬季的低温不足或需大幅度提早开花，可将花木栽植在高寒地带，先经自然低温处理，再转移至圃地，或直接进行人工低温处理。所需低温的程度、处理时间的长短，依花木种类、品种及栽培地的气候条件而定。

以碧桃的催花为例，应先在 0℃以下放置 4 ～ 8 周，具体时间长短依温度高低而定。如在 −15℃下，4 周左右即完成春化；−5℃下，8 周左右才可完成春化。当碧桃移入室内进行催花时，应避免立即置于较高气温下，通常先在气温接近 0℃左右的环境中放置 2 ～ 3 天，再逐渐将环境温度提高。如果植株长时间置于过高气温下，其花蕾容易败育。

杜鹃的花芽分化在很大程度上也受温度的影响。花期控制的前期必须置于 2 ～ 10℃处理 4 ～ 6 周，以保证花芽分化顺利完成。而后只要将其移入温室内，将环境温度提高到 15 ～ 20℃，植株即可正常开花。

需要注意的是落叶花木，在低温处理前应先除去叶片，因落叶花木的枝条如残留叶片，会使开花不整齐。

降温处理也可用于推迟植株开花。处于休眠状态下的花木，如移入冷库中，可继续维持休眠状态而推迟开花。同时，较低的温度下花木新陈代谢活动也比较缓慢，如在 10℃以下的低温，月季已形成的花蕾将推迟开花。

2. 光照调节

（1）短日照处理。在长日照季节里，要使长日照花卉延迟开花，需要遮光；使短日照花卉提前开花也同样需要遮光。具体的遮光方法是，在日落前开始遮光，一直到次日日出后一段时间为止，用黑布或黑色塑料膜将光遮挡住，在花芽分化和花蕾形成过程中，人为地满足植物所需的日照时数，或者人为减少植物花芽分化所需要的日照时数。由于遮光处理一般在夏季高温期，而短日植物开花被高温抑制的占多数，在高温下花的品质较差，因此短日照处理时，一定要控制暗室内的温度。

遮光处理所需要的天数，因植物不同而异。例如牵牛花只需 1 天，30 天后便可开花；而秋菊需 1 个月左右的短日照处理才能开始花芽分化，连续短日照处理直到花蕾着色，以后在长日照下，才能正常开花。要使一品红“十一国庆节”开花，可从 7 月底开始进行遮光处理，每天给予 8 ～ 9h 光照，1 个月后便形成花蕾，单瓣品种 40 天后就能开花，重瓣品种处理时间要长一些，至 9 月下旬可逐渐开放。使叶子花在中秋节开花，则需在预定花期 70 ～ 75 天前进行遮光，遮光具体时间是下午 4:00 至翌晨 8:00，大约处理 60 天后花期诱导基本完成，至苞片变色后停止遮光。在开始遮光的最初阶段，花芽起始分化时期，遮光一日都不可中断，否则长日照会使植株又转向营养生长，无法正常开花。因此，在进行短日照处理时应先了解处理植物的生态习性。

在日照反应上，植物对光强弱的感受程度因植物种类而异，上部的幼叶比下部的老叶对光敏感，因此遮光的时候上部漏光比下部漏光对花芽的发育影响大。短日照处理时，光期的时间一般控制在 11h 左右最为适宜。

（2）长日照处理。在短日照季节，要使长日照花卉提前开花，就需要加人工辅助照明；要使短日照花卉延迟开花，也需要采取人工辅助光照。长日照处理的方法大致可以分为 3 种：①明期延长法。在日落前或日出前开始补光，延长光照 5 ~ 6h；②暗期中断照明。在半夜用辅助灯光照 1 ~ 2h，以中断暗期长度，达到调控花期的目的；③终夜照明法。整夜都照明。照明的光强需要在 100lx 以上才能完全阻止花芽的分化。

秋菊人工补光延迟花期时，人工补光的开始及终止日期是根据市场供花期、品种光周期反应特性和当地日照长短的季节变化来确定的。开始日期通常定在当地的日照长度缩短至接近该品种花芽分化的临界短日之前。终止日期依品种而异。可从花芽分化到开花的日数来确定。

一般在夜温 15℃条件下，花芽分化需 15 天左右，分化后至开花所需时间，早花品种只需 40 天左右，晚花品种约需 90 天。每天补光的时数原则上以保证两段暗期的总长时数不超过 7 ~ 8h 最好，早花品种用较长的补光时数，晚花品种则相对较短。

补光的光源配置通常用白炽灯，不同功率的白炽灯，其有效光照强度覆盖的范围不同。当用灯数多时，各灯的光照彼此重叠，使光照强度增大，可增加每只灯的有效覆盖面积。除白炽灯外，日光灯、低压钠灯等均可作为光源使用。

3. 化学调节

在观赏植物促控栽培中，为了打破休眠，促进茎叶生长，促进花芽分化和开花，使用生长调节剂等药剂进行处理。常用药剂有赤霉素（GA）、萘乙酸（NAA）、2，4-D、吲哚丁酸（IBA）、脱落酸（ABA）、丁酰肼（B_9）、矮壮素（CCC）、多效唑（PPP_{333}）以及乙醚等。

（1）赤霉素。

1）打破休眠。10 ~ 500mg/L 的 GA 溶液浸泡 24 ~ 48h，可打破许多观赏植物根、芽休眠，GA 处理浓度一般以 10 ~ 500mg/L 为宜，如 GA 处理牡丹的芽，4 ~ 7 天便可开始萌动。

2）促进花芽分化。赤霉素可代替低温完成春化作用，例如从 9 月下旬用 10 ~ 500mg/L 赤霉素处理紫罗兰 2 ~ 3 次，即可促进开花。

3）促进茎伸长。GA 对菊花、紫罗兰、金鱼草、仙客来等有促进花茎伸长的作用。于现蕾前后处理效果较好，如果处理时间太迟会引起花梗徒长。

（2）生长素。吲哚丁酸、萘乙酸、2，4-D 等生长素类生长调节剂一方面对开花有抑制作用，处理后可推迟一些观赏植物的花期。如秋菊在花芽分化前，用 50mg/L 的 NAA 每 3 天处理 1 次，一直延续 50 天，即可推迟花期 10 ~ 14 天。另一方面，由于高浓度生长素能诱导植物体内产生大量乙烯。而乙烯又是诱导某些花卉开花的因素，因此高浓度生长素可促进某些植物开花，例如生长素类物质可以促进柠檬开花。

（3）细胞分裂素类。细胞分裂素类能促使某些长日照植物在不利日照条件下开花。对某些短日照植物，细胞分裂素处理也有类似效应。有人认为，短日照诱导可能使叶片产生某种信号，传递到根部并促进根尖细胞分裂素的合成，进而向上运输并诱导开花。另外，细胞分裂素还有促进侧枝生长的作用。如月季能间接增加其开花数。6-BA 是应用最多的细胞分裂素，它可以促进樱花、连翘、杜鹃等开花。6-BA 调节开花的处理时期很重要，如在花芽分化前营养生长期处理，可增加叶片数目；在临近花芽分化期处理，则多长幼芽；现蕾后处理，则无多大效果。只有在花芽开始分化后处理，才能促进开花。

（4）植物生长延缓剂（plant growth retardant）。丁酰肼、矮壮素、多效唑、嘧啶醇等生长延缓剂可延缓植物营养生长，使叶色浓绿，增加花数，促进开花，已广泛应用于杜鹃、山茶、玫瑰、木槿等。如用 0.3% 矮壮素土壤浇灌盆栽茶花，可促进花芽形成；1000mg/L 丁酰肼喷洒杜鹃蕾部，可延迟开花达 10 天左右；二凯古拉酸钠可增加羊踯躅等盆栽植物的花数。

（5）其他化学药剂。乙醚、三氯甲烷、乙炔、硝酸钙等也有促进花芽分化的作用。例如，利用 0.3 ~ 0.5g/L 乙醚熏蒸处理小苍兰的休眠球茎或某些花灌木的休眠芽 24 ~ 48h，能使花期提前数月至数周，碳化钙注入凤梨科植物的筒状叶丛内也能促进花芽分化。

4. 应用繁殖栽培技术

（1）调节播种期。在花卉花期调控措施中，播种期除了指种子的播撒时间外，还包括了球根花卉种植时间及木本花卉扦插繁殖时间。一、二年生花卉大部分是以播种繁殖为主，用调节播种时间来控制开花时间是比较容易掌握的花期控制技术，关键问题是什么品种的花卉在什么时期播种，从播种至开花需要多少天。这个问题解决了，只要在预期开花时间之前，提前播种即可。球根花卉的种球大部分是在冷库中储存，冷藏的时间达到花芽完全成熟后或需要打破休眠时，从冷库中取出种球，放到高温环境中进行促成栽培。在较短的时间里，冷藏处理过的种球就会开花。从冷库取出种球在高温环境中栽培至开花的天数，是进行球根花卉控制花期所要掌握的重要依据。有一部分草本花卉以扦插繁殖为主要繁殖手段，扦插繁殖开始到扦插苗开花就是需要掌握的花期控制依据。

（2）使用摘心、修剪技术。一串红、天竺葵。金盏菊等都可以在开花后修剪，然后再施以水肥，加强管理，使其中心抽枝、发叶、开花。不断地剪除月季花的残花，就可以让月季花不断开花。摘心处理还有利于植株整形、多发侧枝。例如菊花一般要摘心 3~4 次，一串红也要摘心 2~3 次（最后一次摘心的时间依照预定开花期而定），不仅可以控制花期，还能使株型丰满，开花繁茂。

（3）水肥控制。对于玉兰、紫丁香等木本花卉，可人为控制减少水分和养分，使植株落叶休眠，再于适当的时候给予水分和肥料供应，以解除休眠，并促使发芽生长和开花。高山积雪、仙客来等开花期长的花卉，于开花末期增施氮肥，可以延缓衰老和延长花期，在植株进行一定营养生长之后，增施磷、钾肥，有促进开花的作用。

4.3.3.2　花期调控的主要设施

1. 冷库

冷库不但可以储藏花卉种球，使大部分温带地区生育的球根花卉的种植、开花得到最基本的保障，而且还可以将提早开花的花卉移至冷库，降低温度，延迟花期，获取最好的经济和社会效益。冷库还可以进行鲜切花的保鲜、鲜花的抑制栽培等。

2. 温室

温室是花期控制的重要设施之一，能够有效地控制花卉生长发育的环境因子、各种花卉在现代化温室里进行栽培，控制花期相对容易，而且花卉质量远远优于露地栽培。

3. 荫棚

有相当部分的花卉植物是中性和阴生花卉，不适应太阳光的直接照射，在荫棚下生长可以更好地发育，以利于开花。

4. 人工气候室

人工气候室能自动控制温度、湿度、光照。但人工气候室的造价较高，一般花卉生产企业和花卉个体生产者难以承受。

5. 短日照设备

短日照设备有遮荫用黑布、遮光膜、暗房和自动控光装置等。暗房中最好有便于移动的盆架。

6. 长日照设备

长日照设备是必要的电灯光照设施，自动控时控光装置等。

4.4 无土栽培

花卉根部生长的基质，除了我们所熟知的土壤外，还可以有其他许多形式。花卉无土栽培（soilless culture，hydroponics，solution culture）是 20 世纪 90 年代开始兴起的一种现代化的花卉栽培技术，它是将花卉植株生长发育所需要的各种营养，配制成营养液，供花卉植物直接吸收利用。

1. 无土栽培的优点

（1）无土栽培单位面积产花量高，花朵品质好，质量标准一致，特别适用于大量商品性切花生产。

因营养液是根据花卉养分吸收规律所配制的，有利于花卉植株生长发育，因而产品花多、色艳、型大、花期长，气味宜人，并能提前开花。例如，水培香石竹，花期可提前，花期长，花色好。在土壤栽培的香石竹由于昼夜温差大，或者磷肥过多，其花芽的裂萼率高达 90% 以上，而在水培中由于液温较恒稳，加之营养元素容易人工调整，因此裂萼率不超过 8%，切花的商品质量高。再如仙客来水培，花丛直径可达 50cm，花朵高度达 40cm，1 株年最高产花 130 朵，大花品种花瓣可达 12cm。

（2）无土栽培节约养分、水分，不受土地的限制，尤其适合干旱地区、土壤条件差的地区栽培以及家庭阳台、屋顶养花。无土栽培洁净，病虫害少。用营养液浇灌，无臭味、异味，不污染环境，因此也适合宾馆及现代居室的盆栽装饰。

（3）一般土壤栽培，养分流失多达 40% ~ 50%，水的渗漏和地面蒸发量更大。而无土栽培的养分损失不超过 10%，营养液循环利用，省水省肥，提高了肥料的利用率。

（4）无土栽培不需调制培养土，也无需耕作、除草，降低了劳动强度。无土栽培一般属于温室生产，先进国家越来越向光照、温度、湿度等电脑自动调节、操作机械化的方向发展。另一方面，国际上的花卉进出口常常受到卫生检疫方面的限制，故而无土栽培适合大规模地出口花卉生产。据统计，目前荷兰的花卉保护地种植面积的 80% 是无土栽培。无土栽培技术是今后花卉工厂化、自动化、集约化生产的必然趋势。

2. 无土栽培的缺点

（1）一次性投资较大。无土栽培需要许多设备，如水培槽、培养液池、循环系统等，故投资较大。

（2）风险性更大。一旦一个环节出问题，可能导致整个栽培系统瘫痪。

（3）对环境条件和营养液的配置都有严格的要求，因此对栽培和管理人员要求也较高。

4.4.1 无土栽培的方式

4.4.1.1 水培

水培就是将花卉的根系悬浮在装有营养液的栽培容器中，营养液不断循环流动以改善供氧条件。水培方式有如下几种。

1. 营养液膜技术（NFT）

营养液膜技术是仅有一薄层营养液流经栽培容器的底部，不断供给花卉所需营养、水分和氧气。但因营养液层薄，栽培管理难度大，尤其在遇到短期停电时，植物面临水分胁迫，甚至有枯死的危险。根据栽培需要，又可分为连续式供液和间歇式供液系统两种类型。间歇式供液可以节约能源，也可以控制植株的生长发育，它的特点是在连续供液系统的基础上加一个定时器装置。间歇供液的程序是在槽底垫有无纺布的条件下，夏季每小时内供液 15min，停供 45min，冬季每 2h 供液 15min，停 105min。

2. 深液流栽培（DFT）

深液流栽培是最早开发成可以进行农作物商品生产的无土栽培技术。从 20 世纪 30 年代至今，通过改进，被认为是比较适用于第三世界国家的类型。DFT 在日本普及面广，中国的台湾、广东、山东、福建、上海、湖北、四川等省（自治区、直辖市）也有一定的推广面积，成功地生产出番茄、黄瓜等果菜类和莴苣、茼蒿等叶菜类蔬菜。其特点是将栽培容器中的水位提高，使营养液由薄薄的一层变为 5 ~ 8cm 深，因容器中的营养液量大，湿度、养分变化不大，即使有短时间停电，也不必担心作物枯萎死亡，根茎悬挂于营养液的水平面上，营养液循环流动。通过营养液的流动可以增加溶存氧，消除根表有害代谢产物的局部累积，消除根表与根外营养液的养分浓度差，使养分及时送到根表，并能促进因沉淀而失效的营养液重新溶解，防止缺素症发生。目前的水培方式已多向这一方向发展。

3. 动态浮根法（DRF）

动态浮根系统是指在栽培床内进行营养液灌溉时，作物的根系随着营养液的液位变化而上下左右波动。灌满 8cm 的水层后，由栽培床内的自动排液器将营养液排出去，使水位降至 4cm 的深度。此时上部根系暴露在空气中可以吸氧，下部根系浸在营养液中不断吸收水分和养料。不怕夏季高温使营养液温度上升、氧的溶解度降低，可以满足植物的需要。

4. 浮板毛管水培法（FCH）

浮板毛管水培法是由浙江省农业科学院和南京农业大学于 1991 年共同参考日本的浮根法经改良研制成功的一种新型无土栽培系统。该系统具有成本低、投资少、管理方便、节能、实用等特点。这种水培技术适应性广，适宜中国南北方各种气候条件和生态类型应用。目前 FCH 水培系统已在北京等十多个省（直辖市、自治区）示范应用，获得了良好的应用效果。浮板毛管水培是在深液流的基础上增加一块厚 2cm、宽 12cm 的泡沫塑料板，根系可以在泡沫塑料浮板上生长，便于吸收水中的养分和空气中的氧气。根际环境条件稳定，液温变化小，根际供氧充分，不怕因临时停电影响营养液的供给。

5. 鲁 SC 系统

在栽培槽中填入 10cm 厚的基质，然后又用营养液循环灌溉作物，因此也称为“基质水培法”。这种无土栽培系统因有 10cm 厚的基质，可以比较稳定地供给水分和养分，故栽培效果良好，但一次性的投资成本稍高些。

6. 雾培

雾培也是水培的一种形式，将植物的根系悬挂于密闭凹槽的空气中，槽内通入营养液管道，管道上隔一定距离有喷雾头，使营养液以喷雾形式提供给根系。雾气在根系表面凝结成水膜被根系吸收，根系连续不断地处于营养液滴饱和的环境中。雾培很好地解决了水、养分和氧气供应的问题，对根系生长极为有利，植株生长快，但是对喷雾的要求较高，雾点要细而均匀。雾培也是扦插育苗的最好方法。

由于水培法使植物的根系浸于营养液中，植物处在水分、空气、营养供应的均衡环境之中，故能发挥植物的增产潜力。但水培设施都是循环系统，其生产的一次性投资大，且操作及管理严格，一般不易掌握。水培方式由于设备投入较多，故应用受到一定限制。

4.4.1.2 基质栽培

基质栽培有两个系统，即基质—营养液系统和基质—固态肥系统。基质—营养液系统是在一定容器中，以基质固定花卉的根系，根据花卉需要定期浇灌营养液，花卉从中获得营养、水分和氧气的栽培方法。

基质—固态肥系列也称有机生态型无土栽培技术，不用营养液而用固态肥，用清水直接灌溉。该项技术是中国科技人员针对北方地区缺水的具体情况而开发的一种新型无土栽培技术，所用的固态肥是经高温消毒或发酵的有机肥（如消毒鸡粪和发酵油渣）与无机肥按一定比例混合制成的颗粒肥，其施肥方法与土壤施肥相似，定期施肥，平常只浇灌清水。这种栽培方式的优点是一次性运转的成本较低，操作管理简便，排出液对环境无污染，是一种具有中国特色的无土栽培新技术。

4.4.2 无土栽培的基质

栽培基质一般分为两大类，无机基质和有机基质。无机基质一般包括沙、蛭石、岩棉、珍珠岩、泡沫塑料颗粒、陶粒等；有机基质一般有泥炭、树皮、砻糠灰、锯末、木屑等。目前世界上 90% 的无土栽培均为基质栽培。由于基质栽培的设施简单，成本较低，且栽培技术与传统的土壤栽培技术相似，易于掌握，故中国大多采用此法。

4.4.2.1 基质选用的标准

（1）要有良好的物理性状，结构和通气性要好。

（2）有较强的吸水和保水能力。

（3）价格低廉，调制和配制简单。

（4）无杂质，无病、虫、菌，无异味和臭味。

（5）有良好的化学性状，具有较好的缓冲能力和适宜的 EC 值。

4.4.2.2 常用无土栽培基质

1. 无机基质

（1）沙。为无土栽培最早应用的基质。特点是来源丰富，价格低，但容量大，持水差。其 pH 值一般为中性或偏酸性，化学成分依种类、来源有所不同。它的透气性好，但保水性差。在沙培时最好使用粒径为 0.5 ~ 2.0mm 的沙粒作为栽培基质，在使用前要筛选、水洗。沙培在无土栽培的研究早期普遍使用，时至今日，它仍然能在某些场合下被使用。例如在根系生理的研究中，采用沙培有时更能全面地反映出植株的自然生长状况。对于小规模无土栽培来说，沙培也有着成本较低、操作方便等优点。

（2）石砾。河边石子或石矿场的岩石碎屑，来源不同，化学组成差异很大，一般选用的石砾以非石灰性（花岗岩等发育形成）的为好，选用石灰质石砾应用磷酸钙溶液处理。砾石本身不具有盐基交换量、保持水分和养分的能力差，但通气排水性能良好。砾石在早期的无土栽培中发挥了重要作用，在当今的深液流栽培中，仍作为定植填充物使用。由于石砾的容重大，给搬运、清理和消毒等日常管理带来很大麻烦，而且用石砾进行无土栽培时需建一个坚固的水槽来进行营养液循环。正是这些缺点，使石砾培在现代无土栽培中用得越来越少。

（3）蛭石。蛭石属于云母族的次生矿物，呈片层状，经超过 1000℃的高温处理，体积增大 15 倍而成。孔隙度大，质轻，通透性良好，持水力强，pH 值中性偏酸，含钙、钾较多，具有良好的保温、隔热、通气、保水、保肥作用。因为经过高温煅烧，无菌、无毒，化学性能稳定，为优良无土栽培基质之一。蛭石的质量较轻，其作为盆栽基质能够明显地减轻操作者的劳动强度。但遗憾的是，蛭石具有独特的金属光泽，作为盆栽基质与环境似乎显得不很协调，因此对蛭石培的观赏植物，最好在基质的表面上再盖上一层砾石或陶粒进行装饰。蛭石的吸热能力和保湿能力都很强，更适合扦插育苗。

（4）岩棉。岩棉是由钢铁冶炼所产生的炉渣与玄武岩、二氧化硅在 1500 ~ 1600℃的高温条件下，经过离心、吹管所形成的玻璃纤维状材料制成。它主要是由直径约为 0.05mm 的细纤丝所组成，具有很强的吸水性，其孔隙度为 96%。目前的大规模无土栽培，有 90% 以上均以岩棉作为栽培基质。岩棉培可以为植株提供一个理想的根际环境，其操作省工、省力，适合大规模生产。它的投入较少，比水耕有着更高的经济效益。对于切花生产，岩棉培能发挥出它的优势，所获的成品受到了市场的普遍认同。

（5）珍珠岩。珍珠岩由硅质火山岩在 1200℃下燃烧膨胀而成，其容重为 80 ~ 180kg/m^3。珍珠岩易于排水、通气，物理和化学性质比较稳定。珍珠岩的吸水量为自身重量的 4 倍左右，其透气性好，持水性能适中。其阳离子交换量小于 1.5mmol/kg，故对养分的吸附能力较差。此外，珍珠岩的比重小于水，因此当浇水较多时它会浮在水面上，因此固定植物的效果较差，通常不宜单独作为无土栽培基质使用，否则植株容易发生倒伏而影响其生长，一般和草炭、蛭石等混合使用。在使用过程中，特别是在光照较强的情况下，珍珠岩的表面会长出绿色的藻类，为了防止其吸收营养液中的养分，最好进行更新处理。

（6）泡沫塑料颗粒。泡沫塑料颗粒为人工合成物质，含尿甲醛、聚甲基甲酸酯、聚苯乙烯等。其特点为质轻，孔隙度大，吸水力强。一般多与沙和泥炭等混合使用。

（7）陶粒。陶粒由黏土烧制而成，其保水、蓄肥能力适中，透气性好，化学性质稳定，它的色泽与很多土壤相似，因此比较容易为偏向于土耕的花卉栽培者所接受，但是其粒径相对较大，因此不适宜种植细根的花卉。陶粒培对于盆栽花卉来说，是一种非常好的栽培形式。因为所使用的陶粒不仅能满足很多花卉的正常生长需要，也能使所种植的花卉与环境显得更为和谐。

2. 有机基质

（1）腐叶土。腐叶来源广泛。当深秋时，选择合适之地挖一个大坑，然后把大量的阔叶树落叶集中在这个坑里，将其压实后灌水，然后在上面罩以塑料薄膜，并覆盖以土壤。经过一个冬季，可在土地解冻后将已经腐败的落叶从土中挖出置于空气中，经常喷水、翻动，以利其风化，然后再将其捣碎、过筛即可使用。腐叶培能够给植株提供一个类似有土栽培的理想环境。有些花卉需要从基质中不断地汲取所需的养分，为了满足它们的这种需求，仅靠人工调节营养液的供应往往满足不了植物的需要。而腐叶培作为一个具有高离子交换量的栽培系统，却能够很好地满足花卉的这种要求。

在操作时，应该根据花卉的种类将腐叶与一定比例的其他基质混合在一起。它不适合单独使用，与其他无土基质混用效果最好。

（2）砻糠灰。砻糠灰即碳化稻壳，为一种廉价的无土栽培基质，多用于培育幼苗。炭化稻壳保水性强，透气性好，容重小，质量轻，含有多种养分。其容重约为 0.15g/cm^3，总孔隙度约为 82.5%。炭化稻壳通常呈碱性反应，在使用前必须经过脱盐处理。炭化稻壳经过高温处理，在不受污染的情况下，它们传播病害的可能性很小。炭化稻壳对很多菌类繁殖具有一定的抑制作用，因此，采用这种栽培法所种植出的花卉相对来说生长得更为健壮。

（3）泥炭。泥炭也称草炭，由半分解的植被组成，因植被母质、分解程度、矿质含量而有不同种类。其容重为 0.08 ~ 0.10g/cm^3，总孔隙度为 92% ~ 94%。泥炭的透气性较差，但保水力较强，pH 值呈微酸性反应。泥炭通常不宜单独作为无土栽培基质使用，最好与其他基质混合使用。泥炭培对于喜酸性土壤的花卉来说是比较适合的，泥炭培这种无土栽培方式能够使所栽种的植物在较长时间内于适宜的微酸性根际环境中正常生长。由于泥炭的颜色较深，因此当与其他无土基质混合后，往往使人难以分辨出所配的基质与土壤到底有何不同。

（4）树皮。树皮是木材加工过程中的下脚料，是一种很好的栽培基质，价格低廉，易于运输。树皮的化学组成因树种的不同而差异很大。大多数树皮含有酚类物质且 C/N 较高，因此新鲜的树皮应堆放一个月以上再使用。它的保水性较好，透气性强，具有较高的阳离子交换量。其容重为 0.27 ~ 0.30g/cm^3，总孔隙度为 81% ~ 83%。树皮作为有机物质，在处于潮湿状态时能够不断分解，释放出营养物质，供所栽种的植物吸收。树皮培对于某些花卉，例如火鹤、热带兰、某些蕨类植物来说，具有非常重要的意义，因为在这种栽培方法中所使用的树皮并不完全是以一种基质的形式而出现，在很多情况下它们也具有装饰作用。

（5）锯末与木屑。锯末与木屑为木材加工的副产品，在资源丰富的地方多用作基质栽培花卉。以黄杉、铁杉锯末为好，含有毒物质的树种的锯末不宜采用。它的价格低，重量轻，来源广，具有较好的物理、化学性质。其容重约为 0.19g/cm^3，总孔隙度约为 78.3%。在栽培基质过程中，锯末也能不断分解而提供花卉所需的营养物质，它有较好的透气、保水性，如与其他栽培基质混合使用效果更好。锯末培的优点是投入较少、栽培效果较好，在使用时，通常要将锯末与其他基质相混合，再把它装在花盆、塑料袋或栽培槽中，然后将花卉种苗定植在上述容器里。

4.4.2.3 基质的作用

无土栽培的基质的基本作用有 3 个，即支持固定植物、保持水分和通气。无土栽培一般要求基质具有缓冲作用。缓冲作用可以使根系生长的环境比较稳定，即当外来物质或根系本身新陈代谢过程中产生一些有害物质危害根系时，缓冲作用会将这些危害化解。具有物理吸收和化学吸收功能的基质都有缓冲功能，如蛭石、泥炭等。具有这种功能的基质统称为活性基质。固体基质的作用是由其本身的物理性质与化学性质所决定的。

4.4.2.4 基质消毒

任何一种基质使用前均应进行处理，如筛选去杂质、水洗除泥、粉碎浸泡等。有机基质经消毒后才宜应用。基质的消毒方法有 3 种。

1. 化学药剂消毒

（1）甲醛（福尔马林）。甲醛是良好的消毒剂，一般将 40% 的原液稀释 50 倍，用喷壶将基质均匀喷湿，覆盖塑料薄膜，经 24 ~ 26h 后揭膜，再风干两周后使用。

（2）溴甲烷。利用溴甲烷进行熏蒸是相当有效的消毒方法，但由于溴甲烷有剧毒，并且是强致癌物质，因而必须严格遵守操作规程。方法是将基质堆起，用塑料管将药剂引入基质中，每立方米基质用药 100 ~ 150g，基质施药后，随即用塑料薄膜盖严，5 ~ 7 天后去掉薄膜，晒 7 ~ 10 天后即可使用。

2. 蒸汽消毒

向基质中通入高温蒸汽，可以在密闭的房间或容器中，也可以在室外用塑料薄膜覆盖基质，蒸汽温度应在 60 ~ 120℃之间，温度太高，会杀死基质中的有益微生物，蒸汽消毒时间以 30 ~ 60min 为宜。

3. 太阳能消毒

蒸汽消毒比较安全，但成本较高。药剂消毒成本较低，但安全性较差，并且会污染周围环境。太阳能是近年来在温室栽培中应用较普遍的一种廉价、安全、简单实用的基质消毒方法。具体方法是，夏季高温季节在温室或大棚中，把基质堆成 20 ~ 25cm 高的堆，同时喷湿基质，使其含水量超过 80%，然后用塑料薄膜覆盖基质堆，密闭温室或大棚，暴晒 10 ~ 15 天，消毒效果良好。

4.4.2.5 基质的混合及配制

各种基质既可单独使用，亦可按不同的配比混合使用，但就栽培效果而言，混合基质优于单一基质。有机与无机混合基质优于纯有机或纯无机混合的基质。基质混合总的要求是降低基质的容重，增加孔隙度，增加水分和空气的含量。基质的混合使用，以 2 ~ 3 种混合为宜。比较好的基质应适用于各种作物。

1. 单独使用

有些无土栽培基质，例如砂、砾石等在无土栽培时几乎都是单独进行使用的，它们无需掺入其他的基质，照样能够保证植株正常生长。

2. 混合使用

研究表明，为了满足不同花卉种类在不同生育阶段的需要，有时需要将几种基质按照一定的比例配合起来使用，这样比单独使用的某种基质往往会收到更好的栽培效果，因此现在已经成为花卉无土栽培的主流趋势之一。

育苗和盆栽基质，在混合时应加入矿质养分，以下是一些常用的育苗和盆栽基质配方。

（1）美国加州大学混合基质。0.5m^3 细沙、0.5m^3 粉碎草炭、145g 硝酸钾、145g 硫酸钾、4.5kg 白云石或石灰石、1.5kg 钙石灰石、1.5g20% 过磷酸钙。

（2）美国康奈尔大学混合基质。0.5m^3 粉碎草炭、0.5m^3 蛭石或珍珠岩、3.0kg 石灰石、1.2kg 过磷酸钙、3.0kg 复合肥（氮、磷、钾含量分别为 5%、10%、5%）。

（3）中国农业科学院蔬菜花卉所无土栽培盆栽基质。0.75m^3 草炭、0.13m^3 蛭石、0.12m^3 珍珠岩、3.0kg 石灰石、1.0kg 过磷酸钙、1.5kg 复合肥（N∶P∶K=15∶15∶15）、10.0kg 消毒腐熟干鸡粪。

（4）草炭矿物质混合基质。0.5m^3 草炭、0.5m^3 蛭石、700g 硝酸铵、700g 过磷酸钙、3.5kg 磨碎的石灰石或白云石。

混合基质中含有草炭，当植株从育苗钵中取出时，植株根部的基质就不易散开。当混合基质中没有草炭或草碳含量小于 50% 时，植株根部的基质易于脱落，因此在移植时，务必小心，以防损伤根系。

如果用其他基质代替草炭，则混合基质中就不用添加石灰石，因为石灰石主要是用来降低基质的氢离子浓度（提高基质 pH 值）。

4.4.3 营养液

在无土栽培中，营养液必须正确使用，主要是保持各种离子之间的正确数量关系，使它们有利于植物的生长和发育，也就是应达到各种营养元素的平衡。要做到这一点必须通过化学分析和精确计算，同时还要经过反复的栽培试验。

营养液是将含有植物生长发育所必需的各种营养元素的化合物和少量为使某些营养元素的有效性更为长久的辅助材料，按一定的数量和比例溶解于水中所配制而成的溶液。无论是固体基质培还是无固体基质培的无土栽培形式，都主要靠营养液来为作物生长发育提供所需的养分和水分。无土栽培生产的成功与否，在很大程度上取决于营养液配方和浓度是否合适、营养液管理是否能满足植物各个不同生长阶段的需求。

4.4.3.1 营养液的组成

1. 营养液的浓度

在植物根系内的溶液浓度不低于营养液浓度的情况下，营养液的浓度偏高并没有太大危害，但过多的铁和硫对植物都是相当有危害的。营养液的浓度应该保持在一定范围内，对于大多数花卉来说，总盐量最好保持在0.2% ~ 0.3% 之间。如果溶液的含盐量过高，则花卉根系的水势就会高于营养液，最终导致生理干旱发生；如果溶液的含盐量过低，虽然花卉根系的水势低于营养液，但是照样妨碍根系对矿质营养的吸收。因此，必须使植株根系与营养液间的水势差保持在适宜的范围内，只有这样才能确保花卉正常生长。

2. 营养元素的构成

按照花卉植物所需营养元素的多少，可以把它们按照下列顺序来排列：氮、钾、磷、钙、镁、硫、铁、锰、硼、锌、铜、钼。这一顺序仅是近似顺序，一些蛋白质含量较少的花卉，它们所需要的钾往往多于氮。

在植物的生长发育中，氮、钾、磷、钙、镁、硫、铁等主要元素的比例如果发生错误，例如磷多于氮或者钙多于钾，植物也能生活一段时间而不至于死亡，但是如果上述某种元素严重缺少，植物将无法生存下去。

一种花卉植物在其不同的生长发育阶段，体内干物质的氮、钾、磷含量在不断地变化，某些植物在生长初期阶段所需的氮和钾，往往要比后期发育阶段高出两倍。

由于植物对离子的选择吸收，因此在生长过程中，植物体内的阴阳离子之比与溶液间有着很大的差异。在实际栽培中，营养液中的各种阳离子与阴离子的分布跨度较大，然而不同品种、种类的花卉还是能够根据自己的需要按照一定的比例吸收所需要的矿质元素营养。

主要根据植物的生理平衡和营养元素的化学平衡来确定营养液中各种营养元素的适宜用量和比例。能够满足植物按其生长发育要求吸收到一切所需的营养元素，又不会影响到其正常生长发育的营养液，称为生理平衡营养液。

影响营养液生理平衡的因素主要是营养元素之间的相互作用。营养元素的相互作用分为两种：①协助作用，即营养液中一种营养元素的存在可以促进植物对另一种营养元素的吸收；②拮抗作用，即营养液中某种营养元素的存在或浓度过高会抑制植物对另一种营养元素的吸收，从而使植物对某一种营养元素的吸收量减少以致出现生理失调的症状。例如，营养液中的阴离子 NO_3^-、$H_2PO_4^-$ 和 SO_4^{2-} 能够促进 K^+、Ca^{2+}、Mg^{2+} 等阳离子的吸收，但同时也存在着 Ca^{2+} 对 Mg^{2+} 的拮抗作用；NH_4^+、H^+、K^+ 会抑制植物对 Ca^{2+}、Fe^{2+}、Mg^{2+} 等的吸收，特别是 NH_4^+ 对 Ca^{2+} 吸收的抑制作用特别明显。

3. 营养成分的效力

在营养液中，各种离子的数量关系如果失去平衡，其营养液成分的效力就会大大降低。植物在吸收各种营养的过程中，温度、光照等的变化常使离子的数量关系发生改变，导致营养成分的效力大大降低。在无土栽培中，如果想要粗略地估计营养液的效力，最简单的办法是测定它们的酸碱度。假如植物吸收的负离子多于正离子，溶液就会偏碱；假如植物吸收的正离子多于负离子，溶液就会偏酸。因此经常测定溶液的 pH 值，然后根据测定的结果来补充不同的营养元素，使 pH 值保持在 6.5 ～ 7 之间。

溶液的 pH 值直接影响根际细胞表面两性电介质的解离方向，溶液的 pH 值还可影响到离子的溶解状态，从而影响根系对它们的吸收。在酸性条件下，PO_4^{3-}、Mg^{2+}、Cu^{2+} 为溶解态，易被植物吸收；在碱性条件下，PO_4^{3-}、Ca^{2+}、Fe^{2+}、Mg^{2+}、Cu^{2+}、Zn^{2+} 等离子呈不溶解态，难以为植物所吸收。

尽管无土栽培基质总体上来看具有较低的离子交换容量，但是营养液的 pH 值也会对某些无土栽培基质，例如像陶粒、蛭石中的 K^+、Ca^{2+}、Mg^{2+} 等离子的释放造成一定的影响。当营养液呈碱性反应时，PO_4^{3-}、Ca^{2+}、Zn^{2+} 等离子成为不溶解物质的可能性也会增大，因此调整好无土栽培基质、所用营养液的 pH 值也是无土栽培技术获得成功的重要一环。一般来说，pH 值低于 5.0 时不利于磷元素的吸收。pH 值高于 8.0 时不利于铁等元素的吸收。

4.4.3.2 营养液的配制

1. 营养液的配制原则

（1）营养液应含有花卉所需要的大量元素和微量元素。在适宜原则下元素齐全、配方组合，选用无机肥料用量宜低不宜高。

（2）肥料在水中有良好的溶解性，并易为植物吸收利用。

（3）水源清洁，不含杂质。

2. 营养液配方的调整

现成的营养液配方不经适当地调整直接配制使用，是不妥当的做法。所以，配制前要正确、灵活地调整营养液的配方，经正确调整配制成的营养液才能够真正满足植物生长的需要，取得高产优质。

（1）水和原料的纯度。营养液的主要原料为水、营养盐。这些材料都必须是纯净、不含妨碍花卉正常生长的有害物质，如果所配制的营养液用于科学研究，那么必须使用纯水，用试剂级的营养盐来进行配制；如果是用于商业化生产的无土栽培，则可使用井水、自来水等水源，而营养盐则可采用一般的工业品、农用品来进行配制，这样可以降低成本。当然，这时必须对这些原料中的微量元素进行精确地分析，根据情况，将其用量相应减少或完全不添加。

（2）作物种类和生育时期。植物营养学研究表明，不同作物对各种营养元素及其比例要求不同，即使同一作物不同的生长发育时期对各种营养元素的比例和浓度也要求各异。因而在实际栽培生产中，应根据作物各个生育时期的要求来适当调整营养液的配方和浓度。

（3）栽培方式。无土栽培主要分为水培和基质培，对营养液组成的稳定性影响较大的是基质培。因基质种类较多，如有机基质、无机基质和混合基质，其理化性质差异较大，所以根据不同的基质类型，按其理化性质不同对营养液配方进行不同的调节，并进一步试验确定。

3. 营养液的配制方式

配制营养液一般配制浓缩储备液（也称为母液）和工作营养液（或称为栽培营养液，即直接用来种植用的）两种。生产上一般用浓缩储备液稀释成工作营养液，所以前者是为了方便后者而配制的。

（1）母液的配制。为了防止在配制母液时产生沉淀，不能将配方中的所有化合物放置在一起溶解，所以应将配方中的各种化合物进行分类，把相互之间不会产生沉淀的化合物放在一起溶解。为此，配方中的各种化合物一般分为三类，配制成的浓缩液分别称为 A 母液、B 母液、C 母液。

A 母液以钙盐为中心，凡不与钙作用而产生沉淀的化合物均可放置在一起溶解。一般包括 $Ca(NO_3)_2$、KNO_3，浓缩 100 ～ 200 倍。

B 母液以磷酸盐为中心，凡不与磷酸根产生沉淀的化合物都可溶在一起，一般包括 $NH_4H_2PO_4$、$MgSO_4$，浓缩 100 ～ 200 倍。

C 母液是由铁和微量元素合在一起配制而成的，由于微量元素的用量少，因此其浓缩倍数可以较高，可配制成 1000 ～ 3000 倍液。

配制浓缩储备液的步骤：按照要配制的浓缩储备液的体积和浓缩倍数计算出配方中各种化合物的用量，依次正确称取 A 母液和 B 母液中的各种化合物用量，分别放在各自的储液容器中，肥料一种一种加入，必须充分搅拌，且要等前一种肥料充分溶解后才能加入第二种肥料，待全部溶解后加水至所需配制的体积，搅拌均匀即可。在配制 C 母液时，先量取所需配制体积 2/3 的清水，分为两份，分别放入两个塑料容器中，如先称取 $FeSO_4 \cdot 7H_2O$ 和 EDTA-2Na 分别加入这两个容器中，搅拌溶解后，将溶有 $FeSO_4 \cdot 7H_2O$ 的溶液缓慢倒入 EDTA-2Na 溶液中，边加边搅拌；然后称取 C 母液所需的其他各种微量元素化合物，分别放在小的塑料容器中溶解，再分别缓慢地倒入已溶解了 $FeSO_4 \cdot 7H_2O$ 和 EDTA-2Na 的溶液中，边加边搅拌，最后加清水至所需配制的体积，搅拌均匀即可。

（2）工作营养液的配制。利用母液稀释为工作营养液时，在加入各种母液的过程中，也要防止沉淀的出现。配制步骤为：在储液池中放入大约需要配制体积的 1/2 ~ 2/3 的清水，量取所需 A 母液的用量倒入，开启水泵循环流动或搅拌器使其扩散均匀，然后再量取 B 母液的用量，缓慢地将其倒入储液池中的清水入口处，让水源冲稀 B 母液后带入储液池中，开启水泵将其循环或搅拌均匀，此过程所加的水量以达到总液量的 80% 为度。最后量取 C 母液，按照 B 母液的加入方法加入储液池中，经水泵循环流动或搅拌均匀即完成工作营养液的配制。

4. 营养液 pH 值的调整

当营养液的 pH 值偏高或是偏低，与栽培花卉要求不相符时，应进行调整校正。当 pH 值偏高时加酸，偏低时加氢氧化钠。多数情况为 pH 值偏高。

在大面积生产时，除了 A、B 两个浓缩储液罐外，为了调整营养液 pH 值范围，还要有一个专门盛酸的酸液罐，酸液罐中的溶液一般是稀释到 10% 的浓度，在自动循环营养液栽培中，盛营养液的 A、B 罐均用 pH 值仪和 EC 仪自动控制。当栽培槽中的营养液浓度下降到标准浓度以下时，溶液罐会自动将营养液注入营养液槽。此外，当营养液 pH 值超过标准时，酸液罐也会自动向营养液槽中注入酸。在非循环系统中，也需要这三个罐，从中取出一定数量的母液，按比例进行稀释后灌溉植物。

思考题

1. 花卉露地栽培的管理工作内容主要有哪些？
2. 花卉露地越冬如何防寒？
3. 上盆栽苗时要注意哪些问题？
4. 对因高温干旱而萎蔫濒临死亡的盆花应如何处理？
5. 短日照处理和长日照处理对不同花卉花期调控的作用有何不同？
6. 无土栽培主要应用于哪些方面，如何正确认识和利用无土栽培？
7. 为什么大规模营养液栽培中要进行营养液的循环流动？

本章参考文献

[1] 包满珠 . 花卉学 [M] .2 版 . 北京：中国农业出版社，2003.

[2] 刘燕 . 园林花卉学 [M] . 北京：中国林业出版社，2003.

[3] 李枝林 . 鲜切花栽培学 [M] . 北京：中国农业出版社，2010.

[4] 李式军，郭世荣 . 设施园艺学 [M] . 北京：中国农业出版社，2011.

[5] 孙治强，张绍文 . 日光温室建造与蔬菜栽培 [M] . 郑州：河南科学技术出版社，1994.

[6] 刘婧 . 无土栽培技术的应用与发展 . 北方园艺，2012（16）：204-206.

[7] 中国科学院中国植物 . 中国植物志 [M] . 北京：科学出版社，2010.

本章相关资源链接网站

1. 爱花网 www.aihuawang.cn
2. 中国花卉网 www.china-flower.com
3. 中华园林网 www.yuanlin365.com
4. 中国无土栽培技术论坛 www.soilless.com
5. 英国花卉中心 http://www.flowercentre.co.uk
6. 国际种球协会 http://www.bulbsonline.org
7. 荷兰卡匹泰种球公司 http://www.inspirationflowerbulbs.com
8. 美国种植者论坛 http://www.growertalks.com
9. 美国博尔出版社 http://www.ballpublishing.com
10. 欧洲园艺选优 http://www.fleuroselect.com
11. 美国温室园艺种植者杂志 http://www.greenhousegrower.com

第5章 花卉的应用

花卉的应用是花卉产品消费的最终形式，包括花卉在园林中的应用、在室内应用等。花卉应用的原则是在保证花卉生态习性要求的基础上，最大限度地发挥其环境效益和美学效益，满足人们的社会需求和生活需求。

5.1 花卉在园林中的应用

在园林中除了栽植乔木、灌木、草坪外，还可以栽种和摆放花卉，最大限度地利用空间来满足人们对园林的文化娱乐、体育活动、环境保护、卫生保健、风景艺术等多方面的需求。园林中的树木组成景观的骨骼，而花卉则是景观的血肉。花卉的多姿多彩和姹紫嫣红与树木的葱茏苍翠共同构成了丰富的植物景观的层次和色彩。

花卉在园林中最常见的应用方式有花坛、花境、花丛、花群、花台、花池以及专类园，还可用于屋顶绿化和建筑物外墙绿化，营造富于变化的绿色空间，而一些蔓生性的花卉又可用以装饰柱、廊、篱垣以及棚架等。

5.1.1 花坛

花坛是指在具有几何形轮廓的植床内，摆放或种植各种不同色彩的花卉，运用花卉的群体效果来体现图案纹样或观赏盛花时绚丽景观的一种花卉应用形式。

花坛富有装饰性，在园林布局中常作为主景，在庭院布置中也是重点设置部分，对于街道绿地和城市建筑物也起着重要的搭配和装饰美化的作用。

花坛源于古罗马时代的文人园林，最初是以突出鲜艳的色彩或精美华丽的纹样来体现其装饰效果，16 世纪在意大利园林中广泛应用，17 世纪在法国凡尔赛宫中达到高潮，那时大量使用的是彩结式模纹花坛群。花坛应用的植物主要为一、二年生花卉，宿根花卉和球根花卉及少量的木本植物。

花坛的几何形栽植床通常为床面高出地面或中央高、四周略低的缓曲面，边缘用砖石、水泥或栏杆等镶边，也有的镶嵌其他装饰性材料。花坛一般设计在广场和道路的中央或道路的两侧、建筑物的前后等人流较多的地段便于观赏。花坛布置可由 1 ~ 3 种花卉组成，种类不宜过多，要求图案简洁、轮廓鲜明、色彩明快。常选用低矮、生长整齐、花期集中并一致，花朵繁茂、色彩鲜艳、管理方便的花卉。

早期的花坛具有固定地点，几何形植床边缘用砖或石头镶嵌，形成花坛的周界。随时代的变迁和文化交流，花坛类型也在丰富和拓展。由最初的平面地床或沉床花坛（花坛植床稍低于地面）拓展出斜面、立体及活动式花坛等多种类型。随着科学技术的发展，花坛的施工、盆钵育苗方法的改进使得花坛的花卉应用更为灵活，一些新的设想得以实现，为花坛这一古老的花卉应用形式带来勃勃生机。

5.1.1.1 花坛常用类型

常用的花坛类型分为：盛花花坛和模纹花坛。

1. 盛花花坛

盛花花坛又称为花丛花坛或集栽花坛，用于园林中重点地段的布置。是将几种不同种类、不同高度及色彩的花卉栽植或摆放成花丛状，中间高、四周低以供全方位观赏，或前低后高供单方向观赏。表现盛花时群体的色彩美或绚丽景观。常用的花卉种类有一、二年生花卉、宿根花卉、球根花卉等。

2. 模纹花坛

模纹花坛又称为毛毡花坛。是将色彩鲜艳的各种矮生性灌木或草花，在平面或立面上栽出各种图案，以表现群体组成的精美图案或表现其装饰纹样。常用的花卉种类有红花檵木、金叶女贞、紫叶小檗、小叶女贞、黄杨、大叶黄杨、撒金千头柏、龙柏、五色苋、香雪球、四季秋海棠等。

另外，依花坛的空间位置可将花坛分为平面花坛、斜面花坛和立体花坛。依花坛的组合形式可分为独立花坛和花坛群、花坛组。依花坛设置的季节可分为春花坛、夏花坛、秋花坛、冬花坛等。

5.1.1.2 花坛设计

花坛在环境中可作主景，也可做配景，或者起到疏导交通的作用。常设置在建筑物的前方、交通干道中心、主要道路或主要出入口两侧、广场中心或四周、风景区视线的焦点及草坪等处，主要在规则式布局中应用，有单独或多个带状及成群组合等类型。我国最大的花坛是每年国庆节在天安门广场布置的盛花花坛，主花坛用花量多达几百万盆，组成非常壮观的巨大造型，如图 5-1 所示。

图 5-1 天安门广场国庆花坛

1. 设计原则

（1）花坛的设计首先应在风格、体量、形状诸方面与周围环境相协调，也要注重花坛自身的特色。例如在民族风格的建筑前设计花坛，应选择具有传统风格的图案纹样和形式；在现代风格的建筑前可设计有时代感的一些抽象图案，形式力求新颖。

（2）花坛的设计要因地制宜，选择适合当地气候条件和土壤状况的植物材料，根据当地的经济情况决定花坛的数量、类型、图案等，避免盲目地照搬照抄。

（3）花坛的大小、体量也应与花坛设置的广场、出入口面积大小及周围建筑的高低成比例，一般不应超过广场面积的 1/3，不小于 1/15。面积特别大的广场，单一的花坛很难与整体环境相协调，可以考虑设置花坛组。出入口设置花坛以既美观又不妨碍游览路线为原则，在高度上不可遮住出入口视线。花坛的外部轮廓也应与建筑物边线、相邻的路边和广场的形状协调一致。色彩应与所在环境有所区别，既起到醒目和装饰作用，又与环境协调，形成整体美。一般的花坛直径应设计在 10 ~ 20m 之间，高度应该在 8m 以下。

（4）花坛周围应留有一定的观赏空间，通常留出观赏对象高度的 3 倍距离和水平方向上 1.2 倍距离。

2. 盛花花坛的设计

（1）植物选择。盛花花坛既可以由同一种类花卉组成，也可以由同一种类花卉的不同品种不同花色组成，还可以由不同种类花卉组成，重在组成颜色鲜艳的色块，欣赏其整体色块及相互协调的美，不重在图案。以观花草本为主体，可以是一、二年生花卉，也可用多年生球根或宿根花卉。可适当选用少量常绿、彩叶及观花小灌木作辅助材料。

一、二年生花卉作为花坛的主要材料，其种类繁多，色彩丰富，成本较低。球根花卉也是盛花花坛的优良材料，色彩艳丽，开花整齐，但成本较高。适合作花坛的花卉应株丛紧密、低矮，着花繁茂，理想的植物材料在盛花时应完全覆盖枝叶，要求花期较长，开放一致，至少保持一个季节的观赏期。如为球根花卉，要求栽植后开花期一致，花色明亮鲜艳，有丰富的色彩变化幅度，纯色搭配及组合较复色混植更为理想，更能体现色彩美。不同种类花卉群体配合时，除考虑花色外，也要考虑花的质感协调以获得较好的效果。植株高度依种类不同而异，但以选用 10 ~ 40cm 的矮性品种为宜。此外要移植容易，缓苗较快。

（2）色彩设计。盛花花坛表现的主题是花卉群体的色彩美，因此在色彩设计上要精心选择不同花色进行巧妙搭配。一般要求鲜明、艳丽。如果有台座，花坛色彩还要与台座的颜色相协调。

盛花花坛常用的配色方法有：①对比色应用，这种配色较活泼而明快。深色调的对比较强烈，给人兴奋感；浅色调的对比配合效果较理想，对比不那么强烈，柔和而又鲜明，如堇紫色 + 浅黄色（堇紫色三色堇 + 黄色三色堇、藿香蓟 + 黄早菊、荷兰菊 + 黄早菊 + 紫鸡冠 + 黄早菊），橙色 + 蓝紫色（金盏菊 + 雏菊、金盏菊 + 三色堇），绿色 + 红色（扫帚草 + 红鸡冠）等；②暖色调应用，类似色或暖色调花卉搭配，色彩不鲜明时可加白色以调剂，以提高花坛明亮度。这种配色鲜艳、热烈而庄重，在大型花坛中常用。如红 + 黄或红 + 白 + 黄（黄早菊 + 白早菊 + 一串红或一品红、金盏菊或黄三色堇 + 白雏菊或白色三色堇 + 红色美女樱）；③同色调应用，这种配色不常用，适用于小面积花坛及花坛组，起装饰作用，不作主景。如白色建筑前用纯红色的花，或由单纯红色、黄色或紫红色的单色花组成的花坛组。

色彩设计中还要注意如下几个问题。

1）一个花坛配色不宜太多。一般花坛 2 ~ 3 种颜色，大型花坛 4 ~ 5 种即可。配色如果多而复杂难以表现群体的花色效果，显得杂乱。

2）在花坛色彩搭配中注意颜色对人的视觉及心理的影响。如暖色调给人在面积上有扩张感，而冷色则收缩，因此在设计时各种色彩的花纹宽窄、面积大小要预先有所考虑。例如。为了在视觉上大小相等，冷色用的比例要相对大些才能完全表现设计意图。

3）花坛的色彩要和它的作用相结合。装饰性花坛、节日花坛要与环境相协调，组织交通用的花坛要醒目，而基础花坛应与主体相配合，起到烘托主体的作用，不可过分艳丽，以免喧宾夺主。

4）花卉的实际色彩不同于调色板上的色彩，需要在实践中对花卉的色彩仔细观察才能正确应用。同为红色的花卉如天竺葵、一串红、一品红等几种花卉在明度上有差别，如果分别与黄早菊配用，效果则明显不同，一品红的红色较稳重，一串红则较鲜明，而天竺葵较艳丽，后两种花卉直接与黄菊配合都有明快的效果，而一品红与黄菊搭配只有加入白色的花卉才会有较好的效果。同样，黄、紫、粉等几种颜色在不同花卉花色表现中其明度、饱和度都不相同，仅仅依靠文字描述是不够的。

用盛花花坛还可以组成文字图案，这种情况下用浅色（如黄、白）作底色，用深色（如红、粉）作文字，效果较好。

（3）图案设计。花坛的外部轮廓主要是几何图形或几何图形的组合。在设计时花坛的大小要适度。过大在视觉上会引起变形。一般观赏轴线以 8 ~ 10m 为度。现代建筑的外形流行多样化、曲线化，在外形多变的建筑物前设置花坛，可用流线或折线构成外轮廓，对称、拟对称或自然式均可，以求与环境协调。内部图案要简洁，忌在有限的面积上设计繁琐的图案，要求有大色块的效果。一个花坛即使用色很少，但图案复杂容易造成花色分散，不能体现整体的色块效果。

盛花花坛可以是单一季节观赏，如春季花坛、夏季花坛等，至少保持一个季节内有较好的观赏效果。但设计时可同时提出多季观赏的实施方案，可用同一图案更换花材，也可另设方案，当该季节景观结束后立即更换下季材料，完成花坛季相交替。

3. 模纹花坛的设计

模纹花坛主要表现植物群体形成的华丽纹样，要求图案纹样精美细致，有长期的稳定性，可供较长时间观赏，如图 5-2 所示。

（1）植物选择。植物的高度和形状与模纹花坛纹样表现有密切关系，是选择材料的重要依据。低矮细密的植物才能形成精美细致的华丽图案。典型的模纹花坛材料如五色草类及金叶女贞等。

1）以生长缓慢的多年生植物为主，如红绿草、白草、尖叶红叶苋等。一、二年生草花生长速度不同，图案不易稳定，可选用草花的扦插、播种苗及植株低矮的花卉作图案的点缀，前者如紫菀类、孔雀草、矮串红、四季秋海棠等；后者有香雪球、雏菊、半支莲、三色堇等，但把它们布置成图案主体则观赏期相对较短，一般不使用。

图 5-2 模纹花坛

2）以枝叶细小，株丛紧密，萌蘖性强，耐修剪的观叶植物为主。通过修剪可使图案纹样清晰，并维持较长的观赏期。枝叶粗大的材料不易形成精美的纹样，在小面积花坛上尤不适用。观花植物花期短，不耐修剪，若使用少量作点缀，也以植株低矮、花小而密者效果为佳。植株矮小或通过修剪可控制在 5 ~ 10cm 高，耐移植，易栽培，缓苗快的材料最为适宜。

（2）色彩设计。模纹花坛的色彩设计应以图案纹样为依据，用植物的色彩突出纹样，使之清晰而精美。如选用五色草中红色的小叶红或紫褐色小叶黑与绿色的小叶绿显示出各种花纹。为使图案更清晰还可以用白绿色的白草种在两种不同色草的界限上，突出纹样的轮廓。

（3）图案设计。模纹花坛以突出内部纹样的华丽为主，因而植床的外轮廓以线条简洁为宜，可参考盛花花坛中较简单的外形图案。面积不宜过大，尤其是平面花坛，面积过大在视觉上易造成图案变形的弊病。

内部纹样可较盛花花坛精细复杂些。但点缀及纹样不可过于窄细。以红、绿草类为例，不可窄于 5cm，一般草本花卉以能栽植 2 株为限。设计条纹过窄则难于表现图案，纹样粗宽色彩才会鲜明，图案才够清晰。

内部图案可选择的内容广泛，如仿照某些工艺品的花纹、卷云等，设计成毡状花纹；用文字或文字与纹样组合构成图案，如国旗、国徽、会徽等，设计要严格符合比例，不可改动，周边可用纹样装饰，用材也要整齐，使图案精细。名人肖像多设置于庄严的场所，设计及施工均较严格，植物材料也要精选，从而真实体现名人形象，多布置在纪念性园地；也可选用花篮、花瓶、建筑小品、各种动物、花草、乐器等图案或造型，可以是装饰性的，也可以有象征意义；此外还可利用一些机器构件如电动马达等与模纹图案共同组成有实用价值的各种计时器。常见的有日晷花坛、时钟花坛及日历花坛等。

1）日晷花坛。设置在公园、广场等有充分阳光照射的草地或场地，用毛毡花坛组成日晷的底盘，在底盘的南方立一倾斜的指针，晴天时指针的投影可从 7：00 ~ 17：00 指出正确时间。

2）时钟花坛。用植物材料组成时钟表盘，中心安置电动时钟，指针高出花坛之上，可正确指示时间，设在斜坡上观赏效果更好。

3）日历花坛。用植物材料组成“年”“月”“日”或“星期”等字样，中间留出空间，用其他材料制成具体的数字填于空位，每日更换。日历花坛也宜设置于斜坡上。

4. 立体花坛的设计

（1）标牌花坛。花坛以东，西两向观赏效果好，南向光照过强，影响视觉，北向逆光，纹样暗淡，装饰效果差。也可设在道路转弯处，以观赏角度适宜为准。具体的设计方法有两种类型，其一用五色苋等观叶植物为表现字体及纹样的材料，栽种在 15cm × 40cm × 70cm 的扁平塑料箱内。完成整体的设计后，每箱依照设计图案中所涉及的部分扦插植物材料，各箱拼组在一起则构成总体图样。之后，把塑料箱依图案固定在竖起（可垂直，也可斜面）的钢木架上，形成立面景观。其二是以盛花花坛的材料为主，表现字体或色彩，多为盆栽或直接种在架子内。一面观的标牌花坛采用的架子为台阶状，四面观的标牌花坛采用圆台或棱台的架子。设计时要考虑阶梯间的宽度及梯间高差，阶梯高差小形成的花坛表面较细密。用钢架或砖及木板做成架子，然后花盆依图案设计摆放其上，或栽植于种植槽式阶梯架内，形成立面景观。

设计立体花坛时要注意高度与环境协调。种植箱式可较高，台阶式不宜过高。除个别场合用作屏障外，一般立体花坛应在人的视觉观赏范围之内。此外花坛高度要与面积成比例，以四面观圆形花坛为例，一般花坛的高为直径的 1/6 ~ 1/4 较好。设计时还要注意不能露出架子及种植箱或花盆，还要考虑实施的可能性及安全性，如钢木架的承重及安全问题等，如图 5-3 所示。

（2）造型花坛。造型物的形象依环境及花坛主题来设计，可为花篮、花瓶、动物、图徽及建筑小品等等，色彩应与环境的格调、气氛相吻合，比例也要与环境相适应。造型物运用毛毡花坛的施工手法完成。常用的植物材料有五色草类及小菊花。为施工布置方便，可在造型物下面安装有轮子的可移动基座，如图 5-4 所示。

图 5-3　标牌花坛

图 5-4　造型花坛

5.1.1.3　花坛设计图绘制

运用小钢笔墨线、水粉、水彩、彩笔等均可绘制。

1. 环境总平面图

环境总平面图应标出花坛所在环境的道路、建筑边界线、广场及绿地等，并绘出花坛平面轮廓。依面积大小通常可使用 1∶100 或 1∶1000 的比例。

2. 花坛平面图

花坛平面图应表明花坛的图案纹样及所用植物材料。如果用水彩或水粉表现，则按所设计的花色上色，或用写意手法渲染。绘出花坛的图案后，用阿拉伯数字或符号在图上依纹样使用的花卉，从花坛内部向外依次编号，并与图旁的植物材料表相互对应，表内项目包括花卉的中文名、拉丁学名、株高、花色、花期、用花量等，以便于阅图。若花坛用花随季节变化需要更换，也应在平面图及材料表中予以绘制或说明。

3. 立面效果图

立面效果图用来展示及说明花坛的效果及景观。花坛中的造型物等细部必要时需绘出立面放大图，其比例及尺寸应准确，以便为花坛的制作及施工提供可靠数据。立体阶式花坛还需要给出阶梯架的侧剖面图。

4. 设计说明书

设计说明书要简述花坛的主题、构思，并说明设计图中难以表达的内容。文字宜简练，也可附在花坛设计图纸内。对植物材料的要求，包括育苗计划、用苗量的计算、育苗方法、起苗、运苗及定植要求，以及花坛建成后的一些养护管理要求。上述各图可布置在同一图纸上。注意图纸布图的媒体效果，也可把设计说明书另列出来。株行距以冠幅大小为依据，以不露地面为准。

实际用苗量算出后，要根据花圃及施工的条件增加 5% ~ 15% 的耗损量。

表 5-1 中的用苗参考量不包括耗损。花卉因生长状态及育苗方法不同，花苗质量常有差别，应依具体情况做适当修正。

表 5-1 花坛花卉材料用苗量参考表

花卉名称	株数 /m²	花卉名称	株数 /m²
五色草类（*Alteron antherasp.*）	400 ~ 500	凤仙花（*Impatiens barsamina*）	16
雏菊（*Bellis perennis*）	36	半支莲（*Portulaca grandiflora*）	36
金盏菊（*Calendula officinalis*）	36	一串红（*Salvia splendens*）	9
鸡冠花（*Celosis argentea*）	25	三色堇（*Violar tricolor*）	36
早菊（*Dendronthema×grandiflora*）	9		

5.1.1.4 花坛植物种植施工

1. 盛花花坛种植施工

（1）整地翻耕。花卉栽培的土壤必须深厚、肥沃、疏松。因而在种植前，一定要先整地，一般应深翻 30 ~ 40cm，除去草根、石头及其他杂物。如果栽植深根性花木，还要翻耕更深一些。如土质较差，则应将表层更换为好土（30cm 表土）。根据需要，施入肥性好而又持久的已腐熟的有机肥作为基肥。

平面花坛，不一定呈水平状，它的形状也可以随地形、位置、环境自由处理成各种简单的几何形状，并带有一定的排水坡度。平面花坛有单面观赏和多面观赏等多种形式。

平面花坛，一般采用青砖、红砖、石块或水泥预制作砌边，也有用草坪植物铺边的。有条件的还可以采用绿篱及低矮植物（如葱兰、麦冬等）以及用矮栏杆围边以保护花坛免受人为破坏。

（2）定点放线。一般根据图纸规定、直接用皮尺量好实际距离，用点线做出明显的标记。如花坛面积较大，可改用方格法放线。

放线时，要注意先后顺序，避免踩坏已放好的标记。

（3）起苗栽植。裸根苗应随起随栽，起苗应尽量注意保持根系完整。掘带土花苗，如花圃畦面干燥，应事先浇灌圃地。起苗时要注意保持根部土球完整，根系丰满。如苗床土质过于松散，可用重物轻轻压实。掘起后，最好于荫凉处放置 1 ~ 2 天，再运往施工地栽植。这样做，既可以防止花苗土球松散，又可缓苗，有利其成活。

盆栽花苗，栽植时，最好将盆脱下，但应保证盆土不松散。

平面花坛，由于管理粗放，除采用幼苗直接移栽外，也可以在花坛内直接播种。出苗后，应及时进行间苗管理。同时应根据需要，适当追肥。追肥后应及时浇水，球根花卉，不可施用未经充分腐熟的有机肥料，否则会造成球根腐烂。

2. 模纹式花坛种植施工

（1）整地翻耕。除按照前述要求进行外，由于土地平整要求比一般花坛高，为了防止花坛出现下沉和不均匀现象，在施工时应增加 1 ~ 2 次镇压。

（2）上顶子。模纹式花坛的中心多数栽种苏铁、龙舌兰及其他球形盆栽植物，也有在中心地带布置高低层次不同的盆栽植物，称之为“上顶子”。

（3）定点放线。上顶子的盆栽植物种好后，应将其他的花坛面积翻耕均匀，耙平，然后按图纸的纹样精确地进行放线。一般先将花坛表面等分为若干份，再分块按照图纸花纹，用白色细沙，撒在所划的花纹线上。也有用铅丝、胶合板等制成纹样，再用它在地表面上打样。

（4）栽草。一般按照图案花纹先里后外，先左后右，先栽主要纹样，逐次进行。如花坛面积大，栽草困难，可搭隔板或扣木匣子，操作人员踩在隔板或木匣子上栽草。栽种时可先用木槌子插眼，再将草插入眼内用手按实。要求做到苗齐，地面达到上横一平面，纵看一条线。为了强调浮雕效果，施工人员事先用土做出形来，再把草栽到起鼓处，则会形成起伏状。以五色草为例株行距视五色草的大小而定，一般白草的株行距为 3 ~ 4cm，小叶红草、绿草的株行距为 4 ~ 5cm，大叶红草的株行距为 5 ~ 6cm。平均种植密度为每平方米栽草 250 ~ 280 株。最窄的纹样栽白草不少于 3 行，绿草、小叶红、黑草不少于 2 行。花坛镶边植物火绒子、香雪球栽植距离为 20 ~ 30cm。

（5）修剪和浇水。修剪是保证五色草花纹清晰美观的关键。草栽好后可先进行 1 次修剪，将草压平，以后每隔 15 ~ 20 天修剪 1 次。有两种剪草法：一为平剪，纹样和文字都剪平，顶部略高一些，边缘略低。另一种为浮雕形，纹样修剪成浮雕状，即中间草高于两边。

栽好后浇 1 次透水，以后应每天早晚各喷水 1 次。

3. 立体花坛种植施工

立体花坛就是用砖、木、竹、泥等制成骨架，再用花卉布置外型，使之成为兽、鸟、花瓶、花篮以及其他创意场景等立体形状的花坛形式。种植施工有以下几点。

（1）立架造型。外形结构一般应根据设计构图，先用建筑材料制作大体相似的骨架外形，外面包以泥土，并用蒲包或草将泥固定。有时也可以用木棍作中柱，固定地上，然后再用竹条、铅丝等扎成立架，再外包泥土及蒲包。

（2）栽花。立体花坛的主体花卉材料，一般多采用五色草布置，所栽小草由蒲包的缝隙中插进去。插入之前，先用铁器钻一小孔，插入时草根要舒展，然后用土填满缝隙，并用手压实，栽植的顺序一般由上向下，株行距可参考模纹式花坛。为防止植株向上弯曲，应及时修剪，并经常整理外形。

花瓶式的瓶口或花篮式的篮口，可以布置一些开放的鲜花。立体花坛的基床四周应布置一些草本花卉或模纹式花坛。

立体花坛应每天喷水，一般情况下每天喷水 2 次，天气炎热干旱则多喷几次。每次喷水要细、防止冲刷。

目前在中国有一些花卉公司专门从事立体花坛的设计和制作，确保重大节日或者一些重点地段的布置。

5.1.1.5 花坛的养护及换花

花卉在园林应用中，必须合理地进行养护管理，定期更换，才能生长良好和充分，发挥其观赏效果。主要归纳为下列几项工作。

1. 栽植与更换

作为重点美化而布置的一、二年生花卉，全年需进行多次栽植与更换，才可保持其鲜艳夺目的色彩。必须事先根据设计要求进行育苗，待花苗含蕾待放时移栽花坛，花后给予清除更换。

华北地区的园林花坛布置至少应于 5 ~ 10 月间保持良好的观赏效果，为此需要更换花卉 5 ~ 7 次；如采用观赏期较长的花卉，至少需要更换 4 次。有些蔓性或植株铺散的花卉，因苗株长大后难移栽，还有一些是需要直播的花卉，都应先盆栽培育，至可供观赏时脱盆植于花坛。近年国外普遍使用纸盆及半硬塑料盆栽植盆花，这给更换工作带来了很大的方便。但园林中应用一、二年生花卉作重点美化，其育苗、更换及辅助工作等还是非常费工的，不宜大量运用。

球根花卉按种类不同，分别于春季或秋季栽植。由于球根花卉不宜在生根后移植或花落后即掘起，所以应在栽植初期植株幼小或枝叶稀少种类的株行间，配植一、二年生花卉，用以覆盖土面并以其枝叶或花朵来衬托球根花卉，相得益彰。适应性较强的球根花卉在自然式布置种植时，不需每年采收。郁金香可隔 2 年、水仙隔 3 年，石蒜类及百合类隔 3 ~ 4 年掘起分栽一次。在作规则式布置时可每年掘起更新。

宿根花卉包括大多数岩生及水生花卉，常在春季或秋季分株栽植，根据各论中所述的生长习性不同，可 2 ~ 3 年或 5 ~ 6 年分栽一次。

地被植物大部分为宿根性，栽植要求更粗放；能够自播繁衍的一、二年生花卉如选材合适，一般不需较多的管理，可让其自播繁衍，只在种类比例失调时，进行补播或移栽小苗即可。

2. 土壤要求与施肥

普通园土适合多数花卉生长，对过劣的或工业污染的土壤（以及有特殊要求的花卉），需要换入新土（客土）

或施肥改良。对于多年生花卉的施肥，通常是在分株栽植时作基肥施入；一、二年生花卉主要在圃地培育时施肥，移至花坛仅供短期观赏，一般不再施肥；对长期生长于花坛的种类追液肥 1 ~ 2 次。

3. 修剪与整理

在圃地培育的草花，一般很少进行修剪，而在园林布置时，要使花容整洁，花色清新，修剪是一项不可忽视的工作。要经常将残花、果实（观花者如不使其结实，往往可显著延长花期）及枯枝黄叶剪除；模纹花坛需要经常修剪，才能保持清晰的图案与适宜的高度；对易倒伏的花卉需设支柱；其他宿根花卉、地被植物在秋冬茎叶枯黄后要及时清理或刈割；需要防寒覆盖的可利用这些干枝叶覆盖，但应防止病虫害藏匿及注意田园卫生。

5.1.2 花境

花境是一种带状自然式的花卉布置，以树丛、林带、绿篱或建筑物作背景，常由几种花卉自然斑块状混合栽植而成，表现花卉自然散布生长的景观。花境的边缘可以是自然曲线，也可以是直线。花境设计首先是确定平面，要讲究构图完整，高低错落，因此配置在一起的各种花卉不仅彼此间色彩、姿态、体形、数量等应协调、得体，而且相邻的花卉其生长强弱、繁衍速度等也要大体相似，植株之间能够协调共生而不存在相互排斥。几乎所有的露地花卉都能用做花境的材料，但以多年生的宿根和球根花卉为宜。因为这些花卉栽种后可生长多年，不需经常更换，维护管理也比较省工。设计者要充分了解各种花卉的生长习性，使花境具有持久而优美的观赏效果。然后根据各种不同的花卉种类进行合理搭配。

花境是模拟自然环境下花卉交错生长的状态，不仅展示植物的个体美，而且体现植物群体组合的协调美。以乔、灌、花、草相结合，可以构成相对稳定的植物群落，且种类丰富、应用形式广泛、养护管理粗放，其艳丽的色彩和丰富的群体形象能营造出自然化、多样化、层次化、色彩化的园林景观，如图 5-5 所示。

图 5-5　花境

能够用来布置花境的植物种类丰富，包括一、二年生花卉、宿根花卉、球根花卉、观赏草、乔木及灌木等。常用的如萱草、玉簪、鸢尾、美国薄荷、宿根福禄考等。常用的观赏草如细叶芒草、蒲苇、金叶苔草、玉带草、狼尾草、班叶茅等。常用的灌木有金叶莸、醉鱼草、红瑞木、锦带花等。

从设计形式上分，花境主要有三类，既单面观赏花境、双面观赏花境和对应式花境。单面观赏花境，多临近道路设置，花境常以建筑物、矮墙、树丛、绿篱等为背景，前面为低矮的边缘植物，整体前低后高，供一面观赏。单面观赏花境的后边缘线多采用直线，前边缘可为直线或自由曲线。双面观赏花境没有背景，多设置在草坪上或树丛间，植物种植是中间高两侧低，供两面观赏。两面观赏花境的边缘线基本平行，可以是直线，也可以是流畅的自由曲线。对应式花境在园路的两侧，草坪中央或建筑物周围设置相对应的两个花境，这两个花境呈左右二列式。在设计上统一考虑，作为一组景观，多采用拟对称的手法，以求有节奏和变化。根据季节不同和意境不同有春花境、夏花境、秋花境、冬花境等；根据用材不同有灌木花境、球根花卉花境、专类植物花境、多年生草花花境、混合式花境等。

5.1.2.1 花境种植床设计

对应式花境要求长轴沿南北方向展开，以使左右两个花境光照均匀从而达到设计构想。其他花境可自由选择方向。但要注意到花境朝向不同，光照条件不同，因此在选择植物时要根据花境的具体位置分别考虑。

花境大小的选择取决于环境空间的大小。通常花境的长轴长度不限，但为管理方便以及体现植物布置的节奏、韵律感，可以把过长的植床分为几段，每段长度以不超过 20m 为宜。每两段之间可留 1 ~ 3m 的间歇地段，设置座椅或其他园林小品。

花境的宽度有一定要求。就花境自身装饰效果及观赏者视觉要求出发，花境应有适当的宽度。过窄不易体现群落的景观，过宽超过视觉鉴赏范围容易造成浪费，也给管理造成困难。通常混合花境、双面观花境比宿根花境及单面观花境宽些。下述各类花境的适宜宽度可供设计时参考：单面观混合花境 4 ~ 5m；单面观宿根花境 2 ~ 3m；双面观花境 4 ~ 6m。在家庭小花园中花境可设置 1 ~ 1.5m，一般不超过花园宽度的 1/4。较宽的单面观花境的种植床与背景之间可留出 70 ~ 80cm 的小路，既便于管理，同时又有通风作用，并能防止背景树和灌木的根系侵扰花卉。

种植床依环境土壤条件及装饰要求可设计成平床或高床，同时应设计 2% ~ 4% 的排水坡度。一般来说土质好、排水力强的土壤，设置于绿篱、树墙前及草坪边缘的花境宜用平床，床面后部稍高，前缘与道路或草坪相平，这种花境给人整洁感。在排水差的土地上、阶地挡土墙前的花境，为了与背景协调，宜用 30 ~ 40cm 的高床，边缘用不规则的石块镶边，使花境具有粗犷风格，若同时使用蔓性植物覆盖边缘石，又会形成柔和的自然感。

5.1.2.2 背景设计

单面观花境需要背景，花境的背景依设置场所不同而异，较理想的背景是绿色的树墙或高篱。用建筑物的墙基及各种栅栏做背景也可以，一般以绿色或白色为宜。如果背景的颜色或质地不理想，可在背景前选种高大的绿色观叶植物或攀援植物，形成绿色屏障，再设置花境。

背景是花境的组成部分之一，可与花境有一定距离，也可不留距离。总之设计时应从整体考虑。

5.1.2.3 边缘设计

花境边缘不仅确定了花境的种植范围，也便于前面的草坪修剪和园路清扫工作。高床边缘可用自然的石块，砖头、碎瓦、木条等垒砌而成。平床多用低矮植物镶边，镶边植物高度以 15 ~ 20cm 为宜。可用同种植物，也可用不同植物，后者更接近自然。若花境前面为园路，边缘分明、整齐，还可以在花境边缘与环境分界处挖 20cm 宽、40 ~ 50cm 深的沟，填充金属或塑料条板，防止边缘植物蔓延到路面或草坪中。

5.1.2.4 种植设计

1. 植物选择

全面了解植物的生态习性，并正确选择适宜材料是种植设计成功的根本保证。在诸多的生态因子中，光照和温度的要求是主要的。植物应在当地能露地越冬；在花境中背景及高大材料可造成局部的半阴环境，这些位置宜选用耐阴植物。此外，如对土质、水肥有特殊要求，可在施工中和以后管理上逐步满足。其次应根据观赏特性选择植物，因为花卉的观赏特性对形成花境的景观起决定作用。种植设计正是把植物的株形、株高、花期、花色、质地等主要观赏特点进行艺术性地组合和搭配，创造出优美的群落景观。选择植物应注意以下几个方面。

（1）主要选择在当地露地越冬，不需特殊管理的宿根花卉，兼顾一些小灌木及球根和一、二年生花卉。

（2）花卉有较长的花期，且花期能分散于各季节。花序有差异，有水平线条与竖直线条的交叉。花色丰富多彩。

（3）有较高的观赏价值。如芳香植物、花形独特的花卉、花叶均美的材料、观叶植物等。某些观赏价值较高的禾本科植物也可选用。但一般不选用斑叶植物，因它们很难与花色调和。

适宜布置花境的植物材料即花卉的种类较花坛广泛，几乎所有的露地花卉均可选用，其中尤以宿根花卉、球根花卉最为适宜，最能发挥花境的特色。这类花卉栽植后能够多年生长，无需年年更换，比较省工。如玉簪、石蒜、萱草、鸢尾、芍药、金光菊、蜀葵、芙蓉葵、大花金鸡菊等。球根花卉因其枝叶较少，园地易裸露，可在株间配植低矮的花卉种类。花境中各种花卉的配植必须从色彩、姿态、株形、数量，以及生长势、繁衍能力等多方面搭配得当，形成高低错落、疏密有致、前后穿插，花朵此开彼谢的景观，一年内富有季相变化，四季有花观赏。

一般花境一旦布置成功，能多年生长，供长期观赏。

2. 色彩设计

花境的色彩主要由植物的花色来体现，植物的叶色，尤其是少量观叶植物的叶色也是不可忽视的。

宿根花卉是色彩丰富的一类植物，加上适当选用一些球根及一、二年生花卉，使得色彩更加丰富，在花境的色彩设计中可以巧妙地利用不同的花色来创造空间或景观效果。如把冷色占优势的植物群放在花境后部，在视觉上有加大花境深度、增加宽度之感；在狭小的环境中用冷色调组成花境，有空间扩大感。在平面花色设计上，如有冷暖两色的两丛花，具有相似的株形、质地及花序时，由于冷色有收缩感，若使这两丛花的面积或体积相当，则应适当扩大冷色花的种植面积。利用花色可产生冷、暖的心里感觉，花境的夏季景观应使用冷色调的蓝紫色系花卉，给人带来凉意；而早春或秋天用暖色系的红、橙色花卉组成花境，可给人暖意。在安静休息区设置花境宜多使用暖色调的花卉。

花境色彩设计中主要有四种基本配色方法。

（1）单色系设计。这种配色法不常用，只为强调某一环境的某种色调或一些特殊需要时才使用。

（2）类似色设计。这种配色法常用于强调季节的色彩特征时使用，如早春的鹅黄色，秋天的金黄色等。有浪漫的格调，但应注意与环境协调。

（3）补色设计。多用于花境的局部配色，使色彩鲜明、艳丽。如黄色与紫色的搭配。

（4）多色设计。这是花境中常用的方法，使花境具有鲜艳、热烈的气氛。但应注意依花境大小选择花色数量，若在较小的花境上使用过多的色彩反而产生杂乱感。

花境的色彩设计中还应注意，色彩设计不是独立的，必须与周围环境的色彩相协调，与季节相吻合。

较大的花境在色彩设计时，可把选用花卉的花色用水彩涂在其种植位置上，然后取透明纸罩在平面种植图上，抄出某季节开花花卉的花色，检查其分布情况及配色效果，可据此修改，直到使花境的花色配置及分布合理为止。

3. 季相设计

花境的季相交换是它的特征之一。理想的花境应四季有景可观，寒冷地区可做到三季有景。

花境的季相是通过种植设计实现的。利用花期、花色及各季节所具有的代表性植物来创造季相景观。如早春的报春、夏日的福禄考、秋天的菊花等。植物的花期和色彩是表现季相的主要因素，花境中开花植物应连接不断，以保证各季的观赏效果。花境在某一季节中，开花植物应散布在整个花境内，以保证花境的整体效果。

4. 立面设计

花境要有较好的立面观赏效果，应充分体现群落的美观。植株高低错落有致，花色层次分明。立面设计应充分利用植株的株形、株高、花序及观赏特性，创造出丰富美观的立面景观。

（1）植株高度。宿根花卉依种类不同，高度变化极大，从几厘米到几米，可供充分选择。花境的立面安排一般原则是前低后高，在实际应用时，植物高、低可有穿插，以不遮挡视线，实现景观效果为准。

（2）株形与花序。它们是与景观效果相关的另两个重要因子。根据花朵构成的整体外形，可把植物分成水平型、直线型及独特型三大类。水平型植株圆浑，开花较密集，多为单花顶生或各类伞形花序，开花时形成水平方向的色块，如八宝、蓍草、金光菊等。直线型植株耸直，多为顶生总状花序或穗状花序，形成明显的竖线条，如火炬花，一枝黄花、飞燕草、蛇鞭菊等。独特花形兼有水平及竖向效果，如鸢尾类、大花葱、石蒜等。花境在立面设计上最好显示这三大类植物的外形比较，尤其是平面与竖向结合的景观效果更应突出。

（3）植株的质感。不同质感的植物搭配时要尽量做到协调。质地粗朴的植物显得近，质地细腻的植物显得远。

立面设计除了从景观角度出发外，还应注意植物的习性，才能维持群落的稳定性。

5. 平面设计

平面种植采用自然斑块状混植方式，每斑块为一组花丛，各花丛大小有变化。一般花后叶丛景观较差的植物面积宜小些。为使开花植物分布均匀，又不因种类过多造成杂乱，可把主花材分为数丛种在花境的不同位置。可在花后叶丛景观差的植株前方配植其他花卉给予弥补。使用少量球根花卉或一、二年生草花时，应注意该种植区的材料更换，以保持较长的观赏期。

5.1.2.5　设计图绘制

花境设计图可用小钢笔画墨线图，也可用水彩、水粉画方式绘制。

1. 花境位置图

用平面图表示，标出花境周围环境，如建筑物、道路、草坪及花境所在位置。依环境大小可选用 1∶100 ~ 1∶500 的比例绘制。

2. 花境平面图

绘出花境边缘线，背景和内部种植区域，以流畅曲线表示，避免出现死角，以求接近种植物后的自然状态。在种植区编号或直接注明植物，编号的需附植物材料表，包括植物名称、株高、花期、花色等。可选用 1∶50 ~ 1∶100 的比例绘制。

3. 花境立面效果图

可以一季景观为例绘制，也可分别绘出各季景观。选用 1∶100 ~ 1∶200 的比例皆可。

5.1.2.6　施工及养护管理

1. 整床放线

花境施工完成后可多年应用，必须有良好的土壤质地。对土质差的地段换土，但应注意表层肥土及生土要分别放置，然后依次恢复原状。通常混合式花境土壤需深翻 60cm 左右，筛出石块，距床面 40cm 处混入腐熟的堆肥，再把表土填回，然后整平床面，稍加镇压。

按平面图纸用白粉或沙在植床内放线，对有特殊土壤要求的植物，可在种植区采用局部换土措施。要求排水好的植物可在种植区土壤下层添加石砾。对某些根蘖性过强，易侵扰其他花卉的植物，可在种植区边挖沟，埋入石头，瓦砾、金属条等进行隔离。

2. 栽植及养护管理

通常按设计方案进行育苗，然后栽入花境。栽植密度以植株覆盖床面为限。若栽种小苗，则可种植密些，花前再适当疏苗；若栽植成苗，则应按设计密度栽好。栽后保持土壤湿度，直到成活。

花境种植后，随时间推移会出现局部生长过密或过稀的现象，需及时调整，以保证其景观效果。早春或晚秋可更新植物（如分株或补栽），并把秋末覆盖地面的落叶及经腐熟的堆肥施入土壤。管理中注意灌溉和中耕除草。混合式花境中的花灌木应及时修剪，花期过后及时去除残花等。

花境实际上是一种人工群落，只有精心养护管理才能保持较好的景观。一般花境可保持 3 ~ 5 年的景观效果。

5.1.3　屋顶绿化

屋顶绿化（roof greening）是人们根据建筑物屋顶结构特点、荷载和屋顶上的生态环境条件，选择生长习性与之相适应的植物材料，通过一定技艺，在建筑物顶部及一切特殊空间建造绿色景观的一种形式。

屋顶绿化不仅包含屋顶种植，还包括露台、天台、阳台、墙体、地下车库顶部、立交桥等一切不与地面、自然土壤相连接的各类建筑物和构筑物的特殊空间的绿化。在 2010 年上海世博会上，瑞士、法国等国家都展示出他们在屋顶绿化方面取得的巨大成绩。

屋顶绿化不仅仅是绿地向空中发展，节约土地、开拓城市空间的有效办法。也是建筑艺术与园林艺术的完美结合，在保护城市环境，提高人居环境质量方面发挥着重要作用。

5.1.3.1　屋顶绿化的应用历史

屋顶绿化的栽培历史可以追溯到公元前 2000 年左右的屋顶花园，在古代幼发拉底河下游地区（即现在的伊拉克）的古代苏美尔人在最古老的名城所建的“大庙塔”，就是屋顶花园的发源地。20 世纪 20 年代初，英国著名考古学家伦德·伍利爵士，发现该塔三层台面上有种植过大树的痕迹；真正的屋顶花园是著名的巴比伦“空中花园”，被世人列为“古代世界七大奇迹”之一，巴比伦“空中花园”建于公元前 604 ~ 公元前 562 年，当时用石柱、石板、砖块、铅饼等垒起高台，在台上层层建造宫室，处处种植花草树木。

世界各国对屋顶绿化的重视开始于 19 世纪。美国加利福尼亚奥克兰市于 1959 年在凯泽中心一座六层楼的顶部建造了一个景色秀丽的空中花园。被视为建筑与绿化艺术“杂交”的奇葩。屋顶绿化自 1959 年在美国获得成功后，技术日渐成熟，目前在欧美等发达国家正呈方兴未艾之势。德国作为最先开发屋顶绿化技术的国家，在新技术研究方面处于世界领先的地位。1982 年，德国立法强制推行屋顶绿化。到 2003 年末，总的屋顶绿化面积接近 1 亿 m^2。到 2007 年，德国的屋顶绿化率达到 80% 左右，是整个城市绿地系统的组成部分，基本解决了建筑占地与绿地的矛盾，是全世界屋顶绿化做得最好的国家；英国近年来也较为重视屋顶绿化，尤其重视屋顶绿化所导致的生物多样性的增加，在其零能耗建筑中充分利用了植被屋面的生态功能，同时从世界各地收集植物并进行筛选研究；欧洲其他国家如瑞士、法国、挪威等国也都非常重视屋顶绿化，瑞士不仅研究本国植被屋面生物多样性的问题，而且还研究伦敦植被屋面的生物多样性问题；法国曾建造 8000m^2 悬挂的植被屋面和坡度为 45℃的可移动的钢架上的植被屋面；美国近些年也非常重视屋顶绿化，以缓解“城市热岛”效应。专家测算芝加哥所有建筑的屋顶绿化可使其每年节约能源约 1 亿美元，最高节约 720MW，相当于几座电厂的发电量；日本政府特别鼓励建造屋顶绿化建筑。东京是全世界人口最密集的城市之一，想提高它的植被覆盖率相当困难，2001 年 5 月东京在修订的城市绿地保护法中，提出了“屋顶绿化设施配备计划”，并且规定新建建筑物占地面积超过 1000m^2 者，屋顶必须有 20% 为绿色植物覆盖，否则要被处以罚款；加拿大、澳大利亚、巴西等国家近年来也都非常重视屋顶绿化，并获得了很好的效果。

中国在屋顶绿化方面的建设和探索相对较晚。自 20 世纪 60 年代起，才开始陆续出现一些屋顶绿化。20 世纪 70 年代，中国第一个大型屋顶花园在广州东方宾馆 10 层屋顶建成，面积约有 900m^2，它是中国建造最早，并按统一规划设计与建筑物同步建成的屋顶花园；1983 年，北京长城饭店在饭店主楼西侧的低层屋顶上，建成了中国北方第一座大型露天屋顶花园。2004 ~ 2008 年《北京市城市环境建设规划》中给出了明确标准，北京市的高层建筑中 30% 要进行屋顶绿化，低层建筑中 60% 要进行屋顶绿化。北京市政府 2005 年在全国率先开始大面积绿化屋顶；上海市计划 2009 ~ 2011 年建成 30 万 m^2 绿化屋顶；《海南省城镇园林绿化条例》（2009 年 1 月 1 日起施行）将屋顶绿化首次纳入立法，鼓励发展屋顶绿化等多种形式的立体绿化，立体绿化的面积可折算建设项目的绿地面积。据 2008 年 5 月的最新统计数字表明，深圳市屋顶绿化面积已经超过 100 万 m^2。

5.1.3.2　屋顶绿化的功能

随着城市化进程的加快，屋顶绿化在改善城市环境面貌，提高市民生活和工作环境质量等方面发挥越来越重要的作用。屋顶绿化既具有净化空气、缓解城市热岛效应、保温隔热、节约能源、削弱城市噪音等生态及环境效益，又可提高土地资源利用率，还可以结合绿化种植瓜果蔬菜获得一定的经济效益等。

5.1.3.3　屋顶绿化的形式

目前欧美通常根据栽培养护的要求将屋顶绿化分为三种普遍类型：粗放式屋顶绿化（extensive green roofs），半精细式屋顶绿化（simple intensive green roofs），精细式屋顶绿化（intensive green roofs）。

（1）粗放式屋顶绿化。粗放式屋顶绿化又称为开敞型屋顶绿化，是屋顶绿化中最简单的一种形式，如图 5-6 所示。具有以下基本特征：以景天类植物为主的地被型绿化，一般构造的厚度为 5 ~ 15（20）cm，低养护，免灌溉，重量为 60 ~ 200kg/m^2。

（2）半精细式屋顶绿化。半精细式屋顶绿化是介于粗放式和精细式屋顶绿化之间的一种形式，如图 5-7 所示。其特点是：利用耐旱草坪、地被和低矮的灌木或可匍匐的藤蔓类植物进行屋顶覆盖绿化。一般构造的厚度为 15 ~ 25cm，需要适时养护，及时灌溉，重量为 120 ~ 250kg/m^2。

图 5-6　欧洲的斜屋顶

图 5-7　半精细式屋顶绿化

（3）精细式屋顶绿化。精细式屋顶绿化指的是植物绿化与人工造景、亭台楼阁、溪流水榭等的完美组合，如图 5-8 所示。它具备以下几个特点：以植物造景为主，采用乔、灌、草结合的复层植物配植方式，产生较好的生态效益和景观效果。一般构造的厚度为 15 ~ 150cm，经常养护，经常灌溉，重量为 150 ~ 1000kg/m^2。

5.1.3.4　种植屋面构造

种植屋面的构造层次一般包括结构层、保温层、找平（坡）层、防水层、阻根防水层、（蓄）排水层、隔离过滤层、种植介质、植被层和基质层构成，如图 5-9 所示。

图 5-8　北京红桥市场

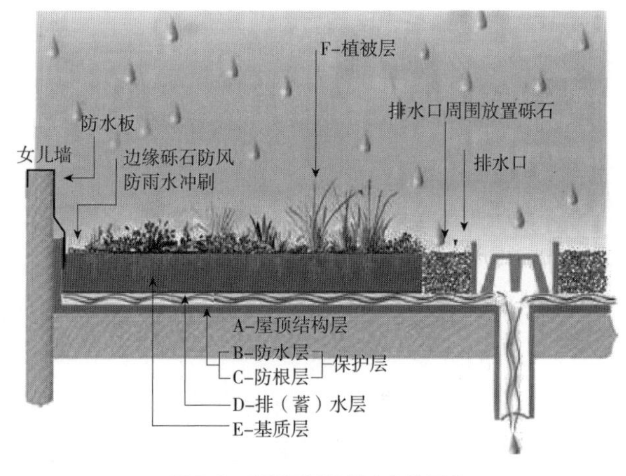

图 5-9　种植屋面的基本构造层次

（1）结构层。宜采用强度等级不低于 C20 的现浇钢筋混凝土作种植屋面的结构层。

（2）保温层。宜采用具有一定强度和导热系数小、密度小、吸水率低的材料（如挤出聚苯泡沫塑料保温板、硬泡聚氨酯保温材料等）作保温层。

（3）找平层。为便于施工柔性防水层，宜在保温层上铺抹水泥砂浆找平层。找平层应压实平整，充分保湿养护，不得有疏松、起砂和空鼓现象。是铺设柔性防水层的基层，其质量应符合规范的规定。

（4）找坡层。宜采用具有一定强度的轻质材料（如陶粒、加气混凝土等）作找坡层，其坡度宜为 1% ~ 3%。

（5）防水层。应采用具有耐水、耐腐蚀、耐霉烂性能优良和对基层伸缩或开裂变形适应性强的卷材或涂料等作柔性防水层。

（6）阻根防水层。耐根系穿刺防水层是能够防止植物根系穿透并起防水作用的一个构造层次，其接缝应采用焊接法施工。

（7）（蓄）排水层。蓄排水层是将通过过滤的水，从空隙中汇集到泄水孔排出。在耐根穿刺层上应铺设具有一定空隙和承载能力以及蓄水功能的塑料排水板、橡胶排水板或粒径为 20 ~ 50mm 的卵石组成蓄排水层，便于及时排除多余的积水。

（8）隔离过滤层。隔离过滤层是设置在种植介质层与排水层之间起滤水作用的一个构造层次。为防止种植土的流失，应在排（蓄）水层上铺设 200 ~ 250g/m^2 聚酯无纺布等作过滤层。

（9）基质层。基质层是指满足植物生长条件，具有一定的渗透性能、蓄水能力和空间稳定性的轻质材料层。用于屋顶绿化的种植基质需具备 3 个基本条件：①有一定的保水保肥能力，透气性好；②有一定的化学缓冲能力，保持良好的水、气、养分的比例等；③重量轻，理想的基质容重应该在 0.1 ~ 0.8t/m^3，最好在 0.5t/m^3。基质主要包括改良土和超轻量基质两种类型。改良土由田园土、排水材料、轻质骨料和肥料混合而成；超轻量基质由表面覆盖层、栽植育成层和排水保水层三部分组成。

（10）植被层。根据屋面种植形式和种植土的厚度，选用比较耐旱、耐寒和符合生态环保要求的花、草、树木作绿色植被层。

5.1.3.5 屋顶绿化植被的选择

屋顶绿化是在人工创造的环境中进行植被栽植，采用客土、人工灌溉系统为植被提供必要的生长条件。由于受到屋顶土壤、温度、光照、风力、水分等生态因子的制约，屋顶绿化地被植物选择，应具备耐旱、耐寒、耐瘠薄、耐积水、喜阳、抗风等特点。要做到适地适树，引进外来优良地被植物的同时要注重乡土树种的开发和利用；在屋顶绿化植物造景上要多模拟植物自然群落，营造多种类、多层次、物种多样性丰富、群落结构稳定、养护管理方便的植物群落景观；注重地被植物的养护与管理，提高景观效果。

（1）草本花卉。如天竺葵、球根秋海棠、风信子、郁金香、菊花、金盏菊、石竹、一串红、旱金莲、凤仙花、鸡冠花、大丽花、金鱼草、雏菊、羽衣甘蓝、翠菊、千日红、含羞草、紫茉莉、虞美人、美人蕉、萱草、鸢尾、芍药、葱兰等。

（2）草坪与地被植物。常用的有天鹅绒草、酢浆草、虎耳草、佛甲草、景天、苔藓等。

（3）灌木和小乔木。如红枫、小蘗、南天竹、紫薇、木槿、贴梗海棠、腊梅、月季、玫瑰、山茶、桂花、牡丹、结香、平枝栒子、八角金盘、金钟花、栀子、金丝桃、八仙花、迎春花、棣棠、枸杞、石榴、六月雪、荚蒾等。

（4）藤本植物。如洋常春藤、茑萝、牵牛花、紫藤、木香、凌霄、蔓蔷薇、金银花等。

（5）果树和蔬菜。如矮化苹果、金橘、葡萄、猕猴桃、草莓、黄瓜、丝瓜、扁豆、番茄、青椒、香葱等。

5.1.3.6 屋顶绿化的施工

屋顶绿化施工时，应按照屋顶的构造结构层，一步步地操作，并认真检测，以保证施工质量。

1. 保护层的铺设与检测

保护层铺设在排（蓄）水层下，搭接宽度不小于 10cm，并向建筑侧墙面延伸 15 ~ 20cm，高于基质表面 15cm 以上。对屋顶绿化施工的验收应重点放在保护层的防水性能和根的防护性能上。检测的方法有积水法、喷灌法、烟气法、外观检测法等。

2. 排（蓄）水层的铺设

排（蓄）水层铺设在保护层上，向建筑侧墙面延伸至基质表层下方 5cm 处。根据排水口设置排水观察井，并定期检查屋顶排水系统的通畅情况。及时清理枯枝落叶，防止排水口堵塞造成壅水倒流。屋面绿化的排水口周围应置于一个直径为 60 ~ 100cm 的较大颗粒砾石面，周围不能有植物，保证排水通畅，不能带入基质。同时考虑排水道的设置与防风系统的结合。

3. 过滤层的铺设

有时简单的屋顶绿化不设过滤层，但此处建议最好铺设。储存能力强的排水材料也可用在植物的根区，在这种情况下根很容易穿透过滤层毛垫。过滤层铺设在排（蓄）水层上，搭接缝的有效宽度应达到 10 ~ 20cm，并向建筑侧墙面延伸至基质表层下方 5cm 处。

4. 栽培基质的运输与铺设

屋顶绿化基质荷重应根据湿容重进行核算，不应超过 1.3t/m^3（基质湿容重一般为干容重的 1.2 ~ 1.5 倍）。植被屋面需要的基质厚度大多数在 10 ~ 20cm 之间，另外还要根据植物的种类，灌溉措施有无等要素具体而定。基质混匀后铺设要均匀。

5. 园路的铺设

如果设置园路，材料应以轻型、生态、环保、防滑材质为宜，设计手法应简洁大方，与周围环境相协调，追求自然朴素的艺术效果。铺板时要保证相互垂直，行间留出一定宽度的缝隙。用橡皮锤锤实石板，用石屑填塞缝隙。

6. 植被层的种植

植被种植的方法有移栽，播种及采用预制的植物垫。移栽是最常用的方法，移栽从苗圃运来的苗木，特别是小苗运输时，要用专门运输植物的穴盘或筐，防止植物被压受损。栽植时可拉线，以栽种整齐。播种以一般每平方米大约需要 5 ~ 10g 种子为宜，国外通常采用压缩机和喷枪进行湿播。也可用预制的植物垫直接铺设。

7. 防风系统的设置

屋顶风大，植被层表面应加一层砾石覆盖，特别是在植被屋面的四周以防轻质基质在植物没有完全覆盖时被风刮起。种植稍高或体量较大的灌木特别是在高层时还应采用防风固定技术。植物的防风固定方法主要包括地上支撑法和地下固定法。

另外，对坡屋顶绿化来说，屋面坡度大约 15° 起，还必须设附加的防滑装置，可以通过建筑下部结构本身的防滑挡板进行防滑，也可以加放防滑装置。防滑挡板应在表面防水层之下，屋面结构之上，也可以用铁丝网固定植物及基质。

5.1.4 花台

花台是一种明显高出地面栽种花木的种植设施。中国古典园林中常用花台。现代园林中常布置在广场、路口、庭园的中央、园路的端头，或设计在建筑物的正面或两侧。花台常与山石结合或与小品结合。常见的花台四周用砖、石、混凝土等砌成 40 ~ 60cm 高的台座，台内填入土壤，栽植花卉，一般面积较小。

花台的配置形式可分为规则式布置和自然式布置。

5.1.4.1 规则式布置

规则式花台外形有圆形、正方形、正多边形、带形等。其选材与花坛相似，由于面积较小，一个花台内通常只选用一种花卉，除一、二年生花卉及宿根、球根花卉外，木本花卉中的牡丹、月季、杜鹃花、迎春、金钟、凤尾竹、菲白竹等也常被选用。由于花台高出地面，一般选用株形低矮、枝繁叶茂并下垂的花卉如矮牵牛、美女樱、天门冬、书带草等较为适宜。这类花台多设在规则式庭院中、广场或高大建筑前面的规则式绿地上。

5.1.4.2 自然式布置

自然式布置又称盆景式花台，把整个花台视为一个大盆景，按中国传统的盆景造型。常以松、竹、梅、杜鹃、牡丹为主要植物材料，配饰以山石、小草等。构图不着重于色彩的华丽，而以艺术造型和意境取胜。这类花台多出现在古典式园林中。

花台多设在地下水位高或夏季雨水多、易积水的地区，如根部怕涝的牡丹等就需要花台栽培。古典园林的花台多与厅堂呼应，可在室内欣赏。植物在花台内生长，受空间的限制不如地栽花卉那样健壮，所以，西方园林中很少应用。花台在现代园林中除非积水之地外，一般不宜大量设置。

5.1.5 篱垣及棚架

篱垣、棚架主要是利用蔓性花卉可以迅速绿化、美化的特点进行应用的。蔓性花卉还可点缀门楣、窗格和围墙。由于草本蔓性花卉主茎纤细、花果艳丽，装饰性强，其垂直绿化、美化效果可以超过藤本植物，有时用钢管、木材做骨架，经草本蔓性花卉的攀援生长，能形成大型的动物形象，如长颈鹿、金鱼、大象，或形成太阳伞等，待蔓性花草布满篱、架后，细叶茸茸、繁花点点，甚为生动有趣。适宜设置在儿童活动场所。草本蔓性花卉如牵牛、茑萝、香豌豆、风船葛、小葫芦、蝙蝠葛等，这类花卉质轻，不会将篱、架压歪压倒。有些棚架和透空花廊，可考虑用木本攀援花卉来布置，如大花铁线莲、紫藤、凌霄、爬墙虎、络石、三角梅、常春藤、蔷薇、木香、猕猴桃、葡萄等，它们经多年生长后能布满棚架，有良好的观赏和蔽荫效果。特别应该提出的是攀援类月季和三角梅，具有较高的观赏性，既可以构成高大的花柱，也可以培育成铺天盖地的花屏障；既可弯成弧形做拱门，也可以依着木架做成花廊或花凉棚，目前在园林中已经广泛应用。

5.1.6 花带

花带是以花卉为主的观赏植物呈带状种植的地段。花带的宽度一般在 1m 左右，长度大于宽度的 3 倍以上，又称为带状花坛。常设于道路中央或两侧、沿水景岸边、建筑物的墙基或草坪的边缘等处，形成色彩鲜艳、装饰性较强的连续构图的景观。花带的形式，按栽种方式可分为规则式和自然式两种。规则式花带，花卉的株距相等。成行成列。自然式花带株距不等，成片成块种植时能显出自然美。

5.1.7 花丛

花丛是用几株或十几株花卉组合成丛的自然式种植。花丛以显示华丽色彩为主，极富自然之趣，管理比较粗放，花丛可布置在屋旁、路旁、林下、岩缝、水畔，特别适合于自然环境中。

5.1.8 花门

花门是用观赏植物造型或攀附它物而形成的门形装饰。常设在庭园中作为步行路的出入口，成为引人入胜的起点。花门依所用的植物及制作的方法有以下 3 种类型。

（1）造型花门。用观赏植物经蟠扎造型加工制作的花门，所用的材料在蟠扎后要容易愈合。如木香、桧柏、三角梅、蔓性月季等。

（2）架式花门。用建筑花架的材料和方法，按拱门的形式设计制作，使藤本花卉，如蔓性月季、三角梅等沿格架攀援而上。

（3）松柏拱门。用松柏类材料制成的花门。

5.1.9 花柱

自 1999 年在云南昆明的世界园艺博览会上首次应用，花柱作为一种新型绿化方式越来越受到人们的青睐，它最大的特点是充分利用空间，立体感强，造型美观而且管理方便。立体花柱四面都可以观赏，从而弥补了花卉平面应用的缺陷。

1. 花柱的骨架材料

花柱一般选用钢板冲压成 10cm 间隔的孔洞（或钢筋焊接成），然后焊接成圆筒形。孔洞的大小要视花盆而定，通常以花盆中间直径计算。然后刷漆、安装，将栽有花草的苗盆（卡盆）插入孔洞内，同时花盆内部都要安装水管，便于灌水。

2. 常用的花卉材料

应选用色彩丰富、花朵密集且花期长的花卉，例如长寿花、三色堇、矮牵牛、四季海棠、天竺葵、早小菊、五色草等。

3. 花柱的制作

（1）安装支撑骨架。用螺栓等把花柱骨架各部分连接安装好。

（2）连接安装分水器。花柱等立体装饰都配备相应的滴灌设备，并可实行自动化管理。

（3）卡盆栽花。把花卉栽植到卡盆中。用作花柱装饰的花卉要在室外保留较长时间，栽到花柱后施肥困难，因此应在上卡盆前施肥。施肥的方法是：准备一块海绵，在海绵上放上适量缓释性颗粒肥料，再用海绵把基质包上，然后栽入卡盆。

（4）卡盆定植。把卡盆定植到花柱骨架的孔洞内，把分水器插入卡盆中。

（5）养护管理。定期检查基质干湿状况及时补充水分；检查分水器微管是否出水正常，保证水分供应；定期摘除残花，保证最佳的观赏效果；对一些观赏性变差的植株要定期更换。

5.2 花卉在室内的应用

花卉等观赏植物除了能够在室外的园林绿地中进行应用外，还能够根据室内空间的功能与环境以各种形式应用于室内绿化装饰，如盆花应用、插花应用、水培花卉的应用、干花应用等。

5.2.1 盆花室内绿化装饰

5.2.1.1 盆花室内装饰的特点

盆花室内装饰是指用盆栽花卉进行的室内装饰。广义的盆栽花卉既包括观花的盆花，又包括观叶、观果、观形的盆栽和盆景等。这些花卉通常是在花圃或温室等人工控制环境下栽培成形后，达到适于观赏和应用的生长发育阶段后摆放在需要装饰的场所，在失去最佳观赏效果或完成装饰任务后移走或更换。盆花室内装饰具有赏心悦目、调适情绪、释放氧气、调节湿度、吸毒杀菌的作用。有些室内盆花还具有消除污染的作用。如吊兰、芦荟、虎尾兰、兰花、龟背竹、一叶兰等可以消除室内的甲醛；吊兰、常春藤、铁树等可以消除挥发性有机物；绿萝可以消除氨污染；水仙、蕙兰、芦荟、吊兰、君子兰、发财树、兰花、橡皮树等可以消除一氧化碳污染；水仙、菊花、芦荟、棕榈类、百合、金橘、山茶、天竺葵等可以消除二氧化硫污染；仙人掌类可以消除电磁辐射；常春藤、月季、芦荟、万年青等可以消除三氯乙烯污染；天门冬、仙人掌、茉莉、迷迭香等可以杀灭细菌。

可用于装饰的盆花种类多，不受地域适应性的限制，栽培造型方便，布置场合随意性强，在室内可装饰会场、休息室、餐厅、走道、橱窗以及家居环境等。

5.2.1.2 盆花的种类

1. 根据观赏部位分类

依观赏部位不同，广义的盆花包括观花盆栽（狭义的盆花）、观叶盆栽和盆景等。

（1）观花盆栽。观花盆栽是指以观赏花部器官为主的盆栽花卉。有菊花、大丽花、仙客来、瓜叶菊、一品红、红掌、彩叶凤梨、蝴蝶兰、大花蕙兰、球根秋海棠、月季花、伽蓝菜、杜鹃花、茶花等。这类花卉通常适于在室内短期摆放。

（2）观叶盆栽。观叶盆栽指的是以观赏叶色、特异的叶形为主的植物种类，包括木本观叶植物和草本观叶植物。木本植物如南洋杉、发财树、平安树、棕榈类、榕树、福禄桐、非洲茉莉、龙血树、苏铁和棕竹等，草本如白鹤芋、广东万年青、金钻、蔓绿绒、冷水花、豆瓣绿、虎尾兰、文竹和旱伞草等。这类花卉耐阴性比盆花强，更适于室内较长期摆放。

（3）盆景类。盆景类以盆景的艺术造型为观赏目的。较喜光，不宜在室内长期摆放，如五针松、六月雪、火棘、九里香等。

2. 根据植物姿态及造型分类

依植物姿态及造型不同，可分为自然式、垂吊式、立柱式和攀缘式等。

（1）自然式。盆栽花卉种类繁多，形态各异，可依其自然姿态选择适宜的环境进行装饰。如利用植物自然矮化、株形丰满的特点单独摆放于桌案或多盆组合成带状或块状图案，如仙客来、瓜叶菊、蒲包花、冷水花、中国兰等；利用植物本身姿态直立、高耸或有明显挺拔的主干，可以形成直立性线条的特点，用作花卉装饰的背景材料或形成装饰物的视觉中心，如盆栽南洋杉、龙血树、旱伞草和马拉巴栗等；利用植物株形四散、枝叶开展、占有空间大的特点，可用于较大空间的室内外单独摆放，或布置成带状或块状，如苏铁、椰枣、散尾葵等。

（2）垂吊式。茎叶细软、下弯或蔓生，可作垂吊式栽培，放置室内几架高处，或嵌放房屋的墙面等，也可植于吊篮中悬挂窗前，由于枝叶自然下垂，姿态潇洒自然，装饰性很强，如吊兰、常春藤、球兰、吊竹梅、蔓性绿萝、花叶蔓长春花等。

（3）立柱式。对一些攀缘性和具气生根的花卉如绿萝、黄金葛、合果芋和喜林芋等，盆栽后在盆中央设立支柱，柱上缠以吸湿的棕皮等软质材料，将植株缠附在柱的周围，气生根可继续吸水供生长所需，全株形成直立柱状。立柱高低依植物种类而异，高时可达 2 ~ 3m，装饰门厅、通道、厅堂角隅，十分壮观，小型的可装饰居室角隅，使室内富有生气。

（4）攀缘式。蔓性和攀缘性花卉盆栽后，可经牵引使其沿室内窗前墙面或阳台栏杆攀爬，使室内生机盎然，如旱金莲、常春藤、鸭跖草、观赏南瓜、丝瓜和红花菜豆等。

5.2.1.3 盆花装饰技艺

室内装饰环境与室外环境不同，由于室内不同部位的生态环境间有较大差异，布置时要科学分析环境的差异和植物在该条件下的反应，在此基础上再加以艺术布局，使植物的自然美表现得更集中、更突出，更有益于改善室内环境，有益于身心健康。

1. 室内生态环境的多样性

室内生态环境因建筑材料的透光性和建筑结构等的不同而对花卉生育影响不同，其中主导的生态因子为光照强度和空气湿度。

（1）光照强度。现代建筑物具有大面积进光的玻璃或采用人工照明，光照充足，可摆放喜光花卉，如观花类的仙客来、山茶、月季等。靠近东窗或西窗附近，光照较充足，并有部分直射光的场所，可放置较喜光的花卉，如中国兰、凤梨、竹芋、朱蕉、八仙花等。较明亮但无直射光的场所，或具有其他人工照明的场所，可以摆放半耐阴花卉，如龟背竹、一叶兰、八角金盘、君子兰等。靠近无直射光的窗口，或远离有直射光窗口的场所，光照不足，只能摆放耐阴花卉，如鹅掌柴、万年青等，或短期摆放，需频繁更换。

（2）空气湿度。一些原产热带雨林的植物在室内摆放时要求较高的空气湿度才能保持蓬勃生机。在中国北方春、秋、冬三季多干燥，冬季室内取暖后空气湿度低，常引起一些室内花卉出现叶尖干枯或植株因缺水造成枯萎死亡，需要增加空气湿度。如经常进行叶面喷水，或采用人工加湿，或在室内设计喷泉、流水、水景盆栽，都可以调节室内空气湿度。在北窗的附近，没有直射阳光，易于保持空气湿度，可以摆放较喜湿花卉，而南窗则相反，可摆放较耐旱花卉。通常室内不宜摆放要求湿度过高的花卉，因湿度过大易损伤室内墙面、橱柜、书籍及衣物等。

2. 室内盆花装饰应遵循的原则

（1）要注意装饰效果与所要创造的装饰目标和气氛相一致。隆重、严肃的会场布置宜选用形态整齐、端庄、体量大的盆花组成规则式的线点主体，色彩宜简单不宜繁杂。一般性庆祝会场或纪念会场，宜创造活泼轻松的气氛，所用盆花体量不必太大，花卉色彩可适当丰富、色调热烈，形式活泼。居室盆花装饰要创造舒适、轻松、宁静的气氛，摆花种类和数量都不宜过多过杂，色彩宜淡雅。

（2）盆花装饰风格要与环境相协调，即与建筑式样、室内布置整体的风格、情调以及家具的色彩、式样相协调。如在东方式的建筑与家具陈设环境下，盆花配以中国传统题材的松、竹、梅、兰、南天竹、万年青、牡丹等，再配上几架就十分相称。在现代建筑与陈设的环境中，适宜配以棕竹、绿萝、朱蕉或垂吊花卉等。

（3）盆花装饰应符合造型艺术的基本法则。如在深色家具或较暗的室内需要明亮花色，而在浅色家具和明亮的室内可采用色彩稍深、鲜艳的盆花，盆花装饰的体量与数量要与环境相协调，在装饰布局与选材上如能考虑艺术构思与主题表现，表现意境更深。达到构图合理、色彩协调、形式谐和。

（4）盆花装饰应符合植物的生长习性。不同的盆花种类，对光照的要求是不同的。按照植物对光照的要求和适应能力，可分为以下几项。

阳性植物：如南洋杉、苏铁、红桑、变叶木等。

阴性植物：如一叶兰、龟背竹等多数室内观叶植物。

半阴性植物：如吊兰、网纹草等。

阳性植物需要充足的阳光，如果光照较弱会造成植株枝叶徒长、组织柔嫩不充实、叶色变淡发黄、难于开花或花开不好，易遭受病虫危害，在布置时应考虑放在阳台或朝南的窗台。阴性植物在弱光或散射光的条件下生长良好，可放于大厅的角落。此外，不同观赏植物生长的适宜温度、湿度范围也不同，如兰花、龟背竹等要求空气相对湿度在 80% 以上，应考虑把这些植物布置在浴室或水池边较为合适。

（5）盆花装饰还要讲究实用。要根据绿化布置场所的性质和功能要求，从实际出发，做到绿化装饰美学效果与实用效果的高度统一。如书房是读书和写作的场所，应以摆设清秀典雅的绿色植物为主，以创造一个安宁、优雅、静穆的环境，使人在学习间隙举目张望，让绿色调节视力，缓和疲劳，起镇静悦目的功效，而不宜摆设色彩鲜艳的花卉。

（6）盆花装饰还要考虑经济因素。做到经济可行，保持长久。设计布置时要根据室内结构、建筑装修和室内配套器物的水平，选配合乎经济水平的档次和格调，使室内软装修与硬装修相谐调。同时要根据室内环境特点及用途选择相应的室内观叶植物及装饰器物，使装饰效果能保持较长时间。

5.2.1.4 各种场所的绿化装饰

1. 各种会场的绿化装饰

会场的装饰形式要根据不同场合做出不同的设计。

（1）政治性、严肃性的会场采用对称均衡的形式进行布置，显示出庄严和稳定的气氛。依会场空间大小，选用比例恰当，体型、大小尺度合适的常绿植物为主调，适当点缀少量色泽鲜艳的盆花，使整个会场布局协调，气氛庄重。

（2）迎送会场装饰效果要五彩缤纷，气氛热烈。选择比例相同的观叶、观花植物，配以花束、花篮，突出暖色基调，用规则式对称均衡的处理手法布局，形成开朗、明快的场面。

（3）节日庆典会场应呈现万紫千红，富丽堂皇的景象。选择色、香、形俱全的各种类型植物，以组合式手法布置花带、花丛及雄伟的植物造型等景观，并配以插花、花篮、盆景、垂吊等，使整个会场气氛轻松、愉快、团结、祥和，激发人们热爱生活、努力工作的情感。

（4）悼念会场以松柏等常青植物为主体，配以花圈、花篮、花束，用规则式布置手法形成万古长青、庄严肃穆的气氛。与会者心情沉重，整体效果不可过于冷感，以免加剧悲伤情绪，应适当点缀一些白、蓝、青、紫、黄及淡红的花卉，以激发人们化悲痛为力量的情感。

（5）文艺联欢会场多采用组合式手法布置，以点、线相连装饰空间。选用植物可多种多样，内容丰富，布局要高低错落有致。色调艳丽协调，并在不同高度以吊、挂方式装饰于空间，形成一个花团锦簇的大花园，使人感到轻松、活泼、亲切、愉快，得到美的享受。

2. 办公场所的绿化装饰

（1）主出入口的绿化装饰。主出入口是人们进出必经之地，是迎送宾客的场所。因此，绿化装饰要求朴实、大方、充满活力，并能反映出单位的明显特征。花卉布置通常采用规则式对称布置手法，选用体形壮观的高大植物如龙柏、棕榈、南洋杉等，配置于门内外两侧，周围以中小型植物如凤梨、红掌、一品红等配置 2 ~ 3 层，形成对称整齐的花带、花坛，使人感到亲切明快。

（2）楼梯的绿化装饰。楼梯在现在建筑中，已成为室内重要的竖向交通空间。用植物材料装饰楼梯，可以使其成为室内空间中一个精美的局部景观。对于楼梯转角平台小的地方，可以靠角摆放一盆体形优美、纤细的植物，诸如橡皮树、棕竹、棕榈，或不等高地悬吊吊兰、常春藤等植物。

在楼梯上下踏步平台上，靠扶手一边交替摆放较低矮的万年青、一叶兰、沿阶草及地被菊等小盆花，给人一种韵律感；也可利用高矮不同的盆花，自上而下或由低到高地摆放，以示楼梯的高差变化，缓和人们的心里感觉，达到装饰的目的。

（3）天井的绿化装饰。现代建筑中在适宜的地方留出天井小院以利于通风透气，若能装饰得当，则可具有室内袖珍花园的效果。布置特点是小巧玲珑、别致、多趣，为室内增添生气，提高建筑物的格调。装饰方式多采用山石、水池与植物相配，或组合成盆景形式，也可搭棚架，种植攀援植物，显得生动活泼，别具一格。

（4）会议室绿化装饰。会议室家具排列布置整齐，因此，植物的布置要特别注意形体适宜，数量不能过多，而且品种不宜过杂，不一定使用色彩夺目的花卉。大型的专门会议室，常在主会议桌上摆放 3 ~ 5 株小型盆花，如四季海棠、一品红或插花饰品；在主会议桌前面摆放盆花，前排放置密集矮小的观叶植物，天门冬、吊兰、蕨类等，利用下垂浓密的枝叶遮掩花盆，后排根据季节不同，选择大丽花、月季、君子兰等观花植物对称摆放，前矮后高，观花、观叶协调设计。

一般在会议桌面放低矮的插花或盆花，形体不大但比例适宜，数量不多，美化桌面而不遮挡视线；圆桌可在中央放置一盆，长桌在中线以适当的距离放置 1 ~ 3 盆。门的两侧和室的角隅也可以摆设盆花作呼应，完成全室的整体布置。圆形或椭圆形会议桌中间留出的地面，宜布置观花和观叶植物，充实空间，成为全室装饰的重点，并有缩短与会者之间距离的作用。在会议室比较宽敞的情形下，会议桌外围常布置一些沙发或座椅，在会议桌外围的沙发或坐椅、茶几后面可摆放花叶常春藤、绿萝等蔓生花木攀援生长，使人宛如置身于自然之中，也可适当布置观花、观叶植物以显现植物的生机与活力。

3. 家庭居室的绿化装饰

家庭居室由于不同房间的面积大小、用途各不相同，绿化布置应有区别。

（1）客厅。客厅是日常起居的主要场所，是家庭活动的中心，也是接待宾客的主要场所，由于它具有多种功能，因此是整个居室绿化装饰的重点所在。

客厅的绿化装饰能显示主人的身份、地位和情趣爱好，展现热情好客和美满欢快的气氛。植物配置要突出重点，切忌杂乱，力求美观、大方、庄重，同时注意和家具的风格以及与墙壁的色彩相协调。客厅绿化装饰如要显示气派豪华可选用叶片较大、株形较高大的马拉巴栗、巴西铁、绿巨人，也可选择散尾葵、垂枝榕、黄金葛、绿宝石等为主景；若要显示典雅古朴，可选择树桩盆景作主景。但无论以何种植物为主景，都必须在茶几、花架、临近沙发的窗框、几案等处配上小盆的色彩艳丽、小巧玲珑的观叶植物，如观赏凤梨、孔雀竹芋、观音莲等；必要时还可在几案上配上鲜花或应时花卉。这样组合既突出客厅布局主题，又可使室内四季常青，充满生机。

客厅布置主要因个人的情趣不同而采用不同方式。有人喜欢把客厅布置得具有东方生活情调，墙上有精美的书画，柜上有古董以及一些小玩物，茶几上摆设清心淡雅的东方式插花，客厅角落有古朴苍劲的树桩，在厅角和沙发边上放一两棵大型的植物，如橡皮树、变叶木等，或在壁边悬吊几盆悬垂植物如吊兰、常春藤等；让整个房间给人以幽静清新、朴实大方的感觉。而西方式布置则把房间装饰得大红大绿，热闹非凡，采用水生植物、高大的盆栽植物以及空中悬吊类植物搭配，给人以春意浓深、蓬勃向上的感受。

布置客厅时还应适当考虑植物的高度，以产生更为和谐完美的感受。花卉的布置应尽量靠边，客厅中间不宜放置高大的植物；许多家庭客厅连着餐厅，可用植物作间隔，如悬垂绿萝、常春藤、吊兰等，或摆上发财树、巴西铁和橡皮树，这样可形成一个绿色屏障，显得自然、美观、优雅。

（2）卧室。卧室的主要功能是睡眠休息。植物装饰要营造一个能够舒缓神经，解除疲劳，使人松弛的气氛。摆放的植物宜精、宜少，以恰到好处为佳。应以小盆栽、吊盆植物为主，或者摆放主人喜欢的插花。可选用淡雅、纤细、矮小、形态优美的观叶植物，如袖珍椰子、铁线蕨等，叶片细小，具有柔软感，能使人精神松弛。

（3）书房。书房的装饰应注意制造一个优雅宁静的气氛。选择花卉不宜过多，且以观叶植物或颜色较浅的盆花为宜，如在书桌案头摆一两盆文竹、蕨类、椒草等，书架上方靠墙处摆几盆悬垂植物，使整个书房显得文雅得体。此外，书房还可以摆些插花，色彩不宜过浓，以简洁的东方式插花为宜，也可布置盆景。

（4）阳台。阳台的环境条件与室内或室外环境都不同，一般是水泥结构，吸热快，散热慢，蒸发量大，空气干燥，同时光照条件因朝向不同各异。因此，选择花卉要因阳台的朝向和面积大小而异。

南向阳台应选择喜光照、耐高温的花卉，如月季、茉莉、米兰、三角梅类木本花卉和半支莲、菊花、观赏辣椒、康乃馨等草本花卉以及仙人球、仙人掌、虎刺梅等肉质多汁的植物。还可以种植藤本和攀缘花卉，如金银花、牵牛花、茑萝、小葫芦，甚至葡萄、丝瓜等可食性植物。东向阳台或西向阳台，可种植喜光照、耐高温的花卉，或对光照要求较强或一般的花卉，如石榴、三角梅、桂花等。北向阳台，宜种植喜半阴或耐阴的花卉，如玉簪、万年青、兰花、君子兰及四季秋海棠、仙客来、文竹、茶花、含笑、杜鹃花等，也可以布置各种耐阴的微型和小型盆景。

阳台花卉的布置讲究虚实，留出空间。要巧妙地搭配花色，创造活泼、跳跃的色彩韵律。宽度 1.2m 以上的阳台，可设置 1 ~ 2 个人工花坛，中部放置较大的种植器，最好是组合式的，两边可放置中型花盆或种植器，栏杆外面也可布置半圆形种植器，使阳台成为一个“小花园”。宽度在 1m 以下较狭窄的阳台，应尽可能利用空间配置棚架来放置容器，使绿化向空间发展，也可以在阳台的一端或两端尽头放置梯架或花盆架，以增加放置花盆的数量。

5.2.2 插花室内装饰

花卉等观赏植物既可地栽、盆栽，达到美化、彩化的效果，还能提供花枝、绿叶和果枝等用于花卉室内绿化装饰，这种切取的茎、叶、花、果，作为装饰的材料称切花。切花可以用于制作花束、花篮、花环、花圈、佩花、瓶花等各种插花形式。

插花是以切花花材为主要素材，通过艺术构思和适当的剪裁整形及摆插来表现其活力与自然美的一门造型艺术，它是最优美的空间艺术之一。插花是根据插作者的构思来选材，遵循一定的创作法则，插成一个优美的造型，借此表达一种主题，传递一种感情和情趣，使人看后赏心悦目，获得精神上的美感和愉悦。所以，插花是一门艺术，同雕塑、盆景、造园、建筑等一样，均属于造型艺术的范畴。插花既是艺术创作，又是一门技术。随着人们艺术欣赏能力的提高和花卉应用范围的扩展，工作环境和家庭居室的插花装饰将成为未来插花应用的方向。随着国际交往的增加，旅游事业的发展和人民生活水平的提高，花卉及花卉装饰已成为喜庆迎送、社交活动、生活起居及工作环境装饰的必需品。

中国的插花历史悠久，源于六朝，盛行于唐宋，普及于明清。既有庄严肃穆的宗教插花有又有富丽堂皇的宫廷插花，还有清雅脱俗的文人插花和热闹喜气的民间插花。明代袁宏道的《瓶史》（1595）中记载有花目、品第、宜称、清赏等十二节，对国内外插花艺术的发展影响较大，被认为是世界上最早出版的插花艺术专著。

插花看似简单容易，然而要真正插成一件好的作品却并非易事。因为它不是单纯的将各种花材进行组合，而是要求以形传神，形神兼备，以情动人，融生活、科普知识、艺术为一体的艺术创作活动。插花是用心来创作花型，用花型来表达心态的一门造型艺术。插花制作过程也是娱人、感人的过程。它能给人一种追求美、创造美的喜悦和享受，能使人修身养性、陶冶情操。同时插花也是反映人们文化素养及社会文明程度的标志之一。

5.2.2.1 插花的特点与作用

1. 插花的特点

插花艺术同绘画、雕塑、盆景以及园林设计等艺术形式一样，具有一定的文化特征，体现一个国家、一个民族及地区的文化和社会传统。

插花与绘画、雕塑又具有明显的差异。插花通过具有生命力的花草来表现美感，因此在插作和欣赏的过程中进行着缓慢的生命活动，并且不同的植物所表现出的意境和情趣各有不同，如萌动的芽、含苞待放的花朵、枯萎的残荷以及累累的红果等展现四季不同的景观变化，给人以无限的情思和遐想。这些植物材料的魅力是其他艺术造型材料所无法取代的。

（1）生命性强。插花作品是有生命的艺术品，四季的花草、树木表现出的生机与活力具有极强的感染力，与环境气氛最容易和谐统一。植物的枝、叶、花、果各具魅力，四季的荣枯变化给人们无限的遐想和感慨，大自然的鬼斧神工和创造力令人震撼。

（2）时间性强。由于花材切离母体，水分和养分供应受到限制，花材的保存非常短暂。因此插花艺术作品所陈设的时间较短，一般在一星期左右。插花的构思、造型要求迅速而灵活，并且要经常性地更换花材，重新布置。故插花作品适用于短时间、临时性的应用，如会议、宾馆、艺术插花展览等。

（3）随意性强。插花艺术的随意性、灵活性比较大，插花的创作和作品陈设布置都比较简便和灵活。创作者即使没有合适的工具和容器，没有高档而鲜艳的花材，只要有一把剪刀和一个能盛水的容器如烟灰缸、茶杯、碟、碗等。哪怕是宅旁的绿叶或田间路边的野花小草，甚至瓜、果、蔬菜、粮食作物，均可随环境需要进行构思造型或随时随地取材，现场即兴表演。作品大小、技术繁简都没有定式。

（4）装饰性强。插花作品富有强烈的艺术感染力。由于插花作品的形状、大小、色彩和意境等都可以随环境、季节、材料种类来组织和表现，因此，插花最容易渲染烘托环境气氛，并且美化装饰速度快，立竿见影。相比之下盆花、盆景则需培养相当长的时间栽培管理才能用于装饰布置。

2. 插花的作用

随着人们生活水平的提高，鲜花应用逐步走进千家万户，成为人们生活中一种必不可少的消费品。插花作为一种艺术欣赏形式也越来越大众化、业余化。插花艺术品不仅大量进入宾馆、饭店，而且已进入一般单位和寻常百姓家庭。插花的作用体现在：

（1）装饰、美化环境，改善人际关系。花是和平、友谊和美好的象征，插花可使环境变得高雅、温馨。在这样的环境中，人与人的关系自然进入和谐、融洽的状态。因此，现代人际交往乃至国宾会晤的场合都少不了插花。

（2）陶冶情操，提高人们的精神文化素质。插花不仅能美化环境，还可以净化心灵。插花涵盖了植物学、美学、生态学等学科的知识以及融合诗、书、画的创作原理，使作品更具有艺术感染力。一个插花爱好者为使自己的插花水平不断提高，必然会不断提高自身的文化修养，以获得更多的创作灵感，因此，插花可引导人们追求高尚的精神文化生活，增强自身的审美能力。

（3）促进生产，增加消费，推动经济发展。插花把植物最美的姿态展现给人们，既提高了植物自身的经济价值，又起到推广普及科学知识的作用。随着插花的兴起，不仅带动了生产花材的鲜切花种植业的发展，也促进了相关行业的发展，如陶瓷、漆器、木器工艺及插花泥、包装材料、干花等生产的发展，同时也促进了消费。现在中国的鲜花生产已成为农业生产中一个新兴的产业。2011 年中国鲜切花生产面积已经达到 57935hm^2，消费鲜花 187 亿支，鲜花销售额达到 127 亿元。

5.2.2.2 插花的类别

由于地理位置、文化传统、民族特点的差异，世界各国插花艺术的风格也各不相同。插花的分类可按照艺术风格、用途、花材的特点来区分。

1. 依插花艺术的风格分类

按照这个分类方法可将世界插花艺术的门类区分为两大类别，即西方式插花艺术、东方式插花艺术。

（1）西方式插花艺术。西方式插花艺术又叫密集式插花或大堆头式插花，以美国、法国和荷兰等欧美国家为代表。整个插花的外形为对称均衡、规则的几何图形，如三角形、圆形、半圆形、倒T形等，造型简单、大方。花材种类多，数量大，多以草木和球根花卉为主，花朵丰满硕大，给人以花繁枝茂的感觉。作品形体比较高大，表现出热情奔放，华丽的风格，多选用不同颜色和质感的花材，且多采用成簇的插法，色彩浓重艳丽，气氛热烈，有豪华、富贵的气魄。注重花材的形式美和色彩美，并以外形表现主题内容，注重追求插花作品的块面和群体的艺术效果，而不太讲究花材的个体美或姿态美，尤其不讲究枝、叶的组合与表现，仅将它们当作陪衬或遮掩花泥和花插容器之用。在中国此类插花广泛应用于宾馆、会议的布置，能强烈地烘托热烈、欢快的气氛。

其特点为：插花作品讲究装饰效果以及插作过程的怡情悦性，不过分的讲究思想内涵。讲究几何图案造型，追求群体的表现力，与西式建筑艺术有相似之处。构图上多采用均衡、对称的手法，表达稳定、规整的造型，体现人为力量的美，使花材表现强烈的装饰效果。追求丰富，艳丽色彩，着意渲染浓郁的气氛。表现手法上注重花材和花器的协调，插花作品同环境场合的协调。常使用多种花材进行色块的组合。

（2）东方式插花艺术。东方式插花艺术也称为线条式插花，其代表为中国和日本。东方人性情稳重内向，委婉含蓄，艺术境界寓意隐含，喜欢托物言志，触景生情，又受到儒家思想影响较深，因此，在插花艺术风格上表现出独特的特点。

其艺术特点主要表现在：崇尚自然，师法自然并高于自然。一般选用的花材比较简练，不以量取胜，而以姿和质取胜，不仅着力表现花朵的美，而且十分重视枝、叶和果实的表现力及季节的感受。造型上以自然线条构图为主，充分利用植物材料的自然形态，采用不对称式构图法则，讲究画意，布局上要求主次分明，虚实相间，俯仰相应，顾盼相呼，形体小巧玲珑。色彩上以淡雅、朴素著称，主题思想明确，含蓄深远，耐人寻味和遐思，表现出作者的情怀和寄托。构图手法上多以三个主枝为骨架，高低俯仰构成各种形式，如直立、倾斜、下垂等。注重作品的人格化意义，以花喻人，托物言志，寓情于景，赋予作品深刻的思想内涵，使作品更具魅力。东方式插花的特点可归纳为四个字即“真”、“善”、“美”、“圣”，构图上比较自由。

2. 依用途分类

商业用花，又称礼仪插花。在营业性花店经营的产品，插花作为商品出售。如花束、花篮、花圈、花车装饰以及桌面花等。还包括对宾馆、商场以及商店的门面橱窗进行的装饰布置。

生活用花，对日常家居生活的插花称生活用花。如生日花篮，家庭桌面花等。

3. 依花材性质分类

（1）鲜花插花。使用新鲜的切花、切叶、切枝、切果等材料插制。鲜花插花色彩润泽艳丽，自然清新，生机盎然，最富于自然美和艺术感染力，而且可供选择的花材丰富，是插花发展的主流。特别是在一些盛大而隆重的场合，或是重要的庆典活动中，必须用鲜花插花才能完美地烘托环境气氛。但其缺点是水养不持久，养护管理费工，有些花材受季节限制，另外鲜花插花摆放在暗光下效果不好。

（2）干花插花。由鲜活的植物材料经干燥加工而成的干花制作的插花。它们既不失原有植物的自然形态美，又可随意染色、漂白或保持自然的色彩。干花作品别具一格，插作后经久耐用（可放置1～2年），管理方便，不受采光限制，在欧美国家和港台地区比较流行，国内正逐渐兴起，各大宾馆、饭店、购物商城、家庭中常可以见到。其缺点是怕潮湿环境。

（3）干鲜花混合插花。鲜花数量不足或鲜花价格太昂贵时，可以使用一些干花与鲜花配合使用。

（4）人造花插花。采用塑料花、绢花等材料制作的插花。人造花材经久耐用，管理方便。人造花作品可布置于鲜花作品不能摆放和不便经常管理的场合，如光线昏暗处，橱窗装饰等；也可与鲜花混用构成作品。由于人造花能长期反复使用，只要及时清除灰尘即可，价格也不太贵，较适于家庭插花。

5.2.3 干燥花

干燥花是当前较为重要的一种花卉应用方式。

5.2.3.1 干燥花种类

干燥花可分原色干花、漂白干花、染色干花和涂色干花。

1. 原色干花

花材干燥后大体保持原来的色彩，可以直接制作干花饰品，如麦秆菊、补血草、一串红、一点樱、千日红、叶子花、矢车菊、黄刺玫、迎春、连翘、毛茛、金莲花、孔雀草、三色堇、飞燕草、瓜叶菊、桔梗等。

2. 漂白干花

不少花材干燥后出现褪色现象，或色泽晦暗，或易形成污斑。对这类花材需要采用漂白方法，将花材漂白处理后，使其洁白明净，并依然保持花材原有的形状、姿态。制作漂白干花的花材应是茎秆强硬、不易折损的花枝、花穗，如丝石竹花枝、野亚麻果穗、益母草果枝、狗尾草花穗、曼陀罗果枝、腊梅花枝、柳枝、竹枝等。

3. 染色干花

干燥过程中易变色、褪色的花材容易失去魅力，可使植物吸收染色料制成染色干切花与染色压花，增强干燥花的色彩感染力，提高饰品的装饰效果。

4. 涂色干花

经过干燥处理的干切花，在其表面喷、涂色料，利用附着剂的固着力将色料固着于干花材表面。涂色干花色彩新艳，具极强的装饰效果。如金属光泽的铜金粉和铝银粉，分别放出金光与银光，此外水性颜料、油性颜料、印花染料都可用作涂染干花的色料。

5.2.3.2 干燥花的制作过程

1. 采集与整理

干花花材的来源广泛，采集时应根据目的选择适宜的花材。剪取花材应以不影响植株继续生长的能力、不破坏资源为度。采后防止变干枯萎，如有失水萎蔫，应先复水使其充分伸展，然后制作，不能复原的花材和有病虫危害的花材应剔去。根据欲制作干花的规格、体量做剪裁整理。

2. 花材干燥

干燥处理是制作干花的关键环节，涉及保形、保色、防腐等一系列保证干花品质的关键措施。花材干燥的方法很多，都应达到快速、保形、保色的效果。

（1）压花干燥法。压花干燥法是制作平面干燥花的方法。将经整理过的花材（常是花朵和叶片）分散平铺在吸水纸上，各花、叶之间保持适当的间隔，在最底面和最上面分别用夹板将层叠的吸水纸夹紧，然后放通风干燥处，待其自然干燥。

（2）自然干燥法。制作干切花时，一些易于干燥的花材如麦秆菊、千日红、补血草、丝石竹、香蒲、芦苇、早熟禾果穗、狗尾草穗等花材，可采用自然干燥法。将采集的花材捆成适当大小的捆束，放于洁净、干燥、通风场所，避免日晒、雨淋，任其自然风干。

（3）干燥剂埋设干燥法。干燥或干燥后易变形的大型花材，可用干燥剂埋设干燥法。选用适当大小的玻璃容器，在容器内放一层干燥剂（如硅胶），再将花材逐一放进容器，同时徐徐注入硅胶，直至将花材全部埋没。最后密闭容器盖，直到花材干燥为止。待花材充分干燥后，再徐徐倾出硅胶，取出花，用毛笔清除残留在花材上的硅胶，将干燥后的花分门别类保存在洁净、干燥的容器中待用。除硅胶外，也可用烘干河沙、食盐、硼砂等作为埋设材料。这些材料本身吸湿低，但也可起定型作用，埋花后不需将容器封盖，置通风、干燥处任其自然干燥，常用于含水稍少的花材如三色堇、矢车菊。

其他干燥法还有加热干燥法和冷冻减压干燥法等。

3. 脱色与漂白

（1）自然脱色。花材在自然条件下由于氧和光的作用使色素受到破坏，导致褪色。如绿色叶片和一些小形花穗褪色后呈淡绿色或浅棕色，但制作干花装饰品时仍具有较好观赏价值，这种花材可采用自然褪色法。这种方法经济实惠。

（2）漂白。不少花材在自然脱色后缺乏纯净感，还需经人工漂白以提高洁白度，增强观赏与装饰价值。漂白时应选用适宜的漂白剂，调节适当浓度、pH 值以及漂白持续时间。漂白处理还需用酸或碱中和花材表面的残液，再用清水洗净、晾干。常用的漂白剂有过氧化氢（H_2O_2）、亚氯酸钠（$NaClO_2$）、漂白粉［$CaCl_2 \cdot Ca(OCl_2)_2 \cdot 2H_2O$］、漂白精［$Ca(OCl_2)_2$］、次氯酸钠（$NaOCl_2$）和硫磺熏蒸等。供漂白的花材茎秆组织含纤维丰富。

4. 保色、染色与涂色

（1）保色。应用化学药物增加花材原有色素的稳定性，可以有效地保持色彩。常用的绿叶保色采用硫酸铜浸渍或煮浸法，以铜离子置换叶绿素中的镁离子，使叶绿素稳定而保持绿色，又如用酒石酸、柠檬酸、硫酸铝、氧化锌、氯化锡、氯化亚锡、明矾配制的溶液浸渍，在 pH 值下降情况下，以金属离子络合花青素类色素而保持红色。

（2）染色。成熟的花材组织中含有大量纤维素，具有吸附色料的能力。将花材浸于色料中，颜料随茎秆吸水进入纤维素的组织中，随着花材干燥而固着在细胞壁上，从而使花材着色。花材染色与植物纤维纺织品的染色原理相同，因此多数植物纤维纺织品的染料，如直色染料、活性染料、还原染料、氧化染料、防离子染料等，都可作为干花染色的色料。

（3）涂色。由于涂料本身固着力差，需加入适当的黏合剂，常用的铜金粉（金色）、铝银浆（银色）都以清漆为黏合剂，将色料固着于花材表面，呈强金属光。此外还有水溶性的广告颜料、水粉画颜料，需加胶性黏合剂；印花颜料不溶于水，需加高分子黏合剂。涂色后任其自然干燥即可。通常涂色法只用于厚实、挺拔、结构牢固的花材，如松果、桉叶等。

5.2.4 香花植物的应用

观赏植物的美表现在色、香、姿、韵四个方面。具有香味的植物称为香花植物。中国具有悠久的花卉栽培历史，香花植物的栽培更是其中的首选。自古至今，留下了许多称赞花香的佳句，如“久坐不知香在室，推窗始有蝶飞来”的咏兰诗句，“疏影横斜水清浅，暗香浮动月黄昏”，“要识梅花无尽藏，人人襟袖带香归”等的咏梅诗句。据明代周嘉胄《香乘》称：“香之为用从上古矣”，“秦汉以前，堆称兰蕙椒桂而已”。可见秦汉以前早已有香花的使用了。南宋叶廷珪的《叶氏香录》有：“余于泉州职事实，兼舶司，因蕃商之至，询究本末，录之以广异闻。”说明以泉州为枢纽构成的香料之路，使国内外的贸易盛极一时。

香花植物一方面用于观赏、闻香，另一方面用于加工利用。近百年来，中国对香花植物的生产最初只限于植物自身，如小花茉莉，已有 1700 多年的栽培历史，但直至 19 世纪 50 年代才开始将其花朵用于熏制花茶。其他还有玉兰花茶、桂花花茶、珠兰花茶。民间习用的桂花糕、玫瑰羹等是用香花做成食品。随着科学技术的进步，更多的香花植物被用于加工，提炼香精油，用于食品、化工等多个方面。

5.2.4.1 香花植物的种类

香花植物很多，依栽培方式及用途分为以下几类。

（1）切花类。切花类包括月季、康乃馨、百合、菊花、晚香玉、姜花等。

（2）盆花类。盆花类包括九里香、水仙、白兰、紫罗兰、珠兰、香叶天竺葵、留兰香（*Mentha spicata*）、薰衣草（*Lavandula angustifolia*）、含笑、香叶菊、米兰等。

（3）服饰佩花类。服饰佩花类用于胸花、襟花佩戴的香花有白兰、茉莉等。

（4）庭园花卉类。庭园花卉类包括栀子花、桂花、腊梅、瑞香、木香、铃兰、香水草、百里香、金银花等。其中可作为夜花园的香花有月见草、紫茉莉、昙花、夜来香等，作为家庭花园的香料植物有茴香、薄荷等。

（5）香料加工类。香料加工类除桂花、茶花、白兰、梅花、腊梅、茉莉、米兰等观赏与香料两用的植物外，还有些特别用于香精或香料加工的植物，如依兰（*Cannaga odorata*）、灵香草（*Lysimachia foenum-graecum*）、香根草（*Vetiveria zizanioides*）、香荚兰、珠兰、玫瑰、柠檬、岩蔷薇（*Cistus ladani- ferus*）、丁子香（*Syzygium aromaticum*）、广藿香（*Pogostemon cablin*）、芸香草（*Cymbopogon distans*）、罗勒（*Ocimum gratissimum*）、檀香（*Santalum album*）、白兰、大花茉莉、黄心夜合（*Michelia bodiuieri*）、团香果（*Lindera latifolia*）、青兰（*Dracocephalum tanguticum*）等。

5.2.4.2 香花植物的加工技术

香花植物主要含精油（essential oil），在化学和医药上称为挥发油，商业上称为芳香油，存在于植物的根、茎、叶、枝和果实等部位。精油是许多不同的化学物质的混合物，包括含氮、含硫化合物、芳香族化合物、脂肪族的直链化合物等。世界主要的香花精油的加工在地中海沿岸、法国和意大利等，主要加工技术包括提取自然的花精油，再添加配料以及合成香料加配料。香花植物的加工主要在茶叶赋香，如茉莉花茶、栀子花茶、米兰花茶等；也可以用于制作香包及用于食品及化工工业。天然香料的抽取方法有抽取法、蒸馏法、压榨法和吸附法。

（1）抽取法。抽取法是用热水蒸气间接加热提取花精油的方法。用挥发性溶剂如石油醚、苯、安息香油或液化气体如丙烷、丁烷等抽取，适于此法的花卉有苦橙、含羞草、紫丁香、栀子花、小苍兰和铃兰等。

（2）蒸馏法。蒸馏法是水和原料同时加热，或原料直接加热，然后冷却分离得到精油。适于蒸馏法的花卉有苦橙、薄荷、薰衣草、玫瑰等。

（3）压榨法。压榨法主要是对柑橘果实和果皮通过磨皮或压榨提取精油的方法。

（4）吸附法。吸附法是将脂肪涂于玻璃板两面，随即将花蕾平铺于玻璃板上冷吸香脂，此法适于茉莉、晚香玉等成熟花蕾期采收的花卉，用脂肪冷吸放香时间长。已开放的香花适于用油脂温浸吸附，如玫瑰、橙花和金合欢花等。将鲜花浸在温热的精炼过的油脂中，经过一定时间后更换鲜花，直至油脂中芳香物质达到饱和为止，除去废花后，即为香花香脂。利用一定湿度的空气和风量均匀鼓入鲜花筛，从花层中吹出的香气进人活性炭吸附层，香气被吸附达饱和时，再用溶剂多次脱附，回收溶剂，即得吹附精油。

5.2.4.3 香花产品

随着人们对香花的需求，香花产品层出不穷，如香囊、香花茶、香花饼、香花口用品等，还有人将香花加工成食品、饮品，甚至将香花用于沐浴、美容，还可以将香花用以医疗以舒缓病人的情绪，缓解疾病的症状。

近年来，花茶作为一种饮品随处可见，如玫瑰花茶、勿忘我花茶、金盏菊花茶、菊花茶、紫罗兰花茶、金银花茶、百合花茶等。

思考题

1. 适合花坛、花境、屋顶绿化等应用形式的花卉类型是什么？
2. 盛花花坛、立体花坛如何设计及施工？
3. 花境适合在什么环境布置，如何进行自然式花境的设计与施工？
4. 盆花在室内布置时遵循的原则是什么？

本章参考文献

[1] 中国农业百科全书编辑部．中国农业百科全书·观赏园艺卷［M］．北京：中国农业出版社，1996.
[2] 陈俊愉，程绪珂．中国花经［M］．上海：上海文化出版社，1990.

［3］ 北京林业大学园林教研室. 花卉学［M］. 北京：中国林业出版社，1990.

［4］ 刘燕. 园林花卉学［M］. 北京：中国林业出版社，2003.

［5］ 郭维明，毛龙生. 观赏园艺概论［M］. 北京：中国农业出版社，2001.

本章相关资源链接网站

1. 中国园林网 http://design.yuanlin.com
2. 屋顶绿化协会网站 http://www.greenrooftops.cn
3. 中国数字植物标本馆 http://v2.cvh.org.cn

第 6 章　一、二年生花卉

6.1　概述

6.1.1　概念及基本类型

6.1.1.1　概念

1. 一年生花卉（annual plant）

一年生花卉是指生活周期即营养生长至开花结实，最终死亡在一个生长季节内完成的花卉，一般春季播种，夏秋开花结实，入冬前死亡。典型的一年生花卉如鸡冠花、半支莲、翠菊、百日草、牵牛花等，园艺上认为有些非自然死亡，因霜害冻死的也作一年生花卉，还有将播种后当年开花结实不论是否死亡的均作为一年生花卉，如金鱼草、矢车菊、美女樱、紫茉莉等。

2. 二年生花卉（biennial plant）

二年生花卉是指生活周期经两年或两个生长季节才能完成的花卉，即播种后第一年仅形成营养器官，次年开花结实而后死亡，如风铃草、紫罗兰、桂竹香、绿绒蒿、毛蕊花、毛地黄、美国石竹等。典型的二年生花卉第一年进行大量的生长，并形成储藏器官。它与冬性一年生花卉的区别是冬性一年生花卉为苗期越冬，来春生长。二年生花卉中有些本为多年生，但作二年生花卉栽培，如蜀葵、三色堇、四季报春等。

一、二年生花卉除了含义界定的种类外，在实际栽培中还有多年生作一年生或二年生栽培的。除了严格要求春化作用的种类外，在一个具体的地区，依无霜期和冬、夏季的温度特点，有时也没有明显的界线，可以作一年生栽培也可以作二年生栽培。在冬季寒冷、夏季凉爽的地区，如中国的东北地区、西北的兰州和西宁等地，大多数花卉作一年生栽培。因此，实际栽培应用中的一、二年生花卉是指花卉的栽培类型。

6.1.1.2　基本类型

1. 一午生花亣的种类

一年生花卉主要有以下两类花卉。

（1）典型的一年生花卉。在一个生长季节内完成全部生活史的花卉。花卉从种子萌发到开花、死亡在当年内进行，一般春季播种，夏、秋季开花，冬季来临前死亡。

（2）多年生作一年生栽培的花卉。有花卉在当地露地环境中多年生栽培时，对气候不适应，不耐寒或生长不良或两年后观赏效果差。同时，这类花卉具有容易结实，当年开花的特点。如长春花、一串红等。

2. 二年生花卉的种类

二年生花卉主要有以下两类。

（1）典型的二年生花卉。在两个生长季节完成生活史的花卉。一般秋季播种，种子发芽，营养生长，次年的春季或初夏开花、结实，在炎夏到来时死亡。真正的二年生花卉，要求严格的春化作用，种类不多，有须苞石竹、紫罗兰等。

（2）多年生作二年生栽培的花卉。园林中的二年生花卉，大多数种类是多年生花卉中喜欢冷凉的种类，因为它们在当地露地环境中作多年生栽培时对气候不适应，不耐炎热或生长不良或两年后观赏效果差。但具有容易结实，当年播种次年开花的特点。如雏菊、金鱼草等。

3. 既可以作一年生栽培也可以作二年生栽培的花卉

这类花卉依耐寒性和耐热性及栽培地的气候特点所决定。一般情况下，花卉抗性较强，有一定耐寒性，同时不怕炎热。如在北京地区蛇目菊、月见草可以春播也可以秋播，生长一样，只是开花时植株高矮和花期有区别。还有一些花卉，喜温暖，忌炎热；喜凉爽，不耐寒，也属此类栽培类型。如霞草、香雪球，只是秋播生长状态优于春播；而翠菊、美女樱只要冬季在阳畦中保护一下，也可以秋播。

一、二年生花卉多由种子繁殖，具有繁殖系数大、自播种到开花所需时间短、经营周转快等优点，但也有花期短、管理繁、用工多等缺点。一、二年生花卉为花坛主要材料，或在花境中依不同花色成群种植，也可植于窗台花池、门廊栽培箱、吊篮、旱墙、铺装岩石及岩石园，还适于盆栽和用作切花。

6.1.2 主要类别的生态习性

大多一、二年生花卉喜阳光充足，有少部分较耐半阴和水湿，在阳光充足的环境条件下，一串红、三色堇、矮牵牛等花色艳丽，花期长，抗病能力强，并且籽实饱满。一、二年生花卉对土壤的要求不苛刻，除了重黏土和过度疏松的土壤外，都能正常生长，在沙质土壤生长良好。水分对一、二年生花卉的影响很大，这些花卉一般根系较浅，不耐干旱，土表水分变化对植株生长影响很大。温度是这些花卉生长的限制因子，大多数一年生花卉不能忍受低于0℃的低温，而很多二年生花卉必须经过低温诱导才能正常生长。一般一年生花卉在20 ~ 30℃的温度下，生长良好；二年生花卉在高温情况下，植株则枯萎死亡。

6.1.3 园林中的应用

一、二年生花卉繁殖系数大、生长迅速、见效快，可用于花坛、种植钵、花带、花丛花群、地被、花境、切花、干花、垂直绿化等。园林中的应用特点如下。

（1）一年生花卉是夏季景观中的重要花卉，二年生花卉是春季景观中的重要花卉。

（2）色彩鲜艳美丽，开花繁茂整齐，装饰效果好，在园林中起画龙点睛的作用，重点美化时常常使用这类花卉。

（3）花卉规则式应用形式，如花坛、种植钵、窗盒等常用花卉。

（4）易获得种苗，方便大面积使用，见效快。

（5）开花期集中，方便及时更换种类，保证较长期的良好观赏效果。

（6）有些种类可以自播繁衍，形成野趣，可以当宿根花卉使用，用于野生花卉园。

（7）蔓生种类可用于垂直绿化，见效快且对支撑物的强度要求低。

（8）为了保证观赏效果，一年中要更换多次，管理费用较高。

（9）对环境要求较高，直接地栽时需要选择良好的种植地点。

6.2 主要一、二年生花卉

6.2.1 矮牵牛

【学名】*Petunia hybrida*

【英文名】Petunia

【别名】碧冬茄、草牡丹、毽子花、矮喇叭、番薯花、撞羽朝颜

【科属】茄科碧冬茄属

【形态特征】多年生草本，常作一、二年生栽培，北方多作一年生栽培；株高10 ~ 40cm，全株被腺毛，也有丛生和匍匐类型；叶椭圆或卵圆形，互生。花单生叶腋或顶生，花萼五裂，裂片披针形，花冠漏斗状，花瓣变化多有单瓣、重瓣、瓣缘皱褶或呈不规则锯齿等；花色丰富，有红、白、粉、紫及各种带斑点、网纹、条纹等。

花期 5 ~ 10 月。果实尖卵形，二瓣裂，种子极小，千粒重约 0.16g（见图 6-1）。

图 6-1　矮牵牛

【种类与品种】栽培品种极多，花型有单瓣、重瓣、皱瓣等品种；花大小不同，有巨大轮（9 ~ 13cm）、大轮（7 ~ 8cm）和多花小轮（5cm）；株型有高（40cm 以上）、中（20 ~ 30cm）、矮丛（低矮多分枝）、垂枝型；花色有白色、红色、紫色、粉色、堇色至近黑色以及各种斑纹。目前园林中常用大花型和多花型品种。

【产地与分布】原产南美，世界各地广为栽培。

【生态习性】矮牵牛的生长适温为 13 ~ 18℃，冬季温度在 4 ~ 10℃，如低于 4℃，植株生长停止。但夏季高温 35℃时，矮牵牛仍能正常生长。矮牵牛喜干怕湿，喜疏松和排水良好的沙质壤土。在生长过程中，需充足水分，特别夏季高温季节，应在早、晚浇水，保持盆土湿润。但梅雨季雨水多、对矮牵牛生长十分不利，花期雨水多，花朵褪色，易腐烂，若遇阵雨，花瓣容易撕裂。喜阳光充足，耐半阴。

【繁殖】矮牵牛主要采用播种繁殖，但一些重瓣品种和特别优异的品种需进行无性繁殖，如扦插和组织培养。播种时间视上市时间而定，如 5 月需花，应在 1 月温室播种。10 月用花，需在 7 月播种。播种时间还应根据品种不同进行调整。矮牵牛种子发芽适温为 20 ~ 22℃，采用室内盆播，用高温消毒的培养土、腐叶土和细沙的混合土。播后不需覆土，轻压一下即行，约 10 天左右发芽。当出现真叶时，室温以 13 ~ 15℃为宜。

【栽培管理】矮牵牛在早春和夏季需充分灌水，但又忌高温、高湿。土壤肥力应适当，土壤过肥，则易过于旺盛生长，以致枝条伸长倒伏。在实际生产中，要求国庆开花的要在大棚内进行生产，避免在国庆前因温度低而影响开花；要求在“五一”开花的，也可在露地进行生产，但必须保证冬季霜不直接落在叶片上，否则叶片会出现白色斑点，影响观赏效果。在长江中下游地区，一般均采用保护地设施栽培。

【园林用途】目前，矮牵牛在国际上已成为主要的盆花和装饰植物。矮牵牛在美国栽培十分普遍，常用在窗台美化、城市景观布置，其生产的规模和数量列美国花坛和庭园植物的第二位。在欧洲的意大利、法国、西班牙、荷兰和德国等国，矮牵牛广泛用于街旁美化和家庭装饰。在日本，矮牵牛常用于各式栽植槽的布置和公共场所的景观配置。中国矮牵牛于 20 世纪初开始引种栽培，仅在大城市有零星栽培。直到 20 世纪 80 年代初，开始从美国、荷兰、日本等国引进新品种，极大地改善了矮牵牛生产的落后面貌。矮牵牛多花，花大，开花繁茂，花期长，色彩丰富，是优良的花坛和种植钵花卉，也可以自然式丛植；大花及重瓣品种供盆栽观赏或作切花。气候适宜或温室栽培可四季开花。

6.2.2　一串红

【学名】*Salvia splendens*

【英文名】scarlet sage

【别名】象牙红、西洋红、墙下红、象牙海棠、炮仔花、撒尔维亚

【科属】唇形科鼠尾草属

【形态特征】多年生草本作一年生栽培。茎直立，光滑有四棱，高 50 ~ 80cm。叶对生，卵形至心脏型，顶端尖，边缘具锯齿状。顶生总状花序，花 2 ~ 6 朵轮生；苞片红色，萼钟状，当花瓣衰落后其花萼宿存，鲜红色；花冠唇形筒状伸出萼外，长达 5cm；花有鲜红、粉、红、紫、淡紫、白等色。花期 7 ~ 10 月。成熟种子卵形，浅褐色，千粒重 2.8g（见图 6-2）。

图 6-2　一串红

【种类与品种】

（1）其他栽培种。同种常见栽培种还有。

1）红花鼠尾草（*S.coccinea*）。红花鼠尾草又名朱唇，一年生或多年生亚灌木。株高 60cm 左右，全身被毛。叶卵形或三角形，长 3 ~ 5cm。花萼筒状钟形，花冠浓鲜红色，长 2 ~ 2.5cm，下唇长为上唇的 2 倍。花期夏秋。原产美洲热带。

2）粉萼鼠尾草（*S.farinacea*）。粉萼鼠尾草别名蓝花鼠尾草、一串蓝，多年生，作一年生栽培，全株被柔毛。株高 60 ~ 90cm，叶对生，有时成簇，花序顶生，多花密集；花冠紫蓝色或灰白色，长 1.2 ~ 2.0cm。花期 7 ~ 10 月。原产北美南部。

（2）品种分类。品种依高矮分为三组。

1）矮性。高 25 ~ 30cm。如火球花鲜红色，花期早；罗德士（Rodes）花火红色，播种后 7 周开花；埃及艳后系列（Cleopatra）；卡宾枪手系列（Carabinere），其中 Carabinere Orange 花橙红色，Carabinere Red 花火红色，Carabinere White 花白色。

2）中性。高 35 ~ 40cm。如红柱（Red-Pillar）花火红色，花序形态优美，叶色浓绿；红庞贝（Red-Pompei）花红色。

3）高性。高 65 ~ 75cm。如妙火花鲜红色，整齐，生长均衡；高光辉（Splendens Tall）花红色，花期晚。

【产地与分布】原产南美巴西，世界各地广为栽培。

【生态习性】一串红对温度反应比较敏感。种子发芽需 21 ~ 23℃，幼苗期在冬季以 7 ~ 13℃为宜，3 ~ 6 月生长期以 13 ~ 18℃最好。一串红是喜光性花卉，栽培场所必须阳光充足，对一串红的生长发育十分有利。若光照不足，植株易徒长，茎叶细长，叶色淡绿，如长时间光线差，叶片变黄脱落。对光周期反应敏感，具短日照习性，人工已经选育出中日照和长日照品种。要求疏松、肥沃和排水良好的砂质壤土，适宜于 pH 值为 5.5 ~ 6.0 的土壤中生长。

【繁殖】以播种繁殖为主，也可用于扦插繁殖。播种时间于春季 3 ~ 6 月上旬均可进行，也可于晚霜后播于苗床，或提早播于温室。播后不必覆土，温度保持在 20℃左右，约 12 天就可发芽。扦插繁殖可在夏秋季进行。

【栽培管理】幼苗长出真叶后，进行第一次分苗。苗期易得猝倒病，应注意防治。当幼苗长到 5 ~ 6 片叶时，进行第二次分苗，也可直接上营养小钵。在温室中进行管理，也可以在 4 月下旬移入温室或大棚中管理。北方一般在 5 月下旬，一串红可以定植到露地。一串红从播种到开花大约 150 天，为了使植株丛生状，可对其进行摘心处理，但摘心将推迟花期，所以摘心时应注意园林应用时期。在一串红的生长季节，可在花前花后追施磷肥，使花大色艳。

【园林用途】一串红花色艳丽，花期长，可以和万寿菊、矮牵牛等搭配，形成各种花带和模纹。植株紧密，开花时覆盖全株，花色极其亮丽，是优良的花坛花卉。矮生种尤其适宜作花坛用。还可以作花带、花境。品种极多，有各色各系。一般白、紫色品种的观赏价值不及红色品种。一串红在中国北方地区也常作盆栽观赏。

6.2.3　鸡冠花

【学名】*Celosia cristata*

【英文名】celosia

【别名】鸡髻花、老来红、芦花鸡冠、凤尾鸡冠、鸡公花、鸡角根

【科属】苋科青葙属

【形态特征】一年生草本，株高 40 ~ 100cm，茎直立粗壮，叶互生，长卵形或卵状披针形，肉穗状花序顶

生，呈扇形、肾形、扁球形等。花有白、淡黄、金黄、淡红、火红、紫红、棕红、橙红等色。鸡冠花的花期较长，可从7月开到12月。胞果卵形，种子黑色有光泽，千粒重约1.0g（见图6-3）。

图6-3 鸡冠花

【种类与品种】鸡冠花，茎红色或青白色；叶互生有柄，叶有深红、翠绿、黄绿、红绿等多种颜色；花聚生于顶部，形似鸡冠，扁平而厚软，长在植株上呈倒扫帚状。花色丰富多彩，有紫色、橙黄、白色、红黄相杂等色。种子细小，呈紫黑色，藏于花冠绒毛内。

【产地与分布】原产非洲，美洲热带和印度，世界各地广为栽培，为一年生草本植物。

【生态习性】喜阳光充足、湿热，不耐霜冻。短日照诱导开花。不耐瘠薄，喜疏松肥沃和排水良好的弱酸性沙质土壤。花期夏、秋季直至霜降。

【繁殖】鸡冠花用播种繁殖，于4 ~ 5月进行，气温在20 ~ 25℃时为好。播种前，可在苗床中施一些饼肥或厩肥、堆肥作基肥。播种时应在种子中和入一些细土进行撒播，因鸡冠花种子细小，覆土2 ~ 3mm即可，不宜深。播种前要使苗床中土壤保持湿润。一般7 ~ 10天可出苗，待苗长出3 ~ 4片真叶时可间苗一次，拔除一些弱苗、过密苗，到苗高5 ~ 6cm时即应带根部土移栽定植。

【栽培管理】鸡冠花可作盆栽观赏花卉。盆栽时一般不用幼苗盆育，而是在花期时从地栽鸡冠花中选择上盆。上盆时要稍栽深一些，以将叶子接近盆土面为好。移栽时不要散坨，栽后要浇透水，7天后开始施肥，每隔半月施一次液肥。花序形成前，盆土要保持一定的干燥，以利孕育花序。花蕾形成后，可7 ~ 10天施一次液肥，适当浇水。鸡冠花是异花授粉，品种间容易杂交变异。所以，留种的品种开花期要选出隔离。留种时，应采收花序下部的种子，可保留品种的特色。

【园林用途】鸡冠花因其花序红色、扁平状，形似鸡冠而得名，享有“花中之禽”的美誉。鸡冠花是园林中著名的露地草本花卉之一，花序顶生、显著，形状色彩多样，鲜艳明快，有较高的观赏价值，是重要的花坛花卉。高型品种用于花境、花坛，还是很好的切花材料。也可制干花，经久不凋。矮型品种盆栽或做边缘种植。鸡冠花对SO_2、HCl具良好的抗性，可起到绿化、美化和净化环境的多重作用，适宜作厂、矿绿化用，称得上是一种抗污染环境的大众观赏花卉。

6.2.4 金盏菊

【学名】*Calendula officinalis*

【英文名】pot marigold

【别名】金盏花、黄金盏、长生菊、醒酒花、常春花

【科属】菊科金盏菊属

【形态特征】金盏菊株高30 ~ 60cm，多年生作一、二年生草本栽培，全株被白色茸毛。单叶互生，椭圆形或椭圆状倒卵形，全缘，基生叶有柄，上部叶基抱茎。头状花序单生茎顶，舌状花一轮，或多轮平展，金黄或橘黄色，筒状花，黄色或褐色。也有重瓣、卷瓣和绿心、深紫色花心等栽培品种。花期2 ~ 6月。瘦果，呈船形、爪形，果熟期5 ~ 7月（见图6-4）。

【种类与品种】园艺品种多为重瓣，重瓣品种有平瓣型和卷瓣型。有适作切花的长花径品种。花色有淡黄至深橙色品种，还有黑色、棕色“花心”的品种。有播种10周即可开放的矮品种。还有托桂型品种。

图 6-4 金盏菊

【产地与分布】金盏菊原产欧洲南部，现世界各地都有栽培。

【生态习性】金盏菊的适应性很强，喜阳光充足的环境，适应性较强。有一定耐寒能力，怕炎热天气，中国长江以南可露地越冬，黄河以北需冷床或地面覆盖越冬。不择土壤，以疏松、肥沃、微酸性土壤最好，能自播。

【繁殖】金盏菊主要用播种繁殖。常以秋播或早春温室播种，撒播于育苗盘或苗床上，不宜过密，播后覆土 3mm，发芽适温 20 ~ 22℃，7 ~ 10 天发芽。长出 3 片真叶时移植一次，5 ~ 6 片真叶时可定植。

【栽培管理】金盏菊定植后 7 ~ 10 天，摘心促使分枝，或用 0.4%B_9 溶液喷洒叶面 1 ~ 2 次来控制植株高度。生长期每半月施肥 1 次。肥料充足，金盏菊开花多而大。相反，肥料不足，花朵明显变小退化。花期不留种，将凋谢花朵剪除，有利花枝萌发，多开花，延长观花期。留种要选择花大色艳、品种纯正的植株，应在晴天采种，防止脱落。

【园林用途】金盏菊植株矮生、密集，花色有淡黄、橙红、黄等，鲜艳夺目，是早春园林中常见的草本花卉，适用于花境、花坛、花带布置，也可作为草坪的镶边花卉或盆栽观赏。盆栽摆放中心广场、车站、商厦等公共场所，呈现一派喜庆、富丽堂皇的景象。数盆放置于室内，使居室更加明亮、舒适。栽培管理适当，可周年开花，是晚秋、冬季和早春的重要花坛、花境材料。长梗大花品种可用于切花。金盏菊的抗 SO_2 能力很强，对氰化物及 H_2S 也有一定抗性，为优良抗污花卉。

6.2.5 三色堇

【学名】*Viola tricolor*

【英文名】pansy

【别名】蝴蝶花、猫脸花

【科属】堇菜科堇菜属

【形态特征】株高 15 ~ 25cm，全株光滑，分枝多。茎直立，分枝或不分枝。叶互生，基生叶卵圆形，有叶柄；茎生叶披针形，具钝圆状锯齿。花顶生或腋生，挺立于叶丛之上，状似蝴蝶；花瓣 5 枚，花朵外形近圆形，平展；花色绚丽，每花有黄、白、蓝三色。花单色或复色，黄、白、蓝、褐、红色都有。花期 3 ~ 6 月。蒴果椭圆形，果熟期 5 ~ 7 月，种子千粒重 1.40g（见图 6-5）。

图 6-5 三色堇

【种类与品种】有 250 多个品种，花色极其丰富，有红色、橙色、棕色、蓝色、黄色、紫色、粉色、橘红色、杏黄色、肉粉色、白等色系和复色品种。大多数品种成系列，每个系列中品种花色、花瓣形状、抗性等不同。有花瓣边缘波状和冬花品种。有些品种有香甜味，清晨更明显。

目前园林中常见栽培的同属品种有以下几种。

（1）香堇（*V.odorata*）。株高 10cm 左右，被柔毛，根

茎粗壮而短，匍匐状分枝。叶基生，叶柄长，叶片心脏形至肾形，叶缘有钝锯齿；托叶卵状披针形。花小，花径约 2cm，花色丰富，有深紫色、浅紫色、粉红或纯白色，芳香。2 ~ 4 月开花。原产欧洲、亚洲、非洲各地。

（2）角堇（*V.cornuta*）。株高 10 ~ 30cm，地下具细根茎，茎丛生，短而直立，花紫色或淡紫色；品种有复色、白色、黄色的、红色，微香。原产北欧、西班牙、比里牛斯山。

（3）大花三色堇（*Viola×wittrokiana*）。茎直立或横卧，花色丰富，艳丽而硕大的花朵向上昂起，在花园和园林景观中能最大程度地展示其色彩和独特花型的美丽，花期 4 ~ 5 月。开花量大，有很多亚种、杂种和品种，原产欧洲。

此外，栽培的 F_1 代还有三色堇和角堇及大花三色堇和角堇的杂交后代。

【产地与分布】原产欧洲，现世界各地均有栽培。

【生态习性】三色堇原产欧洲，喜冷凉气候条件，较耐寒而不耐暑热。为二年生花卉中最为耐寒的品种之一，在南方温暖地区可露地越冬。喜阳光充足，喜长日照条件，略耐半阴。要求疏松肥沃土壤。

【繁殖】三色堇主要用种子繁殖。通常进行秋播，8 ~ 9 月间播种育苗，可供春季花坛栽植，南方可供春节观花。目前多采用温室育苗。

【栽培管理】三色堇在秋冬季节生长需要充足的阳光，否则容易出现徒长等症状，开花期可略耐疏荫。生长的最适温度为 7 ~ 15℃，温度长期过低会出现叶色变紫，15℃以下有利于产生良好的株形，15℃以上有利于开花，夏季 30℃以上花朵变小，生长细弱。每次浇水必须在土壤略干燥时进行，特别是气温低、光照弱的季节。过多的水分既影响生长，又易产生徒长枝，植株开花时，应保证充足的水分，使花朵增大，花量增多。生长初期以氮肥为主，每 2 ~ 3 次浇水施一次浓度为 100 ~ 150ppm 的含钙复合肥。临近花期应增施磷肥，气温低时，氨态氮肥会引起根系腐烂。三色堇性状强健，一般不容易感染病虫，而在多雨的南方，由于湿度大，花朵易感染灰霉病，及时采摘凋谢的花很重要，同时用白菌清 800 ~ 1000 倍液喷施效果好。

【园林用途】传统的园林花卉。株型低矮，花色浓艳，花小巧而有丝质光泽，在阳光下非常耀眼，美丽叶丛上的花朵随风摇动，似蝴蝶翩翩飞舞。三色堇色彩丰富，开花早，是优良的春季花坛、花境主要材料。三色堇的应用广泛，较多地应用于大型绿地布置块面效果。抢眼的金黄色和深蓝色，还有天鹅绒质感的酒红色、白色能搭配出流动的旋律来，大花、斑色系特别适合作盆花或组合盆栽，小花品种可作为悬挂栽培或花钵的镶边材料。

6.2.6 凤仙花

【学名】*Impatiens balsamina*

【英文名】garden balsam

【别名】指甲花、金凤花、急性子、洒金花

【科属】凤仙花科凤仙花属

【形态特征】凤仙花茎高 40 ~ 100cm，肉质，粗壮，直立。上部分枝，有柔毛或近于光滑。叶互生，阔或狭披针形，叶柄附近有几对腺体。其花形似蝴蝶，花色有粉红、大红、紫、白黄、洒金等，善变异。凤仙花的花期为 6 ~ 8 月。蒴果，种子多数，球形，黑色，千粒重 6.0g（见图 6-6）。

图 6-6 凤仙花

【种类与品种】中国曾有许多凤仙花古老品种，清朝赵学敏的《凤仙谱》就记载了 233 个品种，其中许多珍奇品种，变异的范围和品质都居世界前列，可惜大部分品种已失传。园林应用的同属其他品种有以下几种。

（1）巴富凤仙（*I.balfouri*）。巴富凤仙是多年生草本，株高90cm，多分枝。叶缘有细小的弯齿，叶柄无腺。花大，6 ~ 8朵簇生成总状花序，蒴果直立，长2.5 ~ 4cm，光滑。原产喜马拉雅山区西部。

（2）何氏凤仙（*I.holstii*）。何氏凤仙是多年生草本，株高60cm。叶互生近卵形，上部叶轮生，卵状披针形。花大，直径4.5cm，砖红色，单生或两朵簇生。原产非洲热带东部，为温室盆栽植物，有矮生种。

（3）苏丹凤仙（*I.sultanii*）。苏丹凤仙近似前种，但叶片较狭，花较小，径2.5 ~ 3.5cm，大红色，有紫色、桃红色及白色变种。生长较前种慢。原产坦桑尼亚，为温室盆栽植物。

（4）非洲凤仙（*I.walleriana*）。非洲凤仙又名沃勒凤仙，多年生草本，株高20 ~ 30cm，茎多汁，光滑，节间膨大，多分枝，在株顶呈平面开展。茎叶光洁，花朵繁多，色彩绚丽明快，周年开花，是目前园林中最优美的盆栽花卉之一。原产非洲东部热带地区，喜温暖湿润和阳光充足环境，不耐高温和烈日暴晒。

（5）新几内亚凤仙（*I.hawkerii*）。新几内亚凤仙又名五彩凤仙，多年生草本，株高约15 ~ 50cm，叶互生，披针形，叶面着生各种鲜艳色彩。花腋出，有距。花期极长，几乎全年均能见花，但以春、秋、冬三季较盛开，约11月至翌年5月左右。原产新几内亚，喜阳光充足，比何氏凤仙能忍受较强的光照，对光周期没有明显反映，光照不足造成叶色斑驳。

【产地与分布】原产中国、印度、马来西亚，现世界各地均有栽培。

【生态习性】凤仙花性喜阳光，怕湿，耐热不耐寒，适生于疏松肥沃微酸土壤中，但也耐瘠薄。凤仙花适应性较强，移植易成活，生长迅速。生长季节每天应浇水1次，炎热的夏季每天应浇水2次，雨天注意排水，总之不要使盆土干燥或积水。

【繁殖】种子繁殖。3 ~ 9月进行播种，以4月播种最为适宜，移栽不择时间。生长期在4 ~ 9月，种子播入盆中后一般一个星期左右即发芽长叶。长到8cm左右时，每盆保留1 ~ 3株。长到20 ~ 30cm时摘心，定植后，对植株主茎要进行打顶，增强其分枝能力，株形丰满。5片叶以后，每隔半个月施一次腐熟稀薄人粪尿等，孕蕾前后施一次磷肥及草木灰。也可以在温室里培养发芽，但在固定种植在外面以前，必须先在夜间实行间苗。

【栽培管理】喜光，也耐阴，每天要接受至少4h的散射日光。夏季要进行遮阴，防止温度过高和烈日暴晒。适宜生长温度16 ~ 26℃，花期环境温度应控制在10℃以上。冬季要入温室，防止寒冻。定植后应及时灌水。生长期要注意浇水，经常保持盆土湿润，特别是夏季要多浇水，但不能积水和土壤长期过湿。如果雨水较多应注意排水防涝，否则根、茎容易腐烂。定植后施肥要勤，特别注意不可忽干忽湿。特别是开花期，不能受旱，否则易落花。如果要使花期推迟，可在7月初播种。也可采用摘心的方法，同时摘除早开的花朵及花蕾，使植株不断扩大，每15 ~ 20天追肥1次。9月以后形成更多的花蕾，使它们在国庆节开花。

【园林用途】凤仙花是中国民间栽培已久的草花之一，花瓣可以用来涂染指甲。因其花色品种极为丰富，是作为花坛、花境的好材料，也可作为花丛和花群栽植。高型品种可为篱边庭前草花，矮性品种亦可进行盆栽。是氟化氢的监测植物。

6.2.7 万寿菊

【学名】*Tagetes erecta*

【英文名】marigold

【别名】臭芙蓉、万寿灯、蜂窝菊、臭菊、蝎子菊

【科属】菊科万寿菊属

【形态特征】一年生草本，高50 ~ 150cm。茎直立，粗壮，具纵细条棱。叶羽状分裂，裂片长椭圆形或披针形，边缘具锐锯齿，上部叶裂片的齿端有长细芒；沿叶缘有少数腺体。头状花序单生，径5 ~ 8cm，花序梗顶端棍棒状膨大；总苞杯状，顶端具齿尖；舌状花黄色或暗橙色；管状花花冠黄色，顶端具5齿裂。花期7 ~ 9月。瘦果线形，黑色或褐色，被短微毛，千粒重2.56 ~ 3.50g（见图6-7）。

图 6-7　万寿菊

【种类与品种】万寿菊育种进展较快，现在培育品种一般为多倍体和 F_1 代杂种。近年来，美国园艺家利用万寿菊雄性不育系培育出早花、大花、矮型的多数优良品种，又与孔雀草杂交而获得三倍体品种，即使在盛夏也开花繁茂。园艺品种和杂种很多，株高、花色、花形变化均较丰富。常见栽培的品种群主要有 4 个：①非洲，株型紧凑，花大，重瓣，径达 12cm；②法 – 非洲，有许多小型、单瓣或重瓣、黄色或橙黄色花，花径 2.5 ~ 6cm；③法国，一般为重瓣红棕、黄色或部分橙色舌状花；④印章，小花多，单瓣，黄色或橙黄色花。

园林中同属常见栽培种还有孔雀草（*T.patula*）、细叶万寿菊（*T.tenuifolia*）等。

【产地与分布】原产墨西哥，中国各地均有栽培。

【生态习性】万寿菊喜温暖湿润和阳光充足环境，喜湿，耐干旱。生长适宜温度为 15 ~ 25℃，花期适宜温度为 18 ~ 20℃，要求生长环境的空气相对湿度在 60% ~ 70%，冬季温度不低于 0℃。夏季高温 30℃以上，植株徒长，茎叶松散，开花少。10℃以下，生长减慢。万寿菊为喜光性植物，充足阳光对万寿菊生长十分有利，植株矮壮，花色艳丽。阳光不足，茎叶柔软细长，开花少而小。万寿菊对土壤要求不严，以肥沃、排水良好的砂质壤土为好。

【繁殖】采用播种和扦插法繁殖。万寿菊一般春播 70 ~ 80 天即可开花，夏播 50 ~ 60 天即可开花。可根据需要选择合适的播种日期。早春在温室中育苗可用于“五一”花坛，夏播可供“十一”用花。春播 3 月下旬至 4 月初播种，发芽适温 15 ~ 20℃，播后一星期出苗，苗具 5 ~ 7 枚真叶时定植。株距 30 ~ 35cm。扦插宜在 5 ~ 6 月进行，很易成活。管理较简单，从定植到开花前每 20 天施肥一次；摘心促使分枝。万寿菊在夏季进行扦插，容易发根，成苗快。从母株剪取 8 ~ 12cm 嫩枝做插穗，去掉下部叶片，插入盆土中，每盆插 3 株，插后浇足水，略加遮荫，2 周后可生根。然后，逐渐移至有阳光处进行日常管理，约 1 个月后可开花。

【栽培管理】万寿菊适应性强，在一般园地上均能生长良好，极易栽培。苗高 15cm 可摘心促分枝。万寿菊在 5 ~ 6 片真叶时定植。苗期生长迅速，对水肥要求不严，在干旱时需适当灌水。植株生长后期易倒伏，应设支柱，并随时除残花枯叶。施以追肥，促其继续开花。留种植株应隔离，炎夏后结实饱满。

【园林用途】花大色艳，花期长。矮型品种最适宜作花坛布置或花丛、花境栽植，还可作窗盒、吊篮和种植钵。中型品种花大色艳，花期长，管理粗放，是草坪点缀花卉的主要品种之一，主要表现在群体栽植后的整齐性和一致性，也可供人们欣赏其单株艳丽的色彩和丰满的株型。高型品种花朵硕大，色彩艳丽，花梗较长，作切花水养时间持久，是优良的鲜切花材料，也可带状栽植作篱垣或作背景材料之用。

6.2.8　百日草

【学名】*Zinnia elegans*

【英文名】common zinnia

【别名】百日菊、步步登高、火球花、对叶菊、秋罗

【科属】菊科百日草属

【形态特征】一年生草本。茎直立，高 30 ~ 100cm，被糙毛或长硬毛。叶十字对称，无柄，基部抱茎。头状花序顶生，有单瓣和重瓣品种。因重瓣品种观赏价值较高，所以栽培的优良品种多为重瓣类型。花色很丰富，有红、橙、黄、白及之间各色；花瓣也有许多类型，如菊花瓣型、丝瓣型等。植株初花时，较低矮，以后花越开，

图 6-8　百日草

植株生长越高，所以常被叫做步步高升。花期 6 ~ 9 月，果期 7 ~ 10 月，千粒重 4.67 ~ 9.35g（见图 6-8）。

【**种类与品种**】目前园林中百日草品种很多，多为 F_1 代杂种，本种为主要亲本。花有纽扣、驼羽、大丽花等不同花型；有高、中、矮株型；有斑纹等各种花色。有专供切花用品种。

园林中同属花卉有以下两种。

（1）小花百日草（*Z.angustifolia*）。株高 30 ~ 45cm，叶椭圆形至披针形，头状花序深黄或橙黄色，花径 2.5 ~ 4.0cm。分枝多，花朵，易栽培。

（2）细叶百日草（*Z.linearis*）。株高约 25cm，叶线状披针形。头状花序金黄色。舌状花边缘橙黄色，花径约 5cm。分枝多，花多。

【**产地与分布**】原产于南北美洲，墨西哥为分布中心，现中国各地均有种植。

【**生态习性**】喜温暖，不耐寒，怕酷暑；性强健，耐干旱，耐瘠薄；忌连作。根深茎硬不易倒伏。宜在肥沃深土层土壤中生长。生长期适温 15 ~ 30℃，适合北方栽培。

【**繁殖**】以种子繁殖为主，发芽适温 20 ~ 25℃，7 ~ 10 天萌发，播后约 70 天左右开花。真叶 2 ~ 3 片移苗，4 ~ 5 片摘心，经 2 ~ 3 次移植后可定植。华北地区多于 4 月中、下旬播种于露地。“五一”节日用花可于 2 月上旬播种于室内，盆播 3 月下旬分苗入盆，4 月下旬脱盆栽植。追肥以磷钾肥为主。扦插繁殖可在 6 月中旬后进行，剪侧枝扦插，遮荫防雨。

【**栽培管理**】百日草生长极快，容易徒长，所以要及时摘心，促发腋芽生长，使其花株粗壮，座花率高。由于百日草为相对短日照植物，因此可采取调控日照长度的方法调控花期。当日照长于 14h 时，开花将会推迟，从播种到开花大约需要 70 天，此时的舌状花会明显增多；而当日照短于 12h 时，则可提前开花，从播种到开花只需 60 天，此时的花则以管状花较多。另外，也可通过调整播种期和摘心时间来控制开花期。

在生长过程中，日温应保持在 18℃，夜温应达到 21℃。由于百日草在生长后期容易徒长，为此，种植者通常采取以下几个措施加以控制：①适当降低温度，加大通风量；②保证有足够的营养面积，加大株行距；③及时摘心，促进腋芽生长。具体操作方法一般是在株高 10cm 左右时进行，留下 2 ~ 4 对真叶后摘心。要想使植株低矮而开花，常在摘心后腋芽长至 3cm 左右时喷矮化剂。

【**园林用途**】百日草生长迅速，花大色艳，开花早，花期长，株型美观，是常见的花坛、花境、花带及花丛等材料。一些中矮生种可盆栽，低矮型的品种可以作为窗盒和边缘花卉，高杆品种适合做切花生产。

6.2.9　石竹

【**学名**】*Dianthus chinensis*

【**英文名**】Chinese pink、rainbow pink

【**别名**】洛阳花、中国石竹、十样景花、石菊、绣竹、常夏、日暮草、瞿麦草

【**科属**】石竹科石竹属

【**形态特征**】多年生草本作一、二年生栽培。株高 30 ~ 40cm，直立簇生。茎直立，有节，多分枝，叶对生，条形或线状披针形。花萼筒圆形，花单朵或数朵簇生于茎顶，形成聚伞花序，花径 2 ~ 3cm，花色有大红、粉红、紫红、纯白、红色、杂色，单瓣 5 枚或重瓣，先端锯齿状，微具香气。花瓣阳面中下部组成黑色美丽环纹，盛开时瓣面如碟闪着绒光，绚丽多彩。花期 4 ~ 10 月。蒴果，种子扁圆形，黑褐色，千粒重 1.12g（见图 6-9）。

图6-9 石竹

【种类与品种】石竹花种类较多，同属植物300余种，园林常见栽培的有以下几种。

（1）须苞石竹，又名美国石竹、五彩石竹。花色丰富，花小而多，聚伞花序，花期在春夏两季。

（2）锦团石竹，又名繁花石竹，矮生，花大，有重瓣。

（3）常夏石竹，花顶生2～3朵，芳香。

（4）瞿麦，花顶生呈疏圆锥花序，淡粉色，芳香。另外还有锦团石竹、矮石竹和羽瓣石竹等。

【产地与分布】原产于中国及东亚地区，分布广。

【生态习性】其性耐寒、耐干旱，不耐酷暑，夏季多生长不良或枯萎，栽培时应注意遮荫降温。喜阳光充足、干燥，通风及凉爽湿润气候。要求肥沃、疏松、排水良好及含石灰质的壤土或沙质壤土，忌水涝，喜肥。

【繁殖】常用播种、扦插和分株繁殖。种子发芽最适温度为21～22℃。播种繁殖一般在9月进行。播种于露地苗床，播后保持盆土湿润，播后5天即可出芽，10天左右即出苗，苗期生长适温10～20℃。当苗长出4～5片叶时可移植，翌春开花。也可于9月露地直播或11～12月冷室盆播，翌年4月定植于露地。扦插繁殖在10月至翌年2月下旬到3月进行，枝叶茂盛期剪取嫩枝5～6cm长作插条，插后15～20天生根。分株繁殖多在花后利用老株分株，可在秋季或早春进行。北方秋播，来春开花；南方春播，夏秋开花。

【栽培管理】盆栽石竹要求施足基肥，每盆种2～3株。苗长至15cm高摘除顶芽，促其分枝，以后注意适当摘除腋芽，不然分枝多，会使养分分散而开花小，适当摘除腋芽使养分集中，可促使花大而色艳。生长期间宜放置在向阳、通风良好处养护，保持盆土湿润，约每隔10天左右施一次腐熟的稀薄液肥。夏季雨水过多，注意排水、松土。开花前应及时去掉一些叶腋花蕾，主要是保证顶花蕾开花。冬季宜少浇水，如温度保持在5～8℃条件下，则冬、春不断开花。

【园林用途】石竹株型低矮，茎秆似竹，叶丛青翠，自然花期5～9月，从暮春季节可开至中秋，温室盆栽可以花开四季。园林中可用于花坛、花境、花台、盆栽和切花，也可用于岩石园和草坪边缘点缀。大面积成片栽植时可作景观地被材料，另外石竹有吸收SO_2和Cl_2的本领，凡有毒气的地方可以多种。

6.2.10 羽衣甘蓝

图6-10 羽衣甘蓝

【学名】*Brassica oleracea* var.*acephala* f.*tricolor*

【英文名】ornamental cabbage

【别名】叶牡丹、牡丹菜、花包菜、绿叶甘蓝

【科属】十字花科甘蓝属

【形态特征】羽衣甘蓝，二年生草本植物，为食用甘蓝（卷心菜、包菜）的园艺变种。栽培一年植株形成莲座状叶丛，经冬季低温，于翌年开花、结实。总状花序顶生，花期4～5月。果实为角果，扁圆形，种子圆球形，褐色，千粒重4g左右（见图6-10）。

【种类与品种】园艺品种形态多样，按高度可分高型和矮型；按叶的形态分皱叶、不皱叶及深裂叶品种；按颜色，边缘叶有翠绿色、深绿色、灰绿色、黄绿色，中心叶则有纯白、淡黄、肉色、玫瑰红、紫红等品种。

【产地与分布】羽衣甘蓝原产欧洲，现在中国各地已普遍栽培。

【生态习性】喜冷凉气候，极耐寒，可忍受多次短暂的霜冻，耐热性也很强，生长势强，栽培容易，喜阳光，耐盐碱，喜肥沃土壤。生长适温为 20 ~ 25℃，种子发芽的适宜温度为 18 ~ 25℃。

【繁殖】播种繁殖是羽衣甘蓝的主要繁殖方法，控制好播种时间是羽衣甘蓝栽培过程中的一个重要环节。播种时间一般为 7 月中旬至 8 月上旬，定植期为 8 月中下旬，切花期 11 ~ 12 月。可用做畦与穴盘育苗两种方法进行播种。但值得注意的是，苗床应高出地面约 20cm 筑成高床，以利于在气温高、雨水多的 7 ~ 8 月排水。

【栽培管理】羽衣甘蓝喜冷凉温和气候，耐寒性很强，成长株在中国北方地区冬季露地栽培能经受短时几十次霜冻而不枯萎，但不能长期经受连续严寒；能在夏季 35℃高温中生长。羽衣甘蓝较耐阴，但充足的光照叶片生长快速，品质好。对水分需求量较大，干旱缺水时叶片生长缓慢，但不耐涝。对土壤适应性较强，而以腐殖质丰富肥沃沙壤土或黏质壤土最宜。在肥水充足和冷凉气候下生长迅速，产量高，品质好。栽培中要经常追施薄肥，特别是氮肥，并配施少量的钙，有利于生长和提高品质。

【园林用途】羽衣甘蓝由于耐寒性较强，品种不同，叶色丰富多变，叶形也不尽相同，叶缘有紫红、绿、红、粉等颜色，叶面有淡黄、绿等颜色，整个植株形如牡丹，所以观赏羽衣甘蓝也被形象地称为“叶牡丹”，是南方早春和冬季的观叶植物，华东大部分地区冬季也有栽培。其观赏期长，叶色极为鲜艳，在公园、街头、花坛常见用羽衣甘蓝镶边和组成各种美丽的图案，用于布置花坛，具有很高的观赏效果。目前欧美及日本将部分观赏羽衣甘蓝品种用于鲜切花销售。

6.2.11 彩叶草

【学名】*Coleus blumei*

【英文名】coleus

【别名】五彩苏、老来少、五色草、锦紫苏

【科属】唇形科鞘蕊花属

【形态特征】多年生常绿草本作一年生栽培。茎通常紫色，四棱形，被微柔毛，具分枝。叶膜质，通常卵圆形，边缘具圆齿状锯齿或圆齿，色泽多样，有黄、暗红、紫色及绿色，两面被微柔毛，下面常散布红褐色腺点；叶柄伸长，被微柔毛。轮伞花序多花，多数密集排列成简单或分枝的圆锥花序。花萼钟形。花冠浅紫至紫或蓝色，外被微柔毛。小坚果宽卵圆形或圆形，压扁，褐色，具光泽。花期 7 月，千粒重 0.15g（见图 6-11）。

图 6-11　彩叶草

【种类与品种】根据繁殖方法，可以将彩叶草分为两种类型。

（1）种子繁殖类型。播种繁殖可以保持品种的优良性状。该类型有以下 5 种叶型品种：大叶型（large-leaved type），彩叶型（Rainbow type），皱边型（Fringed type），柳叶型（Willow-leaved type），黄绿叶型（Chartreuse type）。

（2）营养繁殖类型。一些不结实、结实率低或尚不能用播种繁殖方法保持品种性状者。常见的园艺变种为五色彩叶草（var.*verschaffeltii*），小纹草（*C.pumilus*），丛生彩叶草（*C.thyrsoideus*）。

【产地与分布】原产于亚太热带地区、印度尼西亚、爪哇，现在世界各国广泛栽培。

【生态习性】喜温性植物，适应性强，冬季温度不低于 10℃，夏季高温时稍加遮阴，喜充足阳光，光线充足能使叶色鲜艳。

【繁殖】通常播种繁殖可以保持品种的优良性状。有些尚不能用播种繁殖方法保持品种性状的，需采取扦插繁殖。在有高温温室的条件下，四季均可盆播，一般在 3 月于温室中进行。发芽适温 25 ~ 30℃，10 天左右发芽。出苗后间苗 1 ~ 2 次，再分苗上盆。播种的小苗，叶面色彩各异，此时可择优汰劣。扦插一年四季均可进行，极易成活。也可结合植株摘心和修剪进行嫩枝扦插，剪取生长充实饱满枝条。截取 10cm 左右，插入干净消毒的河沙中，入土部分必须常有叶节生根，扦插后疏荫养护，保持盆土湿润。15 天左右即可发根成活。

【栽培管理】彩叶草喜富含腐殖质、排水良好的砂质壤土。盆栽之时，施以骨粉或复合肥作基肥，生长期隔 10 ~ 15 天施一次有机液肥（盛夏时节停止施用）。除保持盆土湿润外，应经常用清水喷洒叶面，冲除叶面所蓄积尘土，保持叶片色彩鲜艳。幼苗期应多次摘心，以促发侧枝，使之株形饱满。花后，可保留下部分枝 2 ~ 3 节，其余部分剪去，重发新枝。彩叶草生长适温为 20℃左右，寒露前后移至室内，冬季室温不宜低于 10℃，此时浇水应做到见干见湿，保持盆土湿润即可，否则易烂根。

【园林用途】色彩鲜艳、品种甚多、繁殖容易，为应用较广的观叶花卉。室内摆设多为中小型盆栽，选择颜色浅淡、质地光滑的套盆以衬托彩叶草华美的叶色。为使株形美丽，常将未开的花序剪掉，置于矮几和窗台上欣赏。可作花坛，或植物镶边。还可将数盆彩叶草组成图案布置会场、剧院前厅，花团锦簇。

6.2.12　毛地黄

【学名】*Digitalis purpurea*

【英文名】Common Foxglove

【别名】洋地黄、指顶花、金钟、心脏草、毒药草、紫花毛地黄、吊钟花

【科属】玄参科毛地黄属

【形态特征】多年生草本植物常作二年生栽培。株高 60 ~ 120cm。茎直立，少分枝，全株被灰白色短柔毛和腺毛。叶片卵圆形或卵状披针形，叶粗糙、皱缩、叶基生呈莲座状，叶缘有圆锯齿，叶柄具狭翅，叶形由下至上渐小。顶生总状花序长 50 ~ 80cm，花冠钟状长约 7.5cm，花冠紫红色，内面有浅白斑点。花期 6 ~ 8 月。果卵形，果熟期 8 ~ 10 月，种子极小，千粒重约 0.2g（见图 6-12）。

【种类与品种】同属植物约 25 种。人工栽培品种有白、粉和深红色等，一般分为白花自由钟，大花自由钟，重瓣自由钟。如大花变种（*D.purpurea* var.*gloxiniae flora*）、白花变种（*D.purpurea* var.*alba*）、红花种、黄花种、重瓣品种（*D.purpurea* var.*monstrosa*）。园艺品种有矮型种（30 ~ 50cm）和各种花色。

图 6-12　毛地黄

【产地与分布】原产欧洲西部，中国各地均有栽培。

【生态习性】毛地黄植株强健，喜温暖湿润，较耐寒，在炎热条件下生长不良。喜阳光充足，耐半阴。耐干旱瘠薄土壤，喜中等肥沃、湿润、排水良好的土壤。

【繁殖】常用播种繁殖。以 9 月秋播为主，播后不覆土，轻压即可，发芽适温为 15 ~ 18℃。约 10 天发芽。基质的湿度要达到一定的标准。发芽过程中要有光照。也可春播。栽培管理：喜温暖湿润和阳光充足环境，耐寒，生长适温为 13 ~ 15℃。怕多雨、积水和高温，耐半阴、干旱。冬季注

意幼苗越冬保护，早春有 5 ~ 6 片真叶时可移栽定植或盆栽，栽植时少伤须根，稍带土壤。梅雨季节注意排水，防止积水受涝而烂根。生长期每半月施肥 1 次，注意肥液不沾污叶片，抽苔时增施 1 次磷、钾肥。

【栽培管理】在开花时节，考虑到花的质量和数量，可适当地增加光照。在开花之前，植物会出现 8 ~ 12 片叶子。尽管植物生长的温度适应幅度在 12 ~ 19℃，但在收尾阶段最理想的夜间温度为 12 ~ 16℃。将植物种植在有一定保护冷床的条件下，就能生长出高质量的植物和花穗。相反，如果植物种植在有相对强光照和夜间温度超过 19℃的温室里，植物虽然也会开花，但会出现徒长和开花稀少的现象。种植者可以把毛地黄作为早春季节补充温室空间的一个选择品种，而且投资小。常发生枯萎病、花叶病和蚜虫危害。发生病害时，及时清除病株，用石灰进行消毒。发生虫害时，可用 40% 氧化乐果乳油 2000 倍液喷杀，同时也能减少花叶病发生。

【园林用途】毛地黄花形优美，植株高大，花序挺拔，色彩艳丽，为优良的花境竖线条材料，丛植更为壮观。适于盆栽，多在温室中促成栽培，可在早春开花。可作自然式花卉布置。另外，毛地黄也作切花和重要药材。

6.2.13 雏菊

【学名】*Bellis perennis*

【英文名】Daisy，common daisy，lawn daisy，English daisy

【别名】春菊、马兰头花、玛格丽特、延命菊、幸福花

【科属】菊科雏菊属

【形态特征】多年生宿根花卉作一、二年生栽培，高 10 ~ 20cm。叶基部簇生，匙形或倒卵形，顶端圆钝，基部渐狭成柄，上半部边缘有疏钝齿或波状齿。头状花序单生，总苞半球形或宽钟形；总苞片近 2 层，顶端钝，外面被柔毛。舌状花一轮或多轮，有白、粉、蓝、红、粉红、深红或紫色，筒状花黄色。花期暖地 2 ~ 3 月，寒地 4 ~ 5 月。瘦果，扁平，千粒重 0.17g（见图 6-13）。

图 6-13 雏菊

【种类与品种】雏菊园艺品种一般花大，重瓣或半重瓣。花色有纯白色、鲜红色、深红色、紫色、洒金色等。有的舌状花呈管状，上卷或反卷，常见园林应用品种有管花雏菊、舌花雏菊和斑叶雏菊等。

【产地与分布】原产欧洲。现在中国各地庭园栽培为花坛观赏植物。

【生态习性】雏菊宜冷凉、湿润和阳光充足的环境，较耐寒，在 3 ~ 4℃的条件下可露地越冬。在炎热条件下开花不良，易枯死。耐移植，能自播。要求肥沃湿润且排水良好的沙壤土。

【繁殖及栽培管理】雏菊为种子繁殖。发芽适温 20℃。9 月播种，约 1 周出苗。亦可分株，于花后进行，注意遮荫、降温，使之安全越夏继续生长，但长势不如实生苗。

雏菊盆播苗经过间苗、移栽，定植后置室外培养。生长期注意浇水施肥，越冬后春天可早开花。花后瘦果陆续成熟且易脱落，当舌状花大部分开谢而失色蜷缩，位于盘边的舌状花冠一触即落时，即应采收。采种宜在晴天。每逢晴天，当采即采，这样能多收种子。

【园林用途】雏菊叶为匙形丛生呈莲座状，密集矮生，颜色碧翠。从叶间抽出花葶，一葶一花，错落排列，外观古朴，花朵娇小玲珑，色彩和谐。早春开花，生机盎然，具有君子的风度和天真烂漫的风采。雏菊植株矮小，花期较长，色彩丰富，优雅别致，是装饰花坛、花带、花境的重要材料，或用来装点岩石园。在条件适宜的情况下，可植于草地边缘，也可盆栽装饰台案、窗几、居室。

6.2.14 欧洲报春

【学名】*Primula acaulis*

【英文名】English primrose

【别名】欧洲樱草、德国报春、西洋樱草

【科属】报春花科报春花属

【形态特征】欧洲报春花为丛生植株，作一、二年生栽培。株高约 20cm。叶基生，长椭圆形，叶脉深凹，叶绿色。伞状花序，花色艳丽丰富，有大红、粉红、紫色、蓝色、黄、橙、白等色，一般花心为黄色，花期 3 ~ 6 月（见图 6-14）。

【种类与品种】欧洲报春种类繁多，花色艳丽丰富，从白色品种到蓝色品种都有，在园林中被广泛应用。

图 6-14 欧洲报春

【产地与分布】原产西欧和南欧，现世界广泛栽培。

【生态习性】性喜凉爽，耐潮湿，怕暴晒，不耐高温，要求土壤肥沃，排水良好，pH 值为 5.5 ~ 6.5。生长最适温度为 15 ~ 25℃，冬天 10℃左右即能越冬。空气湿度 50% 左右较适宜。与中国报春相比，花葶甚短，花色多种，自然花期早春。

【繁殖及栽培管理】欧洲报春花采用种子繁殖。播种时间为 6 ~ 7 月，培养土用筛过的壤土、腐叶土、堆肥和河沙混合而成，不宜太肥。盆播或浅木箱育苗，播后采用浸水法灌溉，放置阴处，盖上玻璃。一般 10 天左右可发芽。揭去玻璃，逐渐增加光照。真叶 1 ~ 2 片时移植。5 ~ 6 片叶子时上小盆，盆径 7cm。缓苗后每周追腐肥的液肥一次。40 ~ 50 天以后，换 13 ~ 15cm 盆上盆。在开花季节每周施一次稀薄液肥。并应保持土壤潮湿。冬季应降低浇水量，土壤过湿会引起根腐。日常栽培花后植株就废弃，因报春越夏困难。如想使欧洲报春第二年再开花，应使植株安全越夏，应将植株花后换盆，放在阴处，注意通风，防止雨淋，减少浇水量，炎热时向地面洒水，可望保存到第二年。

【园林用途】欧洲报春花是国际上十分畅销的冬季盆花，花期长，花繁似锦，妖媚动人。又恰逢元旦、春节，其叶绿花艳，可作中小型盆栽，放置于茶几、书桌等处，是很好的室内植物。宜室内布置色块或作早春花坛用。

6.2.15 半支莲

【学名】*Portulaca grandiflora*

【英文名】sun plant,rose-moss

【别名】大花马齿苋、太阳花、松叶牡丹、龙须牡丹、午时花

【科属】马齿苋科马齿苋属

【形态特征】一年生肉质草本，高 10 ~ 30cm。茎平卧或斜升，紫红色，多分枝，节上丛生毛。叶密集枝端，较下的叶分开，不规则互生，叶柄极短或近无柄，叶腋常生一撮白色长柔毛。花单生或数朵簇生枝端，日开夜闭，因此又称“午时花”；总苞 8 ~ 9 片，叶状，轮生，具白色长柔毛；萼片 2，淡黄绿色，卵状三角形，顶端急尖，多少具龙骨状凸起，两面均无毛；花瓣 5 枚或重瓣，倒卵形，红色、紫色或黄白色。花期 6 ~ 9 月。蒴果近椭圆形，种子多数，圆肾形，千粒重约 0.10g（见图 6-15）。

图 6-15 半支莲

【种类与品种】半支莲有很多不同高矮、花期、单重瓣品种。现代培育的品种很多是多倍体和 F_1 代杂种。花色有奶油黄、蓝紫色、金色、芒果色、橘红色、粉红色、猩红色、白色、黄色及各种混合色。

【产地与分布】原产南美、巴西、阿根廷、乌拉圭等地。

【生态习性】半支莲喜温暖向阳环境，耐干旱，不择土壤，但以疏松排水性良好者为佳，不需太多水肥，以保持湿润为宜。单花花期短，整株花期长，花仅于阳光下开放，阴天关闭。

【繁殖及栽培管理】半支莲以播种繁殖为主，种子发芽适宜温度为 21 ~ 22℃。约 10 天发芽。露地栽培晚霜后播种，覆土宜薄。半支莲较耐移植，开花时也可进行，但忌阴湿。在 18 ~ 19℃条件下，约经 1 个月可开花。也可以在生长期进行扦插繁殖。

半支莲只需进行一般水肥管理，栽培较容易，保持土壤湿润。移植时可不带土，雨季防积水。果实成熟时开裂，种子易散落，应及时采收。

【园林用途】半支莲花朵繁多，色彩丰富，光泽绚丽，宜植于花坛、花境、路边岸边、岩石园、窗台花池、门厅走廊，可盆栽或植于吊篮中，但无切花价值。也多与草坪组合形成模纹效果。

6.2.16 五色苋

【学名】*Alternanthera bettzikiana*

【别名】红绿草、五色草、模样苋、法国苋

【科属】苋科虾钳草属

【形态特征】多年生草本，北方常作一年生栽培。茎直立斜生，分枝多呈密丛状，节膨大，高 10 ~ 20cm。单叶对生，全缘，间有皱波，匙形或披针形、广卵形，叶色丰富，常具彩斑或色晕，嫩叶可食，红色、黄色或紫褐色，或绿色中具彩色斑，叶柄极短。头状花序，1 ~ 3 个顶生或腋生，花无柄，白色，花小不显，簇生成球，萼 5 片，无花瓣。胞果含种子 1 粒。观赏期夏、秋季（见图 6-16）。

【种类与品种】五色苋属园艺类型，有三个原有品种，四个变异。

（1）小叶绿（原有品种）。株高 15 ~ 20cm。叶较狭，呈长椭圆披针形，端尖。基部抱茎有叶柄，叶色鲜嫩绿，具黄色斑块，有两个变异。

1）大叶绿。茎平卧斜出，匍匐性分枝，叶腋间滋生多出对生叶形成新的分枝。分枝性强，株形松散，节间中长，主侧枝直径区分明显，株高 20 ~ 25cm。叶匙状广卵形。叶片薄而肥大，呈浅绿色带黄晕，叶柄长。

2）微叶绿。茎直立，抱长成团。株形紧凑分枝多，分歧成密丛，节间极短，株高 10cm 左右较矮。叶微小而精致，三角状卵形，间或有皱波。叶柄长而明显。叶片厚带革质，正绿色，亮有光泽，一般不带色斑。

图 6-16 五色苋

（2）小叶黑（原有品种）。茎直立，分枝稍散，节间长，植株较高 25 ~ 30cm。叶三角状卵形，先端尖，叶片略厚稍大，叶柄较长。叶色初呈绿褐色，见光变茶褐色，秋凉呈红褐色。间或有彩晕，有两个变异。

1）皱叶黑。叶片有明显皱波，且嫩叶皱状较老叶更为明显，其他形态特征均与小叶黑相同。

2）微叶红。微叶红又名邯郸小叶红。茎直立。抱长成团。株形紧凑分枝多，节间短呈密丛状簇生，植株较矮约 10cm 左右。叶片极小而精致，三角状卵形叶稍显皱缩，叶柄长而明显。叶片厚实带革质，叶面深红色，叶背鲜红色，有光泽，入秋后颜色更加亮丽。

（3）红草五色苋。茎平卧斜出，匍匐性分枝较少，株高 10 ~ 15cm。叶狭，呈椭圆形披针状，先端圆或尖，基部下延，叶柄短。叶面常具橙、粉红、玫瑰红斑块，初秋呈红、黄、橙相间，色彩斑斓的叶片，秋凉后老叶转为紫红色。

【产地与分布】原产南美巴西，中国各地普遍栽培。

【生态习性】喜温暖湿润气候，好充足阳光，略耐阴。不耐寒，也不耐夏季酷热，怕湿，又不耐旱，较耐修剪。喜排水良好，疏松肥沃的砂质壤土，盛夏生长迅速，秋凉生长迟缓。

【繁殖及栽培管理】因五色苋获取种子困难，主要采用扦插繁殖。摘取具 2 节的枝作插穗，以 3cm 株距插入沙、珍珠岩或土壤中。在气温 20 ~ 25℃，土温 18 ~ 24℃，相对湿度 70% ~ 80% 时，3 ~ 4 天即可生根，2 周即可移栽。石家庄地区 7 ~ 8 月生根最快。栽培中主要关键在于保存母株安全越冬。因其耐寒力较差，北方不能露地过冬，一般要求越冬温度 13 ~ 18℃。经过实验，越冬温度的低限在 9 ~ 10℃之间。生长期要常修剪，抑制生长，以免扰乱设计图形。天旱及时浇水，每隔月向叶喷施 2% 氮肥一次，以使植株生长良好，提高观赏效果。

【园林用途】五色苋植株低矮，枝叶繁茂，较耐修剪。分枝性强，颜色对比强烈，最适用于立体花坛。经常运用的有平面地栽模纹花坛、平面组合文字花坛、组合象形花坛、大型立体艺术造型等。根据造型种类的不同，选用不同的品种或变异品种，对于整体艺术造型的效果，人力、植物材料的节约，五色苋的管护都能起到事半功倍的作用。同时，盆栽适合阳台，窗台和花槽观赏。

6.2.17 虞美人

【学名】*Papaver rhoeas*

【英文名】corn poppy

【别名】丽春花、赛牡丹、满园春、仙女蒿

【科属】罂粟科罂粟属

【形态特征】一、二年生草本植物，株高 40 ~ 70cm。全株被开展的粗毛，有白色乳汁。叶片呈羽状深裂或全裂，裂片披针形，边缘有不规则的锯齿。花单生，有长梗，未开放时下垂，花萼 2 片，椭圆形，外被粗毛。花瓣 4 枚，近圆形，具暗斑。花径约 5 ~ 6cm，花色丰富，有白、粉红、红、紫红及复色品种。花期 4 ~ 7 月。蒴果杯形，种子肾形，多数，千粒重 0.33g（见图 6-17）。

图 6-17 虞美人

【种类与品种】虞美人有复色、间色、重瓣和复瓣等品种。同属相近种有冰岛罂粟（*P.nudicaule*）和东方罂粟（*P.orientale*）。冰岛罂粟为多年生草本，丛生近无茎。叶基生，羽裂或半裂。花单生于无叶的花莛上，深黄或白色。变种有近红色或橙色。中国华北有野生变种山罂粟（*Papaver* *nudicaule subsp.rubroaurantiacum*)，又名鸡蛋黄，花橘黄色，甚为艳丽。东方罂粟属多年生直立草本，全身被白毛。叶羽状深裂，花猩红色，基部有紫黑色斑。变种花色甚多，自白，粉红，橙红至紫红。可用根插法繁殖。品种的主要品系有秋海棠与花毛茛型、半重瓣及重瓣品种。

【产地与分布】原产于欧洲、北非和亚洲，全球广泛栽培。

【生态习性】虞美人耐寒，怕暑热，喜阳光充足的环境，喜排水良好、肥沃的沙壤土。只能播种繁殖，不耐移栽，能自播。

【繁殖及栽培管理】虞美人常采用播种繁殖，移植成活低，宜采用露地直播。秋播一般在9月上旬，但也可春播，即在早春土地解冻时播种，多采用条播。发芽适温为15 ~ 20℃，播后约一周后出苗，因种子很小，苗床土必须整细，播后不覆土，盖草保持湿润，出苗后揭盖。因虞美人种子易散落，种过一年后的环境可不再播种，原地即会自生无数小苗。

出苗后要间苗，定植株行距为30cm左右，待长到5 ~ 6片叶时，择阴天先浇透水，后再移植；移时注意勿伤根，并带土，栽时将土压紧。平时浇水不必过多，经常保持湿润即可。生长期每隔2 ~ 3周施5倍水的腐熟尿液一次。非留种株在开花期要及时剪去凋萎花朵，使其余的花开得更好。施肥不能过多，否则植株徒长，过高也易倒伏。一般播前深翻土地，施足基肥，在孕蕾开花前再施一两次稀薄饼肥水即可，花期忌施肥。

【园林用途】虞美人袅袅婷婷，因风飞舞，俨然彩蝶展翅，颇引人遐思。虞美人兼具素雅与浓艳华丽之美，二者和谐地统一于一身。虞美人的花多彩多姿、颇为美观，适用于花坛、花境栽植，也可盆栽或作切花用。用作切花者，须在半开放时剪下，立即浸入温水中，防止乳汁外流过多，否则花枝很快萎缩，花朵也不能全开。在公园中成片栽植，景色非常宜人。因为一株上花蕾很多，此谢彼开，可保持相当长的观赏期。如分期播种，能从春季陆续开放到秋季。

6.2.18 金鱼草

【学名】*Antirrhinum majus*

【英文名】common snapdragon，dragon's mouth

【别名】龙头花、狮子花、龙口花、洋彩雀

【科属】玄参科金鱼草属

【形态特征】金鱼草为多年生草本，常作一、二年生花卉栽培。株高20 ~ 70cm，叶片长圆状披针形。总状花序，花冠筒状唇形，基部膨大成囊状，上唇直立，2裂，下唇3裂，开展外曲，有白、淡红、深红、肉色、深黄、浅黄、黄橙等色。花期5 ~ 7月。蒴果卵形，孔裂，含多数细小种子，千粒重0.16g(见图6-18)。

图6-18 金鱼草

【种类与品种】金鱼草有不同花色、花型和高矮的品种，常见栽培品种有数百种。株高有：高型品种(90 ~ 120cm)，少分枝，是重要的草本切花，还可作背景种植；中型(45 ~ 60cm)，分枝多，花色丰富，主要用于园林中花坛和丛植；矮型品种(15 ~ 25cm)，分枝多，花小，花色丰富，可用于岩石园、窗盒、种植钵或边缘种植；半匍匐型品种，花型秀丽，花色丰富，用在岩石园或作地被观赏。花型有金鱼型和钟型，有花型特大的四倍体和杂种F_1代。

【产地与分布】原产地中海沿岸及北非，现世界广泛栽培。

【生态习性】较耐寒，不耐热，喜阳光，也耐半阴。高温对金鱼草生长发育不利。金鱼草对水分比较敏感，盆土必须保持湿润，盆栽苗必须充分浇水。但盆土排水性要好，不能积水，否则根系腐烂，茎叶枯黄凋萎。土壤宜用肥沃、疏松和排水良好的微酸性沙质壤土。金鱼草为喜光性草本。阳光充足条件下，植株矮生，丛状紧凑，生长整齐，高度一致，开花整齐，花色鲜艳。半阴条件下，植株生长偏高，花序伸长，花色较淡。对光照长短反应不敏感，如花雨系列金鱼草对日照长短几乎不敏感。

【繁殖及栽培管理】金鱼草主要是播种繁殖，但也可扦插。对一些不易结实的优良品种或重瓣品种，常用扦插繁殖。扦插一般在 6 ~ 7 月进行。生产上有秋播和春播两种，一般暖地秋播，北方寒地春播，以秋播开花较好。发芽适温为 13 ~ 15℃播种，1 ~ 2 周出苗。播种时需混沙撒播。通常为了在 12 月上旬开花，通过摘心而培养 3 ~ 4 本（一本为一枝切花）的，7 月下旬播种为宜。不摘心而培养独本的，8 月中下旬播种为宜。

在真叶开始长出时，进行第 1 次移植；在苗高 5 ~ 6cm 时，进行第 2 次移植；苗高 10 ~ 12cm 时为定植适期。7 月中下旬播种的，9 月中旬定植；8 月中旬播种的，10 月中旬定植。在栽培室用宽 1m 的地床，不摘心培养独本的；摘心培养 4 ~ 5 本的。

培养 4 ~ 5 本的，是在定植 2 周后摘心，留下从基部长出的 4 ~ 5 枝粗壮侧枝。无论是培养独本还是多本，株高 25cm 时，都要及早摘除从基部发出的侧枝。生长期每半月施肥 1 次。花后及时打顶，并增施肥料，气温在 13 ~ 16℃，能继续开花不断。

【园林用途】国际上广泛将金鱼草用于盆栽、花坛、窗台、栽植槽和室内景观布置，近年来又用于切花观赏。在金鱼草的生产上，在欧洲的荷兰、丹麦、瑞典、挪威、比利时等国主要以盆栽和花坛植物为主，也有切花生产。在日本主要生产盆花，少量生产切花。

中国金鱼草的栽培从 20 世纪 30 年代开始，主要用于盆花、花坛和花境，数量不多。新中国成立后虽然发展很快，主要在公园的花坛、花境中布置，品种老化，色彩单一。20 世纪 80 年代后，引进金鱼草矮生种，广泛用于盆栽和花坛布置。

6.2.19 翠菊

【学名】*Callistephus chinensis*

【英文名】China aster

【别名】五月菊、江西腊

【科属】菊科翠菊属

【形态特征】一年生或二年生直立草本，高 30 ~ 100cm。茎直立，单生，有纵棱，被白色糙毛。叶互生，广卵形至匙形，叶缘具不规则的粗锯齿。头状花序单生于茎枝顶端，有长花序梗。总苞半球形，舌状花花色丰富，有红、蓝、紫、白、黄等深浅各色。花果期 5 ~ 10 月。瘦果，稍扁，顶端渐尖，易脱落，浅黄色，千粒重 2.0g（见图 6-19）。

图 6-19 翠菊

【种类与品种】品种丰富。株型有直立型、半直立型、分枝型和散枝型等。株高有矮型（30cm 以下）、中型（30 ~ 50cm）和高型（50cm 以上）。花型有平瓣类和卷瓣类，有单瓣型、芍药型、菊花型、放射型、托桂型和驼羽型等。花色分为绯红、桃红、橙红、粉红、浅粉、紫、墨紫、蓝、白、乳白、乳黄等。

【产地与分布】产于中国吉林、辽宁、河北、山西、山东、云南以及四川省（自治区、直辖市）等地，现世界各地均有栽培。

【生态习性】喜温暖、湿润和阳光充足环境。怕高温多湿和通风不良。生长适温为 15 ~ 25℃，冬季温度不低于 3℃。若 0℃以下茎叶易受冻害，相反，夏季温度超过 30℃，开花延迟或开花不良。翠菊为浅根性植物，生长过程中要保持盆土湿润且排水性良好，有利茎叶生长。长日照植物，对日照反应比较敏感，在每天 15h 长日照条件下，保持植株矮生，开花可提早。若短日照处理，植株长高，开花推迟。忌连作。

【繁殖及栽培管理】翠菊常用播种繁殖。因品种和应用要求不同决定播种时间。发芽适温为 18 ~ 21℃，播后 7 ~ 21 天发芽。幼苗生长迅速，应及时间苗。用充分腐熟的优质有机肥作基肥，化学肥料可作追肥，一般多春播，也可夏播和秋播，播后 2 ~ 3 个月就能开花。

翠菊幼苗极耐移栽，出苗后应及时间苗，经一二次移栽后，苗高 10cm 时定植。夏季干旱时，须经常灌溉。翠菊一般不需要摘心。为了使主枝上的花序充分表现出品种特征，应适当疏剪一部分侧枝，每株保留花枝 5 ~ 7 个。促进的花期调控主要采用控制播种期的方法，3 ~ 4 月播种，7 ~ 8 月开花；8 ~ 9 月播种，年底开花。生长期每旬施肥 1 次，盆栽后 45 ~ 80 天增施磷钾肥 1 次。

【园林用途】翠菊的品种很多，花色鲜艳，花型多变，植株高矮与开花早晚的品种均有，广泛为人们喜爱。花期很长，从 8 月开到霜冻，观赏价值可与菊花相媲美，是一年生花卉中首屈一指的种类，是国内外园艺界非常重视的观赏植物。国际上将矮生种用于盆栽、花坛观赏，高秆种用作切花观赏。翠菊在我国主要用于盆栽和庭园观赏较多，现已成为重要的盆栽花卉之一。如用紫蓝色翠菊瓶插、装饰窗台，显得古朴高雅。若以黄色翠菊和石斛为主花，配以丝石竹、肾蕨、海芋进行壁插，素中带艳，充满时代感。翠菊盆栽显得古朴高雅，球状型翠菊玲珑可爱，用它摆放窗台、阳台和花架，异常新奇。群体配置广场、花坛、厅堂，清新悦目，富有时代气息。是 Cl_2、HF、SO_2 的监测植物。

6.2.20 波斯菊

【学名】*Cosmos bipinnatus*

【英文名】Garden cosmos

【别名】秋英、大波斯菊、秋樱、格桑花、八瓣梅、扫帚梅

【科属】菊科秋英属

【形态特征】一年生草本，株高 60 ~ 100cm。叶对生，二回羽状深裂，裂片线形或丝状线形。头状花序单生，总苞片外层披针形或线状披针形，近革质，淡绿色，具深紫色条纹。舌状花紫红色、粉红色或白色；管状花黄色，管部短，上部圆柱形，有披针状裂片；花柱具短突尖的附器。花期 6 ~ 8 月。瘦果黑紫色，无毛，千粒重 6g（见图 6-20）。

【种类与品种】有托桂型、重瓣和半重瓣品种，有对短日照不敏感的品种。变种有白花波斯菊（var.*albiforus*），花色纯白；大花波斯菊（var.*grandiforus*），花大，有白、粉红、紫等色；紫花波斯菊（var.*purpurea*），花色紫红。

图 6-20 波斯菊

【产地与分布】原产地墨西哥，现中国各地均有种植，是庭院、道路绿化美化的最佳首选花卉品种。

【生态习性】波斯菊不耐寒，不喜酷热，性强健，耐瘠土，土壤过肥时，枝叶徒长，开花不良。天气过热时，也不能结籽。能自播繁殖。

【繁殖及栽培管理】波斯菊用种子繁殖。中国北方一般 4 ~ 6 月播种，6 ~ 8 月陆续开花，8 ~ 9 月气候炎热，多阴雨，开花较少。秋凉后又继续开花直到霜降。如在 7 ~ 8 月播种，则 10 月就能开花，且株矮而整齐。中南部地区 4

月春播，发芽迅速，播后 7 ~ 10 天发芽。波斯菊的种子有自播能力，一经栽种，以后就会生出大量自播苗，若稍加保护，便可照常开花。

苗高 5cm 即可移植，叶 7 ~ 8 枚时定植，也可直播后间苗。如栽植地施以基肥，则生长期不需再施肥，土壤若过肥，枝叶易徒长，开花减少，或者在生长期间每隔 10 天施 5 倍水的腐熟尿液一次。天旱时浇 2 ~ 3 次水，即能生长、开花良好。波斯菊为短日照植物，春播苗往往叶茂花少，夏播苗植株矮小、整齐、开花不断。其生长迅速，可以多次摘心，以增加分枝。

波斯菊植株高大，在迎风处栽植应设置支柱以防倒伏及折损。一般多育成矮棵植株，即在小苗高 20 ~ 30cm 时去顶，以后对新生顶芽再连续数次摘除，植株即可矮化；同时也增多了花数。栽植圃地宜稍施基肥。采种宜于瘦果稍变黑色时摘采，以免成熟后散落。

【园林用途】波斯菊株形高大，叶形雅致，花色丰富，楚楚动人，是可爱的秋天景物。适于布置花境，在草地边缘，树丛周围及路旁成片栽植美化绿化，颇有野趣。重瓣品种可作切花材料。因其抗旱、耐瘠薄，抗逆性强，是公路绿化的优良材料。适合作花境背景材料，也可植于篱边、山石、崖坡、树坛或宅旁。

6.2.21 风铃草

【学名】*Campanula medium*

【英文名】bellflower、canterbury bell

【别名】钟花、瓦筒花

【科属】桔梗科风铃草属

【形态特征】二年生草本。株高约 1m。莲座叶卵形至倒卵形，叶缘圆齿状波形，粗糙。叶柄具翅。茎生叶小而无柄。总状花序，小花 1 朵或 2 朵茎生。花冠钟状，花色有白、蓝、紫及淡桃红等，花期 4 ~ 6 月（见图 6-21）。

图 6-21 风铃草

【产地与分布】风铃草原产南欧。

【生态习性】喜夏季凉爽、冬季温和的气候。喜疏松、肥沃而排水良好的壤土。注意越冬预防凉寒，需要低温温室。长江流域需要冷床防护。

【繁殖及栽培管理】用播种繁殖。当种子成熟后立即播种，翌年植株可以开花。如秋凉再播，多数苗株要到第三年春末才开花。注意越冬预防凉寒，需要低温温室。长江流域需要冷床防护。小苗越夏时，应给予一定程度的遮阴，避免强烈日照。

【园林用途】风铃草在冬季温暖地区越冬，可用于花坛，岩竹园或园林中的边境或边缘种植。风铃草适于配置小庭园作花坛、花境材料。若用风铃草和观赏向日葵为主材，配上常春藤、海金砂、丝石竹篮插、表现生机蓬勃、欣欣向荣的欢乐气氛。如以紫色风铃草为主花，配上白色百合、飞燕草、天门冬做花插，将显得娴静柔美。

6.2.22 瓜叶菊

【学名】*Senecio cruentus*

【英文名】florists cineraria

【别名】千日莲

图 6-22 瓜叶菊

【科属】菊科瓜叶菊属

【形态特征】多年生草本。茎直立，高 30 ~ 70cm，被密白色长柔毛。叶片大，肾形至宽心形，上面绿色，下面灰白色，被密绒毛；叶脉掌状，在上面下凹，下面凸起。头状花序，多数，在茎端排列成宽伞房状；总苞钟状。小花紫红色，淡蓝色，粉红色或近白色；舌片开展，长椭圆形，顶端具 3 小齿；管状花黄色。花期从 12 月到翌年 4 月。瘦果长圆形，具棱。种子 5 月下旬成熟，千粒重 0.19g（见图 6-22）。

【种类与品种】瓜叶菊园林主要栽培品种有欧洲的"红色花"、非洲的"粉红色花"、地中海的"花红镶斑点"等。瓜叶菊异花授粉，极易自然杂交，因而园艺品种极多，花色丰富，常见类型有：大花型，花大而密集，头状花序，花径达 4cm；花色从白色到深红、蓝色，一般多为暗紫色，或具两色，界限鲜明。星型，花小量多，舌状花短狭而反卷，花径 2cm；植株高大。花色有红色、粉色、紫红色等。茎秆强壮，多用于切花。中间型，花径较星型大，约 3.5cm，品种较多，宜盆栽。多花型，花小，数量多，矮生，每株有花近百朵，花色丰富。

【产地与分布】原产大西洋加那利群岛。中国各地公园或庭院广泛栽培。

【生态习性】性喜冷寒，不耐高温和霜冻。好肥，喜疏松、排水良好的土壤。可在低温温室或冷床栽培，以夜温不低于 5℃，昼温不高于 20℃为最适宜。生长适温为 10 ~ 15℃，温度过高时易徒长。生长期宜阳光充足，并保持适当干燥。

【繁殖及栽培管理】瓜叶菊的繁殖以播种为主。对于重瓣品种为防止自然杂交或品质退化，也可采用扦插或分株法繁殖。播种一般在 7 月下旬进行，至春节就可开花，从播种到开花约半年时间。也可根据所需花的时间确定播种时间，如元旦用花，可选择在 6 月中下旬播种。瓜叶菊开花后在 5 ~ 6 月间，常于基部叶腋间生出侧芽，可将侧芽除去，在清洁河沙中扦插。插时可适当疏除叶片，以减小蒸腾，插后浇足水并遮阴防晒。若母株没有侧芽长出，可将茎高 10cm 以上部分全部剪去，以促使侧芽发生。

盆栽保持盆土稍湿润，浇水要浇透，但忌排水不良。生长期施薄肥，并注意不要使肥料溅到叶面上，施肥以后要及时冲洗，喷施新高脂膜保肥保墒。花期要停止施肥。忌炎热，生长适温在 10 ~ 20℃，在花期内温度可再降低一些，以便延长花期，小苗可经受 1℃的低温。生长期要放在光照较好的温室内生长，开花以后移置室内欣赏，每天至少要放在光线明亮的南、西、东窗前接受 4h 的光照，才能保持花色艳丽，植株健壮。在栽培中要注意经常转换盆的方向，以使花冠株形规整。

【园林用途】瓜叶菊花朵美丽，花色丰富艳丽，开花时花朵覆盖全株，是冬春时节主要的观花植物之一。其花朵鲜艳，可作花坛栽植或盆栽布置于庭廊过道，给人以清新宜人的感觉。盆栽作为室内陈设，其花期早，在寒冬开花尤为珍贵，花色丰富鲜艳，特别是蓝色花，闪着天鹅绒般的光泽，幽雅动人。瓜叶菊开花整齐，花形丰满，可陈设室内矮几架上，也可用多盆成行组成图案布置宾馆内庭或会场、剧院前庭，花团锦簇，喜气洋洋。温暖地区也可脱盆移栽于露地布置早春花坛。

6.2.23 千日红

【学名】*Gomphrena globosa*

【英文名】globe amaranth flower

【别名】火球花、龙帕棒、千金红、烫烫红、圆仔花、洋梅头花

【科属】苋科千日红属

【形态特征】一年生直立草本，高 20 ~ 60cm；茎粗壮，有分枝，有灰色糙毛，节部稍膨大。叶片纸质，长椭圆形或矩圆状倒卵形，顶端急尖或圆钝，凸尖，两面有小斑点、白色长柔毛及缘毛。花多数，密生，成顶生球形或矩圆形头状花序，常紫红色，有时淡紫色或白色。胞果近球形。种子肾形，棕色，光亮，花果期 6 ~ 9 月（见图 6-23）。

图 6-23 千日红

【种类与品种】千日红有高型和矮型品种，花色有紫红色、粉红色、白色、淡橙色等。

【产地与分布】原产热带美洲的巴西，巴拿马和危地马拉，世界各地广为栽培。

【生态习性】千日红对环境要求不严，但性喜阳光、炎热干燥气候，适生于疏松肥沃排水良好的土壤中，充足阳光，花期 6 ~ 10 月。

【繁殖及栽培管理】播种繁殖，发芽适温 16 ~ 23℃，7 ~ 10 天发芽，春季 3 ~ 4 月播于露地苗床。因种子密布毛绒，互相贴连，要插入沙土播种。插前用温水浸种催芽，方法：将种子用纱布包好，放在浅盆中，每天用清水喷洗 1 ~ 2 次，放在 20℃左右的环境中。待种子萌动后再拌细土播于苗床或盆中，加强肥水管理。出 6 片叶子时移植，也可直播。也可于 6 ~ 7 月剪健壮枝梢 10cm，插入沙土中，保持湿度，约一周即可生根。

千日红生长势强盛，对肥水、土壤要求不严，管理简便，一般苗期施 1 ~ 2 次淡液肥，生长期间不宜过多浇水施肥，否则会引起茎叶徒长，开花稀少。一般 8 ~ 10 天施一次薄肥。植株进入生长后期可以增加磷和钾的含量。生长期间要适时灌水及中耕，以保持土壤湿润。雨季应及时排涝。花期再追施富含磷、钾的液肥 2 ~ 3 次，则枝繁叶茂，灿烂多姿。残花谢后，不让它结籽，可进行整形修剪，仍能萌发新枝，于晚秋再次开花。千日红分枝着生于叶腋，为了促使植株低矮，分枝及花朵的增多，在幼苗期应行数次"掐顶"整枝。

【园林用途】千日红花繁色浓，植株低矮，花期长，是布置夏秋季花坛、花境及制作花篮、花圈的良好材料。球状花主要由膜质苞片组成，干后不凋，是天生的干花材料，同时也是风味绝佳的花草茶。采集开放程度不同的千日红，插于瓶中观赏，宛若繁星点点，灿烂多姿，作为切花应用时，观赏期长。对氟化氢气体敏感，是监测氟化氢的指示植物。

6.2.24 美女樱

【学名】*Verbena hybrida*

【英文名】verbena

【别名】草五色梅、铺地马鞭草、铺地锦、四季绣球、美人樱

【科属】马鞭草科马鞭草属

【形态特征】多年生草本作一、二年生栽培。茎四棱，横展，匍匐状，低矮粗壮，丛生而铺覆地面，全株具灰色柔毛，长 30 ~ 50cm。叶对生，长圆形、卵圆形或披针状三角形，边缘具缺刻状粗齿或整齐的圆钝锯齿。穗状花序顶生，多数小花密集排列呈伞房状。花色多，有白、粉红、深红、紫、蓝等不同颜色，也有复色品种，略具芬芳。花期长，花期为 5 ~ 11 月，4 月至霜降前开花陆续不断。蒴果，果熟期 9 ~ 10 月，种子千粒重 2.8g（见图 6-24）。

【种类与品种】品种丰富，有匍匐型和矮生型，花色各样。匍匐型：高 30cm，株幅 60cm，适宜种植钵种；矮生型：直立，高 20cm，适宜花坛使用。同属常见栽培种有加拿大美人樱（*V.canadensis*）、细叶美人樱（*V.*

图 6-24　美女樱

tenera）等。

【产地与分布】原产巴西、秘鲁、乌拉圭等地，现世界各地广泛栽培，中国各地也均有引种栽培。

【生态习性】北方多作一年生草花栽培，在炎热夏季能正常开花。在阳光充足、疏松肥沃的土壤中生长，花开繁茂。喜温暖湿润气候，喜阳，不耐干旱，对土壤要求不严，但以在疏松肥沃、较湿润的中性土壤能节节生根，生长健壮，开花繁茂。

【繁殖及栽培管理】繁殖主要用扦插、压条，亦可分株或播种。播种可在春季或秋季进行，常以春播为主。扦插可于 4 ~ 7 月，在气温 15 ~ 20℃的条件下进行，剪取稍硬化的新梢，切成 6cm 左右的插条，插于温室沙床或露地苗床。扦插后即遮阴，2 ~ 3 天以后可稍受日光，促使生长。经 15 天左右发出新根，当幼苗长出 5 ~ 6 枚叶片时可移植，长到 7 ~ 8cm 高时可定植，也可用匍枝进行压条，待生根后将节与节连接处切开，分栽成苗。

用于花坛者宜早定植，花后及时剪除残花，可延长花期。适时施肥、浇水，及时中耕除草，雨季及时排涝。栽培美女樱应选择疏松、肥沃及排水良好的土壤。因其根系较浅，夏季应注意浇水，以防干旱。每半月需施薄肥 1 次，使发育良好。养护期间水分不可过多过少，如水分过多，茎枝细弱徒长，开花甚少；若缺少肥水，植株生长发育不良，有提早结籽现象。生长健壮的植株，抗病虫能力较强，很少有病虫害发生。

【园林用途】美人樱株丛矮密，花繁色艳，姿态优美，花色丰富，盛开时如花海一样，令人流连忘返。美女樱花期长，适合盆栽和吊盆栽培，装饰窗台、阳台和走廊，鲜艳雅致，富有情趣，是良好的夏、秋季花坛、花境用花材料，也可作地被植物栽培。如成群摆放在公园入口处、广场花坛、街旁栽植槽、草坪边缘，清新悦目，充满自然和谐的气息。

6.2.25　福禄考

【学名】*Phlox drummondii*

【英文名】blue phlox

【别名】福禄花、福乐花、五色梅

【科属】花荵科草福禄考属

【形态特征】一年生草本花卉，高 15 ~ 45cm，单一或分枝。下部叶对生，上部叶互生，宽卵形、长圆形或披针形，顶端锐尖，基部渐狭或半抱茎，全缘，叶面有柔毛，无叶柄。圆锥状聚伞花序顶生，淡红、深红、紫、白、淡黄等色；雄蕊和花柱比花冠短很多。蒴果椭圆形，下有宿存花萼。花期为 6 ~ 9 月。种子长圆形，褐色，千粒重 1.55g（见图 6-25）。

图 6-25　福禄考

【种类与品种】

（1）园艺类型很多，依花色分为以下几种。

1）一花一色。有白、鹅黄、各种深浅不同的红紫色，以及淡紫和深紫。

2）一花二色。有内外双色，冠筒和冠边双色，喉部有斑点，冠边有条纹，冠边中间有白五角星状斑等。

3）一花三色。有玫红而基部白色中有黄心或紫红有白心蓝点等。

（2）依瓣型分。圆瓣种、星种、须瓣种、放射种，此外还有高型和矮类型等等。变种有星花福禄考（*var. stellaris*）、圆花福禄考（*var.rotundata*）。

（3）园林常见福禄考品种。“帕洛娜”（palona）矮生品种，适合小盆栽培。株形圆整，基部分枝能力强，低矮蔓生，适合盆花或花坛应用。

【产地与分布】原产北美南部，现世界各地广为栽培。

【生态习性】喜光，耐寒，喜温和湿润气候，不耐酷暑、炎热，在华北一带可冷床越冬，喜排水良好、疏松土壤，不耐干旱，忌涝，忌盐碱。

【繁殖及栽培管理】常用播种繁殖，暖地秋播，寒地春播，发芽适温为 15 ~ 20℃。秋季播种，幼苗经 1 次移植后，至 10 月上、中旬可移栽冷床越冬，早春再移至地畦，及时施肥，4 月中旬可定植。福禄考可在 4 ~ 5 月取新茎扦插繁殖，生根容易，此外还可用分株繁殖。

栽培期间，需勤中耕除草，并施一二次肥，注意灌溉。如定植地越冬，要在根部覆稻草以防寒。翌春第一批花后，进行摘心，促使萌发新芽，能再度开花。如果早春播于温室，也能在 9 ~ 10 月开花，但因酷暑生长不好，株丛小而发育差，观赏价值不高。

【园林用途】福禄考植株矮小，花色丰富，姿态雅致，可作花坛、花境及岩石园的植株材料，亦可作盆栽供室内装饰，在作盆栽时，每盆应定植 3 株，以保证株型丰满。植株较高的品种可作切花。

6.2.26 其他常见一、二年生花卉

其他常见一、二年生花卉，如表 6-1 所示。

表 6-1　其他常见一、二年生花卉

中文名	学名	科属	花色	观赏特性	园林应用
醉蝶花	*Cleome spinosa*	白花菜科醉蝶花属	白变红紫	株高 60 ~ 150cm，直立，总状花序顶生，花期 7 ~ 11 月	花坛、花丛、盆栽、切花
雁来红	*Amaranthus tricolor*	苋科苋属	观叶，红、黄、绿三色相间	株高 80 ~ 150cm，直立，花簇生叶腋或顶生穗状花序，观赏期 6 ~ 10 月	花坛、花丛、盆栽、切花
长春花	*Catharanthus roseus*	夹竹桃科长春花属	红、白、粉等，单色或复色	株高 10 ~ 35cm，直立或垂吊，花顶生、分枝强，观赏期 7 ~ 10 月	花坛、花境、垂吊、盆栽
洋桔梗	*Eustoma grandiflorum*	龙胆科洋桔梗属	紫、红、白等，单色或复色	株高 30 ~ 100cm，直立，花顶生，单瓣或重瓣，花期 4 ~ 12 月	盆栽、切花
藿香蓟	*Ageratum conyzoides*	菊科藿香蓟属	白、蓝、雪青、红等	株高 50 ~ 100cm，丛生，头状花序茎顶，花期夏、秋	花坛、花带、岩石园、盆栽
麦秆菊	*Helichrysum bracteatum*	菊科蜡菊属	白、粉、橙、红、黄等	株高 50 ~ 100cm，直立，头状花序顶生，花期 7 ~ 9 月	花坛、花境、盆栽、切花
旱金莲	*Tropaeolum majus*	旱金莲科旱金莲属	乳白、浅黄、橘红、深紫、红棕等	株高 30 ~ 70cm，蔓生，单花腋生，花期 6 ~ 10 月	花坛、花境、岩石园、盆栽
大花牵牛	*Pharbitis nil*	旋花科牵牛属	白、红、蓝、紫、粉等	茎长约 3m，缠绕性蔓生，单花腋生，花期 6 ~ 10 月	垂直绿化、庭院绿化、地被
花烟草	*Nicotiana sanderae*	茄科烟草属	白、淡黄、桃红、紫红等色	株高 45 ~ 120cm，直立，总状花序顶生，花期 6 ~ 8 月	花坛、花境、花丛、盆栽
蒲包花	*Calceolaria herbeohybrida*	玄参科蒲包花属	黄、红、紫等	株高约 30cm，直立，花奇特，似荷包，花期 12 月至翌年 2 月	花坛、盆栽

续表

中文名	学名	科属	花色	观赏特性	园林应用
蜀葵	*Althaea rosea*	锦葵科 蜀葵属	紫、粉、红、白等	株高 2 ~ 3m，直立，花单生于叶腋，花期 5 ~ 9 月	花坛、盆栽、切花
桂竹香	*Cheirathus cheiri*	十字花科 桂竹香属	橙黄、黄褐	株高 20 ~ 60cm，直立，总状花序，花期 5 ~ 9 月	花坛、花境、盆栽、切花
霞草	*Gypsophila elegans*	石竹科 丝石竹属	白、粉、淡紫	株高 30 ~ 60cm，直立，多分枝，聚伞花序顶生或腋生，花期 5 ~ 9 月	花丛、花境、岩石园、切花
五色椒	*Capsicum frutescens*	茄科 辣椒属	观果，红、黄、紫、白等	株高 30 ~ 60cm，直立，多分枝，果实簇生于枝端，观果期 8 ~ 11 月	花坛、花境、盆景
蛇目菊	*Coreopsis tinctoria*	菊科 金鸡菊属	黄、褐红、紫红等	株高 60 ~ 80cm，直立，头状花序顶生，花期 5 ~ 7 月	花坛、花丛、切花
银边翠	*Euphorbia marginata*	大戟科 大戟属	观叶，花白色	株高 50 ~ 70cm，直立，多分枝，单花顶生，花期 6 ~ 9 月	花坛、盆栽
花菱草	*Eschscholzia californica*	罂粟科 花菱草属	乳白、淡黄、玫红、青铜、浅粉、紫褐	株高 30 ~ 60cm，直立，多分枝，单花顶生，花期 4 ~ 8 月	花带、花境、盆栽
香雪球	*Lobularia maritima*	十字花科 香雪球属	白、淡紫、深紫、紫红等	株高 10 ~ 40cm，株型松散，多分枝，总状花序顶生，花期 6 ~ 10 月	花坛、花境、盆栽、地被
地肤	*Kochia scoparia*	藜科 地肤属	观叶	株高 15 ~ 100cm，直立，花少，单生于叶腋	花坛、花境、花丛
紫罗兰	*Matthiola incana*	十字花科 紫罗兰属	紫红、淡红、淡黄、白等	株高 30 ~ 60cm，直立多分枝，总状花序顶生和腋生，花期 4 ~ 5 月	花境、花带、盆栽、切花
夏堇	*Torenia fournieri*	玄参科 蝴蝶草属	紫青、桃红、兰紫、紫等	株高 15 ~ 30cm，直立，花腋生或顶生总状花序，花期 7 ~ 10 月	花坛、花台、盆栽
月见草	*Oenothera biennis*	柳叶菜科 月见草属	黄	株高 30 ~ 100cm，直立，穗状花序，花期 4 ~ 10 月	花境、花丛、岩石园
黑心菊	*Rudbeckia hirta*	菊科 金光菊属	黄、褐、紫	株高 60 ~ 100cm，直立，头状花序，花期 6 ~ 10 月	花境、丛植、庭院、切花
蔓性天竺葵	*Pewlargonium Peltatum*	牻牛儿苗科天竺葵属	深红、粉、白等	茎长 40 ~ 100cm，缠绕性蔓生，伞房花序腋生，花期 6 ~ 9 月	盆栽
五色菊	*Brachycome iberidifolia*	菊科 雁河菊属	蓝、白、粉、紫等	株高约 20cm，多分枝，头状花序，花期 5 ~ 6 月	花坛、盆栽、切花
香豌豆	*Lathyrus odoratus*	豆科 香豌豆属	紫、红、蓝、粉	茎攀缘，多分枝，总状花序长于叶，花期 6 ~ 9 月	花坛、盆栽、切花、干花
矢车菊	*Centaurea cyanus*	菊科 矢车菊属	紫、蓝、粉、红、白色等	株高 30 ~ 70cm，直立，头状花序，花期 2 ~ 8 月	花坛、花境、盆栽、切花
布洛华丽	*Browallia speciosa*	茄科 布洛华丽属	蓝紫至白	株高约 60cm，直立，多分枝，花单生于叶腋，花期夏季	花坛、花境、盆栽、岩石园
白花曼陀罗	*Datura metel*	茄科 曼陀罗属	白	株高 30 ~ 100cm，直立，花单生于叶腋，花期 3 ~ 11 月	花境、丛植
观赏葫芦	*L.siceraria* var. *microcarpa*	葫芦科 葫芦属	花白色，观果	蔓生，具卷须，花单生，观果期夏、秋	棚架
紫茉莉	*Mirabilis jalapa*	紫茉莉科 紫茉莉属	紫、粉、红、黄、白等	株高 50 ~ 100cm，直立，多分枝，花簇生枝端，花期 6 ~ 10 月	花境、丛植
一点缨	*Emilia flammea*	菊科 一点红属	橙红、朱红	株高 40 ~ 60cm，直立，头状花序单生，花期 6 ~ 9 月	花坛、花境、地被、切花

续表

中文名	学名	科属	花色	观赏特性	园林应用
别春花	*Godetia amoena*	柳叶菜科月见草属	紫红、淡紫	株高 50 ~ 60cm，直立，花单生或簇生，花期春、夏	花坛、花境、盆栽
柳穿鱼	*Linaria moroccana*	玄参科柳穿鱼属	青紫、白、玫红、粉	株约 40cm，直立，总状花序顶生，花期 5 ~ 6 月	花坛、花境、盆栽
猴面花	*Mimulus luteus*	玄参科酸浆属	黄	株高 30 ~ 40cm，直立，花对生于叶腋，花期 4 ~ 5 月	花坛边植，盆栽
黑种草	*Nigella damascena*	毛茛科黑种草属	白、蓝、粉	株高 35 ~ 60cm，直立，多分枝，单花顶生，花期 6 ~ 7 月	花境、切花
蛾蝶花	*Schizanthus pinnatus*	茄科蛾蝶花属	白、纯白、深红、蓝紫等	株高 60 ~ 100cm，直立，多分枝，总状花序，花期 4 ~ 6 月	花坛、盆栽、切花
高雪轮	*Silene armeria*	石竹科蝇子草属	淡红、玫红、白、雪青	株高约 60cm，直立，复聚伞花序顶生，花期 5 ~ 7 月	花坛、花境、岩石园
三色解代花	*Cilia tricolor*	花葱科解带花属	黄、玫红、淡紫	株高 30 ~ 60cm，直立，伞房花序，花期 5 ~ 6 月	花坛、花境、岩石园、盆栽、切花
天人菊	*Gaillardia pulchella*	菊科天人菊属	黄	株高 40 ~ 90cm，头状花序顶生，花期夏季	花坛、花境、切花
山梗菜	*Lobelia erinus*	桔梗科肉荚草属	白、红、蓝	株高 60 ~ 120cm，直立，总状花序顶生，花期夏、秋	地被、盆栽
勿忘草	*Myosotis sylvatica*	紫草科勿忘草属	白、蓝、粉	株高 30 ~ 60cm，直立，总状花序顶生，花期 3 ~ 9 月	花境、岩石园、切花、干花
龙面花	*Nemesia strumosa*	玄参科龙面花属	白、淡黄、深黄、橙、深红、玫紫等	株高 30 ~ 60cm，直立，多分枝，总状花序，花期春、夏	花境、盆栽、切花
四季报春	*Primula obconica*	报春花科报春花属	白、洋红、紫红、蓝、淡紫、淡红	株高约 30cm，直立，伞形花序，花期 1 ~ 5 月	地被、花境、盆栽、切花
细叶婆婆纳	*Veronica linariifolia*	玄参科婆婆纳属	蓝紫	株高 50 ~ 90cm，直立，穗状花序顶生，花期 9 ~ 10 月	花坛、花境
银叶菊	*Senecio cineraria*	菊科千里光属	花黄色，叶银白、灰白	株高 50 ~ 80cm，直立，多分枝，头状花序，花期 6 ~ 9 月	花坛、花境

思 考 题

1. 一、二年生花卉是指什么？有哪些类型？
2. 一、二年生花卉在园林应用中有哪些特点？
3. 一年生花卉与二年生花卉的生长发育特性有何区别？
4. 一、二年生花卉生态习性是怎样的？
5. 举出 10 种花坛常用一、二年生花卉，说明它们的生态习性和园林应用特点。

本 章 参 考 文 献

[1] 宛成刚，赵九州 . 花卉学 [M]. 上海：上海交通大学出版社 ,2008.
[2] 刘燕 . 园林花卉学 [M] .2 版 . 北京：中国林业出版社 ,2008.
[3] 王莲英，秦魁杰 . 花卉学 [M] .2 版 . 北京：中国林业出版社 ,2011.

[4] 包满珠.花卉学[M].2版.北京:中国农业出版社,2003.
[5] 刘延江.园林观赏花卉[M].沈阳:辽宁科学技术出版社园艺,2006.
[6] 陈雅君.花卉学[M].北京:气象出版社,2010.
[7] 英国皇家园艺学会编辑.一年生和二年生园林花卉[M].肖良,印丽萍,译.北京:中国农业出版社,2001.
[8] 薛聪贤.一年生草花120种[M].郑州:河南科学技术出版社,2000.

本章相关资源链接网站

1. 中国自然标本馆 http://www.naturemuseum.net
2. 美国泛美种业 http://www.panamseed.com
3. 荷兰先正达花卉 http://www.syngentaflowersinc.com
4. 日本坂田种业 http://www.sakata.com
5. 植物物种信息数据库 http://db.kib.ac.cn/eflora/Default.aspx
6. CVH 植物图片库 http://www.cvh.ac.cn
7. 中国植物图形库 http://www.plantphoto.cn
8. 中国园林网 http://www.yuanlin.com
9. 花之苑_花卉图片网 http://www.bioon.com
10. 全球花卉优良品种评比网 http://www.fleuroselect.com
11. 全美园林植物良种评比网 http://www.all-americaselections.org
12. 荷兰金奖园艺产品网 http://www.volmary.com
13. 荷兰植物培育与生产协会 https://www.plantum.nl

第7章 宿 根 花 卉

7.1 概述

7.1.1 概念及基本类型

7.1.1.1 概念

宿根花卉（perennials）有狭义和广义之分，狭义的宿根花卉是指能够“冬眠”的花卉，即在冬天到来时，宿根花卉的地下部分可以在土壤中越冬，次年春天地上部分还可以重新生长的花卉。广义的宿根花卉是指可以生活几年到许多年而没有木质茎的植物。通俗来说，现在认为宿根花卉是广义上的概念。事实上，一些种类多年生长后其木质部会有些木质化，但上部仍呈柔弱草质状，应称为亚灌木，但一般也归为宿根花卉，如菊花等。

7.1.1.2 基本类型

宿根花卉可以分为两大类。

1. 耐寒性宿根花卉

耐寒性宿根花卉冬季地上茎、叶全部枯死，地下部分进入休眠状态。其中大多数种类耐寒性强，在中国大部分地区可以露地过冬，春天再萌发。耐寒力强弱因种类而有区别。主要原产于温带寒冷地区，如菊花、风铃草、桔梗等。

2. 常绿性宿根花卉

常绿性宿根花卉冬季茎叶仍为绿色，但温度低时停止生长，呈现半休眠状态，温度适宜则休眠不明显，或只是生长稍停顿。耐寒力弱，在北方寒冷地区不能露地过冬。主要原产于热带、亚热带或温带暖地，如竹芋、麦冬、冷水花等。

7.1.2 宿根花卉的生态习性

宿根花卉一般生长强健，适应性较强。种类不同，在其生长发育过程中对环境条件的要求不一致，生态习性差异很大。

1. 温度

对温度的要求差异较大。早春及春季开花的种类大多喜冷凉、忌炎热；而夏季开花的种类大多喜温暖。

2. 光照

对光照的要求差异也较大。一些种类要求阳光充足，如宿根福禄考、菊花等；另外一些种类要求半荫，如玉簪、紫萼、铃兰、麦冬、日本鸢尾等，白芨、楼斗菜、桔梗等则喜微荫。

3. 土壤

对土壤要求不严，除沙土及黏重土外，其他土质均可适应，小苗以富含腐殖质的疏松壤土为宜，栽培 2 ~ 3 年后以黏质壤土为佳。对土壤肥力的要求也不同，耐瘠薄土壤的有楼斗菜、金光菊、荷兰菊、桔梗等，芍药、菊花等则喜肥。大多数要求中性土壤，少数种类可适应强酸性或碱性，如多叶羽扇豆喜酸性土壤，非洲菊、宿根霞草等喜微碱性土壤。

4. 水分

对水分的要求，因根系比一、二年生花卉强壮，所以耐旱性也比一、二年生花卉强，但因种类而有所不同，耐旱的有紫菀、萱草、紫松果菊、马兰等；耐湿有玉簪、铃兰、乌头、鸢尾等；耐干旱的有黄花菜、马蔺、紫松果菊等。

7.1.3 园林中的应用

1. 布置花坛

利用宿根花卉品种繁多，色彩艳丽的特点在园林中可建植各种花坛。花坛一般多设于广场和道路的中央、两侧及周围等处，要求经常保持鲜艳的色彩和整齐的轮廓。宿根花卉的花色、株高及花期较容易达到整齐划一的要求，采用不同花色的宿根花卉组成一幅一定图案的花坛较容易获得整齐密实的质地、童话般鲜艳的色彩。如采用早菊、宿根秋海棠等色彩艳丽，色差较大的宿根花卉进行合理搭配，摆放出细密实花坛，其绚丽色彩，骄人的花姿，往往能给人以强烈的视觉冲击，让人留下很深的印象。

2. 组合花境

各种宿根花卉与其他植物进行高低错落穿插迂回的栽培，来表现其个体美以及自然组合的群落美的花境在园林中是经常用的。在配置时注意协调好主景与配景，主色与基色。植物的叶形与姿态、花期与花色、高和矮等不同的组合可形成各具特色的绿化美化效果。花境内的植物要求花期较长，植株较高，花叶兼美，可以用花灌木和宿根花卉混栽。常用的宿根植物有玉簪、荷包牡丹、鸢尾、景天类、飞燕草、芍药、大丽花等。

3. 地被植物

宿根花卉管理粗放又极具观赏价值，越来越受到人们的重视，如丛生福禄考、景天、金娃娃萱草等均用作地被植物。丛生福禄考耐热、耐寒、耐旱，只要阳光充足，就能正常生长，花繁似锦，花期过后，一片绿色，起到了草坪的作用。有一些种类，如萱草、鸢尾等，可与草坪混合使用，用作草坪周围镶边，点缀草坪。鸢尾类、金鸡菊类、荷包牡丹类、玉簪类、萱草类、景天类等宿根花卉，都可用作地被植物。用丰富的花色和造型，来改变其原来既没有气势又呆板的缺点。

4. 道路绿化

道路绿化的主要功能是遮阴和美化环境，在不妨碍交通视线的情况下，可在分车带，路基处将宿根花卉布置成流线形带状、螺旋状，使用大色块，起到美化街路的作用。道路绿化要求耐旱、耐瘠薄。常用的宿根植物有鸢尾、荷兰菊、大花金鸡菊、蓍草、紫花苜蓿、红豆草、二月兰等。

5. 与山石搭配

一石一草，一刚一柔，质地反差很大。宿根花卉中一些低矮、耐旱、耐热、耐寒的种类，如石竹属的高山石竹、常夏石竹、蓍草属、景天科、堇菜科、蔷薇科、虎耳草科等的矮生种类，都可以用作岩石园的材料。如用马莲与山石相配则在马莲衬托下山石粗放，质朴，厚重之感跃然而生，而马莲在山石衬托下愈显顽强刚柔，两者相得益彰。

6. 营造宿根花卉专类园

为了将某一个宿根花卉品种的特性及其独特的景观效果淋漓尽致地表现出来，可以建造它的专业园，比如鸢尾园、萱草园等。也可以将多品种的宿根花卉进行组合栽培，形成既具有不同景观又可作为科普教育基地的综合宿根花卉园。

在园林绿化中能充分应用适生宿根花卉，不仅可以节约绿化成本，也可以使城市居民常年都能观赏到艳丽的花朵，更能丰富目前比较单调的地被植物品种。

7.2 主要宿根花卉

7.2.1 菊花

【学名】 *Dendranthema grandiflorum*（*Dendranthema morifolium*）

【别名】 秋菊、黄花、鞠、寿客、傅延年、金蕊、黄花、阴成、节花

【科属】菊科菊属

【有关文化】《礼记・月令》篇中这样的记载，“季秋之月，鞠（菊）有黄华”。菊花开放的时间是每年秋末的9月所以菊花也叫“秋花”、“秋菊”。菊花的“菊”字，在古代是作“穷”字讲，是说一年之中花事到此结束，菊花的名字就是按照花期来确定的。

“菊”字也写作“鞠”。“鞠”是“掬”的本字。“掬”就是两手捧一把米的形象。菊花的头状花序生得十分紧凑，活像抱一个团儿似的。人们发现菊花花瓣紧凑团结一气的特点，所以叫作“菊”。在2000多年前，菊花大多是黄色，因此，古代诗人的笔下常常把它写成黄的、金色的，还用“黄花”代菊花。

菊花为北京、太原、南通、芜湖、开封、湘潭、中山、德州等城市的市花。

【栽培简史】春秋战国时期：《吕氏春秋・季秋纪》和《礼记・月令》篇中均有“鞠有黄华”的记载。楚国诗人屈原留下诗句“朝饮木兰之坠露兮，夕餐秋菊之落英”，由此可见，在春秋战国时期野菊就用以食用了。

秦汉时期：古人用不开花的菊烧灰治虫。开始有饮用药用记载。魏钟会的《菊花赋》有红色野菊的记载，古人已经开始注意野菊的花色了。

东晋时期：陶渊明将菊花作为观赏植物栽植于庭院，留下“采菊东篱下，悠然见南山”的千古绝唱，中国开始有了真正意义上的家菊。

唐宋朝时期：菊花栽植很普遍，并出现紫色和白色的品种，栽培技术中出现了嫁接的方法。品种、栽培与专著方面有了新的突破。宋徽宗时，彭城刘蒙的《菊谱》问世，该书是世界上第一部菊花专著。该时期在艺菊技术方面是一个飞跃时期，菊花渐由露地的自然栽植过渡到整形盆栽。宋代已经出现了使一支主干上开出数十朵菊花的小丽菊，以及用小菊结扎宝塔等立菊和造型菊的艺菊技术。此时花市和菊花会不断举行，艺菊中心主要在江南的苏杭一带。

金元时期：北京地区的艺菊和赏菊之风逐渐浓厚，元代出现了以菊花制作盆景的造型技艺。

明清时期：艺菊赏菊活动迅速发展，尤其在北京地区，无论是宫廷还是民间，重阳之日都要在庭院、街道摆放菊花，布置成花山花城，用小菊结扎成的宝塔、门楼等扎景随处可见。菊花栽培极为鼎盛，不仅菊花新品种不断增加，艺菊造型技术也逐渐提高与成熟，广东小榄开始举行菊花会。

新中国成立以后：菊花品种数量剧增，目前中国的菊花品种已有3000余个。全国都有分布，目前以河南省开封市、广东省中山市的小榄镇是艺菊栽培技术比较完善，栽培管理以及应用水平较高的地区。

【形态特征】多年生宿根草本花卉，株高30～150cm，茎色嫩绿或褐色，被柔毛，基部半木质化。单叶互生，有柄，叶形大，卵形至广披针形，边缘有缺刻及锯齿，托叶有或无。头状花序单生或数朵聚生枝顶，由舌状花和筒状花组成。花序边缘为雌性舌状花，分为平、匙、管、畸四类，花色有白、黄、紫、粉、紫红、雪青、棕色、浅绿、复色、间色等色系；中心花为筒状花，两性，多为黄绿色。花序直径2～30cm。种子（实为瘦果）褐色，细小，寿命3～5年（见图7-1）。

【品种与分类】栽培种的菊花类型品种很多，世界上的品种已逾万，中国也有3000多种。菊花品种遍布全国，以北京、南京、上海、杭州、青岛、天津、开封、武汉、成都、长沙、湘潭、西安、沈阳、广州、中山市小榄镇等为盛。

菊花园艺分类，有以下几种。

1. 按花的特征分类

（1）花型分类，一般分为5类。

平瓣类：宽带型、荷花型、芍药型、平盘型、翻卷型、叠球型。

图7-1　菊花

匙瓣类：匙荷型、雀舌型、蜂窝型、莲座型、卷散型、匙球型。

管瓣类：单管型、翎管型、管盘型、松针型、疏管型、管球型、丝发型、飞舞型、钩环型、缨珞型、贯珠型。

桂瓣类：平桂型、匙桂型、管桂型、全桂型。

畸瓣类：龙爪型、毛刺型、剪绒型。

（2）花色分类，一般为 7 类。

黄色：浅黄、深黄、金黄、橙黄、棕黄、泥金。

白色：乳白、粉白、银白、灰白。

绿色：豆绿、黄绿、草绿。

紫色：雪青、浅紫、红紫、墨紫。

红色：大红、朱红、墨红、橙红、棕红。

粉色：浅粉、深粉。

复色：花瓣上有两种以上色彩。

（3）花径分类，一般分为大、中、小 3 类。

大：花序直径在 20cm 以上。

中：花序直径在 12 ~ 20cm 之间。

小：花序直径在 6 ~ 12cm 之间。

（4）花心。露心、微露心、不露心。

（5）花抱。花抱指菊花的舌状花冠相围合所形成的一种变化趋势。按花抱可将菊花分为 6 类：圆抱、追抱、反抱、乱抱、露心抱、飞舞抱等。

2. 按叶的特征分类

（1）叶型。正叶、深裂正叶、长叶、深裂长叶、圆叶、莲叶、反转叶、葵叶、柄附叶、锯齿叶。

（2）叶大小。大叶：长 14cm 以上；中叶：长 8 ~ 14cm；小叶：长 8cm 以下。

（3）叶柄。长：2.0cm 以上；中：1.0 ~ 2.0cm；短：1.0cm 以下。

（4）托叶。有托叶、无托叶。

3. 按开花习性分类

（1）依菊花品种对短日照的不同反应分类。将菊花品种分为极敏感品种（遮光到现蕾为 15 ~ 19 天）、较敏感品种（遮光到现蕾为 20 ~ 24 天）、敏感品种（需 25 ~ 29 天）、不敏感品种（需 30 ~ 34 天）和极不敏感品种（需 34 天以上）。

（2）依菊花品种对日长的不同反应分类。欧美栽培的品种一般为短日性，根据从短日开始到达开花需要的周数（通常 6 ~ 15 周）划分品种类型，分别是 6 周品种、7 周品种、8 周品种、15 周品种。

（3）依菊花品种开花对温度的不同反应分类。Cathey（1954）将菊花品种分为 3 类：对温度不敏感的品种，10 ~ 27℃之间的温度对开花没有明显抑制，15.5℃时开花更佳，这类品种可以周年生产。对低温敏感的品种，温度在 15.5℃以下时对开花受抑制，这类品种维持适宜温度可以周年生产。对高夜温敏感的品种，温度在 15.5℃以上时对开花受抑制，低于 10℃延迟开花，这类品种只能在夜温 15.5℃或略低于此温度的地方栽培。

（4）依花期分类。按开花季节不同，分为春菊、夏菊、秋菊、冬菊及“九五”菊等。秋菊按花期又分为早、中、晚 3 类。

4. 按栽培和应用方式分类

（1）盆栽菊（包括案头菊、独本菊、立菊）。

1）案头菊，特点是一株一盆一花（或二花），盆小花大，盆径一般 10 ~ 15cm，裙叶覆盖，花径超盆，株高在 25cm 以下。宜选株型矮、对矮化剂敏感效果好、茎粗壮、生育期较短、花型丰满的大花型品种。如兼六香菊、日本太白积雪、笑履、平沙落雁、玉带风飘、空谷清泉、黄石公等。

2）独本菊，特点是一株一头一花，要求花朵硕大，色泽艳丽，叶片肥大，脚叶完好，株高在 40 ~ 60cm 最具观赏价值。因而必须选择大花型、色艳、叶浓绿有光泽、茎直立粗壮、节间短密的中矮型品种。

3）立菊，又称为多头菊是艺菊中最常见的形式之一。一株着花多朵（一般 3 ~ 11 朵），要求各枝高矮一致，分布均匀，花朵大小和花期一致，株高 30 ~ 50cm。一些分枝力较强、株型高矮适度、花朵大小相宜、茎直立的品种最适宜培育多头菊。其中尤以绿玉、绿云、丽金、染容等品种为佳株。

（2）造型菊（包括悬崖菊、大立菊、塔菊、盆景菊、造型菊）。

1）悬崖菊，悬崖菊是选用中、小品种菊花，经人工整形具有独特风格的盆栽，形似高山悬崖，故称悬崖菊。通常选用单瓣型、分枝多、枝条细软、开花繁密的品种，仿效山间野生小菊悬垂的自然姿态，整枝成下垂的悬崖状。栽培的关键是用竹架诱引主干向前及适时摘心。鉴赏的标准是花枝倒垂，主干在中线上，侧枝分布均匀，前窄后宽，花朵丰满，花期一致，并以长取胜。

2）大立菊，大立菊一株有花数百朵乃至数千朵，其花朵大小整齐，花期一致。鉴赏标准以主干伸展，位置适中，花枝分布均匀，花朵开放一致，表扎序列整齐，气魄雄伟为上品。1994 年 11 月中山市小榄菊花会展出的一株含 5766 朵（39 圈）花的大立菊是中国大立菊之冠。大立菊选用抗性强、节间长、枝条软、花色鲜艳而易于加工造型的品种，一般整作圆形，用竹片作支架，逐朵扎缚。

3）塔菊，塔菊又称十样锦是将各种不同花型、花色的菊花接在一株 3 ~ 5m 高的黄花蒿上，砧木主枝不截顶，让其生长，在侧枝上分层嫁接。各色花朵同时开花，五彩缤纷，非常壮观。培养塔菊，在选用接穗品种时，要注意花型、花色、花大小等的协调和花期的相近，以使全株表现和谐一致。

4）盆景菊，盆景菊是用菊花与山石等素材，经过艺术加工，在盆中塑造出活的艺术品。菊花盆景通常以小菊为主，选用枝条坚韧、叶小、节密、花朵稀疏、花色淡雅的品种为宜。亦有留养上年的老株，加强管理，使越冬后继续培养复壮。这样的盆景老茎苍劲，可以提高欣赏价值。

5）造型菊，就是用菊花砌扎成动物、各种物品等生活原型的菊艺，传统的造型菊技术就是先用铁丝扎好要仿造物件的轮廓，再用菊花砌扎上去，具有很高的趣味性、技术性和科学性。

在造型菊中，案头菊适于室内桌案摆放；悬崖菊用做展览、布置场地；大立菊适于展览或品种特性鉴定之用；盆景菊可用于景点的点缀、造型、展览以及室内观赏、布置厅堂；小菊类株矮枝密的品种，适宜布置岩石园及花坛。

（3）切花菊。

以切花为目的的菊花栽培，切花菊具有以下特点：①枝长、颈短，花枝匀称；②枝条粗壮坚韧；③叶片肥厚、鲜嫩具光泽；④花瓣内曲的半球形中花型或小花型品种；⑤花枝吸水性强、耐运输；⑥生长期短，易于开花。

【产地与分布】原产中国，现世界各地广为栽培。

【生态习性】菊花属阳性植物，营养生长和发育阶段都需要充足的阳光。花蕾展开以后植株停止生长不再需要充足的阳光，可以遮荫或半遮荫，延长花期和观赏时间。菊花喜欢疏松肥沃和富含腐殖质、通气透水良好的沙壤土，具有较强的抗旱能力。鄢陵县花农有这样的谚语“小怕淹，老怕旱，花蕾形成时是大肚汉”。为了收获充实饱满的种子，在花期和开花后都应给予充足的阳光。菊花喜欢湿润凉爽的生态环境，具有一定的抗寒性和抗霜能力。

【繁殖】菊花以营养繁殖为主，也进行播种繁殖。

（1）扦插繁殖。生产中以扦插繁殖为主，常用根蘖插、嫩枝插、单芽插及带蕾插等。扦插在春夏季进行，以 4 ~ 5 月最为适宜。首先需培养采穗母株，一般选用越冬的脚芽，定植株行距（10 ~ 15cm）×（10 ~ 15cm），植株生长到 10cm 左右即可摘心，促进分枝，侧枝高达 10 ~ 15cm 即可采取插穗，采穗时需留有两片叶的茎段，使其再发枝，以便下次采穗。母株在栽植床内可保留 13 ~ 21 周，前后可采 4 ~ 5 批。超过这一期限会引起芽的早熟，从而失去插穗的作用。采穗母株应处于长日条件，采取营养生长状态的顶梢，抽穗长 8 ~ 10cm，摘除基部 1 ~ 2 片叶，扦插时深入基质 2 ~ 3cm，基质温度 18 ~ 21℃，空气温度 15 ~ 18℃，扦插株行距 1.5cm×2.0cm，扦插后 10 ~ 20 天，当根长到 2cm 时，可起苗定植或冷藏于 0 ~ 3℃等待定植。

（2）分株繁殖。菊花的分株繁殖多在清明前后进行，将植株掘出，依根的自然形态带根分开，另外栽植盆中即可。

（3）嫁接繁殖。培植大立菊、塔菊、什样锦等时多用嫁接繁殖。砧木主要是黄蒿（*Artemisia annua*）、青蒿（*A.apiacea*）、白蒿（*A.sieversiana*）等，一般采用劈接法嫁接接穗品种的芽。3 月将白蒿定植，6 月上旬自白蒿主干下部的分枝开始陆续向上嫁接，最后一次应在 7 月中旬以前结束。独本菊、多头菊培育时为增强生长势，促使叶肥花大也可用嫁接繁殖。

（4）播种繁殖。培育菊花新品种时多用播种繁殖。种子于冬季成熟，采收后晾干保存。2 ~ 4 月播种，发芽适温 25℃，1 ~ 2 周即可萌芽。虽然实生苗初期生长缓慢，当年也可开花。

（5）组织培养。菊花的茎尖、叶片、茎段、花蕾等部位可用作组织培养的外植体，其中未开展的、直径 0.5 ~ 1cm 的花蕾作外植体易于消毒处理，分化快。茎尖培养分化慢，常用于脱毒苗培养。

【栽培管理】

（1）独本菊。①冬存。秋末冬初，精选母株根茎下部萌发的第一代健壮新芽，扦插保存；放在向阳、低温（3℃左右）的室内养护，不干透不浇水，以防徒长；②春种。选健壮幼苗，盆中定植；翌年 3 月将冬藏的脚芽苗分栽在装有普通培养土的盆内，置于室外背风、向阳处养护，适当浇水并注意松土，以促进根系迅速生长；③夏定。摘心，促使母株的根茎下部发出新芽，选留从盆边生出的一个顶芽饱满、长势旺盛的脚芽苗，其余的全部挖掉。确定 1 发育良好的新苗作为秋养植株；④秋养。主要发育期，进入全面养护管理。换盆，剪除母株，填土（1/3）、追肥（填土），主攻花头。生长期随时摘除侧芽及侧蕾，仅留主蕾开花。苗高 10 ~ 15cm 时应立支柱，防倾斜。

（2）悬崖菊。选用小菊品种扦插、换盆。用一端弯曲的竹片插于植株基部，另一端固定于架上，使植株沿竹片生长，与地面呈 45° 。每 2 ~ 3 节绑扎一次。主枝任其生长，侧枝反复摘心，至 9 月下旬停止摘心。现蕾后进行几次剥蕾，移入大盆养护。悬崖菊一般株长约 1.5m，置于石旁水畔及假山上，枝垂花多，颇具画意。如制作大悬崖菊，须提前于 7 ~ 8 月间扦插，并于 8 月至翌年 3 月加光，每日增加人工光照至 14h 以上，以抑制当年出现花蕾。因悬崖菊植株长大，故所需水肥较多，应予充分供应。

（3）大立菊。选用分枝性强、枝条柔软的大花品种，精心培育 1 ~ 2 年，每株可开数十至数千朵花，适于展览会及厅堂等用。可用扦插法栽培。特大立菊则常用蒿苗嫁接，并用长日照处理培养 2 年始成。扦插法栽培要点如下：9 月间挖 5 ~ 10cm 长的健壮脚芽插于浅盆中，2 ~ 3 周生根后移于直径 12cm 的盆中，室内越冬，翌年 1 月移入大盆。当苗生 7 ~ 9 片叶时，留 6 ~ 7 片叶摘心，上部只留 3 ~ 4 个侧枝，摘除下部的侧枝。以后侧枝留 4 ~ 5 片叶反复摘心，春暖后定植，以后约每 20 天摘心 1 次，8 月上旬停止。植株中间插 1 根细竹，固定主干，四周再插 4 ~ 5 根竹竿，引绑侧枝。至 9 月上旬移入大盆。立秋后加强水肥管理，经常除芽、剥蕾。当花蕾直径达 1 ~ 1.5cm 时，用竹片制成平顶形或半球形的竹圈套在菊株上，并与各支柱连接绑牢，然后用细铅丝把蕾均匀地系于竹圈上，继续养护，以备花期展览布置之用。这样培养的大立菊，一株可开花数百朵。特大立菊甚至可开花 2000 ~ 3000 朵以上。

（4）塔菊（十样锦）。将各种不同花型、花色的菊花接在一株 3 ~ 5m 高的黄花蒿上，砧木主枝不截顶，让其生长，在侧枝上分层嫁接，呈塔形。各色花朵同时开花，五彩缤纷，非常壮观。培养“十样锦”菊，在选用接穗品种时，要注意花型，花色、花的大小等的协调和花期的相近，以使全株表现和谐统一的美。栽培方法，可参照大立菊。

（5）盆景菊。选用小菊适当品种，于 10 月下旬至 11 月初，从母株上取壮芽扦插育苗。成活后于 1 月上盆，

3月换盆，至5月进行第二次换盆。换盆时选留根系发达的健壮植株，每株选留4～6条较粗大的侧生根，再把侧根固定到预备好的山石或枯树桩上，进行修剪，然后用铜丝绑扎。到夏季菊苗已长出5～7个芽时，按需要位置留3个芽，稍长后摘心，并不断摘去侧芽。当枝条长至20cm时，依木桩或山石整形，这时已完成盆景的雏形。至9月初进行最后摘心。10月下旬现蕾后在盆内铺上青苔，去掉铜丝，形成自然景观。菊花盆景有古木参天、悬崖临水等造型。如管理得法，可存活应用4～8年。

（6）案头菊。株矮、花大，可布置厅堂，几案。它有占地面积小，生长期短，观赏时间长等优点。案头菊的栽培主要掌握选择品种、适时育苗与激素处理三要点。

培养案头菊，宜选用大花、花型丰满，叶片肥大舒展的矮形品种，如“绿云”、“绿牡丹”、“帅旗”、“灯下舞娘”等。扦插育苗的时间宜在8～9月间。待根系粗壮时，移入装有沙质培养土、直径10cm的盆中，1周后施完全肥料，经常施用。以后逐渐加大肥料浓度，至花蕾透色时停止施肥。每次浇肥水，切忌过多。扦插成活后，即用矮壮素B9（N—2甲胺基丁二酰胺酸）2%水溶液喷顶心；第二次在上盆1周后喷全株；以后每10天1次，直至现色为止，总共4～5次，即可实现矮化。

菊花在世界切花生产中占有重要地位，切花要求花型整齐，花径7～12cm，花色鲜艳，无病虫危害，叶浓绿，茎通直，高80cm以上，水养期长。切花菊可地栽，株距12～13cm，行距约15cm。需设网扶持，以保持植株直立。

菊花可促成和抑制栽培，长日照季节，每天17:00至次晨9:00遮光，每天日照10h，至花蕾现色时停止遮光，可提前开花。短日照季节每天加至14h，可控制花芽分化，延迟供花时间。

菊花常见的病害有褐斑病、黑斑病、白粉病、褐锈病、黑锈病、根腐病等。主要虫害有蚜虫、红蜘蛛、尺蠖、菊虎、蛴螬、潜叶蛾幼虫、蚱蜢及蜗牛、小地老虎、菊花钻心虫、绿盲椿象等。

【园林应用】菊花有其独特的观赏价值，人们欣赏它那千姿百态的花朵，姹紫嫣红的色彩和清隽高雅的香气，尤其在百花纷纷枯萎的秋冬季节，菊花傲霜怒放，不畏寒霜欺凌的气节，也正是中华民族不屈不挠精神的体现。菊花可盆栽、切花、花坛、花境、盆景等布置园林。

【其他用途】

食用：由屈原“朝饮木兰之坠露兮，夕餐秋菊之落英”诗句《范村菊谱》有个“金饭”的记载，现在民间喜食的菊花名菜名点还有菊花脑、菊花蟹、白菊元贝羹等。

饮用：中国自汉代起，宫廷中在重阳日就开始饮用菊花酒，菊花久服能轻身延年，宋时，饮菊茶已经很普遍，现代人保留了饮菊茶的习惯，产于中国浙江的杭菊，安徽的滁菊和亳菊，河南的邓菊，都是中国驰名的茶用菊。饮菊茶可消暑、降热、祛风、润喉、养目、解酒等。

药用：药菊有黄白两种，《神农百草经》和《本草纲目》等著作均大量记载着有关菊花药用的记录。在民间，常用菊花晒干做药枕可祛风明目。

工艺装饰：已有2000多年的历史，在陶瓷器皿、服饰、古典建筑上都能看到菊花图纹作装饰。菊花象征“长寿、长久”，常与各种吉祥物组合表达吉祥寓意。菊花配松，寓意“松菊延年”；菊花配磬，寓意“庆寿”；菊花配佛手或蝙蝠，寓意“福寿”；菊花配牡丹、莲花，寓意“富贵连寿”；菊花配九个鹌鹑，寓意“久世居安”。

7.2.2 芍药

【学名】*Paeonia lactiflora*

【别名】将离、婪尾春、殿春、没骨花、绰约、梨食、白芍

【科属】毛茛科芍药属

【有关文化】《本草》记载：此花花容绰约，故以为名。诗经郑风有《溱洧》：“维士与女，伊其相谑，赠之以芍药。”

芍药又名将离或可离。在古代人们于别离时，赠送芍药花，以示惜别之情。青年男女交往，以芍药相赠，表

达结情之约，故又称“将离草”。芍药是草本，没坚硬的木质茎秆，落叶后地上部分枯死，故又名“没骨花”。

芍药暮春开放，民谣曰：“谷雨三朝看牡丹，立夏三朝看芍药。”芍药花期紧接牡丹，有“殿春”俗名。唐宋文人称芍药为“婪尾春”；婪尾酒（唐代称宴饮时酒巡至末座为婪尾酒）是最后之杯，芍药花开于春末，意为春天最后的一杯美酒。花有香气，又名“挛夷”、“留夷”。花大色艳，妩媚多姿，故名为“娇容”、“余容”。

芍药状如牡丹，有“四相簪花”的传说，同样具有了富贵祥瑞的含义。宋代陆佃《埤雅》中形成了这样的说法：“今群芳中牡丹为第一，芍药为第二，故世称牡丹为花王，芍药为花相。”是富贵、权势的象征。

芍药象征爱情。唐代姚合《欲别》“山川重叠远茫茫，欲别先忧别恨长。红芍药花虽共醉，绿蘼芜影又分将。鸳鸯有路高低去，鸿雁南飞一两行。惆怅与君烟景迥，不知何日到潇湘。”相爱的人不能在一起，内心的痛苦，借芍药、鸳鸯、鸿雁，曲折委婉地表达出来。除爱情之外，芍药还寓意着深厚的友情。如：“去时芍药才堪赠，看却残花已度春。只为情深偏怆别，等闲相见莫相亲”（唐代元稹《忆杨十二》）。作者寓情于芍药，表达与友人的难舍之情。

古人用“立如芍药，坐如牡丹”来形容女子仪态娴雅、气质出众。同时，人们也喜欢将芍药比作娇美的女子，男赠女芍药，称赞其美丽；女赠男芍药，表达自己的芳心。芍药不如牡丹明艳夺人，但更柔媚轻艳。所以比喻美人时常用“烟笼芍药”。

图 7-2　芍药

【形态特征】多年生宿根草本，株高 60 ~ 120cm，具粗大肉质根，茎簇生于根茎，初生茎叶褐红色或有紫晕，丛生。基部及顶端为单叶，其余为 2 ~ 3 回羽状复叶，小叶深裂呈阔披针形，花 1 ~ 3 朵生于枝顶或枝上部腋生；单瓣或重瓣，萼片 5 枚，宿存。花色多样，有白、绿、黄、粉、紫及混合色等。雄蕊多数，金黄色，离生心皮 4 ~ 5 个，蓇葖果内含黑色大粒球形种子数枚。花期 4 ~ 5 月，果实 9 月成熟（见图 7-2）。

芍药开花后即停止生长，新叶不再增加，植物体内集聚营养物质，一部分供给结实需要外，大都储藏于根部而使根部加粗。芍药一般于 3 月底 4 月初萌芽，经 20 天左右生长后现蕾，5 月中旬前后开花，开花后期地下根颈处形成新芽，夏季不断分化叶原基，9 ~ 10 月间茎尖花芽分化。10 月底至 11 月初经霜后地上部枯死，地下部分进入休眠。

【品种与分类】芍药同属植物约 23 种，中国有 11 种。该种在全世界目前有 1000 余个品种，园艺上常按花型、花色、花期、用途等方式进行分类。

1. 花型分类

按花型分类的依据主要是雌、雄蕊的瓣化程度，花瓣的数量以及重台花叠生的状态等。雄蕊瓣化过程为，花药扩大，花丝加长加粗，进而药隔变宽，药室只留下金黄色的痕迹，进而花药形态消失，成为长形和宽大的花瓣。雌蕊的瓣化使花瓣数量增加，形成重瓣花的内层花瓣。当两朵花上下重叠着生时，雌、雄蕊瓣化后出现芍药特殊的台阁花型。故芍药依花型可分为以下几种。

（1）单瓣类花瓣 1 ~ 3 轮、瓣宽大，雌、雄蕊发育正常。

单瓣型：性状如上述，如紫双玉、紫蝶献金等。

（2）千层类花瓣多轮、瓣宽大，内层花瓣与外层花瓣无明显区别。

1）荷花型：花瓣 3 ~ 5 轮，瓣宽大，雌、雄蕊发育正常，如荷花红、大叶粉等。

2）菊花型：花瓣 6 轮以上，外轮花瓣宽大，内轮花瓣渐小，雄蕊数减少，雌蕊退化变小，如朱砂盘、红云映日等。

3）蔷薇型：花瓣数量增加很多，内轮花瓣明显比外轮小，雌蕊或雄蕊消失，如大富贵、白玉冰、杨妃出浴等。

（3）楼子类外轮大型花瓣1～3轮，花心由雄蕊瓣化而成，雌蕊部分瓣化或正常。

1）金蕊型：外瓣正常，花蕊变大，花丝伸长，如大紫、金楼等。

2）托桂型：外瓣正常，雄蕊瓣化成细长花瓣，雌蕊正常，如粉银针、池砚漾波、白发狮子等。

3）金环型：外瓣正常，接近花心部的雄蕊瓣化，远离花心部的雄蕊未瓣化，形成一个金黄色的环，如金环、紫袍金带、金带圈等。

4）皇冠型：外瓣正常，多数雄蕊瓣化成宽大花瓣，内层花瓣高起，并散存着部分未瓣化的雄蕊，如大红袍、西施粉、墨紫楼、花香殿等。

5）绣球型：外瓣正常，雄蕊瓣化程度高，花瓣宽大，内外层花瓣无大区别，全花呈球型，如红花重楼、平顶红。

（4）台阁类全花分上下两层，中间由退化雌蕊或雄蕊瓣隔开，如山河红、粉绣球等。

2. 依花色可分8个色系

（1）白色系：如杨妃出浴、美辉等。

（2）粉色系：如西施粉、初开藕荷等。

（3）红色系：如大红袍、平顶红等。

（4）紫色系：如紫袍金带、紫绣球等。

（5）深紫色系：如苍龙、墨紫存金等。

（6）雪青色系：如蓝田飘香等。

（7）黄色系：如黄金轮等。

（8）复色系：如莲台、美菊等。

3. 其他分类

按花期可分为早花品种（花期5月上旬）、中花品种（花期5月中旬）和晚花品种（花期5月下旬）；按用途可分为切花品种和园林栽培品种等；依植株高度分为3类：高型品种：株高110cm以上；中型品种：株高90～110cm；矮型品种：株高70～90cm。

【产地及分布】原产中国北部；西伯利亚及朝鲜、日本亦有分布。生长于海拔480～700m（东北）或1000～2300m；山坡草地及疏林下。

【生态习性】性耐寒，在中国北方可以露地越冬，土质以深厚的壤土最适宜，以湿润土壤生长最好，但排水必须良好。积水尤其是冬季很容易使芍药肉质根腐烂，所以低洼地、盐碱地均不宜栽培。芍药具有上胚轴休眠的特性。芍药性喜肥，圃地要深翻并施入充分的腐熟厩肥，在阳光充足处生长最好。

【繁殖】芍药用分株、扦插及播种繁殖，通常以分株繁殖为主。

1. 分株繁殖

常于9月初至10月下旬进行，此时地温比气温高，有利于伤口愈合及新根萌生。分株过早，当年可能萌芽出土；分株过晚，不能萌发新根，降低越冬能力。春季分株，严重损伤根系，对开花极为不利。通常以分株繁殖为主。分株时将根株掘起，震落附土，用刀切开，使每个根丛具2～3芽，最好3～5芽，然后将分株根丛栽植在准备好的圃地。如果分株根丛较大（具3～5芽），第二年可能有花，但形小，不如摘除使植株生长良好。根丛小的（2～3芽），第二年生长不良或不开花，一般要培养2～5年。

2. 播种繁殖

仅用于培育新品种、药用栽培和繁殖砧木（用于嫁接牡丹）。播种繁殖以种子成熟后采下即播种为宜，越迟播发芽率越低。芍药种子有上胚轴休眠现象，播种后当年秋天生根，翌年春暖后芽才出土。幼苗生长缓慢，有的芽3～4年才可开花，还有到第5～6年才开花的。

3. 扦插繁殖

可用根插或茎插。秋季分株时可收集断根，切成 5 ~ 10cm 一段，埋插在 10 ~ 15cm 深的土中。茎插法在开花前两周左右，取茎的中间部分由二节构成插穗，插温床沙土中约一寸半探，要求遮荫并经常浇水，一个半月至两月后即能发根，并形成休眠芽。

【栽培管理】栽前施足基肥，深耕翻；株行距约 85cm。栽培深度比芽长度高 3 ~ 4cm；栽好后适当镇压，并在每株穴上培约 10 ~ 15cm 的小土堆，冬季可为新栽苗保湿、保暖、防冻，次春平土堆。花前生长旺盛，水肥宜足；花后，为保证翌年新花芽的充分发育，亦应养分充足；平时土壤以偏干为宜，但花前必须水分充足。夏季要注意大雨后及时排水防涝，防止根系腐烂。

春季，株丛萌芽，要在过密的株上去弱芽留壮芽；现蕾后要及早保顶蕾去侧蕾；花后除需留种外，要及时剪除残花；入冬前，及时清除枯萎茎叶并烧毁，亦可防治病虫害。

芍药促成栽培可于冬季和早春开花，抑制栽培可于夏、秋开花。

在自然低温下完成休眠后可进行促成栽培。9 月中旬掘起植株，栽于箱或盆中，放置在户外令其接受自然低温，12 月下旬移入温室，保持温度 15℃，使其生长，可于翌年 2 月中旬或稍晚开花。

抑制栽培的方法是于早春芽萌动之前挖起植株，储藏在 0℃及湿润条件下抑制萌芽，于适宜时期定植，经 30 ~ 50 天后开花。储藏植株需加强肥水管理，保持根系湿润，不受损害。

【园林应用】芍药是中国传统名花，花大色艳，芳香四溢。耐粗放管理，是重要的宿根花卉。与山石相配，相得益彰，点缀庭院，富丽生辉。芍药专类园常与牡丹园相结合，开花时节，万紫千红，争奇斗艳，蔚为壮观。也是配置花境、花坛及设置专类园的良好材料，芍药亦可作切花。

芍药花大艳丽，品种丰富，在园林中常成片种植，花开时十分壮观，是近代公园中或花坛上的主要花卉。宜构成专类花园。

或沿着小径、路旁作带形栽植，或在林地边缘栽培，并配以矮生、匍匐性花卉。有时单株或二、三株栽植以欣赏其特殊品型花色。

芍药又是重要的切花，或插瓶，或作花篮。如在花蕾待放时切下，放置冷窖内，可储存数月之久。作切花用的主要为重瓣品种，单瓣的插瓶，几天就瓣落花谢。

【其他用途】芍药是传统的中药材，有“女科之花”之说，可治疗慢性鼻炎引起的喷嚏、流涕等症状，芍药甘草汤有治疗习惯性便秘的作用。芍药的种子可榨油供制肥皂和掺和油漆作涂料用。根和叶富有鞣质，可提制栲胶，也可用作土农药，可以杀大豆蚜虫和防治小麦秆锈病等。

7.2.3 鸢尾

【学名】*Iris tectorum*

【别名】蓝蝴蝶、扁竹花、蛤蟆七、蝴蝶花、扁竹叶、铁扁担

【科属】鸢尾科鸢尾属

【有关文化】鸢尾名来自于其花瓣很像鸢的尾巴，因其外形又有“蓝蝴蝶”的别名。学名 Iris，在古希腊语中是“彩虹”的意思，喻指花色丰富，Iris 还是希腊神话中的彩虹女神，她是众神和凡间的使者，主要任务是将善良人死后的灵魂通过天地间的彩虹带到天堂。希腊人常在墓地种植此花，就是希望人死后的灵魂能托付爱丽丝带回天国，这也是花语“爱的使者”的由来。鸢尾在古埃及代表了“力量”与“雄辩”。以色列人则普遍认为黄色鸢尾是“黄金”的象征，故有在墓地种植鸢尾的风俗，即盼望能为来世带来财富。法国的国花为香根鸢尾。

【形态特征】多年生宿根性直立草本，高约 30 ~ 50cm。根状茎匍匐多节，粗而节间短，浅黄色。叶为渐尖状剑形，宽 2 ~ 4cm，长 30 ~ 45cm，质薄，淡绿色，呈二纵列交互排列，基部互相包叠。春至初夏开花，总状花序 1 ~ 2 枝，每枝有花 2 ~ 3 朵；花蝶形，花冠蓝紫色或紫白色，径约 10cm，外 3 枚较大，圆形下垂；

内3枚较小，倒圆形；外列花被有深紫斑点，中央面有一行鸡冠状白色带紫纹突起，花期4 ~ 6月，果期6 ~ 8月；雄蕊3枚，与外轮花被对生；花柱3歧，扁平如花瓣状，覆盖着雄蕊。花出叶丛，有蓝、紫、黄、白、淡红等色，花型大而美丽。蒴果长圆柱形，多棱，种子多数，深褐色，具假种皮（见图7-3）。

图7-3　鸢尾

【品种及类型】鸢尾属有200余种，分布于北温带，中国约45种。鸢尾属除植物学分类外，还按形态、应用、园艺等进行分类。

（1）形态分类形态。分类主要依据根茎形态及花被片上须毛的有无等，将鸢尾分为两大类，即茎类和非根茎类。根茎类中分为有须毛组（Bearded，Pogon）与无须毛组（Beardless，Apogon）。有须毛组如德国鸢尾（*I.germanica*）、香根鸢尾（*I.florentina*）、银苞鸢尾（*I.pallida*）、矮鸢尾（*I.pumila*）和克里木鸢尾（*I.chamaeiris*）等；无须毛组如蝴蝶花（*I.japonica*）、鸢尾（*I.tectorum*）、花菖蒲（*I.kaempferi*）、黄菖蒲（*I.pseudacorus*）、溪荪（*I.sanguinee*）、西伯利亚鸢尾（*I.sibirica*）、马蔺（*I.ensata*）和西班牙鸢尾（*I.xiphium*）等。

（2）园艺分类园艺分类主要依据亲本、地理分布及生态习性分为四个系统，即德国鸢尾系（German Irises）、路易斯安那鸢尾系（Louisiana Irises）、西伯利亚鸢尾系（Siberian Irises）和拟鸢尾系（Spuria Irises）。

1）德国鸢尾系以德国鸢尾为主，包括匈牙利鸢尾（*I.varigata*）、银苞鸢尾、香根鸢尾、美索不达米亚鸢尾（*I.mesopotamica*）、克什米尔鸢尾（*I.kashmiriana*）等，以及由其反复杂交育成的品种。早期育成的品种中等高度，近期育成的品种多属于四倍体的高型有须毛鸢尾。

2）路易斯安那鸢尾系。以美国路易斯安那州产的种、变种、天然杂交种为基础育成的园艺品种，如铜红鸢尾（*I.fulva*）、弗吉尼亚鸢尾（*I.virginia*）、细叶鸢尾（*I.giganticaerulea*）、短茎鸢尾（*I.brevicoulis*）等。本系统鸢尾根茎健壮。株高15 ~ 90cm，高的可达180cm，一茎多花，有的品种着花5 ~ 10朵，花径11 ~ 18cm，花无须毛，花色多种。

3）西伯利亚鸢尾系。主要由西伯利亚鸢尾和溪荪杂交而来。包括金脉鸢尾（*I.chrysographes*）、云南鸢尾（*I.forrestii*）、德拉瓦氏鸢尾（*I.delavayi*）等。该系统花多白色、青紫色，也有粉红色，花被片有网纹。株高10 ~ 100cm。适应性强，耐旱、耐湿。

4）拟鸢尾系为拟鸢尾（*I.spuria*）原种、变种、杂交种改良的园艺品种，主要有矮鸢尾、拟鸢尾、禾叶鸢尾（*I.gramineo*）等。本系统有许多优良品种，种皮羊皮纸质，气候适应性强，在湿润地上生长良好，喜光、耐阴。

（3）鸢尾按植株高度不同可分3种类型：矮株型高仅15 ~ 25cm，中株型高25 ~ 70cm，高株型可高达120cm。

近属种常见射干（*Belamcanda chinensis*），别称乌扇、乌蒲等，多年生草本，根状茎节明显，叶2列，扁平，嵌叠状排列。花序顶生，2 ~ 3歧分枝的伞房状聚伞花序；总花梗和小花梗基部具膜片；花被6片，2轮，花期6 ~ 7月，果熟期9 ~ 10月。喜温暖向阳、耐旱、耐寒，怕积水。

【产地及分布】鸢尾科植物的野生种的分布地点主要是在北非、西班牙、葡萄牙、高加索地区、黎巴嫩和以色列等。鸢尾在中国栽培已有2000多年的历史，目前欧、亚、非三洲均有分布。

【生态习性】鸢尾性喜阳光，但可耐半阴；喜湿润，耐水湿，也耐干旱，一般生长期要求较多的水量；冬季休眠期，保持湿润的土壤即可；也耐干燥。耐寒，可露地栽培，地上部分冬季并不完全枯死；要施放腐熟的基肥，每年秋季施堆肥1次。不择土壤，适应性强，但微酸性土最适宜。

【繁殖】宿根鸢尾多采用分株繁殖，但有时也可用种子繁殖。

（1）分株繁殖一般每隔 2 ~ 4 年进行一次，分株时间宜在花后新根萌发前为宜。鸢尾在花后进行分株（要避开梅雨季节），在冬季到来之前花芽就能分化充足，第二年即可开花。分割根茎时，以 3 ~ 4 个芽为好。分株若太细，则会影响翌年开花。在进行分株繁殖时，应将植株上部叶片剪去，留 20cm 左右进行栽植。鸢尾大多数品种宜浅植。栽植间距依种类而异，强健种为 50cm × 50cm，一般品种在 20cm × 20cm 左右。

（2）若采用种子繁殖，应在秋季种子成熟后立即进行，这样种子容易萌发，2 ~ 3 年即可开花。为了达到提前发芽，则在种子成熟后（9 月上旬）浸水 24h，再冷藏 10 天后播于冷床，这样 10 月可发芽。待幼苗 4 ~ 5 片叶时带土移栽。

【栽培管理】栽培鸢尾应选择日照充足的场所，以利于植株的生长；适栽于背风向阳砂质壤土中。对环境有较强的适应性，较易栽培管理，既可露地成丛栽植，也可盆栽欣赏。园地必须深翻施足基肥，清理排水沟。花前追施磷、钾肥并松土除草，花后剪除残花减少养分的消耗。对母株丛定期进行分株，能使植株复壮。

【园林应用】鸢尾花形奇异，盛开时如蝴蝶飞临，别具一格，是园林中重要的宿根花卉，主要应用在专类园、丛植、布置花境、草地镶边，水湿溪流、池边湖畔散植，石间路旁、岩石园台地点缀；也是重要的花坛、花境、地被与切花材料。

7.2.4 萱草

【学名】*Hemerocallis fulva*

【别名】母亲花、忘忧草、疗愁、黄花菜、金针、宜男草

【科属】百合科萱草属

【有关文化】《诗经》:“焉得谖草，言树（种）之背”，谖作忘，意思是我到哪儿弄一支萱草，种在母亲之堂前，让母亲乐而忘忧呢！后人把母亲称为“萱堂”，简称“萱”。李九华《延寿书》:“嫩苗为蔬，食之动风，令人昏然如醉，因名忘忧。”李时珍《本草纲目》“萱草性凉味甘，有利水凉血、清热解毒、止渴生津、开胸宽膈，令人心平气和的功效，可帮助解除病痛，消除忧愁，所以萱草被称为忘忧之草。”

《博物志》中:“萱草，食之令人好欢乐，忘忧思，故日忘忧草。”白居易诗云:“杜康能散闷，萱草解忘忧。”西晋·嵇康《养生论》:“合欢蠲忿，萱草忘忧。”又名‘宜男草’，《风土记》云:‘妊妇佩其草则生男’。

椿喻父，萱指母，萱椿：父母。人们常以“椿年”、“椿令”祝长寿。萱辰指代母亲的生日，萱亲（母亲的别称）。为母亲祝寿叫做“萱寿”，故萱草称母亲之花。唐代牟融《送徐浩》:“知君此去情偏切，堂上椿萱雪满头。”《幼学琼林》中说:“父母俱在，谓之椿萱并茂；子孙发达，谓之兰桂齐芳。”

图 7-4 萱草

【形态特征】为多年生宿根草本。具短根状茎和肉质肥大的纺锤状块根，根状茎粗短，有多数肉质根。叶基生条形，长 30 ~ 60cm，宽 2.5cm，排成二列状。花葶粗壮，高 90 ~ 110cm。螺旋状聚伞花序，有花十数朵，花冠漏斗状橘红至橘黄色，长 7 ~ 12cm，边缘稍为波状，盛开时裂片反卷，花径约 11cm，无芳香；花瓣中部有褐红色“∧”形色斑；花期 7 ~ 8 月。尚有重瓣变种。单花开放 1 天，有朝开夕凋的昼开型，夕开次晨凋的夜开型以及夕开次日午后凋谢的夜昼开型（见图 7-4）。

【品种与类型】同属植物约 20 种，中国产约 8 种，常见栽培的有如下几种。

（1）黄花萱草（*H.flavad*）又名金针菜。宿根草本。叶片深绿色，带状，长 30 ~ 60cm，拱形弯曲。着花 6 ~ 9 朵，为顶生疏散圆锥花序，花淡柠檬黄色，浅漏斗形，花葶高约 125cm，花径约 9cm。花傍晚开次日午后凋谢，具芳香。花期 5 ~ 7 月。花蕾为著名的黄花菜，可食用。

（2）黄花菜（*H.citrina*）又名黄花。宿根草本。叶片较宽长，深绿色，长 75cm 左右，宽 1.5 ~ 2.5cm。生长强健而紧密，花序上着花多达 30 朵左右，花序下苞片呈狭三角形，花淡柠檬黄色，背面有褐晕，花被长 13 ~ 16cm，裂片较狭，花梗短，具芳香。花期 7 ~ 8 月。花傍晚开，次日午后凋谢，花蕾可食用。

（3）大苞萱草（*H.middendorffii*）宿根草本。叶长 30 ~ 45cm，宽 2 ~ 2.5cm，低于花葶。着花 2 ~ 4 朵，花有芳香，花瓣长 8 ~ 10cm，花梗极短，花朵紧密，具有大型三角状苞片。花期 7 月。

（4）小黄花菜（*H.minor*）宿根草本。高 30 ~ 60cm，叶绿色，长约 50cm，宽 6mm。着花 2 ~ 6 朵，黄色，外有褐晕，长 5 ~ 10cm，有香气。傍晚开花。花期 6 ~ 8 月。花蕾可食用。

（5）大花萱草（*H.hybrida*）又名多倍体萱草。宿根草本，为园艺杂交种。花葶高 80 ~ 100cm，生长势强壮，具短根状茎及纺锤状块根。叶基生，披针形，长 30 ~ 60cm，宽 3 ~ 4cm，排成二列状。圆锥花序着花 6 ~ 10 朵，花大，花径 14 ~ 20cm，无芳香，有红、紫、粉、黄，乳黄及复色。花期 7 ~ 8 月。

【产地及分布】原产中国南部，欧洲南部至日本均有分布。

【生态习性】性耐寒，亦耐干旱与半阴，可露地越冬；对土壤选择不强，但以富含腐殖质，排水良好的湿润土壤为最好。生长期需要温暖的气候，同时注意追肥。

【繁殖】分株和播种繁殖均可。

（1）分株繁殖。春秋均可，每丛带 2 ~ 3 芽，栽植在施入充足的腐熟堆肥土中，次年夏季开花，一般 3 ~ 5 年分株一次。

（2）播种繁殖。春秋均可。春播时，种子头一年秋季用沙藏处理，播后发芽迅速而整齐，秋播时 9 ~ 10 月露地播种，次春发芽，实生苗一般 2 年开花。

【栽培管理】萱草栽植不宜过深或过浅。过深分蘖慢，过浅分蘖虽快，但多生长瘦弱，一般定植穴深度在 30cm 以上，施入基肥至离地面 15 ~ 20cm，然后栽植，踩实并浇透水，春秋两季栽植均可。一般在春天发芽前、返青、拔草时进行浇水，并结合浇水进行施肥，之后进行中耕除草，秋后除去地上茎叶，随即培土，于开花前后追肥长势更好，花大而艳。

【园林应用】花色鲜艳，单朵花只开 1 天，但一花开完其他花继放，且春季叶子萌发早，绿叶成丛，亦甚美观，园林中多丛栽于花境、路旁，也可作疏林地被植物。

7.2.5 香石竹

【学名】*Dianthus caryophyllus*

【别名】康乃馨、麝香石竹、丁香石竹

【科属】石竹科石竹属

【有关文化】康乃馨来自英文名 carnation 的音译。香石竹的出名得益于 1934 年 5 月美国首次发行母亲节邮票。邮票图案是一幅世界名画，画面上一位母亲凝视着花瓶中插的石竹。邮票的传播把石竹花与母亲节联系起来，香石竹就成了象征母爱之花，于是西方人也就约定俗成地把石竹花定为母亲节的节花。

【形态特征】香石竹是常绿亚灌木，作宿根花卉栽培。株高 30 ~ 100cm，茎叶光滑，微具白粉，茎硬而脆，节处膨大，茎基部木质化。叶对生，线状披针形，全缘，基部抱茎，灰绿色。花单生或 2 ~ 5 朵簇生。雄蕊 10 枚，雌蕊 2 枚。花色有白、红、水红、黄、紫、复色及异色镶边等；苞片 2 ~ 3 层，紧贴萼筒；萼筒端部 5 裂，裂片广卵形；花瓣多数，倒广卵形或扇形，具爪，内瓣多呈皱缩状；具有香气，花期 5 ~ 7 月，温室栽培四季开花不绝，主要花期 5 ~ 6 月和 9 ~ 10 月。果为蒴果，种子褐色（见图 7-5）。

图 7-5　香石竹

【品种与类型】香石竹品种极多，按开花习性有一季开花与四季开花型；按花朵大小有大花型与小花型；按栽培方式有露地栽培型（为一季性开花）与温室栽培型（可连续开花）；按切花整枝方式有标准型（大花型一枝一花）和射散型（小花型一枝多花）；此外，根据用途不同分为切花品种和盆栽品种。

根据形态、习性及育成来源，分 8 个系统（参考日本《最新园艺大辞典》）。

（1）花坛香石竹（Border Carnation）。单季开花，花茎细，花瓣有深齿裂，具芳香，宜盆栽与花坛栽培。较耐寒，可作二年生栽培，品种如 Grenadin、Fantaisia。

（2）延命菊型香石竹（Mangeurite Carnation）。四季开花，花色丰富。花型与卡勃香石竹相似，植株比花坛香石竹大。作一、二年生栽培。

（3）卡勃香石竹（Chabaud Carnation）。单季开花，是延命菊型香石竹与树型香石竹的杂交种。株高 25 ~ 50cm。花大，花瓣有深齿裂，多数为重瓣，花色丰富，芳香。秋播后翌年 6 月起直到秋季不断开花。由于不易倒伏，作花坛用，品种如 Dwarf Fragrance。

（4）安芳・迪・纳斯香石竹（Enfantde Nice Carnation）。四季开花，花大，茎粗，叶宽，花瓣少齿裂，近圆形，花色丰富。

（5）巨花香石竹（Super Giant Carnation）。巨花香石竹是由延命菊型香石竹改良而来的大花型类型，花茎长，多重瓣。

（6）马尔梅松香石竹（Malmaison Carnation）。马尔梅松香石竹是由法国皮柯梯（Picotee）育成的大花型温室香石竹，重瓣，花瓣圆，多为粉红色，叶宽而反卷，作盆花，多裂萼。

（7）常花香石竹（Perpetual Carnation）。常花香石竹由美国育成，经改良后花朵大，有芳香，花色丰富。是现代温室栽培的主要切花品种，也可露地栽培。

（8）小花型香石竹（Sprays Carnation）。又名射散香石竹，花小，四季开花，色彩丰富。栽培中多留侧生花枝，呈射散状。温室栽培，是目前欧美较流行的切花类型。紫色品种如 Scarlet Elegance，白色品种如 Exquisite Elegance，此外还有许多芽变与杂交品种。中国目前栽培的多数为大花型标准香石竹。

【产地与分布】原产地中海区域，南欧及西亚，世界各地广为栽培。

【生态习性】喜凉爽，不耐炎热。理想的栽培环境是夏季凉爽、湿度低，冬季温暖的地区。生长适温 14 ~ 21℃。在 14℃以下，温度越低，生长越慢，甚至不开花。温度过高时，则生长快，茎秆细弱，花小。香石竹适宜在空气相对干燥、通风的环境中生长。因此，多雨高温季节要减少灌溉次数和降低室温。

香石竹是喜光植物，需要选择阳光充足、通风的场所。同时，香石竹根系较浅，适宜生长在疏松肥沃、含丰富腐殖质。湿润而排水良好的砂壤土。土壤黏重的，宜用锯末等与表土混合。土壤酸碱度在 pH 值 6.0 ~ 7.5 为宜。

【繁殖】香石竹常用扦插、播种和组培繁殖。

（1）扦插繁殖。除夏季高温外，均可进行。温室以 1 ~ 3 月和 9 ~ 10 月为宜，露地以 4 ~ 6 月和 9 ~ 10 月为好。插穗要选择植株中部的侧枝，取健壮而健康的枝条，以叶宽厚、色深而不卷、顶芽未开放的为佳。

（2）播种繁殖。露地栽培和温室栽培品种多用播种法繁殖或用于杂交育种。现在应用的多为杂交一代（F1）种子。一般在 7 ~ 9 月播种，播后约一周发芽，翌年 3 ~ 5 月开花；若 9 ~ 11 月播种，则翌年 5 ~ 6 月可以上市。

（3）组培繁殖。近年来香石竹病毒病发生严重危害切花生产，目前世界上切花生产皆用通过茎尖组织培养而生产的无毒苗。切下长为 0.2 ~ 0.5mm 的茎尖，接种到 MS 固体培养基（附加萘乙酸 0.2 ~ 0.1mg/L 和 6 苄基嘌呤 0.5 ~ 0.2mg/L）上，3 天后转绿，3 ~ 4 周茎尖伸长，7 周后形成丛生苗，分割丛生苗在新鲜培养基上继续培养，待苗高 2cm 时转移到 1/2MS 培养基上培养，约 20 天左右可以发根，发根后即可出瓶移栽，在 90% 以上湿度条件下，可移栽成活。

【栽培管理】

（1）假植与摘心。扦插成活苗于 3 月初移入苗床，注意要浅栽，深栽易罹茎腐病，4 月底进行第二次假植。3 月底，当苗长至 6 ~ 7 个节时，于基部以上 4 节处进行第一次摘心，摘心应于晴天中午植株体内水分少时进行，以免操作中损伤叶片。视品种、时期和生长情况，摘心 2 ~ 3 次，每株留侧枝 4 ~ 6 枝。

（2）定植。通常于地床定植，地床为南北向，地床高出温室地面 20cm。定植选在 5 月下旬至 6 月中旬进行，应于阴天或傍晚定植。定植时，中间植较大的苗，四周植小苗。苗要带土移栽，仍需浅栽。

（3）定植后管理。①拉网。定植后应尽早拉上尼龙制的香石竹专用扶持网，以免植株倒伏，一般用 5 层，随植株生长一层层拉上即可；②施肥。香石竹喜肥，应适当减少氮和磷，多增加些钾肥。用肥量大，每年追肥 10 ~ 20 次，可干施或液施。

（4）浇水。定植后进入高温期，最好在行间灌水，但不可过湿，以免发生茎腐病；9 ~ 10 月，生长旺盛，要充分供水；11 月或 2 ~ 3 月，日夜温差大若温室温度较低，浇水多，则大轮系品种花萼筒容易开裂，应适当控制浇水量。

（5）温度。7 ~ 8 月气温高，是病害高发季节，要注意采取措施降温。10 月中旬以后夜间气温降至 10℃以下，逐渐降低通风量，约 11 月上旬，夜间温室门窗全部关闭，白天仍要通风换气。夜温保持 12 ~ 15℃，则 12 月即可切花。

（6）中耕。行间要经常用锄浅耕，疏松表层土壤，使之保持土壤空气充足和适度湿润。促使根系发育旺盛。

（7）摘芽与摘蕾。香石竹植株在留定切花枝数后，切花枝上生出的侧芽要及时摘除，以免影响通风透光；而小朵多花型品种其上部侧芽不摘除。单花大花型品种茎顶端常生有几个花蕾，要剥除侧蕾，选留顶蕾。

（8）低温储藏。扦插苗，可调节栽植期，以控制切花上市期。方法是将生根的扦插苗，每 100 株装一个塑料袋，在 2℃条件下遮光储藏，可储藏 50 天左右，再取出栽植。

【园林应用】香石竹是世界四大切花花卉之一。花形优美，花色娇艳，芳香宜人，且切花水养期长，耐远途运输，花期极长，温室栽培切花可周年上市。是制作插花，花束，花篮，花环，花圈及其他切花装饰的理想素材。一些低矮的品种，适宜盆栽观赏。香石竹露地栽培品种可用于花坛布置。

7.2.6 非洲菊

【学名】*Gerbera jamesonii*

【别名】扶郎花、灯盏花

【科属】菊科大丁草属（非洲菊属）

【有关文化】非洲女子出嫁时，在结婚当日习惯亲自选一束非洲菊送给新婚丈夫，表明自己将来会一心一意扶持郎君，祝郎君功成名就。因此，非洲菊又称为“扶郎花”。

【形态特征】多年生宿根常绿草本花卉。株高 20 ~ 60cm；叶基生，全株有毛，老叶背面尤为明显，叶长椭圆状披针形，具羽状浅裂或深裂，叶柄长 12 ~ 30cm。总苞盘状钟形，苞片条状披针形，花葶高 20 ~ 60cm，有的品种可达 80cm，头状花序顶生。舌状花条状披针形，1 ~ 2 轮或多轮，倒披针形，端尖，三齿裂；花径较大（8 ~ 10cm），筒状花较小，常与舌状花同色，管端二唇状；花色丰富，有白、黄、橙、粉

图 7-6 非洲菊

红等，四季常开（见图 7-6）。

【品种与类型】非洲菊的品种可分为 3 个类别：窄花瓣型、宽花瓣型和重瓣型。

常见的有玛林：黄花重瓣；黛尔非：白花宽瓣；海力斯：朱红花宽瓣；卡门：深玫红花宽瓣；吉蒂：玫红花瓣、黑心瓣；吉蒂：玫红花瓣、黑心。本属约有 40 个种，并有诸多园艺变种与栽培品种。

【产地及分布】原产非洲南部的德兰士瓦，现在栽培于世界各地。

【生态习性】非洲菊喜冬季温暖、夏季凉爽、阳光充足和空气流通的环境。生长适温 20 ~ 25℃，低于 10℃时则停止生长，属半耐寒性花卉，可忍受短期的 0℃低温。冬季若能维持在 12 ~ 15℃以上，夏季不超过 30℃，则可终年开花，以 5 ~ 6 月和 9 ~ 10 月为盛。喜肥沃疏松、排水良好、富含腐殖质的沙质壤土。

【繁殖】非洲菊为异花传粉植物，自交不孕，后代易发生变异。常采用分株繁殖、扦插和组织培养繁殖。

（1）分株。一般在 4 ~ 5 月或 9 ~ 10 月进行。将老株掘起切分，每个新株应带 4 ~ 5 片叶，另行栽植。栽时不可过深，以根颈部略露出土为宜。通常每三年分株一次，由于分株苗有生长势较弱、规格不一致、繁殖速度慢等缺点，规模化生产中已较少应用。

（2）扦插。将健壮的植株挖起，截取根部粗大部分，去除叶片，切去生长点，保留根颈部，并将其种植在种植箱内。环境条件为温度 22 ~ 24℃，空气相对湿度 70% ~ 80%。以后根颈部会陆续长出叶腋芽和不定芽形成插穗。一个母株上可反复采取插穗 3 ~ 4 次，一共可采插穗 10 ~ 20 个。插穗扦插后 3 ~ 4 周便可长根。扦插的时间最好在 3 ~ 4 月，这样产生的新株当年就可开花。

（3）组织培养。通常使用花托和花梗作为外植体。芽分化培养基为：MS+BA（10mg/L）+IAA（0.5mg/L）；继代培养增殖培养基为：MS+KT（10mg/L）；长根培养基为：1/2MS+NAA（0.03mg/L）。非洲菊外植体诱导出芽后，经过 4 ~ 5 月的试管增殖，就能产生成千上万株试管植株。非洲菊最适合的大田移栽时期是 4 月份。

【栽培管理】

（1）定植。整地时可施入经充分发酵腐熟的厩肥或其他有机肥。定植以阴天或晴天的傍晚进行为宜。除夏季 7 ~ 9 月的高温期不宜定植外，其余时间均可进行。定植时一定要浅植，根颈部稍露出土面，并浇透头遍水。如将根颈埋在土表下，根颈上的生长点就会被埋在土下，新叶及花蕾生长过程中必须顶破土层方可伸出土面，生长发育受到阻碍，影响花率及切花品质。刚刚定植的植株应用遮阳网遮光。

（2）肥水管理。非洲菊能抗旱而不耐湿，切忌积水。苗期应适当湿润，以促使根系发育。生长期内可视土壤的干湿情况而定，不干不浇，浇则浇透。冬季尽量少浇水，土壤以稍干些为好。夏季水分蒸发快，可适量多浇水，并结合追肥进行，以促进根系对肥料的吸收。浇水避免植株的叶丛心上沾水，沾上水后易导致花蕾及心叶霉烂。

非洲菊可周年开花，整个生长期内需肥量很大。花芽分化前应增施有机肥和氮肥，促使植株充分长叶。植株进入营养生长与生殖生长并进的进期，应提高磷、钾肥的比例。非洲菊为周年开花的植物，其生殖生长与营养生长并进，边长叶边开花。在开花期内经常观察叶片的生长状况，如叶小而少时，可适当增施氮肥，叶片生长过旺，植株叶片相互重叠，光照及通风都不佳，易导致病虫害的发生。在 4 ~ 6 月和 9 ~ 11 月的两次开花高峰期前应酌情进行叶面喷施磷酸二氢钾。在施肥过程中，一定要本着“薄肥勤施”的原则进行。

（3）温度及光照。非洲菊较耐寒，在冬季加盖 2 ~ 3 层塑料薄膜可安全过冬。光线充足时，其叶片生长健壮，花梗挺拔，花色鲜艳。

（4）中耕及摘叶。非洲菊喜疏松通气土壤，应经常松土以增加土壤的通透性。在每次土壤追肥前要松土，以利于根系对养分的吸收。浇水后稍干时应立即松土。松土时一定不要把土压在叶芽的幼蕾上。

（5）鲜花的采收。最适宜的采花期应在外围舌状花瓣平展，内围管状花开放 2 ~ 3 周时采收。傍晚采收最好，采收时应从花梗基部与植株短缩茎节处折断，否则降低切花的插花寿命，而且留在植株上的半截花梗会发生霉烂，诱发病害，采收后的花应立即插在水中令其吸水，然后包装上市。

（6）花期控制。花期调控容易，非洲菊的花期调控非常容易，只要保持室温在 12℃以上，就可使植株不进入休眠，继续生长和开花。在其花期控制过程中，环境温度不宜低于 5℃。对于非洲菊的花期控制来说，修剪的作用也是主导性的，当植株成形、进入花期后，应该根据情况适当除去植株基部的老叶，这样才能保证植株更快开花。

【园林应用】非洲菊是当今世界重要的鲜切花种类之一，花朵大，保鲜期长，色彩鲜艳，是作礼品花束、花篮和艺术插花的理想材料。在园林中则广泛应用于花坛和各种模纹及城市节日用花。

7.2.7 红掌

【学名】*Anthurium andreanum*

【别名】安祖花、火鹤花、花烛

【科属】天南星科花烛属

【形态特征】多年生附生常绿草本花卉。株高可达 1m，节间短。叶自根颈抽出，具长柄，单生，长圆状心形或卵圆形，深鲜绿色，有光泽。花芽自叶腋抽出，佛焰直立开展，革质，正圆状卵圆形，橙红或猩红色。其变种品种有佛焰苞乳白色、镶嵌白绿色、五彩色和有精巧红边之品种，极富变化。肉穗花序无柄，圆柱状，直立，略向外倾。花两性，花被具四裂片，雄蕊 4，子房 2 室，每室具 1 ~ 2 胚珠。小浆果内有种子 2 ~ 4 粒，粉红色，密集于肉穗花序上（见图 7-7）。

图 7-7 红掌

【品种与类型】全属有几百种，主要的种类和变种有以下几种。

（1）火鹤花（*A.andreanum*）别名红掌、红鹤芋等。原产哥伦比亚。茎极短，直立。叶鲜绿色，长椭圆状心脏形，花梗长约 50cm，高于叶片。佛焰苞阔心脏形，表面波皱，有蜡质光泽。肉穗花序圆柱形，直立，黄色，长约 6cm。花两性，小浆果内有种子 2 ~ 4 粒，粉红色。主要栽培变种有：可爱火鹤花（var.*amoenum*）、克氏火鹤花（var.*closoniae*）、大苞火鹤花（var.*grandiflorum*）等。

（2）花烛（*A.scherzerianum*）别名安祖花、席氏花烛。原产中美洲的危地马拉、哥斯达黎加。植株直立，叶深绿色，佛焰苞火红色，肉穗花序呈螺旋状扭曲，长约 15cm。本种与火鹤花的区别主要是：叶片较窄，佛焰苞光泽不如前者明亮，肉穗花序扭曲等。本种主要变种有：白条花烛（var.*albistriatum*）、雾状花烛（var.*nebulosum*）、矮花烛（var.*pygmaeurn*）等。

（3）观叶类花烛除了上述两类观花类花烛外，还有一些以观叶为主的种类。如晶状花烛（*A.crystallium*），茎短，上有多数密生叶片，叶阔心脏形，暗绿色，有绒光，叶脉银白色，佛焰苞带褐色；胡克氏花烛（*A.hookeri*），叶长椭圆形，叶缘波状，肉穗花序紫色，蔓生花烛（*A.scendens*），枝蔓生，长可达 1m；长叶花烛（*A.marocqueanum*），叶宽厚，长 1m，有绒光。

【产地及分布】原产于南美洲热带雨林中，现世界各地均有栽培。

【生态习性】喜空气湿度高而又排水通畅的环境，喜阴、喜温热。在白天温度不高于 28℃，夜间不低于 20℃的环境中可终年开花结果，高于 35℃将产生日灼，低于 14℃则生长受影响，低于 0℃的持续低温将冻死植株。要求空气湿度达 80%，土壤 pH 值 5.5 为宜。要求土壤疏松、肥沃，最好进行无土栽培。

【繁殖】红掌常用分株和扦插繁殖，目前多采用组织培养法大量繁殖。分株可于春季将成年母株根颈部的蘖芽分割后另行栽植；组织培养多以幼叶为外植体，经愈伤组织诱导分化丛生芽，然后诱导生根成苗、从接种到幼苗移植约需 4 月，栽植后 2 ~ 3 年开花。

【栽培管理】红掌最适宜生长温度为 20 ~ 30℃。红掌不耐强光，全年宜在适当遮荫的环境下栽培，即选择有保护性设施的温室栽培。春、夏、秋季应当遮荫，尤其是夏季需要遮光 70%。阳光直射使叶片温度比气温高，叶温太高会出现灼伤、焦叶、花苞褪色和叶片生长变慢等现象。

红掌多作切花温室栽培，栽培基质以 1/3 的蛭石、1/3 的珍珠岩和 1/3 的草炭混合为宜。通常 1 ~ 5 月定植。生长期间注意温度、湿度、光照调节。适温 27 ~ 28℃，夏季高温期喷水、通风降温，冬季保持夜温 15℃。夏季强光、高温易引起叶片灼伤。浇水过多或排水不畅易烂根。切花采收的适宜期是当肉穗花序黄色部分占 1/4 ~ 1/3 时为宜，自花梗基部剪下。

盆栽时，盆土以草炭或腐叶土加腐热马粪再加适量珍珠岩，也可用 2/3 腐叶土加 1/3 河沙配合。5 ~ 6 叶时上盆，小苗用小盆，随着生长逐渐换入大盆，盆底多垫碎瓦片以利通气、排气。每隔 1 ~ 2 年换 1 次盆，浇水以叶面喷淋为好，保持叶面湿润。生长期每周浇施稀薄矾肥水 1 次。

【园林应用】红掌叶片浓绿光亮，是观叶植物中较耐阴的种类，花多而持久，是优良的室内观叶观花植物。点缀室内厅堂、门厅、内庭十分别致。也可作林荫下地被栽植，花是插花的好材料。

7.2.8 君子兰

【学名】*Clivia miniata*

【别名】箭叶石蒜、大叶石蒜、达木兰

【科属】石蒜科君子兰属

【形态特征】多年生草本，株高 30 ~ 80cm。根系肉质粗大，少分枝，圆柱形。茎短粗，鳞茎状部分系由叶的基部扩大而成假鳞茎。叶宽带状，革质，全缘，有光泽。伞状花序，着花数朵至数十朵；花形如漏斗状或钟状；花色为橙黄橙红色或橘红色；多数单花聚生于花梗顶端，形成一个美丽的花球，非常艳丽。总苞片 1 ~ 2 轮，花被片六裂，组成宽漏斗状，橙色至鲜红色，基部黄色。浆果球形，成熟时紫红。花期 12 月到翌年 3 月，花期 30 ~ 40 天（见图 7-8）。

图 7-8 君子兰

【品种与类型】

（1）种类。君子兰属有 3 个种，即大花君子兰、垂笑君子兰和窄叶君子兰。

1）大花君子兰（*C.miniata*）又名剑叶石蒜、宽叶君子兰、达木兰，产于非洲南部的纳斯达尔。具粗壮而发达的肉质须根。叶宽大，剑形，先端钝圆，质硬，厚而有光泽，基部合抱。伞形花序顶生，小花数朵至数十朵。总苞片 1 ~ 2 轮，花被片六裂，组成宽漏斗状，橙色至鲜红色，基部黄色。浆果球形，染色体 2n=22。园艺变种主要黄花君子兰（var.*aurea*），花为黄色；斑叶君子兰（var.*stricta*）。

2）垂笑君子兰（*C.nobilis*）原产非洲南部的好望角。肉质根纤维状丛生，叶剑形，革质狭面长。宽 2.5 ~ 4cm，叶缘有小齿。花茎高 30 ~ 45cm，花橙红色，花序着花 40 ~ 60 朵，花朵狭漏斗状。稍有香气。花期春、初夏。染色体 2n=22。

3）窄叶君子兰（*C.gardenii*）形态与垂笑君子兰相近，但叶片较狭，2 ~ 2.5cm，拱状下垂。每花序着花 14 朵左右，花被片较宽，花淡橘黄色。花期早，冬春季开花。

（2）主要品种（中国君子兰品种状况）。中国原有大花君子兰品种 4 个（青岛大叶、大胜利、和尚、染厂），后进行品种间杂交，培育了大量品种。谢成元曾于 1981 年提出大花君子兰分类方法：将大花君子兰分为两大类，一为隐脉类，另一为显脉类，显脉类中又分平显脉与凸显脉两型，每一类型中又分为长叶、中叶、短叶三种，并对 20 个优良品种定名。

1）凸显脉型。如涟漪、秋波、翡翠、奉酒、胜利、似胜利、春阳秋月、雪青莲盘等。

2）平显脉型。如嫦娥舞袖、凌花、丽人梳妆等。

3）隐脉型。如福寿长春、枫林夕照、翠波、荷露含芳、朝霞、舞扇、碧绿含金、玲珑剑、开屏等。

【产地与分布】原产南部非洲，世界各地广为栽培。

【生态习性】喜冬季温暖、夏季凉爽环境，适宜的生长温度 15 ~ 25℃。冬季温度低于 2℃，生长就会受到抑制；如室内温度过高，会引起徒长。要求明亮散射光，忌强阳光直射，夏季应适当遮荫。君子兰喜湿润，由于肉质根能储藏水分，故略耐旱，但忌积水。适于疏松、肥沃、腐殖质含量丰富的土壤，忌盐碱。

【繁殖】君子兰常用有性繁殖，无性繁殖和组培繁殖技术。

（1）有性繁殖。遗传性不稳定，容易产生变异。君子兰自花授粉很难结实，只有通过人工授粉才能获得果实，种子一般在剥后 3 ~ 5 日内即可播种。君子兰种子萌发的最佳温度是 20 ~ 25℃，君子兰播种一般要求 pH 值为 5.5 ~ 6.5 的酸性基质，适宜播种的最适温度是 20 ~ 25℃。

（2）无性繁殖。君子兰的无性繁殖有分株，分鳞茎和老根培育等方法。分株法在每年的 4 ~ 6 月进行，分切腋芽栽培。因母株根系发达，分割时宜全盆倒出，慢慢剥离盆土，不要弄断根系。切割腋芽，最好带 2 ~ 3 条根。切后在母株及小芽的伤口处涂杀菌剂。幼芽上盆后，控制浇水，置荫处，半月后正常管理。无根腋芽，按扦插法也可成活，但发根缓慢。分株苗三年开始开花，能保持母株优良性状。

【栽培管理】

（1）换盆。君子兰一般每 2 ~ 3 年换一次盆，从原来的盆换入较大的盆里和更换营养土，以增加土壤肥分，利用植株的生长发育。培养土，可用腐叶土四份，草炭土五份加粗沙一份配制。移入新盆之后，必须立即浇一次透水，然后置于半阴处。

（2）浇水施肥。君子兰有发达的肉质根，能储存较多的水分，浇水的原则是：盆土不干不浇水，不可使盆内积水。君子兰所用的培养土比较肥沃，土壤养分基本上能够满足它的需要，不必再追施含有肥分较多的肥料。在生长季节，可每周浇一次稀薄的蹄角片肥水作为追肥。

（3）夏季护养。君子兰喜温暖潮湿，不耐寒，忌烈日。夏季应放在半荫通风良好的地方养护。

（4）冬季护养。君子兰在北京地区，一般应于 10 月（寒露）移入室内越冬，冬季室内气温应保持在 15℃左右，放置在阳光充足之处。冬季在室内因蒸发水分少，可适当控制浇水量。

【园林应用】君子兰株型端庄，常年翠绿，花朵硕大，花色鲜艳，耐阴性强，适合室内莳养，是装饰厅、堂、馆、所和居室的理想盆花。

7.2.9 耧斗菜

【学名】*Aquilegia vulgars*

【别名】猫爪花

【科属】毛茛科耧斗菜属

【形态特征】多年生草本。茎直立，多分枝；2 回 3 出复叶，最终小叶或裂片广楔形。夏季开花，花生于枝顶，花色有蓝、紫、红、粉、白、淡黄等。花瓣 5 片，各有一弯曲的距。果实被稠密的短绒毛。花期 5 ~ 6 月。栽培变种有：白色耧斗花，花白色；黑色耧斗花，花深蓝紫色；重瓣耧斗花，花重瓣，有多色；白雪耧斗花，花纯白色，数量多，生长健壮；青莲耧斗花，花大，萼片浅紫色或鲜紫色，花瓣蓝紫色具白色边缘；花叶耧斗花，叶有黄色斑点（见图 7-9）。

图 7-9 耧斗菜

【产地与分布】原产中国东北、华北及陕西、宁夏、甘肃、青海等地。欧洲亦有分布。

【生态习性】性强健，耐寒，在华北和东北可露地过冬。喜肥沃、湿润、富含腐殖质、排水良好的土壤。要求较高的空气温度，夏季应在半阴条件下养护。

【繁殖】繁殖方法播种繁殖或分株繁殖皆可。

播种繁殖：在每年的 2 ~ 3 月在温室内盆播育苗。覆土以不见种子为度。待苗高 4cm 左右时进行第一次分栽移植。一般第一次移植于苗畦，生长比较旺盛。等苗高约 10cm 时定植。定植后加强肥水管理，当年可以成苗，次年开花。

分株时间宜选择在 3 月下旬至 4 月初。将母株从地下掘起，将根颈部带 3 ~ 5 个芽连根剪下，盆栽或地栽，浇透水。2 周后新株恢复生长，次年即可开花。

【栽培管理】播种苗定植时，地栽前要对土壤深耕，并结合肥分状况施入一定的有机肥或磷、钾肥。栽后浇透水，花前施追肥 2 次。生长期每月施肥 1 次。在炎热多雨的夏季予以 40% ~ 50% 左右遮荫，夏季高温多雨季节注意遮荫和排水，并防水防涝。严防倒伏，同时需加强修剪，以利通风透光。待苗长到一定高度时（约 40cm），需及时摘心，以控制植株的高度；入冬以后需施足基肥，北方地区还应浇足防冻水，在植株基部培上土，以提高越冬的防冻能力。华北地区露地栽培要在入冬前灌足越冬水，以树叶、碎草覆盖防寒。

常有叶斑病、根腐病和锈病危害，用 50% 托布津可湿性粉剂 500 倍液和 50% 萎锈灵可湿性粉剂 1000 倍液喷洒。蚜虫和夜蛾危害时，可用 40% 乐果乳油 1000 倍液喷杀。

【园林应用】花姿娇小玲珑，花色明快，适应性强，宜成片植于草坪上、树林下，野趣盎然，也宜洼地、溪边等潮湿处作地被覆盖。自然式栽植可用于花境、花坛，岩石园等。

7.2.10 铁线莲

【学名】*Clematis florida*

【别名】威灵仙、番莲

【科属】毛茛科铁线莲属

【形态特征】多年生藤本。2回3出复叶，小叶卵形至卵状披针形，全缘或2裂；叶背疏生短毛。花单朵腋生，萼片（4、6、8）枚，白或乳白，平展。夏季开花。栽培变种有重瓣铁线莲与蕊瓣铁线莲等。重瓣铁线莲，花较大，雄蕊全部变为花瓣状，白色或淡绿色；观赏价值更高，云南、浙江等省有野生，各地庭园中常见栽培。蕊瓣铁线莲，部分雄蕊变成花瓣状，紫色，是近代栽培铁线莲的大花品种及重瓣品种的亲本（见图7-10）。

图7-10　铁线莲

【品种与类型】据铁线莲品种的开花习性，可分为3类。

（1）花期开始于5月底之前，花梗短，通常于叶腋着生2朵以上花朵。

（2）花开于去年生枝条叶腋萌发的短枝上。每枝1花，花期开始于6月底之前。

（3）花开于当年生新枝上，每枝具花数朵，花期开始于7月。

根据国际铁线莲协会确定的栽培品种分类。

（1）铁线莲类，木质藤本。夏季开花，花朵着生在老枝或成熟枝上。如中国原产的铁线莲（*C.florida*），即为代表种。

（2）杂种铁线莲类，木质藤本。夏季和秋季开花，花朵较多，着生在新梢上。代表种为杂种铁线莲，花大而抗寒，花色丰富，欧美园林栽培者多属此类。

（3）毛叶铁线莲类，木质藤本。夏秋开花，花朵较少，着生于短侧枝上。代表种毛叶铁线莲为本属各原种中花朵最大者。

（4）转子莲类，木质藤本。春季开花，花朵着生于老枝或成熟枝上。中国原产铁线莲的转子莲（*C.patens*）为此类代表种。

（5）红花铁线莲类，亚灌木。夏季开花，花朵着生在当年新梢上，连续开花，花喇叭状或钟形。以美国原产的红花铁线莲（*C.texensis*）为其典型代表。

（6）意大利铁线莲类，木质藤本。夏、秋开花，花朵多，着生于夏梢上。代表种系南欧及西亚原产的意大利铁线莲，以生长势健旺为特点。

【产地及分布】原产中国江西、湖南、广东、广西等省低山灌丛、山谷、路旁及溪边。现世界各地均有分布。

【生态习性】大部分铁线莲喜好冷凉气候，原生种多野生于灌丛，喜阳不喜热，大都非常耐寒的，可耐-20～-30℃的低温（高山铁线莲可耐-35℃）。幼苗耐寒性相对弱些。根肉质，喜肥沃、排水良好的弱碱性土壤，忌积水。

【繁殖】

（1）播种繁殖。原种可以用播种法繁殖。子叶出土类型的种子（瘦果较小，果皮较薄），如在春季播种，约

3 ~ 4 周可发芽。在秋季播种，要到春暖时萌发。子叶留土类型的种子（较大，种皮较厚），要经过一个低温春化阶段才能萌发，第一对真叶出生；有的种类要经过两个低温阶段，才能萌发，如转子莲。春化处理如用 0 ~ 3℃低温冷藏种子 40 日，发芽约需 9 ~ 10 月。也可用一定浓度的赤霉素处理。

（2）压条繁殖。3 月用去年生成熟枝条压条。通常在 1 年内生根。

（3）嫁接繁殖。杰杂铁线莲一类杂交种，可用单节接穗以劈接法接于根砧上。节上具 1 ~ 2 芽，节下长 5 ~ 10cm，在加温而密闭的嫁接匣里嫁接，易促进成活。

（4）分株繁殖。丛生植株，可以分株。

（5）扦插繁殖。杂交铁线莲栽培变种以扦插为主要繁殖方法。7 ~ 8 月取半成熟枝条，在节间（即上下两节的中间截取，节上具 2 芽。基质用泥炭和沙各半。扦插深度为节上芽刚露出上面。底温 15 ~ 18℃。生根后上 3 寸盆，在防冻的温床或温室内越冬。春季换 4 ~ 5 寸盆，移出室外。夏季需遮荫防阵雨，10 月底定植。

【栽培管理】栽培铁线莲，应特别注意排水。栽植时，一般掘穴深 40cm，穴径 60cm。掘松穴底硬土后，放进腐殖质，再加入掺有骨粉的表土。

栽植时间北方在解冻后，中部在 4 ~ 5 月。根部周围不要填压得太紧，用手稍压即可。盆栽植株的土团顶部要和表土齐平；裸根种植时，根冠应低于地表 5cm。栽植后上面覆盖厚 10cm 的泥炭或腐殖土，以避免根部在夏季过分受热，同时可保持土壤湿润。栽后头几个月要注意充分给水，使根部能向四周伸长。如枝条脆，易折断，应注意诱引固定。

【园林应用】铁线莲枝叶扶疏，有的花大色艳，有的多数小花聚集成大型花序，风趣独特，是攀援绿化中不可缺少的良好材料。可种植于墙边、窗前，或依附于乔、灌木之旁，配植于假山、岩石之间。攀附于花柱、花门、篱笆之上；也可盆栽观赏。少数种类适宜作地被植物。有些铁线莲的花枝、叶枝与果枝，还可作瓶饰、切花等。

7.2.11 宿根福禄考

【学名】*Phlox paniculata*

【别名】天蓝绣球，锥花福禄考

【科属】花葱科福禄考属

【形态特征】多年生宿根草本；株高约为 60 ~ 120cm，茎直立，枝茎丛生而粗壮，有部分基部半木质化，无分枝，多须根。叶交互对生或上部轮生，先端尖，长圆状披针形，边缘具硬毛。圆锥花序顶生，花朵密集；花冠高脚碟状，先端五裂；花色有白、粉红、粉紫等深浅不同颜色及复色。观赏性强。萼片狭细，裂片刺毛状。花径约为 2.5 ~ 3cm，花期在 7 ~ 9 月，长达 3 月之久（见图 7-11）。

图 7-11　宿根福禄考

【产地与分布】原产北美洲，分布广泛，世界各地均有栽培。

【生态习性】喜全光、耐高温、耐寒，宜排水良好、疏松的土壤，忌炎热多雨。喜石灰质土壤，但一般土壤也能生长。匍匐类福禄考尤其耐旱。

【繁殖】以分株和扦插繁殖为主，也可用种子、压条繁殖。

（1）扦插。6 ~ 9 月均可进行。首先要整地平畦，灌透水。将匍匐枝剪成 5 ~ 7cm 长的枝段，按 4 ~ 5cm 的株行距，将枝段的下端插入土壤或其他基质中。整畦插完后浇水，扦插后将扎出的缝隙弥合。此后视土壤干湿程度决定浇水量。

（2）分株。春季或夏季的连雨天都可进行。将老株挖起，把土坨掰开，也可用刀把带根的土坨切分成几块，切分的大小和多少视情况而定。如果老株多，分株后又急于使用，可以分成10cm大小；如果不急于使用则可以分得小一些，3～5个芽分墩。

（3）压条繁殖。8～9月间，当花凋谢后没有新条可扦插时，可以采用压条繁殖。把枝条按倒，用土把枝条埋住进行堆土压条，仅留5cm的顶端枝叶。由于根系仍能吸收营养、水分，不需要像扦插那样经常浇水，管理可粗放。第二年春天，去除压在枝条上的土，每一节都有各自的根和芽，掰断节间的老枝条，分栽定植即可。

【栽培管理】露地栽培时应选背风向阳而又排水良好的土地，结合整地施入厩肥或堆肥作基肥，化肥以磷酸二铵效果最好。5月初至5月中旬移植，株距40～45cm为宜，栽植深度比原深度略深1～2cm。生长期经常浇水，保持土面湿润。6～7月生长旺季，可追1～3次人粪尿或饼肥。在东北，有些品种应在根部盖草或覆土保护越冬。在11月中旬，应浇一次封冻水，开春浇一遍“返青水”。

盆栽在每年春季新芽萌发后换一次盆，换盆时要换土，盆底可施入少量的磷酸二铵作基肥，换盆后应浇透水。当新芽生长到6～7cm时，应根据盆的大小，选留部分健壮的芽，剪除多余的，一般口径20cm的盆可留4～5个芽。生长期间要及时追肥，可用腐熟的人粪尿、豆饼水、化肥溶液，2～3周追一次肥。注意浇水，保持土壤疏松、湿润，注意调节向光性，使植株健壮、挺直。

【园林应用】福禄考花期长，从6月下旬至8～9月。花色丰富，有粉、白、浅紫、红、玫红等颜色，适合作花境、花带，也可丛植点缀岩石园。

7.2.12 松果菊

【学名】*Echinacea purpurea*

【别名】紫锥菊、紫锥花

【科属】菊科紫松果菊属

【形态特征】多年生草本花卉。株高60～120cm。全株具粗硬毛。茎直立。基生叶渐尖，基部阔锲形并下延与叶柄相连，边缘局疏锯齿；茎生叶基部略抱茎。花茎挺拔，头状花序单生于枝顶，花朵较大，花型奇特有趣，中心部分突起呈球型，球上的管状花为橙黄色，外围是舌状花瓣，有红色的、粉红色的、复色的和白色的等。花期6～10月。松果菊种子于10月下旬成熟（见图7-12）。

【产地与分布】原产北美洲，中国大部分地区有栽培。

【生态习性】喜温暖，性强健而耐寒、喜光、耐干旱，不择土壤，在深厚肥沃富含腐殖质土壤上生长好。可自播自衍。

图7-12　松果菊

【繁殖】播种或分株繁殖，春秋均可进行。播种可在春季4月下旬或秋季9月初进行，采用撒播的方式。早春播种可当年开花。经1～2次移植后即可定植，株距50～60cm。但栽培品种播种繁殖发生分离。

【栽培管理】穴盘苗应在1～5月播种，若要对苗进行春化处理，则应提前至前一年的8～10月。经过春化处理的种子可提前开花，且花的整齐度也会有所提高。第三对叶长出时，应进行移栽，此后温度要降至

10 ~ 12℃，以促进根系生长。穴盘苗移栽后一般经 4 ~ 5 月即可开花。夏季干旱时应适当灌溉及时去残花，花前施液肥可延长花期，栽培管理粗放。

【园林应用】生长健壮而高大，多置于后排，花色鲜艳，“松果”可观性强，花期长，群体效果自然、野趣。同时，其花朵很大，直径可达 15cm，是制作干花的好材料。可作切花，瓶插期为 7 ~ 12 天。

7.2.13 天竺葵

【学名】*Pelargonium hortorum*

【别名】石蜡红、洋绣球、入腊红

【科属】牻牛儿苗科天竺葵属

【形态特征】天竺葵为多年生草本。基部稍木质化，茎直立，多汁，肉质，通体被细毛和腺毛，具鱼腥气味。单叶互生，叶心脏形，叶色有绿、黄绿、斑叶、紫红，常具马蹄形环纹。伞形花序顶生，花蕾下垂，花冠有红、白、淡红、橙黄等色，还有单瓣、半重瓣、重瓣和四倍体品种。花期 10 月至翌年 6 月，最佳观赏期 4 ~ 6 月。除盛夏休眠外，其他季节只要环境条件适宜，皆可不断开花（见图 7-13）。

图 7-13　天竺葵

天竺葵常见的品种有真爱（True Love），花单瓣，红色。幻想曲（Fantasia），大花型，花半重瓣，红色。口香糖（Bubble Gum），双色种，花深红色，花心粉红。紫球 2・佩巴尔（Purpurball 2 Penbal），花半重瓣、紫红色。探戈紫（Tango Violet），大花种，花纯紫色。美洛多（Meloda），大花种，花半重瓣，鲜红色。贾纳（Jana），大花、双色种，花深粉红，花心洋红。萨姆巴（Samba），大花种，花深红色。阿拉瓦（Arava），花半重瓣，淡橙红色。葡萄设计师（Designer Grape），花半重瓣，紫红色，具白眼。迷途白（Maverick White），花纯白色。

【品种与类型】同属有 250 个种，常见栽培的其他种类有如下几种。

（1）蝶瓣天竺葵（*P.domesticum*）又名洋蝴蝶，半灌木型。株高 30 ~ 50cm，全株具软毛。单叶互生，叶广心脏状卵形，叶面微皱，边缘锯齿较锐。花大，有白、淡红、粉红、深红等色，上面两瓣较大，且有深色斑纹。每年开花一次，花期 3 ~ 7 月。

（2）马蹄纹天竺葵（*P.zonale*）宿根草本，半灌木型。株高 30 ~ 40cm。茎直立，圆柱形，肉质。叶倒卵形，叶面有浓褐色蹄状斑纹，叶缘具钝齿。花瓣同色，上面两瓣较短，有深红至白等色。花在夏季盛开。

（3）盾叶天竺葵（*P.peltatum*）又名藤本天竺葵，常春藤叶天竺葵，半灌木型。茎半蔓性，分枝多，匍匐或下垂。叶盾形，具五浅裂，锯齿不显。总梗着花 4 ~ 8 朵，有白、粉、紫、水红等色。上面两瓣较大，有暗红色斑纹。花期 5 ~ 7 月。

【产地及分布】天竺葵原产于非洲南部，现世界各地广为栽培。

【生态习性】喜温暖、湿润和阳光充足环境。耐寒性差，怕水湿和高温。生长适温为 10 ~ 19℃。6 ~ 7 月间呈半休眠状态，应严格控制浇水。宜肥沃、疏松和排水良好的沙质壤土。冬季温度不低于 10℃，短时间能耐 5℃低温。单瓣品种需人工授粉，才能提高结实率。花后约 40 ~ 50 天种子成熟。

【繁殖】常用播种和扦插繁殖。

（1）播种繁殖。春、秋季均可进行，以春季室内盆播为好。发芽适温为 20 ～ 25℃。天竺葵种子不大，播后覆土不宜深，约 14 ～ 21 天发芽。秋播，第二年夏季能开花。

（2）扦插繁殖。除 6 ～ 7 月植株处于半休眠状态外，均可扦插。以春、秋季为好。一般扦插苗培育 6 月开花，即 1 月扦插，6 月开花；10 月扦插，翌年 2 ～ 3 月开花。

【栽培管理】南方地栽，北方宜盆栽室内越冬。地栽时应选不易积水的地方，土壤最好是沙质壤土。盆栽选用腐叶土、园土和沙混合的培养土。喜阳光，除夏季炎热避免阳光直射外，其他时间均应该接受充足的日光照射，每日至少要有 4h 的日光照。适宜生长温度 16 ～ 24℃，以春、秋季气候凉爽生长最为旺盛。冬季应入温室，温度应保持白天 15℃左右，夜间不低于 8℃，并且保证有充足的光照，仍可继续生长开花。

生长期要加强水肥管理。每月施 2 ～ 3 次稀薄液肥，否则叶片发黄脱落，影响生长和观赏价值；浇水过多，土壤过湿，会使植株徒长，影响花芽分化，开花少。浇水应掌握不干不浇、浇要浇透的原则。夏季植株进入休眠，应控制浇水，停止施肥。

为使植株冠形丰满紧凑，应从小苗开始进行整形修剪。一般每年至少对植株修剪 3 次。第一次在 3 月，主要是疏枝；第二次在 5 月，剪除已谢花朵及过密枝条；立秋后进行第三次修剪，主要是整形。

【园林应用】天竺葵为重要温室花卉，供室内陈设。春暖后也作露地花坛布置或大盆陈列。在东北夏季凉爽地区，如在阳台、窗台、栏杆外设筑槽栽种，几乎天天开花不绝，颇为美观。在西南少数冬暖夏凉地区，也可露地栽种，点缀庭院，四季花色艳丽。

7.2.14 文竹

【学名】*Asparagus setaceus*

【别名】云片竹、芦笋山草

【科属】百合科天门冬属

【形态特征】多年生草本，丛生性强。茎柔嫩伸长具有攀援性，节部明显。幼枝纤细，直立生长，老枝半木质化，绿色；叶状枝纤细而簇生，由 6 ～ 12 个小的叶状枝组成三角形云状枝，形如羽毛，水平开展。真正的叶片退化成三角形鳞状叶鞘，灰褐色，抱附在茎蔓的节部，先端尖锐。花小，两性，白色，着生在云片形叶状枝的节部，略有香味。花期 2 ～ 3 月或 6 ～ 7 月；小浆果球形，幼时绿色，成熟后蓝黑色，外被白霜，内含种子 1 ～ 2 粒，种子近扁圆形，黑色，外面有一层半透明的白膜（见图 7-14）。

图 7-14 文竹

【品种与类型】主要栽培变种有以下 3 种。

（1）细叶文竹（*var.tenuissimus*）比矮文竹叶状枝稍长 5 ～ 6mm，排列成不整齐的羽状，淡绿色，被有蓝粉。扦插容易。

（2）矮文竹（*var.nanus*）茎直立，丛生，叶状枝短而密生，鲜绿色。播种容易，扦插不易发根，也可分株。

（3）大文竹（*var.robustus*）生长健旺，叶状枝较原种短，但整片叶状枝较长而不规则。

【产地及分布】文竹原产南非，现世界各地均有栽培。

【生态习性】性喜温暖湿润，略耐阴，不耐干旱，怕水涝。既不耐寒，也怕暑热，冬季室温不低于 10℃，5℃

以下会受冻死亡。喜欢疏松肥沃的沙质土壤。夏季室温如超过 32℃，生长停止，叶片发黄。对光照条件要求也比较严格，既不能常年蔽荫，也经不起阳光曝晒，在烈日下曝晒半天就会黄枯。根系为肉质须根，对土壤要求较严，不耐盐碱，在疏松、肥沃、通气良好的土壤中才能正常生长。

【繁殖】文竹一般采用播种繁殖和分株繁殖。

（1）播种繁殖。果皮变黑变软后逐渐采摘，搓去果肉，用水淘净，晾干后贮存备用。4 月上旬播种，播后覆细沙。文竹的种子发芽缓慢，约需 40 天才能出土，如果室温低，有的 2 月才能出土。出苗后应遮光养护并去掉玻璃，盆土应间干间湿。待幼苗长到 4cm 以上时，带土团移入小型花盆。

（2）分株繁殖。文竹的丛生性强，能不断从根际处萌发出根蘖，使株丛不断扩大。对于 4 ~ 5 年生的植株，可在早春结合翻盆换土进行分株，要细心操作，尽量少伤根。缓苗后要加强肥水管理，促使新芽抽生。此法繁殖系数低，而且分株后新株株形不整，故很少采用。

【栽培管理】文竹喜暖，喜半阴，忌强光。如夏季将其放在阳光直射处养护，极易造成枝叶枯黄。冬季宜向阳。冬季若将其长期放在见不到光线的地方，通风不良或寒冷，均易引起枝叶枯黄。此时可将其移放到有阳光的温暖处，室温保持在 12 ~ 18℃之间，适当控制浇水，可以逐步恢复正常。

文竹宜肥沃土壤，若长期没有换土加肥，养分供不应求，就会出现枝叶发黄现象。每周浇一次腐熟的稀薄液肥或复合化肥，及时浇水、松土。

文竹喜湿、怕旱，忌过湿、水涝，对土壤、水分要求比较严格，掌握适宜的盆土水分是文竹日常养护的一大关键。平时如浇水过多，造成盆上长期过湿或积水，会造成根系生长不良，进而引起烂根。浇水过少则盆上过干，造成叶黄枯梢，小枝脱落，体态干瘪，同时落蕾落花。应始终让盆土处于间干间湿的交替状态。

【园林应用】盆栽花卉，适宜于厅堂、会场及案头装饰，也是插花、花篮等常用的极好的陪衬材料。

7.2.15 羽扇豆

【学名】*Lupinus polyphyllus*

【别名】多叶羽扇豆、鲁冰花、羽扇豆

【科属】豆科羽扇豆属

【形态特征】多年生草本花卉叶多基生，掌状复叶，小叶 9 ~ 16 枚。叶色绿。轮生总状花序，在枝顶排列很紧密，花蝶状，蓝紫色。园艺栽培的还有白、红、青等色，以及杂交大花种，色彩变化很多，花期 5 ~ 6 月。荚果，被绒毛，种子黑色。加州羽扇豆、二色羽扇豆（见图 7-15）。

图 7-15 羽扇豆

【生态习性】较耐寒（-5℃以上），喜气候凉爽，阳光充足的地方，忌炎热，略耐阴，需肥沃、排水良好的沙质土壤，主根发达，须根少，不耐移植。根系发达，耐旱，最适宜砂性土壤，利用磷酸盐中难溶性磷的能力也较强。

【繁殖】羽扇豆生产中多以播种和扦插繁殖为主。

春秋播均可，3 月春播，但春播后生长期正值夏季，受高温炎热影响，可导致部分品种不开花或开花植株比例低、花穗短，观赏效果差。自然条件下秋播较春播开花早且长势好，9 ~ 10 月中旬播种，花期翌年 4 ~ 6 月。

扦插繁殖在春季剪取根茎处萌发枝条，剪成 8 ~ 10cm，最好略带一些根茎，扦插于冷床。夏季炎热多雨地区，羽扇豆常不能越夏而死亡，故可作二年生栽培，宜早春栽植于栽培地，株距 40cm，早栽早发棵，开花结籽较早。入夏前结实后地上部分枯萎，秋季再萌发新株，或于枯萎前采收种子。华北需保护越冬。

【栽培管理】羽扇豆为直根系植物，不耐移植。在定植以前视长势情况应进行 1 ~ 2 次的换盆，盆钵的选用最好为高桶盆，以满足直根性根系的生长需求，确定合理的种植摆放密度。针对秋播种植，越冬时应做相应的防寒措施，温度宜在 5℃以上，避免叶片受冻害，影响前期的营养生长和观赏效果。羽扇豆性喜凉爽，夏季应防止高温多湿、阳光灼晒造成的叶片发黄、植株生长矮小甚至死亡。

【园林应用】音译名字“鲁冰花”。根系具有固肥的机能，在中国台湾地区的茶园中广泛种植，被台湾当地人形象地称为“母亲花”，可作为切花。羽扇豆特别的植株形态和丰富的花序颜色，是园林植物造景中较为难得的配置材料，用作花境背景及林缘河边丛植、片植，会给人们视觉一种异域和别样的享受，这越来越被专业人士接受与推崇。

7.2.16 荷包牡丹

【学名】*Dicentra spectabilis*

【别名】荷包花、蒲包花、兔儿牡丹、铃儿草、鱼儿牡丹

【科属】罂粟科荷包牡丹属

【形态特征】多年生草本花卉，叶对生深绿色，茎绿色带红晕，根似红薯为肉质块根。株高 30 ~ 50cm。丛生，多分枝。每枝抽生许多侧枝，主枝及侧枝顶端抽生花穗。每个花穗有 10 ~ 20 朵花，每朵花有 4 枚花瓣，上外侧 2 枚花瓣呈心脏形粉红色，下内侧的 2 枚花瓣瘦长下垂呈白色，两瓣之间有绿色雌蕊花柱及黄色雄蕊花丝。细长的花柄吊生着花朵，宛如端阳节小孩佩戴的绣荷包，颇具情趣。花期为南方地区 3 ~ 5 月、北方地区 4 ~ 6 月（见图 7-16）。

图 7-16　荷包牡丹

【产地与分布】原产于西伯利亚等地。近年中国各地均有零星栽培，以秦岭以北地区栽培较多。

【生态习性】喜好排水良好的壤土、半阴半阳的环境。早春喜温暖，夏季喜凉爽潮湿，忌曝晒。春季气温 3 ~ 5℃即萌芽，最适生长温度为 15 ~ 25℃，35℃以上生长滞缓。开花后期进入 7 ~ 8 月的高温季节，地面以上的茎叶枯黄开始休眠，休眠的地下块根入冬后可耐 -25℃的低温。

【繁殖】以分根繁殖为主，也可压条扦插或播种繁殖。选用 2 年生的母株在秋后或早春萌芽前，将根掘起分切数块进行栽培繁殖；也可在夏季盛长时剪茎（遮阳、保湿）扦插繁殖，也可用种子繁殖。种子生命期短、芽势弱，出苗 3 年才能开花，故很少采用。

【栽培管理】秋后至春季发芽前均可栽培。将整个母根挖出，每 3 ~ 5 个块根为 1 墩（块根芦头上有 3 ~ 5 个芽即可）。选用 20cm 以上口径的花盆，每盆栽 1 墩。选用土质疏松而肥沃的沙壤土。园地栽培行距 70 ~ 80cm，株距 30 ~ 50cm。栽后浇透水，以后见干再浇，平时不要浇水太勤。雨季要遮雨和排水防涝，平时应保持根土潮湿。

开花时适加氮、磷、钾多元素肥料，按少量多次施入。早春低温时要多晒太阳，花开中后期进入高温季节，

将盆移至半阴处。园地栽培要布施遮阳网，避免强直射，只让早、晚的光照射即可。秋后及入冬休眠时保持根土潮湿。冬季，盆栽的带盆埋入室外地里，盆上覆一层土。园田地栽的任其置放在田地里即可。入冬以后浇 1 次封冬水，在室外自然越冬。

【园林应用】荷包牡丹叶丛美丽，花朵玲珑，形似荷包，色彩绚丽，是盆栽和切花的好材料，也适宜于布置花境和在树丛、草地边缘湿润处丛植，景观效果极好。也是切花配景的好素材。

7.2.17 其他常见宿根花卉

其他常见宿根花卉种类如表 7-1 所示。

表 7-1 其他常见宿根花卉种类

名称	学名	科属	花期（月）	花色	繁殖	特性及应用
芝麻花	*Physostegiavirginiana*	唇形科假龙头花属	7 ~ 9	淡紫红	播种分株	较耐寒，耐轻霜冻，适应能力强。适合盆栽观赏或种植在花坛、花境
紫菀	*Aster tataricus*	菊科紫菀属	7 ~ 9	紫、红、蓝、白	播种分株扦插	耐寒、喜光，高 40 ~ 150cm，宜花坛、花境及盆栽
落新妇	*Astilbe chinensis*	虎耳草科落新妇属	6 ~ 7	白、粉、紫、红	播种	耐寒、喜光，喜半阴，株高 50 ~ 80cm，宜花境及切花
白头翁	*Pulsatilla chinensis*	毛茛科白头翁属	3 ~ 5	紫、粉	播种	耐寒，耐旱，喜凉爽，喜光，耐半阴，株高 40 ~ 70cm，宜花坛、花境栽植或作地被
一枝黄花	*Solidago decurrens*	菊科一枝黄花属	7 ~ 9	黄	播种分株扦插	耐严寒、耐 - 25℃低温，喜凉爽也耐热，株高 1 ~ 2m，自然式栽培，丛植或作背景材料，宜可作切花
金莲花	*Trollius chinensis*	毛茛科金莲花属	6 ~ 7	金黄	播种分株	耐寒、喜光，喜冷凉，忌炎热，株高 40 ~ 90cm，宜花坛、花境栽植及作切花
东方罂粟	*Papaver orientale*	罂粟科罂粟属	6 ~ 7	橙、粉、红	播种分株	株高 60 ~ 1000cm，宜花境
桔梗	*Platycodon grandiflorum*	桔梗科桔梗属	6 ~ 9	蓝、白	播种分株	耐寒，喜湿润，耐半阴，株高 30 ~ 100cm，宜花坛、花境岩石园或作切花
乌头	*Aconitumchinensis*	毛茛科乌头属	夏	淡蓝	播种分株	耐寒，耐半阴，株高 1m，可作花境、林下栽植、亦可作切花
沙参	*Adenophora tetraphylla*	桔梗科沙参属	6 ~ 8	蓝、白	播种分株	耐寒，耐旱喜半阴，株高 30 ~ 150cm，适花坛、花境林缘栽种
春黄菊	*Anthemis tinctoria*	菊科春黄菊属	6 ~ 9	白、黄	播种分株	耐寒、喜凉爽，喜光、高 30 ~ 60cm，宜花境、切花
宿根天人菊	*Gaillardia aristata*	菊科天人菊属	6 ~ 9	黄、红	播种扦插	性强健，耐热，耐旱。宜花境、花坛

续表

名称	学名	科属	花期（月）	花色	繁殖	特性及应用
宿根金光菊	*Rudbeckia laciniata*	菊科 金光菊属	6 ~ 9	黄、红	播种扦插	极耐旱、耐寒，易栽培。宜花境、花坛
雪茄花	*Cuphea ignea*	千屈菜科雪茄花属	全年	白、紫、红	播种扦插	以排水良好的砂质壤土为佳。适合庭园美化和盆栽

思考题

1. 宿根花卉是指什么？有哪些类型？
2. 宿根花卉生态习性是怎样的？
3. 宿根花卉繁殖栽培要点有哪些？
4. 举出 20 种常用宿根花卉，说明它们主要的生态习性和应用特点。
5. 宿根花卉园林应用有哪些特点。
6. 艺菊有哪些类型？
7. 菊花、芍药、萱草有哪些文化内涵？

本章参考文献

[1] 刘会超 . 花卉学 [M] . 北京 : 中国农业出版社，2006.

[2] 包满珠 . 花卉学 [M] . 北京 : 中国农业出版社 ,2003.

[3] 刘燕 . 园林花卉学 [M] . 北京 : 中国林业出版社 ,2002.

[4] 鲁涤非 . 花卉学 [M] . 北京 : 中国农业出版社，1998.

[5] Steven M.Still.Manual ofherbaceous ornamental plants.Champaign,Illinois:Stipes Publishing Company,1988.

[6] 陈俊愉 , 程绪珂 . 中国花经 [M] . 上海 : 上海文化出版社 ,1990.

本章相关资源链接网站

1. 花谈 www.huatan.net
2. 踏花行 www.tahua.net
3. 中国花卉图片信息网 http://www.fpcn.net
4.CVH 植物图片库 http://www.cvh.ac.cn
5. 中科院植物所的数据库 http://pe.ibcas.ac.cn/pe/chinese/data/data_center.asp
6. 秘密花园（植物图片）http://web.ncyu.edu.tw/ ~ woodman/p003.htm
7. 花间小憩 http://www.flowersea.net
8. 台湾生物多样性 http://www.taibif.org.tw
9. 中药植物图片 http://www.15688.com/bbs/index.asp
10. 北京植物园 http://www.beijingbg.com
11. 葫芦网（台湾专业药用植物网，图片很好）http://www.hulu.com.tw/down/list.asp
12. 中国种子植物特有属 http://www.plant.csdb.cn/sdb/teyou/ty.htm

13. 中国植物图像数据库 http://www.plant.csdb.cn/sdb/images/photo.html
14. 生物标本数标库 http://biomuseum.zsu.edu.cn/ASP/search/search.htm
15. 植物图片（有分类）http://www.nature.sdu.edu.cn/artemisia/picture.htm
16. 生物谷的植物图片（有分类）http://www.bioon.com/figure/biology/plants/Index.html

第8章　球　根　花　卉

8.1　概述

8.1.1　概念及基本类型

8.1.1.1　概念

地下部的茎或根发生变态，膨大成块状、根状、球状的多年生草本植物，在一年中遇到寒冷的冬季或炎热的夏季，地上部枯死，而地下储藏器官进入休眠，至环境条件适宜时再度生长并开花，把这类花卉总称为球根花卉（bulbs）。这些变态的地下器官既作为储存营养的器官，又可以作为繁殖器官，形成新的植株。

8.1.1.2　基本类型

1. 依地下变态器官的结构划分

依地下变态器官的结构划分球根花卉可分为鳞茎、球茎、块茎、根茎、块根等5类。

（1）鳞茎类（bulbs）。鳞茎是变态的枝叶，其地下茎短缩，呈圆盘状的鳞茎盘，其上着生膨大肉质的变态叶——鳞片。根据鳞片的排列顺序，通常将鳞茎分为有皮鳞茎（tunicated bulbs）和无皮鳞茎（nontunicated bulbs）。有皮鳞茎又称层状鳞茎，鳞片呈同心圆层状排列，鳞片外面有干皮或腊质皮包被，大多数鳞茎为此类，如水仙、郁金香、风信子、朱顶红等。无皮鳞茎又称片状鳞茎，鳞茎球体外面无包被，肉质鳞片沿鳞茎的中轴呈覆瓦状叠合着生，常见的有百合、贝母等。

鳞茎的顶芽常抽生真叶和花序。有的鳞茎本身只存活1年，在生育期内，母鳞茎由于储藏营养耗尽而自行解体，母鳞茎下面或旁边有新的鳞茎产生，此类有郁金香、球根鸢尾等。大多数鳞茎本身可以存活多年，鳞叶之间发生腋芽，每年由腋芽处形成一至数个子鳞茎并从老鳞茎中分离出来，可用来繁殖，常见的有水仙、百合、朱顶红等。

（2）球茎类（corm）。地下茎短缩膨大呈实心球状或扁球形，其上着生环状的节，节上着生叶鞘和叶的变态体，呈膜质包被于球体上。球茎顶端的顶芽抽生出花序，节上的侧芽萌发形成叶，球茎基部膨大逐渐形成新球。新球数量因种类或品种而异，将新球分离开另行栽植，实现繁殖目的。常见的有如唐菖蒲、小苍兰、狒狒花、番红花、慈姑等。

（3）块茎类（tuber）。地下茎变态呈不规则的块状或球状。块茎上的芽发育成地上部分，根系自块茎底部发生。有些花卉的块茎不断增大，其中一部分逐渐衰老，衰老部分的芽萌发率降低或不萌发，如马蹄莲；有的块茎生长多年后开花不良，需要淘汰后重新繁殖。有些花卉不能自然分生块茎或分生能力很差，需借助人来分割，但分割的块茎处形不整齐，有碍观瞻，故园艺上少用，因此常采用播种繁殖，如仙客来、球根秋海棠等。

（4）根茎类（rhizome）。地下茎呈根状肥大，具明显的节与节间，节上有芽并能发生不定根，根茎一般横向生长，根茎顶端的芽发育形成花芽，侧芽形成地下“侧枝”，“侧枝”顶端的芽萌发出土面又可以形成新株，“侧枝”足够粗壮，能满足养分要求时，其形成的新株也可以开花。如美人蕉、姜花、红花酢浆草、荷花、睡莲、铃兰、六出花等。

（5）块根类（tuberous root）。块根是由侧根或不定根膨大而形成，其功能是储藏养分和水分。块根无节、无芽眼，只有须根。发芽点只存在于根茎部的节上，由于根上无芽，繁殖时必须保留原地上茎的基部（根颈）。常见的块根类花卉有大丽花、花毛茛、欧洲银莲花等。

2. 依适宜的栽植时间划分

球根花卉的种类繁多，原产地涉及温带、亚热带和部分热带地区，因此其生长习性有很大差异。根据生长习性可分为2类。

（1）春植球根。多原产中美洲、南非洲的热带、亚热带地区，这些地区往往气候温暖，周年温差小，夏季雨量充足，这类花卉通常春天栽植，夏秋开花，冬天休眠。花芽分化一般在夏季生长期进行。如大丽花、唐菖蒲、美人蕉、晚香玉等。

（2）秋植球根。多原产地中海沿岸、小亚细亚、北美洲西南等地区，这些地区冬季温和多雨，夏季炎热，为抵御夏季炎热干旱，植株的地下球茎储藏营养而进入休眠。这类花卉通常秋天栽植，春天开花，炎夏休眠。花芽分化一般在夏季休眠期进行。在球根花卉中占的种类较多，如水仙、郁金香、风信子、花毛茛等。

8.1.2 主要类别的生态习性

球根花卉分布很广，原产地不同，所需要的生长发育条件相差很大。

8.1.2.1 对温度的要求

（1）春植球根，原产于热带、亚热带及温带，包括非洲南部各地、中南美洲、北半球温带地区。土耳其和亚洲次大陆地区最多。生长季要求高温，耐寒力弱，秋季温度下降后，地下部分停止生长，进入休眠（自然休眠或强迫休眠）。耐寒性弱的种类需要在温室中栽培。

（2）秋植球根，原产于地中海地区和温带，主要包括地中海地区、小亚细亚半岛、南非的开普敦、好望角、美国的加利福尼亚州。喜凉爽，夏季部分休眠。耐寒力差异也很大，例如山丹、卷丹、喇叭水仙可耐 -30℃低温，在北京地区可以露地过冬；小苍兰、郁金香、风信子在北京地区需要保护过冬；中国水仙不耐寒，只能温室栽培。

8.1.2.2 对光照的要求

除了百合类有部分种类耐半阴，如山百合、山丹等，大多数喜欢阳光充足。一般为中日照花卉，只有铁炮百合、唐菖蒲等少数种类是长日照花卉。日照长短对地下器官形成有影响，如短日照促进大丽花块根的形成，长日照促进百合等鳞茎的形成。

8.1.2.3 对土壤的要求

大多数球根花卉喜中性至微碱性土壤；喜疏松、肥沃的砂质壤土或壤土；要求排水良好有保水性的土壤，上层为深厚壤土，下层为沙质土最适宜。少数种类在潮湿、粘重的土壤中也能生长，如番红花属的一些种类和品种。

8.1.2.4 对水分的要求

球根是旱生形态，土壤中不宜有积水。尤其是休眠期，过多的水分造成球根腐烂。但旺盛生长期必须有充分的水分；球根接近休眠时，土壤宜保持干燥。

8.1.3 园林中的应用

球根花卉与其他类花卉相比，种类较少，但在园林中应用非常广泛，地位很重要，是园林中一类重要花卉。它们有多种用途，还因为容易携带和容易栽植成功，因此较其他花卉更容易远播他乡。此外，球根花卉在宗教上也有特殊的地位，如圣经上常提到郁金香、百合、水仙；佛教中象征和平与永生的荷花。其园林应用特点主要有如下几种。

（1）布置花境、花坛或专类园。球根花卉大多数种类色彩艳丽丰富，观赏价值高，是园林中色彩的重要来源。花期易控制，整齐一致，只要球大小一致，栽植条件、时间、方法一致，即可同时开花。

（2）有许多种类是重要的切花、盆花生产用花卉。如百合、唐菖蒲是世界著名的切花，郁金香、水仙等也可作为切花。

（3）一些种类可以水养栽培。典型的如水仙、郁金香等。

8.2 主要球根花卉

8.2.1 百合

【学名】*Lilium spp.*

【别名】山蒜头

【科属】百合科　百合属

【形态特征】为多年生草本。地下具鳞茎，阔卵状球形或扁球形；外无皮膜，由多数肥厚肉质的鳞片抱合而成。地上茎直立，不分枝或少数上部有分枝，高 50 ~ 150cm。叶多互生或轮生；线形，披针形至心形；具平行叶脉。有些种类的叶腋处易着生珠芽。花单生，簇生或成总状花序；花大，漏斗状或喇叭状或杯状等，下垂，平伸或向上着生；花具梗和小苞片；花被片 6 枚，形相似，平伸或反卷，基部具蜜腺；花白、粉、淡绿、橙、橘红、洋红及紫色，或有赤褐色斑点；常具芳香。蒴果 3 室；种子扁平（见图 8-1）。染色体数为 x=12。

图 8-1　百合

百合的地下部分具两种根系，即生于鳞茎盘下的为“基根”（或称下根）具吸收养分、稳定地上部分的作用，其寿命长 2 至数年；生于土壤内的地上茎节处之根为“茎根”（或称上根），亦起吸收养分的作用，主要供给新鳞茎的吸收，其寿命 1 年。

【品种与类型】

（1）主要种质资源类型，根据百合的形态特征分为 4 组。

1）百合组。花朵呈喇叭形，横生于花梗上，花瓣先端略向外弯，雄蕊的上部向上弯曲，叶互生。此类百合观赏价值较高，如著名的王百合、麝香百合、布朗百合等。

王百合（*L.regale*）又名王冠百合，原产中国四川、云南等地。鳞茎卵形至椭圆形，棕黄色，洒紫红晕，味苦。茎直立，株高 60 ~ 150cm，茎绿色有紫色斑点。叶披针形。通常每株开花 4 ~ 5 朵，多时达 20 ~ 30 朵。花白色，喉部黄色，外面有淡紫晕，花径 12 ~ 15cm。芳香。花期早，6 ~ 7 月开花。染色体 2n=24。

麝香百合（*L.longiflorum*）又名铁炮百合，原产中国台湾及日本九州南部诸岛海边岩上。鳞茎近球形至卵形。直立茎，株高 60 ~ 100cm。叶披针形。花白色，内侧深处有绿晕。花单生或 2 ~ 4 朵，花被片长 15 ~ 18cm，长筒状喇叭形，有浓香。花期 6 ~ 8 月。染色体数为 2n=24。

布朗百合（*L.brownii*）又称紫背百合，原产中国华中、华南、西南诸省海拔 1500 ~ 1800m 的山地草坡或林下。鳞茎扁球形，黄白色，有时有紫色条纹，有苦味。直立茎，株高 60 ~ 80cm，半阴地可达 100cm 以上。每株开花 2 ~ 3 朵，有时 5 ~ 6 朵。花冠乳白色，有红紫色条纹，长约 16cm，有浓香。花期 6 ~ 7 月。本种有许多栽培变种，中国南北各地均有栽培。

2）钟花组。钟花组花瓣片较百合组短，花朵向上、倾斜或下垂，雄蕊向中心靠拢，叶互生。我国这一类百合遗传资源特别丰富，如渥丹、毛百合、玫红百合（*L.amoenum*）、紫花百合（*L.souliei*）等。

渥丹（*L.concolor*）又名山丹，原产中国北部、朝鲜和日本。鳞茎小，味苦。花小，深红色，有光泽，无异色斑点。易实生繁殖，曾产生许多变种。本种在中国华北山地多有野生。

毛百合（*L.dauricum*）又名兴安百合，原产中国东北部、西伯利亚贝加尔湖以东、日本及朝鲜。鳞茎球形至圆锥形，白色，可食用。株高 40 ~ 50cm。花橙黄色，有紫色斑点，花径 9 ~ 10cm，每茎有花 3 ~ 4 朵，多时 7 ~ 8 朵。花期 5 月下旬。染色体数 2n=24。

3）卷瓣组。卷瓣组花朵下垂，花瓣向外反卷，雄蕊上端向外张开，叶互生。这类百合宜作庭院露地栽培，如卷丹、鹿子百合、湖北百合（*L.henryi*）、川百合等，食用百合如兰州百合也属此组。

卷丹（*L.lancifolium*）又名虎皮百合、南京百合，原产中国各地，江浙一带常栽培作食用。鳞茎卵圆形至扁球形，黄白色。地下茎易生小鳞茎，地上茎多生珠芽。株高 80 ~ 150cm，圆锥状总状花序，有花 15 ~ 20 朵，花瓣朱红色，有暗紫色斑点，花径 10 ~ 12cm。花期 7 ~ 8 月。为三倍体，染色体数 3n=36。

兰州百合（*L.davidii* var.*unicolor*）是大卫百合（*L.davidii*）的变种。大卫百合原产于中国西北、西南、中南地区海拔 1500 ~ 3000m 的高地，鳞茎白色，扁卵形，株高 100 ~ 200cm，多花性，有花 20 ~ 40 朵，橙红色，花期 7 ~ 8 月，染色体 2n=24。兰州百合花大，花期晚，中国大面积作食用栽培。

鹿子百合（*L.speciosum*）又称药百合，原产中国浙江、江西、安徽、台湾等省及日本。鳞茎呈球形至扁球形。鳞片颜色依品种而异，有橙、绿、黄、紫、棕等色，味苦。株高 50 ~ 150cm。花红色者茎浅绿色。有花 10 ~ 12 朵，大鳞茎可有花 40 ~ 50 朵，花径 10 ~ 12cm，芳香。花期 8 ~ 9 月。染色体 2n=24。

4）轮叶组。轮叶组叶片轮生或近轮生，花朵向上或下垂。花朵向上的如青岛百合（*L.tsingtauense*），花朵下垂且花瓣反卷的如欧洲百合（*L.martagon*）、新疆百合（*L.martagon* var.*pilosiusculum*）等。

（2）园艺栽培种的分类。百合的园艺品种众多，1982 年，国际百合学会在 1963 年英国皇家园艺学会百合委员会提出的百合系统分类的基础上，依据亲本的产地、亲缘关系、花色和花姿等特征，将百合园艺品种划分为 9 个种系，即亚洲百合杂种系、星叶百合杂种系（Martegon hybrids）、白花百合杂种系（Candidum hybrids）、美洲百合杂种系（American hybrids）、麝香百合杂种系、喇叭型百合杂种系（Trumlpet hybrids）、东方百合杂种系、其他类型（Miscellaneous hybrids）和原种（包括所有种类、变种及变型）。这个分类系统已被普遍认可并在所有的百合展览中采用。常见栽培的主要有以下 3 个种系。

1）亚洲百合杂种系（Asiatic hybrids），亚洲百合的亲本包括卷丹、川百合、山丹、毛百合等，花直立向上。瓣缘光滑，花瓣不反卷。

2）麝香百合杂种系（Longiflorum hybrids），麝香百合杂种系又称铁炮百合、复活节百合，花色洁白，花横生，花被筒长，呈喇叭状。主要是麝香百合与台湾百合（*L.formosanum*）衍生的杂种或杂交品种，也包括这两个种的种间杂交种——新铁炮百合（*L.×formolongo*），花直立向上，可播种繁殖。目前应用最多的品种是日本培育的‘雷山’系列。

3）东方百合杂种系（Oriental hybrids），东方百合杂种系包括鹿子百合、天香百合（*L.auratum*）、日本百合、红花百合及其与湖北百合的杂种，花斜上或横生，花瓣反卷或瓣缘呈波浪状：花被片上往往有彩色斑点。

主要百合商业品种有亚洲系的 Avignon、Connecticut King、Pollyanna、Nove Cento 等；东方系的 Acapulco、casablanca、Siberia、Sorbonne、Marco Polo、Star Gazer 等；麝香系的 snow、Queen、White Fox 等。

【产地与分布】原产北半球温带地区，热带高海拔地区也少有分布。中国是世界百合的主要产地之一，也是世界百合的起源中心，百合在中国 27 个省（自治区、直辖市）都有分布，其中以四川省西部、云南省西北部和西藏自治区东南部分布最多。

【生态习性】百合类绝大多数性喜冷凉湿润气候，要求肥沃，腐殖质丰富，排水良好的微酸性土壤及半阴环境。多数种类耐寒性较强，耐热性较差。忌连作。

由于百合种类多，自然分布广，所要求的生态条件不尽相同，尤其是一些分布广的种类，其适应性较强，种性强健，亦能略耐碱土和石灰质土，如王百合、湖北百合、川百合、卷丹等。又如卷丹和湖北百合比较喜温暖干燥气候，较耐阳光照射；要求干燥肥沃的沙质壤土。而麝香百合则适应性较差，不耐碱性土，对酸性土要求较严格；其种性亦不如前者，易罹病害和退化。

【繁殖】百合类的繁殖方法较多，可分球、分珠芽、扦插鳞片以及播种等。以分球法最为常用；扦插鳞片亦较普遍应用，而分珠芽和播种则仅用于少数种类或培育新品种。

（1）分球法。母球（即老鳞茎）在生长过程中，于茎轴旁不断形成新的小球（新鳞茎）并逐渐扩大与母球自然分裂，将这些小球与母球分离，另行栽植。每个母球经一年栽培后，可分生 1 ~ 3 个或数个小球，常因种和品种而异。百合地上茎的基部及埋于土中的茎节处均可产生小鳞茎，同样可把它们分离，作为繁殖材料另行栽植。为使百合多产生小鳞茎，常行人工促成方法，即适当深栽鳞茎或在开花前后切除花蕾，均有助于小鳞茎的发生。也可花后将茎切成小段，每段带 3 ~ 4 片叶，平铺湿沙中，露出叶片，经 20 ~ 30 天便自叶腋处发生小鳞茎，上述小鳞茎经 1 年（大者）或 2 ~ 3 年（小者）培养，便可作为种球栽植。卷丹、鳞茎百合等可发生大量珠芽，可在花后珠芽尚未脱落前采集并随即播入疏松的苗床内或储藏沙中，待春季播种。

（2）鳞片扦插法。选取成熟的大鳞茎，阴干数日后，将肥大健壮之鳞片剥下，斜插于粗沙或蛭石中，注意使鳞片内侧面朝上，顶端微露土面即可，入冬移入温室，保持室温 20℃，以后自鳞片基部伤口处便可产生子球并生根，经 3 年培养便可长成种球。一般一母球可剥取 20 ~ 30 片鳞片，可育成 50 ~ 60 个子球。

（3）播种法。因种子不易储藏（干燥低温下可储藏 3 年），播后生长慢且常有品质变劣的缺点，故只在培育新品种或结实多又易发芽的种类时，如台湾百合，才用此法。一般种子成熟采后即播，20 ~ 30 天便可发芽。如无播种条件，亦可阴干后次年春播。自播种至开花所需时间，因种类和条件而异。如山丹播种的第二年即能开花；王百合播种后 14 个月即能开花，而紫背百合需 3 ~ 4 年方能开花。

（4）组织培养。百合的鳞片、鳞茎盘、小鳞茎、珠芽、茎、叶等器官组织均可以作为外植体，经组织培养成苗，但是不同品种及不同部位分化小鳞茎的能力有很大差异，目前认为以鳞片中、下部为外植体，生长快，形成鳞茎大。近年来，利用百合花的不同部位如花丝、花柱、子房以及远缘杂种幼胚等进行培养获得新株，并能培育远缘杂种苗。

【栽培管理】百合类栽培法因不同种类差别较大，现就一般种类论述。宜选半阴环境或疏林下要求土层深厚、疏松而排水良好的微酸性土壤，最好深翻后施入大量腐熟堆肥、腐叶土、粗沙等以利土壤疏松和通气。

（1）露地栽培。栽植时期多数以花后 40 ~ 60 天为宜，即 8 月中下旬至 9 月。秋季开花种类可较迟栽植。百合类栽植宜深，尤对具茎根的种类，深栽以利茎根吸收肥分，一般深度约为 18 ~ 25cm。栽好后，入冬时用马粪及枯枝落叶进行覆盖。

生长季节不需特殊管理，可在春季萌芽后及旺盛生长而天气干旱时，灌溉数次，追施 2 ~ 3 次稀薄液肥；花期增施 1 ~ 2 次磷、钾肥。平时只宜除草，不适中耕以免损伤“茎根”。又因“底根”（下根）寿命可达数年，故不宜每年挖起，一般可隔 3 ~ 4 年分栽一次。百合类系无皮鳞茎，易干燥，因此采收后即行分栽，若不能及时栽植，应用微潮的沙予以假植，并置阴凉处。

（2）促成栽培。9 ~ 10 月选肥大健壮的鳞茎种植于温室地畦或盆中，尽量保持低温，11 ~ 12 月室温为 10℃。新芽出土后需有充足阳光，并升至 15℃，经 12 ~ 13 周开花；如遇显蕾后给以 20 ~ 25℃并每天延长光照 5h，可提早 2 周开花。如欲于 12 月至次年 1 月开花，鳞茎必须于秋季经过冷藏处理。麝香百合最宜控制花期，9 月底以前种植温室中，可望元旦前开花。鳞茎冷藏储存时，可周年分批栽种，不断供应鲜花。切取鲜花宜于含蕾或初放时剪取，及早摘除花药以免污染衣物并可延长水养时间。美国和日本已有大规模的百合四季切花生产，再用冷藏设备空运远销。美国并用人工诱导多倍体方法育成若干四倍体麝香百合新品种，已投入四季切花生产中，花大，瓣厚，耐贮运，很受市场欢迎。

【园林应用】

（1）重要切花，被称为切花之王。象征纯洁、高雅，有“百事合意，百年好合”之意。

（2）宜大片纯植或丛植疏林下，草坪边，亭台畔以及建筑基础栽植。亦可作花坛、花境及岩石园材料。

（3）盆栽观赏，某些低矮类型可以作为盆栽观赏。

（4）食用，百合类中鳞茎多可食用。多种百合还可入药，食用百合中以卷丹、川百合、山丹、百合、毛百合及沙紫百合等品质最好，为滋补上品。花具芳香的百合尚可提制芳香浸膏，如山丹、百合等。

8.2.2 唐菖蒲

【学名】 *Gladiolus hybridus*

【别名】 菖兰、剑兰、扁竹莲、十样锦

【科属】 鸢尾科　唐菖蒲属

【形态特征】 为多年生草本。地下部分具球茎，扁球形，外被膜质鳞片。株高 60 ~ 150cm。茎粗壮而直立，无分枝或稀有分枝。叶剑形，嵌迭为二列状，抱茎互生。花茎从叶丛处抽生，穗状聚伞花序顶生，着花 12 ~ 24 朵，通常排成二列，小花漏斗状，色彩丰富，花径 7 ~ 18cm，苞片绿色。蒴果，种子扁平，有翼。染色体基数 2n=30，60 ~ 130（见图 8-2）。

图 8-2　唐菖蒲

【品种与类型】 现代唐菖蒲品种上万个，形态、性状多样，园艺上常按生态习性、花期、花朵大小、花型、花色等进行分类。

（1）按生态习性分为春花类和夏花类。

1）春花类，主要由欧、亚原种杂交育成。耐寒性较强，在温和地区秋植春花。多数品种花朵小，色淡株矮，有香气，已少见栽培。

2）夏花类，多由南非的印度洋沿岸原种杂交育成。耐寒力弱，春种夏花。花型、花色、花径、香气、花期早晚等性状均富于变化，是当前栽培最广泛的一类。

（2）按生育期长短分为早花类、中花类和晚花类。

1）早花类，种植种球后 70 ~ 80 天开花。生育期要求温度较低，宜早春温室栽种，夏季开花，也可夏植秋花。

2）中花类，种植种球后 80 ~ 90 天开花，如经催芽、早栽，则生长快，花大，新球茎成熟亦早。

3）晚花类，种植种球后 90 ~ 100 天开花。植株高大，叶片数多，花序长，产生子球多，种球耐夏季储藏，可用于晚期栽培以延长切花供应期。

（3）按花型分为以下几种。

1）大花型。花径大，排列紧凑，花期较晚，新球与子球发育均较缓慢。

2）小蝶型。花朵稍小，花瓣有皱褶，常有彩斑。

3）报春花型。花形似报春，花序上花朵少而排列稀疏。

4）鸢尾型。花序短，花朵少而密集，向上开展，呈辐射状对称。子球增殖力强。

（4）按花径大小（x）将唐菖蒲分为 5 类：x 小于 6.4cm 为微型花；x 小于 8.9cm 且不小于 6.4cm 为小型花；x 小于 11.4cm 且不小于 8.9cm 为中型花；x 小于 14.0cm 且不小于 11.4cm 为大花型（标准型）；x 不小于 14cm 为特大花型。

（5）按花色分。一般按花的基本色分为 12 色系，即白、绿、黄、橙、橙红、粉红、红、玫瑰红、淡紫、蓝、紫、烟色、黄褐等色系。

【产地与分布】唐菖蒲属约有 250 种，其中 10% 的种类原产于地中海沿岸和西亚地区，90% 的种类原产于南非洲和非洲热带，尤以南非好望角最多，为世界上唐菖蒲野生种的分布中心。现在栽培品种广布世界各地。

【生态习性】长日照植物。在春夏季长日照条件下花芽分化和开花。球茎寿命为 1 年，母球花后萎缩，在茎基部膨大，最后在其上方形成一个大新球，周围有数量不等的小子球。唐菖蒲喜温暖，并具一定耐寒性。不耐高温，尤忌闷热，以冬季温暖，夏季凉爽的气候最为适宜。唐菖蒲性喜深厚肥沃而排水良好的沙质壤土，不宜在黏重土壤和低洼积水处生长，土壤 pH 值 5.6 ~ 6.5 为佳；要求阳光充足，长日照有利于花芽分化而短日照下则促进开花。生长临界低温为 3℃，4 ~ 5℃时球茎即可萌动生长；生育适温，白天为 20 ~ 25℃，夜间为 10 ~ 15℃。

【繁殖】分球繁殖为主，亦可进行切球、播种和组织培养等方法繁殖。

（1）分球法，将母球上自然分生的新球和子球取下来，另行种植。通常新球于第二年就可开花；子球大者，培养一年亦可开花，而子球小者，需培养二年方可开花。这些小球初开花时的花序一般短，着花少，待逐渐长大后，花序变长，着花量增多。

大量栽种小子球时，可采用条播或撒播方式，欲使当年开花，也可用营养袋（营养钵）在温室内育苗，即 3 月下旬将子球播于营养袋内，保持土温 18 ~ 25℃，气温 20 ~ 25℃，湿度 70% ~ 80%，子球便能较好出苗生长，待 5 月中旬连同营养袋一起移栽于露地。

（2）切球法，当种球数量少时，为加速繁殖，可进行切球法繁殖，即将种球纵切成若干部分，每部分必须带有 1 个以上的芽和部分茎盘，否则不能抽芽和生根。注意切口部分应用草木灰涂抹，以防腐烂，待切口干燥后再种植。

（3）播种法，此法多用于培育新品种和复壮老品种。一般在夏秋季种子成熟采收后，立即进行盆播，其发芽率较高。冬季将播种苗转入温室培养（或秋季直接在温室播种），第二年春天分栽于露地，加强管理，夏季就可有部分植株开花。如果采种后于第二年春季播种，则开花较当年秋播者推迟一年。

（4）组织培养法，据报道 20 世纪 70 年代，Ziv（1970）曾用花茎；Husxy（1977）与高律（1978）曾用球茎上的侧芽等进行组织培养，均获得成功，可获得 60% 的无菌球茎，为培育优良健壮的唐菖蒲品种开辟了新途径。目前国内外不少地方都使用组培方法进行唐菖蒲的脱毒、复壮繁殖。

【栽培管理】栽种唐菖蒲宜选择地势较高燥、通风良好地方，切忌低洼阴冷环境，最好选用前作曾经大量施肥的地方，但忌连作。

栽种时期视气候条件、栽培目的以及品种特性等综合因素考虑而定。通常于 5 月栽种，7 ~ 8 月开花。掌握各品种的生育期，根据所需要开花的时间，进行分期分批的排开栽种，达到周年供应切花目的。在中国，北京地区可自 4 月中旬至 7 月末每隔 10 天栽种一次，于 7 ~ 10 月接连不断开花。华东地区可自 3 月下旬至 8 月初分批分期栽种，于 6 月中旬至 11 月上旬接连开花，但当地 6 月多不进行栽种，以免开花时正逢盛夏酷暑，造成开花不良，着花量低的现象。

栽种方法通常用畦栽或沟栽。大面积切花生产或球根生产宜用沟栽方式，便于管理和节省劳动力。根据中国沈阳园林科学研究所的经验，每亩地施入腐熟堆肥 1000 ~ 1500kg，饼肥约 200kg，过磷酸钙 80kg，草木灰 80kg 等作为基肥。沟栽时大球的沟距 40 ~ 60cm；株距 26 ~ 30cm。畦栽时，大球行距 15 ~ 20cm；株距 10 ~ 15cm。

栽植前，种球最好进行消毒，可除去皮膜浸入清水内 15min 后，再浸入 1000 倍的升汞或 80 倍的福尔马林液内 30min。为促进萌芽及生长，于栽植前剥除球茎外皮，用清水浸泡一昼夜；亦可用硫酸铜、硼酸、高锰酸钾等化学药剂及生长素（α－奈乙酸、赤霉素、2，4-D）等溶液浸之，不仅促进萌芽和生长，并兼有增加抗性，提早花期之效。田间管理应注意中耕除草。唐菖蒲对除草剂有抵抗能力，可用 2，4-D 作为除草剂。当杂草发芽初期时，可用 300g 西玛津溶于 100L 水中，散布效果较好。

为生产球根而栽培时，开花时应及时剪除花序，以免影响球根养分的积累。切花栽培时，应选花瓣充分着色，含苞待放的花序或花序最下部 1 ~ 2 朵花初开时于傍晚或清晨切下，切花后的植株至少应保留 4 ~ 5 枚叶片，以供下部球茎继续生长。待叶片 1/3 变黄时，可将球茎挖出，放阳光下晒至数日后，去除土块杂物，剪去茎叶，将新球、小球及干枯老球分别清理干净，储藏于低温而不结冰、干燥并又适当湿度条件下越冬。据试验证明，充分干燥的球茎在 1 ~ 3℃条件下，可储藏一年，普通在 5℃左右或不大于 10℃下储藏均较适宜。

【园林应用】唐菖蒲是园林中常见的球根花卉之一，其品种繁多，花色艳丽丰富，花期长，花茎挺拔修长，是世界著名切花之一，在园林上还可用于作为花境中的优良竖线条花卉，还适于盆栽、布置花坛等。唐菖蒲对氟化氢等有毒气体敏感，可以作为检测大气污染的指示植物。

8.2.3 郁金香

【学名】*Tulipa gesneriana*

【别名】洋荷花

【科属】百合科　郁金香属

【形态特征】为多年生草本，鳞茎偏圆锥形，外被淡黄至棕褐色皮膜。茎叶光滑，被白粉。叶 3 ~ 5 枚，带状披针形至卵状披针形，全缘并呈波状，常有毛，其中 2 ~ 3 枚宽广而基生。花单生茎顶，花被片 6 枚，离生，直立杯状或盘状，花色丰富；蒴果背裂，种子扁平（见图 8-3）。

图 8-3　郁金香

【品种与类型】园艺栽培品种多达 8000 多种，由栽培变种、种间杂种以及芽变而来，亲缘关系极为复杂。通常按花期可分为早、中、晚；按花型分有杯型（cup-shaped）、碗型（bowl-shaped）、百合花型或高脚杯型（goblet-shaped）、流苏花型（fringed）、鹦鹉花型（parrot）及星型（star-shaped）等；花色则有白、粉、红、紫、褐、黄、橙、黑、绿斑和复色等，花色极丰富，惟缺蓝色。

1981 年，在荷兰举行的世界品种登录大会郁金香分会上，重新修订并编写成的郁金香国际分类鉴定名录中，根据花期、花形、花色等性状，将郁金香品种分为 4 类 15 群。

（1）早花类（Early Flowering）。

1）单瓣早花群（Single Early Group）花单瓣，杯状，花期早，花色丰富。株高 20 ~ 25cm。

2）重瓣早花群（Double Early Group）花重瓣，大多来源于共同亲本。色彩较和谐，花期比单瓣种稍早。

（2）中花类（Midseason Flowering）。

1）凯旋群（Triumph Group）或称胜利系，花大，单瓣，花瓣平滑有光泽。由单瓣早花种与晚花种杂交而来，花期介于重瓣早花与达尔文杂种之间，株高 45 ~ 55cm，粗壮，花色丰富。

2）达尔文杂种群（Darwin Hybrids Group）由晚花达尔文郁金香与极早花的佛氏郁金香及其他种杂交而成。植株健壮。株高 50 ~ 70cm，花大，杯状，花色鲜明。如常用的品种金阿帕尔顿（Golden Apeldoorn）。纯黄色。

（3）晚花类（Late Flowering）。

1）单瓣晚花群（Single Late Group）包括原分类中的达尔文系（Darwin）和考特吉系（Cottege）。株高 65 ~ 80cm，茎粗壮，花杯状，花色多样，品种极多。如受欢迎的品种法兰西之光（Ile de France），鲜红色；夜皇后（Queen of Night），紫黑色。

2）百合花型群（Lily-flowered Group）花瓣先端尖，平展开放，形似百合花。植株健壮，高约 60cm，花期长，花色多种。如常用品种希巴女王（Queen of Shuba），红花黄边；阿拉丁（Aladdin），红花白边。

3）流苏花群（Fringed Group）花瓣边缘有晶状流苏。如哈密尔顿（Hamilton），黄色带流苏；阿美

(Arma)，红色带流苏。

4）绿斑群（Viridiflora Group）花被的一部分呈绿色条斑。

5）伦布朗群（Rembrandt Group）有异色条斑的芽变种，如在红、白、黄等色的花冠上有棕色、黑色、红色、粉色或紫色条斑。

6）鹦鹉群（Parrot Group）花瓣扭曲，具锯齿状花边，花大。如黑鹦鹉（Black Parrot），花鹦鹉（Flaming Parrot），洛可可（Rococo）等。

7）重瓣晚花群（Double Late Group）也称牡丹花型群（Peony Flowered Group），花大，花梗粗壮，花色多种。如蒙地卡罗（Monte Carlo），纯黄色；天使（Angetique），亮粉色。

（4）变种及杂种（Varieties and Hybrids）。

1）考夫曼群（Koufmaniana Group）原种为考夫曼郁金香，花冠钟状，野生种金黄色，外侧有红色条纹。栽培变种有多种花色，花期早。叶宽，常有条纹。植株矮，通常 10 ~ 20cm。易结实，播种易发生芽变。

2）佛氏群（Forsteriana Group）有高型（25 ~ 30cm）和矮型（15 ~ 18cm）两种，叶宽，绿色，有明显紫红色条纹。花被片长，花冠杯状，花绯红色，变种与杂种有多种花色，花期有早晚。

3）格里氏群（Greigii Group）原种株高 20 ~ 40cm，叶有紫褐色条纹。花冠钟状，洋红色。与达尔文郁金香的杂交种花朵极大。花茎粗壮，花期长，被广泛应用。

4）其他混杂群（Miscellaneous Group）这些种及杂种不在上述各群中。

以上各群中 1）~ 11）是多次杂交后形成的，即为普通郁金香。12）~ 15）群为野生种、变种或杂种，但其原种的性状依然明显，故以亲本名称作为群的名称。

常见的切花及盆栽品种主要属于中花类的凯旋系、达尔文杂种系和晚花类的单瓣种等。

【产地及分布】原产地中海沿岸及中亚细亚、土耳其等地，中国约产 10 种，主要分布在新疆。现在世界各国都有栽培，其栽培类型为高度杂交的园艺品种，尤以荷兰最多，成为荷兰的国花。中国各大城市有少量栽培，开始应用于园林中。

【生态习性】郁金香性喜冬季温暖湿润，夏季凉爽稍干燥，向阳或半阴的环境。耐寒性强，冬季可耐 -35℃的低温，但冬季最低温度为 8℃时也可生长，故适应性较广。喜欢富有腐殖质肥沃而排水良好的沙质壤土。

【繁殖】通常分球繁殖，华东地区常在 9 ~ 10 月栽植，华北地区宜 9 月下旬至 10 月下旬栽植，暖地可延至 10 月末至 11 月初栽完，过早常因入冬前抽叶而易受冻害，过迟常因秋冬根系生长不充分而降低了抗寒力。若大量繁殖或育种时则可播种，种子无休眠特性，需经 0 ~ 10℃低温，播后 30 ~ 40 天萌动。一般露地秋播，越冬后种子萌发出土，当年只形成一片真叶，至 6 月份地下部分已形成鳞茎，待其休眠后挖出储藏，到秋季再种植，大约经过 5 ~ 6 年才能开花。

【栽培管理】露地栽培时应选避风向阳的地点及疏松肥沃的土壤，先深耕整地，施足基肥，筑畦或开沟栽植，覆土厚度达球高的 2 倍即可。不可过深，否则不易分球且常引致腐烂。但栽植过浅，易受冻害和旱害。栽植行距 15cm 左右，株距视球的大小，约 5 ~ 15cm 不等。栽后适当灌水，促使生根。北方寒冷地区冬季适当加以覆盖，有助于秋冬根系生长及翌年开花。早春化冻前应及早除去覆盖物。开花期间应及时检查拔除混杂的不纯正的品种，因其品种间极易杂交，最好隔离栽植。切花时切忌损伤叶片，以免影响球根的充实。不作切花栽植的植株，也应摘除花朵不使其结实，以免影响鳞茎的肥大。初夏茎叶枯黄时掘起鳞茎，阴干后储藏于凉爽干燥处，因鳞茎含淀粉多，储藏时易遭老鼠吃掉应注意收藏。长江流域因夏天炎热早，常使鳞茎早衰，不利于发育，因而球根逐年缩小退化，不易栽培好。

盆栽多用于促成栽培。秋季上盆，选用充实肥大的鳞茎，盆径 17 ~ 20cm，每盆栽 4 ~ 5 球，盆土用一般培养土即可，因叶丛偏向于鳞茎扁平之侧，应加注意，盆土不需压实，鳞茎顶部与土面平齐即可，灌透水后将盆埋入冷床或露地向阳处，覆土 15 ~ 20cm，防雨水侵入，经 8 ~ 10 周低温，根系充分生长而芽开始萌动时（约 12

月上中旬），将盆取出移入温室半阴处，保持室温 5 ~ 10℃，不可过高，否则抽蕾而叶很小，待叶渐生长，可在叶面喷水，增加空气湿度；显蕾前移至阳光下，使室温增高为 15 ~ 18℃，追肥数次后，便可于元旦开花。欲使春节开花，可相应延迟移入温室时间。盆栽后的鳞茎一般生长不充实可弃之或下地培养 1 ~ 2 年，方能再开花。

国外进行促成栽培时，其方法即先在 17℃下挖出的鳞茎经 34℃处理 1 周，再放 20℃下储藏 1 个月至花芽分化完，再移至 17℃下经 1 ~ 2 周预备储藏，然后保持 9℃下进行正式冷藏（荷兰）或在 13 ~ 15℃下冷藏 3 周，再经 6 周的 1 ~ 3℃的冷藏（日本）然后栽植。在温暖地区，无冷藏者，2 月以后温床覆盖以促开花。

【园林应用】郁金香为花中皇后，是重要的春季球根花卉，其花型高雅，花色丰富，且明快而艳丽，开花整齐，最宜作切花、花境、花坛布置或草坪边缘自然丛植。也常与枝叶繁茂的二年生草花配置应用。中矮品种可盆栽观赏。

8.2.4 水仙

【学名】*Narcissus spp.*

【别名】天葱、雅蒜、玉玲珑

【科属】石蒜科水仙属

【形态特征】为多年生草本花卉。有皮鳞茎卵形至球形，外披棕褐色膜。多数种类叶互生两列，带状线形，有叶鞘包被。花茎直立，一葶一花或多花的伞形花序，花序外有膜质总苞，又称佛焰苞，花被片 6 枚，内、外轮各 3 枚。花多为黄色、白色和晕红色，部分种类有香气。雄蕊 6 枚，花被中央有杯状或喇叭状副冠。重瓣花为副冠和雄蕊不同程度瓣化而成。蒴果，种子细小（见图 8-4）。

图 8-4　水仙

【品种与类型】水仙属约 30 个种，有众多变种与亚种，园艺品种近 3000 种。根据英国皇家园艺学会制定的水仙属分类新方案，依花被裂片与副冠长度的比以及色泽异同可分为喇叭水仙群（Trumpet Narcissi）、大杯水仙群（Large-cupped Narcissi）、小杯水仙群（Small cupped Narcissi）、重瓣水仙（Double Narcissi）、三蕊水仙（Triandrus Narcissi）、仙客来水仙（Cyclamineus Narciissi）、丁香水仙（Jonquilla Narcissi）、多花水仙（Tazetta Narcissi）、红口水仙（Poeticus Narcissi）、原种及其野生品种和杂种（Species and Wild Forms of Wild Hybrids）、裂副冠水仙（Split-corana Narcissi）和所有不属于以上者（Miscellaneous）共 12 类。目前中国广泛栽培和应用的原种和变种有中国水仙、喇叭水仙、明星水仙、丁香水仙、红口水仙、仙客来水仙及三蕊水仙等。

（1）喇叭水仙（*N.pseudo-narcissus*）又名洋水仙、欧洲水仙，英名 Common Daffodil。原产中欧、地中海地区，鳞茎球形，叶扁平线形，灰绿色，端圆钝。花单生，大形，花径 5cm，黄或淡黄色，副冠与花被片等长或比花被片稍长，钟形至喇叭形，边缘具不规则的锯齿状皱褶。花冠横向开放，花期 3 ~ 4 月。

（2）明星水仙（*N.incomparabilis*）又名橙黄水仙，为喇叭水仙与红口水仙的杂交种。鳞茎卵圆形，叶扁平线形，花葶有棱，与叶同高，花平伸或稍下垂，大形，黄或白色，副冠为花被片长度的一半。花期 4 月。主要变种有：黄冠明星水仙（var.*aurantius*），白冠明星水仙（var.*albus*）。

（3）红口水仙（*N.poeticus*）又名口红水仙。原产西班牙、南欧、中欧等地。鳞茎较细，卵形，叶线形，30cm 左右。一葶一花，花径 5.5 ~ 6cm，有香气。花被片纯白色，副冠浅杯状，黄色或白色，边缘波皱带红色。花期 4 月。

（4）丁香水仙（*N.jonquilla*）又名灯心草水仙、黄水仙。原产葡萄牙、西班牙等地。鳞茎较小，外被黑褐色皮膜，叶长柱状，有明显深沟。花高脚碟状，侧向开放，具浓香。花被片黄色，副冠杯状，与花被片等长、同色或稍深呈橙黄色，有重瓣变种。花期 4 月。

（5）多花水仙（*N.tazetta*）又名法国水仙。分布较广，自地中海直到亚洲东南部。鳞茎大，一葶多花，3 ~ 8朵，花径 3 ~ 5cm，花被片白色，倒卵形，副冠短杯状，黄色，具芳香。花被片与副冠同色或异色，有多数亚种与变种，花期 12 月至翌年 2 月。

（6）仙客来水仙（*N.cyclamineus*）原产葡萄牙、西班牙西北部。植株矮小，鳞茎也小，叶狭线形，背面隆起呈龙骨状。一葶一花或 2 ~ 3 朵聚生，花冠筒极短，花被片自基部极度向后反卷，形似仙客来，黄色，副冠与花被片等长，花径 1.5cm，鲜黄色。花期 2 ~ 3 月。

中国水仙为多花水仙即法国水仙的主要变种之一，大约于唐代初期由地中海传入中国。在中国，水仙的栽培分布多在东南沿海温暖湿润地区。从瓣型来分，中国水仙有两个栽培品种：一为单瓣，花被裂片 6 枚，称金盏银台，香味浓郁；另一种为重瓣花，花被通常 12 枚，称百叶花或玉玲珑，香味稍逊。从栽培产地来分，有福建漳州水仙、上海崇明水仙和浙江舟山水仙。漳州水仙鳞茎形美，具两个均匀对称的侧鳞茎，呈山字形，鳞片肥厚疏松，花葶多，花香浓，为中国水仙花中的佳品。

【产地及分布】原产中欧、北非地中海沿岸地区，世界各地广为栽培。

【生态习性】水仙性喜冷凉、湿润气候及阳光充足的地方，尤以冬无严寒，夏无酷暑，春秋多雨的环境最为适宜，但多数种类也甚耐寒，在中国华北地区不需保护即可露地越冬，如栽植于背风向阳处，生长开花更好。对土壤要求不甚严格，除重黏土及沙砾地外均可生长，但以土层深厚肥沃湿润而排水良好的黏质壤土最好，土壤以中性和微酸性为宜。

【繁殖】

（1）分球繁殖。分球繁殖法应用最为普遍。将母球上自然分生的小鳞茎掰下来作为种球，另行栽植，从 1 个一年生侧生鳞茎培育成开花商品种球需 3 ~ 4 年。

（2）鳞片扦插。为增加繁殖率，将鳞茎纵切成 8 ~ 10 等份，从纵向剥开，每 2 或 3 层鳞片成一组繁殖体，每组需带少部分鳞茎盘组织。生根基质保持 25℃，经 12 ~ 16 周后可见鳞茎盘周围发生小鳞茎。此法增繁系数较高，比不分割高约 15 倍以上。

鳞片扦插虽可周年进行，但以 6 ~ 9 月为好，此时鳞片储藏营养丰富。外层鳞片再生力强，内层鳞片储营养多。经连续培养的结果表明，中层鳞片形成的小鳞茎数量与重量更为理想。鳞片宜用 0.5% 苯菌灵等杀菌剂浸 30min 消毒，干后混以湿润蛭石 1.5 倍，盛于塑料袋中，储藏在 17℃下，发生了球后直接播种于田间。

（3）种子繁殖。种子繁殖用于品种改良。种子于 7 月成熟，9 月播种于阳畦，次年夏季叶枯时掘起，秋季栽于露地，如此每年栽种约经 5 ~ 7 年开花。

新鲜种子处于休眠状态，人工播种需经高温处理打破休眠。在 20℃下处理后转到 15 ~ 16℃中，大部分可发芽。

【栽培管理】

（1）露地栽培。中国目前园林绿地观赏栽培水仙尚少，据国外栽培水仙美化庭院分为两大类。喇叭水仙群、大杯水仙群、小杯水仙群有明显副冠，花大，花茎粗壮，适栽于公园花坛。另外的水仙群如仙客来水仙、多花水仙等花朵较小，植株较矮，常用作趣味性栽培，如草坪中丛植、岩石园种植、园林地栽。于 9 ~ 10 月栽种，种植深度 15cm，株间 10 ~ 15cm。通常 3 ~ 4 年起球一次。半阴环境花期可延长 7 ~ 10 天。

（2）促成栽培。多花水仙促成栽培可于 9 ~ 10 月开花。应用 55 ~ 75g 的大球或 45 ~ 55g 的中球，提早起球，待叶枯干脱落后用 30℃高温处理 3 ~ 4 周或熏烟处理（每日熏烟 1 ~ 3h，连续 2 ~ 4 日）或用乙烯气浴（0.75mg/L 浓度 3 ~ 6h）后栽培于温室中，大球可全部开花，中等球开花率稍低。

喇叭水仙促成栽培可于 12 月至翌年 4 月开花。12 月开花属超早促成栽培，1 ~ 2 月为早期促成栽培，3 ~ 4 月为晚期促成栽培。促成栽培的技术要点如下。

1）选用大球，尤其超早期和早期促成栽培需用 30g 以上大型种球。小型球虽能开花，但色淡，品质低。

2）促成栽培前应满足鳞茎对低温的要求。通常有两种方法：①采用冷藏种球法，常用的温度为 8℃，经 45 天（阿尔弗雷得品种）；②促成栽培前在生根室中生根，选择适宜低温，既有利于生根又满足低温要求。生根室常用 9℃促进生根，当根系充满容器时降温至 5℃，当芽伸长到 5cm 时将温度降到 2℃可抑制植株伸长，待到计划适宜促成时期即可转入温室促成。超早促成栽培在年内开花，除提早收获外，还须经预冷。预冷的适温 7 ~ 14℃。应根据栽培品种特性、需要、提早开花的程度，调整预冷温度与持续时间长度。低温量与植株生长高度有关，做切花促成栽培要求花茎至少高 35cm，盆花栽培要求高度 25 ~ 30cm，因此切花栽培时要求低温期持续时间长于盆花栽培。

3）低温冷藏或预冷处理时，鳞茎花芽分化必须达到雌蕊分化期。超早和早期促成栽培宜采用熏烟等促进花芽分化的措施，以及选用对低温敏感的品种。

4）根据产花日期及时转入温室促成栽培。盆花适宜的促成温度为 16 ~ 17℃，切花促成温度 13 ~ 15℃。到达“鹅头期”的盆花在出售前置 0.5 ~ 2℃中暂时储存，并喷杀菌剂等待出售。切花在到达“鹅头期”剪下，直立干藏于 0.5 ~ 2℃中暂时保存待售。

（3）中国水仙水养与雕刻技术。

1）水养。中国素有在元旦、春节于室内摆放水养水仙的传统。种球经储藏运输，鳞茎已完成花芽分化，具进一步发育条件。首先剥除褐色外皮、残根，浸水 1 ~ 2 天，置浅盆中，用卵石固定鳞茎，球体浸水 3cm 左右，保持 15 ~ 18℃以促进生根。当芽长 5 ~ 6cm 时降温至 7 ~ 12℃，晴天白天不低于 5℃时可置室外阳光下，使植株矮，花茎粗壮。为控制株高还可采用控水法，白昼浸水、见光、降温，夜间在室内排水，温度保持 12℃左右。近年应用多效唑浸球，可有效控制株高。

2）雕刻水仙。人工刻伤鳞茎使植株矮化，叶片扭曲，形成各种艺术造型以提高观赏趣味性，是我国传统水仙雕刻艺术。剥除鳞茎外皮，将鳞茎纵向切除 1/3 ~ 1/2，露出芽体，根据造形要求，从纵向割削叶片阔度 1/3 ~ 1/2，经割削的叶片在伸长过程中呈卷曲状，割除程度多，卷曲程度大。为促使花茎矮化，在幼花茎基部用针头略加戳伤，雕刻后的鳞茎洗净粘液，置盆中水养。雕刻水仙开花后多姿多态，增添观赏情趣。

图 8-5　大花美人蕉

【园林应用】水仙类株丛低矮清秀，花形奇特，花色淡雅，部分品种芳香，深为人们所喜爱。既适宜室内案头、窗台点缀，又宜园林中布置花坛、花境；也宜疏林下，草坪上成丛成片种植。此类花卉一经种植，可多年开花，不必每年挖起，是很好的地被花卉。水仙类花朵水养持久，也是良好的切花材料。

8.2.5　大花美人蕉

【学名】*Canna generalis*

【科属】美人蕉科美人蕉属

【形态特征】为多年生草本。具地下粗壮肉质根茎；地上茎为叶鞘互抱而合成的假茎，直立不分枝。叶互生，宽大。总状或穗状花序，花瓣 3 枚呈萼片状，雄蕊 5 枚均瓣化为色彩丰富艳丽的花瓣，成为最具观赏价值的部分。其中一枚雄蕊瓣化瓣常向下反卷，称为唇瓣。另一枚狭长并在一侧残留一室花药。雌蕊亦瓣化形似扁棒状，柱头生其外缘。蒴果球形；种子较大、黑褐色、种皮坚硬（见图 8-5）。

【种类与品种】美人蕉属有51个种，园艺上栽培应用的有以下几种。

（1）美人蕉（*C.indica*）原产美洲热带。地下茎少分枝，株高1.8m以下。叶长椭圆形，长约50cm。花单生或双生，花稍小，淡红色至深红色，唇瓣橙黄色，上有红色斑点。

（2）鸢尾美人蕉（*C.iridiflora*）又名垂花美人蕉。原产秘鲁，是法兰西系统的重要原种。花型酷似鸢尾花。株高2～4m，叶长60cm，花序上花朵少，花大，淡红色，稍下垂，瓣化雄蕊长。

（3）紫叶美人蕉（*C.warszewiczii*）又名红叶美人蕉。原产哥斯达黎加、巴西。是法兰西系统的重要原种。株高1～1.2m。花深红色，唇瓣鲜红色。茎、叶均为紫褐色，有白粉。

（4）兰花美人蕉（*C.orchioides*）由鸢尾美人蕉改良而来。是园艺品种重要系统之一。株高1.5m以上，叶绿色或紫铜色。花黄色有红色斑，基部筒状，花大，径15cm，开花后花瓣反卷。

（5）柔瓣美人蕉（*C.flaccida*）又名黄花美人蕉。原产北美。根茎极大，株高1m以上。花极大，筒基部黄色，唇瓣鲜黄色，花瓣柔软。

园艺上将美人蕉品种分为两大系统，即法兰西系统与意大利系统。前者即大花美人蕉的总称，参与杂交的有美人蕉、鸢尾美人蕉、紫叶美人蕉，特点为植株稍矮，花大，花瓣直立不反卷，易结实。意大利美人蕉系统主要由柔瓣美人蕉、鸢尾美人蕉等杂交育成，特点为植株高大，开花后花瓣反卷，不结实。

【产地及分布】大花美人蕉为法国美人蕉的总称，主要由原种美人蕉杂交改良而来，原种分布于美洲热带。

【生态习性】美人蕉类性强健，适应性强，几乎不择土壤，具一定耐寒力。在原产地无休眠性，周年生长开花。在中国的海南岛及西双版纳亦同样无休眠性，但在华东、华北等大部分地区冬季则休眠。尤在华北、东北地区根茎不能露地越冬。本属植物性喜温暖炎热气候，好阳光充足及湿润肥沃的深厚土壤。可耐短期水涝。

【繁殖】分株繁殖。将根茎切离，每丛保留2～3芽就可栽植（切口处最好涂以草木灰或石灰）。为培育新品种可用播种繁殖。种皮坚硬，播种前应将种皮刻伤或开水浸泡（亦可温水浸泡2天）。发芽温度25℃以上，2～3周即可发芽，定植后当年便能开花；生育迟者需2年才能开花。发芽力可保持2年。

【栽培管理】一般春季栽植，暖地宜早，寒地宜晚。丛距80～100cm，覆土约10cm。除栽前充分施基肥外生育期间还应多追施液肥，保持土壤湿润。寒冷地区在秋季经1～2次霜后，待茎叶大部分枯黄时可将根茎挖出，适当干燥后储藏于沙中或堆放室内，温度保持5～7℃即可安全越冬。暖地冬季不必采收，但经2～3年后须挖出重新栽植。

【园林应用】茎叶茂盛，花大色艳，花期长，适合大片的自然栽植，宜做花境背景或花坛中心栽植，低矮品种盆栽观赏。美人蕉类还是净化空气的良好材料，对有害气体的抗性较强，据中国广东、上海及江苏等省（市）调查和试验，在排放SO_2的车间旁长期栽培，生长基本正常，并能开花结实；在距氯气源8m处生长良好；在距氟源150m处生长良好，很少有受害症状；在距氟化物污染源50m处试验，叶片虽常受害，但仍能开花。人工熏气试验表明它是草花中抗性较强的种类。吸收有毒气体的能力也很强。

8.2.6 大丽花

【学名】*Dahlia pinnata*

【别名】西番莲、天竺牡丹、地瓜花

【科属】菊科大丽花属

【形态特征】块根纺锤状。单叶对生，少数互生或轮生，1～3回奇数羽状深裂，边缘具粗钝锯齿。头状花序，径5～35cm，外周为舌状花中性或雌性，中央为管状花。苞片2层，外层5～8枚或更多，绿色小叶状；内层浅黄绿色。花瓣色彩丰富。蒴果扁，长椭圆形，黑色（见图8-6）。

图8-6　大丽花

【种类与品种类型】

1. 主要种类

同属约有 12 ~ 15 种，主要种类如下。

（1）红大丽花（*D.coccinea*），部分单瓣大丽花品种的原种，舌状花一轮 8 枚。平展，花径 7 ~ 11cm，花瓣深红色。园艺品种有白、黄橙、紫色。染色体 2n=32。花期 8 ~ 9 月。

（2）大丽花（*D.pinnata*），现代园艺品种中单瓣型、小球型、圆球型、装饰型等品种的原种。花单瓣或重瓣。单瓣型有舌状花 8 枚，重瓣花内卷成管状，雌蕊不完全，花径 7 ~ 8cm。花色绯红，园艺品种有白、紫色。染色体 2n=64。

（3）卷瓣大丽花（*D.juarezii*），为仙人掌型大丽花的原种，也是不规整装饰型及芍药型大丽花的亲本之一。花红色，有光泽，重瓣或半重瓣。舌状花瓣细长，瓣端尖，两侧向外反卷。花径 18 ~ 22cm。为天然杂种四倍体。

（4）树状大丽花（*D.imperialis*），株高 1.8 ~ 5.4m，茎截面呈四至六边形，先端中空，秋季木质化。花大。花头下弯。舌状花 8 枚，披针形，先端甚尖。花白色，有淡红紫晕，管状花橙黄色。染色体 2n=32。

（5）麦氏大丽花（*D.merckii*）又名矮大丽花，是单瓣型和仙人掌型大丽花的原种，不易与其他种杂交。株高 60 ~ 90cm，茎细，多分枝，株型开展。花瓣圆形，黄色。花径 2.5 ~ 5cm。花梗长，花繁茂。染色体 2n=32。

2. 主要品种类型

大丽花的栽培品种极为繁多，已达 3 万种以上。其花型、花色、株高均变化丰富。

（1）依花型分类，中国目前无统一规范，将常见的类型介绍如下。

1）单瓣型（Single and Mignon Single Dahlia）：花露心，舌状花 1 ~ 2 轮，小花平展，花径约 8cm。亦有花瓣交叠、花头呈球状者，如单瓣红。

2）领饰型（Collarette Dahlia）：花露心，舌状花单轮。外围管状花瓣化，与舌状花异色，长度约为舌状花的 1/2，犹如服装领饰，如芳香唇。

3）托桂型（银莲花型）（Ancmone Dahlia）：花露心，舌状花一至多轮，花瓣平展，管状花发达，比一般单瓣型的长，如春花。

4）芍药型（Paeony-flowered Dahlia）：为半重瓣花，舌状花 3 ~ 4 轮或更多，相互交叠，排列不整齐，露心，如天女散花。

5）装饰型（Decorative Dalllia）：舌状花重瓣不露，或稍露心。花瓣排列规则，花瓣端部宽圆或有尖者为“规整装饰型”（Formal Decorative）；舌状花排列不整齐，花瓣宽，较平或稍内卷，急尖者为“非规整装饰型”（Informal Decorative）。如金古殿、宇宙、玉莲。

6）仙人掌型（cactus Dahlia）：重瓣型，舌状花边缘外卷的长度不短于瓣长的 1/2。花大，常超过 12cm，其中舌状花狭长，纵卷而直者称“直伸仙人掌型”（straight cactus Dahlia），尖端内曲者称“内曲仙人掌型”（Incurved cactus Dahlia）。边缘外卷部分不足全长 1/2 者，称“半仙人掌型”（Semi-cactus Dahlia）。

7）球型（show Dahlia）：舌状花多轮，瓣边缘内卷成杯状或筒状，开口部短而圆钝。内轮舌状花与外轮相同但稍小，花径常超过 8cm。

8）蜂窝型（Pompon-flowered Dahlia）：也称绣球型或蓬蓬型。花型与球型相似，只是舌状花较小，顶端圆钝，内抱呈小球状，不露心，花色较单纯，花梗更为坚硬，花径最小在 5cm 以下。

其他还有如睡莲型（Waterlily）、兰花型（Orchid）、披散型（Fimbriated）等。

（2）依花色分类可分为红、粉、紫、白、黄、橙、堇以及复色等。

（3）依株高分类通常可分为：高型（1.5 ~ 2m）、中型（1 ~ 1.5m）、矮型（0.6 ~ 0.9m）和极矮型（20 ~ 40cm）。

（4）依花朵大小分类可分为 5 级：巨型 AA（>25cm）、大型 A（20 ~ 25cm）、中型 B（15 ~ 20cm）、小型

BB（10 ~ 15cm）、迷你型 Min（5 ~ 10cm）、可爱型 Mignon（<5cm）。

【产地及分布】均原产墨西哥及危地马拉一带，现世界各地广泛栽培。中国各地园林中也习见栽培，尤以东北地区吉林、辽宁等省为最盛。

【生态习性】大丽花原自生于墨西哥海拔 1500m 的高原上，因此，既不耐寒又畏酷暑而喜高燥凉爽、阳光充足，通风良好的环境，且每年需有一段低温时期进行休眠。土壤以富含腐殖质和排水良好的沙质壤土为宜。

【繁殖】可用分球、扦插、播种等方法繁殖，具体如下。

（1）分割块根。大丽花的块根是由茎基部不定根膨大而成，分割块根时每株需带有根颈部 1 ~ 2 个芽眼。生产上常利用冬季休眠期在温室内催芽后分割，于 2 ~ 3 月间选用健壮老株丛，假植于素砂土上，每日喷水并保持昼 / 夜温为 18 ~ 20℃ /15 ~ 18℃，经 2 周即可出芽，分割伤面涂草木灰防腐，然后栽种。分割块根简便易活，可提早开花，但繁殖系数低，不利大量商品生产。

（2）扦插。自春至秋生长期内均可进行，春季扦插采自根颈部发生的脚芽。当幼梢长至 6 ~ 10cm 时，采顶端 3 ~ 5cm 作插穗，基部保留 1 ~ 2 节，待侧枝长出后还可再次采穗。

秋季采穗可选植株顶梢或侧梢，每一插穗长 1 ~ 3 节作带叶扦插，老茎还可自茎的中央割开，使成一芽一叶的茎段插条。

（3）实生繁殖。矮生花坛用大丽花或杂交育种时也用种子繁殖。需异花授粉，除单瓣型、复瓣型和领饰型等露心品种由昆虫传粉自然结实外，其他花型需人工授粉。夏季结实困难，秋凉条件下则较易结实。重瓣品种舌状花雌蕊深藏于花筒下部，授粉时剪去花筒顶部，使雌蕊露出，先后成熟过程中分批授粉，授粉后 30 ~ 40 天种子成熟。露地播种在 4 月中至 5 月上旬，播种后 5 ~ 10 天萌芽，4 ~ 6 片真叶展叶时定植，当年开花。

【栽培管理】露地栽培适用于扩大繁殖种株、切花栽培以及布置花坛、花境。具体方法如下。

（1）种植。宜选土层深厚、疏松、高燥、肥沃，排水通畅，阳光充足，背风的场所。植前施足基肥，深耕，作高畦。待晚霜后栽种。如栽后用黑色地膜保护，则可提前栽种提早开花。株行距在切花栽培中小花型品种常用 30cm × 40cm；园林栽培依种植设计，通常为 50 ~ 100cm。适当深栽可防倒伏，且易发生新块根。

（2）整枝修剪及拉网。整枝方式有独本式和多本式两种。独本式是摘除侧枝与侧蕾，只在主枝顶端留一蕾。此法适于大花品种，能充分展示品种特性。多本式整枝是在苗期当主干高 15 ~ 20cm 时，留 2 ~ 3 节摘心，使发生 2 对侧枝，可形成 4 枚花枝。也可作两次摘心，每一侧枝再分生一对侧枝。每株保留花枝数量依品种特性及栽培要求而定，通常大型花品种可留 4 ~ 6 枝，中小型花品种作切花栽培 8 ~ 10 枝。

整枝修剪中清除无用侧枝及侧蕾，花后剪除残花。

大丽花植株高大，花头沉重，易倒伏，庭院栽培时可立支柱。切花栽培需立支架，于苗高 20 ~ 25cm 时拉网，共 2 ~ 3 层。

（3）肥水管理。大丽花喜肥，露地栽培在施足基肥的基础上并辅以氮、磷、钾等量追肥 2 ~ 3 次，于孕蕾前、初花期、盛花期施入。保持土壤湿润，雨季注意排水防涝。

盆栽宜选中、矮型品种，高型品种需控制高度。生根的扦插苗即可上盆，随植株增长换大号盆 2 ~ 3 次，定植盆通常用 20 ~ 25cm 大盆。初上盆时用土不必过肥，定植时盆土可分次填入。第一次填土为盆的 2/5，有利萌芽生长。第二次填土为盆高 4/5，有利生根。显蕾后开始追稀肥，约每 7 ~ 10 天追施一次，并逐渐加浓，可使花色鲜艳。盆栽大丽花的水分管理是控制植株生长势的重要环节。掌握干时浇水，见干见湿，防止叶片萎蔫。阴雨时需垫盆排水。长江流域一带炎夏季节植株常处于休眠状态，将盆放阴凉场所方可安全越夏。

【园林应用】大丽花为国内外习见花卉之一，花色艳丽，花型多变，品种极其丰富，应用范围较广，宜作花坛、花境及庭前丛栽，是重要的夏秋季园林花卉；矮生品种最宜盆栽观赏。高型品种宜做切花，是花篮、花圈和花束制作的理想材料。块根内含有“菊糖”，在医药上有葡萄糖之功效。此外，块根还有清热解毒、消肿作用。

8.2.7 仙客来

【学名】*Cyclamen persicum*

【别名】兔子花、兔耳花、萝卜海棠

【科属】报春花科仙客来属

【形态特征】块茎初期为球形，随年龄增长成扁球形，木栓化外皮暗紫色。肉质须根着生于块茎下部。顶部有顶芽，顶芽延伸生长时侧方着生叶与腋芽。由于茎轴极短，叶似丛生状，心脏形至卵形，全缘或有钝圆齿，绿色，有银色斑纹，背面暗红色；叶柄长，肉质。花单生于腋内，花梗肉质，细长。萼片5裂。花冠基部合生成短筒状，具5裂片。开花时花瓣紧贴花梗垂直反卷并向左旋，形似兔耳，花有复瓣，有瓣6～10枚。花色有白、粉、红、淡紫、橙黄、橙红及复色。雄蕊5枚，着生于花冠基部。雌蕊1枚。有些品种有香气。蒴果球形，种子多数（见图8-7）。

图8-7　仙客来

【种类与品种】

（1）主要种类。

1）地中海仙客来（*C.hederifolium*）原产地中海地区（意大利至土耳其等地），是阳生植物优势种，由于耐寒，在欧洲普遍栽培。块茎扁球形。花小，淡玫红至深红色。须根着生在块茎的侧面。叶匍匐生长。花梗长9～12cm。花芽比叶芽先萌生，自8月初开花直到秋末。有芳香类型，也有早花与晚花类型，总花期持久。多花，寿命长，越冬时叶不枯萎。

2）欧洲仙客来（*C.europaeum*）原产于欧洲中部和西部，在欧洲栽培较普遍。本种美丽而有浓香。在暖地为常绿性，可四季开花。块茎扁球形。须根着生于块茎上、下各部表面。叶小，圆形至心脏形，暗绿色，上有银色斑纹。花小，浅粉红至深粉红色，花瓣长2～3cm。花梗细长，10～15cm，先端弯曲。花期自7～8月一直开到初霜。叶芽与花芽同时萌发。冬季不枯萎，易于结实，播种后3年开花。喜碱性土壤。

3）非洲仙客来（*C.africanum*）原产北非阿尔及利亚。本种花与叶均比地中海仙客来粗壮。块茎表面各部位均能发生须根。叶亮绿色，有深色边缘，心脏形或常春藤叶形。叶与花同时萌发。花为不同深浅的粉红色，有时有香气。秋季开花，易得种子，播种后2～3年始花，不耐寒。

4）小花仙客来（*C.coum*）原产保加利亚、高加索、土耳其、黎巴嫩等地的沙质土中。植株矮小，块茎圆，顶部凹，须根在块茎基部中心发生。圆叶，深绿色。花冠短而宽，花色浅粉、浅洋红、深洋红及白色。耐寒，花期自12月至翌年3月。有多个变种、变型，如f.albissimum，白花，花冠基部深红色斑。

（2）主要品种。园艺栽培品种繁多，仙客来品种按花朵大小有大、中、小型；按花型可分为大花型、平瓣型、洛可可型、皱边型、重瓣型（6～10枚或更多）和小花型；依花色有纯色与复色；依染色体倍数有二倍体与四倍体。还有杂种F_1代品种，其品种性状比非F_1代趋于一致，但是尚不如其他作物的F_1代纯正。

现代仙客来较好的品种表现在：种子发芽率高，生长迅速，开花周期短，花期一致，花多，花色纯正、鲜明，有浓香，重瓣花可达10瓣以上，花型丰满，姿态自然；叶色明亮，有美丽银色斑纹；株型紧凑，茎秆健壮不易弯倒；切花品种茎秆长25cm以上，总花期长；具抗热、抗寒、抗病虫害等优良性状。在引进品种中表现较好的有：大花F_1代品种，如卡门（Carmen），玫红色；波海美（Boheme），紫红色。中花F_1代品种，如里伯卡（Libka），粉红色。微型品种，如迷你玫瑰（Mini Rose），玫紫色；迷你粉（Mini Pink Shade）为微型四倍体桃红色品种。

【产地及分布】原产地中海东部沿海、土耳其南部、克里特岛、塞浦路斯、巴勒斯坦、叙利亚等地。

【生态习性】性喜凉爽、湿润及阳光充足的环境。喜光，但不耐强光，适宜的光强范围为 2.7 万 ~ 3.6 万 lx。要求疏松、肥沃、排水良好而富含腐殖质的沙质壤土，土壤宜微酸性（pH 值为 6）。对二氧化硫抗性较强。

【繁殖】

（1）种子繁殖。仙客来种子繁殖简便易行，繁殖率高，品种内自交变异不大，是目前最普遍应用的繁殖方法。

1）种子采收。通常采用人工辅助授粉获得种子，于开花的头 2 ~ 3 天内完成，一旦受精，花梗仍继续伸长并向下弯倒，经 2 ~ 3 个月后种子成熟。

大花品种多为四倍体，其种子比二倍体品种为大，但二倍体品种种子萌发快，达到开花期也早。经验证明，采用同品种异株间授粉，既可保持品种性状，又可提高结实率和种子质量。采种母株在 15 ~ 25℃、60%相对湿度、2 万 ~ 3 万 lx 照度下生长，其繁殖成功率较高。

仙客来种子不需后熟，新鲜种子播种萌发力高。种子短期储藏可置室温、干燥处，在 2 ~ 10℃低温下可保存 2 ~ 3 年。

2）播种时期。传统方法是夏季过后播种，萌发后幼苗生长迅速，冬季在温室中继续生长，翌年 6 ~ 7 月高温期休眠，留 3 ~ 5 片叶越夏，至 9 月恢复生长，12 月开始开花，全程历时 16 个月。也可于温室中 12 月播种，在凉爽条件下越夏，可于 8 月中开花，全程 8 ~ 9 个月。

3）播种。播种前用清水浸种 24h 催芽。或用温水（30℃）浸种 2 ~ 3h，浸后置 25℃中 2 天，待种子萌动后播种，则发芽期比不处理缩短一半时间。通常还用多菌灵或 0.1%硫酸铜溶液浸 0.5h 作杀菌消毒。为防止传递病毒，宜作脱毒处理。

播种应采用含全素营养的混合基质，但不宜用过细草炭粉，以免含水量过多影响通透性。pH 值反应微酸性。按 1.5 ~ 2cm 间距点播于育苗盘中，播后用原基质覆盖 0.5cm，轻压，浸盆法浇水。如不计划移苗可按 7cm 间距点播。9 ~ 20℃间均可发芽，18 ~ 20℃条件下约 30 ~ 40 天发芽，超过 25℃发芽期延迟。仙客来发芽前要求黑暗，萌发后逐渐增加光强。

4）幼苗管理。种子萌芽时首先是初生根伸入土壤，然后下胚轴膨大呈球形。在子叶展开、真叶初出时仍保持接近 20℃温度，但相对湿度应降低。萌芽晚的植株生长弱，且常有缺陷，宜淘汰。已萌发的幼苗可在 6 ~ 10℃的环境下锻炼两周左右。

（2）营养繁殖。营养繁殖多用于实验室保留育种材料或小规模繁殖优良品种。

将块茎分切成 2 ~ 3 块，每块带 1 ~ 2 个芽体，栽培于无菌基质中。也有于开花后（5 ~ 6 月）将母块茎留盆中，用利刃将顶部横向切去 1/3，再从纵向浅划 1 ~ 1.5cm 方形切痕，可在切口处发生不定芽，约 100 天后可形成小块茎。每一母块茎可获约 50 株左右小株苗。切割时注意盆土宜稍干，分割后置高温（30℃）、高湿促使伤口痊愈，约 7 ~ 10 天后再移至 20℃条件下使形成不定芽，然后逐渐降至生长适温。

【栽培管理】

（1）移栽和上盆。仙客来幼苗初期生长较缓慢，当形成 2 片真叶以后叶片分化速度加快，大致按每周 1.3 片的速度分化新叶。通常在 2 片真叶时移栽一次，以后随植株增大换盆 2 ~ 3 次。约在播种后 17 周有 6 ~ 7 片叶片展开即可上盆。

移栽和上盆应注意将块茎露出土表 1/3。因仙客来叶柄与花茎都自块茎顶部短茎轴上发生，初萌发时作横向生长，如将之埋入土内则必然影响萌发。

（2）生长期及花期管理。温度管理对仙客来极为重要。在第 6 片叶展开前的幼株期夜温 20℃，昼温 20 ~ 24℃。以后可渐由 17 ~ 18℃降到 13℃。如花前仍维持 20℃高温，则会导致花芽败育。生长期需保持光照充足，尤其花芽分化开始后宜保持 2 万 lx，冬季阳光不足时应人工加光。为保证生育期充足营养，播种基质与移栽基质中需混合充足的有机或无机营养。通常在播种后2个月内不必追肥。到装盆前每周施用20～20～20全素液肥，按各元素100mg/L浓度施用。装盆后可提高浓度到150～200mg/L，并逐渐增加钾素浓度25～50mg/L。施肥不仅根据植株生长，并应根据环境条件予以调整。盆土水分供应需均衡而不过多，但一旦萎蔫持续24～36h就会导致叶片枯黄。浇水宜在上午进行，最好采用滴灌，可免肥水沾着叶片与茎顶。

（3）花后管理。开花后的植株在6～7月高温来到时进入休眠，叶片枯死。可将老株块茎从盆中取出集中转载于沙盘中，或仍留原盆，置遮阴、避雨、通风的架上，隔3～4天轻浇水保持土壤（沙）微湿。至8～9月块茎萌芽复苏时重新换土、上盆、清除残根。盆土需增加混合肥量，初时浇水宜轻，待新叶展出后渐渐增加水量。通常老块茎的开花期比新块茎为晚。开花数量比第一年增加，但花朵减小。仙客来虽为多年生，但多年生块茎生活力下降，因此常作1～2年生栽培。

【园林应用】花形别致，娇艳夺目，株态翩翩，烂漫多姿，是冬春季节优美的名贵盆花。在世界花卉市场上，也为重要的大量生产的盆花种类（2007年荷兰花卉拍卖市场，销售收入居室内花卉第14位）。仙客来开花期长，可达5个月，开花期又逢元旦、春节等传统节日，也是元旦和春节的最佳礼品花之一。常用于室内布置，摆放花架、案头，点缀会议室和餐厅均宜，也可用作切花。因此，生产价值很高。据报道，德国科研单位已经选育出耐寒的适宜作地被的仙客来品种，因此也是很有希望的早春地被植物。

8.2.8　石蒜

【学名】*Lycoris radiata*

【别名】龙爪花、蟑螂花、老鸦蒜、红花石蒜、一支箭

【科属】石蒜科石蒜属

【形态特征】为多年生草本。鳞茎椭圆形或球形，外被褐色膜。叶基生，线形，晚秋叶自鳞茎抽出，至春枯萎，入秋花葶抽出并迅速生长而开花，故雅名为："叶落花挺"。花葶实心，端部生伞形花序，着花5～7朵，鲜红色具白色边缘，侧向开放，花冠漏斗状或上部开张反卷，雌雄蕊长而伸出花冠外。蒴果（见图8-8）。

图8-8　石蒜

【种类与品种】石蒜属在全世界有20余种，中国有15种，主要种类包括以下几种。

（1）忽地笑（*L.aurea*），分布于中国福建省及中南、西南等山地、林缘阴湿处。鳞茎卵形，秋季出叶，叶阔线形，中间淡色带明显；花葶高60cm左右，花径10cm左右，花黄色，瓣片边缘高度反卷和皱缩。花期8～9月。蒴果，果期10月。

（2）夏水仙（*L.squamigera*），主产日本，中国山东、江苏、浙江、安徽等省也有分布。鳞茎较大，卵形，春季发叶，叶带状，绿色。花淡紫红色，具芳香，边缘基部略有皱缩，花期8～10月。蒴果。

（3）中国石蒜（*L.chinensis*），分布于中国江苏、浙江、河南等省。鳞茎卵形，春季出叶，叶带状，中间淡色带明显。花鲜黄色或黄色，花被裂片强度反卷和皱缩，花柱上部玫瑰红色。花期7～8月。蒴果，果期9月。

（4）玫瑰石蒜（*L.rosea*），分布于中国江苏、浙江、安徽等省。鳞茎近球形，较小，秋季出叶，叶带状，中间淡色带略明显。花玫瑰红色，花被裂片中度反卷和皱缩。花期9月。蒴果。

（5）换锦花（*L.sprengeri*），分布于中国江浙、华中等地。早春出叶，花淡紫红色，花被裂片顶端常带蓝色，边缘不皱缩。花期8～9月。

（6）香石蒜（*L.incarnata*），分布于中国华中、华南等地。春季出叶，花初开时白色，后渐变为肉红色；花

丝、花柱均呈紫红色。花期 9 月。

（7）乳白石蒜（*L.albiflora*），分布于中国江苏、浙江等省。花开时乳黄色，渐变为白色，花被裂片高度反卷和皱缩，花丝黄色，花柱上部玫瑰红色。花期 7 ~ 8 月。蒴果，果期 9 月。

【产地及分布】原产中国及日本，长江流域及西南各省有野生，现世界各地多有栽培。

【生态习性】石蒜属植物适应性强，较耐寒。自然界常野生于缓坡林缘、溪边等比较湿润及排水良好的地方。不择土壤，但喜腐殖质丰富的土壤和阴湿而排水良好的环境。石蒜属植物依据生长习性可以分为两大类：①秋季出叶，如石蒜、忽地笑、玫瑰石蒜等，8 ~ 9 月开花，花后秋末冬初叶片伸出，在严寒地区冬季保持绿色，在高温下级叶片枯黄进入休眠；②春季发叶，如中国石蒜、夏水仙等，初夏植株枯黄休眠，花后鳞茎露地越冬，表现为夏季、冬季两次休眠。

【繁殖】通常分球繁殖，春秋两季均可栽植。一般温暖地区多秋植，较寒冷地区则宜春植。华北地区由于冬季寒冷，露地栽植不能抽叶，次年早春才能抽叶。栽植不宜过深，以球顶刚埋入土面为宜；栽植后不宜每年采挖，一般 4 ~ 5 年挖出分栽一次。

【栽培】石蒜栽培简单，管理粗放。注意勿浇水过多，以免鳞茎腐烂。花后及时剪除残花，9 月下旬花凋谢前叶片萌发并迅速生长，应追施薄肥一次。

【园林应用】石蒜属植物不仅性强健，耐阴，栽培管理简便，冬春叶色翠绿，夏秋红花怒放，最适宜作为地被植物，亦可花境丛植或用于溪间石旁自然式布置。因开花时无叶，露地应用时最好与低矮，枝叶密生的一、二年生草花混植。亦可盆栽水养或供切花。本属多数种类的鳞茎有毒或剧毒，入药可消肿止痛、催吐祛痰，但应遵医嘱。

8.2.9 风信子

【学名】*Hyacinthus orientalis*

【别名】洋水仙、五色水仙

【科属】百合科风信子属

【形态特征】多年生草本，鳞茎球形或扁球形，外被有光泽的皮膜，其色常与花色有关，有紫蓝、粉或白色。叶基生，4 ~ 6 枚，带状披针形，端圆钝，质肥厚，有光泽。花葶高 15 ~ 45cm，中空，总状花序密生其上部，着花 10 ~ 20 朵；小花斜伸或下垂，钟状，基部膨大，裂片端部向外反卷；花色有白、粉、红、黄、蓝、堇等色，深浅不一，单瓣或重瓣，多数园艺品种有香气。蒴果球形（见图 8-9）。

图 8-9 风信子

【变种与品种】风信子有 3 个变种，即罗马风信子（*H.orientalis* var.*albulus*）（也称为浅白风信子）、大筒浅白风信子（var.*praecox*）和普罗文斯风信子（var.*provincialis*）。原产地均在法国南部、瑞士及意大利。

现在栽培的品种均从风信子衍变而来，而野蔷薇和罗马型（Multiflora and Roman）的野生种总状花序小且紧凑，长约 13cm，目前已很少栽培。风信子的园艺栽培品种性状较为一致，通常按花色分类，有白色系、浅蓝色系、深蓝色系、紫色系、粉色系、红色系、黄色系、橙色系和重瓣系。

近年来引进的风信子著名品种有：蓝色夹克（*Blue Jacket*），天蓝色；卡耐基（*Carnegie*），纯白色；哈勒姆城（*City of Haarlem*），淡黄色；显赫（*Disdtinction*），紫红色；简巴士（Jan Bos），樱桃红色；奥斯特拉（*Ostara*），蓝紫色；德贝夫人（*Lady Derby*），玫瑰粉色；粉皇后（*Queen of the Pinks*），深粉红。

【产地及分布】原产地中海东部沿岸及小亚细亚一带，现世界各地广泛栽培。

【生态习性】性喜凉爽，空气湿润，阳光充足的环境；较耐寒，南方露地栽培即可，北方地区要室内越冬；喜肥，要求肥沃，排水良好的砂质壤土，忌低湿黏重土壤。早春 2 ~ 3 月出土生长，花期 3 ~ 4 月，花后 4 ~ 5 周叶片枯黄，鳞茎休眠，6 月起球，在储藏期内 7 月完成花芽分化。花芽分化的适温为 25 ~ 27℃。花期 4 ~ 5 月。染色体数 2n=16，19 ~ 30。

风信子为层状鳞片，鳞片由鞘叶和叶片基部膨大而成，其生存期可达 3 ~ 4 年。在叶与花的生长期内消耗鳞片的储藏养分，最外层鳞片耗尽营养而枯萎，从而形成鳞片的逐年更新。风信子鳞茎内一般不形成侧芽，因而通常也不形成子球。

【繁殖】风信子不易形成子球，可采用刻伤法促进子球形成。在鳞茎起球后一个月，将鳞茎基部切割成放射形或十字形切口，深约 1cm，切口处可敷硫磺粉以防腐烂，将鳞茎倒置太阳下吹晒 1 ~ 2h，然后平摊室内晾干，以后在鳞茎切伤部分可发生许多子球，秋季便可分栽。为培育新品种亦可播种繁殖，种子采后即播，培养 4 ~ 5 年能开花。

【栽培管理】秋植球根，在冬季不太寒冷的地区，种植后 4 个月，即次年 3 月即可出现花蕾，3 周后可开花。栽培时要施足底肥，冬季及开花前后各施追肥一次。栽培后期应节制肥水，避免鳞茎“裂底”而腐烂。及时采收鳞茎，过早采收，生长不充实，过迟常遇雨季，土壤太湿，鳞茎不能充分阴干而不耐储藏。储藏环境必须保持干燥凉爽，将鳞茎分层摊放以利通风。

促成栽培应选择宜于促成的品种，具大而充实的鳞茎。根据荷兰球根研究所的经验：25.5℃下可促进花芽分化。选外花被已达形成期的鳞茎；在 13℃下放置 2 个半月左右，然后在 22℃下促进生长，待花蕾抽出后放于 15 ~ 17℃下。

风信子也可进行水培，即用特制的玻璃瓶，瓶内装水，将与瓶口大小相适应的鳞茎放在上面，不使其漏空隙，亦不使鳞茎下部接触水面。然后将瓶放置黑暗处令其发根，一个月后发出许多白根并开始抽花葶，此时把瓶移向有光照处，使其开花。水养期间，每 3 ~ 4 天换一次水。

【园林应用】是重要的早春球根花卉。植株低矮而整齐，花期早，花色艳丽，其独有的蓝紫色更加引人注目，是春季布置花坛、花境的优良材料，可以在草地边缘种植成丛成片的风信子，增加色彩，还可以盆栽。高型品种可以作切花。

8.2.10 马蹄莲

【学名】*Zantedeschia aethiopica*

【别名】慈姑花、水芋、观音莲

【科属】天南星科马蹄莲属

【形态特征】多年生草本。块茎褐色，肥厚肉质，在块茎节上，向上长茎叶，向下生根。叶基生；叶柄长 50 ~ 65cm，下部有鞘；叶片箭形或戟形，先端锐尖，全缘。花梗顶端着生一肉穗花序；外围白色的佛焰苞，呈短漏斗状，喉部开张，先端长尖，反卷；肉穗花序黄色，短于佛焰苞，呈圆柱形；雄花着生在花序上部，雌花着生在下部，花有香气。浆果。子房 1 ~ 3 室，每室含种子 4 粒。

【种类与栽培类型】马蹄莲属约有 8 个种，园艺栽培的有 4 ~ 5 种，其中著名的有黄花马蹄莲、红花马蹄莲等彩色种，其佛焰苞分别呈深黄色和桃红色，均原产南非。

（1）主要园艺栽培种。

1）银星马蹄莲（*Z.albomaculata*）又称斑叶马蹄莲，株高 60cm 左右，叶片大，上有白色斑点，佛焰苞黄色或乳白色。自然花期 7 ~ 8 月。

2）黄花马蹄莲（*Z.elliotiana*），株高 90cm 左右，叶片呈广卵状心脏形，鲜绿色，上有白色半透明斑点，佛焰苞大型，深黄色，肉穗花序不外露。自然花期 7 ~ 8 月。

3）红花马蹄莲（*Z.rehmannii*）植株较矮小，高约 30cm，叶呈披针形，佛焰苞较小，粉红或红色。自然花期

7 ~ 8月（见图8-10）。

（2）中国栽培类型。目前中国用作切花的马蹄莲，其主要栽培类型有如下几种。

1）青梗种，地下茎肥大，植株较为高大健壮。花梗粗而长，花呈白色略带黄，佛焰苞长大于宽，即喇叭口大、平展，且基部有较明显的皱褶。开花较迟，产量较低，上海及江浙一带较多种植。

2）白梗种地下块茎较小，1 ~ 2cm的小块茎即可开花。植株较矮小，花纯白色，佛焰苞较宽而圆，但喇叭口往往抱紧、展开度小。开花期早，抽生花枝多，产量较高，昆明等地多此种。

图8-10　马蹄莲

3）红梗种，植株生长较为高大健壮。叶柄基部略带红晕。佛焰苞较圆，花色洁白，花期略晚于白梗种。

【产地及分布】原产南非，现世界各地广泛栽培。

【生态习性】性喜温暖，不耐寒，生长适温20℃左右，温度不宜低于10℃。适宜湿润的环境，不耐干旱。冬季需充足的日照，光线不足着花少，稍耐阴。喜疏松肥沃、腐殖质丰富的沙质壤土。花期较长，如秋天栽植块茎，花期从12月起直到翌年6月。以2 ~ 4月为盛花期。在上海从11月到翌年4月连续开花，3 ~ 4月为盛花期，整个花期达6 ~ 7个月。其休眠期随地区不同而异。在南非好望角栽培，因夏季干旱而休眠；在纳塔尔则因冬季低温休眠；而在冬不冷、夏不干热的亚热带地区，全年不休眠。在我国长江流域及北方均作盆栽，冬季移入温室栽培，冬春开花，夏季因高温干燥而休眠。

通常在主茎上，每展开4片叶就分化2个花芽，夏季遇25℃以上高温会出现盲花或花枯萎现象。

【繁殖】以分球繁殖为主。在花后或植株进入休眠期，剥块茎四周形成的小球，另行栽植，注意每丛需带有芽。培养一年，第二年便可开花。也可播种繁殖，种子成熟后即行盆播。发芽适温20℃左右。

【栽培管理】马蹄莲多为温室盆栽，常于立秋后上盆，盆内径25cm，用较深的筒子盆。盆土宜肥沃而略带黏质的土壤。上海用园土2份、砻糠灰1份、再稍加些骨粉或厩肥。也可用细碎塘泥2份、腐叶土（或堆肥）1份、加入适量过磷酸钙和腐熟的牛粪。盆底垫上碎瓦片等排水物，然后填入培养土，将3 ~ 4个块茎均匀立于盆土上，覆土3 ~ 4cm，盆土到盆口距离约为盆深的1/5，种后压实。放置阴凉通风处，种后约20天即可出苗。生长期间喜水分充足，要经常保持盆土湿润。为增加空气湿度以利于植株生长，要经常向叶面、地面洒水，并注意保持叶面清洁。每半月追施液肥一次。施肥时注意切勿使肥水流入叶柄内而引起腐烂。施肥后还要立即用清水冲洗，以防意外。霜降前移入温室，室温保持10℃以上。春节前便可开花。上海等地栽培马蹄莲，在养护期间通常剥去外部叶片的操作，目的是避免叶多影响采光；去除外叶，可利于花梗伸出。2 ~ 4月是盛花期，花后逐渐停止浇水，5月以后植株开始枯黄，将盆移出室外，放于干燥通风处，使盆侧放，免积雨水，以防腐烂。待植株完全休眠时，可将块茎取出，晾干后储藏，秋季再行栽植。

彩色马蹄莲栽培要点与喜水湿的白花种不同，彩色马蹄莲多为陆生种，因此仅能在旱田栽培。栽培管理的要点有：①以稍深植为佳，覆土是球根高度的两倍左右；②彩色马蹄莲既不耐寒，又不耐热，应保持保护地内的温度相对均衡，即白天18 ~ 25℃，夜间不低于16℃，切忌昼夜温差变化过大，越冬最低温度不能低于6℃；③防止土壤过于潮湿，多雨季节应培土以防植株基部渍水，冬季宜干，尤其在花期要适当控水；④喜半阴环境，夏季为休眠期，需充分遮阴越夏，并覆草以防地温上升；⑤施肥量稍多，生长期每10天左右施一次以氮为主的液肥，每15天左右叶面喷施一次0.1%的磷酸二氢钾液，特别在孕蕾期和开花前，增施磷、钾肥有助于花大色艳。

【园林应用】马蹄莲叶片翠绿，形状奇特；花朵苞片洁白硕大，宛如马蹄，是花束、花篮和艺术插花的极好材料，是重要的切花花卉。也常用于盆栽观赏。

8.2.11 朱顶红

【学名】 *Hippeastrum rutilum*（*Amaryllis vittata*）

【别名】 孤挺花、百枝莲、朱顶兰

【科属】 石蒜科朱顶红属（孤挺花属）

【形态特征】 多年生草本。鳞茎卵状球形。叶 4 ~ 8 枚，二列状着生，扁平带形或条形，略肉质，与花同时或花后抽出。花葶自叶丛外侧抽生，粗壮而中空，扁圆柱形，伞形花序；花大型，漏斗状，花色红色、白色或带有白色条纹，蒴果近球形，种子扁平，黑色（见图 8-11）。

图 8-11　朱顶红

【种类与品种】 朱顶红属约有 75 个种，常见栽培的种还有以下几种。

（1）网纹孤挺花（*H.reticulatum*），巴西南部。株高 20 ~ 30cm，叶深绿色，具显著的白色中脉。鳞茎球形，中等大小。花葶长 25 ~ 35cm，着花 4 ~ 6 朵，花径 8 ~ 10cm，花被片鲜红紫色，有暗红条纹，具浓香。花期 9 ~ 12 月。常见栽培的变种有白纹网纹孤挺花（var.*striaifolium*），花葶上着花 5 朵，花玫瑰粉色。

（2）短筒孤挺花（*H.reginae*），百枝莲、墨西哥百合（*Mexican Lily*）。原产墨西哥、西印度群岛。鳞茎大，球形，直径 5 ~ 8cm，株高可达 60cm。花葶着花 2 ~ 4 朵，鲜红色，喉部有白色星状条纹的副冠。花被裂片倒卵形，有重瓣品种，冬春开花。

（3）美丽孤挺花（*H.aulicum*），原产巴西、巴拉圭。株高 30 ~ 50cm，叶色中等绿色。花茎较粗，花葶上着两朵花，花深红色，花大，直径可达 15cm，喉部有带绿色的副冠。花期冬春。

（4）大花杂种朱顶红（*H.hybridum Large-flowered Type*），代改良园艺杂种的总称，参与杂交的亲本有朱顶红、美丽孤挺花、王百枝莲、网纹孤挺花。栽培品种有许多无性系。通常花径为 10 ~ 15cm，花期多为冬季。著名的品种如苹果花（*Apple Blossom*），白花带粉色条纹；圣诞星（*Christmas Star*），鲜红花白色条纹；花边石竹（*Picotee*），开白花，瓣缘红色饰边；红狮（*Red Lion*），鲜红色。

（5）小花杂种朱顶红（*H.hybridum Miniature-flowered Type*），杂交种，通常花径为 8 ~ 10cm，冬季开花，常见品种如帕莫拉（*Pamela*），橙红色；红婴孩（*Scarlet Baby*），亮红。

【产地及分布】 原产于南美秘鲁、巴西等热带和亚热带地区，现在世界各地广泛栽培，中国南北各地均有栽培，尤以云南省、四川省、贵州省、山东省青岛市和东北地区为多。

【生态习性】 为常绿或半常绿性球根花卉。生长期间要求温暖湿润，阳光不过于强烈的环境，需给予充分的水肥。夏宜凉爽，温度 18 ~ 22℃；冬季休眠期要求冷凉干燥，气温 10 ~ 13℃，不可低于 5℃。稍耐寒，在中国云南地区可全年在露地栽培；华东地区稍加覆盖便可越冬；而华北地区仅作温室盆栽。要求富含腐殖质、疏松肥沃而排水良好的沙质壤土。花期 5 ~ 6 月。

【繁殖】 常用分球繁殖。于 3 ~ 4 月将母球周围的小鳞茎取下繁殖。注意勿伤小鳞茎的根，可盆栽也可地栽，栽时需将小鳞茎的顶部露出地面。为加快小鳞茎的生长速度，常行地栽，株距 10 ~ 15cm。土壤要肥沃。在北京地区 4 月中旬种植，10 月下旬挖出。直径 7cm 以上能开花的鳞茎上盆；小的鳞茎在沙土中干燥储藏，次年 4 月再下地培养。一般经 2 年地栽便可形成开花的鳞茎。

朱顶红类容易结实，也可进行播种繁殖。种子成熟后采后即播种则发芽良好。播后置半阴处，保持湿润，温

度 15 ~ 18℃，约两周即可发芽，若温度 18 ~ 20℃，则 10 天发芽。待生出 2 片真叶时进行分苗，第 2 年春天便可上盆，第 3 年或第 4 年即可开花。

【栽培管理】朱顶红属花卉在华东地区露地栽培，常于 3 ~ 4 月栽植，因叶片两列状着生，为使叶片均匀受光，栽植鳞茎时应调整方向使叶片东西向伸展。大球栽植距离 20 ~ 35cm。栽时以鳞茎顶部稍露出土面为宜，不宜深栽。深栽则颈部细长，生长较差；且在浅处地温高，肉质根发育良好，根群生长旺盛。5 ~ 6 月便可开花。冬季休眠地上部分枯死，剪除枯叶后，覆土即能越冬。通常隔 2 ~ 3 年挖球重栽一次。华北地区常行盆栽，5 月时换盆，同时进行分球繁殖，依鳞茎大小确定用盆大小，通常 7cm 左右直径的大球，可 20 ~ 23cm 盆中栽 1 球。用土：沙质壤土 5、腐叶土 3、河沙 1 混合，也可腐叶土 3、堆肥土 3、沙 1 混合后使用。鳞茎栽植露出土面 1/3，有利于植株生长和分生小鳞茎。

【园林应用】花大色艳，花葶直立，叶片鲜绿洁净，适宜盆栽观赏。也可在南方露地栽培，在露地庭园、花坛、花境和林下自然布置。其花茎较长，还可以作为切花。

8.2.12 球根秋海棠

【学名】*Begonia tuberhybrida*

【别名】球根海棠

【科属】秋海棠科秋海棠属

【形态特征】多年生块茎花卉。地下部具块茎，呈不规则的扁球形。株高 30 ~ 100cm。茎直立或铺散，有分枝，肉质，有毛。叶互生，多偏心脏状卵形，先端渐尖，缘具齿牙和缘毛。总花梗腋生，花雌雄同株，雄花大而美丽，径 5cm 以上；雌花小型，5 瓣；雄花具单瓣、半重瓣和重瓣；花色有白、淡红、红、紫红、橙、黄及复色等（见图 8-12）。

图 8-12 球根秋海棠

【种类与品种】球根秋海棠为种间杂交种，原种产于秘鲁、玻利维亚等地。秋海棠是由 Michael Begon 命名的，起源分布于非洲、中南美洲和亚洲等地，原种约达 1000 种。同属中常见栽培的还有如下几种。

（1）玻利维亚海棠（*B.boliviensis*），原产玻利维亚，是垂枝类品种的主要亲本。块茎扁球形，茎分枝下垂，绿褐色。叶长，卵状披针形。花橙红色，花期夏秋。

（2）丽格海棠（*Begonia×Elatior*）又名冬花秋海棠、玫瑰海棠，是一个杂交种。1883 年 B.socotrana 与球根秋海棠杂交成功，1954 年德国人 Otto Rieger 介绍这种 Rieger elator 秋海棠，由于其花朵迷人，繁殖容易，有些品种如 Aphrodite 系列又非常适合吊篮栽培，因此深受欢迎，在全世界范围内迅速推广。为短日照植物，开花需每天少于 13h 的光照。花期长，夏秋季盛花。

（3）圣诞海棠（*B.christmas-hybrid*）是 *B.socotrana* 与 *B.dregei* 的杂交种，属半球根类秋海棠，茎基部不随植株的成熟而膨大，既没有球根，也没有休眠期。花期长，夏秋季盛花。

球根秋海棠的园艺品种可分为三大类型：大花类；多花类；垂枝类。常见的商业栽培品种包括：泰丽‘Santa Teresa’、苏珊‘Santa Suzana’、佳丽‘Calypso’等。

【产地及分布】原产秘鲁、玻利维亚等地。

【生态习性】喜温暖湿润的环境。春天块茎萌发生长，夏秋开花，冬季休眠。夏天忌酷热，若超过 32℃茎叶则枯落，甚至引起块茎腐烂。生长适温 15 ~ 20℃。冬天温度不可过低，需保持 10℃左右。生长期要求较高的空气相对湿度，白天约为 75%，夜间约为 80% 以上。短日条件下抑制开花，却促进块茎生长，长日条件能促进开花。种子寿命约 2 年。栽植土壤以疏松、肥沃、排水良好和微酸性的沙质壤土为宜。

【繁殖】繁殖以播种为主，也可分割块茎。

（1）播种法。球根秋海棠的种子极为细小，1g 种子约为 25000 ~ 40000 粒。在温室周年可以播种，但通常在 1 ~ 4 月进行。为了提早花期可行秋播，温室内保持温度 7℃以上，冬季可不休眠。因种子微细，为使播种均匀，可掺些细沙播。播后一般不行覆土。播种完毕盖以玻璃，置于半阴处。灌水宜采用盆浸法。必须保持土壤湿润，温度 20 ~ 25℃，约于 15 ~ 25 天后发芽。当种子发芽后，即将玻璃移去，并逐渐照射阳光。第 1 片真叶出现时进行分苗。

（2）分割块茎法。在早春块茎即将萌芽时进行分割，每块带 1 个芽眼，切口涂以草木灰，待切口稍干燥后，即可上盆，栽植不宜过深，以块茎半露出土面为宜。过深易腐烂。每盆栽一个分割过的块茎。因分割块茎形成的植株，株形不好，块茎也不整，而且切口容易腐烂，所以很少应用。

【栽培】栽培土壤应保持适度湿润，叶面不需洒水，秋季叶面留有水滴时，易使叶片腐烂。开花期间应保持充足的水分供应，但不可过量，浇水过多易落花，并常引起块茎腐烂。花谢后逐渐减少浇水量。

基肥常用充分腐熟的厩肥、骨粉、羊角、马蹄片、过磷酸钙、大粪干及豆饼等。追肥施常用的液肥均可。追肥时不可浇于叶片上，否则极易腐烂。当花蕾出现以后至开花前，每周追施液肥 2 次，液肥不可过浓。

【园林应用】球根秋海棠花大色艳，花色丰富，姿态秀美，是世界著名的夏秋盆栽花卉。用以装饰会议室、餐桌、案头皆宜，深受人们喜爱。其垂枝类品种，花梗下垂，花朵密若繁星，枝叶铺散下伸，最宜室内吊盆观赏。在北欧、西欧等地是重要的露地花坛和冬季温室内花坛的布置材料。目前在花卉事业比较发达的国家，如美国、荷兰、德国和日本等国，球根秋海棠已进行大规模的企业化生产，每年大量出口。

8.2.13 花毛茛

【学名】*Ranunculus asiaticus*

【别名】波斯毛茛、芹菜花

【科属】毛茛科毛茛属

【形态特征】多年生草本花卉。地下具纺锤形的小块根，常数个聚生于根茎部。株高 20 ~ 40cm。茎单生或稀分枝，有毛。基生叶阔卵形、椭圆形或三出状，叶缘有齿，具长柄；茎生叶羽状细裂，无柄。花单生枝顶或数朵着生长梗上，花径 2.5 ~ 4cm，鲜黄色。蓇果（见图 8-13）。

图 8-13 花毛茛

【种类与品种】毛茛属约有 400 个种（包括一年生、二年生和以落叶为主的多年生植物），广泛分布于世界各地。本属见于栽培的其他种还有：学士毛茛（*R.aconitifolius*）、高毛茛（*R.acris*）、阿尔卑斯毛茛（*R.alpestris*）、球根毛茛（*R.bulbosus*）、禾草毛茛（*R.gramineus*）、长叶毛茛（*R.lingua*）等。

花毛茛有变种，园艺栽培品种也极多，花高度重瓣且色彩丰富，有大红、玫红、粉红、白、黄、紫等色。共分为 4 个系统。

（1）波斯花毛茛系（Persian Ranunculus）花毛茛原种。主要为半重瓣、重瓣品种，花大、生长稍弱。花色丰富，有红、黄、白、栗色和很多中间色。花期稍迟。

（2）法兰西花毛茛系（Franch Ranunculus）是花毛茛的园艺杂交种（var.*superbissimus*）。植株高大，半重瓣，花大，有红、淡红、橘红、金黄、栗、白等色的品种。

（3）土耳其花毛茛系（Turban Ranunculus）为花毛茛的另一变种（var.*africanus*）。叶片大，裂刻浅。花瓣波状并向中心内曲，重瓣，花色多种。

（4）牡丹型花毛茛系（Peony-flowerd Ranunculus）为杂交种。有重瓣与半重瓣，花型特大，株型最高。

【产地及分布】花毛茛原产欧洲东南与亚洲西南部，现各地广为栽培。

【生态习性】花毛茛性喜凉爽和阳光充足的环境，也耐半阴。不甚耐寒，越冬需3℃以上，忌炎热。夏季休眠。要求富含腐殖质、排水良好的沙质或略黏质壤土，土壤pH值以中性或略偏碱性为宜。花期4～5月。

【繁殖】花毛茛常用分球或播种繁殖，分球春秋季均可，通常于秋季分栽块根，注意每个分株需带有根颈，否则不会发芽。亦常用播种法，秋播，温度勿高，10℃左右约3周后出苗，种子在超过20℃的高温下不发芽或发芽缓慢。实生苗第二年即可开花。

【栽培】

（1）盆栽。花毛茛盆栽要求富含腐殖质、排水良好的疏松土壤。立秋后下种，养成丛型，开春后生长迅速，追施2～3次稀薄肥水，促使花大色艳。防止盆土积水而导致块根腐烂。夏季球根休眠，宜掘起块根，晾干后藏于通风干燥处，秋后再种。

（2）切花栽培。

1）定植。选择通透性好、肥沃的土壤进行地栽。若连作要进行土壤消毒。每667m^2施入1.4t腐熟有机肥，并充分均匀混入土壤。一般栽培畦宽50cm，高25～30cm。每畦通常双行定植，行间距为25～30cm，株距为15cm，也可采取交叉定植。

定植时要求温度在20℃以下，冷凉地区在9月下旬、温暖地区在10月中旬以后比较安全。若块根进行了低温处理，则处理后需立即定植。如果外界气温较高，要将冷藏块根适当驯化后再定植。但是，必须在中心芽长至1cm以下时定植。定植后要充分浇水，特别是在冷藏块根的新根形成时，切忌干旱。

2）施肥管理。在生育初期如果氮肥过剩，植株的营养生长过旺，会影响花芽分化和花茎伸长。因此，除施用基肥外，花毛茛的施肥管理是其切花生产的关键技术之一，通常追肥中以磷肥为主，三要素氮、磷、钾的比例为5∶8∶4。在适宜的条件下，可以长时间抽薹开花，如果施肥管理不当，就会严重影响切花产量。若采花量大，则需增补钾肥。必须注意氮肥量勿过多，否则花茎容易发生中空而弯曲或折断。

3）温度管理。花毛茛对生育温度非常敏感，如温度不适，不但花茎中空、产量减少，而且切花的保鲜性能也降低。

定植以后虽在较高的生育温度下可以促进开花，但是花茎矮小，影响切花质量，一般夜温需控制在8℃左右，采取通风等措施将昼温控制在15℃左右。冬季设施内湿度大，易引发病害，在保证夜间5℃以上的前提下适当换气。

（3）促成栽培。

1）块根吸水。花毛茛块根通常采取干燥处理后储藏，因此在栽培前需要进行吸水处理，若使块根快速吸水，则宜造成块根腐烂。因此，一般采取低温吸水最为安全有效，即在5℃以下的低温中缓慢地吸水，做法是将块根置于颗粒较粗大的珍珠岩或者洁净的粗沙内，然后充分喷水并置于1～3℃的冷藏库中缓慢吸水。

在没有冷库的情况下，可将块根倒置在珍珠岩或粗沙等基质内，块根的大部分露在空气中，只将萌芽的部位埋在基质内。放在阴凉处，不时喷水，保证基质不干。待块根肥大以后，置于8℃条件下。不久后中心芽就会萌动，并且生出新根，在此之前要及时定植。

2）低温处理。在进行促成栽培时，块根吸水后，当中心芽肥大到3mm左右时即进行低温处理。虽然此时的块根也能够感受10℃低温，但是，在5℃以上条件下，中心芽会伸长，并发出新根而影响定植操作，所以一般用3～5℃低温处理30天。此外，在低温处理过程中，块根干燥或过湿都会造成块根腐烂，需注意冷藏室的湿度管理。

3）温室促成。经低温处理的块根定植于中温温室，冬季保持昼温 15 ~ 20℃、夜温 5 ~ 8℃进行促成栽培，可提前至 11 ~ 12 月开花。如果从 9 月到翌年 1 月每隔两周种植一批经低温处理的块根，则 3 ~ 5 月可不断产花。

（4）切花采收。切花的长短决定其商品价格，在国际花卉市场上，花毛茛的切花长度一般要求在 50cm 以上，理想高度为 60cm。

花毛茛的花瓣高度重叠，在现蕾阶段采收一般不能正常开放，而且只有在盛花期其花茎才能硬化。因此，采收过早会因花梗吸水不良而导致切花不能盛开，应该在盛开之前采收。采收后充分吸水，每 10 支为一束包装。

【园林应用】花毛茛开花极为绚丽，花形优美，又适于室内摆放，是十分优良的切花和盆花材料。也可植于花境或林缘、草地。

8.2.14 其他球根花卉

其他球根花卉见表 8-1。

表 8-1　　其他球根花卉

中文名	学名	科名	属名	花色	繁殖方法	生态习性
雪花莲属	*Galanthus*	石蒜科	雪花莲属	白	种子繁殖或分球繁殖	喜湿润的冷凉环境，耐寒
晚香玉	*Polianthes tuberose*	石蒜科	晚香玉属	白	分球繁殖、播种繁殖	夏秋开花，喜温暖湿润，阳光充足，耐半阴和低湿环境，喜肥
小苍兰	*Freesia refracta*	鸢尾科	香雪兰属	白、粉、桃红、橙红、淡紫、大红	分球繁殖、播种繁殖	春季开花，喜凉爽湿润，要求阳光充足，耐寒力较弱
铃兰	*Convallaria majalis*	百合科	铃兰属	白	根茎分割	春夏开花，喜湿润、半阴，耐寒
姜花	*Hedychium coronarium*	姜科	姜花属	白	分根繁殖	夏秋开花，喜温暖、湿润的气候和稍阴的环境，不耐寒，忌霜冻
贝母	*Fritillaria imperialis*	百合科	贝母属	褐、紫、黄绿	分球繁殖、播种繁殖	春夏开花，喜冷凉湿润气候，怕炎热，具较强耐寒性
文殊兰	*Crinum asiaticum*	石蒜科	文殊兰属	粉，白，红	鳞茎旁蘖	夏季开花，喜温暖，盆栽、药用
虎眼万年青	*Ornithogalum caudatum.*	百合科	鸟乳花属	白	分子球繁殖	6 ~ 8 月开花，喜湿润环境，不耐寒，耐半阴
嘉兰	*Gloriosa superba*	百合科	嘉兰属	红色，橙黄色	分球繁殖、播种繁殖	春夏开花，喜温暖湿润，半阴性
绵枣儿属	*Scilla*	百合科	绵枣儿属	多数为蓝色，也有粉红、紫红、紫色及白色	分球繁殖、播种繁殖	春季开花，喜冷凉气候，耐寒性强
葡萄风信子	*Muscari botryoides*	百合科	蓝壶花属	多为蓝色，也有白色变型	分球繁殖	春季开花，喜冬季温和、夏季冷凉的环境，耐寒
球根鸢尾类	*Iris spp.*	鸢尾科	鸢尾属	紫色、淡紫色或黄色	分球繁殖	春季开花，喜凉爽，忌炎热，耐寒性和耐旱性俱强
番红花属	*Crocus*	鸢尾科	番红花属	金黄色、堇色、白色、淡紫色	分球繁殖	春季或秋季开花，喜凉爽、湿润和阳光充足的环境，耐半阴，耐寒性强

续表

中文名	学名	科名	属名	花色	繁殖方法	生态习性
六出花	*Alastroemeria spp.*	石蒜科	六出花属	白色、黄色、粉红色、红色等多种	以分株繁殖为主，也可播种繁殖、茎尖组培快繁	温度适宜，可周年开花，5～7月盛花，喜温暖湿润和阳光充足的环境，不耐严寒。忌涝
葱莲属	*Zephyranthes*	石蒜科	葱莲属	白色、粉红色至玫瑰红色	分球繁殖、种子繁殖	夏季至初秋开花，喜温暖、湿润和阳光充足的环境，耐半阴和低湿
蜘蛛兰属	*Hymenocallis*	石蒜科	蜘蛛兰属	白色、黄色	分球繁殖	花期秋夏季，喜温暖环境
蛇鞭菊	*Listris spicata*	菊科	蛇鞭菊属	紫红色、淡红色、白色	分球繁殖	花期夏季至初秋，喜光，耐寒性强
欧洲银莲花	*Anemone coronaria*	毛茛科	银莲花属	红、紫、白、蓝、复色	分球繁殖	花期4～5月，喜凉爽、阳光充足的环境，耐寒，忌炎热
红花酢浆草	*Oxalis rubra*	酢浆草科	酢浆草属	淡红至深桃红	分球繁殖	4～11月开花，喜温暖湿润、荫蔽的环境，耐阴性强
大岩桐	*Sinningia speciosa*	苦苣苔科	苦苣苔属	红、粉、白、紫、堇、镶边复色等	播种或扦插繁殖	春季至秋季开花，喜冬季温暖、夏季凉爽的环境，忌阳光直射

思 考 题

1. 举例说明球根花卉有哪些类型?

2. 球根花卉的园林应用特点有哪些?

3 将已经学习过的球根花卉分别按照地下器官特征、种植时期以及园林用途进行归类总结。

4. 调查本地花卉市场及园林绿化中销售及应用的球根花卉种类。

本章参考文献

[1] 北京林业大学园林系花卉教研室．花卉学［M］．北京：中国林业出版社，1988.

[2] 包满珠．花卉学［M］．北京：中国农业出版社，2003.

[3] 刘会超，王进涛，武荣花．花卉学［M］．北京：中国农业出版社，2006.

本章相关资源链接网站

1.http://www.brecks.com

2.http://www.burpee.com/flowers/flowering-bulbs

3.http://www.flowery.net.cn/bulbs

第9章 水 生 花 卉

9.1 概述

9.1.1 概念及基本类型

9.1.1.1 概念

水生花卉泛指生长于水中或沼泽地的观赏植物，与其他花卉明显不同的习性是对水分的要求和依赖远远大于其他各类，因此构成了其独特的习性。水生花卉，种类繁多，是园林、庭院水景观赏植物的重要组成部分。

9.1.1.2 基本类型

水生花卉根据生态习性不同可分为如下4类。

(1)挺水型水生花卉(包括湿生和沼生)。根扎入泥中，植株高大，茎叶挺出水面，花开时离开水面，花色艳丽，甚是美丽，是最主要的观赏类型之一。此类水生花卉种类繁多，如荷花、千屈菜、菖蒲、香蒲、水葱、泽泻等。

(2)浮叶型水生花卉。此类花卉根生于水下泥中，叶及花浮在水面。此类水生花卉有睡莲、王莲、萍蓬莲、芡实等。

(3)漂浮型水生花卉。根不生于泥中，植株漂浮于水面之上，随水流、风浪四处漂泊。如大薸、凤眼莲、浮萍、水鳖等。

(4)沉水型水生花卉。根扎入泥土中，茎、叶沉入水体之中，通气组织特别发达，利于在水中空气极度缺乏的环境中进行气体交换。如黑藻、金鱼藻、苦草等。

9.1.2 主要类别的生态习性

(1)温度。因其原产地不同而对水温和气温的要求不同。其中较耐寒者如荷花、千屈菜、慈姑等可在中国北方地区自然生长；而王莲等原产热带地区的水生花卉在中国大多数地区需在温室栽培。

(2)光照和通风。绝大多数水生花卉喜欢光照充足和通风良好的环境。

(3)土壤。喜黏质土壤，栽培水生花卉的塘泥大多需含丰富的有机质，在肥分不足的基质中生长较弱。

(4)水。多数水生花卉喜流动水或水流速度缓慢的环境，但少数种类则需生长在流速较大的溪涧或泉水边，如豆瓣菜等。除某些沼生植物可在潮湿地生长外，大多要求水深相对稳定的水体条件。

9.1.3 园林中的应用

在园林中，水景又是园林的灵魂，而水生植物才是衬托水景的重要花卉，是水体绿化、美化、净化不可缺少的材料，它不仅具有较高的观赏价值，而且具有保护物种多样性，净化水体，稳固堤岸的重要生态意义，在园林绿化中有着广泛的应用。

1. 水生花卉专类园

在不影响水生花卉生长的生态环境条件下，对环境进行美化设计，形成了一种特有的园林艺术风格，构成水天一色、四季分明、静中有动、诗情画意的优美景观外貌。如武汉东湖的“荷花中心”、广东三水的“荷花世界”、深圳的“洪湖公园”、中国科学院武汉植物研究所的“水生植物专类园”等。

2. 盆栽水生花卉

水生花卉盆栽主要用于平面布置，如饭店、宾馆、商场、企业及庭院的局部布置或花展。适宜盆栽的水生花卉有荷花、睡莲、鸢尾类、千屈菜、香蒲、纸莎草、慈姑、芋、龟背竹等。

3. 在水景园中的应用

水生花卉是布置水景园的重要材料，一湖一塘可采用多种，也可仅取一种，与亭、榭、堂、馆等园林建筑物构成具有独特情趣的景区、景点。湖边、沼泽地可栽沼生植物；中、小型池塘宜栽中、小体形品种的莲或睡莲、凤眼莲等。

4. 可做为插花材料

水生花卉中的睡莲、荷花、鸢尾、香蒲等均是很好的插花素材，选择合适的水生花卉组合在一起，可令人耳目一新，如荷花和睡莲可组成美丽动人的悬挂式插花。

5. 在室内水族箱中的应用

水族箱又称为生态鱼缸或水族槽，是一种专门饲养水生动植物的容器，以水生花卉为主的水族箱愈发受到广大花卉爱好者的青睐，它通过造景艺术，使大自然的美景在小小的水族箱中得以重现，让人们在工作之余身心得到一种放松。

9.2 常见水生花卉

9.2.1 荷花

【学名】 *Nelumbo nucifera*

【别名】 莲花、水芙蓉、藕花、芙蕖、水芝、水芸等

【科属】 睡莲科莲属

【形态特征】 荷花为挺水植物。根茎肥大多节，横生于水底泥中；叶盾状圆形，全缘并呈波状，表面深绿色，被蜡质白粉，背面灰绿色，叶脉明显隆起，叶柄粗壮，被短刺；花生于梗顶端，高托水面之上，有单瓣、复瓣、重瓣及重台等花形。花色有白、粉、深红、淡紫等；雄蕊多数，雌蕊离生，埋藏于倒圆锥状空洞，受精后渐膨大称为“莲蓬”；花期 6 ~ 9 月，每日晨开暮闭；果熟期 9 ~ 10 月（见图 9–1）。

图 9–1　荷花

【品种与类型】 荷花栽培品种很多，依用途不同可分为藕莲、子莲和花莲三大系统。

花莲是以观花为目的的栽培类型。主要特点是开花多，花色、花型丰富，品种繁多，群体花期长，观赏价值较高，但根茎细弱，品质差，一般不作食用。此类型雌雄蕊多为泡状或瓣化，常不能结实，或结实量少，茎、叶小于其他两类，生长势弱。

藕莲是以产藕为目的的栽培类型。主要特点是根茎粗壮、叶片较大，生长势旺盛，但开花少或不开花。

子莲是以生产莲子为目的的栽培类型。主要特点是根茎细弱且品质差，但开花繁密，虽为单瓣但鲜艳夺目，善结实，“莲子”产量高。

目前，荷花品种达 200 多种。王其超等根据种性、植株大小、重瓣性、花色等主要特征将其分为 3 系 5 群 12 类 28 组，简列于下。

1. 中国莲系

（1）大中花群。

1）单瓣类：瓣数 12 ~ 20，①红莲组；②粉莲组；③白莲组。

2）复瓣类：瓣数 21 ~ 59，①粉莲组。

3）重瓣类：瓣数 60 ~ 190，①红莲组；②粉莲组；③白莲组；④洒金莲组。

4）重台类，①红台莲组。

5）千瓣类，①千瓣莲组。

（2）小花群（碗莲群）。

1）单瓣类：瓣数 11 ~ 20，①红碗莲组；②粉碗莲组；③白碗莲组。

2）复瓣类：瓣数 21 ~ 59，①红碗莲组；②粉碗莲组；③白碗莲组。

3）重瓣类：瓣数 60 ~ 130，①红碗莲组；②粉碗莲组；③白碗莲组。

2. 美国莲系

大中花群，单瓣类，黄莲组为主。

3. 中美杂种莲系

（1）大中花群。

1）单瓣类，①红莲组；②粉莲组；③黄莲组；④复色莲组。

2）复瓣类，①白莲组；②黄莲组。

（2）小花群（碗莲群）。

1）单瓣类，黄碗莲组。

2）复瓣类，白碗莲组。

其中，凡植于口径 26cm 以内盆中能开花，平均花茎不超过 12cm，立叶平均直径不超过 24cm，平均株高不超过 33cm 者为小型品种。凡其中任一指标超出者，即属大中型品种。在众多的荷花品种中，千瓣莲、并蒂莲等为珍品，开黄花者亦为难得之品。

【产地与分布】荷花原产于南部亚洲广大地带，从越南到阿富汗都有，一般分布在中亚、西亚、北美、印度、中国、日本等亚热带和温带地区。中国早在 3000 多年即有栽培，现今在辽宁省及浙江省均发现过碳化的古莲子，可见其历史之悠久。

【生态习性】荷花喜湿怕干，缺水不能生存，但水过深淹没立叶，则生长不良，严重时遭致覆灭，一般以水深不超过 1.5m 为限；荷花喜阳光和温暖环境，同时具有较强的耐寒性，在中国东北南部可于露地池塘中越冬。通常 8 ~ 10℃开始萌芽，14℃藕鞭开始伸长，23 ~ 30℃为生长发育的最适温度；荷花对土壤要求不严，以富含有机质的肥沃黏土为宜，适宜的 pH 值为 6.5。

【繁殖】荷花的繁殖可分为播种繁殖和分株繁殖两种。播种主要用于培育新的品种，分株可保持品种原有特性，在园林应用中多采用分株繁殖。

（1）播种繁殖。莲子的寿命很长，几百年及上千年的种子也能发芽，播种繁殖时首先要挑选优良的莲种，应选择粒大、饱满、光亮的莲子。一般春季育苗南方在 4 月上旬，北方可以推迟到 5 ~ 6 月。莲子较硬，在播种前必须进行催芽处理，方法是将莲子有凹点的一端用剪刀剪破硬壳，使种皮外露并注意不能损伤胚芽，更不能去壳，将破壳的莲子放入催芽盆中，用清水浸种，保持水温 26 ~ 32℃，每天换水两次，浸泡 4 ~ 6 天后种子就会出芽，出芽后放在向阳处，加强日照，夜晚注意保温，不可缺水。两周后，当种子长出 2 ~ 3 片幼嫩的小荷叶，根长达到 6cm 左右时，就可进行移栽，每盆栽植幼苗一株，应随移随栽，并带土移植以提高成活率。

（2）分株繁殖。要选择品种优良、无病虫害的莲藕作为种藕，每只种藕要有 2 ~ 3 节，并要有 2 ~ 3 个完好无损的顶芽和侧芽，这样的种藕出芽整齐，生长旺盛，开花多。中国南北方温差较大，栽植荷花时要因地制宜，灵活掌握，华南地区一般在 3 月中旬进行，华东、长江流域在 4 月上旬（即清明前后）较为适宜，而华北、东北地区都应在 4 月下旬至 5 月上旬期间进行。分栽时，用手指保护顶芽以 20 ~ 30° 斜插入塘泥中即可。

【栽培管理】栽培管理有以下 5 种方式。

（1）栽培环境。荷花喜相对稳定的平静浅水，湖沼、泽地、池塘是其适生地，要求水质无严重污染，土层深厚，水深在 1 ~ 1.5m。荷花是长日照花卉，栽植地必须保持每天有 10h 以上的光照。

（2）适时浇水。荷花对水分的要求在各个生长阶段各不相同。一般生长前期只需浅水，中期满水，后期少水。

（3）合理施肥。荷花喜肥，但施肥不可过量，应掌握薄肥勤施的原则。缸盆栽植荷花时，应先施足基肥，一般用豆饼、鸡毛等作基肥。在荷花的开花生长期，如发现荷叶黄瘦，又有病斑，表明缺肥，应及时追施饼肥、复合肥等，每隔 15 ~ 20 天追施 1 次。

（4）中耕除草。在荷花的整个生长过程中，要及时清除杂草。在荷花栽培场地应每月喷施 1 次除草剂，以控制杂草生长。对于缸盆中的杂草、水苔、藻类也应及时人工清除。

（5）病虫害防治。在荷花的整个生长过程中，对于其病虫害的防治是很重要的，主要病虫害有：斜纹夜蛾、蚜虫、金龟子、梨青刺蛾、褐刺蛾、大蓑蛾、荷花褐斑病、莲藕腐烂病等。

【园林应用】荷花是中国十大传统名花之一，它不仅花大色艳、清香远溢、凌波翠盖，而且有着极强的适应性，既可广植湖泊，蔚为壮观，又能盆栽瓶插，别有情趣；荷花全身皆是宝，叶、梗、蒂、节、花蕊、莲蓬、花瓣均可入药，莲藕、莲子是营养丰富的食品，所以除观赏栽培外，常常进行大面积的专业生产栽培。

9.2.2 睡莲

【学名】*Nymphaea tetragona*

【别名】水芹花、子午莲

【科属】睡莲科睡莲属

【形态特征】睡莲为浮叶植物。地下具根状茎，粗短；叶丛生，具细长叶柄，浮于水面，纸质或近革质，近圆形或卵状椭圆形，直径 6 ~ 11cm，全缘，无毛，叶面浓绿，背面暗紫色；花单生于细长的花柄顶端，有白、粉、红、紫等色，花径 3 ~ 8cm；萼片 4 枚，宽披针形或窄卵形；聚合果球形，内含多数椭圆形黑色小坚果；花期为 6 ~ 9 月；果熟期 7 ~ 10 月（见图 9-2）。

图 9-2 睡莲

【品种与类型】睡莲属有 40 多种，原产于中国的有 7 种以上。本属尚有许多种间杂种和栽培品种。通常根据耐寒性将其分为 2 类。

（1）不耐寒类。本类均原产于热带地区，在中国温带以北地区需温室栽培。主要种类如下。

1）红花睡莲（*N.rubra*）花深紫红色，花径 15 ~ 25cm，傍晚开放。

2）埃及白睡莲（*N.lotus*）叶缘具尖齿。花白色，花径 12 ~ 25cm，傍晚开放。

3）墨西哥黄睡莲（*N.mexicana*）花浅黄色，花径 10 ~ 15cm，白天开放。

4）蓝睡莲（*N.caerulea*）花浅蓝色，花径 7 ~ 15cm，白天开放。

（2）耐寒类。原产温带或寒带，耐寒性强，均为白天开花类型。

1）矮生睡莲（*N.tetragona*）花白色，花径 2 ~ 7.5cm，午后开放。

2）白睡莲（*N.alba*）花白色，花径 12 ~ 15cm。变种多，主要有大瓣白、大瓣黄、娃娃粉等。

3）香睡莲（*N.odorata*）花白色，具浓香，花径 8 ~ 13cm，午前开放，有红花及大花变种以及很多杂种。

4）块茎睡莲（*N.tuberosa*）花白色，花径 10 ~ 22cm，午后开放。

【产地与分布】睡莲大部分原产北非和东南亚热带地区，少数产于南非、欧洲和亚洲的温带和寒带地区，日本、朝鲜、印度、前苏联、西伯利亚及欧洲等地，中国各省区均有栽培。

【生态习性】睡莲耐寒性强，在中国大部分地区能安全越冬。喜强光、通风良好、水质清洁的环境，对土质要求不严，pH 值为 6 ～ 8，均生长正常，但喜富含有机质的黏质土。生长季节池水深度以不超过 80cm 为宜。

【繁殖】睡莲可采用分株和播种繁殖。

（1）分株繁殖。分株繁殖是睡莲的主要繁殖方法，耐寒类以 3 ～ 4 月间进行，不耐寒类于 5 ～ 6 月间水温较暖时进行。将根茎掘起，用利刀分成几块，保证根茎上带有两个以上充实的芽眼，栽入池内或缸内的河泥中。

（2）播种繁殖。在花后用布袋将花朵包上，这样果实一旦成熟破裂，种子便会落入袋内不致散失。因睡莲种皮很薄，干燥即丧失发芽力，故宜于种子成熟即播或储藏于水中。播种时间为 3 ～ 4 月，温度以 25 ～ 30℃为宜，不耐寒类约半月左右发芽，耐寒类常需 3 个月甚至 1 年才能发芽。

【栽培管理】睡莲可盆栽或池栽。3 月上旬从池中掘取带有芽眼的地下根茎进行移栽。栽插入土时，微露顶芽。初栽时水位宜浅，池塘栽植水层在 30cm，以后随新叶生长逐渐加水，开花季节可保持水深在 70 ～ 80cm。冬季则应多灌水，水深保持在 110cm 以上，可使根茎安全越冬。

盆栽植株选用的盆至少要有 40cm × 60cm 的内径和深度，应在每年的春分前后结合分株翻盆换泥，并在盆底部加入腐熟的豆饼渣或骨粉、蹄片等富含磷、钾元素的肥料作基肥，根茎下部应垫至少 30cm 厚的肥沃河泥，覆土以没过顶芽为止，然后置于池中或缸中，保持水深 40 ～ 50cm。高温季节的水层要保持清洁，时间过长要进行换水以防生长水生藻类而影响观赏。花后要及时去残，并酌情追肥。盆栽于室内养护的要在冬季移入冷室内或深水底部越冬。生长期要给予充足的光照，勿长期置于阴处。

【园林应用】睡莲是花、叶皆美的观赏植物。中国在 3000 年前汉代私家园林中已有应用，如博陆侯霍光园中的五色睡莲池；现在大江南北的公园、风景区、植物园乃至工厂、机关、学校的庭园水景，多选种各色睡莲；此外，睡莲的根还能吸收水中的铅、汞及苯酚等有害物质，过滤水中的微生物，故有良好的净化污水的作用；根茎富含淀粉，可食用或酿酒；全草宜作绿肥，又可入药。

9.2.3 千屈菜

【学名】*Lythrum salicaria*

图 9-3 千屈菜

【别名】水柳、水枝柳、对叶莲

【科属】千屈菜科千屈菜属

【形态特征】多年生挺水宿根草本植物。全株青绿色，略被粗毛或密被绒毛，株高 40 ～ 120cm；叶对生或轮生，披针形或宽披针形，叶全缘，无柄；地下根茎粗壮，木质化；地上茎直立，4 棱；长穗状花序顶生，小花多数密集，花瓣 6 枚，紫红色；萼筒长管状，萼裂间各具附属体；蒴果扁圆形。花期 6 ～ 9 月。染色体数 2n=30（见图 9-3）。

【品种与类型】全属有 25 种，主要变种有以下几个。

（1）大花千屈菜（var.*roseum superbum*）花穗大，花暗紫红色。

（2）紫花千屈菜（var.*atropur pureum*）花穗大，花深紫色。

（3）大花桃红千屈菜（var.*roseum*）花桃红色。

（4）毛叶千屈菜（var.*tomentosum*）全株被白绵毛。

【产地与分布】千屈菜原产于欧洲和亚洲的温带。中国南北各地均有野生，多生长在沼泽地、水旁湿地和河边、沟边，现各地广泛栽培。

【生态习性】千屈菜喜温暖，光照充足，通风良好的环境，喜水湿，较耐寒，在中国南北各地均可露地越冬。在浅水中栽培长势最好，也可旱地栽培。对土壤要求不严，在土质肥沃的塘泥基质中花色艳，长势强壮。

【繁殖】千屈菜可采用播种、扦插、分株等方法繁殖，但以扦插和分株为主。

扦插应在生长旺期 6 ~ 8 月进行，剪取嫩枝长 7 ~ 10cm，去掉基部 1/3 的叶子插入装有鲜塘泥的盆中，6 ~ 10 天生根，极易成活。

分株宜在早春或深秋进行，将母株整丛挖起，抖掉部分泥土，用刀切取数芽为一丛另行种植。

播种繁殖宜在 3 ~ 4 月进行，将培养土装入适宜的盆中，灌透水，水渗后进行撒播。因其种子细小而轻，可掺些细沙混匀后再播，播后覆上一层细土，盆口盖上玻璃，20 天左右发芽。

【栽培管理】千屈菜生命力极强，管理也十分粗放，但要选择光照充足、通风良好的环境。盆栽可用直径 50cm 的无排水孔花盆，装入 2/3 的塘泥，栽植 4 ~ 5 株；也可用 20cm 的小盆，栽 1 ~ 2 株。生长期应不断打顶，促使植株矮化。花穗抽出前需要经常保持盆土湿润，待花将开放前逐渐让盆内积水，保持 5 ~ 10cm 的水深。入冬后将枯枝剪除并倒出盆内积水，同时保持盆土湿润。通常每隔 3 ~ 4 年分栽一次。

露地栽培可按园林设计要求，选择浅水区和湿地种植，株行距 30cm × 30cm。生长期要及时拔除杂草，保持水面清洁。为了加强通风，应剪除过密、过弱枝，及时剪除开败的花穗，促进新花穗萌发。在通风良好、光照充足的环境下，一般没有病虫害。在过于密植、通风不畅时会有红蜘蛛危害，应及时用杀虫剂防治。冬季露地栽培不用保护便可自然越冬。

【园林应用】千屈菜株丛整齐清秀，花色鲜丽醒目，花期长，可成片布置于湖岸河旁的浅水处，与荷花、睡莲等水生花卉配植极具烘托效果，是极好的园林水景造景植物。也可盆栽摆放庭院中观赏，亦可作切花用。全草可药用，治疗痢疾、肠炎等，外用可治外伤出血等症。

9.2.4 王莲

【学名】*Victoria amazonica*

【科属】睡莲科王莲属

【形态特征】王莲为大型多年生水生植物，地下部具短而直立的根状茎，侧根发达；叶丛生，大形，幼叶内卷呈锥状，伸展后为戟形至椭圆形，成叶圆形，叶缘四周向上直立，高 7 ~ 10cm，全叶呈圆盘状浮于水面，其浮力可承重 50kg 以上；叶柄长可达 2 ~ 3m，直径 2.5 ~ 3cm，密被粗刺；花单生，大形，花径 25 ~ 35cm，伸出水面开花；花瓣多数，倒卵形，初开时为白色，具白兰花之香气，次日淡红至深红色，第三天闭合沉入水中；花期夏秋季，每日下午至傍晚开放。果实球形，种子多数，形似玉米，故有“水中玉米”之称（见图 9-4）。

图 9-4 王莲

【品种与类型】原生种的王莲共有两种，即原产于南美巴西的亚马逊王莲（*V.amazonica*）和原产于巴拉那河流域的克鲁兹王莲（*V.cruziana*）。

亚马逊王莲的花萼布满刺，叶缘微翘或几近水平，叶片微红，叶脉红铜色。叶片较大，直径 2.0 ~ 2.5m，耐寒性差。

克鲁兹王莲的花萼片光滑无刺，叶缘上翘 3 ~ 5cm，叶片深绿，叶脉黄绿色。叶片略小，直径 1.5 ~ 2m，耐寒性较好。

【产地与分布】原产南美洲热带水域。现已引种到世界各地植物园和公园。

【生态习性】王莲喜炎热、空气湿度大、阳光充足和水体清洁的环境。通常要求水温 30 ~ 35℃，气温低于 20℃停止生长。空气相对湿度以 80% 为宜。喜肥，尤以有机肥为宜。

【繁殖】王莲的繁殖常用播种法。王莲的种子在 10 月中旬成熟，采集后洗净并用清水储藏，否则容易失水干燥，丧失发芽力。一般于 12 月至翌年 2 月浸种催芽，温度 30 ~ 35℃，经过 10 ~ 21 天便可发芽，待锥形叶和根长出后即可装盆。

【栽培管理】王莲属大型观赏植物，株丛大，叶片更新快，要求在高温、高湿、阳光和土壤养分充足的环境中生长发育。幼苗期需要 12h 以上的光照。王莲对水温十分敏感，生长适宜的温度为 25 ~ 35℃，当水温略高于气温时，对王莲生长更为有利。当气温低于 20℃时，植株便停止生长；降至 10℃，植株则枯萎死亡。王莲的栽植台必须有 $1m^3$，土壤肥沃，栽前施足基肥。幼苗定植后逐步加深水面，7 ~ 9 月为叶片生长旺盛期，追肥 1 ~ 2 次，并不断去除老叶，经常换水，保持水质清洁，使水面上保持 8 ~ 9 片完好叶。

王莲的主要虫害有斜纹夜蛾和蚜虫。斜纹夜蛾的防治可用 90% 敌百虫原药 800 倍液喷洒，而蚜虫则用 50% 来蚜松乳油 1000 倍液喷洒防治。幼苗定植期要预防鱼类啃食。

【园林应用】王莲叶形硕大奇特，花大色艳，是现代园林水景中必不可少的观赏植物，也是城市花卉展览中必备的珍贵花卉，既具有很高的观赏价值，又能净化水体；家庭中的小型水池同样可以配植观赏；种子富含淀粉，可供食用。

9.2.5 萍蓬莲

【学名】*Nuphar pumilum*

【别名】萍蓬草、黄金莲、水栗子

【科属】睡莲科萍蓬草属

图 9-5 萍蓬莲

【形态特征】多年生浮水植物。根状茎肥厚块状，横卧泥中。叶二型，浮水叶纸质或近革质，圆形至卵形，长 8 ~ 17cm，宽 5 ~ 12cm，全缘，基部开裂呈深心形，叶面绿而光亮，叶背隆凸，有柔毛，侧脉细，具数次 2 叉分枝，叶柄圆柱形；沉水叶薄而柔软；花单生叶腋，伸出水面，金黄色，直径约 2 ~ 3cm，花瓣 10 ~ 20 枚，狭楔形；萼片 5 枚，倒卵形，黄色，呈花瓣状；浆果卵形，长 3cm；种子矩圆形，黄褐色，光亮。花期 5 ~ 7 月，果期 7 ~ 9 月（见图 9 – 5）。

【品种与类型】同属尚有以下几种分布在中国的一些地区。

（1）贵州萍蓬莲（*N.bornetii*）株型较小，叶近圆形或心状卵形，花较小，径 2 ~ 3cm。

（2）中华萍蓬莲（*N.sinensis*）叶心状卵形，花大，花径 5 ~ 6cm，柄伸出水面 20cm 左右，观赏价值极高。

（3）欧亚萍蓬莲（*N.luteum*）叶大，厚革质，椭圆形，花径 4 ~ 5cm。

（4）台湾萍蓬莲（*N.shimadai*）叶长圆形或卵形。花瓣为线形，黄色。

【产地与分布】原产于北半球寒温带。中国东北、华北、华南均有分布。

【生态习性】萍蓬莲喜生于光照充足，清水池沼、湖泊及河流等浅水处。对土壤要求不严，以土质肥沃略带黏性为好。适宜生在水深 30 ~ 60cm，最深不宜超过 1m。生长适宜温度为 15 ~ 32℃，温度降至 12℃以下时则停止生长。耐低温，长江以南越冬不需防寒，可在露地水池越冬。在北方冬季需保护越冬，休眠期温度保持在 0 ~ 5℃即可。

【繁殖】以无性繁殖为主，有性繁殖同睡莲。分株繁殖在 3 ~ 4 月进行，用快刀将带主芽的根状茎切成 6 ~ 8cm 长或将带侧芽的根状茎切成 3 ~ 4cm 长，然后除去黄叶、部分老叶，保留部分不定根进行栽种。

【栽培管理】温度对萍蓬莲的生长发育有重要影响，其生长适宜温度为 15 ~ 32℃，当气温长期在 38℃时，植株停止生长或生长极慢；光照对萍蓬莲的生长发育影响不大；萍蓬莲对土壤的 pH 值要求不严，在 pH 值为 5.5 ~ 7.5 的条件下均能正常生长；生长期要求肥料充足，土壤肥沃，则花多，色彩艳丽，花期长，整个植株生长旺盛，观赏期也较长。

【园林应用】萍蓬莲为观花、观叶植物，多用于池塘水景布置，与睡莲、莲花、荇菜、香蒲、黄花鸢尾等植物配植，可形成绚丽多彩的景观；又可盆栽于庭院、建筑物、假山石前，或在居室前向阳处摆放；根具有净化水体的功能。

9.2.6 凤眼莲

【学名】*Eichhornia crassipes*

【别名】水葫芦、凤眼花、水浮莲

【科属】雨久花科凤眼莲属

【形态特征】多年生浮水植物。根生于节上，根系发达；叶单生，直立，叶片卵形至肾圆形，顶端微凹，光滑；叶柄长 10 ~ 20cm，叶柄基部膨大呈气囊状（生于浅水中的植株，其根扎入水中，植株挺水生长，叶柄基部不膨大成气囊状），基部有鞘状苞片；穗状花序；小花堇紫色，径约 3cm；花被片 6 枚，上方 1 片较大，中央有一明显的鲜黄色斑点，形如凤眼，也像孔雀羽翎尾端的花点，非常耀眼、靓丽；蒴果卵形，有种子多数；花期 7 ~ 10 月；果期 8 ~ 11 月；染色体数 2n=32（见图 9-6）。

图 9-6 凤眼莲

【品种与类型】

（1）大花凤眼莲（大花水葫芦）（var.*major*）花大，粉紫色。

（2）黄花凤眼莲（var.*aurea*）花黄色。

【产地与分布】原产于南美洲亚马逊河流域。广布于中国华北、华东、华中和华南等地区。

【生态习性】凤眼莲适应性很强，喜温暖、阳光充足、富含营养的浅水或静水环境，最适生长温度为 25 ~ 35℃；具一定耐寒性，北方地区需保护越冬；抗病力强。

【繁殖】繁殖方法为分株和播种繁殖，但以分株繁殖为主。

（1）分株繁殖。春天将横生的匍匐茎割成几段或带根切离几个腋芽，投入水中即自生根，极易成活。

（2）播种繁殖。凤眼莲种子发芽力较差，需要经过特殊处理后进行繁殖，一般不常用。

【栽培管理】凤眼莲通常浅水栽植或盆栽。

春季当气温上升到 13℃以上，待越冬种株发出新叶时开始放养，在一些小型水面如沟渠、池塘等地可以直接散放种苗，在水库、湖泊等大型水面放养时，需设置围栏，以利群聚生长。凤眼莲生长量大，生长期如果植株长势瘦弱，可适当进行追肥。

盆栽植株应使根系稍扎入土中，并在生长期定量补给有机肥料，供给充足关照，可使其生长强健，枝繁叶茂。寒冷地区冬季可将盆移至温室内，温度10℃以上，令其越冬。

【园林应用】凤眼莲叶柄奇特，叶色绿而光亮，花开茂盛而俏丽，是园林水面绿化的良好材料，且其适应性强、管理粗放、有非常强的净化污水能力，可以清除污水中的Zn（锌）、As（砷）、Hg（汞）、Cd（镉）、Pb（铅）等有毒物质；此外，凤眼莲还是一种监测环境污染的良好植物，对As（砷）敏感，可用来监测水中是否有As（砷）存在。

9.2.7 香蒲

【学名】*Typha angustata*

【别名】长苞香蒲、水烛、东方香蒲、甘蒲

【科属】香蒲科香蒲属

图9-7 香蒲

【形态特征】多年生挺水植物。地下具粗壮匍匐根茎，根状茎乳白色；地上茎粗壮，向上渐细，高1.5～3.5m；叶片条形，灰绿色，长40～70cm，宽0.4～0.9cm，光滑无毛，上部扁平，下部腹面微凹，背面逐渐隆起呈凸形；叶鞘抱茎；花单性，同株；穗状花序呈蜡烛状，浅褐色，雄花序位于花轴上部，雌花序位于下部；小坚果椭圆形至长椭圆形；种子褐色，微弯。花期5～7月（见图9-7）。

【品种与类型】

（1）东方香蒲。叶线形，宽5～10mm，基部鞘状，抱茎，具白色膜质边缘。穗状花序圆锥状，雄花序与雌花序彼此连接。

（2）狭穗香蒲。叶宽7～12mm，有时可达15～20mm。

（3）水烛。叶宽5～8 mm，雄花穗和雌花穗间均有一段间隔。

（4）花叶香蒲。叶具不同颜色的条纹，观赏价值极高。

（5）小香蒲。株高不超过1m，茎细弱，叶线形或无，仅具细长大型叶鞘，雌雄花序不连接。

【产地与分布】香蒲科仅香蒲属1属约18种，中国约有10种，分布于东北、西北和华北等地区。

【生态习性】香蒲对环境条件要求不严格，适应性较强，性耐寒，但喜阳光，喜深厚肥沃的泥土，最宜生长在浅水湖塘或池沼内。

【繁殖】常用分株繁殖，春季将地下茎切成10cm左右的小段，其上带2～3芽，栽于有浅水的土中即可。

【栽培管理】选择有浅水，底部是深厚沃土的湖泊或池沼地栽植。栽植前要进行整地、沤肥，沤肥要在栽植前15天进行。长江流域一般是清明到小暑期间进行栽植。选择生长健壮，叶呈葱绿色的幼苗作为种苗，当天挖苗当天栽植，株行距为50～60cm见方，栽后必须有部分叶片露出水面。栽后半月，仔细拔除田间杂草，随着植株的生长，水层要逐渐的加深，植株长大后，可加深至60～100cm。香蒲栽植3年后，生长势逐渐衰退，应再行更新种植。

【园林应用】香蒲在园林上主要用作水景绿化及庭园盆花布置，其修长的叶片和棒状花序自然大方，花序经干制后为良好的插花材料；叶称蒲草可用于编织，花粉称蒲黄可入药；蒲棒蘸油或不蘸油都可用以照明，雌花序上的毛称蒲绒，常可作枕絮；叶丛基部及根茎先端的幼芽（草芽）可作蔬菜食用；此外全株还是造纸的好原料。

9.2.8 再力花

【学名】*Thalia dealbata*

【别名】水竹芋、水莲蕉、塔利亚

【科属】竹芋科再力花属

【形态特征】多年生挺水草本。高 1 ~ 2m，全株附有白粉，地下有横走茎；叶鞘大部分闭合，绿色；叶卵状披针形，先端具小突尖，全缘，浅灰蓝色；复总状圆锥花序，花小，堇紫色；花柄长达 2m 以上，较粗壮。夏秋开花（见图 9–8）。

图 9–8 再力花

【品种与类型】

（1）垂花再力花（*Thalia geniculata*）叶鞘为粉红色、绿色，花柄细长弯曲、下垂，花冠粉、紫、红色。

（2）紫杆再力花，花为紫色，茎秆紫色，夏秋开花。

【产地与分布】原产于美国南部和墨西哥。中国南方地区有引种栽培。

【生态习性】喜温暖水湿、阳光充足的环境条件，不耐寒，入冬后地上部分逐渐枯死，以根茎在泥中越冬，在微碱性的土壤中生长良好。

【繁殖】以根茎分株繁殖。初春从母株上割下带 1 ~ 2 个芽的根茎，栽入盆内，施足底肥，放进水池中养护，待长出新株后，移植于池中生长。

【栽培管理】栽植时一般每丛 10 芽，每平方米 1 ~ 2 丛。定植前应施足底肥，以花生麸、骨粉为好。由于再力花生长季节吸收和消耗营养物质较多，要适时追肥，追肥时以三元复合肥为主，也可追施有机肥。灌水要掌握“浅 – 深 – 浅”的原则，即春季浅，夏季深，秋季浅，以利于植株生长。栽培期间剪除过高的生长枝和破损叶片，对过密株丛适当疏剪，以利通风透光。

【园林应用】再力花植株高大美观，是水景绿化的上品花卉，有“水上天堂鸟”之美誉。常成片种植于水池或湿地，形成独特的水体景观，也可盆栽观赏或种植于庭院水体景观中。

图 9–9 菖蒲

9.2.9 菖蒲

【学名】*Acorus calamus*

【别名】水菖蒲、泥菖蒲、大叶菖蒲

【科属】天南星科菖蒲属

【形态特征】多年生挺水植物。根状茎稍扁肥，横卧泥中；叶基生，叶片剑状线形，长 50 ~ 120cm，中部宽 1 ~ 3cm，叶基部成鞘状，对折抱茎，中脉明显，两侧均隆起；花茎基生，扁三棱形；叶状佛焰苞长 30 ~ 40cm，内具圆柱状长锥形肉穗花序；花小型，黄绿色；浆果红色，长圆形；花期 6 ~ 9 月，果期 8 ~ 10 月（见图 9–9）。

【品种与类型】主要变种有金线菖蒲，叶缘及叶心有金黄色条纹。

【产地与分布】原产中国及日本，广布世界温带和亚热带。中国南北各地均有分布。

【生态习性】喜生于池塘、湖泊岸边浅水区，沼泽地中。耐寒性不甚强，最适宜生长的温度为 20 ~ 25℃，10℃以下停止生长。冬季地上部分枯死，以根茎潜入泥中越冬。

【繁殖】可播种和分株繁殖。

（1）播种繁殖。将果实采收后，清洗除去果肉果皮，洗出种子，在温室内秋播，保持土壤湿润，在 15 ~ 20℃的条件下，早春会陆续发芽，待苗生长健壮时，可移栽定植。

（2）分株繁殖。春季用铁锹将根茎挖起，抖掉泥土，剪除老根，切割老株基部新株，每丛保留 2 ~ 3 个芽，然后栽植。

【栽培管理】菖蒲适应性较强，管理较粗放。在生长期内保持一定水位或潮湿即可，生长初期以氮肥为主，抽穗开花前应以施磷、钾肥为主，每次施肥一定要把肥放入泥中（泥表面 5cm 以下）。越冬前要清理地上部分的枯枝残叶，集中烧掉或沤肥。

【园林应用】菖蒲叶丛翠绿，端庄秀丽，具有香气，适宜水景岸边及水体绿化，也可盆栽观赏。叶、花序还可作插花材料。菖蒲植物体中含有挥发油，可提制香料。

9.2.10 金鱼藻

【学名】*Ceratophyllum demersum*

【别名】细草、鱼草、软草、松藻

【科属】金鱼藻科金鱼藻属

图 9-10 金鱼藻

【形态特征】多年生沉水草本植物，有时稍露出水面。茎平滑而细长，有疏生短枝；叶鲜绿色，常 5 ~ 10 叶轮生，1 ~ 2 回叉状分枝，裂片丝状，长 1.5 ~ 2cm，缘具刺状细齿；花小，径约 2mm，单性，雌雄同株或异株，单生叶腋，花被片 8 ~ 12 枚，长圆状披针形，端具 2 刺，宿存；坚果宽椭圆形，长 4 ~ 5mm，宽约 2mm，黑色，平滑，边缘无翅，有 3 刺，顶生刺长 8 ~ 10mm，先端具钩，基部 2 刺向下斜伸，长 4 ~ 7mm，先端渐细成刺状；花期 6 ~ 7 月；果期 8 ~ 10 月（见图 9-10）。

【品种与类型】同属的还有以下几种。

（1）东北金鱼藻（*C.manschuricum*）坚果椭圆形，略扁平，边缘稍有翅，表面有瘤状突起，有 3 刺。

（2）五刺金鱼藻（*C.oryzetorum*）坚果椭圆形，平滑，边缘无翅，具 5 枚针刺。

（3）细金鱼藻（*C.submersum*）坚果椭圆形，有细瘤状突起，边缘无翅。顶生刺直立，基部无刺。

【产地与分布】群生于淡水池塘、水沟、小河、温泉流水及水库中，为世界广布种。中国已知有 4 种，分布于东北、华北、华东、台湾等地。

【生态习性】适应性强，喜光，但也耐阴，多野生于淡水水体、温泉等流速小的河湾中。

【繁殖】可自播繁衍，也可分割植株投入水中繁殖。

【栽培管理】不需多加管理，生长过旺时可剔除一部分，冬季在不结冰水中即可过冬。

【园林应用】金鱼藻叶裂片纤细秀美，叶色亮绿，可孤植或片植，常被用于河流、湖泊水体绿化及净化。也可作观赏鱼类的缸内装饰水草，还可作家禽饲料及药用。

9.2.11 其他常见水生花卉种类

其他常见水生花卉种类见表 9-1。

表 9-1 其他常见水生花卉种类

名称	学名	科属	观赏特征	习性	园林应用
慈姑	*Sagittaria sagittifolia*	泽泻科慈姑属	叶片箭型，整齐挺拔	适应性强。喜光照充足的温暖环境	水面及岸边绿化
水葱	*Scirpus tabernaemontani*	莎草科藨草属	株丛挺拔直立，色泽淡雅，另有花叶变种	耐寒，耐瘠薄，耐盐碱，较耐阴	岸边绿化
花叶芦竹	*Arundo donax* var.*versicolor*	禾本科芦竹属	植株挺拔，叶色变化丰富	喜温喜光，耐湿较耐寒	水景园背景材料
黄菖蒲	*Iris pseudacorus*	鸢尾科鸢尾属	花色黄艳，花姿秀美	适应性强，喜光耐半阴	浅水区绿化
梭鱼草	*Pontederia cordata*	雨久花科梭鱼草属	小花密集，蓝紫色带黄斑点	喜温暖湿润，光照充足的环境条件。怕风不耐寒	河道两侧、池塘四周、人工湿地的绿化
泽泻	*Alisma orientale*	泽泻科泽泻属	花序奇特	喜气候温暖，阳光充足的环境	沼泽地、河边绿化材料
芡实	*Euryale ferox*	睡莲科芡属	叶大肥厚，花色明丽，形状奇特	适应性强。喜光照充足的温暖环境	水面绿化
鸭舌草	*Monochoria vaginalis*	雨久花科雨久花属	花朵艳丽，蓝色带红晕	喜温暖、潮湿和阳光充足的环境，也耐半阴，不耐寒	水面及岸旁绿化或盆栽观赏
石菖蒲	*Acorus gramineus*	天南星科菖蒲属	叶色翠绿，肉穗花序	喜阴湿、温暖的环境，具一定的耐寒性	地被或盆栽
莼菜	*Brasenia schreberi*	睡莲科莼属	叶形美观，花色艳丽	喜温暖和阳光充足、水质清洁的环境	水面绿化
大薸	*Pistia stratiotes*	天南星科大薸属	叶色翠绿，叶形奇特	喜高温，不耐严寒	水面绿化

思考题

1. 什么是水生花卉？根据生态习性的不同可以将其分为哪些类型？
2. 水生花卉有怎样的生态习性？
3. 水生花卉在园林中有何应用？
4. 举出 5 种常用水生花卉，说明它们的繁殖方法，栽培管理和应用特点。

本章参考文献

［1］ 北京林业大学园林系花卉教研组．花卉学［M］．北京：中国林业出版社，1988.

［2］ 鲁涤非．花卉学［M］．北京：中国农业出版社，1998.

［3］ 陈发棣，郭维明．观赏园艺学［M］．北京：中国农业出版社，2009.

[4] 孙可群，等．花卉及观赏树木栽培手册［M］．北京：中国林业出版社，1985.

[5] 傅玉兰．花卉学［M］．北京：中国农业出版社，2001.

[6] 刘会超，王进涛，武荣花．花卉学［M］．北京：中国农业出版社，2006.

[7] 朱兴娜，施雪良，周素梅．再力花生产栽培技术［J］．农业科技通讯，2007，9：94 ~ 95.

本章相关资源链接网站

1. 中国水生植物网 http：//www.cn-sszw.com/index.php
2. 花卉图片信息网 http：//www.fpcn.net/Default.html
3. 中国花卉网 http：//www.china-flower.com
4. 中国植物志 http：//frps.eflora.cn
5. 园林学习网 http：//www.ylstudy.com
6. 中国植物物种信息数据库 http：//www.plants.csdb.cn/eflora/default.aspx
7. 爱莲说花卉网 http：//www.ailianshuo.net
8. 国际荷花网 http：//www.nelumbolotus.com

第10章 室内观叶植物

10.1 概述

10.1.1 概念及基本类型

10.1.1.1 概念

室内观叶植物（Indoor plants）是指能长期或较长期适应室内环境，经过精心养护用于室内装饰与美化，以观叶为主的观赏植物总称。

这一类花卉大多原产于热带、亚热带地区，是多种室内空间绿化、美化装饰的主要花卉种类。

室内观叶植物大量应用于家庭、办公室、宾馆、饭店、写字楼、休闲餐厅以及其他公共场所，在远离自然的都市为人们创造一种融入自然、和谐安详的生活空间与工作环境。

室内观叶植物除具有美化居室的观赏功能，还能够吸收空气中的甲醛、苯、三氯乙烯、氨气、一氧化碳、二氧化硫等有害气体，净化室内环境。随着人们生活水平的不断提高，居住空间加大，家庭环境也越来越适合植物的健康生长，这也为室内观叶植物的大量应用提供了保障。

10.1.1.2 基本类型

1. 按照生长习性分类

（1）木本。橡皮树、椰子类、巴西铁、榕树、平安树等。

（2）草本。蕨类、万年青类、一叶兰、竹芋类、凤梨类、吊兰、绿巨人等。

（3）藤蔓类。绿萝、常春藤、露草、绿宝石、杏叶藤、天门冬、吊竹梅、千叶兰等。

2. 按照观赏类型分类

（1）以观赏叶片的形态为主。大多原产于热带雨林和亚热带地区，适合在室内光照度较低的条件下生长，并且栽培管理简单。常见的栽培种类有以下几种。

1）棕榈科，包括散尾葵（*Chrysalidocarpus lutescens*）、袖珍椰子（*Chamaedorea elegans*）、棕竹（*Rhapis excelsa*）、夏威夷椰子（*Pritchardia gaudichaudii*）、酒瓶椰子（*Hyophore lagenicaulis*）等。

2）竹芋科，包括天鹅绒竹芋（*Calathea zebrina*）、孔雀竹芋（*C.makoyana*）、双线竹芋（*C.ornata*）、苹果竹芋（*C.rotundifolia* ‘Fasciata’）等。

3）凤梨科，包括美叶光萼荷（*Aechmea fasciata*）、粉菠萝（*Aechmea fasciata* ‘Variegata’）、水塔花（*Billbergia pyramidalis*）、彩叶凤梨（*Neoregelia carolinae*）、铁兰（*Tillandsia cyanea*）、空气凤梨（*Tillandsia usuneoides*）等。

4）天南星科，包括广东万年青（*Aglaonema modestum*）、紫背万年青（*Rhoeo discolor*）、花叶万年青（*Dieffenbachia maculata*）、海芋（*Alocasia macrorrhiza*）、龟背竹（*Monstera deliciosa*）、绿萝（*Scindapsus aureus*）、红宝石喜林芋（*Philodendron imbe*）、绿宝石喜林芋（*Philodendron erubescens* ‘Green Emerald’）、白鹤芋（*Spathiphyllum kochii*）等。

5）蕨类，包括铁线蕨（*Adiantum capillus-veneris*）、鸟巢蕨（*Neottopteris nidus*）、肾蕨（*Nephrolepis cordifolia*）、凤尾蕨（*Pteris nervosa*）、鹿角蕨（*Platycerium wallichii*）等。

6）龙舌兰科，包括富贵竹（*Dracaena sanderiana*）、竹蕉（*Dracaena deremensis*）等。

7）百合科，包括吊兰（*Chlorophytum comosum*）、文竹（*Asparagus plumosus*）、一叶兰（*Common Sapidistra*）、巴西铁（*Dracaena fragrans*）等。

8）其他，橡皮树（*Ficus elastica*）、榕树（*Ficus microcarpa*）、金钱树（*Zamioculcas zamiifolia*）、马拉巴栗（*Pachira macrocarpa*）、肉桂（*Cinnamomum kotoense*）、福禄桐（*Polyscias guifoylei*）等。

（2）以观赏叶片的颜色为主。包括变叶木（*Codiaeum variegatum*）、花叶芋（*Caladium bicolor*）、三色朱蕉（*Cordyline* var.*tricolor*）等。

10.1.2 主要类别的生态习性

由于室内观叶植物的种类繁多，原产地各异，生态习性差异较大。

（1）对温度的要求。室内观叶植物因为原产地不同，对温度的要求各异。

1）生长温度，大部分室内观叶植物在 15 ~ 25℃条件下可以正常生长，高于 30℃一些种类生长缓慢。原产热带的棕榈类、凤梨类、竹芋类、万年青类等在 25 ~ 30℃仍可正常生长。蕨类中鸟巢蕨、鹿角蕨需要较高的生长温度，而铁线蕨需要的温度稍低。大多木本类室内观叶植物需要的生长温度稍低。

2）越冬温度，每一种室内观叶植物对越冬温度的要求各异，原产热带的种类要求 15℃以上，原产亚热带的要求 10℃左右，而原产温带的种类只要在 5℃以上就可正常越冬。

（2）对光照的要求。室内观叶植物大多原产于热带雨林或亚热带地区的林下，比较耐阴。由于种类或品种不同，耐阴性各异。有的要求直射光，有的要求较强的散射光，有的耐微阴，有的耐半阴，有的极耐阴。蕨类、一叶兰、广东万年青、龟背竹等具有较强的耐阴性，而变叶木及花叶芋等花叶类型需要较多的光照才能正常生长。

（3）对土壤的要求。室内环境条件下栽培室内观叶植物，使用的土壤应采用既卫生又质轻的基质栽培。基质主要使用泥炭、珍珠岩、蛭石等配制而成。小型盆花可以使用腐叶土加田园土和泥炭配制。基质类型和土壤性状依室内观叶植物的种类而定。

（4）对水分的要求。室内观叶植物种类不同对水分的要求也有较大差异。有些种类较耐旱，有的种类耐水湿，有的种类在较高空气湿度时才可正常生长。

蕨类、凤梨类、秋海棠类需要较多的水分，而发财树、巴西铁需水较少。

10.1.3 室内观叶植物的园林应用

室内观叶植物的主要应用形式有：陈列式、攀附式、悬垂式、壁挂式、栽植式、迷你型装饰等，其园林应用特点如下所述。

（1）室内环境的特点决定了室内观叶植物的应用方式。

（2）室内观叶植物适应室内光照较低、空气湿度较低以及温度高、通风差的环境状况。尤其是冬季具有加温条件、夏季具有空调的房间，四季的气候条件变化不大，因此，室内观叶植物的生长受环境条件的影响更大。

（3）可供选择的种类较多。应用过程中可以根据需要选择木本或草本、高大或矮小的植株、观赏叶形或观赏叶色。

（4）植株形态有的直立，有的蔓生，株形和叶形也有较大差异，可以采用不同的应用方式。

（5）利用室内花卉可以布置室内花园。

10.2 室内观叶植物主要种类

10.2.1 棕榈科

棕榈科是单子叶植物中独具特色的一个大类群。为常绿灌木或小乔木，多数种类的树干通直，树形婆娑，姿态妩媚、优雅。茎单生或丛生，少数种类茎极短或无茎，通常不分枝。叶为折叠叶，大型，互生，多簇生于干顶，掌状、羽状或指状分裂。自然生长于热带及亚热带地区，在北方常作温室栽培或室内应用，是常见的室内观叶植物。

北方常见栽培的种类有散尾葵、棕竹、袖珍椰子、夏威夷椰子、鱼尾葵、假槟榔、国王椰子、酒瓶椰子等。

10.2.1.1 散尾葵

【学名】*Chrysalidocarpus lutescens*

【别名】黄椰子

【科属】棕榈科散尾葵属

【形态特征】丛生常绿灌木或小乔木。在原产地植株高达 3 ~ 8m，茎有明显环状叶痕，基部多分蘖，黄绿色，略膨大。叶柄、叶轴、叶鞘均为淡黄绿色，叶鞘圆筒形，包茎。叶平滑细长，羽状全裂，扩展，上部稍弯垂，长 80 ~ 150cm，裂片 40 ~ 60 对，披针形，长 40 ~ 60cm，顶端呈不规则的短二裂，先端柔软，黄绿色，无毛，近基部有凹槽。花小，金黄色。花期 4 ~ 5 月（见图 10-1）。

图 10-1 散尾葵

【产地与分布】原产非洲马达加斯加，中国引种栽培较广。

【生态习性】喜温暖、湿润且通风良好的环境，不耐寒，较耐阴，忌暴晒。适宜生长在疏松、排水良好、富含腐殖质的土壤中。生长适温 20 ~ 25℃，越冬温度 10℃。幼树生长缓慢。

【繁殖】常用分株繁殖。盆栽 3 ~ 4 年可分株，选择株丛密集、分蘖苗多的植株，挖出母株，用利刀从基部连接处将其分开，每 2 ~ 3 株苗分成一组，直接盆栽，放在阴凉处，并经常喷水，保持较高湿度，以利植株恢复生长。养护 1 ~ 2 年即可销售。

【栽培管理】盆栽散尾葵适用腐殖土、泥炭土和河沙加基肥配成的混合土壤。萌蘖位置比较靠上，盆栽时应栽植稍深，以利萌发枝及生根。由于散尾葵喜高温、湿润的环境，较怕冷，冬季白天温度应控制在 20 ~ 25℃，夜间温度不低于 15℃。叶片经霜冻即枯萎，故在早霜来临前应及时搬入室内，长时间温度低于 5℃，将受冻害，表现为叶片发黄，叶尖干枯，并导致根部受损，影响翌年生长。

生长正常的植株在春、夏、秋三季应置于半阴处，遮光 50%，不可在烈日下暴晒，冬季尽可能多接受阳光，室内栽培时置于较强散射光处。5 ~ 10 月生长旺盛期，要充分浇水，保持盆土湿润，夏季高温期，还要经常保持植株周围有较高的空气湿度，但切忌盆土积水，以免引起烂根。冬季应保持叶面清洁，可经常向叶面喷少量水或擦洗叶面。生长期每 2 周施液肥一次，以促进生长，秋、冬季少施或不施肥。

大型散尾葵在每年春季除换盆时清除枯枝残叶外，根据植株的生长情况，需要剪除中部过于密集和植株外围生长较差的叶丛，以保持优美的株形，同时有利于通风透光和新株丛的萌发。冬季受冻的株丛应在春季萌发新株前逐步剪除，这样有利于受冻植株的恢复和新枝的萌发。

在环境干燥、通风不良处，容易发生红蜘蛛和介壳虫危害，造成枝叶枯萎或整株死亡。可用 40% 的氧化乐果 1000 倍液喷杀。

【园林应用】散尾葵株形优美，枝叶扶疏，较耐阴，适于室内装饰。是客厅、会议室、室内花园和宾馆、饭店等公共场所的首选绿化材料。

10.2.1.2 棕竹

【学名】*Rhapis excelsa*

【别名】观音竹、筋头竹、棕榈竹

【科属】棕榈科棕竹属

图 10-2 棕竹

【形态特征】常绿丛生灌木。地下为肉质须根系，粗壮的主根向水平方向伸展，分布在表土中，主根上的不定芽具有很强的萌发能力，能向上抽生单秆枝茎，使株丛不断扩大，从而长成灌木状。株高 1 ~ 3m。茎圆柱形，直立，有节，不分枝，上部包裹褐色网状纤维叶鞘。叶掌状深裂，裂片 5 ~ 12 枚，条状披针形，长 25 ~ 30cm，宽 3 ~ 6cm，先端有不规则齿缺，横脉多而明显；叶柄细长，长约 15 ~ 25cm，扁圆。花雌雄异株，淡黄色。浆果球形；种子球形。花期 4 ~ 5 月（见图 10-2）。

【品种与类型】同属常见栽培的种及变种有以下几种。

（1）花叶棕竹（*R.excelsa*‘variegata’）叶片上有宽窄不等的乳黄色及白色条纹。

（2）矮棕竹（*R.humilis*）别名棕榈竹，叶裂片多达 10 ~ 20 枚，原产中国西南和华南地区。

（3）细叶棕竹（*R.gracilis*）叶裂片 2 ~ 4 枚，端部尖细，有咬切状齿缺。原产中国海南省。

（4）金山棕（*R.multifida*）别名多裂棕竹，叶裂片 10 ~ 30 枚，圆弧状披针形，边缘有小齿，两侧及中间 1 片最宽，有 2 条纵向平形脉，其余裂片有 1 条纵向叶脉。产于中国云南南部，华南及东南省区有引种。

【产地与分布】原产中国华南地区，日本也有分布。同属植物约有 20 种以上，主要分布于东南亚。

【生态习性】棕竹喜温暖湿润、半阴通风的环境，耐旱，最适生长温度 25 ~ 30℃，冬季夜间温度最好不低于 5℃，但可以忍耐短期 0℃左右的低温。棕竹要求疏松肥沃的酸性腐殖土，不耐瘠薄和盐碱，在僵硬板结的土壤中不能生存。在一般居室内可以正常越冬。在光线较强的室内可以长期摆放，在阴暗的室内可以连续摆放 3 个月左右。

【繁殖】常用播种和分株繁殖。播种一般在秋季种子成熟后随采随播，20 ~ 25℃条件下，一个月即可发芽，半年后移栽。由于北方盆栽不易结籽，常采用分株方法繁殖。北方栽培可以采用两种方法进行分株繁殖，一种是在春暖后新芽未萌发前结合换盆分切老株，分切时尽量少伤根，不伤芽，每个芽即可独立栽植为一新的植株，也可 2 ~ 3 枝形成一丛，分切时尽量少伤根，不伤芽，然后重新装盆，浇透水放在半阴处保持土壤湿润，恢复生长后转入正常管理；另一种方法是在新芽萌发后，从母株旁边挖取新出土的单株，挖取时要小心保护好母株和幼苗根系，以利成活。新株应放置在温暖、较湿润和光线较弱的地方，每日向叶面及植株周围喷水 2 ~ 3 次，待恢复生长后正常管理。

【栽培管理】盆栽时用腐殖土、泥炭土加 1/3 的沙河加少量基肥作盆土，也可以使用塘泥块。在 5 ~ 9 月生长旺盛季节要多浇水，保持土壤湿润，但不能积水，冬季尽量减少浇水量。每两周施一次液体肥料可促使叶色浓绿苍翠。高温期还要经常向叶片和地面喷水以增加空气湿度。夏季要遮去 70% 的光照，防止烈日暴晒，否则叶片发黄，植株生长缓慢，冬季尽量增加光照。

盆栽棕竹每 2 ~ 3 年换盆一次，将密集的地下根茎切开，去除老化根茎，增加肥沃的培养土，有利于根茎萌芽发育。生长过程中随时剪除枯叶，保持株形清新美观。如果不换盆，株丛拥挤时，可采取疏剪办法，稀疏株丛以利通风透光。

常见病害有叶枯病和叶斑病，可用波尔多液喷洒防治。使用 50% 的甲基托布津 1000 倍液或 50% 的多菌灵可湿性粉剂 500 倍液喷洒防治。虫害有介壳虫，用 50% 的氧化乐果乳油 1000 倍液喷杀。

【园林应用】棕竹株形紧密，整齐秀丽，叶色浓绿而有光泽，是一种具有热带风光的观叶植物。中小盆栽适用于家庭观赏，大型植株适合会场布置、宾馆和商场等公共场所的摆放。幼苗还可以制作盆景观赏。茎叶可用于插花作配叶。

10.2.2 天南星科

10.2.2.1 绿萝

【学名】 *Scindapsus aureus*

【别名】 黄金葛，石柑子

【科属】 天南星科藤芋属

【形态特征】 多年生大型攀援藤本植物。在热带地区常攀援生长在雨林中的岩石和树干上，可长成巨大的藤本植物，茎长达十多米或更长，多分枝。叶片长 60cm 以上，在室内栽培条件下，往往茎干纤细，叶长约 10cm。叶互生，卵状长椭圆形或近心形，全缘，嫩绿色，富有光泽，叶面上有许多不规则的黄色斑点。幼苗期叶片较小，随着植株的长大，叶片也随之增大（见图 10-3）。

小叶绿萝

绿萝

图 10-3 绿萝

【品种与类型】

（1）白金葛（*S.aureus*'Marble Queen'），又名银葛，白金藤等。多年生蔓生藤本，一般附着在其他物体上攀援生长。节上有气生根垂吊于空中。叶片近乳白色，卵圆形至卵状椭圆形，叶柄长 4 ~ 7cm，叶柄和茎上也有白斑。白金葛株型飘逸，叶片奇特，是同属中观赏价值较高的品种之一。近年来较为流行。

（2）黄金藤（*S.aureus*'All Gold'），又名金叶葛，为黄金葛的栽培种。黄金藤茎蔓生，粗壮，长可达数米，节处生有气生根，借以攀援他物生长。叶心形，长约 15cm，宽约 10cm。叶绿色，具鲜艳的黄色斑块和条纹。

（3）银点白金葛（*S.pictus* var.*argyraeus*），又名星点藤、银叶彩绿萝。原产菲律宾等地。叶片肉质，宽椭圆形。叶尖较细长，叶柄长 2 ~ 5cm，宽 4 ~ 6cm，主脉偏离叶片中央，在暗绿色的叶面上散生许多银白色的斑点，叶背灰绿色。

【产地与分布】 原产所罗门群岛。在中国引种栽培较早，栽培较普遍。

【生态习性】 喜高温、高湿和半阴环境，较耐干燥，空气湿度 40% ~ 50% 时仍生长良好。不耐寒，生长适温 15 ~ 25℃，越冬温度 10℃。对土壤要求不严，但以排水良好的肥沃土壤为宜。

【繁殖】 绿萝主要采用扦插繁殖，剪取长 15 ~ 30cm 的枝条，将基部 1 ~ 2 节叶片去掉，用培养土直接盆栽，每盆 3 至数根，经常保持土壤和空气湿润，在温度 25℃以上和半阴环境中，20 天即可生根、发芽，成为新植株。也可以采用水插方法，剪下长有气生根的茎节插入水中，待新根形成，芽萌发即可装盆栽植。

【栽培管理】 盆栽通常采用腐叶土、泥炭土或细沙等比较疏松透气和排水好的土壤。可四季在室内栽培，也可春暖后搬至室外半阴处，秋季移入室内。在室内多放在明亮而直射光较少的地方，在光线弱的房间，生长的叶片小而节间长。绿萝喜欢湿热环境，冬季室温应不低于 15℃。为了使叶面清洁，可经常向叶面喷水，保持盆土湿润，并擦洗叶面尘土。为使绿萝生长旺盛，一般每 15 天左右施肥一次。施肥时不要偏施氮肥，应保证磷、钾肥的用量，否则叶面上斑点、斑块容易变绿，降低观赏价值。经常在室内栽植的绿萝，下部叶片脱落，观赏效果降低，可在旺盛生长的 5 ~ 6 月进行修剪更新，促使基部茎干上萌发新枝。

为保持良好的株形，要短截过长的茎蔓和紊乱的枝条，使其生长匀称，作为攀援栽培的要注意茎蔓的绑缚和调整，使叶片大小均匀，保证株型更完美。

【园林应用】绿萝常做图腾柱式栽培，用以装饰家庭和办公场所。也可放置特殊支架攀援栽培。在室内墙角、墙面、窗台等处还可悬垂栽培。

10.2.2.2　白鹤芋

【学名】*Spathiphyllum kochii*

【别名】苞叶芋、白掌、异柄白鹤芋、银苞芋、一帆风顺（商品名）

【科属】天南星科白鹤芋属

图 10–4　白鹤芋

【形态特征】白鹤芋为多年生草本。具短根茎。叶长椭圆状披针形，两端渐尖，叶脉明显，叶柄长，基部呈鞘状。花葶直立，高出叶丛，佛焰苞直立向上，稍卷，白色，肉穗花序圆柱状，白色。叶大、灰绿色。大型种叫“绿巨人万年青”也叫绿巨人，叶深色，花小、白色，生长慢（见图 10–4）。

【品种与类型】常见同属观赏种如下所述。

（1）匙状白鹤芋（*S.cochlearispathum*），株高 60 ~ 90cm，叶片大。

（2）多花白鹤芋（*S.floribundum*），株高 30cm，叶深绿色，花白或淡黄色。

（3）佩蒂尼白鹤芋（*S.patini*），株高 30cm，叶深绿色，花白或淡绿色。

【产地与分布】原产哥伦比亚。世界各地广为栽培。白鹤芋在欧洲的发展过程中，荷兰、比利时发展较快，如荷兰的门·范文公司、亨克·布拉姆种苗公司和比利时的德·迈耶 – 德鲁克公司都以盛产白鹤芋而闻名。近年来，美国的迈尔斯通（Milestone）农业公司、赫梅特国际公司、奥格尔斯比植物实验室，以色列的阿格雷克斯科（Agrexco）农业出口公司、本泽苗圃公司、亚格（Yagur）苗圃公司和德国的沃尔夫冈（Wolfgang）公司，丹麦的戴恩费尔特公司都以产业化生产白鹤芋供应市场。目前，荷兰盆栽白鹤芋的年销售额已达 1990 万美元，列荷兰盆花生产的第九位。

【生态习性】喜高温多湿和半阴环境。土壤以肥沃、含腐殖质丰富的壤土为好。生性强健，耐热、耐湿、耐阴。华东地区栽植需温室越冬。

【繁殖】常用分株、播种和组培繁殖。

分株繁殖以 5 ~ 6 月进行最好。将整株从盆内脱出，从株丛基部将根茎切开，每丛至少有 3 ~ 4 枚叶片，分栽后放半阴处恢复。播种繁殖多在开花后经人工授粉得到种子。采种后立即播种，发芽温度为 30℃，播后 10 ~ 15 天发芽。如发芽时遇温度过低，种子易腐烂。

组培繁殖以幼嫩花序和侧芽为外植体，经消毒后接种在添加 10mg/l 6– 苄氨基腺嘌呤和 2mg/l 吲哚乙酸的

MS 培养基上，40 ～ 45 天后长出愈伤组织和不定芽。再把不定芽转移到添加吲哚乙酸 2mg/l 的 MS 培养基上，约 30 ～ 40 天诱导生根，成为完整植株。

【栽培管理】白鹤芋的盆栽用土以腐叶土、泥炭土和粗沙的混合土，加少量过磷酸钙为宜。常用 15 ～ 19cm 盆。白鹤芋萌蘖力较强，每年换盆时，注意修根和剪除枯萎叶片。过密植株进行分株后盆栽。白鹤芋较耐阴，只要有 60% 左右的散射光即可满足其生长需要，因此可常年放在室内具有明亮散射光处培养。夏季可遮去 60% ～ 70% 的阳光。冬季夜间最低温度应在 14 ～ 16℃，白天应在 25℃左右。长期低温，易引起叶片脱落或焦黄状。

生长期间应经常保持盆土湿润，但要避免浇水过多，盆土长期潮湿，否则易引起烂根和植株枯黄。夏季和干旱季节应经常用细眼喷雾器往叶面上喷水，并向植株周围地面上洒水，以保持空气湿润，对其生长发育十分有益。气候干燥，空气湿度低，新生叶片会变小发黄，严重时枯黄脱落。冬季要控制浇水，以盆土微湿为宜。 生长旺季每 1 ～ 2 周施一次稀薄的复合肥或腐熟饼肥水，这样既利于植株生长健壮，又利于不断开花。北方冬季温度低，应停止施肥。

【园林应用】盆栽观赏或在花台、庭园的荫蔽地点丛植、列植，也可在山石或水池边缘绿化。尤适于住宅、学校或高楼大厦中庭的布置。

10.2.2.3 龟背竹

【学名】*Monstera deliciosa*

【别名】蓬莱蕉、电线兰、龟背芋等

【科属】天南星科龟背竹属

【形态特征】龟背竹多年生的老枝蔓长可达 7 ～ 8m，具粗壮的肉质根，茎秆粗壮，茎内由海绵状纤维组成，内含水分较多；外皮坚硬而光滑，表面具蜡质，幼茎深绿色，老后变成灰白色。节间短，每节有一圈节环，节环下面有一个凸起的新月形叶痕，节外生有大量肉质气生根，形如电线，故名电线兰。气生根长达 7 ～ 8m，粗 1 ～ 2cm，外皮黑褐色，常自然剥落，内皮白绿色，上面布满不太明显的小黑点，在潮湿的空气中蔓延不扎入土壤中。叶片巨大，近圆形，直径可达 60cm 以上，表面具蜡质而光亮，浓绿色，叶背呈淡绿色，叶脉明显。叶柄粗壮而挺拔，直立或斜生，长 70 ～ 80cm，宽 2 ～ 4cm，叶片中部的缺刻较大，上下的缺刻渐小，叶脉两侧各有一排尖卵形的大孔洞，并夹杂一些椭圆形的小孔洞。龟背竹的实生苗叶片较小，呈心脏形或桃形，先端尖，浅绿色，没有缺刻和孔洞。龟背竹没有顶芽，新叶生出时，苞片纵向裂开，随后展现出一根浅绿色的叶柄和一个卷成筒状的叶片，从新叶抽生到全部展开约需 15 天。

龟背竹为雌、雄同株，肉穗花序着生于顶端叶腋处，雄花着生在上部，雌花着生在下部，花期 8 ～ 9 月，浆果淡黄色（见图 10-5）。

图 10-5　龟背竹

【品种与类型】龟背竹常见栽培种和变种有以下几种。

（1）迷你龟背竹（*M.deliciosa* var.*minima*），叶片长仅 8cm，叶革质。

（2）石纹龟背竹（*Marmorata*），叶片淡绿色，叶面具有不规则的黄绿色斑纹，有时整个叶片为奶白色。

（3）白斑龟背竹（*albo variegata*），原产南非，叶片较大，叶片深绿色，叶面具乳白色斑纹。

（4）蔓状龟背竹（*M.deliciosa* var.*borsigiana*），原产尼加拉瓜、墨西哥等地。茎叶的蔓生性状特别强，叶片较小，叶柄皱缩，叶片深绿色，羽状叶片几乎完全分离。

同属常见栽培的还有：多孔龟背竹（*M.friedrichsthalii*），窗孔龟背竹（*M.obliqua*），翼叶龟背竹（*M. standleyana*）。

【产地与分布】原产南美洲，主要分布在墨西哥的热带雨林中，现在世界各国均有栽培。为名贵的室内观叶花卉。

【生态习性】龟背竹喜凉爽而湿润的气候，耐阴而忌阳光直射。不耐寒，生长适温 22 ~ 26℃，冬季室温不低于 10℃。要求深厚和保水力强的腐殖土，pH 值应在 6.5 ~ 7.5 之间，既不耐碱，也不耐酸。龟背竹怕干旱，耐水湿，要求高的土壤湿度和较高的空气湿度，如果空气干燥，叶面会失去光泽，叶缘焦枯，生长缓慢。

【繁殖】龟背竹常采用播种、分株和组织培养方法繁殖。

（1）播种法。由于龟背竹夏季开花，为了提高种子的结实率，需要人工授粉，从授粉到种子成熟需要 15 个月。种子发育阶段注意通风和肥水管理，以促使种子饱满。播种前先将种子放在 40℃的温水中浸种 10 个小时，采用点播法，播后室温保持在 20 ~ 25℃，保持 80% 的湿度，20 ~ 25 天即可发芽。龟背竹的实生苗生长较为缓慢，需要 5 ~ 6 年才能达到陈设的要求。

（2）扦插法。龟背竹只有一根主茎，随着新叶的抽生，茎蔓不断向前延伸，很少发生侧枝。因此在繁殖时应从繁殖母株上采条，当主茎长到 1m 以上时，自地面向上 15 ~ 20cm 处剪截作为插穗，经过一段时间，母株上的侧芽萌发长出 2 个侧茎，待抽长后又可采剪作插穗。春、秋两季龟背竹都能够采用扦插繁殖。以春季 4 ~ 5 月和秋季 9 ~ 10 月扦插效果最好。插条长 20 ~ 25cm，剪去基部的叶片，保留上端的小叶，剪除长的气生根，保留短的气生根以吸收水分，利于发根。龟背竹的扦插用粗沙和泥炭或腐叶土作混合基质，插穗可 2 ~ 3 节为一段，最上部茎段无叶，采用直插，中部茎段将叶剪去 1/2 斜插，下部茎段可集中平埋在一个较大的容器中。插后放在通风良好的背光处养护，保持盆土湿润，每天向空气中喷水以增加空气湿度。插后 1 个月左右开始生根。第二年幼苗才成形。立柱栽培时，可在大盆中竖立 1 支木柱，再剪取茎顶数枝，紧靠立柱直接插入培养土中，保持阴蔽湿润，待发根后即可附生于立柱成长。

（3）分株法。在夏、秋进行，将大型龟背竹的侧枝整段劈下，带部分气生根，直接栽植于木桶或花盆中，不仅成活率高，而且成形效果快。

（4）组织培养法。将龟背竹的茎顶和腋芽作外殖体进行繁殖，采用 MS +10mg/l 6-BA+2mg/l IBA，在 30℃条件下，六周开始长出愈伤组织和不定芽。再将不定芽转移到诱导生根的培养基 MS+0.5mg/l NAA 上，4 ~ 6 周能诱导生根。

【栽培管理】龟背竹常用腐叶土、泥炭土或细沙土混合作为培养土，每年春季换盆或换土时加入基肥。在生长旺盛季节每两周施一次液体肥料，营养不良时，龟背竹的叶子长得很小。每天向叶面及周围喷水。由于叶片较大，易沾染尘土，应经常清洗叶面，既美观又有利于生长。室温较低时减少浇水次数，同时增加光照，以利于越冬。

【园林应用】龟背竹叶形奇特，叶孔裂似龟背，耐阴性强，非常适合室内栽培观赏。盆栽可用于点缀客厅、公共场所。也可地栽、攀援在棚架或廊柱上作为垂直绿化的材料装点空间。

10.2.2.4 海芋

【学名】*Alocasia macrorrhiza*

【别名】广东毒、滴水观音

【科属】天南星科海芋属

【形态特征】多年生常绿大型草本植物。茎粗壮、干皮茶褐色。高可达 3m，茎内多黏液。巨大的叶片呈盾形，长 30 ~ 90cm，叶柄长达 1m。佛焰苞淡绿色至乳白色，下部绿色（见图 10-6）。

【品种与类型】同属常见栽培的还有：观音莲（*Alocasia × amazanica*），箭叶海芋（*A.longiloda*），又称箭叶观音莲；美叶观音莲（*A.sanderiana*）等。

【产地与分布】原产中国南方湿润的林地。本种有一个栽培变种，花叶海芋（var.*variegata*），原产东印度。叶片浓绿色，叶面上分布着乳白色和浅绿色的斑块。喜弱光，适于室内养护栽培。

【生态习性】喜温暖、湿润环境，生长适温 30℃左右，耐阴性强。

【繁殖】分株法、分球法和组织培养繁殖。分株繁殖在 5 ~ 6 月进行，当从块茎抽出 2 片叶片就可将其分割开来，切割的伤口要涂抹木炭粉等防止伤口感染。栽培的土壤要预先经过几天的烈日暴晒或熏蒸消毒。栽下的块茎出苗后，要进行喷雾保持叶面湿润，并放在阴处过渡一段时间再移到半阴处正常栽培。分球法是将海芋的基部分生的许多幼苗挖出另行栽植。在气温达到 20℃或稍高一点时，将小块茎的尖端向上，埋入灭菌的基质中，保持基质在中等湿度，一般 20 天左右发出新芽。若扩大繁殖，可对块茎进行分割，每块均带有芽眼，伤口涂上硫磺粉消毒，带气温稍低些时栽种，以防腐烂。海芋的茎干十分发达，生长多年的植株，可于春季将茎干切成 10cm 长的小段作为插穗，直接栽种于盆中或扦插于插床，待其发芽、生根后进行盆栽。

图 10-6　海芋

【栽培管理】栽培比较粗放，用腐叶土、泥炭土或细沙土盆栽均可。土壤疏松、肥沃，基肥充足时叶片肥大。3 ~ 10 月 10 天左右追施液体肥料 1 次。缺肥时，叶片小而黄。海芋喜湿润的环境，干燥环境对其生长不利。栽培中应多向周围喷水，以增加空气湿度。春、夏、秋三季需要遮阴，一般遮去 50% ~ 70% 的光照。

【园林应用】海芋植株挺拔洒脱，叶片肥大，翠绿光亮，适应性强，是大型喜阴观叶植物。适合盆栽，可布置于厅堂、室内花园、热带植物温室，生长十分壮观。但其汁液有毒，不可误食或将汁液溅入眼中，以防中毒。

10.2.2.5　喜林芋

喜林芋又称蔓绿绒。常见的栽培品种有红宝石、绿宝石、春羽、小天使、绿帝王、杏叶藤等。

1. 绿帝王

【学名】*Philodendron erubescens*‘Green Emerald’

【别名】绿帝王蔓绿绒、长心叶蔓绿绒等

图 10-7　绿帝王

【科属】天南星科蔓绿绒属

【形态特征】多年生常绿草本。茎干粗壮，茎粗 2 ~ 4cm，浅褐色，节间较短，间距约 1 ~ 2cm，蔓生性不强，茎长 50cm 左右，节上有气生根，叶从茎上莲座状轮生，叶片大，卵状三角形或长心形，长 30cm，宽 15cm 左右，基部心形。叶绿色，全缘，有光泽。佛焰苞花序腋生（见图 10-7）。

【品种与类型】本种的变种有：黄芋叶蔓绿绒（*Golden erubecens*），红芋叶蔓绿绒（*Josephine*），银灰叶蔓绿绒（*Silver Grey*）等。

【产地与分布】原产哥伦比亚，近年来引进大量栽培。

【生态习性】喜温暖、湿润、半阴环境。耐阴性强，但具有向光性，室内光线不均匀会导致植株偏斜，要及时转盆防止偏冠。

【繁殖】分株、扦插和组织培养法繁殖。由于绿帝王自然分蘖极少，用常规的分株繁殖可采用切顶法留下茎下部，在合适的温度和湿度下，1个月左右即可在茎节处长出5～8个丛生芽。当芽长至3～5cm高时切下插入沙床催根，生出根后即可装盆。扦插是将茎段除去部分叶片后插入沙床中，插条切口应在节下，在25～30℃温度下，保持湿度1个月左右长出新根，2个月左右长出新芽。

大规模生产种苗采用组织培养法，用茎顶、茎切段作外殖体，初代培养基和增殖培养基为MS+2mg/l 6-BA+0.2mg/l NAA，诱导生根的培养基为MS+0.5mg/l NAA。

【栽培管理】盆栽土壤采用腐叶土、田园土、泥炭土各1份加入少量河沙及基肥配制而成。夏季保证水分供应，但要注意防止积水烂根。每月施肥1～2次，冬季停止生长时，减少浇水次数，停止施肥。每年换盆换土，保证营养供应。

【园林应用】绿帝王粗生易长，外形优美，叶色碧绿，适宜作中、大型盆栽。是客厅、会议室及其他公共场所的理想装饰植物。

2. 红宝石

【学名】*Philodendron erubescens*‘Red Emerald’

【别名】大叶蔓绿绒、红翠蔓绿绒等

【科属】天南星科蔓绿绒属

【形态特征】多年生常绿藤本。茎粗壮，新梢为红色，长成后为灰绿色。节上有气生根，叶柄紫红色。叶长心形，长20～30cm，宽10～15cm，深绿色，有紫红色的光泽，全缘。嫩叶的叶鞘为玫瑰红色，很快脱落。植株一般不开花，如开花说明植株将要死亡（见图10-8）。

红宝石喜林芋

绿宝石喜林芋

图10-8　红宝石

【品种与类型】同种不同变种有：绿宝石（*Emerald Duke*），绿宝石王（*Emerald King*）等。

【产地与分布】原产南美，现广泛栽培。

【生态习性】喜高温多湿的环境，生长适温为25～32℃，湿度80%以上。越冬温度12℃。耐阴性强，可长期在荫蔽的环境下生长。

【繁殖】扦插繁殖。插条的切口应在节下，插床保证较高的温度，以利发根。大量商品性栽培采用组织培养方法繁殖。

【栽培管理】可作中、大型盆栽，一般做成图腾柱。红宝石耐阴力强，可在室内长期放置。但在明亮散射光下长得更快、更健壮。生长季节可经常浇水，每两周施一次液体肥料。施肥量过大节间变长，叶片稀而薄。每年春季换盆，盆土选择疏松肥沃、排水良好的腐殖土。

【园林应用】盆栽采用图腾柱式栽培，装饰大厅和饭店大堂显得极为壮观。

10.2.2.6 广东万年青

【学名】*Aglaonema modestum*

【别名】粗肋草、亮丝草

【科属】天南星科亮丝草属

【形态特征】植株高 40 ~ 60cm。根茎较短，节处有须根，叶基部丛生，宽倒披针形，质硬而有光泽。4 ~ 5 月开花，穗状花序顶生，花小而密集，花色白而带绿。浆果鲜红色（见图 10-9）。

图 10-9　广东万年青

【品种与类型】同属常见的观赏种有：波叶亮丝草（*A.crispum*），株高一般为 50 ~ 80cm。叶密生于茎基部，革质，长卵形，绿色，有光泽，叶表具灰白色的斑纹。叶卵圆形至卵状披针形，佛焰苞小，绿色，下部常席卷，上部放开。翠绿的页面缀以银绿色的带、点、斑、晕等花纹。花序生于茎端叶腋间，由肉穗花序和佛焰苞组成，浆果红色。

【产地与分布】原产中国西南、华南地区，印度至马来西亚也有分布。

【生态习性】性喜高温多湿环境，要求疏松肥沃、排水良好的微酸性土壤。生长温度为 25 ~ 30℃，相对湿度要求 70% ~ 90%。耐阴性强，忌强光直射。

【繁殖】通常采用扦插法、分株法，也可采用播种繁殖。

（1）扦插法。扦插极易生根。将茎秆剪成 5 ~ 8cm，每段带三个以上的茎节，也可用顶梢做插穗，插入河沙中，保持温度 25 ~ 30℃，相对湿度 80% 左右，1 个月左右即可生根。

（2）分株法。一般在 2 ~ 3 月结合换盆进行，将丛生植株分为带根的数株，另行栽植。其他季节也可以分栽。分栽后栽培三年，又可再次分株。

（3）播种法。在 3 ~ 4 月将种子播于培养土中，浇水后暂放阴处保持湿润，25 ~ 30℃约 25 天即可发芽。

【栽培管理】广东万年青喜欢阴湿环境，怕直射阳光，可常年放在庇荫处生长，短时间的曝晒叶面也会变白后黄枯。生长适温为 20 ~ 28℃，不耐寒，冬季温室内温度不低于 10℃。温度过低，易受冻害。一旦落叶就会死亡。盆栽用土一般采用腐叶土：壤土：粗沙 =3 ：1 ：1 混合，加入适量基肥。夏季高温季节每天早、晚各浇水一次，此外，还应向周围地面喷水，以提高空气湿度。春、秋两季浇水要掌握见干见湿，冬季要节制浇水，若盆土过湿，叶片易变黄并引起根部腐烂。生长期间盆土不能过干，否则水分缺乏易使叶片萎黄枯落。春、秋两季每隔 15 ~ 20 天追施一次含氮、钾较多的液肥，盛夏季节一般应停止施肥。每年春天视植株大小换盆一次。

【园林应用】广东万年青株型优雅，栽培管理方便，适用于室内盆栽，也可用于水培观赏。

10.2.2.7 花叶万年青

【学名】*Dieffenbachia maculata*

【别名】黛粉叶

【科属】天南星科花叶万年青属

【形态特征】常绿灌木状草本。茎直立，粗壮，高约 1m。叶常聚生于茎顶，长椭圆形，长 15 ~ 30cm，宽约 15cm，全缘，具长叶柄，基部约 1/2 呈鞘状。叶大而光亮，淡绿色，上有白色或淡黄色不规则斑块。叶柄上也有

图 10-10 花叶万年青

斑点（见图 10-10）。

【品种与类型】

常见栽培的种和品种有以下几种。

（1）斑叶万年青（*Dieffenbachia*× ‘Exotica’），又名喷雪黛粉叶，美斑万年青，原产哥斯达黎加，为中小型品种，株高 45 ~ 65cm，叶片边缘绿色，中央分布着白色、黄色斑块和条纹，叶腋处常长出小芽。叶柄抱茎而生。

（2）白玉黛粉叶（*Dieffenbachia*× ‘Camilla’）、星点黛粉叶（*Dieffenbachia*×*bausei*）为杂交种，白玉黛粉叶叶片边缘绿色，中央几乎为黄白色斑块占据，老叶斑块会退化。星点黛粉叶叶面黄绿色，其上散生暗绿色和白色的斑点，边缘具暗绿色的细镶边。

（3）密叶黛粉叶（*D* ‘CAMPACTA’）、油点黛粉叶（*D.seguina* ‘IRRORATA’）、蔓玉万年青（*D.maculata* ‘Superba’）均为园艺变种，密叶黛粉叶植株矮小、多分枝，呈丛生状。中央多为不规则的黄白色的斑点，并散生浓绿色的斑点和斑块，叶缘为浓绿色。油点黛粉叶叶片长椭圆形，薄肉质，叶面灰绿色，散生草绿色、不规则的斑块，叶端具有小尾尖。蔓玉黛粉叶又称超巴花叶万年青，叶紧密，质厚，绿色，密布米白色至黄色细斑块。

（4）雪肋黛粉叶（*D.hoffmannii*）、株形较小，叶片长椭圆形，叶端尖锐，叶缘略成波状，叶色浓绿，散生着明显的白色斑块，叶片中脉为白色叶柄，茎叶有白色斑纹。对比十分鲜明。

（5）花茎万年青（*D.seguina*）茎深绿色，叶革质，淡绿色，茎、叶柄上均有浅绿色条纹，侧脉下凹，叶基略向前方卷曲。

（6）革叶万年青（*D.daguensis*）又称大叶发财树，是万年青中巨大型种类，叶片较宽大，浓绿色，近革质。

【产地与分布】花叶万年青属（*Dieffenbachia*）约有 30 种原生种，栽培品种很多，中国近年来已大量引种。

花叶万年青原产于南美巴西等国，现广泛栽培。目前，美国的赫梅特国际公司、艾格艾贸易公司、奥格尔斯比植物实验室，荷兰的亨克·布拉姆公司、门·范文公司，以色列的本泽苗圃、卡梅尔公司和澳大利亚的伯班克生物技术公司等都是世界上生产花叶万年青的著名公司。这些公司从新品种选育、种苗繁育、盆花生产和贸易等方面已经形成一体化、产业化格局，在世界花叶万年青的生产中占有很大份额。

【生态习性】喜温暖、湿润和半阴环境。要求疏松、肥沃、排水良好的土壤。不耐寒，怕干旱，忌日光直射，强光下叶片变黄甚至产生大面积的灼伤，影响观赏。

【繁殖】花叶万年青可以采取分株、扦插的方法繁殖，但以扦插繁殖为主。大规模繁殖常用组织培养的方法。

分株繁殖是利用茎基部的萌蘖进行繁殖，一般在春季结合换盆进行。分株时将植株从盆内托出，将茎基部的根茎切断，涂上草木灰以防止腐烂，或稍晾半天，待切口干燥后再盆栽。浇透水，放置在阴凉通风处缓苗，10 天左右即可恢复生长。

扦插繁殖以 7 ~ 8 月高温天气扦插最好。剪取茎的顶端 7 ~ 10cm，切除部分叶片，减少水分蒸发，切口用草木灰或硫磺粉涂敷，插于沙床或用水苔包扎切口，保持较高的空气湿度，放置半阴处，日照控制在全光照的 50% ~ 60%，24 ~ 30℃下 15 ~ 25 天生根，待茎段上萌发新芽后移栽装盆。也可将老茎段截成具有 3 节的小茎段，直插土中 1/3 或横埋土中诱导生根长芽。花叶万年青的汁液有毒，操作时注意不能将汁液接触皮肤，尤其不能进入口中，以免中毒。

目前，大规模生产花叶万年青种苗常利用组织培养，采用侧芽、顶芽作为外殖体，初代诱导愈伤组织与出芽培养基为 MS+2 ~ 5mg/l 6-BA+0.2 ~ 1.0mg/l NAA，45 天左右能长出不定芽；继代培养基为 MS+1 ~ 2mg/l 6-BA+0.2mg/l NAA，增殖率为 3 ~ 5，诱导生根的培养基为 1/2MS+0.1 ~ 0.5mg/l NAA，约 20 ~ 25 天可生根，形成完整小植株。

【栽培管理】置于半阴或疏阴处，避开强烈的直射阳光，但如果光线较暗，会导致叶片褪色。由于花叶万年青不耐寒，全年栽培均要求高温，冬季温度不低于 15℃，否则会引起冻害。春、夏两季大量供水，冬季和早春掌握间干间湿的浇水原则。如果盆土完全变干，叶片上会出现褐色斑点。生长旺盛期多施氮肥，以促进生长迅速。每年春季换盆，盆土要求疏松肥沃，一般用泥炭土加河沙混合基肥作培养土。每两周施一次腐熟的饼肥水或复合肥。

【园林应用】花叶万年青叶片大，花纹变化丰富，耐阴性强，适合室内盆栽布置。

10.2.2.8 金钱树

【学名】*Zamioculcas zamiifolia*

【别名】雪铁芋

【科属】天南星科雪铁芋属

【形态特征】多年生常绿草本花卉，株高 50 ~ 80cm，地下有球茎，地上部无主茎，不定芽从块茎萌发形成泽米苏铁或蕨类植物状的大型羽状叶片，叶柄肉质，具小叶 7 ~ 10 对，小叶椭圆状，对生，卵形，先端急尖，全缘，厚革质，富光泽，像一对对排列整齐的铜钱，故名金钱树。复叶一般具有 2 ~ 3 年以上寿命，并不断被新长出的叶片更新。佛焰花苞绿色、船形，肉穗花序较短（见图 10-11）。

图 10-11 金钱树

【产地与分布】原产热带非洲的坦桑尼亚。是中国近年来从国外引进的著名室内观叶花卉。

【生态习性】金钱树喜高温、高湿环境，生长适温 22 ~ 32℃。生性强健，耐阴，耐旱，在明亮或较阴暗的地方均能良好生长。

【繁殖】可采用播种、分生、小叶扦插、组织培养等方法繁殖。

金钱树为单性花，在原产地经人工授粉可以得到种子。采种后立即播种，发芽温度 25 ~ 30℃，播后 20 天左右发芽。

栽培多年的金钱树有时在块茎上能长出一些带小球的植株，可以将其从母株上切下直接装盆种植。春季至秋季也可将块茎切成有 2 ~ 3 个潜伏芽的小块置于沙床中诱导芽的形成。大的块茎一年能产生 2 ~ 5 株新株。

金钱树的扦插繁殖可用老叶、嫩叶和叶柄。每片复叶上有 15 ~ 25 片小叶，剪取不同成熟度的小叶或双叶带总叶柄或单叶带总叶柄，用 250mg/l 吲哚乙酸或萘乙酸浸泡 24h 或蘸叶柄或叶基，插入清洁沙床中或泥炭基质中，平插或立插，保持沙床湿润，50 ~ 60 天后叶柄或总叶柄基部出现膨大，随后侧部长出粗壮的新根。出根后逐渐形成根群。当形成 5 ~ 6 条根以后，从扦插床取出栽在菇渣 + 黄泥 + 泥炭 + 河沙的基质盆中。插穗形成一定根系时根部中间逐渐膨大形成球状小块茎。少量块茎当年能出芽并长出新叶，但生长势弱，生长缓慢，次年块茎会长出粗壮的新芽。

金钱树的组织培养比天南星科的其他观叶植物难度大，繁殖系数较低。一般用带叶柄的幼叶、带芽眼的块茎作外殖体，诱导愈伤组织和丛生芽的培养基为 MS+1-3mg/l 2，4-D+2.0mg/l NAA。愈伤组织出芽及茎尖和茎段的初代培养基为 MS+2mg/l 6-BA+0.2mg/l NAA，诱导生根的培养基为 1/2MS+0.5mg/l NAA。

【栽培管理】用腐叶土、泥炭土或细沙土混合作为培养土，每年春季换盆或换土时加入基肥。在生长旺盛季节每两周施一次液体肥料。浇水掌握宁干勿湿的原则，由于叶片易沾染尘土，应经常清洗叶面，既美观又有利于生长。室温较低时减少浇水次数，同时增加光照，以利于越冬。金钱树的病虫害较少，湿度过大，通风不良时有时会产生根腐病和茎腐病，用 75% 百菌清可湿性粉剂 800 倍液可防治。

【园林应用】金钱树叶片坚挺浓绿，明亮有光泽，观赏价值高，适合庭院荫蔽处美化或盆栽观赏。中、小型盆栽用于公共场所的装饰应用。

10.2.3 凤梨科

凤梨科为多年生草本，属于单子叶植物。由于凤梨科花卉株形富于变化，花序艳丽持久，既可观花、观叶，又可观果。不仅观赏时间长，而且其观赏价值高，使得凤梨科花卉的销售量急速上升。近年来，室内栽培凤梨科花卉成为时尚，越来越多的新品种投入市场，尤其是空气凤梨，不需种植到土壤中也不需要放到水中就能吸收空气中的水分和养分正常生长，成为城市新宠。

大部分凤梨科花卉主要是作为室内观花植物。由于凤梨科拥有艳丽的花序，观赏时间长。星形、剑形、头状或垂穗状的花序比较奇特，花茎苞片和花苞片鲜艳明显，可以保持几周至几个月不褪色，从而使其商业价值大幅提高。凤梨科的叶形独特，叶片的大小、形状和色彩多种多样，有的种类叶片边缘还具有不规则的波形曲线，使叶子外观更加漂亮。叶子的颜色从深浅不一的各种绿色到粉色、紫色、褐色、暗红到近黑色，还有的叶片上具有各种颜色的斑点、斑带或条纹。还有一些品种叶片边缘具有黑色、白色和褐色的刺，由于刺形独特，排列整齐，也提高了凤梨的观赏价值。果实为凤梨科又增添了一个观赏亮点，有些种类具有球形、椭圆形的聚合果或浆果，成熟后会变成红色、黄色、蓝色、紫色和白色，有的果实还具有诱人的香味，这在一定程度上延长了观赏时间，增加了观赏的趣味性。

常见栽培的凤梨科花卉有几十种，作为节日礼品花卉和室内观花、观叶佳品，凤梨科近年来一直受到大众青睐。园艺栽培种主要有光萼荷属（*Aechmea*）、果子蔓属（*Guzimania*）、彩叶凤梨属（*Neoregelia*）、铁兰属（*Tilandsia*）、丽穗凤梨属（*Vriesea*）、姬凤梨属（*Cryptanthus*）等的一些品种。

10.2.3.1 莺歌凤梨

【学名】*Vriesea carinata*

【别名】岐花鹦哥凤梨、珊瑚花凤梨

图 10-12 莺歌凤梨

【科属】凤梨科丽穗凤梨属

【形态特征】小型附生种，株高 20cm 左右。叶丛生呈杯形，叶带状，长 20 ~ 30cm，宽 1.5 ~ 2cm，肉质，较薄，鲜绿色，有光泽。复穗状花序直立，自叶丛中抽生。花苞刀状，基部艳红，端部黄绿色或嫩黄色，花小，黄色（见图 10-12）。

【产地与分布】原产巴西，引种后在中国各地均有栽培。

【生态习性】喜高温、多湿的气候和光照充足的环境。稍耐阴，有一定的耐寒、耐旱能力，忌烈日暴晒。适宜生长在肥沃、湿润、疏松和排水良好的土壤中。生长适宜温度 20 ~ 30℃。越冬温度 10℃。

【繁殖】大多数品种都采用幼芽扦插繁殖。为促使植株多萌生蘖芽，开花后及时剪去花茎。春季当气温达到 20℃时，将高 10cm 已有 4 片叶的小芽从母株基部切下，扦插于沙床或盆内培养土中，喷水，放在背阴处，用塑料薄膜覆盖，保持较高的空气湿度，在 20 ~ 27℃经过 40 天即可生根成活。移植后经过 1 年就可长成新的植株。

【栽培管理】春季萌芽生长前进行栽植或换盆。盆土选用腐叶土、泥炭土（或园土）与河沙混合。要求土壤疏松，肥沃、排水良好。一般 2 年换 1 次盆，每年换土 1 次，并补充适量的肥料。生长期除夏季需要遮荫，避免强光直射外，其他季节都要尽量多接受阳光照射。冬季每天需要有 3 ~ 4h 以上的阳光照射，否则不能开花。光线不足，花色不鲜艳，缺少光泽，降低观赏价值。冬季最低温度一般不要低于 10℃，避免长期低温使植株受到冻害。生长期要注意浇水，经常保持盆土湿润，特别是夏季温度高，除了浇水外，还要经常向叶面喷水，提高周围空气湿度，以免干燥引起卷叶。同时要经常保持叶筒中有清洁的水，浇水要适量，既不能使盆土过湿，也不能让盆土过于干燥。冬季要减少浇水，盆土以保持略湿润为宜。除施基肥外，生长期要补施追肥，一般每月施 2 ~ 3 次稀薄的液肥，促进旺盛生长。冬季不施肥或施少量腐熟的有机肥。

【园林应用】莺歌凤梨植株低矮，小巧玲珑，花叶均艳丽美观，为家庭室内观叶植物珍品。可在客厅、居室内摆放，置于书桌、茶几、花架上观赏。

10.2.3.2 彩苞凤梨

【学名】*Vriesea poelmannii*

【别名】大剑凤梨、火炬、大鹦哥凤梨

【科属】凤梨科丽穗凤梨属

【形态特征】多年生常绿草木花卉。株高 20 ~ 30cm，叶丛呈莲座状。叶宽线性，浅绿色，长 25 ~ 30cm，宽 3 ~ 4cm，花茎长 30cm 左右，苞叶鲜红色。复穗状花序扁平，有分枝，顶端黄绿色，小花黄色。是以观花、观叶为主的室内观赏植物（见图 10-13）。

图 10-13 火炬凤梨

【品种与类型】同属的栽培品种有丽穗凤梨、金心彩苞凤梨。

【产地与分布】原产于中南美洲及西印度群岛。

【生态习性】喜温暖湿润和阳光充足环境，不耐寒，较耐阴，怕强光直射，喜肥沃、疏松、排水好的腐叶土，冬季温度不低于 12℃。喜温暖湿润及明亮的光照，生长适宜温度 20 ~ 27℃，宜栽植于疏松透气而富含腐殖质的介质。

【繁殖】常用分株繁殖。以春季换盆时进行最好，将母株托出，切下两侧的子株，分别盆栽，需遮阴和叶片喷水，盆土不宜过湿，待扎根后转入正常管理。

【栽培管理】生长期需充分浇水和叶面喷水，但盆土不宜过湿。每天需充足阳光照射，才能正常开花，中午强光，稍遮阴。每月施肥 1 次，要施于盆土及水槽内，并补充 2 ~ 3 次磷、钾肥。冬季放室内养护，停止施肥，减少浇水。

【园林应用】盆栽适合家庭、宾馆和办公楼装饰布置。

10.2.3.3 空气凤梨

【学名】*Tillandsia*

【别名】气生凤梨、空气草、铁兰花

【科属】凤梨科铁兰属

【形态特征】多年生气生或附生草本植物。植株呈莲座状、筒状、线状或辐射状，叶片有披针形、线形，直立、弯曲或先端卷曲。叶色除绿色外，还有灰白、蓝灰等色，叶片表面密布白色鳞片。穗状或复穗状花序从叶丛中央抽出，花穗有生长密集而且色彩艳丽的花苞片或绿色至银白色苞片，小花生于苞片之内，有绿、紫、红、白、黄、蓝等颜色，花瓣 3 片，花期主要集中在 8 月至翌年的 4 月。蒴果成熟后自动裂开，散出带羽状冠毛的种子，随风四处传播。

图 10-14 空气凤梨

空气凤梨品种很多，包含近 550 个品种及 90 个变种，有伏生铁兰、气花铁兰、银叶铁兰、针叶铁兰、朱利亚铁兰、贝吉铁兰、仙人掌铁兰、弯叶铁兰、松萝铁兰、章鱼铁兰、鳞茎铁兰等。有的品种群生丛的直径可达 2m，有的还不到 10cm。有些品种的叶片在阳光充足的条件下，叶色还会呈美丽的红色（见图 10-14）。

【产地与分布】空气凤梨主要分布在美洲，从美国东部维吉尼亚洲穿过阿根廷南部，品种大都来自拉丁美洲。许多种类栖息于沼泽区、热带雨林区、雾林区，还有一些生存在干旱高热的沙漠里、岩石上、树木（甚至是仙人掌）上、电线杆上、半空中的电线上、岩石上等，空气凤梨的大部分原生种都生长在干燥的环境，少数在墨西哥境内，其他的分布在南美洲，巴西，哥斯达黎加等国的山地上。在百慕大海域内的一些小岛上也有少数稀有品种分布。

【生态习性】空气凤梨耐干旱、强光，能耐 5℃的低温，适宜生长温度为 15 ~ 25℃。其根系很不发达，有些品种甚至没有根，即便有根，也只能起到固定植株的作用而不能吸收水分和养分。大部分的品种都生长在干燥的环境，小部分原产于雨林气候或林荫地区的品种则喜潮湿环境。

【繁殖】

（1）分株。空气凤梨在开花的中后期会从植株基部或叶腋处分生出子苗或子株，最初小苗依附于母株吸收养分，约 6 ~ 8 个月后渐渐成长为母株的 1/3 大小，此时可与母株分离，另行栽植。常规条件一个母株最多分蘖 1 ~ 2 个子株。

（2）播种。空气凤梨为荚果，一个荚果中有种子 60 ~ 80 粒，果实成熟时开裂，并迸出长有绒毛的种子。种子播后一周即可发芽，自然状态下长出 2 片真叶需要 3 个月，长出 3 ~ 4 片真叶需要半年，数年才能够长成成品苗。

也可以应用组织培养的方法培养空气凤梨的成品苗，将荚果消毒后播于培养基中，一周后即可发芽，1 个月长出 2 片真叶，3 个月就可长出 6 ~ 7 片真叶。

【栽培管理】空气凤梨的栽培容器可以是贝壳、石头或枯木，也可用树蕨板、藤篮等进行栽培。固定植株可以使用铁丝或绳索绑扎，也可以用万能胶、热溶胶将其粘贴在容器上，或将其绑扎后吊在空中用吊挂方式来栽培。管理时每周用喷壶喷水 2 ~ 3 次，干旱季节应每天喷水一次。喷水时以喷至叶面全湿即可，并注意叶心不要积水。如果喷水过多，可将植株倒转让多余的水分流出。一般叶片颜色较灰，白色鳞片较多和较厚硬的品种需要较强的光照；而叶片较绿，鳞片较少和较软的品种比较耐阴。在室内栽培时应放在有明亮光照处，如果光照不足会导致植株徒长瘦弱。在人工栽培环境下，可以用磷酸二氢钾与尿素加水 1000 倍喷施，每周一次，也可以将植株浸入 3000 ~ 5000 倍的肥液中 1 ~ 2h。冬季和花期可以停止施肥。常见的病害有心腐病和根腐病，多是由温度过高、通风不良引起，在温度偏高的夏季需注意通风，避免淤积过多的水分。虫害有介壳虫、蜗牛和蛞蝓，可采用人工防除。

【园林应用】空气凤梨的不同品种，外型有着很大差异。有的适合家居、办公室摆放；有的适合单位、宾馆大堂装饰；有的小巧玲珑，适合制作组合礼品。产品形态非常丰富，尤其在商场、酒店等公共场所布置成植物窗帘、植物壁画更能产生意想不到的装饰效果。

10.2.3.4 彩叶凤梨

【学名】*Neoregelia carolinae*

【别名】五彩凤梨、羞凤梨

【科属】梨科彩叶凤梨属

【形态特征】株高约 20cm，叶片平展，约 15 ~ 25 片，形成开展的莲座状叶丛，直径可达 60cm。叶片绿色，长 30cm，宽 3cm，线形。叶尖宽阔，叶边缘具密刺。开花时中心叶片变为红色，并具有淡淡的蓝色光泽。观赏期 3 ~ 4 个月。头状花序不伸出叶丛。花苞片红色，宽线形，前端圆。花小，蓝紫色（见图 10–15）。

图 10–15 彩叶凤梨

【品种与类型】同属的还有以下几种。

（1）细颈彩叶凤梨（*N.ampullacea*），植株下部呈细颈瓶状，上部叶片散开。叶片数量少，绿色、较细长，叶背有红棕色大斑点或条纹。开花时中心叶片不变色。小花白色。单株细弱，通过匍匐茎可以长成茂盛的一丛。

（2）同心彩叶凤梨（*N.concentrica*），是非常美丽的大型种。植株呈宽而平展的漏斗状，直径可达 70 ~ 90cm。叶片宽带状，深绿色，有淡紫色大斑点，叶背被灰色鳞片，花期时中心叶片变成淡紫色。花序呈现密集的头状，小花淡蓝色。

（3）迷你彩叶凤梨（*N.lilliputiana*），株型小巧，株高 7cm 左右，直径 8 ~ 9cm。具有匍匐茎，在茎端生长小植株。叶片少而短小，绿色，上有红色小斑点，边缘刺少而小。整个植株俯瞰像一朵盛开的玫瑰，精致美丽。

【产地与分布】原产巴西。

【生态习性】喜温暖，潮湿，散射光充足的环境。要求疏松透气的栽培基质。

【繁殖】采用分蘖繁殖。最好在春季和结合换盆时进行。花后老株枯萎，将侧生蘖芽分开，装盆后放置在温暖潮湿处，生根后正常管理。商品性栽培多采用组织培养法繁殖。

【栽培管理】栽培用土可以采用腐叶土加泥炭土，也可以使用苔藓、蕨根、树皮块做栽培基质。没有明显的休眠期，只要环境适合全年均可以生长。春、夏、秋三季每 1 ~ 2 周施一次稀薄的液肥，也可以进行叶面追肥。应经常保持盆土湿润，但不可积水或过湿。经常向叶面喷水和向叶筒中灌水。叶片的色彩在阳光较强时比较艳丽，散射光充足时可以长期栽培和观赏。

【园林应用】彩叶凤梨是优良的室内盆栽花卉，适于家中室内、窗边或吊盆栽植。

10.2.4 竹芋科

竹芋科为多年生草本观叶植物，全球约有 30 个属，400 种以上。具有较高观赏价值。多具地下茎，从生状根出叶，叶单生，叶脉羽状，全缘，叶柄鞘状。花小且不鲜艳，多不具观赏价值。常见种类有：孔雀竹芋、天鹅绒竹芋、苹果竹芋、双线竹芋、玫瑰竹芋、波浪竹芋、可爱竹芋等。

10.2.4.1 天鹅绒竹芋

【学名】*Calathea zebrina*

【别名】斑马竹芋、绒叶肖竹芋等

【科属】竹芋科肖竹芋属

图 10-16 天鹅绒竹芋

【形态特征】多年生常绿草本植物。株高 40 ~ 60cm，具地下茎。叶基生，根出叶，叶大型，长椭圆状披针形，叶面淡黄绿色至灰绿色，中脉两侧有长方形浓绿色斑马纹，并具天鹅绒光泽。叶背浅灰绿色，老时淡紫红色。头状花序，苞片排列紧密。6 ~ 8 月开花，蓝紫色或白色。是世界著名的喜阴观叶花卉（见图 10-16）。

【品种与类型】同属常见种类还有以下几种。

（1）银心竹芋（*C.picturata*），别名花纹竹芋，株高 10 ~ 30cm，矮丛生状，叶卵圆形，叶面墨绿色，主脉两侧及近叶缘两边，从叶基至叶端有 3 条银灰色带，似西瓜皮斑纹，叶背紫红色。

（2）玫瑰竹芋（*C.roseopicta*），叶稍厚带革质，卵圆形。叶面青绿色，叶脉两侧排列着墨绿色条纹，叶脉和沿叶缘呈黄色条纹，犹如披上金链；近叶缘处有一圈玫瑰色或银白色环形斑纹，如同一条彩虹，又称彩虹竹芋。叶背有紫红斑块，远看像是盛开的玫瑰。

【产地与分布】原产巴西，各地均有栽培。

【生态习性】喜中等强度的光照，在半阴环境下叶色油润而富有光泽。不耐寒，喜温暖、湿润的环境。生长适温 18 ~ 25℃，越冬温度不低于 13℃。

【繁殖】分株繁殖。生长旺盛的植株每 1 ~ 2 年可分株一次。春季结合换盆将植株脱盆后，用利刀沿根茎处按照每 5 片叶一株切开，分栽上盆。大规模生产采用组织培养法，用嫩茎或未展叶的叶柄作外殖体。经常规消毒后，在无菌的条件下切成 3mm 的小段，接种在 5mg/l 6-BA 和 0.02mg/l NAA 的 MS 培养基上，诱导愈伤组织和不定芽形成，在 0.5mg/l NAA 的 MS 培养基上分化不定芽，生根苗移栽在泥炭和珍珠岩各半的基质中，保持较高的湿度，成活率在 95% 以上。

【栽培管理】盆栽天鹅绒竹芋不可栽植过深，将根全部栽入土中即可，否则影响新芽生长。盆栽土壤采用疏松肥沃的腐叶土或泥炭土加 1/3 珍珠岩和少量基肥配制。生长旺盛时期，每 1 ~ 2 周施一次液体肥料。生长季节给予充足的水分和较高的空气湿度，经常向叶面及植株四周喷水增加空气湿度。经常保持土壤湿润，冬季温度低，控制浇水次数和浇水量，防止积水引起烂根。天鹅绒竹芋最忌阳光直射，短时间暴晒会出现叶片卷缩、变黄，影响生长。春、夏、秋三季应遮去 70% ~ 80% 的阳光，冬季遮去 30% ~ 50% 的光照。每年春季换盆时，可剪去部分或大部分老叶，让其重新长出新叶，提高观赏价值。

【园林应用】盆栽天鹅绒竹芋是家庭和公共场所的良好装饰植物。天鹅绒般墨绿色叶片更增添华贵气质。

10.2.4.2 孔雀竹芋

【学名】*Calathea makoyana*

【别名】蓝花蕉、马克肖竹芋等

【科属】竹芋科肖竹芋属

【形态特征】多年生常绿草本。植株密集丛生挺拔，株高 30 ~ 60cm。叶长 15 ~ 20cm，宽 5 ~ 10cm，呈卵状椭圆形，叶薄革质，叶柄紫红色。绿色叶面上隐约呈现金属光泽，明亮艳丽。沿主脉两侧分布着羽状暗绿色、长椭圆形的绒状斑块，左右交互排列，极似孔雀开屏，叶背深紫红色。叶片和叶柄连接处有一明显膨大的叶枕。晚上沿叶鞘部向上延伸至叶片呈抱茎折叠，第二天阳光照射后重新展开，十分有趣，如叶片“睡眠”一般（见图 10-17）。

【品种与类型】同属常见栽培的还有以下几种。

（1）波浪竹芋（*C.rufibara*），叶片丛生茂密，倒披针形，叶基稍歪斜，叶缘波状，叶面为富有光泽的橄榄绿色，中肋为黄绿色，侧脉为羽状波浪形，叶背为紫褐色，叶柄紫褐色，细长，具茸毛。

（2）苹果竹芋（*C.rotendifla*），又称圆叶竹芋，叶柄棕色，叶片圆形或近圆形，全缘，叶端钝圆，叶面淡绿色，沿羽状侧脉有 6–10 对银灰色条斑，叶背紫红色。是目前市场热销的种类（见图 10–18）。

图 10–17　孔雀竹芋

图 10–18　苹果竹芋

（3）银线竹芋（*C.ornata*），又名双线竹芋，为肖竹芋属的长叶种。成株丛生状，叶片长椭圆形或矩圆形，先端渐尖，叶面墨绿色，中脉两侧有白色或玫瑰色平行双线条纹沿叶脉排列，老叶逐步变为乳白色，叶背紫红色。

（4）豹纹肖竹芋（*C.leopardina*），别名翠锦竹芋，豹纹竹芋。植株低矮，常匍匐生长。叶倒卵形，色鲜艳，主脉两侧有黑绿色三角形状条纹交错排列。叶背紫铜色。幼叶叶面绿色，十分雅致。

（5）彩斑竹芋（*C.picturata*），别名花纹竹芋。叶片为椭圆形，叶面橄榄绿色，富有光泽，沿中脉两侧及叶缘处有连续性银白色条纹，叶背为暗红色。

（6）红叶竹芋（*C.roseopicta Aisan Beauty*），叶面乳白色至乳黄色，中肋及近叶基处红色，侧脉淡绿色，叶缘深绿色，叶背紫红色。为竹芋类珍品。

【产地与分布】原产热带美洲，全世界广泛栽培。

【生态习性】喜高温、高湿和半阴环境。要求疏松、肥沃排水良好富含腐殖质的微酸性土壤。生长适温 18 ~ 25℃，越冬温度 10℃以上。不宜阳光直射。

【繁殖】分株或扦插繁殖。分株于春末夏初进行，新植株至少要有 5 个叶片。根茎扦插较少使用。

【栽培管理】盆土采用加入腐熟基肥的腐叶土：泥炭土：河沙 =1 ：1 ：1 混合的培养土。生长季节每月追施一次以鳞、钾为主的液肥，直接喷洒叶面，对新芽的萌发和生长极为有利。高温高湿有利于生长。叶片如果在阳光下暴晒或高温、低湿环境下很快萎蔫。入冬后要严格控制水分。

【园林应用】美丽的叶色，奇丽的斑纹，像是栩栩如生的开屏孔雀，是当今观赏佳品。

10.2.5 蕨类

常见栽培的蕨类植物有肾蕨、铁线蕨、鸟巢蕨、凤尾蕨、鹿角蕨、波士顿蕨等。

10.2.5.1 铁线蕨

【学名】*Adiantum capillus–veneris*

【别名】铁丝草、铁线草

【科属】铁线蕨科铁线蕨属

【形态特征】为中小型陆生蕨。根状茎横走，密生棕色鳞毛。枝条柔软，叶基生，叶柄纤细，坚硬而光滑，通

图 10-19 铁线蕨

常黑紫色，像铁线。1 至数回羽状复叶，小叶近扇形，鲜绿色。孢子囊群生于叶缘（见图 10-19）。

【品种与类型】本属常见栽培的还有以下几种。

（1）鞭叶铁线蕨（*A.caudatum*），又称尾状铁线蕨，根茎直立。1 回羽状复叶，丛生；叶轴顶部通常延伸成鞭状，其上具发芽点，可长成幼小植株或端部着地生根。小叶斜长方形或刀状楔形，质薄，两面生毛，叶柄栗色，孢子囊生叶缘外背。

（2）楔状铁线蕨（*A.cuneatum*），全叶近三角形，2 ~ 3 回羽状复叶，小叶片楔形。

（3）团叶铁线蕨（*A.capillus-junonis*），叶丛生，1 回羽状复叶近膜质，叶轴顶部常延伸成鞭状，顶端着地生根，小叶片团扇形，叶柄纤细，亮栗色。

【产地与分布】广泛分布在温带到热带地区。

【生态习性】喜疏松、肥沃、排水良好的石灰质沙壤土或腐叶土。喜明亮的散射光，忌阳光直射，喜温暖又稍耐寒，生长适温 18 ~ 25℃，越冬温度 5℃。

【繁殖】分株或孢子繁殖。分株应于春季萌芽前进行，将植株脱盆，去掉大部分旧盆土，将根状茎切分，分盆栽植。播种孢子培育较长时间才能长成商品植株。选腐殖质丰富的沙质壤土，采取 6 份腐叶土加 2 份壤土和 2 份河沙混合，将孢子撒播到盆土中，播后不覆土，盖上玻璃，用浸盆法给水，置于 20 ~ 25℃温室的阴处，经常保持湿润，3 ~ 4 周后发芽。长出的原叶体移栽到新盆中，保持充足的水分，促使孢子体产生，长出真叶。

【栽培管理】生长季节可大量浇水，有时为了保持较高的空气湿度需要经常向地面洒水，也可以将盆浸入水中保证盆土湿润，水分缺乏会引起叶片萎缩。旺盛生长时期为 3 ~ 8 月，每月应施一次稀液肥。每年春季换一次盆，换盆可以结合分株进行，适宜的盆土为腐叶土、壤土、河沙等量混合，施少量钙质肥料有利于铁线蕨的生长。秋季植株休眠前要适当修剪，叶丛过密、枝叶杂乱拥挤，会导致生长衰弱、叶片发黄。

【园林应用】铁线蕨形态秀丽婀娜，枝条纤细优雅，可室内盆栽，装饰居室和公共场所，同时，铁线蕨的叶子还可做插花的配叶。

10.2.5.2 鸟巢蕨

【学名】*Neottopteris nidus*

【别名】巢蕨、山苏花

【科属】铁角蕨科巢蕨属

【形态特征】常绿大型附生蕨类，株高 1 ~ 1.2m。根状茎短而密生鳞片及大团海绵状须根，能吸收大量水分。叶辐射状丛生，中空如鸟巢。叶片阔披针形，没有裂刻，长达 1m，宽 9 ~ 15cm，革质，两面亮绿色，有光泽。叶背中脉突出、发亮，至基部逐渐变深。成熟的叶片背部沿侧脉长有狭条形的孢子囊，但鸟巢蕨的孢子囊不萌发（见图 10-20）。

图 10-20 鸟巢蕨

【品种与类型】本属常见栽培的还有：皱叶鸟巢蕨（*N.nidus* var.*plicatum*），为鸟巢蕨变种，叶片波状皱褶，较原种短。

【产地与分布】原产于热带、亚热带地区，成丛附生于热带雨林中的树干或岩石上。

【生态习性】喜温暖阴湿环境，生长适温 20 ～ 22℃，不耐寒，温度低时停止生长，越冬温度 10℃。喜肥沃、排水良好的土壤。

【繁殖】可用分株和孢子繁殖。通常将生长健壮的植株在春末结合换盆从基部切成 2 ～ 4 块，将叶片切断 1/3 ～ 1/2，使每块带有部分叶片和根茎，分别栽植。孢子繁殖和商品化生产，可在 3 月至夏季进行，孢子播种后在温室内经 70 ～ 80 天可长出孢子叶，待小苗长到规定大小时进行移栽。

【栽培管理】地栽选择阴湿的地方，采用等量的腐叶土和河沙混合，4 ～ 9 月间较湿润的季节种于墙边或石缝中。盆栽时可用蕨根、苔藓、粗沙拌和碎木屑、椰糠作培养土，或者使用泥炭土加壤土、河沙混合。也可采用吊篮栽培，用棕皮垫在容器的底部，里面放入培养土，将根状茎用苔藓包住，栽入吊篮中悬吊起来。

春季和夏季生长旺盛时期需要多浇水，并经常向叶面喷水，保持叶面光洁。浇水不能使盆中积水，否则容易烂根。每两周施一次以磷钾为主的液肥，保证叶色浓绿。鸟巢蕨不耐强光，夏、秋季应遮去 50% 的光照，冬季应遮去 20% ～ 30% 的光照，室内栽植应放在散射光较强的位置。

【园林应用】鸟巢蕨形态奇特，叶形较大，适合悬吊栽培。

10.2.5.3 肾蕨

【学名】*Nephrolepis cordifolia*

【别名】蜈蚣草、圆羊齿等

【科属】骨碎补科肾蕨属

【形态特征】常绿草本，株高 30 ～ 80cm，根茎直立，被鳞片。匍匐茎的短枝上易生出块茎。叶丛生，1 回羽状复叶，长 60cm，宽 3 ～ 5cm，鲜绿色。羽片 40 ～ 80 对，紧密相连，披针形，上侧有耳形突起，边缘有浅钝齿（见图 10–21）。

图 10–21　肾蕨

【品种与类型】目前世界各地大量栽培的有波士顿蕨（*N.exaltata* ‘Bostoniensis’），尖叶肾蕨（*N.acuminata*）等。

【产地与分布】广泛分布在热带和亚热带地区。同属常见栽培的还有：高大肾蕨（*N.exaltata*），又称剑蕨。叶长 0.6 ～ 1.5m，强壮直立。

【生态习性】喜温暖、湿润、半阴环境。生长适温 20 ～ 22℃，能耐 –2℃低温。适宜在 50% ～ 60% 的湿度下生长。

【繁殖】采用分株和孢子繁殖。分株结合春季换盆进行，适当剪除老叶。肾蕨有许多向四周横走的铁线状匍匐枝，压上土块使其固定于土表，就能长出小植株，待长到一定大小与母株分离栽植。

【栽培管理】肾蕨栽培容易，生长健壮，管理粗放。每年换盆，换盆时剪除老叶病叶进行分株。生长季节保证水分供应，并保持较高的空气湿度。盆土要求疏松透气排水良好。

【园林应用】广泛栽培，大量用于露地栽培和室内盆栽，同时肾蕨还是插花的优良配叶。

10.2.6 百合科

百合科室内观叶植物包含龙血树属，如文竹、吊兰、百合竹、一叶兰等。

龙血树属（*Dracaena*）又名虎斑木属，是指有些种类会流出血红色的龙血状树脂。全属有野生原种 50 多个，分布于非洲和亚洲的热带和亚热带地区，中国有 5 种，主产于广东、广西、云南和海南等地区，多生于石灰岩山地杂木林和山区旷地上，成片生长，形成群落。

常见观赏的主要有巴西铁（*Dracaena fragrans*）、朱蕉（*Cordylie fruticosa*）、也门铁（*Draceana arborea*）、富贵竹（*Dracaena sanderiana*）、百合竹（*Dracaena reflexa*）、星点木（*Dracaena godselliana*）等。

10.2.6.1 巴西铁

【学名】*Dracaena fragrans*

【别名】香龙血树

【科属】百合科龙血树属

图 10-22 巴西铁

【形态特征】巴西铁为常绿乔木，在热带原产地可长到16m，盆栽者一般在 50 ~ 150cm 左右。叶集生于茎顶，宽带状，长 30 ~ 90cm，宽 3 ~ 10cm，叶片绿色或有黄、白相间的斑纹，基部抱茎而无柄。圆锥花序生于茎端，有芳香，开花后顶芽不再长叶，在叶腋间产生新芽继续生长，花期秋、冬季（见图 10-22）。

【品种与类型】常见栽培品种有巴西铁（*Dracaena fragrans*）、金心巴西铁（'Massangean'）、金边巴西铁（'Lindenii'）、银边巴西铁（'Santa Rosa'）、金叶巴西铁（'Golden Leaves'）、彩纹巴西铁（'Victoriaea'）等。

【产地与分布】原产南非。荷兰每年栽培巴西铁产值达3760 万美元，居该国盆栽观叶植物总产值的第二位。目前在中国巴西铁仍然靠进口，栽培范围较广泛。

【生态习性】喜温暖、湿润和充足的阳光，耐阴、耐热力均较强。喜疏松、肥沃、排水良好的土壤。休眠温度为 13℃，越冬最低温度不低于 5℃。温度太低，叶尖和叶缘会出现黄褐色斑点或斑块。

【繁殖】扦插繁殖。在春、夏季将生长较长的茎段剪下，切成 5 ~ 10cm 的茎段，斜插于沙床或培养土中，保持高温高湿，1 个月可萌发新根长出新芽，待叶片展开即可移栽装盆。也可将 6 ~ 10cm 粗的老干按照所需长度锯成茎段，上部切口用蜡封闭，下部切口待稍干后用百菌清 500 ~ 800 倍液清洗消毒，插入沙床 10 ~ 25cm，在高温、高湿和半阴的环境下 4 ~ 5 周顶芽即会长出。新芽长至 5 ~ 10cm 时，装盆栽植。也可采用水插法繁殖。

【栽培管理】盆土用草炭和沙混合，加入有机肥作基肥，老株隔年换盆，新株每年换盆。室内栽培应放在光线明亮处，过阴易导致叶片褪色变黄。水分应供应平衡，过干叶尖易枯焦，过湿根系易腐烂。生长期间每半月施肥一次，多年生老株应每周施肥一次。冬季停止施肥，并适当控水。

【园林应用】通常采用三柱式栽培，将茎段锯成 40cm、80cm、150cm 三段，扦插成活后栽于一个盆中，高低错落，挺拔秀丽。中、小盆栽可应用于家庭室内布置，也可用于办公室以及医院、学校等公共场所的环境布置。巴西铁还是插花中应用较多的衬叶。

10.2.6.2 朱蕉

【学名】*Cordyline fruticosa*

【别名】红叶铁、铁树等

【科属】百合科朱蕉属

【形态特征】常绿灌木。高可达 3 ~ 5m，盆栽一般 40 ~ 100cm，通常呈单株生长而不分枝。叶集生于茎端，呈两列状旋转聚生，不同品种有绿色、红色、黄色或银白色斑纹，披针状矩圆形或椭圆形，长 30 ~ 50cm，中脉明显，侧脉羽状平行，基部有柄，柄基部有抱茎的叶鞘（见图 10-23）。

图 10-23 彩叶朱蕉

【品种与类型】常见栽培品种还有以下几种。

（1）矮生型品种群，如娃娃朱蕉（'Baby Doll'），密叶小朱蕉（'Rubra Compacta'），三色姬朱蕉（'Minima tricolor'）等。

（2）狭叶品种群，如扭叶朱蕉（'Inscripa'），狭叶金边朱蕉（'Bella'）等。

（3）宽叶品种群，如紫色短叶朱蕉（'Purple Compacts'），基尾朱蕉（'Kiwi'），红边朱蕉（'Red Edge'），白雨朱蕉（'White Rain'）等。

【产地与分布】原产澳大利亚、新西兰、中国、印度、马来西亚等国。

【生态习性】喜阳亦耐半阴，需要温暖、湿润环境，忌严寒与干旱，耐盐碱，耐水湿。绿叶品种耐阴力强，紫叶或红叶品种需光较多。可用沙质壤土、塘泥或花卉培养土作基质栽培。

【繁殖】播种、扦插或高压繁殖。朱蕉种子夏末秋初成熟，待浆果熟透后采收，淘洗干净晾干，点播，15 天左右出苗，幼苗高 5cm 时移栽。

朱蕉的分枝能力差，可专门培养一些高大植株作采条母株，采条时只保留母株基部 30cm 的茎秆，将上部茎秆全部剪下，截成 10cm 的小段，剪掉叶片，插入素沙中 6cm 左右，40 ~ 60 天即可生根，茎秆上的休眠芽也同时萌发，待新枝长到 5cm 左右时即可移栽。

为了快速培养大型植株，可在 5 月中旬利用分枝较多的母株进行高枝压条。自生长点向下 30 ~ 40cm 处实行环状剥皮，用湿泥炭或苔藓缠绕包成泥团，外面裹塑料薄膜，30 天即可生根，60 天剪离母体另行栽种。用这种方法繁殖的植株成形较快。

【栽培管理】生长期保持 2 ~ 3 天浇水一次，每 2 周施肥一次。每年翻盆换土，保持光照充足，注意防暑降温。盆栽用土要求疏松。

【园林应用】朱蕉的叶形、叶色富于变化，是室内较好的观叶植物。矮生小型品种更是家庭装饰的常见材料。

10.2.6.3 吊兰

【学名】*Chlorophytum comosum*

【别名】倒吊兰、土洋参、八叶兰、挂兰、纸鹤兰等

【科属】百合科吊兰属

【形态特征】多年生常绿草本。地下须根的尖端膨大呈肉质块状，但比较瘦小。地下茎极短。叶基生，狭条带形至线状披针形，长 15 ~ 30cm，宽 0.7 ~ 1.5cm。先端渐尖，中脉明显并下凹，叶肉纸质，绿色，略有光泽。自叶丛中抽生走茎，上着生花序，小花白色，四季开花，春、夏花多。先端着生幼苗，叶丛簇生带根，形如纸鹤，又名“纸鹤兰”（见图 10-24）。

图 10-24　吊兰

【品种与类型】常见栽培的园艺品种有以下几种。

（1）中斑吊兰（*C.capense* 'Mediopictum'），叶片中央为黄绿色纵条纹。栽培普遍。

（2）镶边吊兰（*C.comosum* 'Variegatum'），叶面、叶缘有白色条纹。

（3）黄斑吊兰（*C.comosum* 'Vittatum'），叶面、叶缘有黄色条纹。

【产地与分布】原产南非，各地常见栽培。

【生态习性】喜温暖、湿润的半阴环境。生长适宜温度为 15 ~ 20℃，冬季室温不低于 5℃。要求疏松肥沃、排水良好的土壤。适应性强，可以忍耐较低的空气湿度。不耐盐碱和干旱，怕水渍。

【繁殖】分株繁殖。温室内四季均可进行，常于春季结合换盆进行。将 2 ～ 3 年生的植株分成数丛，分别装盆，先放在阴处缓苗，待恢复生长后进行正常管理。也可将走茎剪截下来，直接装盆栽植。

【栽培管理】生长势较强，栽培容易。生长季节置于半阴处养护，忌阳光直射，以避免叶片焦枯。长期光照不足，不长走茎。盆土最好使用保肥力强的腐叶土，每年翻盆换土一次，以免肉质根生长过多造成盆土营养缺乏。盆土应经常保持湿润，但不能积水，经常松土为根系生长创造适合的环境条件。经常向叶面喷水，以防焦边。斑叶品种施肥不可偏施氮肥，防止叶片斑纹消失。冬季停止追肥并注意提高空气湿度。

【园林应用】中小型盆栽或吊盆栽植，株态秀雅，叶色浓绿，走茎拱垂，是优良的室内观赏花卉。也可室内水培，栽于玻璃容器中以卵石固定，即可观赏花叶的姿容，同时又可赏根。

10.2.7 其他种类的室内观叶植物

10.2.7.1 橡皮树

【学名】*Ficus elastica*

【别名】印度榕、印度橡皮树等

【科属】桑科榕属

图 10-25 橡皮树

【形态特征】橡皮树为常绿乔木，在原产地高达 30m，盆栽一般高 1 ～ 3m，有丰富的乳汁。单叶互生，叶芽似羊角，外面由砖红色至血红色的托叶包被，一片新叶展开后又显出一个锥形顶芽，枝条也随着向前延伸一节。叶厚革质，平滑而有光泽，长椭圆形或椭圆形，顶端钝尖，基部钝或圆形，全缘，侧脉平行，多而细，叶柄圆筒形，粗长。托叶单生，披针形，薄纸质，新叶全部展开后托叶逐渐脱落。

橡皮树是同株同序异花，花单性，雌花和雄花共同着生在一个肉质的花序托内壁上。小花白色，花期 10 ～ 11 月（见图 10-25）。

【品种与类型】常见栽培的变种有：花叶橡皮树（var. *variegata*），青绿叶橡皮树（var.*glauca*），金边橡皮树（var.*aureo-marginata*），黄白斑橡皮树（var.*albo-variegata*），狭叶白斑橡皮树（var.*doescheri*）等。

【产地与分布】原产印度、缅甸、斯里兰卡等地。中国热带地区各大城市均有栽培。长江流域及以北地区盆栽观赏。

【生态习性】喜疏松、肥沃的腐殖土，能耐轻盐碱和微酸。喜高温、多湿和阳光照射，具有一定的耐阴力和耐寒力。生长适温 20 ～ 25℃，越冬温度 5℃。

【繁殖】扦插和高压繁殖。扦插极易成活且生长快，一般于春末夏初结合修剪进行。选择一年生木质化的中部枝条作插穗，插穗上保留 3 个芽，剪去下面的叶片，将上面两个叶片合拢，并用塑料绳绑好，或将上面叶片剪去一半，以减少水分蒸发。为了防止切口乳汁流失过多影响成活，应及时用草木灰涂抹伤口。将处理好的插穗扦插于河沙和蛭石为基质的插床上，保持较高湿度，在 18 ～ 25℃的半阴条件下，经 2 ～ 3 周即可生根。压条采用高压法，选生长充实的二年生枝条，环剥 0.5 ～ 1cm，然后用湿锯末填入塑料薄膜包裹的枝条基部，以保持湿度，待生根后剪下栽入土中，即为独立的小苗。

【栽培管理】盆栽橡皮树用腐叶土和田园土等量混合加入基肥。生长季节最好让其充分受光，在室内低光照环境下也能够较好生长，但过阴处会引起落叶。高温、高湿的环境生长速度较快，必须保证充足的肥水供应。一般每月施 1 ~ 2 次复合肥，同时保持较高的土壤湿度。冬季减少浇水和施肥次数，以促进植株生长充实。

橡皮树如果不进行摘心修剪不易产生分枝，顶芽会一直向上生长，形成孤单而细长的茎秆，影响观赏效果。为了使植株生长匀称，保持较好的株形，在幼苗生长到 50 ~ 80cm 高度时，进行摘心，以促进侧枝萌发。侧枝长出后选 3 ~ 5 个枝条，以后每年对侧枝短截一次，2 ~ 3 年即可获得株形丰满的大型植株。

橡皮树易发生的病害主要是炭疽病和灰斑病，多发生于叶片上。及时剪除病叶，在发病初期用 50% 多菌灵或 70% 的托布津 1000 ~ 1500 倍液喷洒防治。

【园林应用】橡皮树叶肥厚而富有光泽，株型健壮，独具风格，在热带地区作风景树或行道树，北方盆栽用于装饰公共场所或家庭布置。

10.2.7.2 榕树

【学名】*Ficus retusa*

【别名】正榕、绿树等

【科属】桑科榕属

【形态特征】榕树在原产地为高大乔木，株高可达 30m，分枝能力强，冠幅很大，主干和侧枝的节间能长出大量气生根，或相互缠绕，状似盘龙，或向下垂挂，状似支柱。幼枝外皮呈灰褐色，老枝外皮黑褐色，比较光滑。单叶互生，椭圆状卵形至倒卵形，基部较圆，先端渐尖，革质，全缘。榕树为雌雄同株同序异花，小花单性，叶腋着生单个隐头花序（见图 10-26）。

图 10-26　榕树

【品种与类型】同属常见栽培的还有：山榕（*F.wightiana*），大叶榕（*F.altissima*），垂榕（*F.benjamina*），花叶垂榕（*F.benjamina* ‘Goldea Princess’），琴叶榕（*F.lyrata*）等。

【产地与分布】原产中国、日本、印度、马来西亚等地。

【生态习性】喜疏松、肥沃的酸性土，在碱土中叶片黄化。耐阴，不耐旱，较耐水湿，短时间水涝不会烂根。榕树具有一定的耐寒能力，可在 5℃安全越冬。

【繁殖】扦插繁殖或压条繁殖。雨季在露地苗床上即可进行扦插，成活率可达 95% 以上。北方可在 5 月上旬采 1 年生充实饱满的枝条在花盆、木箱中扦插，将枝条按 3 节一段剪开，保留先端 1 ~ 2 片叶片，插入素沙土中，荫蔽养护，每天喷水 1 ~ 2 次，20 天后陆续生根，45 天后起苗装盆。压条是将榕树的柔软大枝拉弯埋入土中固定住，2 个月后将其剪离母体，形成一株较大的新苗。

【栽培管理】榕树生性强健，适应性强，在粗放的栽培条件下也能正常生长。盆栽 2 ~ 3 年翻盆换土一次。浇水时掌握宁湿勿干的原则，施肥不宜过多，也不可栽入大盆，以防枝条徒长使树形无法控制。每年追施液肥 3 ~ 5 次，冬季入中温温室栽培管理。

榕树盆栽主要是制作树桩盆景。大型盆株可培养一根 1.5 ~ 2m 高的主干，通过修剪保留少量侧枝，让侧枝集中着生在主干的顶端，使气生根从树冠上垂挂下来，将粗壮的气生根盘绕在主干上，让较细的气生根自然飘散，利用侧枝分层蟠扎造型。还可制作成裸根式盆景、附石式盆景等。

榕树生长速度快，发枝能力强，树桩盆景养护时要控制它们的生长和保持原有的姿态，防止枝条徒长。为此，管理中不要年年换土，更不要施肥过多，并应随时修剪新生枝条，在不扩大冠幅的情况下，可适当增加小枝和叶片的稠密度。只有当盆内的老根部分死亡或叶片大量脱落时再脱盆换土，同时进行强修剪，促使重新萌发新枝、新叶和新根，进行彻底更新。

【园林应用】榕树大型盆栽植株可装饰厅堂，也可在小型园林中自然摆放。树桩盆景可用来布置家居，办公室以及公共场所，不需精心管理和养护，可常年观赏。

10.2.7.3　变叶木

【学名】*Codiaeum variegatum*

【别名】洒金榕、彩叶木、锦叶木等

【科属】大戟科变叶木属

图 10-27　变叶木

【形态特征】变叶木为直立分枝灌木，高可达 1m 左右。单叶互生，叶形多样，自线形至矩圆形，全缘或分裂，厚革质，有时微皱扭曲，有的呈螺旋状，有的大叶顶端又生小叶。叶色深绿色、淡绿色，有红、黄、橙、褐、紫、青铜等不同深浅的斑点、斑纹或斑块，变化较大，鲜艳夺目。花小单性，雌雄同株（见图 10-27）。

【品种与类型】变叶木各品种间叶片的长短宽窄不一，形状各异，叶色千变万化，五彩缤纷，是花卉中叶形、叶色、叶斑变化最多的观叶植物。常见园艺品种有 100 多种。根据叶形的变化，通常分为以下几种。

（1）长叶变叶木（*forma.ambiguum*），叶片长披针形，长约 20cm，经常栽培观赏的约有 30 多个品种。如绯颊变叶木（‘Evolutum’），桃色变叶木（‘Undulatum’），金鱼变叶木（‘Delictisimum’）等。

（2）复叶变叶木（*forma.appendiculatum*）叶片细长，前端仅有一条主脉，主脉先端延长，附生有汤匙形状小叶，经常栽培观赏的有 3 种。如飞燕变叶木（‘interruptum’），五彩蜂腰变叶木（‘Applanatum’），鸳鸯变叶木（‘Mulabile’）等。

（3）角叶变叶木（*forma.cornutum*），叶片细长，有规则的旋卷，叶片先端有一翘起的小角。经常栽培的有 4 个品种。百合叶变叶木、金边小螺丝变叶木、金边大螺丝变叶木、长叶斑叶变叶木等。

（4）螺旋叶变叶木（*forma.crispum*），又称皱变叶。叶片波浪起伏，呈不规则的扭曲与旋卷，惟叶先端无角状物。经常栽培的有 2 个品种。

（5）戟叶变叶木（*forma.lobatum*），又称裂变叶。叶片宽大，常具 3 裂片，似戟形。经常栽培的有 2 种。群星变叶木、裂叶银星变叶木等。

（6）阔叶变叶木（*forma.platyphyllum*），叶片卵形或倒卵形，有大、中、小型品种。经常栽培的有 30 个品种。如红宝石变叶木、黄纹变叶木、乳斑变叶木、喷金妆变叶木、五彩变叶木、黄球变叶木、鹰爪变叶木等。

（7）细叶变叶木（*forma.taenisoum*），又称细变叶。叶带状，宽仅及叶长的 1/10，经常栽培的有 15 个品种。如柳长变叶木、柳叶变叶木、条纹变叶木、夜阑变叶木、虎尾变叶木等。

【产地与分布】原产马来西亚和太平洋诸岛，现广泛栽培于世界各地。

【生态习性】喜高温、高湿环境，不耐寒，不耐旱，越冬温度 12℃。需要适当光照，对土壤要求不严，以稍带黏质、排水良好的壤土为好。

【繁殖】用扦插和高压繁殖。大叶系的多用高压法，小叶系的用扦插法。扦插繁殖只要温度适宜全年均可进行。剪取 1 ~ 2 年生木质化或半木质化的枝条 8 ~ 10cm，去掉下部叶片，用温水洗去切口的乳汁，稍晾干后插于粗沙或蛭石的插床上，用塑料薄膜遮盖，并经常喷水，一般 25℃左右 2 ~ 3 周可以生根，新叶长出后即可装盆。变叶木汁液有毒，在操作时要注意不能让汁液溅到眼中或口中。手上沾染需要立即清洗。

【栽培管理】盆栽变叶木对土壤要求不严格，一般田园土掺沙即可。5 ~ 10 月间生长旺盛，应给予充足的水分供应，每天向叶面及周围地面喷水，以提高空气湿度保持叶面光洁。生长期每月施 2 次腐熟液肥，施肥时掌握氮肥不可过多，否则叶片变绿，彩斑消失。秋末及冬季逐渐减少浇水量，并且少施肥或不施肥，以增强抵抗力。除夏季需要遮光外，其他时间要保证变叶木处于较强散射光处，以使叶片彩斑美丽，色彩持久。冬季注意保温，以免受冻叶片脱落。

【园林应用】变叶木奇异的叶形，艳丽的叶色，油画般斑斓的斑纹，是一种珍贵的热带观叶植物。置于客厅，布置门廊更能显示环境的优雅和高贵。

10.2.7.4 马拉巴栗

【学名】*Pachira macrocarpa*

【别名】发财树、瓜栗、美国花生、大果木棉等

【科属】木棉科瓜栗属

【形态特征】常绿小乔木。株高可达 5 ~ 6m。掌状复叶互生，具 5 ~ 7 枚小叶。叶柄长 11 ~ 15cm，小叶 5 ~ 11cm，长椭圆形，全缘，两侧小叶较小，顶端渐尖，中间小叶较长，小叶无柄。花单生于枝顶叶腋，种子多数（见图 10-28）。

图 10-28　发财树

【产地与分布】原产中美洲墨西哥、哥斯达黎加等地。中国台湾地区引种较多，现广泛栽培。同属常见栽培的还有：花叶马拉巴栗（var.*Variegata*）。

【生态习性】适应各种光线条件。喜温暖气候，生长适温 15 ~ 30℃，越冬温度 5℃。耐阴性中等，耐旱。

【繁殖】马拉巴栗种子发芽快，宜随采随播，种子成熟要及时采收。遇阴雨天种子采收不及时，种子落地后会迅速发芽或霉烂。种子采收后如果在阳光下暴晒，发芽率会大大降低。有的种子阴干后发芽率也没有保证。种子购回后应及时播种，播前可用 40℃的温水浸种 6 ~ 8h，播种时种脐朝下，便于胚根扎入土壤。播后覆土深度为种子直径的 2 倍。播后浇足水，5 天后开始出苗。马拉巴栗为多胚种子，一粒种子可以出苗 1 ~ 3 株，一般 3 株中只有 2 株是壮苗，其余都很弱。出苗 1 个月左右应将壮苗移出栽植。以后每半月施一次薄肥，并适当注意增加磷、钾肥的量促使茎秆粗壮。1 年生的苗在水、热、肥都满足的情况下可以长到 1m 多，地径粗 3cm 左右，即可进行编辫造型装盆观赏。栽植的小苗放在阴棚下，不要光线太暗，否则会使植株长得又高又细，影响植株提前达到编辫的高度，亦影响成型的时间。编辫时一般将马拉巴栗剪去枝叶、砍掉根部，泡在水中变软后，3 ~ 5 株或 5 ~ 7 株编成辫子合栽，形成商品盆株。马拉巴栗也可以采用扦插育苗，但扦插苗的茎基不能膨大，观赏价值不高。

【栽培管理】马拉巴栗以排水良好富含腐殖质的砂壤土栽植。可用田园土、腐叶土、河沙混合而成培养土。对光照要求不严，无论在强光和弱光的室内都能很好地适应。但全日照能使叶节短，株型紧凑，丰满，特别是对主

要的观赏部位即膨大的干基有增粗的作用。光线不足，培养的树体增长较慢。无论在什么地方养护，放置的时间较久不要突然改变位置，以免影响生长，如突然将植株从阴处转移到强光下，会使叶片灼伤，焦边，影响美观。夏季高温、高湿，是发财树生长的旺盛时期，应加强肥水管理。

发财树的日常管理应经常保持湿润，切忌不可太湿，以免发生烂根。在室内放置的每 3 ~ 5 天浇 1 次水，春秋季节 5 ~ 8 天浇 1 次水，冬天应节制浇水，保持盆土微湿润即可。

发财树除栽植时施一定量的基肥外，2 ~ 3 月追施一次有机肥对生长有利。平时多施磷钾肥，以促进基部肥大，提高观赏价值。生长旺盛季节要少施氮肥，以防植株徒长。

发财树抗性较强。夏季潮热，应注意防治介壳虫和蔗扁蛾的危害。如发现枝枯、上部茎秆变软，应重剪发病枝茎，防止病菌随组织液下渗，同时灼烧剪口，防病菌感染。

【园林应用】发财树树形优美，叶色亮绿，可编制成多种造型，还可制作成风格独特的各种盆景，是室内观赏应用的常见植物类型。

10.2.7.5 肉桂

【学名】*Cinnamomum kotoense*

【别名】平安树

【科属】樟科樟属

图 10-29 肉桂

【形态特征】常绿小乔木。株高可达 3m。小枝四棱形，密被灰色绒毛，后渐脱落。叶互生或近对生，浓绿色富光泽，先端尖，厚革质，长椭圆形，叶片大，长 8 ~ 20cm，三主脉近于平行，在表面凹下。圆锥花序着生于新梢叶腋，花小，黄绿色，花被 6 枚。核果浆果状，球形，紫黑色，有盘状果托（见图 10-29）。

【品种与类型】同属常见栽培的种类有以下几种。

（1）土肉桂（*C.osmophloeum*），原产中国台湾地区。

（2）锡金肉桂（*C.zeylauicum*），原产斯里兰卡。

【产地与分布】原产中国福建、广东、广西及云南等地。

【生态习性】喜光，稍耐阴。怕霜冻，越冬温度 10℃。喜湿润肥沃的酸性土。生长较缓慢。

【繁殖】可用种子育苗，也可扦插、压条繁殖。种子随采随播或将洗净的种子用湿沙储藏 20 ~ 30 天后再进行播种。扦插可于春天剪取 15cm 长，0.4 ~ 1cm 粗的插条，保留上部 1 ~ 2 片叶子，插入河沙或蛭石做的沙床中，采取间歇喷雾方法，经常保持湿润并给予遮阴，约 50 天可以生根。为了培育大苗，可以对植株基部的粗壮萌条进行环状剥皮，实行低压，待生根后分离栽植。

【栽培管理】盆栽肉桂，选用疏松肥沃、排水良好、富含腐殖质的酸性土。土壤板结、粘重或酸度不够，会造成植株叶片黄化、生长不良。若盆内积水，易招致根腐病的发生。肉桂要求空气湿度较大的环境，一般相对湿度应大于 80%，方可生长旺盛。为此在夏季或干燥的秋季，甚至冬季放于室内，都应经常给叶面喷水，为其创造一个比较湿润的空间环境。肉桂需要一定的光照，但也比较耐阴，随着树龄的增加需光量加大。幼时耐阴，3 ~ 5 年生植株在荫蔽的条件下生长较快，6 ~ 10 年生植株，则要求有较充足的阳光。盆栽植株进入夏季后，不可给予全光照，将其放在阴棚下或遮去 50% 的光照生长较好。肉桂比较喜肥，生长季节，每月追施 1 次复合速效肥，入秋后追施 1 ~ 2 次。

肉桂叶片易感染褐斑病，通常 4 ~ 5 月发生于新叶上，特别是有破损的叶片，开始在叶片上出现椭圆形黄褐色的病斑，以后逐渐扩大，叶片病斑范围内出现很多灰黑色小星点，叶背病斑部位呈现紫色，以致全叶片黄化而枯萎。可用 1% 的波尔多液进行防治，也可于发病初期摘去病叶，及时喷撒 50% 多菌灵可湿性粉剂 500 倍液。

【园林应用】肉桂叶片中富含桂皮油，它散发出的香味可以驱散室内污浊气体，净化空气。同时，肉桂树形优美，枝叶婆娑，叶色油亮光洁，适合室内观赏。

10.2.7.6 福禄桐

【学名】*Polyscias guilfoylei*

【别名】南洋森、南洋参

【科属】五加科福禄桐属

【形态特征】常绿性灌木。原产太平洋诸岛。株高 1 ~ 3m，侧枝细长，分枝皮孔显著。叶互生，奇数羽状复叶，小叶 3 ~ 4 对，对生，椭圆形或长椭圆形，锯齿缘，叶绿常有白斑，散形花序，花小形，淡白绿色（见图 10–30）。

图 10–30 福禄桐

【品种与类型】同属常见栽培的还有以下几种。

（1）圆叶南洋森（*P.balfouriana*），羽状复叶，小叶近圆形，基部心形。有许多品种，有皱叶、各式花叶等。

（2）蕨叶南洋森（*P.filicifolia*），奇数羽状复叶，小叶窄而尖，细长似蕨类植物的叶片，薄革质。

（3）羽叶南洋森（*P.Polyscias guilfoylei* var.*plumata*），叶为不整齐的 2 ~ 3 回羽状复叶，小叶狭长披针形，侧枝多下垂，树冠呈伞状，颇美观。

【产地与分布】原产于太平洋诸岛。

【生态习性】性喜高温环境，不甚耐寒；要求有明亮的光照，但也较耐阴，忌阳光暴晒；喜湿润，也较耐干旱，但忌水湿。

【繁殖】扦插繁殖，春、秋两季均可进行，但以春插效果更佳。可于 3 ~ 4 月间，剪取 10 ~ 15cm 枝条，只保留端部的 2 ~ 3 片叶，下切口最好位于节下 0.2cm 处，用 500mg/kg 的吲哚丁酸或 1 号 ABT 生根粉药液浸泡 10s，将其插入沙床或蛭石中。少量扦插时用广口花盆盛装蛭石即可做插床，浇透水后蒙罩塑料薄膜保湿，维持 25 ~ 30℃的生根适温，遮光 40% ~ 50%，20 ~ 30 天即可生根。插穗萌发新芽后再行移栽装盆。

高空压条可于 5 ~ 6 月间进行，选择生长健壮的茎秆，在距顶端 20 ~ 25cm 处进行环状剥皮，剥皮宽度约为茎秆直径的 2 ~ 3 倍，用泥炭土或湿锯末包裹好环状剥皮处，捏成土团，外用塑料薄膜包裹严实，上端留好接水口。如茎秆较细，支撑不住土团，可插一根竹竿作支撑，将土团绑靠于竹竿上，并始终保持土团湿润，2 个月后即可生根。地栽丛生植株还可进行低压繁殖。

【栽培管理】福禄桐的生长适温为 15 ~ 30℃，冬季若室温能维持 20℃以上，茎叶仍继续生长；若温度不高，则植株停止生长，进入半休眠状态。生长过程中需要明亮的光照，光照不足易造成茎叶徒长、叶色暗淡、斑纹隐褪，但同时又忌强光暴晒，特别是初夏久雨初晴后，要防止叶片灼伤。

盆栽福禄桐喜欢较湿润的土壤和空气环境。生长期要有充足的水分供应，盆土表面变干后再浇水，土壤略干一点也无妨，但不能浇水过多，避免造成积水烂根。秋末冬初，当气温降至 15℃以下时，要控制浇水。冬季则应减少浇水量，或以喷水代浇水，盆土保持微润稍干，但喷洒叶面时，要注意使水温与室温基本一致。栽培福禄桐可用腐叶土4份、园土4份、沙2份和少量沤制过的饼肥末或骨粉混合配制。生长季节可结合施肥，每月给盆株松土一次，使盆土长期保持通透良好，避免因盆土板结而造成烂根。露地或阴棚下的植株，在梅雨季节或遇连绵阴雨的天气，应加强检查，发现盆内有积水，要及时倒去并翻盆换土，以免落叶或烂根。一般情况下，每两年于春季换土一次。生长旺盛的4～6月，可每月浇施一次稀薄的饼肥液，也可用沤制过的低浓度家禽肥液，但有机肥不能粘附于叶面上。家庭盆栽可浇施0.2%尿素与0.1%磷酸二氢钾的混合液，也可在盆土表面撒施或埋施少量多元缓释复合肥颗粒。中秋后停施氮肥，追施1～2次磷钾肥，增加植株的抗寒性，使其顺利越冬。入冬后，植株已停止生长，要停肥，以免伤根。

【园林应用】福禄桐茎秆挺拔，叶片鲜亮多变，是近年较为流行的观叶植物，可用不同规格的植株装饰客厅、卧室、书房、阳台等处，既时尚典雅，又自然清新。

10.2.7.7 椒草

【学名】*Peperomia tetraphylla*

【别名】豆瓣绿、翡翠椒草、青叶碧玉、豆瓣如意等

【科属】胡椒科草胡椒属

【形态特征】多年生草本。株高15～20cm。无主茎。叶簇生，茎肉质较肥厚，倒卵形，灰绿色杂以深绿色脉纹。穗状花序，灰白色（见图10-31）。

图10-31 椒草

【品种与类型】同属常见栽培种类有以下几种。

（1）西瓜皮椒草（*Peperomia sandersii*）又称西瓜皮。原产巴西。为根出叶，株高20～30cm。叶近基生，倒卵形；叶长3～4cm、宽2～4cm；厚而有光泽、半革质；叶面绿色，叶背红色，在绿色叶面的主脉间有鲜明的银白色斑带，状似西瓜皮的斑纹，故名西瓜皮椒草。花细小，白色。

（2）皱叶椒草（*Peperomia caperata*），原产巴西。簇生型植株，茎短，叶圆心形丛生于短茎顶。叶柄长10～15cm，株高约20cm。叶面浓绿有光泽，叶背灰绿。主脉及第一侧脉向下凹陷，使叶面折皱不平。花穗草绿色，花梗红褐色，花梗长15～29cm，使花穗突出植株外，花、叶均具观赏性。

（3）琴叶椒草（*Peperomia clusiaefolia*），原产西印度。直立性株型，高20～30cm。生长缓慢。叶长倒卵形，厚肉质硬挺，全缘或不规则浅裂。叶色浓绿有光泽，叶缘镶红边。

（4）撒金椒草（*Peperomia obtusifolia* 'Green Gold'），类似圆叶椒草，仅叶色不同。其叶色浓绿，但散布大小不等、不规则浅绿至乳黄色斑块；或黄绿为主的叶片上散布浓绿的斑块或斑点。

【产地与分布】原产西印度群岛、巴拿马、南美洲北部。

【生态习性】喜温暖湿润的半阴环境。生长适温25℃左右，最低不可低于10℃，不耐高温，要求较高的空气湿度，忌阳光直射；喜疏松肥沃，排水良好的湿润土壤。

【繁殖】多用扦插和分株法繁殖。扦插时在4～5月选健壮的顶端枝条，长约5cm作为插穗，上部保留1～2枚叶片，待切口晾干后，插入湿润的沙床中。也可叶插，用刀切取带叶柄的叶片，稍晾干后斜插于沙床上，10～15天生根。在有控温设备的温室中，全年都可进行。分株主要用于彩叶品种的繁殖。

【栽培管理】栽培用土可用腐叶土、泥炭土加部分珍珠岩或沙配成，并适量加入基肥。生长期每半月施1次追肥，浇水用已放水池中1～2天的水为好，冬季节制浇水。温度变化直接影响叶片的颜色，彩叶类冬季适温18～20℃；绿叶种为15℃左右。炎夏怕热，可放阴棚下喷水降温，但应注意，过热过湿都会引起茎叶变黑腐烂。

冬季置光线充足处，夏季避免阳光直晒。每 2 ~ 3 年换盆 1 次。

本种病虫害较少，土壤过湿常发生叶斑病和茎腐病，偶有介壳虫和蛞蝓危害，要及时防治。

【园林应用】小型盆栽。常用白色塑料盆、白瓷盆栽培，置于茶几、装饰柜、博古架、办公桌上，十分美丽。或任枝条蔓延垂下，悬吊于室内窗前或浴室处，也极清新悦目。

10.2.7.8 虎尾兰

【学名】*Sansevieria trifasciata*

【别名】虎皮兰、千罗兰、虎尾掌、锦兰

【科属】龙舌兰科虎尾兰属

【形态特征】多年生草本植物，有横走根状茎。叶基生，常 1 ~ 2 枚，也有 3 ~ 6 枚成簇的，直立，硬革质，扁平，长条状披针形，长 30 ~ 70cm，宽 3 ~ 5cm，有白绿色与绿色相间的横带斑纹，边缘绿色，向下部渐狭成长短不等的、有槽的柄。花葶高 30 ~ 80cm，基部有淡褐色的膜质鞘；花淡绿色或白色，花期 11 ~ 12 月（见图 10-32）。

图 10-32 金边虎尾兰

【品种与类型】同属常见栽培种类还有以下几种。

（1）金边虎尾兰（*S.trifasciata* var.*Laurentii*），叶缘具有黄色带状细条纹，中部浅绿色，有暗绿色横向条纹。比虎尾兰有更高的观赏价值。

（2）柱叶虎尾兰（*S.Canaliculata*），叶圆柱形并有纵槽。

（3）短叶虎尾兰（*Sansevieria trifasciata* var.*harnii*）为虎尾兰的栽培品种。植株低矮，株高不超过 20cm。叶片由中央向外回旋而生，彼此重叠，形成鸟巢状。叶片短而宽，长卵形，叶端渐尖，具有明显的短尾尖，叶长 10 ~ 15cm，宽 12 ~ 20cm，叶色浓绿，叶缘两侧均有较宽的黄色带，叶面有不规则的银灰色条斑。叶片簇生，繁茂。

【产地与分布】原产于非洲西部和南部。

【生态习性】性喜温暖向阳环境。耐半阴，怕阳光暴晒。耐干旱，忌积水。对土壤要求不严，黏重土亦能生长，以排水良好的沙质土壤为宜。

【繁殖】虎皮兰的繁殖可用分株和扦插两种方法。分株适合所有品种的虎皮兰，一般结合春季换盆进行，方法是将生长过密的叶丛切割成若干丛，每丛除带叶片外，还要有一段根状茎和吸芽，分别装盆栽种即可。

扦插仅适合叶片没有金黄色镶边或银脉的品种，否则会使叶片上的黄、白色斑纹消失，成为普通品种的虎皮兰。选取健壮而充实的叶片，剪成 5 ~ 6cm 长，插于沙土或蛭石中，露出土面一半，保持稍有潮气，一个月左右可生根。

需要注意的是金边及斑叶品种利用叶插繁殖出的小苗均为绿色苗，金边及斑叶消失，降低了观赏价值。

【栽培管理】虎尾兰生长健壮，即使布满了盆也不抑制其生长。适宜生长温度为 18 ~ 27℃，低于 13℃即停止生长。越冬温度为 10℃，过低或长时间处于 10℃以下植株基部会发生腐烂，造成整株死亡。管理时浇水要适中，不可过湿。春季根颈处萌发新植株时要适当多浇水，保持盆土湿润；夏季高温季节也应经常保持盆土湿润；秋末后应控制浇水量，盆土保持相对干燥，以增强抗寒力。虎尾兰为沙漠植物，能耐恶劣环境和久旱条件。浇水太勤，叶片变白，斑纹色泽也变淡。浇水要避免浇入叶簇内。用塑料盆或其他排水性差的装饰性花盆栽培时，要切忌积水，以免造成腐烂而使叶片折倒。虎尾兰在光线充足的条件下生长良好，除盛夏须避免烈日直射外，其他季节均应多接受阳光；若放置在室内光线太暗处时间过长，叶子会发暗而缺乏生机。如长期摆放于室内，不宜突然直接

移至阳光下，应先移在光线较好处，让其有个适应过程后再见阳光，以免叶片被灼伤。平时用清水擦洗叶面灰尘，保持叶片清洁光亮。生长季每月施 1 ~ 2 次稀薄液肥，以保证叶片苍翠肥厚。一般两年换一次盆，于春季进行，可在换盆时使用堆肥土。

【园林应用】室内盆栽。

10.2.7.9 网纹草

【学名】*Fittonia verschaffeltii*

【别名】费道花、银网草

【科属】爵床科网纹草属

【形态特征】网纹草植株低矮，呈匍匐状蔓生，高约 5 ~ 20cm。叶十字对生，卵形或椭圆形，茎枝、叶柄、花梗均密被茸毛，其特色为叶面密布红色或白色网脉（见图 10-33）。

大火焰网纹草

紫安妮网纹草

图 10-33 网纹草

【品种与类型】同属常见栽培种类有以下几种。

（1）紫安妮网纹草（*Fittonia*‘violet anne’）为矮生多年生草本，呈匍匐状蔓生，叶十字对生，叶片比较宽大，椭圆形，平展而开，叶面深绿色，较强的光泽度，白色网脉羽状密集分布，十分清晰。

（2）白雪安妮网纹草（*Fittonia*‘white anne’）为矮生多年生草本，呈匍匐状蔓生，叶十字对生，叶片卵形或椭圆形，平展而开，叶缘波状褶皱，叶面绿色不明显，白色网脉，密布叶片，叶片呈雪白色。

（3）大火焰网纹草（*Fittonia*‘Flaming Fire’），叶片较小，卵形或椭圆形，叶缘褶皱，叶片平展，叶面深绿色，叶脉砖红色，羽状分布，十分清晰。

【产地与分布】多年生草本植物，原产于秘鲁。

【生态习性】性喜高温高湿及半阴环境，越冬后颜色会更红更深，忌干旱，生长适温为 20 ~ 28℃，越冬不得低于 12℃，畏冷怕旱忌干燥，也怕渍水。

【繁殖】网纹草在适宜温度条件下，全年可以扦插繁殖，以 5 ~ 9 月温度稍高时扦插效果最好。从长出盆面的匍匐茎上剪取插条，长 10cm 左右，一般需有 3 ~ 4 个茎节，去除下部叶片，稍晾干后插入沙床。如插壤温度在 24 ~ 30℃时，插后 7 ~ 14 天可生根。若温度过低，插条生根较困难。一般在插后 1 个月可移栽上盆。

组培繁殖常以叶片和茎尖作外殖体。消毒灭菌后叶片切成 8 ~ 10mm 长，接种到 MS 培养基加 6- 苄氨基腺嘌呤 2mg/l、萘乙酸 2mg/l 和 2，4-D1mg/l 培养基上，30 天后叶片弯曲，再过 20 天长出丛生芽。将从生芽切割后移入 1/2MS 培养基加萘乙酸 0.1mg/l 培养基上，约 1 ~ 2 周长出不定根，形成完整植株。

对茎叶生长比较密集的植株，有不少匍匐茎节上已长出不定根，只要匍匐茎在 10cm 以上带根剪下，都可直接盆栽，在半阴处恢复 1 ~ 2 周后转入正常养护。

【栽培管理】以富含有机质、通气保水的沙质壤土装盆，也可用泥炭种植，有助于根部经常保持湿润。网纹草喜中等强度的光照，忌阳光直射，但耐阴性也较强，在室内最好摆放在明亮的窗边。浇水时必须小心。如果让盆土完全干掉，叶就会卷起来以及脱落；如果太湿，茎又容易腐烂。而网纹草的根系又较浅，所以等到表土干时就要再进行浇水，而且浇水的量要稍加控制，最好能让培养土稍微湿润即可。网纹草喜温暖，生长适温为18 ~ 25℃，网纹草耐寒力差，气温低于12℃叶片就会受冷害，8℃植株就可能死亡。

当苗具3 ~ 4对叶片时摘心1次，促使多分枝，控制植株高度，达到枝繁叶茂。生长期每半月施肥1次。由于枝叶密生，施肥时注意肥液勿接触叶面，以免造成肥害。生长期使用0.05% ~ 0.1%硫酸锰溶液喷洒叶片1 ~ 2次，网纹草叶片更加翠绿皎洁。一般网纹草栽培第二年要修剪匍匐茎，促使萌发新叶再度观赏。第三年应重新扦插更新，否则老株茎节密集，生长势减弱，观赏性欠佳。

【园林应用】网纹草为小型盆栽植物。由于叶脉清晰，叶色淡雅，纹理匀称，深受人们喜爱，是目前在欧美十分流行的盆栽小品种。在窗台，阳台和居室中观赏应用。

10.2.8 其他室内观叶植物

其他室内观叶植物种类如表10-1所示。

表10-1 其他室内观叶植物种类

中名	学名	科属	繁殖方法	特性与观赏用途
一叶兰	*Aspidistra elatior*	百合科，蜘蛛抱蛋属	分株	草本，室内盆栽或庭阴下散植
白蝶合果芋	*Syngonium podophyllum cv.white butterfly*	天南星科，合果芋属	扦插、分株	草本，室内观赏
酒瓶兰	*Nolina recurvata*	百合科，诺林属	种子	木本，盆栽
金脉单药花	*Aphelandra squarrosa*	爵床科，单药花属	扦插	灌木状草本，观叶、观花盆栽
旱伞草	*Cyperus alternifolius*	莎草科，莎草属	种子、分株、扦插	草本，盆栽、制作盆景或切叶
吊竹梅	*Zebrina pendula*	鸭跖草科，吊竹梅属	分株、扦插	蔓性匍匐草本，盆栽或吊挂
鹅掌柴	*Schefflera octophylla*	五加科，鹅掌柴属	种子、扦插	灌木或小乔木，盆栽
南洋杉	*Araucaria cunninghamii*	南洋杉科，南洋杉属	种子、扦插	大乔木，小株盆栽，室内观赏
花叶芋	*Caladium bicolori*	天南星科，花叶芋属	分块茎、分割块茎	草本，室内盆栽
水晶花烛	*Anthurium crystallinum*	天南星科，花烛属	分株	草本，室内盆栽
文竹	*Asparagus plumosus*	百合科，天门冬属	播种、分株	室内盆栽
紫鹅绒	*Gynara aurantiaca*	菊科，三七草属	扦插	室内盆栽
露兜树	*Pandanus sanderii*	露兜树科，露兜树属	分株	室内盆栽
孔雀木	*Dizygotheca elegantissima*	五加科，孔雀木属	扦插	常绿灌木或小乔木，室内盆栽
天门冬	*Asparagua densiflorus*	百合科，天门冬属	种子、分株	草本蔓性，盆栽或吊挂
紫背万年青	*Rhoeo discolor*	鸭跖草科，紫背万年青属	种子、扦插	草本，室内盆栽
球兰	*Hoya carnosa*	萝藦科，球兰属	扦插	蔓生草本，吊挂式栽培
冷水花	*Pilea cadierei*	荨麻科，冷水花属	扦插、分株	草本，室内盆栽
红背桂	*Excoecaria cochinchinensis*	大戟科，土沉香属	扦插	木本，室内盆栽
猪笼草	*Nepenthes mirabilis*	猪笼草科，猪笼草属	扦插、高压	草本，盆栽或吊挂栽培
白粉藤	*Cissus rhombifolia*	葡萄科，白粉藤属	扦插	草本，盆栽或吊挂栽培
三角花	*Bougainvillea spectabilis*	紫茉莉科，三角花属	扦插	木本，盆栽或制作盆景
苏铁	*Cycas revoluta*	苏铁科，苏铁属	种子、分吸芽	常绿木本，室内大型盆栽，切叶

思 考 题

1. 室内花卉的概念是什么？
2. 室内花卉的主要类别有哪些？
3. 室内观叶植物的应用特点是什么？
4. 举出常见的室内观叶植物种类10种，说出他们的生态习性，举出其应用形式。

本 章 参 考 文 献

[1] 中国农业百科全书编委会. 中国农业百科全书 观赏园艺卷[M]. 北京：中国农业出版社，1996.

[2] 陈俊愉，程绪珂. 中国花经[M]. 上海：上海文化出版社，1990.

[3] 北京林业大学园林教研室. 花卉学[M]. 北京：中国林业出版社，1990.

[4] 刘燕. 园林花卉学[M]. 北京：中国林业出版社，2003.

[5] 郭维明，毛龙生. 观赏园艺概论[M]. 北京：中国农业出版社，2001.

[6] 金波. 室内观叶植物[M]. 北京：中国农业出版社，1998.

[7] 池凌靖，李立. 常绿木本观叶植物[M]. 北京：中国林业出版社，2004.

[8] 潘远智. 一品红[M]. 北京：中国林业出版社，2004.

[9] 曾宋君，余志满，柯萧霞. 常见观叶花卉——天南星科植物[M]. 北京：中国林业出版社，2004.

[10] 王意成. 观叶植物[M]. 南京：江苏科学技术出版社，1999.

[11] 北京市花卉研究所. 室内观叶植物—新引进的国外观叶植物[M]. 北京：中国经济出版社，1989.

本章相关资源链接网站

1. 中国园林网 http://design.yuanlin.com
2. 中国数字植物标本馆 http://v2.cvh.org.cn
3. 园艺花卉网 http://www.yyhh.com

第11章　兰　科　花　卉

11.1　概述

11.1.1　概念及基本类型

11.1.1.1　概念

兰花是指兰科植物中有观赏价值的种类。全世界兰科植物约有700属，近2万种以及大量的变种、杂交种、品种等、主要分布于南美洲、亚洲、非洲的热带地区。中国大约有173属、1200种和大量的变种、杂交种、品种，主要产于云南、四川、台湾、海南、广西、广东等省（自治区、直辖市），其次是贵州、湖南、福建、江西、浙江、湖北、安徽、江苏省（自治区、直辖市），以及甘肃省、陕西省、河南省的南部亚热带地区。河南省的野生兰科花卉主要分布于大别山区及伏牛山区。

在中国，栽培兰花一般分为国兰和洋兰两大类。国兰多指地生兰，如春兰、蕙兰、墨兰、建兰、寒兰等。国兰叶姿秀雅，花香幽香清远，但花小、花少，花色淡雅而不鲜艳。洋兰多指原产于热带的附生兰，又称热带兰，有气生根，它们花大，花多，花色鲜艳，色彩丰富，有些种类的花也有芳香气味但不同于国兰的清香。目前栽培较多的洋兰是蝴蝶兰、大花蕙兰、石斛兰、卡特兰、文心兰、万带兰、兜兰等。

11.1.1.2　基本类型

1. 按生态习性分类

（1）地生兰类（terrestrial）。

地生兰类根生于土壤中，通常有块茎或根茎，部分有假鳞茎。原产于温带、亚热带及热带高山地区。属于这一类的兰花种、属较多。如兰属、兜兰属、杓兰属、虾脊兰属、鹤顶兰属、血叶兰属等。

（2）附生及石生兰类（epiphytic and lithophytic）。

附生及石生兰类附生于湿润的林中树干上或潮湿的岩石上。热带兰多属于附生兰类，它们通常有假鳞茎和气生根。假鳞茎能储存水分和养料，适应短期的干旱季节。气生根能从潮湿的空气中吸收水分和养分。这一类兰花产于热带或亚热带，常见栽培的属有石斛兰属、万代兰属、蝴蝶兰属、卡特兰属等。

（3）腐生兰类（saprophytic）。

腐生兰类不含叶绿素，营腐生生活，地下常有肉质块状或较粗的根茎，无绿叶。属于此类的有天麻属、双唇兰属、山珊瑚属等。

2. 按系统进化分类

植物分类学家依兰科植物发育雄蕊的数目及花粉分合的性状作为高阶层分类的主要特征，兰科成员众多，分类系统在科以下再分有亚科、族及亚族。了解兰科的系统分类对杂交育种很有必要，实践证明，兰科同一亚族的各属间常能相互杂交并产生能育的后代，不同亚属间则难于成功。

不同学者对亚科、族及亚族的划分不尽一致，或分为多蕊亚科及单蕊亚科两亚科，或者分为拟兰亚科、杓兰亚科及兰亚科三亚科，或分为拟兰亚科、杓兰亚科、鸟巢兰亚科、兰亚科及附生兰亚科五亚科。亚科以下的分类细节，可参阅有关的专著。

3. 按对温度的要求分类

兰科植物不同的属、种对温度的要求不同，兰花栽培者按兰花生长所需的最低温度将兰花分为以下3类。

（1）喜凉兰类。

这类兰花不耐热，喜冷凉环境条件，多原产于温带山区或热带、亚热带的高海拔山区冷凉环境，如喜马拉雅山区，南美洲的安第斯山高海拔地带。它们的适宜越冬温度，白天为 10 ~ 15℃，夜间为 5 ~ 10℃。

属于此类的有杓兰属、堇花兰属、齿瓣兰属，兜兰属的某些种。

（2）喜温兰类。

这类兰花喜温暖气候条件，多原产于亚热带或温带地区，其越冬适宜温度，白天为 18 ~ 20℃，夜间为 10 ~ 15℃，大多数观赏栽培属都是该类，常见栽培的有兰属、石斛属、兜兰属、卡特兰属的多数种，万代兰属的某些种及燕子兰属等。

（3）喜热兰类。

这类兰花不耐低温，喜高温环境，多原产于热带雨林中，其适宜生长温度，白天为 25 ~ 30℃，夜间为 18 ~ 21℃，越冬温度不能低于 15℃。常见栽培的有：蝴蝶兰属、文心兰属、万代兰属的多数种，卡特兰属的少数种，兰属的某些种。

11.1.2　形态特征及生态习性

11.1.2.1　兰科花卉的形态特征

为了更好地栽培兰科花卉，必须了解兰花的一般生物学特性，下面将分别介绍兰科花卉的根、茎、叶、花、果实和种子。

1. 根

兰花的根一般为肥大、粗壮的肉质根，多数为圆柱状，白色或灰白色。生长在地下的称为地生根，生长在空气中的称为气生根，无论地生根或气生根，其内部构造基本相同。

附生热带兰的气生根中层的内皮层细胞有的含有叶绿体，受光照可以进行光合作用，合成有机化合物。兰根内皮层细胞有的含有共生的根菌，属真菌类，又称为兰菌。兰菌与热带兰之间有很好的共生关系，菌丝体侵入兰花根的内部，吸收空气中或土壤中的无机养分，并在植株体内繁殖。菌丝体逐渐被兰花植株根系分解、吸收，从而增加了兰花植株的养分和水分。这种共生现象对于根系生长在空气中的附生兰花很重要，因为气生根在空气中无法直接吸收养分，只有依靠这些根菌固定空气中的氮素，植物再消化吸收根菌的养分。

根系是兰花植株旺盛生长的基础。根系强壮（即白根多，根质好），则植株吸收养分的能力强。根系生长与环境的关系十分密切，首先要选择适宜的栽培基质，创造良好的通气、湿润环境；其次是提供充足的养分，保证根系生长有充足的营养条件。

2. 茎

在形态学上，兰科花卉的茎可划分为单轴型和合轴型 2 大类。

（1）单轴型热带兰。茎以单轴方式生长和分枝，无根茎、块茎或假鳞茎，茎直立地上或少数攀缘，其主茎（主轴）的伸长生长是顶芽不断分生新叶与节继续向前生长的结果，如蝴蝶兰属、万代兰属、指甲兰属、火焰兰属蜘蛛兰属等。

（2）合轴型热带兰。合轴型热带兰是指其茎（主轴）的生长有限，它的伸长生长是靠每年由侧芽发出的新侧枝（侧轴）不断重复产生的许多侧茎连接而成。大部分地生兰和附生兰多为合轴分枝，它们具有根茎和假鳞茎，如卡特兰属、石斛属、兰属、文心兰属等，这些兰花可以忍耐短期的干旱。

3. 叶

叶是兰花进行光合作用制造养分的营养器官。大多数种类的热带兰光合作用是景天酸代谢（CAM），叶片的气孔白天关闭，晚上开放，吸入二氧化碳和放出氧气，减少水分蒸腾，因此，热带兰植物有较强的耐旱力。

热带兰的叶片也可以通过气孔直接吸收空气中的水分和养分进入植物体内部，以弥补根系吸收的不足。在热带兰规模化栽培中，采用空中喷雾进行根外追肥和补充水分是行之有效的措施。

4. 花

兰花的花是植株的繁殖器官也是重要的观赏部位。国兰的花清香淡雅，洋兰（热带兰）的花色彩艳丽。兰花的花由花萼、花瓣和蕊柱组成。

（1）花萼。花萼又称为萼片，有 3 枚，位于花的外侧，很像花瓣，位于上部者称为中萼片，位于两侧者称为侧萼片。

（2）花瓣。花瓣位于花的内轮，有 3 枚，两侧对称的一对称为花瓣，位于中央下方，外形与两侧花瓣不同者称为唇瓣。

唇瓣的形状千变万化，有兜状的，如兜兰；有的如裙状，如文心兰黄色的唇瓣。热带兰花的唇瓣色彩艳丽，是吸引昆虫传粉的主要器官。

（3）蕊柱。大多数热带兰的雌雄花没有分开，雌蕊和雄蕊合生在一起而呈柱状，被称为蕊柱或合蕊柱。蕊柱一般由一枚雄蕊、一个柱头和一个蕊喙组成。蕊柱顶端为花药，内含一个花粉块，花粉块外由一枚药帽所覆盖。在花药的下方有一个凹槽，里面充满黏液，以黏住昆虫带来的花粉块，从而完成受精过程。

5. 果实

兰花的果实在植物学上称为蒴果，一般为长条形或卵形，果实外表常有棱，果实内含极多细小如尘的种子。一般热带兰的一个果实含有几十万粒种子，如卡特兰的一个蒴果约有 60 万～ 100 万粒种子。蒴果成熟时自动开裂，将细小的种子弹出，随风传播。

6. 种子

兰花的种子细小如粉尘，种皮是由 1 ～ 2 层细胞形成的，种皮内包裹着一个黄绿色或黄褐色的未成熟的胚，胚只是一团未分化的胚细胞，不含胚乳，没有储藏的营养物质，若无共生真菌或人工配制的发芽培养基提供营养，则兰花的种子无法萌发生长。因此，由蒴果成熟开裂自然散播出去的种子很少能够萌发存活，只有少数能随风飘至树皮或岩缝中，并得到共生真菌的营养，才能萌发生长。

热带兰大多数是异花授粉，在自然界野生环境中，大多有某些特定的共生昆虫进行传粉。在人工栽培兰花时，很难进行昆虫传粉，必须靠人工授粉才能结实。兰花果实从开花授粉至果实成熟一般需要几个月的时间，种子需要播种到人工培制的无菌培养基上才能萌发。由于兰花用种子繁殖比较麻烦，所以，目前规模化生产热带兰花多用组织培养的方法进行快速繁殖。

11.1.2.2 兰科花卉的生态习性

1. 光照

兰花在原产地大多生长在林中树干上、湿润岩石上或林下腐叶土上，因此，兰花一般喜半阴的环境。人工栽培兰花时，夏季一般用遮光网遮去 50%～ 60%的强光，冬季光照弱，不遮光。不同的兰花种类对光照强度的要求也不同，万代兰、石斛兰、卡特兰和树兰属于喜光种类，蝴蝶兰、文心兰、大花蕙兰喜中等强度光照，兜兰、贝母兰和齿瓣兰喜弱光。

光照时间长短除影响兰花光合作用外，对兰花的花芽分化及开花也有影响。

2. 温度

兰花喜生长于温暖湿润的环境，但因为不同种类的兰花其原产地不同，对温度的要求也有很大的差异。原产于亚热带和暖温带的兰花冬季喜冷凉的环境，如大多数地生兰，这类兰花的越冬温度一般，白天为 10 ～ 15℃，夜间为 5 ～ 10℃。大花蕙兰冬季在 7 ～ 12℃ 的温室内即可越冬。春兰与蕙兰是最耐寒的，兜兰耐寒性也较强，冬季 10 ～ 15℃即可安全越冬。

原产于热带地区的兰花，一年四季均需要保持较高的温度，其生长适宜温度为，白天温度 25 ～ 30℃，夜间温度 18 ～ 21℃。如蝴蝶兰、文心兰、卡特兰、万代兰等均属此类。

附生热带兰花芽分化需要的低温大约为 12 ~ 13℃。

温室规模化栽培热带兰时，温度调节应均衡稳定，不能使温度骤然升高或降低。温室加温调节温度应保持一定的昼夜温差，应使白天温度比夜晚温度高出 10℃左右。附生热带兰对昼夜温差的反应远比地生兰敏感，其最适宜的昼夜温差应为 10 ~ 15℃，若温差只有 4 ~ 5℃，则将造成热带兰生长发育不正常。

3. 水分

水是兰花进行光合作用的重要原料，水分的吸收与蒸发维持兰花植株温度的恒定。兰花是比较耐干旱的植物，它有假鳞茎能储藏水分，叶有厚的角质层和下陷的气孔，能保持水分，不易散失，附生兰的气生根能从潮湿的空气中吸收水分。

因此，兰花属中生植物，能忍受短期的干旱。但是，兰花要生长发育良好，一定要有适当的水分。

（1）兰花的根系需要通气，栽培基质要求疏松透气，排水良好，不能过于潮湿，过湿则根部呼吸受阻，引起根部腐烂或感染病虫害，导致整株死亡。附生热带兰比地生热带兰需水少，因为，附生热带兰有较多的气生根，根系能从空气中吸收水分，怕积水，适宜生长于湿润、通气好的环境。有假鳞茎的热带兰或叶片肥厚、有角质层者，耐旱性较强，适当少浇水，如石斛兰和卡特兰；没有假鳞茎，叶片薄而大的热带兰花不耐干旱，喜湿润，应适当多浇水，如蝴蝶兰、兜兰。

（2）不同的生长时期浇水不同。兰花的营养生长期、孕蕾期应多浇水，兰花的花芽分化期、开花期、休眠期应少浇水。

（3）不同的季节浇水不同。在兰花的生长季节，气候炎热干旱时多浇水，低温而潮湿时少浇水或不浇水。晴天多浇水，阴天少浇水，雨天不浇水。冬季应少浇水，夏季应多浇水。

（4）不同的栽培基质浇水不同。用树皮、火山石、碎砖块、木炭等排水性能好的材料作栽培基质时，易干燥，应适当多浇水，每天浇水一次，若遇空气干燥、气温高，则每天可浇水两次；若用苔藓、泥炭、腐殖土等作栽培基质，其保水性能好，可适当少浇水。

当栽培基质干燥时适宜浇水，在夏季闷热雷雨天气，用清水浇透兰花，以清除余热，减少高温对兰花根系的伤害。

对兰花浇水要注意控制水量，正确的浇水方法应使水缓缓地由盆边注入盆中。浇水时应浇透。喷水对兰花也是一种好的浇水方法，喷水时需要保持水滴细小均匀，每次不要喷得太多，水质要洁净。兰花在花蕾孕育期，最好不要将水喷入花蕾，过多的水分进入花蕾，易引起花蕾腐烂。

兰花浇水，水质要清洁。没有受污染的雨水、雪水、地下水、河水、自来水均可使用。地下水、河水应是含矿物质较少的软水，微酸性至中性（pH 值为 5.5 ~ 7.0）。自来水在兰花栽培中应用最多，它使用方便，一般经过消毒，水质比较洁净。

但是，自来水里常加入大量的漂白粉，氯含量较高。除去氯的简便方法是：将自来水注入水桶或水池中，储存 24h，有阳光曝晒更好，经过一天的储存，氯逐渐分解散失到空气中去，用水桶上部的清水浇灌比较适宜。

兰花的生长还需要较高的空气湿度，兰花生长期，空气相对湿度一般为 70% ~ 80%，开花期或冬季休眠期，空气相对湿度保持在 50%左右为宜。地生兰要求空气湿度较低，附生热带兰要求空气湿度较高。

4. 酸碱度

（1）兰花喜微酸性环境。大多数热带兰在 pH 值为 5.5 ~ 6.5 的范围均可正常生长发育。pH 值低于 4.5 或高于 7.5 均会不同程度地影响其生长发育。地生兰适宜的 pH 值为 5.0 ~ 6.0，附生兰适宜的 pH 值为 6.0 ~ 7.0。不同的栽培基质 pH 值不同。

（2）兰花根系的分泌物影响栽培基质的 pH 值。热带兰在生长发育过程中，由于根系的代谢作用，它不断地向环境中分泌各种有机物质，如各种有机酸、可溶性含糖化合物、简单的氨基酸、蛋白质等，大多数是酸性物质。

另外，根系的分泌物是微生物生长繁殖极好的营养来源，微生物在根系环境中利用这些物质逐渐繁殖起来。同时，树皮、椰糠等栽培基质的分解作用也会产生更多的有机酸。另外，热带兰根系不断进行有氧呼吸释放出二氧化碳，二氧化碳与水形成碳酸。因此，热带兰在栽培过程中由于根系的分泌及呼吸作用，会不断地产生酸性物质，随着栽培时间的延长，栽培基质的 pH 值会逐渐下降。

（3）不同的水质 pH 值不同。水质的 pH 值对兰花生长影响很大。南方酸性土地区，地表水或地下水含有较多的氢离子，水质呈酸性。

栽培兰花要控制好基质和水的酸碱度。要正确选用基质，基质的 pH 值应控制在微酸性的范围；浇灌用水的 pH 值调整到微酸性；配制营养液或肥液时，其 pH 值也应调至微酸性；要及时换盆，防止基质酸化。

5. 空气

兰花生长需要清新洁净的空气。空气中的有毒气体二氧化氮、一氧化碳、二氧化硫、氟化物及尘埃、氨气等，当达到一定的浓度时就会严重影响植株生长，此时，应及时通风换气。

11.1.3　兰科花卉栽培应用历史

11.1.3.1　中国兰花的发展历史

中国兰花栽培历史悠久，据史籍记载唐代诗人“王维以黄磁斗贮兰蕙，养以绮石，累年弥盛”。唐代末年，杨苆的《植兰说》是对兰花栽培方法最早的记述。北宋文学家黄庭坚（1045—1105）在其书《幽芳亭》中对兰花作了准确的描述：“兰蕙出莳以沙石则茂，沃以汤茗则芳，是所同也。至其发华，一干一华而香有余者兰，一干五七华而香不足者蕙。”这是对春兰和蕙兰的确切而科学的描述。

南宋末年，兰花栽培已有很大的发展，相继出现了两本兰花专著，即赵时庚的《金漳兰谱》和王贵学的《兰谱》，这两本书都详细地描述了兰花的品种、栽培、移植、分株、施肥、灌溉、土质等方面的问题。这是我国，也是全世界最早的养兰专著。元代以后，养兰进入昌盛时期。

明清时期涉及兰花的花卉著作很多，如《群芳谱》（1630）、《花镜》（1688）、《广群芳谱》（1708）、《南越笔记》（1777）和《植物名实图考》（1848）。明清时期的兰花专著也很多，如明代高濂的《遵生八笺》（1591）收录了许多民间的养兰经验，如“种兰奥法”、“培兰四戒”：“春不出，夏不日，秋不干，冬不湿”为兰友们所熟知。清代出版的兰花专著很多，重要的有冒襄的《兰言》（1695—1709）、屠用宁的《兰蕙镜》等。

近代重要的兰花专著有吴恩元的《兰蕙小史》（1923）、夏诒彬的《种兰法》（1930）、严楚江的《厦门兰谱》（1964）等。现代重要的兰花专著有陈新启、吉占和编著的《中国兰花全书》（1998，2003）和《中国野生兰科植物图谱》，吴应祥编著的《中国兰花》等。现在有关热带兰栽培方面的著作也很多，如唐树梅编著的《热带兰》、胡松华编著的《热带兰花》、陈宇勒编著的《洋兰欣赏与栽培图说》等。

11.1.3.2　国外兰花的栽培应用历史

欧洲大量栽培花大色艳的热带兰是在 1753 年林奈完成现代植物分类工作以后才开始的。从 17 世纪上半叶起，热带兰陆续被探险者和航海家带到欧洲，英国的丘园是当时的热带兰收集中心，早在 1780 年，丘园就引种了 15 种热带兰，它们主要是来自西印度群岛的树兰属（Epidendrum）植物。到了 1831 年，丘园已从印度引种了石斛兰和万代兰等 39 属 84 种热带兰花。在丘园的带动下，英国皇家园艺学会兰花协会在 1809 年成立，吸引了许多兰花爱好者入会并参与到热带兰的引种收集和栽培工作中。现在，丘园成了全世界热带兰的搜集中心和命名中心，园内温室栽植有数千种热带兰。

但真正把兰花热推向高潮的是在 1818 年，一位叫 Willisam Cattleya 的进口商（一名业余园艺师）对一些从巴西运来的，用作进口包装箱填充材料的热带植物的假鳞茎产生了兴趣，他试着把它们栽种到温室里，经过 6 年的精心培育，这些奇特的植物便开放出美丽的花朵。植物学家林德雷博士（Lindley）认为这是一个植物新种，为纪念 Cattleya 氏，将其命名为卡特利亚兰，其属名为 Cattleya。卡特兰大而鲜艳的花朵使其成为“胸花”中的佼佼者，在舞台和宴会上引起轰动，一时风靡欧洲。于是，那些有钱的收藏家和商业养花者迅速派出专业植物猎奇者到热带地区寻找更多更好的兰花。这些人搜便遍了中南美洲、非洲及亚洲的印度、马来西亚和菲律宾的高山丛林，历尽千辛万苦。带回大量的花卉，并以惊人的价格在伦敦的拍卖行出售，然后又行销巴黎和纽约。兰花曾一度被人们高价炒卖。

人们尝试用不同的属和种间进行杂交，育出了大量的热带兰花新品种。由英国皇家园艺协会认可、经过官方注册的品种已达 10 万热带兰的引种栽培在 19 世纪进入了全盛时期，20 ~ 21 世纪达到了顶峰。几乎全球每一处分布的热带兰花均被人类引种栽培，从中筛选出一些观赏价值高的原生种作为人工杂交育种的种质，以便培育出更多花大色艳的优良兰花品种供应市场。

为了培育优良的热带兰花品种，人们把一些亲缘关系较近的热带兰用人工授粉的方法进行杂交育种。1856 年，英国的兰花种植专家约翰・多米尼（J.Dominy）用三褶虾脊兰与长距虾脊兰杂交育出了以他名字命名的多米尼虾脊兰，同年他又用引自巴西的斑花卡特兰与引自巴拿马的罗氏卡特兰杂交育出了世界第一个杂种卡特兰。此后，热带兰的杂交育种发展很快，热带兰花杂交育种发展如此之快与兰花种子无菌培养基播种技术的发明与普及有很大的关系。

第一次世界大战以后，英国和日本的兰花种植业比较发达。但第二次世界大战以后，美国的兰花种植业发展很快，夏威夷是美国的热带兰花生产基地，美国生产的兰花除国内自销外，还向世界各地大量出口。日本、泰国、菲律宾、新加坡、马来西亚、韩国、巴西、澳大利亚等国家以及中国的台湾地区的兰花生产量也很大。

随着中国社会经济的发展，人们生活水平的提高，热带兰花在中国花卉市场的销售量也越来越大。中国的广东、海南、福建、云南、浙江、北京、河南、山东等省（自治区、直辖市）都有大量的热带兰生产栽培。蝴蝶兰的温室栽培几乎遍及全国各地，大花蕙兰和石斛兰的生产发展也很快。兰花生产创造了很大的经济效益。中国有丰富的野生兰花资源，应该合理地保护和应用这些珍贵资源，以便培育出优良的兰花新品种，把中国的兰花生产推向一个新的发展阶段。

11.1.4 兰科花卉的应用

目前，兰科花卉尤其是热带兰生产栽培在中国发展非常迅猛，它已在全国形成规模庞大、效益良好的花卉产业。热带兰在花卉市场销售良好，它作为优良的盆花和切花已进入千家万户，装扮着人们的日常生活。兰科花卉的应用形式主要是作盆花、切花，布置兰园，有些种类的原生种（石斛）还有药用价值。

11.2 兰科花卉主要种类

11.2.1 中国兰花

兰属（Cymbidium）是中国栽培历史最悠久、应用最普遍的兰花。兰属在自然界约有 70 种，主产中国及东南亚。中国种类最多，有近 30 种，主要分布于中国东南及西南各省区。兰属一般地生或附生，通常具有卵球形假鳞茎，根肥厚、肉质，叶通常数枚成簇，近基生，带形或剑形，总状花序顶生，少数种具单花，花有香气或无。

兰属的地生兰类常见的栽培种有春兰、蕙兰、建兰、墨兰和寒兰。兰属的附生兰类常见栽培的主要是独占春、虎头兰、美花兰、黄蝉兰等的杂交种即大花蕙兰。

中国兰花通常是指兰属植物中的一部分地生兰，如春兰、蕙兰、建兰、墨兰、寒兰等。中国兰花虽然花小色淡，但因花香清幽，叶姿优美，深受中国及日本、朝鲜等国人民的喜爱。中国兰在长期的栽培历史中，选育出了大量的以花形变异为主的优良园艺品种和以观叶为主的“艺兰”品种。

11.2.1.1 春兰

【学名】*Cymbidium goeringii Rchb.f.*

【别名】草兰、山兰、朵朵香

【科属】兰科兰属

【形态特征】叶 4 ~ 6 枚集生，线形，长 20 ~ 40cm，宽 0.6 ~ 1.1cm，边缘有细锯齿。花莛直立，花单生，少数 2 朵，花直径 4 ~ 5cm，花瓣比萼片短，花浅黄绿色、绿白色或黄白色，有香气，花期 2 ~ 3 月（见图 11–1）。

图 11–1 春兰

【品种与类型】根据春兰花瓣和叶片的形状和颜色，园艺栽培上常将其分为梅瓣、荷瓣、水仙瓣、奇种（蝶瓣）、素心、色花和艺兰（花叶）等品种类型。宋梅、集圆、龙字汪字 4 个春兰品种被称为春兰中的四大名花。

（1）梅瓣类。梅瓣型的春兰，萼片短圆，顶部有小尖，稍向内弯曲，形似梅花花瓣。花瓣短，边缘向内弯，合抱蕊柱之上，唇瓣短而硬，不向后翻卷。梅瓣型春兰在中国传统兰花中占有重要地位，品种也最多，目前有品种百余个。梅瓣类主要的品种有宋梅、集圆、万字、逸品等。

（2）荷瓣类。萼片宽大，短而厚，基部较窄，先端宽阔，似荷花花瓣，花瓣向内弯，唇瓣阔而长，翻卷。荷瓣春兰品种不多，主要品种有郑同荷（大富贵）、绿云、翠盖荷、张荷素。

（3）水仙瓣类。萼片稍长，中部宽，两端狭窄，基部略呈三角形，形似水仙花瓣，花瓣短，有兜，唇瓣大而下垂，翻卷。常见的品种有龙字、汪字、翠一品、春一品等。

（4）奇种。指萼片、花瓣、唇瓣畸形变异的种类，如常见的蝴蝶型变异。常见的品种有四喜蝶、和合蝶、彩蝶、大圆宝蝶等。

（5）素心类。唇瓣为纯白色、绿白色或淡黄色，唇瓣无紫红色斑点，花萼、花瓣均为翠绿色。素心兰自古以来被视为珍品。常见的品种有张荷素、鹤舞素等。

（6）色花类。指花萼、花瓣呈鲜艳的色彩的种类。常见的品种有红花春兰，萼片、花瓣均为紫红色；黄花春兰，萼片、花瓣均为橙黄色。

（7）艺兰类。主要指叶片上出现黄、白色斑纹，也称花叶品种。台湾栽培的这类品种有富春水、军旗等。

另外，春兰还有 2 个变种，线叶春兰和雪兰。

线叶春兰叶片细，边缘有细锯齿，质硬。花双生，无香气。常见品种有翠绿、盖绿、线兰素。

雪兰又名白草。叶 4 ~ 5 片，较直立，长 50 ~ 55cm，宽 0.9 ~ 1.0cm 叶面光滑，边缘有细锯齿。花茎高 20cm，花双生，绿白色，花瓣长圆披针形，唇瓣长，反卷，有 2 条紫红色条纹。花期 1 ~ 3 月。

【产地与分布】主要分布在中国的浙江、江苏、湖北、河南、江西、安徽、湖南、陕西、甘肃、四川、云南、贵州、广东、广西、台湾和西藏等省（自治区、直辖市）。日本、朝鲜半岛也有。

【生态习性】春兰多分布在亚热带山坡常绿阔叶树与落叶树的混交林、竹林林下或溪沟边，也是比较耐寒的地生兰之一。

（1）温度。春兰喜温暖环境，尤以冬暖夏凉气候更为合适。其生长期适温为 15 ~ 25℃，白天温度 20 ~ 25℃，晚间温度 15 ~ 18℃。短期低温下也能正常生长。花芽分化温度为 12 ~ 13℃。

（2）光照。春兰野生于林下，属喜阴性植物，在自然条件下对光照要求不高。夏季荫蔽度在 70% ~ 80%，冬季不遮或少遮。在人工栽培条件下，充足的散射光更适合于春兰的生长和发育。长期生长在遮阴条件下，光照不足，常长出叶芽，光照稍强一些，可提早开花。

（3）水分。春兰喜生长于排水良好、腐殖质丰富的土壤和空气湿度较高的环境。生长期空气湿度应保持在 80%，秋冬季干燥时多喷雾，冬季空气湿度保持在 50% ~ 60%。

【繁殖方法】

（1）分株。分株一般结合换盆进行，2 ~ 3 年分株 1 次，以新芽未出土，新根未长出之前为宜。时间常在 3 月和 9 月前后进行。分株前几天最好不浇水，使盆土略干，分株盆栽后放半阴处养护。

（2）播种。春兰种子细小，胚小，发育不全，在自然条件下种子发芽率极低，一般都将其播种到培养基上。

【栽培管理】

（1）栽培基质的准备。春兰为地生兰类，肉质根发达，栽培基质必须透气和透水，常见有腐叶土、泥炭土、山泥等。

栽培容器的准备。初期栽培多用透气好的瓦盆，新盆须用水浸泡几天，才能应用。服盆后的兰株或展览时可用紫砂盆、瓷盆以及其他装饰盆。

（2）换盆。春兰以 2 ~ 3 年换盆 1 次为宜。 春兰盆栽一般以 3 ~ 5 筒苗为宜，盆底孔用瓦片覆盖，上铺碎砖粒或浮石，上层加少量腐叶土或配好的混合基质，栽植时将兰根散开，植株稍向盆边，新株在中央，老株靠边。盆边留 2cm 沿口，形成中间高四周低呈馒头状，土面用白色细石子或翠云草铺上，最后喷水 2 ~ 3 次，浇透为止，放半阴处养护恢复。

（3）浇水。春兰的根系为肉质根，因此，春兰的浇水不宜过勤，盆土不宜过湿，否则容易引起烂根。浇水，首先水质要好，以微酸性至中性（pH 值为 5.5 ~ 6.8）为宜，无论用什么水质，使用前都必须测定酸碱度。夏秋高温干燥时需多喷雾，增加空气湿度，同样有利于兰株的生长发育。

（4）施肥。春兰在萌发新苗或老苗展现新叶时，需要充足的养分供给。在整个兰株生长期，以淡肥勤施为好，除开花前后和冬季不施肥外，每隔 2 ~ 3 周施肥 1 次，常用 0.1% 尿素和 0.1% 磷酸二氢钾溶液叶面喷洒或根施。施肥应在气温 1 5 ~ 30℃的晴天进行，阴雨天不施，如用有机肥，必须充分腐熟后才能施用，施肥时不能浇入兰心中。

【园林应用】春兰是国兰的主要代表种，在古代，春兰与梅、竹、菊称为花中“四君子”春兰的叶色鲜绿，常年青翠，叶姿潇洒飘逸，花色淡雅，花香清香四溢，醇正而幽远，被称为“天下第一香”。

春兰作为盆栽或与山石、树桩组成树石盆景，与盆、篮等容器组成的艺术装饰品，都十分别致。清雅、高洁的春兰，摆放在书房、客厅、餐厅或窗台，使整个房间更添诗情画意。在我国江南一带的古典园林中，常在山石旁、溪沟边和山坡上配植数丛春兰，花时清香阵袭，增加无限春意。

11.2.1.2 蕙兰

【学名】*Cymbidium faberi*

【别名】九节兰、夏兰、九子兰、蕙

【科属】兰科兰属

【形态特征】蕙兰假鳞茎不显著，根粗而长。叶 7 ~ 9 片，长 25 ~ 80cm，宽约 1cm，直立性强，基部常对褶，横切面呈“V”字形，边缘有较粗锯齿。花茎直立，高 30 ~ 80cm，有花 6 ~ 18 朵，花径 5 ~ 6cm，花瓣稍小于萼片，花浅黄绿色，有香气，中裂片长椭圆形，有许多透明小乳突状毛，端反卷，唇瓣白色有紫红色斑点，花期 3 ~ 5 月（见图 11-2）。

【品种与类型】蕙兰栽培历史悠久，有许多品种。蕙兰在传统上通常按花茎和壳的颜色分成赤壳、绿壳、赤绿

壳、白绿壳等。在花形上也和春兰一样，分成梅瓣、荷瓣、水仙瓣等类型。在花色上可分为彩心和素心。

主要品种有大一品、程梅、金岙素、温州素、上海梅、江南新极品、翠萼、送春、峨嵋春蕙等。

【产地与分布】蕙兰和春兰的分布相似，主要分布在中国的秦岭以南、南岭以北和西南地区。一般分布于海拔1000m左右的常绿阔叶林或落叶与常绿混交林树下，是比较耐寒的兰花之一。

【生态习性】

（1）温度。蕙兰喜温暖环境，也较耐寒。生长适温为15～25℃，冬季能耐0～5℃低温。短期在5℃气温下也能生长，若冬季温度过高，对兰株生长和开花不利。

（2）光照。蕙兰生长期喜半阴的环境。

（3）水分。蕙兰常生长于排水良好、腐殖质丰富的山坡林地，根系不耐积水。喜空气湿度较高的环境。

【繁殖方法】

（1）分株。分株一般结合换盆进行，2～3年分株1次，多在休眠期分株，以新芽未出土，新根未长出之前为宜，一般在3月进行，也可在9月分株。

图11-2　蕙兰

（2）组织培养繁殖。蕙兰常以顶芽为外植体进行组织培养繁殖。

【栽培管理】蕙兰肉质根发达，不耐积水，栽培基质常用排水性和透气性良好的腐叶土、泥炭土或配制的培养土。栽培容器多用瓦盆，参加兰花展览时可用紫砂盆。盆栽蕙兰一般2～3年换盆一次，每盆栽3～5筒苗为宜，栽后喷水，放室内半阴处。

在生长期及开花期适当多浇水，休眠期要少浇水。春季在早晨浇水，夏季在傍晚浇水为宜。7～9月要控制浇水量，稍偏干，可促进花芽分化。

蕙兰在生长期需要充足的养分供给。在整个兰株生长期，以薄肥勤施为好，除开花前后和冬季不施肥外，在5～9月，每隔2～3周施肥1次。

无机化肥常用0.1%尿素和0.1%磷酸二氢钾溶液叶面喷洒或根施。有机肥常作基肥混入盆土中或将腐熟的有机肥液稀释后浇入根际。施肥应在气温15～30℃的晴天进行，阴雨天不施肥。

【园林应用】蕙兰花姿端庄挺秀，叶色翠绿，是我国栽培最普遍的兰花之一。蕙兰作为盆花观赏或与山石、树桩组成盆景，摆放在书房、客厅、餐厅或窗台，可美化居室环境。蕙兰在中国南方常用于布置兰园，或在园林绿化中，种植在假山石旁边形成园林景观。

11.2.1.3　建兰

【学名】*Cymbidium ensifolium*

【别名】四季兰、剑蕙、雄兰、秋蕙、夏蕙、秋兰

【科属】兰科兰属

【形态特征】假鳞茎椭圆形，较小。叶2～6枚丛生，长30～50cm，宽1.2～1.7cm略有光泽。花莛直立，高约25～35cm，常低于叶面，有花5～13朵，浅黄绿色，花直径4～6cm，有香气。萼片短圆披针形，浅绿色，有3～5条较深的脉纹。花瓣略向内弯，互相靠近，有紫红色的条斑；唇瓣宽圆形，3裂不明显，中裂片端钝，反卷。花期7～10月。有些植株自夏至秋开花2～3次，故被称之四季兰（见图11-3）。

图 11-3 建兰

【品种与类型】建兰栽培历史悠久，品种也多。尤以福建省、广东省栽培更多。古代文献《金漳兰谱》和王贵学《兰谱》中记载了很多建兰品种。根据严楚江《厦门兰谱》中建兰分类的意见，将建兰分为彩心和素心两个变种。

（1）彩心建兰（var.*ensifolium*）花莛多为淡紫色，花被有紫红色条纹或斑点。山野所采者多属此类。常见的品种有银边建兰、温州建兰、青梗四季兰、白梗四季兰、大青等十多个品种。

（2）素心建兰（var.*suxin*）素心建兰则花被无紫红色斑点条纹，花萼、花瓣及唇斑为纯色，多为栽培品种，野生者极少。常见的栽培品种如下龙岩素、永福素、铁骨素、凤尾素、观音素等。

【产地与分布】分布在广东、福建、广西、贵州、云南、四川、湖南、江西、浙江、台湾等省（自治区、直辖市），其中以福建、浙江、江西、广东、台湾和四川等省（自治区、直辖市）的种质资源最丰富。东南亚及印度等地亦有分布，多生长于海拔 200 ~ 1000m 之间的山坡常绿阔叶林下腐殖质深厚的土壤中。

【生态习性】

（1）温度。建兰的生长适温为 25 ~ 28℃，冬季温度以 5 ~ 14℃为宜，夏季白天温度应控制在 28℃以下，夜温应降至 18℃以下。

（2）光照。建兰喜半荫的环境，在散射光下生长良好。

（3）水分。建兰喜空气湿润，稍耐干旱。建兰的原产地，雨量充沛，年降雨量在 1800mm 以上，空气相对湿度在 75% ~ 80%。建兰根系粗壮，吸水能力强，假鳞茎圆大，储水能力也强。

【繁殖方法】

（1）分株繁殖。通常在兰株长满盆，有 4 丛以上时分株。比较适宜的分株时间是在 3 ~ 4 月新芽没出土之前和 9 ~ 10 月新兰株基本成熟时。在建兰的主产地，一般在花后 15 ~ 20 天，在没有长出花芽和叶芽时分株效果很好。也可将无叶的假鳞茎进行分株繁殖。

（2）播种繁殖。建兰种子细小量大，在高温、高湿环境下寿命极短，种子必须随采播。一般将种子播种在无菌培养基上。也可将种子播种在消过毒的培养土上，保持一定的湿度，室温保持在 20 ~ 25℃，几个月后可发芽。

【栽培管理】

（1）栽培基质及容器。栽培建兰常用的基质有：腐叶土、泥炭土、沙、山泥、塘泥等，盆栽建兰多采用几种材料组成的混合基质。栽培容器多用瓦盆或陶盆，在室内摆放观赏时可用陶瓷盆或紫砂盆等套盆。在植株生长 2 ~ 3 年后，根系布满花盆，盆中兰株开始拥挤时，进行分株换盆。

（2）光照调节。在建兰的生长期应适当遮阴，夏天的遮阴度可在 60% ~ 70%之间。冬天不遮或少遮。

（3）浇水。当栽培基质表面出现干白现象时即可浇水，浇水时沿盆边慢慢浇入或将兰盆放入水中浸湿后取出，每次浇水必须浇透，但切忌将水浇入兰叶心部。建兰喜微酸性水，自来水因含氯，需存放 1 ~ 2 天后使用。冬春季气温低，以上午浇水为宜，夏秋季高温时，应在早晨或傍晚浇。栽培基质宁干勿湿。温室内应经常喷雾提高空气湿度。

（4）施肥。建兰株丛密、叶片宽大、开花多，在地生兰中比较耐肥。在建兰的生长期，每 10 ~ 15 天施肥一次，可用台湾产的“益多”1000 倍液，美国产的“花宝”1000 倍液或广西产的“喷施宝”1000 倍液喷施，要薄肥勤施。另外，要注意病虫害防治。

【园林应用】建兰叶姿秀雅，花形秀丽，花香醇厚幽远，是国兰中的佳品。建兰在中国南方可种植于庭院、门前、台阶和花坛，也可用于布置兰园。盆栽可点缀客厅、书房、窗台、案头。建兰的叶给人以清新素雅的感受，开花时又有清香高雅的丰姿。

11.2.1.4 墨兰

【学名】 *Cymbidium sinense*（Andr.）Willd.

【别名】 报岁兰、拜岁兰、丰岁兰、入岁兰等

【科属】 兰科兰属

【形态特征】 假鳞茎椭圆形，根粗壮而长。叶 4 ~ 5 片丛生，剑形，长 60 ~ 80cm，宽 2.7 ~ 4.2cm，全缘，深绿色，有光泽。花茎直立，粗壮，高 60 ~ 100cm，通常高出叶面，着花 7 ~ 17 朵，苞片小，基部有蜜腺。萼片狭披针形，淡褐色，有 5 条紫褐色脉纹，花瓣短而宽，向前伸展，在蕊柱之上，唇瓣 3 裂不明显，先端下垂反卷，有 2 条平行黄色褶片。花期 1 ~ 3 月，少数秋季开花（见图 11-4）。

图 11-4 墨兰

【品种与类型】 墨兰在中国栽培历史悠久，品种也比较多。根据墨兰的花期、花色及叶色将墨兰的品种分为 3 大类。

（1）墨兰原变种。常分为秋花形和报岁形两类。秋花形，花期早，一般在 9 月开花。报岁形在春节前后 1 ~ 3 月份开花。

秋花形常见的品种有秋榜、秋香等。

报岁形常见的品种有小墨、徽州墨、落山墨、富贵、十八娇等。

（2）白墨。白墨变种是指花浅白色，无紫红色斑点或条纹，又称素心墨兰。常见的品种有仙殿白墨、软剑白墨、绿仪素、翠江素、文林素、白凤等。

（3）彩边墨兰。指叶片边缘有黄色或白色条纹的品种。常见的品种有金边墨兰、银边大贡等。

【产地与分布】 墨兰原产中国，主要分布于福建、台湾、广东、广西、海南、云南等省（自治区、直辖市），以广东省、台湾省栽培最多。越南、缅甸也有分布。常野生于海拔 350 ~ 500m 的丘陵沟谷地带，生长地树林密度大，荫蔽度在 85% 以上，空气湿度常年在 75% ~ 85% 之间，土层比较深厚、疏松，腐殖质十分丰富。

【生态习性】

（1）温度。喜温暖，不耐寒，生长适温，夏季在 25 ~ 30℃，冬季为 10 ~ 20℃。

（2）光照。墨兰属阴性植物，生长期以散射光为主，6 ~ 9 月墨兰处于生长旺盛期，需要用遮阳网来遮光，荫蔽度要达到 85% 左右。春秋季中午遮光 60%，冬季中午遮光 30%。

（3）水分。墨兰是喜湿植物，生长期要求在排水良好的前提下，有足够的土壤水分供给。

【繁殖方法】

（1）分株。通常在兰株已长满盆时即可进行分株。一般品种兰株生长快，形成新芽多，3 年分株 1 次。墨兰的分株时间在开花后 15 ~ 20 天，兰株正处于没有花芽和叶芽时进行较好。

（2）组织培养。墨兰常以顶芽为外植体，采芽后进行组织培养繁殖。

【栽培管理】

（1）栽培基质与容器。墨兰肉质根发达，栽培基质必须透水性、透气性好，否则易烂根死亡。中国南方，常见使用的基质是优质塘泥、腐叶土、泥炭土、蛭石和珍珠岩的混合基质。

栽培容器，在广东地区栽培墨兰用的兰盆，盆高 25cm 以上，可供兰根生长，盆壁厚，隔热性能较好，盆底孔大，排水方便。

（2）换盆。墨兰假鳞茎的分蘖在 3 年内已达到最大生长量，从而孕蕾开花。花后 20 天，约在 3 月下旬换盆，在换盆前 5 ~ 7 天停止浇水，然后小心将兰株倒出，进行换盆。

（3）浇水。墨兰比较喜湿，每当盆土表面已干，盆底稍湿时，就应补充水分，要浇透水，浇水要均匀，以早晨或傍晚浇为好，夏秋季节多喷雾，保持较高的空气湿度。

冬季虽然气温下降，水分消耗减少，但墨兰正处于抽出花茎和开花阶段，仍需充足的水分。

（4）施肥。墨兰在国兰中也是比较喜肥的种类。盆栽后 1 个月可用四川产的“兰菌王”1000 倍液，每周喷洒叶面 1 次，有促进生根发芽的效果。兰株生长期每 10 ~ 15 天施肥 1 次，可用 0.1%尿素和 0.1%磷酸二氢钾或台湾产的“益多”1000 倍液喷施。要作好病虫害防治工作。

【园林应用】墨兰叶片浓绿油亮，叶姿挺拔潇洒，墨兰盆栽，摆放客厅、书斋、餐厅或窗台，使整个室内环境更显清新淡雅。由于墨兰正值春节开放，幽香阵阵，为节日增添了不少诗情画意。

在南方气候温暖的庭院中，常配植于假山旁、小溪边和台阶两侧，春风轻拂，给人带来生机盎然之感。

11.2.1.5 寒兰

【学名】*Cymbidium kanran*

【别名】瓯兰

【科属】兰科兰属

图 11-5 寒兰

【形态特征】寒兰叶 3 ~ 7 枚丛生，直立性强，长 35 ~ 70cm，宽 1 ~ 1.7cm，叶全缘或有时近顶端有细齿，略带光泽。花莛直立，细而挺拔，高出叶丛，着花 8 ~ 10 朵，花疏生。萼片长，花瓣短而宽，中脉紫红色，唇瓣黄绿色带紫色斑点，花有香气。花期因地区不同而有差异，自 7 月起就有花开，但一般集中在 11 月至翌年 2 月（见图 11-5）。

【品种与类型】根据花的颜色不同，可把寒兰品种分为以下 7 类，即红花类、绿花类、紫花类、白花类、桃红花类、黄花类、群色类等。

【产地与分布】寒兰原产中国、日本和朝鲜半岛，中国主要分布于广东、广西、海南、福建、台湾、江西、湖南、云南、贵州等省（自治区、直辖市），多生长于海拔 500 ~ 1500m 的常绿阔叶和落叶的混交林下或溪沟边，是比较喜温暖的兰花种类。

【生态习性】

（1）温度。寒兰原产地的年平均温度多在 15 ~ 22℃之间，生长适温夏季为 26 ~ 30℃，冬季温度 10 ~ 14℃最为合适，寒兰是国兰中耐寒力最差的种类。

（2）光照。喜半阴的环境，寒兰在原产地多生长在密林之下，荫蔽度都在 80% ~ 90%之间。寒兰对光照的要求和墨兰相近。

（3）水分。喜湿润的环境，要求较高的空气湿度。寒兰的生长期空气湿度需保持在 80%左右。

【繁殖方法】寒兰主要用分株繁殖，以 3 ~ 4 月寒兰花后和 9 ~ 10 月新兰株基本成熟时进行效果最好。分株前 1 周最好少浇水，使盆土稍干，当根系变软时分株可减少根系损伤。

【栽培管理】

（1）栽培基质及容器。寒兰根系较少，栽培基质必须透水性和保水性要好。常用基质有腐叶土、山泥、泥炭土、塘泥块、树皮块等，或者选取几种基质按比例混合配制成培养土。栽培容器常用瓦盆或盆壁上带孔的塑料盆。

（2）换盆。寒兰一般 2 ~ 3 年换盆一次，换盆时结合进行分株繁殖。

（3）浇水。盆土应保持湿润，但含水量不宜过多，有“干兰湿菊”的说法。盆土稍干对兰株影响不大，若盆土太湿、长期积水，必定导致兰株根系腐烂。寒兰的生长期空气湿度需保持在 80% 左右。

（4）施肥。寒兰耐肥能力要比建兰差，生长期以淡肥为主，每 10 ~ 15 天施肥 1 次，可用 0.1% 的尿素或 0.1% 的磷酸二氢钾喷施，也可用美国产的“花宝”1000 倍液或广西产的“喷施宝”1000 倍夜喷施，切忌施肥过量和施用未经腐熟发酵的生肥。

【园林应用】寒兰叶态潇洒飘逸，花香纯正，开花正值元旦、春节。寒兰常用于盆栽观赏，点缀客室、书房、餐厅，显得十分典雅、清新。在南方，也可种植在庭院、假山、亭榭之间。

11.2.2 热带兰

11.2.2.1 大花蕙兰

【学名】*Cymbidium hybridum*

【别名】喜姆比兰、虎头兰、东亚兰、黄蝉兰

【科属】兰科兰属

【形态特征】大花蕙兰通常是指兰科兰属（*Cymbidium*）中一部分大花附生种类及杂交品种。大花蕙兰叶丛生，宽带形，绿色，革质，有光泽，叶长 30 ~ 100cm，叶基部变粗形成假鳞茎。

假鳞茎球形或卵形，花梗从茎基部抽出，花梗粗壮高大，总状花序着花 10 ~ 20 朵，花梗有直立型和下垂型 2 种。花朵硕大，花径在 10 ~ 13cm 的称大花种，花径在 4 ~ 7cm 的称小花种。花型规整，花色鲜艳，有红色、粉红色、褐色、橙色、黄色、白色和绿色。开花从 11 月至翌年 5 月，单株花期可长达 2 ~ 3 月（见图 11-6）。

根多为白色，粗壮，肉质，根上共生有真菌。果实为蒴果，长棒状，大花湖蕙兰需昆虫传粉或人工授粉才能结实。种子极小如粉尘，不具胚乳，自然条件下不易萌发。

图 11-6　大花蕙兰

【品种与类型】目前，世界各地栽培的商品大花蕙兰多为人工杂交培育出来的优良品种。

现已注册登记的杂交品种已有 1000 个以上。

1. 原生种

大花蕙兰的主要原生种有以下几种：独占春（*C.eburneum*）、黄蝉兰（*C.iridioides*）、碧玉兰（*C.10wianum*）、西藏虎头兰（*C.tracyanum*）又名大花虎头兰、短叶虎头兰（*C.wilsonii*）、美花兰（*C.insigne*）、红柱兰（*C.erythrostyllum*）、多花兰（*C.floribundum*）、建兰（*C.ensifolium.*）等。

2. 品种分类

（1）大花蕙兰根据花色不同可分为以下几类：红花系、粉红花系、橙黄色花系、白色花系、黄花系、绿花系、斑点花系和变异奇花系等。

1）红花系。花萼和花瓣为红色或深红色。主要的品种有红辣椒（*C.Clarisse pepper*），花大，鲜红色，有香味。红公主（*C.Princess* “*Nobuko*”），红色大花品种，株型高大。亚历山大（*C.Blooming* “*Alexander*”），红色中花型品种，株型矮壮。

2）粉红花系。花萼和花瓣为粉红色。主要品种有心境（*C.Enzan Spring* “*In The Mood*”），粉红大花品

种，叶片较挺直。彩虹（*C.Lucky Rine*“*Lapine Pallas*”），粉红大花品种，叶片较披散。幸运之花（*C.Lucky Flower*“*Anmitsu Hime*”），粉红大花品种，叶片长且披散。

3）橙黄色花系。花萼及花瓣均为橙黄色。主要的品种有克林克 105（*C.Klink105*），萼片和花瓣线条清晰，唇瓣白色边有红褐色斑块。金色波斯湾（*C.Persian Gold*），花橙红色，有深色条纹，唇瓣白色有大块褐斑。福克斯小姐（*C.Foxy Lady*）花橙黄色，唇瓣白色有大块褐瓣。

4）白色花系。花瓣白色，它包括白花红唇和纯白花两种。主要品种有睡天使（*C.Sleeping Angel*），花白色，唇瓣白色，边缘淡红色。安尼（*C.Woody Wilson*“*Ann*”），花白色，唇瓣白色，有褐色斑点。睡美人（*C.Sleeping Beauty*“*Sarah Jean*”），花纯白色。

5）黄花系。花黄色，它包括黄花红唇和纯黄花两类。常见品种有迷你鼠（*C.Mighty Mouse Minnie*），黄花红唇，花瓣黄色有清晰的红线条。金凤花纯黄色，中花型品种，具有建兰血统。

6）绿花系。花淡绿色，它分为绿花红唇和绿花黄唇两种。常见的品种有向往（*C.Pleiades Memory*）大花种，典型的绿花红唇，花淡绿色，唇瓣上有鲜红色的大斑块。小沙拉（*C.ini Sarah Jillian*）中花品种，花淡绿色，唇瓣乳黄色。

7）斑点花系。花萼、花瓣或唇瓣上有斑点。常见的品种有红天鹅（*C.Splatters*“*Red Velvet*”）花橙红色，萼片及花瓣上有不规则红色斑点，唇瓣深红色。梦幻（*C.Mount Vision*），花粉红色，花萼、花瓣上有深红色小斑点，唇瓣上有大红斑。

8）变异奇花系。花瓣或萼片的花色、花型出现一些变异。常见的品种有丑角（*C.Vidar Harlequin*）萼片绿色，花瓣唇瓣化。

（2）根据开花时期分可将大花蕙兰分为以下几类。

1）早花品种。在秋冬季（9 ~ 11 月）开花，主要由红柱兰、建兰等原生种杂交形成这类品种花形优美，坚韧耐开，多为黄花品种，也有一些粉红花品种。常见的品种有黄金小神童、彼得等。

2）中花品种。冬春（12 月至翌年 2 月）开花的品种，一般在春节前后开花。常见的品种有红天鹅、街头小贩、棉花糖等，花有香味，具建兰血统。

3）晚花品种 晚春（3 ~ 5 月）开花。常见的品种有深红宝石等。

根据花梗的生长方向可分为花梗直立型和花梗下垂型 2 种，花梗直立型的称为大花蕙兰，花梗下垂型的称为垂花蕙兰。

【产地与分布】大花蕙兰的原生种大多原产于喜马拉雅山东段，主要分布于中国的西南部云南省、西藏自治区，印度、缅甸、尼泊尔、泰国及越南等国的北部高海拔地区也有分布。在中国的广东省和海南省分布有少数种。大花蕙兰的原生种多生长在森林里，附生于大树的枝干上或幽谷悬崖的峭壁上及溪旁岩石上。

【生态习性】

（1）温度。大花蕙兰生长的最适温度为 10 ~ 25℃。在洋兰中，大花蕙兰最能耐低温。在小苗期，需温度稍高，花芽萌发时需要低温，若夜温高于 14℃，则花蕾会提早凋谢。大花蕙兰的花芽分化在夏秋季的 8 ~ 9 月，此时必须有明显的昼夜温差，才能促使其花芽分化。此时，白天温度 25℃，夜间温度 12 ~ 15℃为宜。越冬温度以夜温 10℃为宜。

（2）光照。大花蕙兰喜较强的散射光，夏季避免阳光直射，夏秋季需遮光 30% 为宜，其他季节可不遮光。花芽分化期增加光照强度，可促进花芽分化。凉爽的温度，充足的光照是种好大花蕙兰的关键。

（3）水分。大花蕙兰对水分要求较多，但基质不宜太湿，空气相对湿度以 80% 为宜。开花期，应降低环境湿度，否则花朵易出现褐斑。

【繁殖方法】

（1）分株繁殖。当大花蕙兰长满盆时需对其进行分株换盆，一般 3 年换盆一次。分株繁殖，繁殖率不高，繁殖速度较慢。

（2）组织培养。大花蕙兰的大规模商业化生产主要是用组织培养方法来繁殖。用大花蕙兰的新芽作外植体，比较容易诱导出原球茎并长出植株。大花蕙兰的组培苗需经 3 年以上的栽培才能开始开花。

（3）播种繁殖。主要用于大花蕙兰的杂交育种，将种子播种于无菌培养基上，促使种子萌发形成小苗，然后进行优良后代的选育。

【栽培管理】

（1）栽培基质及容器。盆栽基质可用苔藓、蕨根、树皮块、木炭、棕树皮、椰壳、碎砖、瓦片、砂砾等。生产栽培中一般小苗用苔藓栽培，大苗一般用树皮块、木炭、浮石的混合基质栽培。

盆栽所用的花盆需盆壁多孔，盆体宜窄不宜宽，宜深不宜浅，透气性要好。花盆窄而小，迫使众多的假鳞茎紧紧挤在一起，没有多余的空间供新芽营养生长，加上进行抹芽工作，就为花芽的形成提供了有利条件。抹芽是将假鳞茎基部新生的叶芽抹去。

（2）换盆及分株。通常在开花后进行换盆及分株。温室条件下培养的大花蕙兰可在 2 ~ 3 月进行。大花蕙兰的根系粗壮，根深蒂固，分株换盆较难，根部容易伤断，因此要小心处理。分株时，用剪刀把植株按二茎或三茎为一新株进行分开，另行栽植。

（3）浇水。大花蕙兰是需要水分较多的植物，尤其在夏季，浇水一定要充足，并向叶片洒水，以降温和提高湿度。在正常情况下，夏季要浇水和洒水 2 次。如果浇水不足，膨大的假鳞茎就会皱缩，并会影响正常的生长。此外，开花期间应减少浇水，否则花朵会出现褐斑。

（4）通风。良好的通风是大花蕙兰生长好坏的关键之一。如通风不良，很容易使叶片滋生介壳虫。尤其是在夏季，栽培环境一旦通风不良，温度随即会升高，造成闷热和密不透风的环境，不仅不利于大花蕙兰的正常生长发育，也影响其花芽的分化。要经常开窗通风，必要时可开动电风扇吹拂。

（5）施肥。在洋兰中，大花蕙兰是需肥较多的种类，如肥料不足时叶部变黄并脱落，花细小。若在生长期每隔半月，用磷酸二氢钾与尿素 0.5 ∶ 1 的 1000 倍溶液喷洒叶片，会有利于其生长和开花；也可将发酵过的固体有机肥（饼肥和骨粉），在春季时放在盆面上，让肥料慢慢地被吸收利用，每年可施 2 次；还可以在旺盛生长的春夏两季，每 2 ~ 3 周施用 1 次发酵好的液体肥料（饼肥稀释液）。

（6）设立支柱。当花茎长至 15cm 左右时，竖立洋兰专用支柱，用以固定花茎，并调整其生长方向。在绑扎时要注意切勿用力过猛，因花茎较脆弱，容易折断，绑的松紧度要适宜。

【园林应用】大花蕙兰植株高大、花姿优美，主要作盆栽观赏，适合于家居客厅、办公室、宾馆、商厦、或空港厅堂布置，气派非凡，引人注目、更显典雅豪华。多数大花蕙兰的花期在元旦、春节，它已作为高档的年宵花卉进入千家万户，形成了一个效益良好的大花蕙兰产业。大花蕙兰除盆栽观赏外，在国外还广泛用于插花欣赏。

11.2.2.2 蝴蝶兰属

【学名】*Phalaenopsis*

【科属】兰科蝴蝶兰属

【形态特征】叶片宽大肥厚，椭圆形，革质，常绿，叶背面紫色。叶片交互排列在短茎上，每年生长期从茎顶部长出新叶片，下部老叶片变枯黄脱落。叶片数不多，一般成熟株具 4 片以上叶。生长缓慢，每年只生 2 ~ 3 片叶子（见图 11-7）。

图 11-7　蝴蝶兰

蝴蝶兰属于单轴茎类兰花，其茎很短，没有假鳞茎，也没有明显的休眠期。花梗往往侧生或由叶腋中抽出。

根从节部长出，为气生根，在原产地以十分发达且粗大的根系攀附生长在林中的树干或岩石的表面。根肉质白色，有时根系变成绿色，具有进行光合作用的功能，负责吸收、储存水分与养分。在花盆种植时，根部会露出。新根在春季至初夏发生，经过2年以后自然腐烂。

从叶腋中抽出一至数枝花梗，拱形。营养好的花梗，长度可达半米以上，并有若干分枝，几朵及数十朵花在各分枝上逐一绽放。花大、蝶状，自然花期在春季或秋季，多数品种集中在春季，在我国蝴蝶兰主要作为年宵花卉栽培，人为地将其花期调至元旦至春节。花期长，一朵花可开放2～4周，一枝花可开放几个月。花形异常美丽，花色变化多端，有玫红、白花、白花红唇花、粉红花、黄色花、条纹花和斑点花等。

【品种与类型】

1. 原生种

（1）蝴蝶兰（*P.amabils*）又名报岁蝴蝶兰、大白花蝴蝶兰、美丽蝴蝶兰，花白色，唇瓣有黄色斑块。

（2）虎斑蝴蝶兰（*P.amboinensis*）又名安曼蝴蝶兰，花茎着花2～3朵，花白色，花萼和花瓣上有红褐色条斑纹，形似虎斑。

（3）皱叶蝴蝶兰（*P.comingiana*）又名三角唇蝴蝶兰。花茎着花6～8朵，花萼和花瓣黄色，密布橙红色纵条纹，唇瓣橙红色，呈三角状。花期9～11月。

（4）桃红蝴蝶兰（*P.equestris*）又名玫瑰唇蝴蝶兰。属小花种。花茎长20～40cm，着10～15朵，花径3cm左右，桃红色，唇瓣玫瑰红色，有深红色斑点。

（5）褐斑蝴蝶兰（*P.fusscata*）棕色蝴蝶兰。花径4～5cm，花萼和花瓣浅黄绿色，基部稍上有红褐色横条斑，唇瓣白色，有红褐色斑点。花期春夏季。

（6）大蝴蝶兰（*P.gigantea*）又名象耳蝴蝶兰、巨型蝴蝶兰。本种是蝴蝶兰属中植株最大的种类。叶片似象耳，2～4片，长50cm，宽20cm。花茎长，常下垂，着花10～12朵，花径约5cm，花萼和花瓣白色，有褐红色斑点，唇瓣褐红色。花期夏秋季。

2. 品种分类

蝴蝶兰栽培品种很多，常根据其花色和花径大小进行分类。

（1）根据花色分类可把蝴蝶兰分为红花系、白花系、白花红唇系、黄花系、线条花系和斑点花系。

（2）根据花径的大小可把蝴蝶兰分为以下几类。

1）大花种。花径一般在10cm以上。

2）中花种。花径在7.5～10cm。

3）小花种。花径小于7.5cm。

3. 品种特性

蝴蝶兰主要栽培品种特性如下所述。

（1）光芒四射（*Dtps.formosa Sunrise*）。大型红花，花玫红色，边缘有粉红色闪电状斑纹，花瓣厚，花径11cm，花梗高50cm，叶椭圆形，叶片深绿色，叶背边缘有暗红线，花期长，可达3个月以上，较耐低温。

（2）大辣椒（*P.Big chili*）。大型红花，花深玫红色，唇瓣深红色，有白边，花瓣较厚，花径11cm，花梗高55cm，花序排列整齐，叶椭圆形，叶片深绿色，长势强健，易栽培，花期较晚。

（3）龙树枫叶（*Dtps.Acker's Sweetie* 'Dragon Tree Maple'）。大型红花白色花瓣上有大小疏密不等的紫红色斑点，唇瓣红色，花径11.5cm，花梗高50cm，花序排列整齐，叶椭圆形，叶片鲜绿色，长势强健，易栽培。

（4）富乐夕阳（*Dtps.Fuller's Sunset*）。花亮黄色，唇瓣鲜红色，花径9cm，花梗高40cm，叶长椭圆形，叶片鲜绿色。

（5）大白花（*Phal.Sogo Yukidian* 'V3'）。经典大白花品种，花纯白色，花径12cm，花梗高55cm，花序排列整齐，花期长，可达3个月以上。

（6）火鸟（*Dtps.Sogo Beach Super Firebird*）。花玫红色，花瓣中心有红色斑点，花径11cm，花梗高50cm，

叶椭圆形，叶片深绿色，长势强健，易栽培，较耐寒，花期长。

（7）V31（*Dtps.Tailin Red Angel*）。大型红花，花玫红色，花瓣上有暗红色条纹，花径 10cm，花梗高 50cm，容易形成长花序，长势强健，易栽培，较耐寒，花期长。

（8）满天红（*Dtps.Queen Beer*）。中小型红花，花为艳玫红色，花径 5 ~ 6cm，花梗高 30cm，较直立，有分枝，容易出双梗，叶椭圆形，叶片深绿色，背面暗红色。

【产地与分布】蝴蝶兰主要分布于亚洲热带地区、澳大利亚等地。分布中心在东南亚各国。蝴蝶兰的原生种全世界有 40 多个，中国有 6 个，主要分布于云南、台湾、海南等省（自治区、直辖市）。东南亚的热带国家菲律宾、马来西亚、印度尼西亚等地分布有大量的蝴蝶兰原生种。蝴蝶兰在热带雨林的原生环境中，附生于大树的树枝、树干上或长满青苔的悬崖峭壁上。其原生地环境为高温多湿。

【生态习性】蝴蝶兰为附生热带兰，喜高温高湿、半阴的环境，忌强光直射，不耐寒。其生长最适温度为白天 25 ~ 28℃，夜晚 18 ~ 20℃。当温度低于 15℃，生长停止，高于 32℃，植株休眠，不利于生长。花芽分化需较大的昼夜温差，最佳温度为白天 25℃，夜温 18 ~ 20℃，持续 3 ~ 6 周。

【栽培管理】蝴蝶兰具肉质的气生根，栽培基质要疏松透气，透水性、保水性良好。常见的基质有水苔、树皮、蕨根、椰糠、椰壳等。目前，生产栽培常用的基质是水苔和泡沫塑料块。栽培蝴蝶兰要用白色透明的小塑料盆，以利于蝴蝶兰根系的生长和进行光合作用。

生长期温度白天控制在 25 ~ 28℃，夜温 18 ~ 20℃。蝴蝶兰忌阳光直射，夏秋季遮阴 80%，春季遮荫 60%，冬季遮荫 40%。

蝴蝶兰叶片肥厚能储存水分，耐干旱。栽培基质干时再浇水，浇就浇透，浇水掌握宁干勿湿的原则，用水苔作基质，若根系长期积水，易烂根死亡。全年空气湿度应保持在 70% ~ 80%。

施肥，蝴蝶兰因生长快，生育期长，比其他洋兰需肥量稍多些，但仍应采取薄肥勤施的原则。5 月下旬刚换盆，正处于根系恢复期，不需施肥。6 ~ 9 月为兰株新根、新叶的生长期，每周施肥 1 次，用“花宝”液体肥稀释 2000 倍喷洒叶面和盆栽基质，夏季高温期可适当停施 2 ~ 3 次，10 月以后，兰株生长趋慢，减少施肥。

蝴蝶兰花序长，花朵多而大，盆栽时需设立支柱，防止花梗倾倒或折断，影响花容。因此，当花梗抽出后，在花盆中先设临时支撑，防止花梗倒伏。

大量繁育蝴蝶兰种苗以组织培养繁殖最为常用，花后切取花梗作外植体，进行组培繁殖。播种繁殖主要用于杂交育种，将种子播于无菌培养基上。

（1）蝴蝶兰小苗栽培管理。将蝴蝶兰组培瓶苗放到栽培温室中炼苗 3 ~ 4 天，将苗从瓶内取出，用清水将培养基冲净，勿伤根系，用消毒液或高锰酸钾稀溶液（0.05%）浸泡 5 分钟，将苗取出晾干分级，栽培于 5cm 的盆中，栽培基质的 Ec 值保持在 0.5 ~ 0.6，pH 值为 5.1 ~ 5.6，光照强度控制在 6000 ~ 8000Lx，白天温度 25 ~ 28℃，夜晚温度 20 ~ 23℃，保持较高的空气湿度十分重要，一般在 70% ~ 80%，向叶片及苗株喷雾，一般晴天可喷数次，保证植株不要过湿，小苗要保持通风良好。

施肥：在小苗生根的情况下给小苗进行第一次施肥，一般含高磷肥，“花多多”N-P-K 为 1-3-2 使用 1500 ~ 2000 倍液，以后兼给 N-P-K 为 3-1-1 或 2-1-2，一般 7 ~ 10 天喷一次，叶面肥以 N-P-K 为 20-20-20 为主，并结合使用微量元素和氨基酸类肥料。

（2）蝴蝶兰中苗栽培管理。蝴蝶兰小苗在 5cm 盆中栽培 3 ~ 5 个月、双叶距达到 12cm，换入 8cm 的盆中，换盆当天喷施杀菌液，3 天内不浇水，但空气相对湿度保持在 70% ~ 85%，光照强度增至 12000 ~ 15000Lx，栽培基质 Ec 值为 0.6 ~ 0.7，温度：一般在 22 ~ 26℃的范围内。

通风：要使温室内通风良好。肥料：根施肥以 N-P-K 为 20-20-20 为主，一般 1000 ~ 1500 倍；叶面施肥以 N-P-K 为 2-1-2 与 1-1-1 交替使用，一般为 1000 倍以上为宜，灌根肥要在叶面肥后面施，6 天施一次肥，在叶面肥喷施中每月喷一次磷酸二氢钾 1000 倍液肥一次。

当蝴蝶兰的双叶距达到 18cm，换入 12cm 的软塑料盆中，光照强度增至 15000 ~ 18000Lx，施肥以平均肥为主，一般 900 ~ 1200 倍，在两次肥料中补充高磷高钾肥，一般 1000 倍，叶面肥多以海藻肥和平均肥兼用效果好，在施肥中加入微量元素和活力素。通风要良好，不可闷热。

（3）蝴蝶兰的催花技术。催花处理温度，白天 26 ~ 28℃，晚上 18 ~ 20℃，低温时间 12h 左右。光照强度，一般要求 20000Lx 左右，不要灼伤叶片。催花时要施超磷肥（作用促进花芽分化）专业用“花多多”肥，N-P-K 为 9 ：45 ：15，用 2000 倍液肥叶面喷施和灌根 2 ~ 3 次即可，也可用喷施磷酸二氢钾代替，1000 倍液肥叶面喷施，或 2000 倍液肥灌根 5 ~ 7 天一次，出花梗后停用。空气相对湿度，一般在 65% ~ 75%。

花期调控的前提条件是必须满足低温需冷量，处理 45 天左右，方可完成花芽分化，此时夜间温度不得低于 15℃ ，否则会造成冷害，若此时夜间温度持续高于 25℃，也会使花芽分化停滞。蝴蝶兰从低温处理至开花需经 120 天左右，因此可通过调节处理起始时间，实现蝴蝶兰周年生产，需春节开花，应在 8 月处理。

【园林应用】蝴蝶兰花色艳丽，花形优美，是优良的盆栽花卉，可摆放于居家客厅、办公室、会议室等场所，美化环境。因为它的花期在元旦、春节，花期又长达数月，蝴蝶兰已成为重要的年宵花卉，为节日增添喜庆气氛。

除盆栽观赏外，蝴蝶兰也可作切花，用于制作插花作品。

11.2.2.3 石斛兰属

【学名】*Dendronbium*

【别名】金钗、黄草、木斛、吊兰花、林兰

【科属】兰科石斛属

【形态特征】石斛兰为附生兰，具有发达的气生根，根肉质，灰白色，粗壮而肥大。石斛兰的茎具有根状茎和假鳞茎，假鳞茎丛生，圆柱形，多节，内部储存有丰富的水分和养分，因此，石斛兰较耐旱。春石斛的假鳞茎开花后逐渐萎缩，新芽萌发形成新的假鳞茎及小植株。石斛兰的叶为披针形，叶片绿色，革质，有光泽，互生于茎节或茎顶上，春石斛在冬季落叶，秋石斛的叶多为常绿。总状花序生于茎上部的节上或茎顶，花梗从茎的顶部或近顶部的节上抽出，着花 5 ~ 20 朵。春石斛的自然花期在 3 ~ 4 月，花径多为 6 ~ 8cm，有些品种的花具有香味。花色鲜艳，丰富多彩，主要的花色有红、橙、黄、绿、紫、白、复色等。秋石斛的花期主要在秋季，其花色主要为白色和紫红色。石斛兰的果实为蒴果，棒状，种子细小量大，无胚乳，人工授粉可促进结实（见图 11-8）。

图 11-8 石斛兰

【品种与类型】

1. 原生种

（1）春石斛主要原生种。

1）石斛（*D.nobile*）又称金钗石斛，株高 40cm，假鳞茎丛生，花生于茎顶部的节上，花径 6cm，花白色，先端紫红色，唇瓣乳黄色，唇盘上有一紫红色大斑块。花期 3 ~ 4 月。

2）鼓槌石斛（*D.chrysotoxum*）又称金弓石斛，株高 30cm，茎粗大丛生，呈纺锤状，形似鼓槌。叶革质。总状花序，着花 4 ~ 10 朵，生于近顶部的叶腋间，花金黄色，有香味，唇瓣中部及喉部深橙色。花期 1 ~ 3 月。原产我国云南和缅甸，生长在热雨林中的树枝上。

3）流苏石斛（*D.fimbriatum*），花 1 ~ 3 朵生于叶腋间，深黄色，唇瓣边缘流苏状，深橙色，似天鹅绒，唇瓣底部有一血红色大斑。花期 3 ~ 4 月。

4）密花石斛（*D.densiflorum*），假鳞茎丛生，株高 30 ~ 40cm；纺锤形棒状，4 棱，褐色。叶 3 ~ 4 片，着

生于茎顶。花序下垂，长 20 ~ 30cm，密生花 20 ~ 30 朵，花淡黄色，唇瓣黄色。花期 3 ~ 5 月。常附生于海拔 780 ~ 2400m 林中的树干或岩石上。

5）超萼石斛（*D.cariniferum*），茎和叶有黑毛。花 1 ~ 2 朵，生于近茎顶的茎节间，花白色，唇瓣橙红色，顶端部分白色，有毛。花期春季。

6）肿节石斛（*D.pendulum*），株高 30 ~ 40cm，茎肉质，节肿大呈膝状。叶互生，绿色。花 1 ~ 3 朵腋生，白色，顶端呈紫红色，唇瓣喇叭状，中央具黄色斑块，顶端紫色，反卷。花期 4 ~ 7 月。

（2）秋石斛主要原生种。

1）蝴蝶石斛（*D.phalaenopsis*）是最美丽的蝴蝶型石斛兰。株高 60 ~ 90cm，茎粗壮，有纵沟。叶披针形，长而厚实，2 列互生。花 5 ~ 8 朵，生于枝端，花大，花径约 8cm，萼片和花瓣淡紫色，唇瓣先端紫红色，喉部白色。本种是目前秋石斛类品种的重要杂交亲本之一，几乎每一个秋石斛品种均有其血统。

2）舒氏石斛（*D.schuetzei*），茎直立，长 15 ~ 40cm；叶 2 裂，互生，花序短，生于叶腋，有花 3 ~ 4 朵，花大，直径达 9.5cm，花瓣白色，唇瓣白色，喉部黄绿色；花期秋季。为菲律宾特有种，生于低地雨林中树上。

3）美丽石斛（*D.speciosum*），植株粗壮，丛生；假鳞茎长可达 1m，棒状，叶硬革质，卵形；花序生于茎端叶腋，斜出或近直立，长达 60cm，花多达 50 朵，小花密生，花瓣黄绿色，唇瓣黄绿色有红色斑点；花期秋冬季。原产澳大利亚东部，生于低地雨林中树上。

2. 品种分类

石斛兰的品种繁多，它花期长，开花数量多，而且不少品种有香味，从而深受人们的喜爱，在国际花卉市场占有重要地位。石斛兰与卡特兰、蝴蝶兰和大花蕙兰并列为四大观赏兰花。

石斛兰在园艺上，按其品种习性的不同，分为春石类和秋石斛两大类。春石斛类的花序是从茎节处长出，花期多在春季，秋冬季落叶休眠，主要作盆栽观赏。

而秋石斛的花序则由茎顶抽出，花期在秋季，叶常绿，不休眠，主要作切花栽培。

（1）春石斛类常见品种有以下几种。

1）橙色宝石（*D.Orange Gem*），花枝粗壮，花大，花瓣金黄色，唇瓣金黄色，中间有 1 深紫红色斑块，花极香。

2）幻想（*D.Marones*‘Fantasy’），花大，1 ~ 3 朵生干叶腋间，花瓣紫红色，唇瓣基部有一紫红色大斑块，中部浅黄色，边缘有 1 紫红色环节。

3）东方乐园（*D.Oriental Paradise*），花多，每节 3 ~ 4 朵，花瓣白色，尖端紫红，唇瓣浅黄色，基部有 1 深紫红色斑块，边缘白色。

4）女王（*D.Seigyoku*‘Queen’），花大型，2 ~ 3 朵生叶腋，花瓣白色，唇瓣白色，基部有 1 深紫红色大斑块。

5）幸运七（*D.Luck Seven*），花多，2 ~ 4 朵生于叶腋节间，花瓣淡紫色，基部白色，唇瓣中央有 1 深紫红色斑块，边缘白色，唇尖淡紫色。

6）星尘（*D.Stardust*），花多，2 ~ 3 朵生于叶腋间，花瓣金黄色，唇瓣金黄色，基部有红色条纹。

（2）秋石斛类常见品种有以下几种。

1）熊猫 1 号（*D.Ekapol*‘Panda 1.’），为流行于全世界的切花品种，主产泰国，当地别名草兰，特点是花朵质厚，排列紧密，花朵中央白色，唇瓣和花瓣尖端紫红色。

2）熊猫 2 号（*D.Ekapol*‘Panda 2’），流行程度仅次于熊猫 1 号，与熊猫 1 号不同之处，除花较大外，红色部分亦较浅。

3）泰国白（*D.Thailand White*），为白花秋石斛的优良切花品种，特点是花多，排列紧密，花瓣雪白色，唇瓣白色，喉部浅绿色。

【产地及分布】全世界石斛属植物约有1600种，主要分布于东南亚热带及亚热带地区及澳大利亚等地。集中分布于新几内亚、菲律宾、马来西亚、泰国、中国、印度等地。

中国有石斛属植物76种，主要分布于秦岭、淮河以南的广大地区。集中分布于西南地区的云南、贵州、四川、广西等省（自治区、直辖市）及华南地区的广东、海南、台湾等地。

石斛在野生状态下多附生于林中树干上，或潮湿的悬崖峭壁上及溪流岩石旁。

【生态习性】石斛兰喜温暖、湿润、半阴环境，不耐寒。春石斛的生长适温为18～25℃，秋石斛的生长适温为25～35℃。春石斛生长期昼夜温差保持在10～15℃为宜。春石斛花芽分化时夜温在10～13℃，持续40天左右即可。

石斛兰忌干燥，怕积水，在新芽萌发及新根形成期，需要有充足的水分供应。但如果栽培基质过于潮湿，遇到低温，很容易烂根死亡。

石斛兰喜光，夏秋以遮光50%、春季遮光30%为宜。

【繁殖方法】

（1）分株繁殖。石斛兰的分株繁殖一般在休眠期后的春季结合换盆进行较好。此时新芽已形成，但尚未长出，分株时不会碰伤新芽。

（2）高芽繁殖。春石斛或部分秋石斛植株的假鳞茎上会长出小植株，有根和叶片，称为高芽。将这些高芽切下，另行栽植即称为高芽繁殖。高芽繁殖的最佳时期是3～9月，高芽栽培2年后可以开花称为商品盆花。

将具有3～4片叶，两条根以上、根长4～5cm的小植株用利剪从母株上剪下，用70%的代森锰锌可湿性粉剂处理伤。将高芽放在盆中央，根向四周展开，再慢慢填入栽培基质，基质一般用苔藓或椰丝。栽植后放在阴凉处，保持较高的空气湿度，但基质不可太湿，以防烂根。

（3）扦插繁殖。选择未开花且发育充实的假鳞茎作插条，将其切成数段，每段具2～3个节，将茎段插入湿润的苔藓或椰糠中，放在半阴、潮湿和室温18～22℃的环境中，插后一周保持半干燥状态，然后经常喷水，保持基质湿润，经过1～2个月，在节处可萌芽长根，形成新植株。扦插苗栽培2～3年后可开花。

（4）组织培养。以石斛兰嫩枝的茎尖、腋芽或茎节、花梗作外植体进行组织培养繁殖。正在生长的芽是最理想的外植体。大规模商品化生产石斛兰多用组织培养繁殖。

（5）无菌播种。多用于杂交育种。石斛兰种子细小，无胚乳，在自然状态下发芽率极低，将种子播种在人工配制的无菌培养基上，可促使其萌发成苗。人工辅助授粉可促进石斛兰结实。

【栽培管理】

（1）栽培基质与容器。栽培石斛兰的基质一般为苔藓、椰丝或树蕨根，基质要透水、透气性好，并有一定的保水性。栽培容器常用透气性好的瓦盆或塑料盆。

在春石斛的生长期，此时温度应保持在20℃以上。如果温度超过28℃时，应加强通风或洒水降温。为了促使春石斛花芽分化，秋末冬初应连续保持10～14℃的低夜温下约40～50天，就会顺利产生花芽。

（2）光照。春石斛是喜光植物，应尽量置于直射光线下栽培，但为了防止叶片灼伤，夏季还应遮光30%，小苗还应遮光40%，以免烈日灼伤叶和植株。10月以后，可除去遮光网，在直射阳光下栽种。光照不足，春石斛植株会瘦弱徒长，毫无生气，难以开花。此外，正值开花的春石斛亦不宜放在光线太暗的地方，否则花色会变得晦暗而变色，使观赏期大大缩短。

（3）浇水。春石斛的假鳞茎，能储存水分，较耐旱。一般来说，生长旺盛期，春石斛要求充足的水分，应保持每天浇水1～2次。晚秋和冬季春石斛逐渐进入休眠期，要减少浇水至数天1次。在生长旺盛期内每天用水喷雾以提高空气湿度十分重要。生长期内的夏秋季，湿度应保持在90%以上。

（4）通风。空气流通的环境有助于春石斛度过炎热的夏季，通风不良会使春石斛容易滋生病虫害，造成植株瘦弱，直接影响日后开花的数量和质量。

（5）施肥。在幼苗期可多施氮肥，当植株长大后，就要增施磷、钾肥的分量，以利于其孕花所需。养分是否充足关系到开花数的多寡，所以应在开花后施用氮肥。7 ~ 9 月，要增施鳞、钾肥，促进花芽分化。

（6）换盆。栽培 2 年以上的石斛兰，如果植株过大、根系过满，栽培基质已腐烂，应及时换盆。采用苔藓作栽培基质时，应 1 年换一次盆。

秋石斛主要作切花栽培，其生长适宜温度比春石斛的高。其他管理同春石斛。

【园林应用】春石斛在国外被称为父亲节之花，多作盆栽观赏。对春石斛进行催花，可使其在元旦和春节开放，从而成为重要的年宵花卉，为节日增添喜庆气氛。

秋石斛是重要的切花花卉，常用于制作新娘捧花、餐桌插花等插花作品。

11.2.2.4 卡特兰属

【学名】*Cattleya*

【别名】卡特利牙兰、嘉德丽亚兰

【科属】兰科卡特兰属

【形态特征】附生兰。茎通常膨大成假鳞茎，顶端具 1 ~ 2 枚叶。叶革质或肉质，长椭圆形。花单朵或数朵排成总状花序，生于假鳞茎顶端，通常大而艳丽，是兰科植物中花朵最大的类型之一，直径可达 10 ~ 15cm（见图 11-9）。

图 11-9　卡特兰

【品种与类型】

1. 原生种

卡特兰的原生种约有 65 种，几种主要的野生种如下。

（1）黄花卡特兰（*C.luteola* lindl.），矮生，株高约 18cm，假鳞茎短棒状，长约 10cm，叶椭圆形，长约 8cm，花序有花 5 ~ 7 朵，花中等大，花径约 6cm，花黄绿色，唇瓣黄色有紫红色斑点，花期秋季。原产巴西、秘鲁等地。

（2）斑点卡特兰（*C.guttata*），假鳞茎为细圆筒状，顶端着生 2 片叶，萼片及花瓣为黄绿色，并具有红色斑点。花径 13cm，白色，具紫色斑纹。

（3）大花卡特兰（*C.maxima*），植株高大，株高 40cm，假鳞茎棍棒状，长达 30cm，叶革质，长卵形。总状花序，有花 3 ~ 7 朵，花大，花径可达 12.5cm，白色或淡红色，唇瓣白色有许多红色脉纹，花期冬春季。原产厄瓜多尔和秘鲁。

（4）莫氏卡特兰（*C.mossiae*），假鳞茎棒状，长 12 ~ 30cm，叶卵形，长 15 ~ 25cm；总状花序有花 3 ~ 5 朵，花大，直径 12 ~ 20cm，白色或淡红色，唇瓣白色，喉部黄褐色，唇瓣边缘皱波状；花期春季。原产委内瑞拉。

（5）特氏卡特兰（*C.trianaei*），假鳞茎棍棒状，长约 30cm，叶革质，长椭圆形，与假鳞茎等长；花序有花 1 ~ 3 朵，花大，直径达 18cm，花白色或浅红色，唇瓣喇叭状，尖端部分紫红色；花期冬季。原产哥伦比亚。

（6）紫斑卡特兰（*C.aclandiae*），矮小附生植物，假鳞茎细长，圆筒状，长约 8cm；顶生 2 枚叶片，叶椭圆形，花序单朵或 2 朵，花中等大，花径可达 10cm，黄绿色或褐色，有许多紫红色的大斑点，唇瓣红色；花期夏季。原产巴西，生于近海岸的旱地树林中，附生于树上。

2. 品种分类

卡特兰属约有 65 种原生种，由于本属各种间容易杂交，产生大量杂交种，而且与近缘属等进行 2 属、3 属和 4 属间的杂交，杂交品种接近 1000 个，每年登录发表的新品种也很多，以致品系异常复杂，形成目前世界上庞大的卡特兰家族。卡特兰杂交品种名前，常写有参与杂交原生种的属名的缩写字母。卡特兰杂交品种常见英文缩写说明如下。

- *C.* 代表 *Cattleya*（卡特兰属）的属内杂交品种。
- *Bc.* 表示是 *Brassavol*（白拉索兰属）和 *Cattleya*（卡特兰属）2 属的杂交品种。
- *Blc.* 表示是 *Brassavola.*（白 . 拉索兰属）、*Laelia*（蕾丽兰属）和 *Cattleya*（卡特兰属）的 3 属杂交品种。
- *Lc.* 表示是 *Laelia*（蕾丽兰属）和 *Cattleya*（卡特兰属）的 2 属杂交品种。
- *Pot.* 表示是 *Brassavola*（白拉索兰属）、*Cattleya*（卡特兰属）、*Laelia*（蕾丽兰属）和 *Sophronitis*（朱色兰属）的 4 属杂交品种。
- Rolf. 表示是 *Brassavola*（白拉索兰属）、*Cattleya*（卡特兰属）和 *Sophronitis*（朱色兰属）的 3 属杂交品种。
- *Sc.* 表示是 *Sophronitis*（朱色兰属）和 *Cattleya*（卡特兰属）的 2 属杂交品种。
- *Slc.* 表示是 *Sophronitis*（朱色兰属）、*Lealia*（蕾丽兰属）和 *Cattleya*（卡特兰属）的 3 属杂交品种。
- *Low.* 表示是. *Brassavola*（白拉索兰属）、*Laelia*（蕾丽兰属）和 *Sophronitis*（朱色兰属）的 3 属杂交品种。
- *Sl.* 表示是 *Sophronitis*（朱色兰属）和 *Laelia*（蕾丽兰属）的 2 属杂交品种。
- *Bl.* 表示是 *Brassavola*（白 . 拉索兰属）和 *Laelia*（蕾丽兰属）的 2 属杂交交种。

卡特兰的品种分类主要是根据其花色和花期进行分类。

（1）依据花色分类可把卡特兰品种分为以下几类：红花系、紫花系、黄花系、白花系、绿花系、黄花红唇系、白花红唇系、斑点花系和楔瓣花系等 9 大类。

（2）依据花期分类。

1）冬季及早春开花品种。1 ~ 3 月开花 。常见的品种有大眼睛（*Blc.Hwa Yan Eye*）紫花，唇瓣上有一对明亮、金黄色的大斑块，形似眼睛。司蒂芬（*Lc.Stephen Oliver Fouraker*）花白色，唇瓣紫红色，基部有一个黄色大斑块。红玫瑰（*Pot.Rebecca Merkel*）萼片、花瓣及唇瓣均为红色。

2）春季开花品种。4 ~ 5 月开花。常见品种有三阳（*Blc.Three Suns*）绿花，唇瓣基部深绿色，先端有一紫红色小斑块。留兰香花瓣粉红色，唇瓣深红色，基部粉红色，中型花，浓香。

3）夏季开花品种。6 ~ 9 月开花。常见品种有大帅（*Blc.Purpre Ruey*）萼片、花瓣紫色，唇瓣深紫色，基部有黄褐色斑块。阿基芬（*Lc.Aqui Finn*）花瓣及唇瓣均为粉红色，先端紫色。

4）秋冬季开花品种。10 ~ 12 月开花。常见品种有红巴士萼片、花瓣紫红色，唇瓣深紫红色，基部有黄色斑块。黄钻石（*Blc.Yellow Diamond*）萼片、花瓣黄色，唇瓣橙色，边缘红色。

5）不定期开花品种。这类品种没有固定的花期。常见品种有胜利（*Mem.Crispin Rosales*）萼片、花瓣及唇瓣均为紫色。阿尔马其（*Blc.Almakee Tipmalee AM/CST*）萼片、花瓣鲜黄色，唇瓣红色，基部有黄色条纹。

【产地与分布】本属植物有 65 个原生种，原产于美洲热带和亚热带，广泛分布于墨西哥、巴西、哥伦比亚、秘鲁、厄瓜多尔、委内瑞拉等地，其中以哥伦比亚和巴西野生种最多。野生状态的卡特兰多附生于山地雨林中大树的枝干上。为了纪念第一位将这种兰花种植成功的英国园艺学家 William Cattleya ，将其命名为 Cattlela 兰（卡特丽亚兰简称卡特兰）。

【生态习性】卡特兰生长适宜温度为 25 ~ 30℃，成年植株，小苗夜温 20℃为宜，大苗夜温 15 ~ 20℃，越冬温度夜温需保持在 15℃以上。

卡特兰生长和开花需要较强的散射光，属半阴性植物，不耐强光直射。春夏季及早秋开花的卡特兰属长日照花卉，其花芽分化需要经过一个长日照阶段。在冬季和早春开花的卡特兰属于短日照花卉，其花芽分化需要经过一个短日照阶段。

卡特兰较耐旱，因为它的叶片和假鳞茎均有贮水功能。但在卡特兰生长旺盛期需水较多，开花期和冬季要适当控制浇水。卡特兰喜较高的空气湿度，其生长环境的空气相对湿度在 70% ~ 80% 为宜。但也要注意通风良好，以防病虫害发生。

【繁殖方法】

（1）播种繁殖。主要用于卡特兰杂交育种。卡特兰属内种间以及近缘属间均易杂交，因此，培育出了许多杂交品种。人工辅助授粉可促进卡特兰结实。一般将卡特兰的成熟种子播种于无菌培养基中。其培养基配方为：MS+0.1 ~ 0.5mg/l NAA+10% 椰汁 + 活性炭。

（2）分株繁殖。卡特兰是以匍匐茎横向生长，一般 2 ~ 3 年分株一次，分株时间宜选在卡特兰各品种的休眠期进行。分株时以利刀或利剪按 3 个假鳞茎为一组切下，另行栽植即可。

分株繁殖是卡特兰常用的繁殖方法，但繁殖率低，不适应大规模生产的要求。

（3）组织培养繁殖。卡特兰的大规模商品化生产主要是用组织培养方法繁育小苗。一般选择卡特兰的新芽作外植体，消毒后接种于初代培养基上。初代培养基的配方为：MS+0.1 ~ 0.5mg/l NAA+1 ~ 5mg/l BA+10% ~ 15% 椰汁。

通过初代培养而形成的原球茎体要尽早增殖为好，即进行继代培养，然后进行壮苗、生根培养并进行间苗、移栽。

【栽培管理】适宜栽培卡特兰的基质有：树皮、火山石、水苔、粗泥炭、椰壳、陶粒等，较常用的是由树皮、火山石、粗泥炭或水苔按 1 ∶ 1 ∶ 1 的比例配制成混合基质。花盆要选择透气性好的瓦盆或塑料盆。

卡特兰在新芽、新根生长期可适当多浇水，休眠期少浇水，浇水要遵循见干见湿的原则，即基质干透浇透。卡特兰生长环境的空气相对湿度全年要保持在 80% 左右，有利于其生长发育。卡特兰喜较强的散射光，不耐强光直射，夏季遮光 50%，春秋季遮光 30%，冬季可不遮光。生长环境要通风良好，以防病虫害的发生。

卡特兰在生长期可每周施一些稀薄的液肥，一般用磷酸二氢钾或花宝稀释 1000 倍进行叶面喷施，休眠期停止施肥。卡特兰盆栽一般 2 ~ 3 年换盆一次，在 4 ~ 5 月新芽长出 2 ~ 3cm 时换盆较为适宜。

【园林应用】卡特兰花朵硕大，花色艳丽，品种丰富，是优良的盆栽花卉。可用来美化居室、厅堂、会所等环境。

11.2.2.5 兜兰属

【学名】*Paphiopedilum*

【别名】拖鞋兰、囊兰、仙履兰

【科属】兰科兜兰属

【形态特征】常绿无茎草本，无假鳞茎，叶带状革质，基生，2 列，深绿或有斑纹，表面有沟。花单生，少数种多花，花形美丽，唇瓣膨大成兜状，口缘不内折。侧萼片合生，隐于唇瓣后方，中萼片大，位于唇瓣上方，侧生两枚花瓣常狭而长。能育雄蕊两枚，退化雄蕊一枚。花色淡雅，常见花色有白色、浅绿色、黄色、粉红色、紫红色、红褐色等，并带有不同粗细的墨褐色条纹和斑点。花期 20 ~ 50 天，少数种可多次抽生花葶（见图 11–10）。

图 11–10　兜兰

【品种与类型】兜兰原生种。兜兰原生种很多，现在介绍几种兜兰的主要原生种。

（1）杏黄兜兰（*P.armeniacum*），植株丛生，叶 5 ~ 7 片，叶长条状，叶面有深绿色和浅绿色相间的网格斑，叶背面密生紫红色小斑点；花单朵，金黄色或杏黄色，唇瓣为椭圆状卵形的兜，金黄色；花期 4 ~ 5 月。最先在中国云南西部发现，缅甸也有，生于海拔 1400 ~ 2100m 的石灰岩山丘石隙积土中。该种兜兰是中国著名植物学家陈心启教授在 1982 年发表的新种。

（2）硬叶兜兰（*P.micranthum*），叶 4 ~ 5 片，狭矩圆形，叶面有深、浅绿相间的网格斑，背面密生紫红色小斑点；花单朵，花瓣浅黄色或白色有紫红色脉纹，兜状唇瓣椭圆形，白色或边缘呈淡紫红色，花期 3 ~ 4 月。本种产中国广西、云南和贵州省（自治区），最近发现越南也有，生于海拔 1300 ~ 1700m 的石灰岩石缝积土中。

（3）麻栗坡兜兰（*P.malipoense*），叶 7 ~ 8 枚，狭椭圆形，叶面有深、浅绿相间的网格斑，叶背面密生紫红色斑点；花单朵，花瓣绿色有紫红色脉纹，兜状唇瓣近球形，浅绿色，基部有一紫红色斑块，花有香味；花期春季。本种分布于中国广西、贵州和云南省（自治区）；越南亦产，生于海拔 1300 ~ 1600m 石灰岩隙积土中。本种是兜兰中较原始的种。

（4）同色兜兰（*P.concolor*），又名黄花兜兰，斑叶种，叶有不规则的斑纹，背面密布紫红色点；花葶短，花紧靠叶面开放，花 1 ~ 3 朵，浅黄色，均匀分布紫红小斑点，唇瓣兜部长卵形，爪极短。花期 5 ~ 6 月，每朵花可开放 6 ~ 8 周。分布于中国的广西、云南、贵州等省（自治区）。

（5）海南兜兰，产于中国。斑叶种，叶上面有较大的方格状斑纹，叶背面绿色，基部有紫点；花葶直立，花单朵，紫色，背萼片黄绿色，花瓣淡紫色，外侧有 10 余个黑色点，内侧有 5 ~ 6 个黑色细点。花期 3 ~ 4 月。

（6）雪白兜兰（*P.niveum*），属斑叶种。叶深绿色，叶背密布紫色斑点，花白色，花瓣基部有紫红色小斑点。花期春季，原产马来西亚、泰国、印度等地。

兜兰的杂交品种很多。其杂交育种主要是在同属不同种间及品种间的杂交。兜兰杂交品种的园艺分类主要是依花朵的数目分为单花系（1 株 1 朵花），多花系（1 株 2 朵以上花）。

【产地与分布】兜兰属的原生种有 70 余种，主要原产于东南亚的热带和亚热带地区，分布于亚洲南部的印度、缅甸、泰国、越南、马来西亚、印度尼西亚至大洋洲的巴布亚新几内亚。中国也是兜兰的重要原产地之一，原种约 17 种，分布于中国西南部及南部的云南、贵州、广西、广东、香港、福建等省（自治区、直辖市）。兜兰属于地生兰或半附生兰，在野生状态下常生长于海拔 1000 ~ 1800m 的林下或石灰岩表面或石缝中的腐叶土中。

【生态习性】兜兰属为地生或半附生兰科植物，生于林下涧边石灰岩的石隙腐叶土中，喜半阴、温暖、湿润环境。耐寒性不强，冬季仅耐 5 ~ 12℃的温度，种间有差异，少数原种可耐 0℃左右低温，生长温度 18 ~ 25℃。根喜水，不耐涝，好肥。

【栽培管理】兜兰属大部分野生种在原生地无明显休眠期，植株无假鳞茎，根数少，耐旱性差，喜湿好肥。栽培使用的基质应疏松肥沃，选择蛇木（蕨根）、树皮、椰糠、泥炭土、腐叶土、苔藓等 2 ~ 3 种混合，各成分比例随种的不同加以调整，常用的是泥炭土和腐叶土混合基质。盆底加垫木炭、碎砖石块排水。

栽培需常施肥浇水，生长期每月施肥 1 ~ 2 次，以尿素、复合肥、磷酸二氢钾较为常用，依生长的不同时期调整肥料成分。注意维持土壤空气湿度，酷暑时应喷雾加湿，忌干热。夏季遮阴 70% ~ 80%，春秋遮阴 50%，冬季可全日照。依原产地的不同要求不同的越冬温度，热带原产的种应不低于 18℃，产于印度、我国的种可在 8 ~ 12℃越冬，高海拔山区的原生种可耐受 1 ~ 5℃的低温。

兜兰在通风不良的条件下易发生软腐病、叶斑病、叶枯病，应保持场地清洁透气，及时喷洒抗菌素和杀菌剂防治。

兜兰属采用分株繁殖，花后结合换盆进行分株，一般两年进行一次，先将植株从盆中倒出，轻轻除去根部附着的植料，用消过毒的利刀从根茎处分开，2 ~ 3 苗一丛，切口用药剂涂抹处理，稍晾后分别上盆。商业栽培需要大量种苗时，采用组织培养法。培育新品种时用播种法，用培养基在无菌条件下进行胚培养，播种苗于 4 ~ 5 年后开花。

【园林应用】兜兰花形奇特，色彩淡雅，是优良的盆栽观赏花卉。

11.2.2.6 文心兰属

【学名】*Oncidium*

【别名】瘤瓣兰、跳舞兰

【科属】兰科文心兰属

【形态特征】文心兰的形态变化比较大，假鳞茎为扁卵圆形，较肥大，似琵琶，多数种没有假鳞茎。叶片 1 ~ 3 枚，顶生，叶条形至长卵形，或薄或厚，通常可分为三种：薄叶种、厚叶种和剑叶种。每个假鳞茎上一般只长出 1 支花梗，某些生长粗壮的品种，可能会长出 2 支花梗。花梗有的很短，只开 1 ~ 2 朵花，有的很长，单梗或分枝，上面能开数百朵花。花瓣边缘多皱波状，侧萼向上弯曲，唇瓣具有多变的斑纹，基部有鸡冠状的瘤状突起。花色以黄色为主，还有棕色、白色、绿色、红色或洋红色。花形似跳舞女郎或金蝴蝶。花期因种而异，有些种的花朵连续不断地开放，开花期长达 1 ~ 2 月（见图 11–11）。

图 11–11 文心兰

【品种与类型】文心兰全属约有 400 个野生种，是兰科中最大的属之一，有许多种和种间或属间杂交种。文心兰的品种繁多，形态各异。文心兰的开花期一般在秋季或冬季，也有四季开花的品种。园艺栽培上，常见的文心兰以切花品种为主，盆栽品种占极少数。人工杂交的文心兰品种大多为黄花系和红花系。

【产地与分布】绝大多数种为附生兰，只有少数几个种为石生兰或地生兰。分布在中、南美洲，以巴西、哥伦比亚、厄瓜多尔和秘鲁为最多。分布于低地雨林或高山矮林中，附生于树上或石上。

【生态习性】文心兰一般喜高温高湿的环境，稍耐旱，喜半阴，喜通风良好的环境。

【繁殖与栽培管理】文心兰的繁殖以分株为主，分株时间应在花期过后或新芽长出时进行。大规模商品化生产文心兰多以组织培养来繁育小苗。文心兰的栽培条件因品种不同而有很大的差异。在栽种文心兰时，必须先了解该品种原产地的生长条件，是属于热带的低海拔的热带种，还是热带高海拔或亚热带或暖温带喜冷凉的品种，根据其原生地的条件，创造不同温度的生长环境。生长适温以 20 ~ 30℃为，越冬温度以 15℃以上为宜。

一般文心兰需要充足的光照，夏季可适当的给予遮光，约遮去 40%，冬季不必遮光。大多数文心兰品种耐旱力较强，但在其生长期（3 ~ 9 月），需要有充足的水分供应。冬季减少浇水，文心兰生长环境的空气湿度全年应保持在 60% ~ 80%。要通风良好，防止病虫害发生。在生长季每月追施液肥 2 ~ 3 次，要薄肥勤施。植株抽出花梗时应停止施肥，开花后可恢复施肥。

文心兰一般 2 ~ 3 年换盆一次，栽培基质以排水良好的树皮、树蕨根、水苔、木炭、碎砖块等为好。

【园林应用】文心兰的花形奇特，花期持久，深受大众欢迎。是世界上重要的切花品种之一，市场需求量很大，多用其小花种作插花的配花用。

11.2.2.7 万代兰

【学名】*Vanda*

【科属】兰科万代兰属

【形态特征】多年生草本，茎单轴型，无假鳞茎，植株高大，50 ~ 200cm。叶革质，抱茎着生，排成左右

图 11-12　万代兰

两列，扁平状、圆柱状或半圆柱状。花自叶腋抽出，总状花序着花 5 ~ 20 朵，质厚，萼片发达，两侧萼片大于花瓣，唇瓣小而不发达，与蕊柱基部粘连，有距，蕊柱短，花药顶生，有的具香味，花期长达 1 个多月。花色鲜艳、丰富，常见的花色有：粉红色、紫红色、褐色、黄色、白色、蓝色等（见图 11-12）。

【品种类型】

1. 原生种

万代兰的原生种较多，现介绍几种原产中国的万代兰的原生种。

（1）棒叶万带兰。原产中国云南省南部。常绿，茎木质，攀缘状；叶棒状，两列状着生；总状花序腋生，疏生少数花，花大，径 7cm 以上，紫红色，内外花被片近同形，基部收窄，唇瓣上面被毛，黄色，下面无龙骨状突起，蕊柱粗短；花期 7 ~ 8 月。

（2）白柱万带兰。原产中国云南省东南部至西南部、广西壮族自治区，缅甸和泰国亦产，生于海拔 800 ~ 1800m 的林中。茎长，具多数短的节间；叶两列，革质，带状，长 22 ~ 25cm，宽约 2.5cm，先端有 2 ~ 3 个尖齿状缺刻；花序腋生，有花 3 ~ 5 朵，花瓣质厚，黄褐色带深褐色网状脉纹，唇瓣有许多褐色条纹，蕊柱白色稍带淡紫色晕；花期冬春季。

（3）琴唇万带兰。原产中国广东、广西、云南和贵州等省（自治区），生于海拔 800 ~ 1200m 的林中。茎长；叶二列，革质，带状叶长 20 ~ 30cm，宽 1 ~ 3cm，中部以下常呈 V 形对折，先端有 2 ~ 3 个不等长的尖齿状缺刻；花序腋生，有花 2 ~ 8 朵，花瓣黄褐色有褐色条纹，唇瓣有许多褐色斑点和条纹；花期春季。

（4）纯色万带兰。原产中国海南省和云南省，生于海拔 600 ~ 1000m 的疏林中。茎粗壮，长可达 20cm；叶二列，带状，长 14 ~ 20cm，宽约 2cm，先端有 2 ~ 3 个不等长的尖齿状缺刻；花序腋生，有花 3 ~ 6 朵，花质厚，花瓣黄褐色，有网格状脉纹，唇瓣白色，有许多紫色斑点和条纹；花期冬春季。

（5）鸡冠万带兰。原产中国云南省西南部、西藏东南部，锡金、尼泊尔和印度亦产，生于海拔 700 ~ 1600m 的常绿阔叶林中。茎直立，长达 6cm；叶厚革质，二列，带状，长可达 12cm，宽约 1.3cm，先端有三个不等的细尖齿；花序腋生，有花 1 ~ 2 朵，花瓣质厚，浅黄色，唇瓣白色有多条深红色条纹，尖端开叉；花期春夏季。

（6）矮万带兰。原产中国云南南部、广西西部、海南，印度、泰国和越南亦产，生于海拔 900 ~ 1800m 的山地林中。茎直立，长约 5crn；叶二列，带状，长 10 ~ 11cm，宽约 1cm，革质，中部对折呈 V 形；花序短，腋生，有花 1 ~ 2 朵，花瓣白色，唇瓣肉质，白色，有红色斑纹和斑点；花期夏季。

2. 品种

园艺家们用万代兰属内种间杂交，及与其他近缘属（鸟舌兰属、蜘蛛兰属、火焰兰属等）杂交，培育出了上千个万代兰品种。依据花色分类可把万代兰的杂交品种分为以下 4 类：红花系、紫花系、白花系和黄花系。

【产地与分布】万代兰属的拉丁学名 *Vanda* 是来自印度梵文，意为“长于树上的附生植物”之意。全属约有 60 多个原生种中国有 10 个。分布于亚洲热带、亚热带和大洋洲各国，从印度东部至东南亚、巴布亚新几内亚、澳大利亚、菲律宾和中国的广东、广西、云南、海南、台湾、贵州、福建等省（自治区）均有野生分布。附生于沟谷雨林、山地季雨林的树上或石壁上。

【生态习性】万带兰属现有栽培种绝大多数为杂交种，是热带附生兰，原生种多附生在林中树干或石壁上，喜光喜湿，不耐寒。气生根粗壮发达，好气好肥，环境适宜时栽培管理容易。

【繁殖与栽培管理】万带兰的商品生产大量采用组织培养试管苗和扦插苗。杂交育种采用人工培养基无菌播种，盆栽可分株。万带兰的根常常伸出容器暴露于空气中，好气且十分耐旱，栽培基质忌用土壤，宜用颗粒较粗的植料，如树皮、木炭、椰壳、蕨根等，置于木框、藤框等利于根条伸出的网格状容器中。栽培万带兰要求给予充足的光照，夏季遮阴30%，其余时间不必遮光。浇水依季节和温度调节，在旺盛生长期应给予高湿高温条件促使茎叶生长，7 ~ 10天施液肥一次，间或给予叶面肥。当温度降至20 ~ 25℃时生长趋缓，施肥间隔时间拉长；15 ~ 20℃时少浇水施肥，防止烂苗；低于15℃基本不施肥，并只叶面喷水；10℃以下气温对产于热带地区的种和品种将产生冻害。在光照充足、温湿度高、营养供应有保证的条件下，万带兰生长迅速，开花多。在高温强光照环境中，只要保持80% ~ 90%的空气湿度，适时通风，万带兰亦能生长开花。

【园林应用】万带兰是重要的商品花卉，不仅作切花栽培大量出口，盆花生产和园林绿地应用亦十分普遍。

思考题

1. 简述兰科花卉按生态习性分类方法。
2. 简述春兰的生态习性、品种类型、繁殖方法及栽培管理要点。
3. 简述建兰的生态习性、品种类型、繁殖方法及栽培管理要点。
4. 简述蝴蝶兰的生态习性、品种类型、繁殖方法及栽培管理要点。
5. 简述大花蕙兰的生态习性、品种类型、繁殖方法及栽培管理要点。

本章参考文献

[1] 吴应祥. 中国兰花[M]. 北京：中国林业出版社，1991.

[2] 王意成，等. 兰花鉴赏与养护[M]. 南京：江苏科学技术出版社，2003.

[3] 胡松华. 热带兰花[M]. 北京：中国林业出版社，2002.

[4] 唐树梅. 热带兰[M]. 北京：中国农业出版社，2003.

[5] 陈宇勒. 洋兰欣赏与栽培图说[M]. 北京：金盾出版社，2004.

[6] 陈心启，吉占和. 中国兰花全书[M]. 北京：中国林业出版社，2003.

[7] 卢思聪. 中国兰与洋兰[M]. 北京：金盾出版社，1999.

[8] 朱根发. 蝴蝶兰[M]. 广州：广东科技出版社，2004.

[9] 包满珠. 花卉学[M]. 北京：中国农业出版社.

[10] 曾宋君，胡松华. 石斛兰[M]. 广州：广东科技出版社，2004.

[11] 曹春英. 花卉栽培[M]. 北京：中国农业出版社，2001.

[12] 陈明莉，王碧青. 卡特兰[M]. 广州：广东科技出版社，2004.

[13] 刘会超，王进涛，武荣花. 花卉学[M]. 北京：中国农业出版社，2006.

本章相关资源链接网站

1. 新加坡东南亚兰花协会 www.sinflora.com
2. 中国植物学会兰花分会
3. 中国花卉协会兰花分会

第12章 地 被 植 物

12.1 概述

12.1.1 概念及基本类型

12.1.1.1 概念

地被植物是指那些株丛密集、低矮，经简单管理即可代替草坪覆盖在地表，并具有一定观赏和经济价值的植物。它不仅包括多年生低矮草本植物，还包括那些适应性较强的低矮、匍匐型的灌木和藤本植物。中国具有丰富的地被植物种质资源，但到目前为止，对于地被植物生物学、生态学特性，尤其是保护和净化环境的功能以及经济用途等方面的研究还很不够，通过今后更深入的研究，将会逐步从现有地被植物资源中选育出更多更好、能够应用于不同地区、不同环境条件和不同需要，具有良好环境效益和一定经济价值、科学价值的新地被植物。

12.1.1.2 基本类型

1. 草本地被植物

草本地被植物指草本植物中株形低矮、株丛密集自然、适应性强、管理粗放，可以观花、观叶或具有覆盖地面、固土护坡功能的种类。主要包括宿根、球根及能够自播繁衍的一、二年生植物。如萱草、二月兰、紫花地丁、玉簪、喇叭水仙、白三叶、沿阶草、麦冬、玉带草、狼尾草、荚果蕨、过路黄、垂盆草等。

2. 木本地被植物

木本地被植物指一些生长低矮、对地面能起到较好覆盖作用并具有一定观赏价值的灌木、竹类及藤本植物。如八角金盘、阔叶十大功劳、金叶女贞、紫叶小檗、百里香、扶芳藤、铺地柏、菲白竹、箬竹、紫藤、木通、薜荔、络石、常春藤等。

12.1.2 主要类别的生态习性

地被植物分布范围很广，原产地不同的地被植物，生长发育所需要的条件也相差很大。

12.1.2.1 对温度的要求

原产于热带、亚热带及温带的大部分地被植物，生长季要求较高的温度，耐寒力相对较弱，因此常需在春季播种；而耐寒力较强的种类则可以考虑在秋季播种。

12.1.2.2 对光照的要求

大多数的地被植物都是喜光型的，宜栽植在路边、坡脚等处，如马蔺、三色堇、石竹等；也有喜光又耐阴的种类，宜作花坛、树坛等边饰或点缀于石际，如麦冬、吉祥草、虎耳草等；耐半阴的种类如金银花、薜荔等，宜栽植在疏林下或林缘处；也有极其耐阴的种类，宜栽植在密林下，如沿阶草、富贵草、小长春蔓等。

12.1.2.3 对水分的要求

有些地被植物非常耐干旱、耐土壤瘠薄，宜在干旱少雨或灌溉不便、土质瘠薄处栽植，如百里香、苔草等；还有些种类较耐阴湿，宜在水边、湿地栽植，如菖蒲、慈姑等。

12.1.2.4 对土壤的要求

喜酸型的地被植物适宜在酸性土壤中栽植，如豆科三叶草属多年生草本植物杂三叶等；还有一些种类是耐盐碱型的，可在盐碱土壤中生长，如马蔺、星星草等。

12.1.3 园林中的应用

12.1.3.1 园林应用特点

随着中国园林绿化事业的不断发展，地被植物已被广泛应用于环境的绿化美化，尤其是在园林配置中，广泛应用于花境、缀花草坪、屋顶绿化等方面。地被植物的园林应用特征主要体现在如下几个方面。

1. 观赏价值高

地被植物中的木本植物有高矮和层次上的变化，而且易于造型修饰成模纹图案，有的种类还具有匍匐性或良好的可塑性，可以充分利用特殊的环境造型，弥补乔木生长缓慢、下层空隙大的不足，在短时间内可以收到较好的观赏效果。

2. 抗逆性强

地被植物具有广泛的适应性和较强的抗逆性，能够适应较为恶劣的自然环境，生长速度快，可以在阴、阳、干、湿等多种不同的环境条件下生长。

3. 管理粗放，繁殖容易

地被植物多为多年生草本植物，繁殖简单，一次种植可多年受益。病虫害少，不易滋生杂草，养护管理粗放，不需要经常修剪和精心护理，减少了人工养护的费用和时间。

12.1.3.2 养护管理

尽管地被植物的种类多为较抗旱的种类，但是在连续干旱的天气里，也应适当浇水，以防因缺水而影响植物的生长；地被植物的施肥方法多采用喷施法，因为这种方法很适合于大面积使用，又可在生长期进行；对于较低矮的地被植物种类，一般不需要经常修剪，但是对于那些花或者花茎较高的种类，则需在开花后适当地通过修剪降低高度，以免影响景观的观赏效果。

12.1.3.3 选择地被植物应注意的问题

1. 因地制宜

首先应根据种植地自然环境的需求，选择适合该地点的地被植物种类。如在缺水、干旱处，应选择耐旱的地被植物，在阴暗处选择蕨类等观叶地被植物等。

2. 注意花色协调，宜醒目，忌杂乱

在绿茵似毯的草地上适当种植些观花地被，其色彩更容易协调，例如低矮的紫花地丁、白花的白三叶、黄花的蒲公英等；而在道路或草坪边缘种上雪白的香雪球、太阳花，则显得高雅、醒目和华贵。

3. 注意绿叶期和观花期的交替衔接

如观花地被石蒜、忽地笑等在冬季只长叶，夏季只开花，而四季常绿的细叶麦冬则几乎周年看不到花，如能在成片的麦冬中，增添一些石蒜、忽地笑，则可达到互相补充的目的。

12.2 地被植物主要种类

12.2.1 草本地被植物

12.2.1.1 二月兰

【学名】*Orychophragmus violaceus*

【别名】菜子花、二月蓝、紫金草（日本）

【科属】十字花科诸葛菜属

【形态特征】一年或二年生草本。因农历二月前后开始开蓝紫色花，故称二月兰。株高 20 ~ 70cm，一般多为 30 ~ 50cm。茎直立且仅有单一茎。基生叶和下部茎生叶羽状深裂，叶基心形，叶缘有钝齿；上部茎生叶长圆形或窄卵形，叶基抱茎呈耳状，叶缘有不整齐的锯齿状结构。总状花序顶生，着花 5 ~ 20 朵，花瓣中有幼细的脉纹，花多为蓝紫色或淡红色，随着花期的延续，花色逐渐转淡，最终变为白色。花期 4 ~ 5 月，果期 5 ~ 6 月。花瓣 4 枚，长卵形，具长爪，爪长约 3 ~ 6mm，花瓣长度约 1 ~ 2cm；雄蕊 6 枚，花丝白色，花药黄色；花萼细长呈筒状，蓝紫色，萼片长 3mm 左右。果实为长角果圆柱形，长 6 ~ 9cm，角果的顶端有细长的喙，果实具有四条棱，内有大量细小的黑褐色种子，种子卵形至长圆形，果实成熟后会自然开裂，弹出种子（见图 12-1）。

图 12-1 二月兰

【产地与分布】原产于中国东北及华北地区，在中国长沙以北地区广泛分布。

【生态习性】耐寒性强，又比较耐阴，适生性强。从东北、华北，直至华东、华中都能生长。冬季如遇重霜及下雪，有些叶片虽然也会受冻，但早春依然能萌发新叶、开花和结实。

【繁殖与栽培管理】具有较强的自繁能力，一次播种年年能自成群落。每年 5 ~ 6 月种子成熟后，自行落入土中，9 月长出绿苗，小苗越冬，晚春开花，夏天结籽，年年延续。在中国北方地区也能够露地越冬。二月兰的抗逆性及适应性都较强，对土壤要求不严，管理较粗放。

【园林应用】在园林绿地、林带、公园、住宅小区、高架桥下常有种植，作为观叶及观花地被广泛应用，覆盖效果良好，叶色碧绿，花色淡雅，惹人喜爱。

12.2.1.2 蛇莓

【学名】*Duchesnea indica*

【别名】野杨莓、鸡冠果等

【科属】蔷薇科蛇莓属

【形态特征】多年生草本植物，全株具有白色柔毛。茎细长，匍匐状，节节生根。3 出复叶互生，小叶菱状卵形，长 1.5 ~ 4cm，宽 1 ~ 3cm，边缘具有钝齿，具有托叶；花单生于叶腋，具长柄，副萼片 5 枚，有缺刻，萼片 5 枚，比副萼片小，花瓣 5 枚，黄色，倒卵形，雄蕊多数，着生于扁平花托上。聚合果成熟时花托膨大，海绵质，红色。瘦果小，多数，红色，形似草莓。花期 4 ~ 5 月，果期 5 ~ 6 月（见图 12-2）。

【产地与分布】原产于辽宁以南各省区。分布从阿富汗东达日本，南达印度、印度尼西亚，在欧洲及美洲均有记录。生长于海拔 280~3100m 之间的地区，常生长在山坡、河岸、草地及潮湿的地方。

图 12-2 蛇莓

【生态习性】较耐寒，喜生于阴湿生境，常生于沟边潮湿草地，对土壤要求不严，但以肥沃，疏松潮湿的砂质壤土为好。

【繁殖与栽培管理】播种繁殖或分株繁殖。播种在秋季进行，可播于露地苗床，亦可于室内盆播。其匍匐茎节处着土后可萌生新根形成新植株，将幼小新植株另行栽植即为分株。栽植前可施足基肥，生长期每月追肥 1 次，旱季应注意浇水。

【园林应用】蛇莓的叶、花、果均有较高的观赏价值，而且又极易自行繁殖，是一次建坪，多年受益的低维护性多年生草本植物。植株低矮，枝叶茂密，具有春季返青早、耐阴、绿色期长、地面覆盖效果好等特点。但是由于蛇莓不耐践踏，因此最好将其种植在封闭的绿地中，这样才能表现出更好的观赏效果。

12.2.1.3 阔叶马齿苋

【学名】*Portulaca oleracea*

【科属】马齿苋科马齿苋属

【形态特征】株高约 8 ~ 15cm，具匍匐性，茎和叶肉质性。叶宽大，长椭圆形（见图 12-3）。

【产地与分布】中国南北各地均产。广布全世界温带和热带地区。常生在荒地、田间、菜园或路旁，在中国华南、华东、华北、东北、中南、西南、西北等地区分布较多。

图 12-3 阔叶马齿苋

【生态习性】喜高温，不耐寒，喜光，喜砂质壤土，耐干旱瘠薄，不耐水涝。花在日中盛开，其他时间或阴雨天，花朵常闭合或不能充分开放。

【繁殖与栽培管理】播种或扦插繁殖，播种繁殖难以保持品种的花色统一，如果要求统一花色，一般以扦插为主，常摘取新梢进行扦插，较易生根。可于初花时进行扦插育苗。马齿苋种子细小，故要精细整地，并以条播为好。在生长期间，根据生长情况进行追肥，一般施用尿素 300 倍液 1 ~ 2 次，每亩每次用尿素 5kg。马齿苋几乎不发生病虫害。

【园林应用】花期极长，春夏秋季均能开花，每枝枝条一次只能开一朵，但枝条数量多，所以每天都能看到大片的花海。花色丰富而鲜艳，阳光下极其耀眼夺目，植株低矮，枝叶繁茂，是良好的花坛用花，也可用作毛毡花坛或花境、花丛、花坛的镶边材料，还可用于窗台栽植或盆栽。

12.2.1.4 莓叶委陵菜

【学名】*Potentilla fragarioides*

【别名】满山红、矮子莛

【科属】蔷薇科委陵菜属

图 12-4 莓叶委陵菜

【形态特征】多年生草本。株高 10 ~ 35cm，全株被开展的长柔毛。根簇生。花茎多数，丛生，上升或铺散，长 8 ~ 25cm。基生叶奇数羽状复叶，有小叶 2 ~ 3 对，稀 4 对，小叶有短柄或几无柄；茎生叶，常有 3 小叶，边缘有锯齿，两面被稍有光泽的伏毛。伞房状聚伞花序顶生，花直径 1 ~ 2cm；萼片三角卵形，顶端急尖至渐尖，倒卵形，顶端圆钝或微凹；花柱近顶生，上部大，基部小。成熟瘦果近肾形，直径约 1 mm，表面有脉纹。花期 4 ~ 6 月，果期 6 ~ 8 月（见图 12-4）。

【产地与分布】原产于中国东北、华北和西北地区；朝鲜、韩国、日本和俄罗斯也有分布。

【生态习性】喜半阴、湿润环境，耐寒，适宜疏松土壤。

【繁殖】播种繁殖或分株繁殖。

【园林应用】良好的地被植物，可种植于疏林下、园路两侧或低洼地上。

12.2.1.5　白花三叶草

【学名】*Trifolium repens*

【别名】白车轴草、白三叶

【科属】豆科三叶草属

图 12-5　白花三叶草

【形态特征】多年生草本，茎细长柔软，匍匐地面，植株高 30 ~ 60cm。叶柄长，小叶倒卵形或近倒心形，叶缘有细锯齿。头状花序，着花 10 ~ 80 朵，白或淡紫红色。荚果倒卵状矩形，每荚有种子 3 ~ 4 粒。种子细小近圆形，黄色，千粒重 0.5 ~ 0.7g。花期 5 月，果期 8 ~ 9 月（见图 12–5）。

【产地与分布】产自欧洲、北非及西亚，广泛分布于温带及亚热带高海拔地区。中国云南、贵州、四川、湖南、湖北、新疆等省（自治区）都有野生植株分布，长江以南各省有大面积栽培。

【生态习性】喜温暖湿润气候，最适生长温度为 16 ~ 25℃，适应性广，耐寒，耐热，耐霜，耐旱，耐践踏。耐酸性强，在 pH 值为 5.5 ~ 7 的土壤中都能生长。但不耐阴，在盐碱土中不适应。

【繁殖与栽培管理】播种繁殖，白三叶种子细小，幼苗纤细出土力弱，苗期生长极其缓慢，为保全苗，整地务必精细，不论春播或秋播，都要提前整地，先浅翻清除杂物，隔 10 ~ 15 天，再行深翻耙地，整平地面，使土块细碎，播种层土壤疏松，以待播种。白花三叶草根系发达，能利用土壤深层的水分，对土壤干湿度要求不太严格。因此，可以减少浇水次数，粗放型管理。另外，白花三叶草在强遮阴的情况下易徒长，造成生长不良。

【园林应用】白花三叶草不仅花叶俱美，颜色碧绿均匀，而且生长速度快，成坪迅速，适应性强，是一种园林绿化较为理想的观花观叶地被植物，可用来美化庭院。

12.2.1.6　白屈菜

【学名】*Chelidonium majus*

【别名】山黄连、土黄连、牛金花

【科属】罂粟科白屈菜属

【形态特征】多年生草本，高 30 ~ 100cm，有黄色乳汁。茎直立，多分枝，嫩绿色，被白粉，疏生柔毛。叶互生，1 ~ 2 回羽状全裂，基生叶全裂片 5 ~ 8 对，茎生叶全裂片 2 ~ 4 对。花数朵，伞状排列；萼片 2 片，早落；花瓣 4 片，黄色，倒卵圆形，雄蕊多数；子房线形，无毛。蒴果线状圆柱形，成熟时由基部向上开裂。种子多数，卵球形，黄褐色，有光泽及网纹。花期 5 ~ 8 月，果期 6 ~ 10 月（见图 12–6）。

图 12–6　白屈菜

【产地与分布】分布在中国的四川省、新疆维吾尔族自治区，以及华北、东北；欧洲，亚洲的北部和西部。也有分布。生长于海拔 500~2200m 山坡、山谷林缘草地或路旁，石缝。

【生态习性】喜温暖湿润气候，耐寒。宜生长在疏松、肥沃、排水良好的沙质壤土上。

【繁殖与栽培管理】播种繁殖。春、夏、秋季均可播种，播种时将种子与倍量细沙混拌均匀，条播，覆土 5cm，轻轻镇压，浇水。春播、秋播者 15 天左右出苗，苗出齐后，过密处应间拔，并清除杂草。

【园林应用】优良的地被植物，花有野趣，常植于林缘。

12.2.1.7　百里香

【学名】*Thymus mongolicus*

【别名】地椒、麝香草

【科属】唇形科百里香属

【形态特征】多年生芳香草本植物，最高约38cm，亚灌木。茎木质且多分枝。叶中度绿色，数量多，小而尖，小叶长4 ~ 20mm，对生，全缘，呈椭圆形，有浓郁的香味，可混合其他草药作香料。花顶端簇生，花萼不规则，上缘分三瓣，下缘裂开，花冠管状，呈白色、粉色或紫色，根浓密，呈灰褐色，花期5 ~ 7月（见图12-7）。

图12-7　百里香

【产地与分布】主要产地为埃及和南欧的法国、西班牙及其他地中海地区国家。分布于非洲北部、欧洲及亚洲温带，中国多产于黄河以北地区，特别是西北地区。

【生态习性】喜温暖干燥的环境，对土壤的要求不高，但在排水良好的石灰质土壤中生长良好。

【繁殖与栽培管理】可采用播种、扦插、压条、分株法进行繁殖。因为百里香的种子细小，因此育苗地一定要精细整地，种子发芽时间12 ~ 20天，成熟时间90 ~ 100天。分株繁殖时宜选3年生以上植株，于3月下旬或4月上旬尚未发芽时将母株连根挖出，然后根据株丛大小，分成4 ~ 6份，每一株丛应保证有4 ~ 5个芽，即可栽植。百里香栽培要求光线充足，否则植株会徒长，施肥时可用有机肥来作基肥，春秋生长旺盛时注意追肥。

【园林应用】茎叶有香味，常栽植于香料园，也可作为花境或花坛材料，还可以作向阳处地被植物栽培。

12.2.1.8　狼尾草

【学名】*Pennisetum alopecuroides*

【别名】狼茅、芦秆

图12-8　狼尾草

【科属】禾本科狼尾草属

【形态特征】狼尾草为禾本科多年生草本植物，须根较粗壮，秆直立，丛生，高达30 ~ 120cm，在花序下常密被柔毛。叶鞘光滑，两侧压扁，主脉呈脊，鞘口具纤毛，叶片线形，长10 ~ 80cm，宽3 ~ 8mm，叶常内卷，顶端渐尖，圆锥花序长5 ~ 20cm，主轴硬且密生柔毛，小穗成熟后黑紫色，因花序形似狼尾而得名，花期、果期8 ~ 10月，颖果长圆形，长约3.5mm（见图12-8）。

【产地与分布】中国自东北、华北经华东、中南及西南各省区均有分布，日本、印度、朝鲜、缅甸、巴基斯坦、越南、菲律宾、马来西亚、大洋洲及非洲也有分布。

【生态习性】耐旱耐贫瘠和轻微碱性土壤，宜选择肥沃、稍湿润的砂地栽培。

【繁殖与栽培管理】播种繁殖或分株繁殖。采用播种繁殖时，可在2 ~ 3月，将种子均匀撒入整好的地上直播，盖一层细土。分株繁殖需将草带根挖起，切成数丛，按行距15cm × 10cm开穴栽种，盖土浇水。出苗后，及时拔除杂草，每年追肥1 ~ 2次，肥料以人畜粪水为主。狼尾草生性强健，萌发力强，容易栽培，对水肥要求不高，少有病虫害。

【园林应用】多年生狼尾草根系较发达，具有良好的固土护坡功能，可用作固堤防沙植物，亦可作观赏草用于花境，富有野趣。

12.2.1.9 玉带草

【学名】*Phalaris arundinacea* var.*picta*

【别名】彩叶芦竹

【科属】禾本科芦竹属

图 12-9 玉带草

【形态特征】多年生宿根草本植物，株高 30 ~ 50cm，植株丛生，具匍匐生长的根状茎，因其叶扁平、线形、绿色且具白边及条纹，质地柔软，形似玉带，故得名。圆锥花序穗状，小穗有尖顶，但无芒，花期 6 ~ 7 月。颖果长卵形，果熟期 8 ~ 9 月（见图 12-9）。

【产地与分布】原产地中海一带，分布于中国华北、华中、华南、华东及东北等地区，在世界温暖地区广泛分布。

【生态习性】喜温暖，喜光但耐半阴，耐寒，耐干旱，但不耐水涝。对土壤要求不高，在微酸或微碱性土壤中都能生长。

【繁殖与栽培管理】可采用播种、分株的方式。播种通常在春季进行，分株可在春、秋季进行，3 ~ 4 株为 1 丛，株行距以 10cm × 10cm 为宜。分株后，当年便能覆盖地面。在北京地区可以越冬，每年夏季需要修剪 1 次，一般情况下，留茬 10cm 左右为佳。栽培管理非常粗放。

【园林应用】叶形优美，在园林中可以布置路边花境或用于花坛镶边。也可直接用作地被，富有野趣，还可以盆栽观赏。

12.2.1.10 金叶过路黄

【学名】*Lysimachia christinae*

【别名】金钱草、走游草

【科属】报春花科珍珠菜属

图 12-10 金叶过路黄

【形态特征】多年生草本植物，有短毛或近于无毛，叶、萼、花冠均有黑色腺条，茎匍匐，柔软，由基部向顶端逐渐细弱呈鞭状，长 20 ~ 60cm，节上生根，叶对生，宽卵形或心形，基部楔形或心形，全缘，花 2 朵成对生于叶腋，花萼 5 裂，花冠 5 裂，黄色，长 7 ~ 15mm，基部合生部分长 2 ~ 4mm，裂片狭卵形以至近披针形，先端锐尖或钝，质地稍厚，花丝长 6 ~ 8 mm，下半部合生成筒；基部联合，蒴果球形，直径 4 ~ 5mm，花期 5 ~ 7 月，果期 9 ~ 10 月（见图 12-10）。

【品种与类型】常见的栽培品种为金叶过路黄（*Lysimachia nummularia* ‘Aurea’），又名金钱草，单叶对生，圆形，早春至秋季金黄色，冬季霜后略带暗红色；夏季 6 ~ 7 月开花，单花，黄色尖端向上翻呈杯形，亮黄色，因花色与叶色相近，常不大受人注意。可作为色块，与麦冬等宿根花卉搭配，亦可进行盆栽。

【产地与分布】产于云南、四川、贵州、陕西（南部）、河南、湖北、湖南、广西、广东、江西、安徽、江苏、浙江、福建。中国河南、陕西等省及长江流域和西南各省均有分布。

【生态习性】生长在山坡、路旁边较阴湿处，喜温暖、阴凉、湿润环境，不耐寒。适宜肥沃疏松、腐殖质较多的沙质壤土。

【繁殖与栽培管理】播种繁殖或扦插繁殖，播种前对种子进行浸泡等处理，可明显提高其发芽率。因种子很小，不易采集，苗期生长缓慢，故生产上一般多采用扦插繁殖。苗高 3 ~ 5cm 时间苗、补苗，拔去过密的弱苗，苗高 15cm 时按株距 15cm 定苗。结合松土进行锄草，苗封垅后不再松土，定苗期可施氮肥，适当增施磷、钾肥，以促进根的生长。

【园林应用】优良的地被或花坛材料。

12.2.1.11 蓝羊茅

【学名】*Festuca glauca*

【别名】银羊茅

【科属】禾本科羊茅属

【形态特征】常绿草本，冷季型。丛生，株高 40cm 左右，植株直径 40cm 左右。直立平滑，叶片强内卷几成针状或毛发状，蓝绿色，具银白霜。春、秋季节为蓝色。圆锥花序，长 10cm，花期 5 月（见图 12-11）。

图 12-11 蓝羊茅

【品种与类型】迷你蓝羊茅（*F.g.*‘minima’）高仅 10cm；蓝灰蓝羊茅（*F.g.*‘Caesia’）与埃丽蓝羊茅相似，高 30cm，但是叶子更细一些；‘铜之蓝’蓝羊茅（*F.g.*‘Azurit’）高 30cm，偏于蓝色，银色较少；颜色最蓝的品种是埃丽蓝羊茅（*F.g.*‘ElijahBlue’），高 30cm。

【产地与分布】产于中国。

【生态习性】喜光，耐寒，耐旱，耐贫瘠。在中性或弱酸性疏松土壤中长势最好，稍耐盐碱。全日照或部分荫蔽长势良好，忌低洼积水。耐寒至 -35℃，在持续干旱时应适当浇水。

【繁殖与栽培管理】多以分株的方式进行繁殖。蓝羊茅在幼时低矮、密集、垫状丛生，冠幅与高度相当。但是随着年限增长，其将逐渐向外扩张，结果中心部位死亡，剩下一个蓝色的圆环继续向外扩展，最终各自形成独立的株丛。为避免出现这种现象，通常 2 ~ 3 年就应挖出植株进行分株。

【园林应用】适合作花坛、花境镶边用，其突出的颜色可以和花坛、花境形成鲜明的对比。还可用作道路两边的镶边用。最佳观赏期为 4 ~ 6 月以及 9 ~ 11 月（图 12-11）。

12.2.1.12 玉簪

【学名】*Hosta plantaginea*

【别名】玉春棒、白鹤花、玉泡花、白玉簪

【科属】百合科玉簪属

【形态特征】多年生草本植物，具根状茎。叶卵状心形、卵形或卵圆形，长 14 ~ 24cm，宽 8 ~ 16cm，先端近渐尖，基部心形，具 6 ~ 10 对侧脉；叶柄长 20 ~ 40cm。花葶高 40 ~ 80cm，具几朵至十几朵花；花的外苞片卵形或披针形，长 2.5 ~ 7cm，宽 1 ~ 1.5cm；内苞片很小；花单生或 2 ~ 3 朵簇生，长 10 ~ 13cm，白色，芬香；花梗长约 1cm；雄蕊与花被近等长或略短，基部约 15 ~ 20mm 贴生于花被管上。蒴果圆柱状，有三棱，长约 6cm，直径约 1cm。花果期 8 ~ 10 月（见图 12-12）。

图 12-12　玉簪

【品种与类型】

（1）狭叶玉簪（*H.lancifolia*），又名日本紫萼、水紫萼、狭叶紫萼。为同属常见种。叶披针形，花淡紫色。原产于日本。

（2）紫萼（*H.ventricosa*），别名紫玉簪。为同属常见种。叶丛生，卵圆形；叶柄边缘常下延呈翅状；花紫色，较小；花期 7 ~ 9 月。原产中国、日本及西伯利亚。

（3）白萼（*H.undulata*），别名波叶玉簪、皱叶玉簪。也为同属常见种。叶边缘呈波曲状，叶片上常有乳黄色或白色纵斑纹。花淡紫色，花冠长 6cm。为日本杂交种。

【产地与分布】原产中国及日本。四川、湖北，湖南、江苏、安徽、浙江、福建和广东等省均有分布。生于海拔 2200m 以下的林下、草坡或岩石边。各地常见栽培。

【生态习性】性强健，耐寒冷，性喜阴湿环境，不耐强烈日光照射，要求土层深厚，排水良好且肥沃的砂质壤土。

【繁殖与栽培管理】多采用分株繁殖，露地栽培的玉簪，可在 4 月间将植株挖起，从根部将母株分成 3 ~ 5 株，然后再分别进行地栽。亦可采用播种繁殖。玉簪的栽植地点必须选择无阳光直射的阴处，冬季应把上部枯叶剪除。根部覆盖细土，以防受冻。盆栽的玉簪在冬季休眠期时可放置在室内无阳光处，温度以 2 ~ 3℃为宜，且要保持盆土湿润。但须注意不可使盆土中含过多的水分，防止腐烂。第二年 4 月移至室外后，仍宜选择庇荫处加以养护。此时若不缺肥，每月施一次稀薄液肥即可；缺肥时可视情况适当追肥。

【园林应用】玉簪耐阴、叶色苍翠，是良好的观叶观花地被植物。园林中多植于林下，或植于建筑物庇荫处以衬托建筑，也可配植于岩石边或盆栽观赏。

图 12-13　麦冬

12.2.1.13　麦冬

【学名】*Ophiopogon japonicus*

【别名】麦门冬、沿阶草、书带草

【科属】百合科沿阶草属

【形态特征】百合科多年生草本，成丛生长，高 30cm 左右。叶丛生，细长，深绿色，形如韭菜。花茎自叶丛中生出，花小，淡紫色，形成总状花序。果为浆果，圆球形，成熟后为深绿色或黑蓝色。根茎短，有多数须根，在部分须根的中部或尖端常膨大成纺锤形的肉质块根，即药用的麦冬（见图 12-13）。

【产地与分布】主要产于中国四川省、浙江省。分布于江西、安徽、浙江、福建、四川、贵州、云南、广西等省（自治区）。

【生态习性】麦冬稍耐寒，冬季 -10℃的低温下植株不会受冻害，但生长发育受到抑制，忌强光、干旱和涝洼积水。宜土质疏松、肥沃、排水良好的壤土或沙质壤土。

【繁殖与栽培管理】一般采用分株法繁殖，于 4 月上旬将母株挖起，切开块根后分植。也可播种育苗，于 10 月果熟时收下即播，约 50 天左右可出苗，出苗率通常达 80%，播种苗长势好，整齐繁茂，1 ~ 2 年培育成大苗后即可用作地被栽培。麦冬植株矮小，需经常锄草，以防止因杂草滋生而影响其生长。栽植后半个月就应锄草一次，入冬以后，可减少锄草次数，结合锄草进行中耕。另外麦冬的生长期较长，需肥较多，除施足基肥外，还应根据麦冬的生长情况，及时追肥。一般追肥 3 次以上。麦冬宜稍湿润的土壤环境，需水分较多，除栽植后及时灌水浸润田土，促进幼苗迅速生长外，5 月上旬，天气旱热，土壤水分蒸发快，亦应及时灌水，如遇冬春干旱，则应在 2 月上旬前灌水 1 ~ 2 次，以促进块根生长。

【园林应用】麦冬喜疏阴环境，在有遮阴的地方生长茂盛，适用在乔、灌、花、草多层配置的下层栽植，营造自然生态植物群落。可以有效覆盖树下裸露的土壤，改善林下不良景观。

12.2.1.14 景天类

【学名】*Sedum*

【别名】活血三七、八宝等

【科属】百合科景天属

【形态特征】景天类植物为双子叶多年生肉质，喜生于干地或岩石上；叶互生、对生或轮生，常无柄，单叶，稀为羽状复叶；花通常两性，稀单性，辐射对称，单生或排成聚伞花序；萼片与花瓣同数，通常 4 ~ 5 片；合生；雄蕊与萼片同数或 2 倍之；雌蕊通常 4 ~ 5 枚，每一个基部有小鳞片 1 枚；子房 1 室；果为蓇葖果，腹缝开裂。

【品种与类型】本属在中国约有 130 多个种，常见的观赏种类有如下几种。

（1）德景天（*Sedum hybridum*）多年生草本，常绿。株高 15 ~ 20cm。茎基部褐色，稍木质化，上端淡绿色。叶椭圆形，对生或轮生，花顶生，聚伞型花序，小花密集。花型整齐，花期 6 ~ 10 月，花黄色。喜强光，耐湿涝，耐旱，抗寒力强，园林中可布置花坛、花境，也可作护坡植物，还可用作地被植物，冬季仍然有观赏效果。

（2）佛甲草（*Sedum lineare*）。多年生肉质草本，株高 20 ~ 25cm。叶线形，基部无柄，有短距；叶片阴处为绿色，光照充足时为黄绿色。花序聚伞状。花期 4 ~ 5 月，果期 6 ~ 7 月。耐旱性强，喜光，耐寒性一般。佛甲草生长快，枝叶扩展能力强，根纵横交错，可有效地防止水土流失，较耐阴，可用于林下及建筑物荫蔽处。

（3）三七景天（*Sedum aizoon*）。多年生草本。茎直立，高 30 ~ 70cm；根状茎粗壮，近木质化。叶肉质，互生，广卵形至狭倒披针形，几无柄。聚伞花序顶生，花密生，黄色；果排成五角星状；种子平滑，边缘有宽翅。花期 6 ~ 8 月，果期 8 ~ 9 月。适应性强，耐寒、耐旱、喜光，不择土壤，全国各地都可种植，且易活、易管理。

（4）八宝景天（*Sedum spectabile*）。多年生草本。块根胡萝卜状。地下茎肥厚，地上茎簇生，株高 30 ~ 70cm，茎直立，不分技。叶肉质，对生，少有互生或 3 叶轮生，长圆形至卵状长圆形，边缘有疏锯齿，无柄。伞房花序顶生，花密集，花呈深红色、粉红色或白色，花期 8 ~ 9 月。喜强光、干燥、通风良好的环境，耐瘠薄，耐干旱，喜排水良好的土壤，忌雨涝积水，可耐 -20℃的低温，植株生长健壮，可粗放管理。

（5）垂盆草（*Sedum sarmentosun*）。别名卧茎景天、爬景天。多年生常绿肉质草本，不育枝匍匐生根。茎纤细，平卧或上部直立，近地面部分的节容易生根，3 叶轮生，倒披针形至长圆形，花期 5 ~ 7 月，花小，黄色。原产中国、朝鲜及日本。喜稍阴湿的环境，性耐寒，具有环境适应性强、绿期长和景观效果美观等优良性状（见图 12-14）。

【产地与分布】原产中国，现全国各地均有分布。

【生态习性】喜日光充足、温暖、干燥通风的环境，3 ~ 9 月的生长适温为 13 ~ 20℃，9 月至翌年 3 月为

10 ~ 15℃，忌水湿，对土壤要求不严格，性较耐寒、耐旱。

图 12-14　垂盆草

【繁殖与栽培管理】分株或播种繁殖。扦插可在 4 ~ 9 月进行，剪取 2 ~ 5cm 长的插穗，剪口晾干 2 ~ 5 天，再插入繁殖砂床中，保持荫蔽环境，生根后即可繁殖。叶片较大时，也可用叶插，但也需将剪口晾干后再进行扦插。分株繁殖除冬季外均可进行，直接分离母株根际发出的蘖枝，切口稍干燥后，栽植于合适的盆中，在荫蔽处养护一段时间，便可转入正常栽培管理。播种繁殖应用较少，宜在春季进行。种子覆以薄土，保持 15 ~ 18℃的条件，3 ~ 5 周即可发芽。待 1 ~ 2 片真叶后，再移植上盆。景天类虽对土壤要求不严，但一般盆土宜用园土、粗砂和腐殖土混合配制，保证土壤的透气性。盆栽可置于光照充足处，保持叶色浓绿。生长季节浇水不可过多，掌握“宁干勿湿”的原则。景天类植物一般不予以追肥，但在生长期内可适当施以液肥，保持植株旺盛生长。在栽培过程中，注意通风，防止病虫害发生。盆栽可 2 ~ 3 年换盆一次。

【园林应用】叶子质地肥厚多汁，不耐践踏，绿色期长，是园林中较好的地被植物，可用于草坪点缀、花坛镶边以假山石缝装饰等，或用于片植建小块封闭式观赏性绿地，也是花坛材料，还可以盆栽。

12.2.2　木本地被植物

12.2.2.1　八角金盘

【学名】*Fatsia japonica*

【别名】手树、日本八角金盘、八手

【科属】五加科八角金盘属

图 12-15　八角金盘

【形态特征】常绿灌木，树冠伞形。幼枝和嫩叶密被褐色毛。叶大，深绿色，形状奇特，具 7 ~ 9 裂，形状好似伸开的五指。复伞形花序顶生，花白色，花瓣 5 枚。浆果球形，外被白粉。花期 10 ~ 11 月，果熟期翌年 5 月（见图 12-15）。

【产地与分布】原产于东南亚，尤其是日本和中国台湾地区。

【生态习性】喜温暖，忌酷暑，较耐寒，冬季能耐 0℃低温，夏季超过 30℃，叶片易变黄，且诱发病虫害；宜阴湿，忌干旱及强光直射；要求肥沃疏松的砂质壤土。

【繁殖与栽培管理】播种、扦插或分株繁殖。5 月果实成熟后，种子随采随播。分株多于春季进行，扦插繁殖也可在春季进行，剪取茎基部萌发的粗壮侧枝，带叶插入土壤中，遮阴保湿，20 ~ 30 天生根。

【园林应用】八角金盘四季常青，叶片硕大，叶形优美，浓绿光亮，是重要的耐阴地被植物。

12.2.2.2　花叶络石

【学名】*Trachelospermum jasminoides*

【别名】石龙藤、万字花、万字茉莉

【科属】夹竹桃科络石属

【形态特征】常绿木质藤本，长有气生根，常攀援在树木、岩石墙垣上生长；初夏 5 月开白色花，花冠高脚碟状，5裂，裂片偏斜呈螺旋形排列，略似“卐”字，芳香。枝蔓长2 ~ 10m，有乳汁。老枝光滑，节部常发生气生根，幼枝上有绒毛。单叶对生，椭圆形至阔披针形，长2.5 ~ 6cm，先端尖，革质，叶面光滑，叶背有毛，叶柄很短。聚伞花序腋生，具长总梗，有花9 ~ 15朵，花萼极小，筒状，花瓣5枚，白色，呈片状螺旋形排列，有芳香，花期6 ~ 7月，果期8 ~ 12月（见图12–16）。

图12–16　花叶络石

【品种与类型】常见栽培的主要有花叶络石（*Trachelospermum jasminoides* ‘Flame’），叶上有白色或乳黄斑点，并带有红晕。

【产地与分布】原产于中国华北以南各地，在中国中部和南部地区的园林中栽培较为普遍。

【生态习性】喜半阴湿润的环境，耐旱也耐湿，对土壤要求不严，以排水良好的砂壤土最为适宜。

【繁殖与栽培管理】压条繁殖、扦插繁殖。地栽络石忌植于低洼地，否则易烂根，生长季节，见土干再浇水也不迟，冬季地栽可不浇水。络石喜肥，但不苛求，各种肥料都可使用，一年不施肥，它也能开花，但花量少些。地栽络石春秋季各施一次氮磷钾复合肥即可，冬夏不施肥。

【园林应用】络石在园林中多作地被或盆栽观赏，为芳香花卉。

12.2.2.3　扶芳藤

【学名】*Euonymus fortunei*

【别名】爬藤卫矛、爬藤黄杨

【科属】卫矛科卫矛属

图12–17　扶芳藤

【形态特征】常绿匍匐或攀援植物，茎节处生气生根。单叶对生，革质，卵形至椭圆状卵形，叶缘具粗钝锯齿；花两性，聚伞花序腋生，小花绿白色。蒴果近球形，黄红色；种子棕红色，假种皮橘红色。花期6 ~ 7月，10月果熟（见图12–17）。

【产地与分布】分布于中国黄河流域中下游及长江流域各省。

【生态习性】性喜温暖湿润环境，喜阳光，亦耐阴。适生温度为15 ~ 25℃。适于疏松、肥沃的沙壤土。

【繁殖与栽培管理】播种、扦插或压条繁殖。苗木生长期每半个月施一次追肥，有机肥如厩肥、鸡粪干等复合化肥均可，用量要少，施肥后要立即灌水，否则肥料容易烧伤根系。

【园林应用】常用于覆盖地面及攀附假山、岩石、老树，是高速公路护坡的上佳材料。可以作为观叶地被，覆盖速度快，不但能美化环境，还能吸附粉尘。

12.2.2.4　常春藤

【学名】*Hedera helix*

【别名】土鼓藤、钻天风、三角风、散骨风、枫荷梨藤

【科属】五加科常春藤属

【形态特征】常绿藤本植物。茎蔓柔软而细长，最长可达30m，常盘绕在其他物体上生长。单叶互生，叶片卵

图 12-18　常春藤

形至菱形。叶薄革质，表面被有较薄的蜡质。由许多小花组成球状聚伞花球，花期 7 ~ 8 月（见图 12-18）。

【产地与分布】原产于中国，分布于亚洲、欧洲及美洲北部，在中国主要分布在华中、华南、西南、甘肃和陕西等地。

【生态习性】性喜温暖、荫蔽的环境，忌阳光直射，但喜光线充足；较耐寒，抗性强，对土壤和水分的要求不严，以中性和微酸性最好。

【繁殖与栽培管理】播种、扦插和压条繁殖。种子于果熟期采收，堆放后熟，浸种搓揉，洗净阴干，即可播种，也可用湿沙储藏，翌年春播，播后覆土 1cm，盖土保温、保湿。常春藤栽培管理简单粗放，但需栽植在土壤湿润、空气流通之处。移植可在初秋或晚春进行、定植后需加以修剪，促进分枝。南方多地栽于园林的蔽阴处，令其自然匍匐在地面上或者假山上；北方多盆栽，盆栽可绑扎各种支架，牵引整形，夏季在荫棚下养护，冬季放入温室越冬，室内要保持空气的湿度，不可过于干燥，盆土不宜过湿。

【园林应用】在庭院中可用以攀缘假山、岩石，或在建筑阴面作垂直绿化材料，也可作为地被植物进行水平绿化，在华北宜选小气候良好的稍阴环境栽植。

12.2.2.5　铺地柏

【学名】*Sabina procumbens*

【别名】地柏、爬地柏

【科属】柏科圆柏属

【形态特征】柏科常绿匍匐灌木。枝干贴近地面伸展，小枝密生。叶均为刺形叶，先端尖锐，3 叶交互轮生，表面有 2 条白粉带。匍匐枝悬垂倒挂，古雅别致，是制作悬崖式盆景的良好材料。铺地柏原产日本。我国黄河流域至长江流域广泛栽培。喜光，稍耐阴，适生于滨海湿润气候，对土质要求不严，耐寒力、萌生力均较强。匍匐小灌木，高达 75cm，冠幅逾 2m，贴近地面伏生，叶全为刺叶，3 叶交叉轮生，叶上面有 2 条白色气孔线，下面基部有 2 白色斑点，叶基下延生长，叶长 6 ~ 8mm；球果球形，内含种子 2 ~ 3 粒（见图 12-19）。

图 12-19　铺地柏

【产地与分布】原产日本，中国为青岛、庐山、昆明及华东地区。各大城市引种栽培作观赏树。

【生态习性】 阳性树。耐寒，耐瘠薄，在砂地及石灰质壤土上生长良好，忌低温。

【繁殖与栽培管理】扦插、嫁接、压条繁殖。铺地柏性喜湿润，盆栽要经常浇水，但不宜渍水。天气干旱时，宜常在叶上喷水。施肥宜用稀薄、腐熟的有机肥，每年春季 3 ~ 5 月间和秋季 9 ~ 10 月间，各施 2 ~ 3 次淡肥水。铺地柏的修剪，在春季新枝抽生前，将不需要发展的侧枝及时修短，以促进主枝的伸展。对于影响树形的枝条，也可在休眠期进行剪除。

【园林应用】在园林中可配植于岩石园或草坪角隅，又为缓土坡的良好地被植物。

12.2.2.6 冬青

【学名】*Ligustrum lucidum*

【别名】女贞、蜡树

【科属】木犀科女贞属

【形态特征】常绿灌木，树皮灰褐色，光滑不裂。枝开展，叶革质，卵形至卵状披针形，长 6 ~ 12cm，全缘，叶面深绿色、有光泽，叶背淡绿色。圆锥花序，顶生，长 10 ~ 20cm，最下面具叶状苞片，花白色，花梗极短。核果，蓝黑色，花期 5 ~ 7 月，果期 10 ~ 12 月（见图 12-20）。

图 12-20 冬青

【产地与分布】产于长江流域及以南各省，甘肃南部及华北南部多有栽培。

【生态习性】喜光，稍耐阴；喜温暖，不耐寒；喜湿润，不耐干旱；宜在肥沃、湿润的微酸性至微碱性土壤上生长。生长较快，萌芽力强，耐修剪。

【繁殖与栽培管理】播种、扦插、压条繁殖。冬青适宜种植在湿润半阴之地，喜肥沃土壤，在一般土壤中也能生长良好，对环境要求不严格。当年栽植的小苗一次浇透水后可任其自然生长，视墒情每 15 天灌水一次，结合中耕除草每年春、秋两季适当追肥 1 ~ 2 次，一般施以氮肥为主的稀薄液肥。冬青每年发芽长枝多次，极耐修剪。夏季要整形修剪一次，秋季可根据不同的绿化需求进行平剪或修剪成球形、圆锥形，并适当疏枝，保持一定的冠形枝态。冬季比较寒冷的地方可采取堆土防寒等措施。

【园林应用】枝叶清秀，四季常绿，夏季白花满树，可修剪成绿篱。

12.2.2.7 紫叶小檗

【学名】*Berberis thunbergii* ‘Atropurpurea’

【别名】红叶小檗

图 12-21 紫叶小檗

【科属】小檗科小檗属

【形态特征】多枝丛生灌木，嫩枝紫红至灰褐色，枝条木质部为金黄色，枝上有棘刺，单生，由叶芽变型而成。叶互生或在短枝上簇生，叶片光滑，全缘，叶色随阳光强弱而略有变化，春、秋鲜红，盛夏紫红。浆果鲜红色，经冬不落。紫叶小檗为栽培变种，叶片在整个生长期内呈现紫色（见图 12-21）。

【产地与分布】原产日本，中国秦岭地区也有分布，目前在中国各大城市均有栽培。

【生态习性】适应性强，喜凉爽湿润气候，喜阳光，但也耐半阴。耐寒，耐旱。对土壤要求不严，但在肥沃、排水良好的土壤上生长旺盛。萌蘖性强，耐修剪。

【繁殖与栽培管理】扦插繁殖，多在 6 ~ 7 月雨季进行。紫叶小檗萌蘖性强，耐修剪，定植时可行强修剪，以促发新枝。入冬前或早春前疏剪过密枝或截短长枝，花后控制生长高度，使株形圆满。施肥可隔年，秋季落叶后在根际周围开沟施腐熟厩肥或堆肥 1 次，然后埋土并浇足冻水。

【园林应用】枝叶细密，花黄果红，枝条也为红紫色，适于作花灌木丛植、孤植，或作刺篱，也可与常绿树种作模纹花坛材料。

12.2.2.8 金叶女贞

【学名】*Ligustrum vicaryi*

【科属】木犀科女贞属

图 12-22 金叶女贞

【形态特征】灌木，高 50 ~ 100cm，叶对生，卵形、宽卵形、椭圆形或椭圆状卵形，叶片黄绿色或金黄色。圆锥花序顶生或腋生，花冠白色（见图 12-22）。

【产地与分布】产于华北南部至华东北部暖温带落叶阔叶林区，南部暖带落叶阔叶林区，北亚热带落叶、常绿阔叶混交林区，中亚热带常绿、落叶阔叶林区。中国华东地区多栽培。

【生态习性】喜光，喜温暖湿润气候，耐高温，不耐干旱和荫蔽，对大气污染抗性较强。

【繁殖与栽培管理】可用播种、扦插和分株等方法繁殖。对于播种繁殖，10 ~ 11 月当核果呈紫黑色时即可采收，采后立即播种，也可晒后干储至翌年 3 月播种。扦插繁殖在春季进行，采用 1 ~ 2 年生金叶女贞新梢，最好用木质化部分剪成 15cm 左右的插条将下部叶片全部去掉，上部留 2 ~ 3 片叶即可，扦插基质用沙壤土。金叶女贞根系发达，吸收力强，一般园土栽培不必施肥。它萌蘖力强，耐修剪，每年修剪两次就能达到优良观叶的效果。

【园林应用】金叶女贞是一种优良的地被植物，可用来布置绿篱、花坛，或作高速公路两边的色叶绿化材料。

12.2.2.9 阔叶箬竹

【学名】*Indocalamus latifolius*

【别名】寮竹

【科属】禾本科箬竹属

【形态特征】高约 1m，茎约 0.5m，具 1 ~ 3 分枝。叶大型，面翠绿色，鞘口有縫毛。圆锥花序顶生（见图 12-23）。

图 12-23 阔叶箬竹

【产地与分布】原产日本，中国有引种栽培，分布于华中、华东及秦岭地区。

【生态习性】适应性强，较耐寒，喜湿耐旱，喜光，耐半阴。对土壤要求不严，在轻度盐碱土中也能正常生长。

【繁殖与栽培管理】可播种或分株繁殖。移植母竹繁殖。容易成活。栽后应及时浇水，保持土壤湿润。生长过密时，应及时疏除老秆、枯秆。

【园林应用】茎秆低矮，叶片绿中夹有白条纹，雅致可爱，在园林中常用于配置疏林、篱边或建筑物旁，作观赏地被或覆盖物。

12.2.2.10 十大功劳

【学名】*Mahonia beaill*

【别名】黄天竹、土黄柏等

【科属】小檗科十大功劳属

【形态特征】常绿灌木，高达 2m。根和茎断面黄色，叶苦。1 回羽状复叶互生，长 15 ~ 30cm；小叶 3 ~ 9 片，革质，披针形，总状花序直立，4 ~ 8 个族生；萼片 9 片，3 轮；花瓣黄色，6 枚，2 轮；花梗长 1 ~ 4mm。

浆果圆形或长圆形，长 4 ~ 6mm，蓝黑色，有白粉。花期 7 ~ 10 月（见图 12-24）。

图 12-24 十大功劳

【品种与类型】分为阔叶十大功劳和狭叶十大功劳两种。

【产地与分布】产于中国中部及南部，在日本有栽培。

【生态习性】喜暖湿气候，不耐严寒。对土壤要求不严，以沙质壤土生长较好，但不宜碱土地栽培。

【繁殖与栽培管理】播种、扦插或分株繁殖。十大功劳性强健，在南方可露地栽植在园林中观赏树木的下面或建筑物的北侧，风景区山坡的阴面，每年要除草、追肥 2 ~ 3 次，冬季要修剪树形，去掉残枝和黄叶。生长 2 ~ 3 年后可进行一次平茬，让萌发新茎秆和新的叶来更新老的植株。

【园林应用】叶形奇特，可用于布置花坛、岩石园、庭院，常与山石配置。

12.2.2.11 火棘

【学名】*Pyracantha fortuneana*

图 12-25 火棘

【别名】火把果、救军粮、红子刺

【科属】蔷薇科火棘属

【形态特征】常绿灌木，高达 3m；枝拱形下垂，幼时有锈色绒毛，侧枝短刺状；叶倒卵状长椭圆形，长 1.6 ~ 6cm，先端圆或微凹，锯齿疏钝，基部渐狭而全缘，两面无毛。复伞房花序，着花 10 ~ 22 朵，花直径 1cm，白色；花瓣数为 5，雄蕊数为 20，雌蕊数为 1 枚；花期 3 ~ 4 月；果近球形，直径 8 ~ 10mm，成穗状，每穗有果 10 ~ 20 余个，橘红色至深红色。9 月底开始变红，一直可保持到春节（见图 12-25）。

【产地与分布】分布于中国黄河以南及广大西南地区。全属 10 种，中国产 7 种。国外已培育出许多优良栽培品种。产于陕西、江苏、浙江、福建、湖北、湖南、广西、四川、云南、贵州等省（自治区）。

【生态习性】火棘属亚热带植物，性喜温暖湿润而通风良好、阳光充足、日照时间长的环境，最适生长温度 20 ~ 30℃。另外，火棘还具有较强的耐寒性，在 -16℃仍能正常生长，在黄河以南露地种植，华北需盆栽，塑料棚或低温温室越冬。耐贫瘠和干旱，对土壤要求不严。

【繁殖与栽培管理】以播种繁殖为主，采种容易，秋季随采随播，也可在夏季嫩枝扦插繁殖。幼苗容易培育，但移栽时必须带土球，以提高成活率。也可在春夏季节进行压条繁殖。火棘耐干旱，但春季土壤干燥，可在开花前浇水 1 次。开花期保持土壤偏干，有利坐果，故不要浇水过多。如果花期正值雨季，还要注意挖沟、排水，避免植株因水分过多造成落花。果实成熟收获后，在进入冬季休眠前要灌足越冬水。此外火棘在自然状态下，树冠杂乱而不规整，内膛枝条常因光照不足呈纤细状，结实力差，为促进生长和结果，每年要对徒长枝、细弱枝和过密枝进行修剪，以利通风透光和促进新梢生长。

【园林应用】火棘枝叶繁茂，初夏白花盛开，入秋红果累累，经久不落，留存枝头达数月，十分美丽。在庭院中常作绿篱及基础种植，也可作盆景，果枝可作插花材料。

12.2.2.12 平枝荀子

【学名】*Cotoneaster horizontalis*

【别名】铺地蜈蚣、荀子

图 12-26　平枝荀子

【科属】蔷薇科平枝荀子属

【形态特征】落叶或半常绿匍匐灌木，枝水平张开成整齐2列，宛如蜈蚣。叶近圆形或至倒卵形，长5 ~ 14mm，先端急尖，基部广楔形，表面暗绿色，无毛，背面疏生平贴细毛。花1 ~ 2朵，粉红色，径5 ~ 7mm，近无梗；花瓣直立，倒卵形。果近球形，径4 ~ 6mm，鲜红色，常有3小核。5 ~ 6月开花，果9 ~ 10月成熟（见图12-26）。

【产地与分布】产于中国甘肃、陕西、湖南西北部、湖北西部、四川、贵州、云南等地。分布于秦岭、鸡公山、黄河上游及长江中下游地区。

【生态习性】平枝荀子为温带植物，喜温暖湿润的半阴环境，耐干燥和瘠薄的土地，可生长于石灰岩中。不耐湿热，有一定的耐寒性，怕积水。适宜在排水良好的干燥坡地种植，低洼积水之处则不宜种植。

【繁殖与栽培管理】播种、扦插为主。果实成熟后采收，浸泡后搓去果皮，随即秋播，次年春季播种发芽率不高。扦插于梅雨季节进行，约40 ~ 60天即可生根。平枝荀子在半阴的环境中生长良好，如果光照不足会引起植株旺长，虽然枝叶繁茂，但开花结果少。平时注意控制浇水，以免因积水造成烂根，但空气湿度可稍大点，这样可使叶色浓绿光亮，有效地避免下部叶子脱落。为了提高观赏效果，可在每年冬季施入腐熟的有机肥做基肥，8 ~ 9月追施磷钾肥，以促使植株生长健壮，在北方地区可适当推迟落叶时间，并提高果实鲜亮度和均匀性。

【园林应用】平枝荀子的枝叶横展，叶小而稠密，浓绿发亮，开花时粉红色的小花星星点点嵌在其中。秋观红果，晚秋叶色红亮，枝叶成片，层次分明，与岩石配植非常适宜；还可作为地面覆盖植物，种在草地边缘，林缘及台坡；也是盆景制作的上好材料。

12.2.2.13　富贵草

【学名】*Pachysandra terminalis*

【别名】雪山苓、捆仙绳、上天梯、土桔梗

【科属】黄杨科富贵草属

【形态特征】匍匐常绿小灌木，高20 ~ 30cm。匍匐状茎，肉质，多分枝，无毛。叶丛状轮生，倒卵形或菱状卵形，先端钝，基部楔形，缘有粗锯齿，叶面革质状，深绿色，叶背浅绿色。穗状花序顶生，花单性，雌雄同株，花细小，白色。核果卵形，无毛。花单生枝顶或数朵组成总状花序，含苞时花冠形似僧冠。花钟状，蓝紫色或白色，花径约6cm，花期6 ~ 9月（见图12-27）。

图 12-27　富贵草

【产地与分布】分布于中国浙江、湖北、四川、陕西、甘肃等省（自治区），在日本也有分布。多生于海拔1200 ~ 2200m的山坡或沟谷林下阴湿处。

【生态习性】极耐阴，耐寒，在北方能过冬。耐盐碱能力强。

【繁殖与栽培管理】播种繁殖或分株繁殖。全年均可播种，播种后10 ~ 15天发芽，幼苗长至约3cm时间苗，6cm时定植或装盆。生长迅速，自播种至成品需要140 ~ 160天。也多于春秋进行分株繁殖。富贵草管理粗放，无特殊病虫害，预防好菜青虫，防止缺水，另外每月施用一次3000倍的硫酸亚铁可增加叶条的翠绿颜色。

【园林应用】夏季顶生白色花序，冬季碧叶覆地，最适合做林下地被。

12.2.3 其他地被植物

除以上地被植物种类之外，还有一些较常见、在园林中应用相对较多的地被植物种类，详见表 12-1。

表 12-1　其他常见地被植物种类

名称	学名	科属	观赏特征	习性	园林应用
紫酢浆草	*Oxlis corymbosa*	酢浆草科	观叶、观花	宜在半阴处生长	植树坛或树丛下
葱兰	*Zephyranthes candida*	石蒜科	观叶、观花	喜光，耐半阴	花坛、树坛及花境两边
箬竹	*Indocalamus tessellatus*	禾本科	观叶	匍匐性强，耐阴。叶大	山坡、地被
荚果蕨	*Matteuccia struthiopteris*	球子蕨科	观叶	适应性强，耐寒耐旱	林下栽培
洒金桃叶珊瑚	*Aucuba japonica Variegata*	山茱萸科	观叶	极耐阴，不耐寒，抗性强	庇荫处或林下
矮麦冬	*Ophiopogon japonicus* var.*nana*	百合科	观叶、观花	需半阴或阴生环境，抗旱，耐低温	假山岩壁栽植美化，在园林中可配植成观赏草坪
黄金菊	*Perennial chamomile*	菊科	观叶、观花	喜阳光，排水良好的砂质土壤或土质深厚，土壤中性或略碱性	地被植物 疏林草地
香彩雀	*Angelonia angustifolia*	玄参科	观花	喜温暖，耐高温，对空气相对湿度适应性强，喜光	盆栽、地栽，在花园、花坛中成片大面积栽植
海桐	*Pittosporum tobira*	海桐科	观叶、观花、观果	喜光，略耐阴不耐寒，耐修剪	孤植，修剪成球形，绿篱或地被
石竹	*Dianthus chinensis*	石竹科	观花	耐寒，耐干旱，忌涝	地被
筋骨草	*Ajuga ciliata*	唇形科	观叶	喜半阴，湿润，耐旱	地被、溪旁
紫萼	*Hosta ventricosa*	百合科	观花、观叶	耐寒、喜阴，忌强烈日光照射	林下、配置花坛
薜荔	*Ficus pumila*	桑科	观叶	耐贫瘠，抗干旱，对土壤要求不严，适应性强	垂直绿化，多攀附古石桥、庭院围墙等
虎耳草	*Saxifraga stolonifera*	虎耳草科	观叶	喜阴凉潮湿，土壤要求肥沃、湿润	宜岩石园、墙垣及野趣园中种植，也可作地被使用，在建筑或岩石旁栽植
美女樱	*Verbena hybrida*	马鞭草科	观花	喜温暖，喜阳光充足，忌高温多湿，有一定耐寒性	配置花坛
紫花苜蓿	*Medicago sativa*	豆科	观花	喜温暖和半湿润气候	栽培牧草、绿肥作物或作地被观赏
金银花	*Lonicera japonica*	忍冬科	观叶、观花	喜阳、耐阴，耐寒性强，也耐干旱和水湿，对土壤要求不严	林下、林缘、建筑物北侧等处作地被栽培；也可以作绿化矮墙；作花廊、花架以及缠绕假山石
凤尾蕨	*Spider brake*	凤尾蕨科	观叶	喜温暖阴湿环境，有一定耐寒性	林下等阴湿处
地黄	*Rehmannia glutinosa*	玄参科	观花	喜温暖气候，较耐寒，以阳光充足、土层深厚的砂质壤土栽培为宜	可在岩石区、药用园内种植

思 考 题

1. 地被植物有哪些园林应用特征？

2. 简述地被植物的养护管理要点。

3. 园林应用中，地被植物的选择应注意哪些问题？

4. 列举草本、木本地被植物各五种，简述其生态习性，繁殖方法及园林应用情况。

本 章 参 考 文 献

[1] 岳桦．园林花卉［M］．2 版．北京：高等教育出版社，2011.

[2] 刘金海．观赏植物栽培［M］．北京：高等教育出版社，2006.

[3] 刘燕．园林花卉学［M］．北京：中国林业出版社，2003.

[4] 张玲慧，夏宜平．地被植物在园林中的应用及研究现状［J］．中国园林，2003，19（9）：54–57.

[5] 苏金乐．园林苗圃学［M］．北京：中国农业出版社，2009.

[6] 卢圣．植物造景［M］．北京：气象出版社，2004.

本章相关资源链接网站

1．园林在线（植物库）http://www.lvhua.com/chinese/flora/floramain.asp

2．中华园林网 http://flora.yuanlin365.com/list/A_1.shtml

3 .http://www.ext.colostate.edu/pubs/Garden/07400.html

第 13 章　仙人掌类与多浆植物

13.1　概述

13.1.1　概念及基本类型

13.1.1.1　概念与特点

1. 概念

多浆植物是指营养器官的某一部分（如茎、叶或根）具有发达的储水组织，外形上粗大或肥厚而多汁，能在长期干旱条件下生存的一类植物，也称为多肉植物。通常包括仙人掌科、景天科、番杏科、百合科、大戟科、萝藦科、龙舌兰科、菊科、凤梨科、鸭跖草科、夹竹桃科、马齿苋科、葫芦科、葡萄科、辣木科、梧桐科等 50 多个科。因仙人掌科植物的种类较多，包括 140 多个属，2000 多个种，为了分类和栽培管理上的方便，常将仙人掌科植物合称为“仙人掌类”，而将仙人掌科以外的科合称为“多浆植物”。实际上，广义的多浆植物是将这两部分都包含在内的。本节后续提到的“多浆植物”均指广义的概念。

2. 对干旱条件的适应性特征

多浆植物大部分生长在热带、亚热带的干旱地区或森林中，由于降水少，每年都有很长一段时间根系吸收不到水分，只能依靠体内储藏的水分维持生命。为了适应干旱的环境，多浆植物不仅具有发达的储水组织，有些种类的表皮还呈角质化或被蜡质层，有些种类具有毛或刺，有些种类的叶片退化成刺状，表皮气孔少且经常关闭，这些特征都能有效的降低蒸腾强度。从形状上看，多数多浆植物趋于球形、圆柱形或棱柱形，这种形状可以使多浆植物在具有较大的储水体积和支持力的同时，极大限度的减少表面积，从而减少水分的散失。部分多浆植物（如景天科、仙人掌科、凤梨科、大戟科等）具有景天酸代谢途径（crassulacean acid metabolism pathway，CAM 途径），即在夜晚空气湿润时张开气孔，吸收 CO_2，并通过羧化作用将 CO_2 固定在苹果酸中，在白天高温时，气孔关闭，最大限度地减少水分蒸腾，通过脱羧作用，使苹果酸分解释放出 CO_2，供光合作用使用。这种代谢途径既维持了水分平衡，又能同化二氧化碳，从而使其能在干旱的生态条件下生存和生长。

3. 变异

多浆植物有时会出现斑锦、缀化和石化的变异类型。

斑锦是指有些多浆植物的茎或叶的局部甚至全部出现了绿色以外的其他颜色，如红、黄、橙、紫、白等，其中以黄色和红色最为常见，由于斑锦变异植株中的其他色素相对较多，而叶绿素含量较少，因此其正常的光合作用会受到影响，往往需要嫁接在其他砧木上才能使其存活和正常的生长。斑锦变异种类在命名时，常在原种名称的后面加上“锦”字，如金琥的斑锦变异称为金琥锦，万象的斑锦变异叫做万象锦；有时也将斑锦的颜色加在原种名称的前面，如绯牡丹、黄象牙；当然也有斑锦变异种类的名称与原种名称毫不相干的情况。

缀化（crest）和石化（monstrous）是多浆植物的茎出现的两种畸形变异。缀化又称为带化或鸡冠状变异，它的产生是由于茎顶端生长点异常分生、加倍，形成许多生长点，这些生长点横向发展，最终长成扁平的带状、扇状、鸡冠状或扭曲成螺旋状、波浪形及其他不规则形状的畸形植株。缀化变异种类的命名，习惯上是在原种名字的后面加上“冠”、“峰”、“缀化”或“带化”的字样，如金琥的缀化变异种类叫做金琥冠或金琥缀化，当然在缀化变异种类的命名上也有一些例外情况。

石化也称为岩石状或山峦状畸形变异，主要是由于植株上所有芽的生长点都产生不规则分生和增殖，使植株的棱肋错乱，长成参差不齐、层峦起伏的岩石状或山峦状。石化变异多发生在天轮柱属（*Cereus*）和其他柱状仙人掌类植物中，虽然石化变异的种类不多，但其观赏性较高，如山影拳（*Cereus pitajaya*）。

斑锦、缀化和石化变异常常是单独产生的，但斑锦变异偶尔也会与缀化（或石化）变异同时出现在同一植株上，这样的变异株则更加珍稀名贵，如新天地锦冠是新天地的斑锦缀化变异；山影拳锦是天轮柱属的石化斑锦变异。

13.1.1.2 基本类型

1. 按栽培方式分类

（1）地生类。原产于荒漠或草原等干旱地区，喜欢排水良好的沙质土壤，植株的体积随种类不同变化较大，形态有球状、柱状或莲座状等，多数多浆植物属于此类。

（2）附生类。原产于空气湿度较高的热带森林中，附生在树干及阴谷的岩石上，茎常具茎节，有的扁平带状、有的蛇状、有的三棱箭状。如昙花（*Epiphyllum oxypetalum*）、令箭荷花（*Nopalxochia ackermannii*）、蟹爪兰（*Zygocactus truncatus*）、量天尺（*Hylocereus undatus*）等。

2. 按形态分类

（1）叶多浆植物。储水组织主要在叶部，叶为主体，肉质化程度较高，而茎不肉质化或肉质化程度较低，部分茎稍带木质化。如景天科的松鼠尾（*Sedum morganianum*）、番杏科的生石花（*Lithops pseudotruncatella*）、龙舌兰科的龙舌兰（*Agave americana*）和百合科芦荟属（*Aloe*）的大多数种类。

（2）茎多浆植物。储水组织在茎部，茎为主体，常呈柱状、球状、叶片状、鞭状，部分种类茎分节、有棱或疣状突起，有的具刺，少数种类有叶，但一般早落。如大戟科的光棍树（*Euphorbia tirucalli*）、萝藦科的大花犀角（*Stapelia grandiflora*）和仙人掌科多数种类。

（3）茎干状多浆植物。储水组织主要在茎基部，形成膨大的块状、球状或圆锥状，称为“茎干”，无节、无棱、无疣状突起，其外面常有木质化或木栓化的表皮，叶常直接从“茎干”顶端或从突然变细、几乎不肉质的细长枝条上长出，有些种类叶片早落，在极端干旱的季节，这种细长枝也早落。如薯蓣科的龟甲龙（*Dioscorea elephantipes*）、葫芦科的笑布袋（*Ibervillea sonorae*）等。

13.1.2 生态习性

1. 温度

多浆植物的种类繁多，其对温度的要求也各不相同，但在旺盛生长期都喜欢较大的昼夜温差。多数种类需要较高的温度，生长期温度不能低于15℃，适宜温度多在15～30℃之间，温度过高则生长缓慢或停滞；休眠期的温度应不低于5℃，而喜欢温暖的种类则要求温度维持在10～18℃。

2. 光照

地生类多浆植物对光照的要求都比较高，生长期要求光照充足，小苗比成年植株要求较低的光照度；休眠期宜给予其干燥和低光照的条件。原产于热带森林的附生类多浆植物终年不需要强光直射，冬季无明显休眠，需要充足的光照。光周期对于观花的多浆植物非常重要，如典型的短日照花卉，必须经过一定时间的短日照才能开花。

3. 水分

为使植株能够旺盛生长，在生长期应保证充足的水分，但一定不要积水，坚持“不干不浇，浇则浇透”的原则，以防烂根。休眠期应控制浇水，甚至可以不浇水。附生类的多浆植物耐旱性稍差，且要求有一定的空气湿度，因此，在全年的管理中，应适当浇水和喷水。

4. 土壤与肥料

多浆植物通常喜欢疏松透气、排水良好且有机质含量低的微酸性沙土或沙壤土，一般以pH值为5.5～6.9为宜，栽培时可选用粒径较小的碎砾石、矿渣或人工混合的疏松基质。附生类多浆植物的基质则应含有一定量的腐殖质。

在生长期，为加速植株生长，可每隔半月左右施一次低浓度（0.2% 以下）的液肥，对于小巧别致、需要保持株型的种类应控制施肥。有机肥应充分腐熟后方可使用。施肥时还应注意不要施在茎、叶上。休眠期无需施肥。

5. 空气

应保持空气流通，空气相对湿度适中，切忌高温高湿，否则易患病虫害。

13.1.3 园林中的应用

多浆植物种类繁多，体积相差悬殊，高的可达几十米，矮的只有几厘米，形态上更是变化万千，很多种类的花形与花色也极具观赏性，加之养护管理简便，因此在园林中的应用也很广泛。

1. 布置专类园

仙人掌类植物原产于南美洲和北美洲的热带、亚热带地区，而其他多浆植物多数原产于非洲，对于大多数人来说，它们是比较新奇的植物。为了满足引种和研究等方面的需要以及广大植物爱好者的欣赏需求，很多植物园的大型温室里都设立了多浆植物专区或专类园，常按照多浆植物的原产地、科属或造景要求进行布置。

2. 室外应用

（1）室外造景。在环境条件适宜的地区，可以在住宅小区、建筑物附近、广场、屋顶花园等处布置以多浆植物为主体的景观，别具一番情趣。

（2）作绿篱。虎刺梅（*Euphorbia milii*）、龙舌兰、仙人掌（*Opuntia dillenii*）等在环境条件适宜的地区可用作绿篱，不仅有绿化的效果，还有很好的防范作用。

（3）作地被或布置花坛。在环境条件适宜的地区，可以用低矮且适应性强的多浆植物来作地被或布置花坛。

（4）配植于岩石园。多浆植物中的多数种类具有耐干旱、瘠薄的特性，根据布景需要将其配植于岩石园，能够收到良好的观赏效果。

3. 室内绿化、美化

多浆植物大多栽培管理容易，其千奇百怪的形态和奇异美观的花朵都具有极高的观赏价值，常以盆栽的形式在室内应用。可以根据空间的大小和观赏的需求来选择大型、中型、小型甚至是微型的多浆植物，配以美观的容器，在绿化、美化室内环境的同时，还可以起到净化空气的作用。

此外，以多浆植物为主体制成组合盆栽和微型盆景也是目前常见的应用形式。

13.2 仙人掌类与多浆植物主要种类

13.2.1 金琥

【学名】*Echinocactus grusonii*

【英文名】Golden Barrel Cactus

【别名】象牙球

【科属】仙人掌科金琥属

【形态特征】植株圆球形，绿色，单生或成丛，在原产地直径可达 80cm。球顶密被黄色绵毛，具排列整齐的纵棱 21 ~ 37 条；刺座大，每刺座具金黄色辐射状硬刺 8 ~ 10 个，长 3cm，中刺 3 ~ 5 个，较粗，稍弯曲，长

图 13-1　金琥

5cm，形似象牙。花生于球顶部绵毛丛中，钟形，直径约4cm，黄色。花期 6 ~ 10 月（见图 13-1）。

【品种与类型】栽培中，还有短刺、缀化、斑锦等变异类型，观赏价值极高。常见的种类有以下几种。

（1）白刺金琥（var.*albispinus*），刺座密生白色硬刺。

（2）狂刺金琥（var.*intertextus*），金琥的曲刺变种，金黄色硬刺呈不规则弯曲，中刺较原种宽大。

（3）短刺金琥（var.*subinermis*），也称作裸琥、无刺金琥，刺座上着生不显眼的淡黄色短小钝刺。

（4）金琥冠（*f.cristata*），金琥的缀化变异种类。

（5）金琥锦（*f.variegata*），金琥的斑锦变异种类，绿色球体上具黄色斑块。

（6）裸琥冠（var.*subinermis f.cristata*），短刺金琥的缀化变异种类。

【产地与分布】原产墨西哥中部干燥炎热的沙漠及半沙漠地区。

【生态习性】性强健。喜阳光充足、通风良好、温暖干燥的环境，忌水涝，不耐寒。喜肥沃且排水良好的石灰质沙壤土。

【繁殖】播种繁殖为主，以当年采收的种子播种发芽率较高。适宜的播种时期为 5 ~ 9 月，昼夜温差大时有利于发芽。播种宜选择无毒、低肥力、疏松透气且有一定保水能力的基质，并且要消毒后再使用；播种用具及容器也要保证无毒、无菌；种子应事先用甲醛或高锰酸钾溶液消毒。撒播或点播均可。发芽后待幼苗球体长至绿豆大小，即可进行移栽。

也可用子球扦插或嫁接法繁殖，于早春切去球顶生长点，促使其萌生子球，待子球长到 1cm 左右，将其切下用于扦插或嫁接，嫁接常以健壮充实的量天尺为砧木。

【栽培管理】夏季高温时应适当遮阴。生长适温为 20 ~ 25℃，适宜的昼夜温差可加速其生长，冬季越冬温度 8 ~ 10℃。生长期应给予充足的水分，球面不可喷水，每 2 周追施稀薄液肥 1 次；休眠期应停止施肥，并保持盆土稍干。金琥生长较快，每年需换盆 1 次。

【园林应用】株形浑圆、端正，金色硬刺极具观赏性，生长健壮，养护简单，是优良的室内盆栽植物。小型个体可置于茶几、案头、窗台，大型个体可点缀厅堂。同时也是仙人掌科植物专类园必不可少的种类，易形成沙漠地带的自然风光。在条件适宜地区也可露地群植。

13.2.2　仙人球

【学名】*Echinopsis tubiflora*

【英文名】Tubeflower Sea-urchin Cactus

【别名】花盛球、刺球、草球

【科属】仙人掌科仙人球属

【形态特征】植株单生，有时成簇。幼株球形，老株圆柱形，暗绿色，高 50 ~ 75cm，直径 12 ~ 15cm，具纵棱 11 ~ 12 条；棱上刺座具针刺。花生于球体侧方，白色，喇叭状，长约 20 ~ 24cm，直径 10 ~ 12cm；花筒外被鳞片，鳞腋具长毛。花期夏季，常在傍晚开放，次晨凋谢。

【产地与分布】原产阿根廷及巴西南部的干旱草原。

【生态习性】性强健。喜阳光充足，忌强光曝晒。不耐寒。耐干旱。喜排水良好的沙质土壤。

【繁殖】以子球扦插繁殖为主，可于 4 ~ 5 月进行，从母株上切取子球，置于阴凉通风处 2 ~ 3 天，待切口干燥后，插入湿沙中，控制浇水，待生根后可正常浇水。

嫁接繁殖多用于自身缺乏叶绿素、或根系不发达、或珍稀名贵的种类（如仙人球的斑锦、缀化变异种类），常以量天尺为砧木，也可以仙人球原种为砧木。嫁接宜在植株处于生长阶段，且温度在 20 ~ 25℃的条件下进行。常用的方法有平接和插接。平接操作简单，易成功，应用最广，球形、柱形的种类均可采用，砧木的粗度要比接穗略大或两者相差不多，先用经消毒的利刀将砧木的顶部和接穗的基部削平，立即使两者切口对接，注意砧木和接穗的维管束至少要有部分接触，接触的部位越多越易成活，然后用线绳、皮筋、胶带等沿纵向均匀捆绑，以使两者紧密接合。插接常采用叶仙人掌作砧木，将接穗基部切成小的十字切口，深度为球高的 1/3，将砧木顶端削尖，插入接穗基部并固定即可。嫁接的动作要快，若切口风干会影响成活。嫁接后的成活期应避免阳光直射，且伤口不可沾水。

也可播种繁殖。

【栽培管理】栽培容易。露天栽培时，炎夏应适当遮阴。生长适温为 20 ~ 30℃，越冬温度不低于 5℃。夏季为生长期和盛花期，应保持盆土湿润，可 2 周施 1 次稀薄液肥。休眠期要停肥控水。

【园林应用】造型奇特，生长快，易开花，管理粗放，繁殖容易，是常见的室内盆花，也可用于制作盆景或布置专类园。可用作嫁接仙人掌类植物球形品种的砧木。

13.2.3 仙人掌

【学名】*Opuntia dillenii*

【英文名】Lesser Prickly pear

【别名】仙桃

【科属】仙人掌科仙人掌属

【形态特征】植株丛生，灌木状，高 0.5 ~ 2.5m。茎直立，老茎下部近木质化，近圆柱形，茎节扁平，肉质肥厚，椭圆形至倒卵形，长 20cm 左右，幼茎鲜绿色，老茎灰绿色，刺座密生黄褐色针状刺。花单生，鲜黄色，直径 2 ~ 8cm，辐射对称。浆果倒卵形或梨形，长 5 ~ 8cm，成熟时红色或紫色，味甜可食。花期夏季（见图 13-2）。

图 13-2 仙人掌

【产地与分布】原产于美洲热带地区。中国各地广泛栽培，在四川省和云南省有野生种分布。

【生态习性】性强健。喜阳光充足，不耐庇荫。喜温暖，不耐寒。耐干旱，忌积水。对土壤要求不严，但以排水良好的沙壤土为宜。

【繁殖】以扦插繁殖为主。生长季切取健壮充实的茎节，置于阴凉通风处使切口干燥，插于沙床，保持基质潮湿，约 20 ~ 40 天可生根，注意在插穗生根过程中，要避免强光直射。

温度条件适宜的情况下，可以全年进行播种繁殖，温差较大的春季和秋季更易于发芽。

快速扩繁可以采用组织培养的方法，取健壮的茎节洗净，切取带刺座的茎块，在超净工作台上消毒后，接种到适宜的培养基中，经过诱导、增殖、生根和移栽等过程后，即可实现仙人掌的快速繁殖。

此外还可以采用分株法进行繁殖。

【栽培管理】生长适温为 20 ~ 30℃，越冬温度应在 5 ~ 10℃。4 ~ 10 月为生长期，11 月至翌年 3 月为休眠期。生长期应给予充足的水分，夏季高温期浇水应在早晨或傍晚时进行。可适当追肥，进入秋季应控制水肥。保持栽培环境的空气畅通，以防病虫害的发生。根系较纤细，分布浅，盆栽时，盆底可用陶粒、瓦片等铺设排水层。

【园林应用】多作室内盆栽观赏，是净化室内空气的优良植物，也可用于布置专类园。在气候适宜地区可露地栽培，作绿篱或造景均适宜。可用作嫁接蟹爪兰、仙人指等植物的砧木。根及全株入药，有健胃、利尿、消肿、清热等功效。

13.2.4 蟹爪兰

【学名】*Zygocactus truncatus*

【英文名】Crab Cactus，Christmas Cactus

【别名】蟹爪莲、锦上添花

【科属】仙人掌科蟹爪兰属

【形态特征】附生类型。多分枝，常下垂。茎节扁平，倒卵形或矩圆形，先端平截，边缘具 2 ~ 4 对尖锯齿，如蟹钳状。花生于茎节顶端，为两侧对称花，花瓣开张而反卷，紫红色，已育出的品种中还有粉红、淡紫、橙黄和白色等。花期 12 至翌年 1 月（见图 13-3）。

图 13-3 蟹爪兰

【产地与分布】原产巴西东部的热带森林，各地均有栽培。

【生态习性】喜半阴，畏强光曝晒。典型的短日照花卉。喜温暖、湿润且通风良好的环境，不耐寒。喜疏松、排水良好且富含腐殖质的土壤。

【繁殖】嫁接和扦插繁殖。嫁接繁殖常在春、秋季进行，可用仙人掌、量天尺为砧木，多采用劈接法：将砧木在适当高度处横切，去掉上部，在顶部或侧面的近维管束处自上向下做一切口，将接穗基部的两面削成楔形，插入砧木的切口中，注意使接穗的伤口接触砧木的维管束，然后用细竹针、仙人掌刺或其他方法固定，使接穗和砧木的伤口紧密贴合。

扦插繁殖常在春季进行，切取生长充实的 3 ~ 5 个茎节为插穗，待切口略干燥后，插入沙床中，生根容易。

培育新品种时可采用播种法繁殖。

【栽培管理】夏季应适当遮阴。生长适温为 15 ~ 25℃，冬季温度应保持在 10℃以上。一年有两次短暂的休眠期和两次旺盛生长期，休眠期分别在夏季最炎热时和开花后，旺盛生长期分别在 5 月中下旬和 10 月上中旬。生长期间要水分充足，并保持一定的空气湿度；每半月追肥 1 次。秋季短日照条件是花芽分化的关键时期，如果人为提供每天日照 8 ~ 10h 的短日照条件，也可促使其提前开花。进入现蕾阶段应保证养分充足，增施磷钾肥，不施或少施氮肥，并注意疏蕾。花后有一个短暂的休眠期，此时要停止施肥，盆土也应适当干燥。栽培中，常设立圆形支架，以保持优美的株形。

【园林应用】株形别致，花繁色艳，花期正值严冬，且适逢圣诞节和元旦，因此深受人们喜爱。适合用于窗台、阳台、厅堂的装饰，吊盆观赏也很美观。

13.2.5 仙人指

【学名】*Schlumbergera bridgesii*

【英文名】False Christmas Cactus

【科属】仙人掌科仙人指属

【形态特征】附生类型。多分枝，下垂。茎节扁平，边缘浅波状，顶部平截，刺座上有少量褐色的细绒毛。花着生在茎节的顶部，为辐射对称花，粉红色。浆果红色。花期 2 ~ 3 月。

【产地与分布】原产于南美热带森林中，各地均有栽培。

【生态习性】喜半阴、温暖、空气湿润的环境，夏季忌阳光直射。短日照花卉。喜疏松肥沃的沙壤土。

【繁殖方法】同蟹爪兰。

【栽培要点】同蟹爪兰。

【园林应用】株形优美，花色艳丽，是优良的盆栽植物。常用于室内绿化、美化。

13.2.6 长寿花

【学名】*Kalanchoe blossfeldiana*

【英文名】Kalanchoe

【别名】矮生伽蓝菜、圣诞伽蓝菜、寿星花

【科属】景天科伽蓝菜属

【形态特征】多年生直立肉质草本，高 10 ~ 30cm，全株光滑无毛。肉质叶交互对生，长圆状匙形，叶缘具圆钝齿，深绿色而有光泽。圆锥状聚伞花序，小花高脚碟形，直径 1.3 ~ 1.7cm，有鲜红、桃红、橙红、粉、黄、白等色，花瓣常 4 枚，亦有重瓣品种，观赏价值更高。花期 2 ~ 5 月（见图 13–4）。

图 13–4　长寿花

【产地与分布】原产于非洲马达加斯加岛阳光充足的热带地区，现栽培的多为园艺种。

【生态习性】短日照植物，喜阳光充足、通风良好而稍湿润的环境。喜温暖，不耐寒。耐干旱。对土壤要求不严，喜疏松肥沃的沙质壤土。

【繁殖】多用扦插法繁殖，宜在 5 ~ 6 月或 9 ~ 10 月进行，温度应不低于 15℃，剪取带有 3 ~ 5 片叶的茎段，插于湿润的沙床中，温度适宜的条件下，10 天左右可生根，1 个月左右可上盆。

也可以剪取健壮的叶片进行叶插。叶插全年皆可进行，但以旺盛生长期效果最佳。用消过毒的利刀自叶柄基部将叶片切下，置于阴凉处待伤口晾干，插于已消毒的疏松基质中，扦插深度 2 ~ 3cm。插后将基质压紧，浇一次透水，以后控制浇水，勿使基质过于潮湿，经半月左右即可生根，3 ~ 4 周后叶柄基部可长出蘖芽。待蘖芽出土后，可适当进行叶面施肥，两个月左右即可移栽。

【栽培管理】盛夏应适当遮阴，冬季宜放在阳光充足处，光照不足影响开花。生长适温 15 ~ 25℃，冬季室温宜保持在 12 ~ 15℃，不可低于 5℃。生长季土壤水分要适中，做到间干间湿，20 天左右施 1 次腐熟的液肥或复合肥料。冬季减少浇水，停止施肥。长寿花为短日照植物，自然的花芽分化期在 10 月中旬至 3 月中旬，生长发育良好的植株，每天经短日照处理（光照 8 ~ 9h），4 周左右即出现花蕾，可根据需要调节花期。生长较迅速，应适时换盆。

【园林应用】长寿花株型紧凑，枝繁叶茂，花色丰富，观赏价值高，寓意长命百岁、福寿吉庆，是颇受欢迎的冬春季室内盆栽花卉，可用于点缀窗台、茶几、案头，也可用于装饰花槽、橱窗等，花、叶均美，效果极佳。花期调控较容易，且花期较长，生产上可常年供花。植株低矮、开花量大，春、夏、秋季可在室外布置花坛或作镶边材料。

图 13-5 库拉索芦荟

13.2.7 芦荟属

【学名】*Aloe*

【科属】百合科芦荟属

【形态特征】多年生肉质草本。不同种的茎叶形态差别很大，大型种类高可达 10m 以上，小型种类只有几厘米。叶片肉质肥厚，多呈螺旋状排列，部分种类叶片相对而生，排成两列状。叶长 3 ~ 80cm 不等，狭长的披针形，下部具叶鞘，抱茎而生。叶缘多具尖刺，部分观赏品种的叶面和叶背具肉质刺状突起，叶面常有白色的斑点或花纹。总状花序从叶丛中抽出，小花成圆筒形。

【品种与类型】

（1）库拉索芦荟（*A.vera*）。高达 60 ~ 100cm，茎较短。叶呈莲座状簇生，直立或近直立，肥厚多肉，狭披针形，基部宽阔，长 15 ~ 36cm，宽 3 ~ 6cm，绿色至粉绿色，缘具白色小尖齿。花期夏、秋季（见图 13-5）。

（2）芦荟（*A.vera* var.*chinensis*）。别名中华芦荟、草芦荟、油葱。茎较短。叶呈莲座状排列，幼株呈两列状，叶肥厚多汁，条状披针形，长 15 ~ 35cm，基部宽 4 ~ 5cm，粉绿色，具白色斑点，边缘疏生刺状小齿。小花黄色，具红色斑点。花期冬季。

（3）不夜城芦荟（*A.nobilis*）。别名高尚芦荟。植株单生或丛生，高 30 ~ 50cm。肉质叶绿色，幼苗时互生排列，成年后则为轮状互生，叶片披针形，肥厚多肉，叶缘具淡黄色锯齿状肉刺，叶面及叶背散生淡黄色肉质突起。小花橙红色。花期冬末至早春（见图 13-6）。

（4）翠花掌（*A.variegata*）。别名千代田锦、什锦芦荟。株高 20 ~ 30cm，茎短。叶像瓦片一样螺旋状重叠生长，排列紧密，叶片三角状剑形，肥厚多肉，表面下凹，叶缘密生白色肉质细刺，叶深绿色，有横向的白色花纹。小花橙红或橙黄色（见图 13-7）。

图 13-6 不夜城芦荟

图 13-7 翠花掌

【产地与分布】原产于非洲。

【生态习性】芦荟属植物通常喜光，忌强光曝晒，耐半阴。喜温暖、干燥的环境，不耐寒。耐干旱，忌积水。

喜肥沃且排水良好的沙质壤土。

【繁殖】可结合换盆进行分株繁殖。萌蘖能力强，也可将老株周围产生的幼苗取下，待伤口晾干后进行扦插，或将多年生植株的上部切下，晾干伤口后扦插。有些种类也可采用播种法繁殖。

【栽培管理】夏季避免强光直射，并注意通风。生长适温为 20 ~ 30℃，冬季室温在 5 ~ 6℃以上可安全越冬。旺盛生长期应水分充足，每 20 天左右施 1 次腐熟的稀薄液肥或复合肥。

【园林应用】芦荟属植物株形优美，多数种类既能观叶又能观花，可盆栽观赏，中、小型种类适宜装点窗台、案头、茶几等处。温暖地区可露地栽培，用于步行街或居住区绿化。也可用于布置专类园。部分种类具有较高的药用价值。

13.2.8　十二卷属

【学名】*Haworthia*

【科属】百合科十二卷属

【形态特征】十二卷属植物有 150 余种，均为多浆植物，园艺变种和杂交品种繁多。植株大多低矮，单生或丛生。叶子着生密集，常排列成莲座状或螺旋排列成圆柱状、三角形或两列状。总状花序松散，小花白绿色。

【品种与类型】按叶的质地和形态，可分为硬叶类和软叶类。

1. 硬叶类

硬叶类的叶片质地较硬，叶面常被白色疣状突起，有时聚集成条状，具有反射强光的作用。常见的种类有以下几种。

（1）条纹十二卷（*H.fasciata*）。整株直径 5 ~ 7cm。肉质叶排列成莲座状，新芽自植株基部抽出，群生。叶三角状披针形，先端渐尖，深绿色，叶背具由白色疣状突起聚集而成的横向条纹（见图 13–8）。

图 13–8　条纹十二卷

（2）琉璃殿（*H.limifolia*）。整株直径 8 ~ 10cm。肉质叶呈螺旋状排列。叶深绿色，卵圆状三角形，先端急尖，正面凹，背面圆突，叶上布满由细小疣突组成的瓦楞状横条纹，间距均匀，酷似琉璃瓦。

（3）青瞳（*H.glauca* var.*herrei*）。株高约 20cm，多分枝。肉质叶螺旋状向上排列，植株呈圆筒状。叶深绿色，剑形，向上逐渐变尖，稍向内弯，叶背有明显的突起。

2. 软叶类

软叶类的叶片质地较软，肥厚多汁，叶先端肥厚成半圆形或截形，有透明或半透明的“窗”状结构，光线可透过“窗”照射到植物体内。常见的种类有以下几种。

（1）玉露（*H.obtusa* var.*pilifera*）。肥厚的叶呈莲座状排列，翠绿色，先端钝圆，透明，有绿色的线状纹理，植株呈半球形。

（2）康氏十二卷（*H.comptoniana*）。别名康平寿。整株直径 5 ~ 9cm。深绿色的肉质叶呈莲座状排列，开展，先端卵圆状三角形，表面有白色的网格状斑纹，叶缘具细齿，是十二卷属中的珍稀品种。

（3）万象（*H.maughanii*）。别名毛汉十二卷。肉质叶近圆筒形，自植株基部斜出，呈松散的莲座状排列，叶色深绿、灰绿或红褐色，表面粗糙。叶先端成水平截断状，透明或半透明，有浅色花纹。

（4）绿玉扇（*H.truncate*）。别名截形十二卷、玉扇。肉质叶直立，稍向内弯，排成左右分开的两列，呈扇形，

图 13-9 绿玉扇

绿色至暗绿色。叶先端平截，半透明，表面粗糙，具细微的疣状突起，呈灰白色或具白色花纹（见图 13-9）。

十二卷属植物还有很多斑锦变异种类，如玉扇锦、万象锦、琉璃殿锦等，另外还通过属内杂交，获得了很多园艺杂交种，它们都具有很高的观赏价值。

【产地与分布】原产南非。

【生态习性】多数种类习性强健。喜散射光充足的环境，忌阳光直射。喜温暖，不耐寒。耐干旱，忌潮湿。喜疏松肥沃、排水良好的沙壤土。

【繁殖】可采用分株法、吸芽繁殖法和叶插法繁殖，部分种类可以播种繁殖。

分株宜在春季进行，将母株从花盆中取出，抖落根系上的土，分成几个小的株丛，每个株丛都要带有一定量的根系，分别上盆即可。分株法操作简便，但繁殖系数不大，而且株形丰满的大株丛经分株后可能会影响其观赏效果，因此是否分株要根据具体情况而定。

吸芽繁殖法适用于母株上易产生吸芽的种类，在母株根颈处生出的吸芽，其形状与母株相似，并已长出了自己的根，可以结合换盆将这些吸芽从母株上掰下或用刀切下，待伤口晾干后单独上盆。

【栽培管理】炎夏需遮阴，并保持通风。生长适温为 12 ~ 28℃，冬季温度应保持在 12℃以上。生长期在春、秋季，浇水要适量，本着见干见湿的原则；盛夏高温和严冬低温都会使植株停止生长进入休眠或半休眠状态，应控制浇水。

【园林应用】种类繁多，形态别致，小巧玲珑，清秀可爱，是理想的小型室内盆栽植物，为广大多浆植物爱好者所喜爱。以观叶为主，可搭配精致的栽植容器，装点窗台、茶几、书桌、阳台等。

13.2.9 露草

【学名】*Atenia cordifolia*

【英文名】Ice Plant，Baby Sun Rose

【别名】心叶日中花、露花、心叶冰花、花蔓草

【科属】番杏科露草属

【形态特征】多年生蔓性常绿草本，稍肉质。茎斜卧，铺散，长 30 ~ 60cm，有分枝。肉质叶对生，心状卵形，长 1 ~ 2cm，宽约 1cm，全缘，先端急尖或圆钝具突尖头，基部圆形，鲜绿色。花单生于茎顶端或叶腋，直径约 1cm，花瓣多数，狭小，粉红至紫红。花期 7 ~ 8 月（见图 13-10）。

图 13-10 露草

【产地与分布】原产非洲南部，中国各地有栽培。

【生态习性】喜阳光充足。喜温暖、干燥、通风的环境，忌高温多湿。喜疏松肥沃、排水良好的沙质壤土。

【繁殖】扦插或播种繁殖。扦插繁殖可在生长期剪取健壮的枝条，待切口干燥后插于湿沙中，生根容易。

【栽培管理】管理粗放。忌强光直射，炎夏需遮阴或放置在散射光充足的位置，保持通风。生长适温为 15 ~ 25℃，冬季宜保持在 5 ~ 10℃。4 ~ 9 月为旺盛生长期，应保持水分充足，但不可积水，入秋后减少浇水。每月施一次稀薄的液肥，氮肥用量不可过大，否则影响开花。为保持株形优美，可适当摘心和修剪。

【园林应用】枝条柔软下垂，绿叶茂盛，繁花点点，既可观花又可观叶，适宜作垂吊花卉栽培，摆放于窗台、

阳台或适当的盆架上，装饰效果好。也可以作种植钵的边缘垂悬材料或作地被材料。

13.2.10 翡翠珠

【学名】*Senecio rowleyanus*

【英文名】String of Pearls

【别名】一串珠、绿（之）铃、项链掌

【科属】菊科千里光属

【形态特征】多年生常绿蔓性草本。茎绿色，细长，平卧地面或垂悬，长可达 1m 以上。叶互生，较稀疏，鲜绿色，肥厚多汁，卵状球形至圆球形，可储存水分，先端具小尖头，叶的一侧具一条半透明的纵纹。头状花序，白色。

【产地与分布】原产南非。

【生态习性】喜明亮的散射光，但畏强光直射。喜凉爽的环境，忌高温，不耐寒。耐干旱，忌水涝。喜疏松透气、排水良好的土壤。

【繁殖】扦插繁殖为主，以春季和秋季扦插效果最佳。插穗的长度无严格要求，通常剪取 10cm 左右的茎段，平铺于盆中，将茎节处埋入盆土中，保持适当湿度，生根容易。此外也可以在春季进行分株繁殖。

【栽培管理】炎夏呈半休眠状态，需遮阴，其他季节在充足的散射光下生长良好。生长适温为 18 ~ 22℃，冬季温度不低于 5℃。生长期浇水应间干间湿，休眠期应停肥控水，并保持通风。根系分布较浅，盆底需垫厚一点的排水层。

【园林应用】绿铃串串，珠圆玉润，玲珑可爱，是理想的垂吊植物。常盆栽，装饰书桌、茶几、窗台，也可悬垂于窗前或其他适合立体绿化的场所。

13.2.11 令箭荷花

【学名】*Nopalxochia ackermannii*

【英文名】Ackerman Nopalxochia

【别名】孔雀仙人掌、荷花令箭

【科属】仙人掌科令箭荷花属

【形态特征】附生类型。茎直立，灌木状，高达 1m 以上。茎绿色，扁平，披针形，形似令箭，基部呈圆柱状，中肋明显突起，边缘具圆钝粗齿，齿间凹入部位有刺座，具细刺。花单生于茎两侧的刺座中，喇叭状，有紫红、红、粉、黄、白等色，直径 10 ~ 20cm。浆果椭圆形，红色。花期 5 ~ 7 月，白天开放，单花期 1 ~ 2 天（见图 13-11）。

图 13-11　令箭荷花

【产地与分布】原产墨西哥，各地普遍栽培。

【生态习性】忌强光直射。喜温暖湿润、通风良好的环境，不耐寒。耐干旱。喜疏松肥沃、排水良好的微酸性土壤。

【繁殖】扦插或嫁接繁殖。扦插繁殖可于春季剪取长约 10cm、生长充实的茎为插穗，在阴凉通风处晾至剪口干燥，插于湿沙中。嫁接繁殖可用量天尺、仙人掌或叶仙人掌为砧木，常采用劈接法。也可以采用分株和播种法繁殖。

【栽培管理】夏季应避免阳光曝晒，并维持较高的空气湿度。春、秋、冬季可以放置在阳光充足的地方。生长适温 20 ~ 25℃，冬季温度不能低于 8℃。生长期浇水应本着盆土不干不浇的原则，适当追肥。立秋后应控制浇水。生长期间应及时修剪，以保持株形，并设立支架，绑扎不断伸长的茎，以防植株倒伏。

【园林应用】植株秀丽，花色丰富而鲜艳，整体花期较长，是优良的室内盆花，可摆放于窗台、客厅或阳台，装饰效果颇佳。

13.2.12 昙花

【学名】*Epiphyllum oxypetalum*

【英文名】Broadleaf Epiphyllum

【别名】月下美人、琼花

【科属】仙人掌科昙花属

图 13-12 昙花

【形态特征】附生型肉质灌木，高 2 ~ 6m。老茎圆柱形，木质化，直立，分枝多数，茎节长，绿色，叶状侧扁，披针形至长圆状披针形，具一条两面突起的粗大中肋，边缘具波状圆齿，刺座生于齿间缺刻处，幼枝有毛状刺，老枝无刺。花单生于刺座，漏斗状，长 25 ~ 30cm，直径 10 ~ 12cm，白色，芳香。浆果长球形，紫红色，具纵棱。花期夏秋季，夜间开放，数小时即凋谢，因此有“昙花一现”之说（见图 13-12）。

【产地与分布】原产于墨西哥及中南美洲，各地广泛栽培。

【生态习性】喜温暖湿润和半阴的环境，忌强光暴晒，不耐寒。喜排水良好、富含腐殖质的微酸性沙壤土。

【繁殖】扦插繁殖为主。于 5 ~ 6 月选取 20 ~ 30cm 的充实茎段，在阴凉通风处将切口晾干，插入湿沙中，20 ~ 30 天可生根，次年即可开花。也可播种繁殖，需人工授粉方能结种，播种苗需 4 ~ 5 年开花。

【栽培管理】夏季宜置于无直射光的地方。生长适温 13 ~ 20℃。生长期要求水分充足，并保持较高的空气湿度；每半月左右施肥 1 次，现蕾开花期，应增施磷、钾肥。冬季处于半休眠状态，要求光照充足，越冬温度 10℃左右，注意控制浇水，保持盆土适度干燥。昙花的茎较柔弱，栽培中应设立支架。为使昙花在白天开花，可以采用“昼夜颠倒”的方法进行处理。

【园林应用】花姿婀娜，芳香袭人，是珍贵的盆栽花卉，可用于装点客厅、阳台等。南方可在室外栽培。花和嫩茎可入药。

13.2.13 石莲花

【学名】*Echeveria glauca*

【英文名】Gray Echerveria

【别名】玉蝶、宝石花、八宝掌

【科属】景天科石莲花属

【形态特征】肉质多年生草本。根茎粗壮，半直立，有细长丝状气生根。叶肉质，呈莲座状排列于茎的上部，蓝灰色，被白粉，倒卵形或近圆形，长约 5cm，先端圆钝近平截，中央有长约 1mm 的小突尖，基部稍收缩成匙形，全缘，无叶柄。总状单歧聚伞花序腋生，具花 8 ~ 20 朵，小花钟形，花冠长约 1.2cm，外面粉红色或红色，里面黄色。花期6 ~ 8月(见图13-13)。

【产地与分布】原产于墨西哥，各地有栽培。

【生态习性】对环境条件要求不严，喜温暖、干燥、光照充足的条件。耐旱性较强。不耐寒。喜疏松肥沃、排水良好的沙壤土。

【繁殖】以扦插繁殖为主。叶痕处易生出新的莲座状小叶丛，可将其剪下，待伤口稍干燥后进行扦插，容易成活；也可以选取健壮充实的完整叶片，待伤口干燥后，叶面朝上平铺在潮湿的沙土上，放置在阴凉处，2 ~ 3周即可从叶片基部长出小叶丛及新根，将其掰下浅埋于土中，可长成新的植株。也可以播种繁殖。

图13-13 石莲花

【栽培管理】栽培管理容易。生长适温为15 ~ 28℃。生长期可放在阳光充足处，要求通风良好，浇水应注意见干见湿，叶丛中心不可积水，以免造成烂心。生长期一般每20天左右施1次腐熟的稀薄液肥。盆土应保持排水通畅，可以用园土、腐叶土、河沙等比例混合。冬季温度不低于10℃，盆土应适当干燥。每年应换盆1次。

【园林应用】株形规整美观，酷似玉石雕琢成的莲花，既可观叶，又可观花，装饰性较强，是普遍栽培的室内花卉，适于布置几案、阳台等处。在气候条件适宜的地区也可用于布置岩石园或沙漠植物景观。

13.2.14 松鼠尾

【学名】*Sedum morganianum*

【英文名】Donkey Tail, Burro Tail

【别名】翡翠景天、串珠草、白菩提

图13-14 松鼠尾

【科属】景天科景天属

【形态特征】匍匐型常绿植物。自基部产生分枝，细长柔软。叶肉质，纺锤形，先端略尖，长1 ~ 2cm，浅绿色，在茎上螺旋状排列紧密，呈串珠状，似松鼠的尾巴，叶易脱落。伞房花序顶生，花较小，深玫瑰红色。花期春季(见图13-14)。

【产地与分布】原产墨西哥。

【生态习性】喜阳光充足，也耐半阴，散射光下可生长良好。喜温暖且干燥通风的环境，不耐寒，忌水湿。对土壤要求不严，喜疏松、排水良好并富含腐殖质的沙壤土。

【繁殖】可用扦插法繁殖，茎插和全叶插均可。分株法繁殖亦可。

【栽培管理】管理简单。夏季适当遮阴。生长适温为15 ~ 22℃，冬季温度宜保持在10℃以上，不可低于5℃。生长期保持盆土略干燥，避免腐烂，冬季要严格控制浇水。宜薄肥勤施。

【园林应用】叶肥厚多肉，绿色期长，茎柔软下垂，株形优美，观赏性强，是优良的室内垂吊植物。

13.2.15 燕子掌

【学名】*Crassula argentea*

【英文名】Jade Plant

【科属】景天科青锁龙属

【形态特征】常绿肉质亚灌木，高 1 ~ 3m。茎肉质，圆柱形，基部木质化，多二歧对称分枝，株形美观。叶对生，肥厚，卵圆形，长 2 ~ 5cm，宽 1.5 ~ 2.5cm，先端圆钝，全缘，亮绿色。圆锥花序，花小，白色或淡粉色，栽培常不开花。

【产地与分布】原产南非。

【生态习性】喜阳光充足，畏强光，稍耐阴，散射光条件下能正常生长。喜温暖、较干燥且通风良好的环境，不耐寒。耐干旱。喜肥沃而排水良好的沙壤土。

【繁殖】常用扦插法繁殖。生长季剪取健壮充实的顶端枝条，长度以 8 ~ 10cm 为宜，待切口稍晾干后插于沙床，20 天左右可生根。也可用单叶扦插法，切叶后待切口晾干，直立插于素沙中，保持湿润，1 个月左右可生根长芽，根长至 2 ~ 3cm 时可上盆。

【栽培管理】夏季高温时处于半休眠状态，宜置于半阴处，并保持通风良好。生长适温 15 ~ 25℃，冬季温度应保持在 7℃以上。为保持良好的株形，水肥不可过量，浇水需把握干透浇透的原则，施肥通常每月 1 次。秋季减少浇水。每年春季应换盆。

【园林应用】燕子掌株形规整，枝叶肥厚，四季常青，栽培简单，适用于室内盆栽观赏，可装饰阳台、茶几、案头等；也可培养成盆景，观赏价值很高。

13.2.16 虎刺梅

【学名】*Euphorbia milii*

【英文名】Crown of Thorns

【别名】虎刺、铁海棠、麒麟刺、麒麟花

【科属】大戟科大戟属

图 13-15 虎刺梅

【形态特征】直立或稍攀援性灌木，高达 1m，体内有白色乳汁。茎梢肉质，有 5 条纵棱，上生锥状硬刺。叶常生于嫩枝上，倒卵形至长圆状匙形，先端圆而具小突尖，基部狭楔形，无柄。聚伞花序常 2 ~ 4 个生于枝上部的叶腋，排成二歧聚伞花序；总苞钟形，具 2 枚肾圆形苞片，鲜红色，观赏价值高。花期 7 ~ 8 月，温室内冬季也可开花（见图 13-15）。

【产地与分布】原产非洲马达加斯加岛，中国各地多有栽培。

【生态习性】喜阳光充足。喜温暖，耐高温，不耐寒。较耐旱，怕积水。喜疏松而排水良好的腐叶土。

【繁殖】扦插繁殖，宜在春季进行。从母株上选取一年生健壮枝条，剪成 10cm 左右的插穗，用清水将伤口的白色乳汁冲洗干净或将伤口蘸上草木灰后，稍晾干，待枝条略发软时，插于沙床，插后浇透水，温度保持在 15 ~ 25℃，并适当遮阴，保持沙床干湿适中，1 个月左右可生根。

【栽培管理】夏季忌强光曝晒；花前阳光充足，则花色鲜艳，若温度和光照条件适宜，可全年开花。生长适温 15 ~ 28℃，冬季室温保持在 15℃以上，可开花，低于 10℃则落叶休眠。生长期需水分充足，并每月施 1 次稀薄的液肥；休眠期应保持盆土干燥。生长旺盛，但枝条不易分枝，会长得较长，从而影响观赏，必须每年及时修剪、摘尖，枝条在摘尖后，可生出两个新枝。植株生长过密时，可在春季萌发新叶之前进行修剪；为形成优美的株形，在生长期间可设支架，并牵引绑扎。

【园林应用】花色鲜艳且观赏期较长，是良好的室内盆栽花卉，常用于点缀阳台、窗台等。乳汁有毒，且有硬刺，应摆放在远离儿童的地方。在气候条件适宜的地区可露地栽培，也可作绿篱。

13.2.17 生石花

【学名】*Lithops pseudotruncatella*

【英文名】Living Stones，Stoneface

【别名】石头花

【科属】番杏科生石花属

【形态特征】小型多浆植物，株高 1 ~ 5cm。茎极短，肉质肥厚的叶对生，连结成倒圆锥体，顶部平或略突起，中央有裂缝；有蓝灰、灰绿、灰褐等颜色，顶部有颜色不同的斑点或花纹，外观酷似卵石。花自顶部裂缝中抽出，多为黄色或白色，形似菊花，午后开放，直径 3 ~ 5cm。花期秋季（见图 13-16）。

图 13-16　生石花

【产地与分布】原产非洲南部和西南部的干旱地区，世界各地多有栽培。

【生态习性】喜阳光充足、通风良好的干燥环境，忌强光。喜温暖，耐高温，不耐寒。耐干旱。喜排水良好的沙质壤土。

【生物学特性】植株更新过程奇特。1 ~ 2 个新植株自中央裂缝生出，并逐渐长大，使老植株逐渐胀破，枯萎，自此新植株替代了老植株，即脱皮生长和分裂繁殖过程，通常发生在早春。每年春季开始生长，盛夏高温季节进入休眠或半休眠状态，秋季温度降低后恢复生长并开花，花谢之后进入冬季休眠期。

【繁殖】播种繁殖。播种的最佳温度是 15 ~ 25℃，以秋播效果最佳。基质应选择疏松透气的材料，并彻底消毒。播种用的容器底部要有透水孔，用浸盆法使基质湿润，将种子均匀撒播于基质表面。播种后用玻璃板或塑料膜覆盖容器表面以保持湿度，并避免阳光直射。新鲜种子 3 ~ 5 天发芽，2 周左右苗出齐，播种苗 3 年左右可开花。

【栽培管理】生长适温 20 ~ 25℃。冬季休眠期要求充足阳光，温度不低于 10℃；夏季休眠期应适当遮阴并减少浇水；生长旺季水分也不可过大，浇水时勿使叶缝进水，可采用浸盆的方法。脱皮过程中，切忌往植株上喷水。

【园林应用】生石花是奇特的拟态植物，外形小巧玲珑，品种繁多，色彩丰富，花朵也极具观赏性，是优良的室内小型盆栽植物。也可用于布置专类园。

13.2.18 其他常见仙人掌类与多浆植物

其他常见仙人掌类与多浆植物种类见表 13-1。

表 13-1 其他常见仙人掌类与多浆植物种类

名称	学名	科属	观赏特征	习性	园林应用
量天尺	*Hylocereus undatus*	仙人掌科量天尺属	攀援状灌木，高 30 ~ 60cm。多分枝，茎三棱形，边缘波浪状。花大，外瓣黄绿色，内瓣白色。花期夏季，夜间开放，具香味	性强建，喜温暖、湿润、半阴环境，不耐寒。喜肥沃沙壤土	可布置专类园或作垣篱，也是嫁接仙人掌类植物的常用砧木
秘鲁天轮柱	*Cereus peruvianus*	仙人掌科天轮柱属	植株圆柱形，乔木状，高达 3m，直径 10 ~ 20cm。茎多分枝，具肉质棱 6 ~ 9，深绿或灰绿色，刺座较稀，具刺 5 ~ 10。花大，漏斗形，白色。花期 7 月	喜阳光充足的环境。要求排水良好、富含有机质的沙质壤土	可布置专类园，也可用作大型球类的砧木
鸾凤玉	*Astrophytum myriostigma*	仙人掌科星球属	植株球形，直径 10 ~ 20cm，具 3 ~ 8 条明显的棱，多数为 5 棱。棱上的刺座无刺，有褐色绵毛。球体灰白色密被白色星状毛或小鳞片。花朵生于球体顶部的刺座上，漏斗形，黄色或有红心	喜冷凉、阳光充足的环境。要求排水良好、富含石灰质的沙质土壤	盆栽观赏或布置专类园
鼠尾掌	*Aporocactus flagelliformis*	仙人掌科鼠尾掌属	茎丛生，细长下垂，长 1 ~ 2m，直径 1cm 左右，具浅棱 10 ~ 14，细刺密集，初生为红色，后变黄至褐色。花粉红色，两侧对称，昼开夜合。浆果球形，红色。花期 4 ~ 5 月	喜阳光充足环境，夏季忌曝晒，不耐寒。喜排水良好的肥沃土壤	优良的室内盆栽植物，可设立支架，也可悬挂作吊盆或吊篮栽培
落地生根	*Bryophyllum pinnatum*	景天科落地生根属	多年生草本，高 40 ~ 150cm。叶对生，单叶完整或 3 ~ 5 羽状分裂至 3 ~ 5 羽状复叶，绿色或灰绿色，边缘有圆齿，容易生芽，芽长大后落地即成一新植株。圆锥花序顶生，花淡红色或淡紫色。花期 3 ~ 5 月	性强健，喜温暖，不耐寒。喜光，稍耐阴。耐旱。喜疏松肥沃排水良好土壤	盆栽观赏，在温暖地区也可用于布置岩石园或花境
佛手掌	*Glottiphyllum uncatum*	番杏科舌叶花属	常绿肉质草本。茎极短，斜卧。肉质叶舌状，长 7cm 左右，宽 2 ~ 3cm，绿色，叶片在茎上呈两列状叠生，株形酷似佛手。花自叶丛中抽出，形似菊花，金黄色。花期 1 ~ 5 月	喜光照充足，畏酷暑，不耐寒。喜干燥，忌积水。喜排水良好的沙壤土	良好的室内盆栽花卉，可摆放在茶几、案头或装点窗台、阳台
松叶菊	*Mesembryanthemum spectabile*	番杏科日中花属	多年生肉质草本。茎纤细，红褐色，匍匐状，分枝多。叶对生，肉质，具三棱，似松叶。花单生，直径 4 ~ 7.5cm，花瓣窄条形，形似菊花，紫红色至白色。花期 4 ~ 5 月	喜温暖干燥、阳光充足的环境，不耐寒，忌高温，耐干旱，怕水涝	可盆栽观赏，也可以布置花坛或专类园
沙漠玫瑰	*Adenium obesum*	夹竹桃科天宝花属	小乔木，原产地高可达 2m。肉质的茎部膨大，短而粗。叶互生于枝顶，倒卵形。伞形花序顶生，花粉红至红色。花期春末至秋季	喜阳光充足、干燥、高温、通风的环境，不耐水湿	盆栽观赏，用于装饰室内、阳台，也可布置专类园
龙舌兰	*Agave americana*	龙舌兰科龙舌兰属	常绿肉质草本。茎较短。叶呈莲座状排列，肉质，倒披针状线形，顶端渐狭，灰绿或蓝灰色，边缘有小刺状锯齿。圆锥花序自莲座中心抽出，花黄绿色	喜阳光充足、温暖干燥环境。稍耐寒。耐旱。喜肥沃、排水良好的沙壤土	盆栽观赏，用于装饰庭院、厅堂，温暖地区可植于花坛中心或草坪一角
彩云阁	*Euphorbia trigona*	大戟科大戟属	多分枝的肉质性灌木。具短的主干，分枝垂直向上生长，绿色，表面有乳白色晕纹，具棱 3 ~ 4，棱缘波形，有坚硬的短齿，先端具红褐色对生刺。叶匙形或倒披针形	喜阳光充足、温暖干燥的环境，稍耐半阴。耐干旱，忌阴湿。喜肥沃而排水良好的沙壤土	常用的盆栽植物，多用于装饰会场、商场、厅堂，也可用于布置景观
吊金钱	*Ceropegia woodii*	萝藦科吊灯花属	多年生肉质草本。具块茎，地上茎紫红色，蔓性，细软下垂。叶肉质对生，心形或肾形，深绿色，具灰白色花纹。花粉红色或淡紫色，形似吊灯	喜散射光充足的环境。喜温暖，怕高温。耐旱，忌水涝。喜疏松而排水良好的沙质土壤	优良的室内垂吊植物，可悬吊于窗前、墙角，或放置于花架、书柜等高处进行装饰

续表

名称	学名	科属	观赏特征	习性	园林应用
大花犀角	*Stapelia grandiflora*	萝藦科国章属	肉质草本。茎粗，基部分枝，直立向上生长，四棱状，棱上有齿状突起及短软毛。叶不发育或早落。花大，五裂张开，淡黄色，具淡紫色横斑纹，似豹纹，边缘密生细长毛	耐半阴，忌阳光直射。喜温暖，不耐寒。耐干旱。喜肥沃且排水良好的沙质土	室内盆栽观赏，可装点窗台、桌案、茶几等
树马齿苋	*Portulacaria afra*	马齿苋科树马齿苋属	常绿肉质小灌木。茎肉质，老茎紫褐色，嫩枝紫红色，分枝近水平。叶对生，肉质，倒卵状三角形，先端截形，叶基楔形，叶面光滑，鲜绿色，有光泽	喜干燥且散射光充足的环境。喜温暖，不耐寒。耐旱忌涝。对土壤要求不严	良好的观叶花卉，宜盆栽点缀客厅、案头、卧室等。也是制作盆景的好材料

思 考 题

1. 仙人掌类与多浆植物在园林中有哪些用途?
2. 简述仙人掌类与多浆植物的生态习性。
3. 举出5种常用的仙人掌类与多浆植物，并说明它们的繁殖方法和栽培管理要点。

本章相关资源链接网站

1. 多肉42植物论坛 http://www.duorou42.com/
2. 踏花行花卉论坛 http://www.tahua.nte/
3. 仙人掌与多肉植物俱乐部 http://www.cacties.com/
4. 台湾仙人掌与多肉植物协会论坛 http://www.cactus-succulent.org/LeoBB/cgi-bin/leobbs.cgi
5. 花卉论坛 http://www.huahui.cn/forum-157-1.html
6. http://www.cactus-art.biz/
7. http://www.cactiguide.com
8. http://www.desert-tropicals.com/Plants/
9. http://davesgarden.com

第14章 木 本 花 卉

14.1 概述

14.1.1 概念及基本类型

14.1.1.1 概念

园林或室内装饰中应用的木本观赏植物统称为木本花卉。比起草本花卉，木本花卉具有生命持久、形态变化大、管理简便、生态效益佳等优点。

14.1.1.2 基本类型

1. 根据生态习性分类

（1）常绿木本花卉。喜温暖湿润、不耐寒，适合中国南方生长。如杜鹃、含笑等。

（2）落叶木本花卉。较耐寒，常不耐高温，适于冷凉的北方或山地气候。如月季、碧桃等。

2. 根据形态特征分类

（1）乔木类。树身高大，有明显的主干，直立，生长旺盛，枝条繁茂。如广玉兰、白兰等。

（2）灌木类。主干短或无明显的主干，植株低矮、树冠较小，其中多数适于盆栽。如月季、贴梗海棠、栀子花、茉莉花等。

（3）藤本类。枝干长而细弱，不能直立，常攀缘或绕缠于它物而生长，如常绿的有常春藤、扶芳藤、络石等；落叶的有凌霄、紫藤、爬山虎等。

3. 根据观赏部位分类

（1）观花类。以花为主要观赏对象，或欣赏其艳丽的花色，或观赏其奇异的花形。如月季、山茶、杜鹃、牡丹、紫薇、栀子花等。

（2）观果类。以果实为主要观赏对象，它们有的色彩艳丽，有的果形奇特，有的香气浓郁，有的着果丰硕或兼具多种观赏性能。如金橘、富贵籽、火棘等。

（3）观叶类。以叶为主要观赏部位。其叶形奇特或具有鲜艳的色彩。如红背桂、变叶木、一品红等。

14.1.2 木本花卉的生态习性

1. 多年生、多周期性

木本花卉是多年生植物，可以生活几十年至几百年。木本花卉的一生要经历幼年期、青年期、成年期，直至衰老死亡，不同树种或品种幼年期差别较大。此外，木本花卉在一年内随着季节的变化，在生理活动和形态表现上，也会发生许多变化，如萌芽、展叶、抽梢、开花、果熟和落叶休眠等。

2. 具有持续生长的特性

木本花卉树体能不断的长高、分枝、增粗，在进行栽植的时候，需了解木本花卉的生长速度，计划好株行距，倘若进行盆栽需根据植株的生长量逐年换盆。为了保持树体的优美形态，需每年进行适当的整形与修剪。

3. 喜充足的阳光，开花习性各不相同

以花朵或果实作为主要观赏部位的木本花卉，在其生长过程中需要充足的阳光，否则枝叶稀疏、植株瘦弱，均不利于花芽的形成。木本花卉的种类不同，其开花习性也不同。在生产过程中需根据不同花卉的开花习性，采取相应的技术措施，才能保证花繁果丰。

4. 生长季节性强，但可以人工调控花期

植物的不同生长发育特性，是对特定环境的适应，是长期进化的结果。落叶树随季节的变化有它明显的发芽、开花、结实、落叶等物候期。在恶劣的环境条件下，对于草本花卉的生产，我们可以采取调整播期，以避免不利环境条件的影响，对于木本花卉而言，只能顺应自然或保护地栽培，其花期可以通过一系列人为措施加以控制，使之应时开花，如牡丹可以通过控制温度和光照的方法，使它提前或延迟开花。

5. 以无性繁殖为主

在繁殖木本花卉时可以采用播种、分株、压条、嫁接、扦插等方法，但生产上以无性繁殖为主。在进行育种或生产大量砧木苗时，多采用有性繁殖。

14.1.3 在园林中的应用

观赏花木依其硕大的体量、美丽的姿态、丰富的花色、迷人的香味以及深厚的花文化，在园林中应用极广，具有多种用途。在园林中不仅可以孤植、对植、行植、丛植、林植，独立形成美好景观；还可以与各种地形及设施物相配合而产生烘托、对比、陪衬等作用，例如植于道路两旁、湖边、崖石旁、岛边形成水中倒影等。另外，木本花卉又可依其特色布置成各种专类花园，如牡丹园、月季园等。

木本花卉还可以起到保护环境，维持生态平衡的作用。如涵养水源，保持水土；防风固沙；监测大气污染；提高空气湿度；减弱噪音等。

14.2 常见木本花卉

14.2.1 牡丹

【学名】*Paeonia suffruticosa*

【别名】洛阳花、富贵花、花王、木芍药、百两金等

【科属】毛茛科芍药属

【形态特征】多年生落叶小灌木，株高多在 0.5 ~ 2m 之间；根肉质，粗而长，中心木质化；枝干直立而脆，圆形，为从根茎处丛生数枝而成灌木状，当年生枝光滑，黄褐色，常开裂而剥落；叶互生，叶片通常为二回三出复叶，枝上部常为单叶，小叶片有披针、卵圆、椭圆等形状，顶生小叶常为 2 ~ 3 裂，叶上面深绿色或黄绿色，下为灰绿色，光滑或有毛；总叶柄长 8 ~ 20cm，表面有凹槽；花单生于当年枝顶，两性，花大色艳，形美多姿，花径 10 ~ 30cm；花色丰富，有紫、红、粉红、黄、白、豆绿等色，及重瓣、半重瓣等很多品种；蓇葖果五角，种子近圆形，成熟时为褐黄色，老时变成黑褐色。花期 4 ~ 5 月，果期 9 月（见图 14-1）。

图 14-1 牡丹

【品种与类型】

1. 种及变种

（1）紫斑牡丹（*P.suffruticosa* var. *Papaveracea*）。植株高 50 ~ 150cm；小枝圆柱形，微具条棱，基部具

鳞片状鞘。顶生小叶宽卵形，通常不裂，稀3裂至中部，裂片不再浅裂，下面灰绿色，疏被长柔毛；花瓣白色，宽倒卵形，内面基部具有深紫色斑块。分布于陕西省南部（太白山区）、河南省西部等地。

（2）矮牡丹（*P.suffruticosa* var.*Spontanea*）。落叶小灌木，植株矮小，高60～80cm；小叶较窄，顶生小叶宽卵形，或近圆形，叶背面及叶轴均生短柔毛；花通常单瓣，黄、红、紫或白色，花瓣基部无紫斑。分布于陕西省延安市、山西省稷山等地。

（3）黄牡丹（*P.lutea*）。植株高1～1.5m，全体无毛；嫩枝绿色，基部有宿存倒卵形鳞片。叶互生，叶片羽状分裂，裂片披针形，花瓣黄色，倒卵形，有时边缘红色或基部有紫色斑块。分布于云南省、四川省西南部及西藏自治区东南部。

2. 栽培品种

中国栽培的牡丹，目前约1000多个品种，按照牡丹花色的不同，可将其分为6大色系，即白、黄、粉、红、紫、绿色系。牡丹按其花型的不同可以分为4类10型。

（1）单瓣类。花的各部位发育正常，花瓣数目少，1～3轮。单瓣形，如泼墨紫、墨撒金、黄华魁、粉娇娥、青山贯雪。

（2）重瓣类。花瓣4轮以上，雄蕊减少或完全退化，雌蕊正常或瓣化或不存。

1）荷花型，花瓣3～5轮，各瓣大小相似，雌雄蕊正常。如青龙卧墨池、似荷莲、露珠粉等。

2）菊花型，花瓣6轮以上，各瓣由外向内逐渐减小，雄蕊减少。如桃花红、胜荷莲等。

3）蔷薇型，花瓣极多层，雄蕊退化不存，雌蕊不存或瓣化。如二乔、朱砂红等。

（3）楼子类。楼子类的花瓣变化不大，但是雄蕊有不同程度的瓣化，即花药消失，药隔增大变宽，花丝亦增长变宽，成为具花瓣形状与色彩的窄瓣，或称为瓣化雄蕊。雄蕊的瓣化程度是由内向外，离心变化的。从花型上看，花中心隆起，故称楼子。楼子类可以分为以下几类。

1）金环型，在花瓣与中心雄蕊瓣之间有一圈黄色的正常雄蕊。如姚黄、月娥娇等。

2）托桂型，花瓣1～3轮，平展，雄蕊瓣化成窄而长的花瓣，在花心形成比较整齐的半球行。如娇红、仙娥等。

3）皇冠型，花瓣宽大，雄蕊瓣化，瓣较托桂型宽大，在花心高起，形似皇冠。如赵粉、首案红等。

4）绣球型，雄蕊全部瓣化，内外瓣形状大小近似，拥挤隆起呈球形或椭圆形；雌蕊基本或全部退化或瓣化，无结实能力。如豆绿、绿香球等。

（4）台阁类。在一朵花中有2至数朵花叠生，下方花的雌蕊上方又生出1至几朵相叠而生的上方花，使下方花的雌蕊居于上方花下边的周围，因此成为台阁。台阁类可以分为以下几类。

1）千层台阁型，上下花的花瓣增多，雄蕊退化而成的台阁型。如脂红、寿星红等。

2）楼子台阁型，上下花的雄蕊瓣化而成重瓣的台阁。如玉楼点翠、紫重楼等。

【产地及分布】牡丹是中国特有的木本名贵花卉，原产于中国西北部，在川、陕、甘、鲁、豫、皖等省均有野生分布。河南省洛阳市和山东省菏泽市是中国当今牡丹栽培最盛的城市，也是牡丹栽培、科研和观赏中心。

【生态习性】牡丹对气候要求比较严格，“宜冷畏热，宜燥惧湿，栽高敞向阳而性舒”，基本概括了牡丹的生态习性。喜温暖、干凉、阳光充足及通风良好的环境，可耐-20℃的低温，在年平均相对湿度45%左右的地区可正常生长。日平均气温超过27℃，最高气温超过35℃时，则生长不良。要求疏松、肥沃、排水良好的中性沙质壤土，忌粘重土壤。

【繁殖】牡丹繁殖方法有分株、嫁接、播种、扦插等，但以分株及嫁接为主，播种法多用于培育新品种。

（1）分株繁殖。每年的9～10月，将生长繁茂的大株牡丹，整株掘起，从根系纹理交接处分开。每株所分子株多少以原株大小而定，大者多分，小者少分。一般每3～4枝为一子株，要保持较完整的根系。再以硫磺粉少许和泥，将根上的伤口涂抹、擦匀，即可另行栽植。一般5～6年分株1次。

（2）嫁接繁殖。牡丹可以采用实生苗做砧木枝接，但更方便和常用的方法是根接。根接时一般选取芍药的根作为砧木，根接的时间是 9 ~ 10 月间，通常结合移栽或分株进行，方法是取 10 ~ 15cm 长的根段作砧木，当年生的萌枝或侧枝作接穗，留 1 ~ 2 芽切接或劈接。嫁接后种植于苗床内，将接口埋入土中，注意保湿和防寒，第二年春季成活者即可抽枝。嫁接苗将来在接穗基部产生根系而成为新植株。

（3）播种繁殖。牡丹种子于 8 月下旬开始成熟，当果皮变成棕黄色时采收。由于品种不同，成熟期有早、晚，应分批采收，果实采后放在阴凉通风处或置于室内摊晾。待种皮变成黑色，果实自然开裂时，即可将种子剥出，晾 2 ~ 3 天后，进行播种。播种时间一般在 9 月上旬左右。播种前采用水漂法选择饱满的种子，用 50℃温水浸种 1 ~ 2 天或用 95% 酒精浸种 30min，均可软化种皮，促进萌发，注意浸种后必须用清水冲洗干净。牡丹种子具有上胚轴休眠特性，当年秋季仅下胚轴向下生长，形成幼根，次年春季种子陆续发芽出土。利用种子繁殖的牡丹需经 3 ~ 4 年培育方能开花。

（4）扦插繁殖。牡丹也可扦插繁殖，但扦插繁殖成活率低，生长势弱，养护管理难度大，生产上很少使用。扦插繁殖的最佳时间是 9 月上旬至 9 月下旬，插条要选择牡丹根部发出的当年生土芽枝。插穗应剪成 10 ~ 12cm，在扦插前用 500 ~ 800mg/l 的吲哚丁酸进行速蘸处理，然后以株行距 10cm × 20cm 插入基质中，压实基质，保持湿润，插后 50 ~ 60 天即可生根。

【栽培管理】

（1）选择土壤、定植牡丹应依据牡丹生态习性，将牡丹栽植在土层深厚肥沃、排水良好、地势高燥、向阳、地下水位低、中性沙质壤土处。栽植前先进行整地，整地深度以 30 ~ 50cm 为宜，深翻土地时施足底肥，每亩可施人粪干 3500 ~ 5000kg 或饼肥 350 ~ 400kg。植穴深度 30 ~ 40cm，种植深度以根颈部略低于地面或与地面相平为宜，不宜过深或过浅，栽后应及时灌水、培土。

（2）松土除草。经常保持土壤疏松，空气流通，不仅防旱保墒，而且有利于早春提高地温及不生杂草。依据春季干旱、夏季高温多雨及牡丹生长年限和生态习性，一般进行适当的深锄或浅锄 5 ~ 7 次。

（3）浇水追肥。牡丹有“喜燥惧湿”的特性，加之根系发达，扎根深，吸水能力强，一般不需浇水。然而 1 ~ 2 年生的牡丹根系浅，长势弱，抗旱能力差，视干旱程度应及时浇水。浇水宜用河水或坑塘水，禁止用盐碱性水，否则易引起土壤板结或烂根。浇水方法应排沟渗透，不宜大水漫灌。夏季浇水以早晨、傍晚为宜，初春冬季浇水以中午天气暖和时为宜，多雨季节，应及时排水，避免积水。

牡丹根系发达，生长年限长，需肥量大，栽植后依生长年限一般每年需追肥 3 次，以满足不同生育时期对肥料的需要。第一次是花前肥，在 3 月下旬进行追施腐熟人粪干或饼肥，以保证花蕾、新枝正常生长发育所需的养分。第二次是花后肥，追施 1 次磷肥和饼肥，以保证枝叶旺盛生长、花芽分化及缓和树势。第三次是落叶肥，在 11 月上旬封冻前进行，以保证牡丹越冬保护和提高土壤肥力。每次施肥都要结合浇水进行。

（4）整形修剪。为使植株保持美观匀称的株型和适量的枝条，维持地上与地下生长平衡，通风透光，使花芽充实，开花繁茂，须进行整形修剪。

1）时间。以每年的春分前后，即 3 月下旬，当嫩芽长至 3 ~ 5cm 时进行。

2）方法。①牡丹易从根颈处发出许多萌蘖枝，当年不开花，徒耗养分，应及时剪除，使养分集中供应花蕾；②上部一年生枝有的也发出许多分枝，应及时剪除；③定枝。依据需要和树势，在发生的新枝条中，选留几条生长健壮，长势匀称，分布均匀的枝条作为植株的主干。一般 3 ~ 4 年生的可留 5 ~ 7 枝；④剪除病枝、虫害枝、老枝、干枯枝、侧生枝、重叠枝、交叉枝、内向枝。

（5）促成栽培。牡丹还适合促成栽培，通过温度调控和激素处理，可使其在元旦或春节开花。首先要选择适合催花的品种，此外在植株选择上应注意选用株型紧凑、无病虫害、枝条健壮、鳞芽肥大、根系粗壮，株龄在 4 ~ 6 年生，具有 6 ~ 8 个粗壮枝条，每一枝条上生有 2 ~ 3 个花芽的植株。一般情况下，在夜温 10 ~ 15℃，昼温 20 ~ 25℃条件下，不同品种经过 40 ~ 60 天处理即可开花。如芽不萌动，可用 300 ~ 500mg/l 赤霉素涂抹鳞芽，可促使萌动。若花期提前，可将植株移入 5℃以下的冷室内，延迟开花，以保证春节供花。

【园林应用】“竞夸天下双无绝，独立人间第一香”。牡丹是中国特有的木本名贵花卉，花大色艳、雍容华贵、富丽端庄、芳香浓郁，而且品种繁多，素有国色天香、花中之王的美称，长期以来被人们当作富贵吉祥、繁荣兴旺的象征。庭院中多植于花台之上，成为牡丹台；也可分层栽植在山旁、树周围，颇为别致；一些公园另辟一区，以牡丹为中心，以叠石、草花、树木相互配合，构成以牡丹为主景的园中之园，称为牡丹园；另外，盆栽也是其常用的栽培方式，移动方便，适合于展览或布置会场；牡丹作为切花，在港澳及东南亚亦有市场；牡丹的根皮称为丹皮，可供药用；叶可作染料；花可食用或浸酒用。

14.2.2 梅花

【学名】*Prunus mume*

【别名】春梅、酸梅、红绿梅、红梅花、干枝梅

【科属】蔷薇科李属

图 14-2 梅花

【形态特征】落叶小乔木，株高约 5 ~ 10m，干呈褐紫色，多纵驳纹。小枝呈绿色。叶片广卵形至卵形，基部楔形或近圆形，先端渐长尖或尾尖，边缘具细锯齿。花 1 ~ 2 朵腋生，无梗或具短梗，原种呈淡粉红或白色，栽培品种则有紫、红、彩斑至淡黄等花色，于冬季或早春先叶而开。核果近球形，核面有凹点甚多，果肉粘核，直径约 1 ~ 3cm，熟时黄色，密被短柔毛，味酸。果熟期 5 ~ 6 月（见图 14-2）。

【品种与类型】陈俊瑜教授自 20 世纪 40 年代起便对梅花的分类进行研究，见解独到。他按进化和关键性状，将梅花分为 3 种系 5 类 16 型。

1. 真梅种系

按照枝姿分为 3 类。

（1）直枝梅类。梅花枝条直上倾斜，它是最常见、品种最多、变化幅度最广的一类。

按照花型、花色、萼色等标准分为 7 型，即江梅型、宫粉型、绿萼型、玉蝶型、朱砂型、黄香型、洒金型。

（2）垂枝梅类。枝条下垂，开花时花朵向下。有单粉垂枝型、残雪垂直型、白碧垂直型、骨红垂直型 4 型。

（3）龙游梅类。枝条自然扭曲，只有玉蝶龙游型 1 型。

2. 杏梅种系

仅 1 类，其形态介于杏和梅之间。枝叶好似杏或山杏，适应性和抗逆性强，有单杏型、丰后型和送春型 3 型。

3. 樱李梅种系

仅 1 类。为宫粉型梅花和紫叶李的种间杂交种。仅有美人梅型 1 型，美人梅 1 个品种。

【产地及分布】梅原产中国，许多省区，比如云南、西藏、重庆、四川、湖北、广西等省（自治区）均有野生梅林，其中以云南省和四川省最为丰富。梅花的栽培，在中国主要分布于长江流域的大中城市。通过迁移驯化、远缘杂交等方法，已经将梅花成功引至东北、华北、西北，栽培地区已大大扩展。

【生态习性】梅花性喜温暖、湿润的气候，在光照充足、通风良好条件下能较好生长，对土壤要求不严，耐瘠薄，耐寒，怕积水。适宜在表土疏松、肥沃，排水良好，底土稍黏的湿润土壤上生长。

在年平均气温 16 ~ 23℃地区生长发育最好。对温度非常敏感，在早春平均气温达 - 5 ~ 7℃时开花，若遇低温，则开花期延后，倘若开花时遇低温，则花期可延长。生长期应放在阳光充足、通风良好的地方，若处在庇荫环境，光照不足，则生长瘦弱，开花稀少。

【繁殖】梅花的繁殖可用嫁接、扦插、压条、播种等方法，但以嫁接为主，播种繁殖多用于单瓣或半重瓣品种，或用于培育砧木及育种。

嫁接是中国繁殖梅花常用的一种方法，嫁接砧木可选用梅、桃、山桃、杏、山杏的实生苗，嫁接方法因地区和不同栽培目的而有差异，如北京市天旱风大，多在处暑白露期间进行方块芽接，上海市等江南地区多在 3 ~ 4 月早春发芽前进行腹接、切接，或在秋分前后进行腹接，而苏州、扬州市则于 2 ~ 4 月或 6 ~ 8 月常用果梅老根作砧木与梅花幼树进行靠接制作梅桩；扦插也能生根，成活率依品种而异，目前应用尚不普遍。在繁殖量不大时可使用压条法，早春 2 ~ 3 月选生长茁壮的 1 ~ 3 年生长枝，在母树旁挖一条沟，在枝条弯曲处下方将枝条刻伤或环剥（宽 0.5 ~ 1cm，深达木质部），压入沟中，然后覆土，待生根后逐渐剪离母树。

【栽培管理】梅花的栽培分为露地栽培和盆栽等方式。

（1）露地栽培。依据梅花生态习性，露地栽植亦选择表土深厚、含腐殖质较多、排水透气良好、通风向阳的高燥地。每年施肥 3 次，深秋落叶后，施一次基肥，如饼肥、堆肥等，以提高越冬防寒能力及备足明年生长所需养分，花前施速效性催花肥，6 月下旬至 7 月上旬，新梢停止生长后施一次速效性花芽肥，以促进花芽分化。每次施肥都要结合浇水进行，并及时松土，以利于通气。生长季节浇水要适量，雨季注意排水，切不可受涝。梅花枝干易抽生徒长枝，成年梅树若长期不加修剪，就会在树干和大枝上抽生很多杂乱枝条，影响通风透光，影响开花。修剪以疏剪为主，整形时以自然开心形为宜，一般于初冬修剪枯枝、病枝及徒长枝，花后进行全面修剪整形。

（2）盆栽。先将苗木露地栽培数年后在年底上盆，栽前栽后均需整形修剪，修剪的程度较露地栽培的梅花为重。盆栽梅花浇水应遵循"间干间湿、不干不浇、浇则浇透"的原则，雨天要避免盆土内积水，待新梢长至 20 ~ 30cm 时，在 6 月间要适当控制水分，即"扣水"，促进花芽分化。在开花前，先置于冷室向阳处，含苞待放时移至室内观赏，花后要进行短截，并且移至露地栽培，以恢复元气，增强长势。因梅花对温度很敏感，要使盆栽梅花春节开花，可选择早花品种，在冬季落叶后将其移至室外自然休眠，元旦过后移入温室，保持室温 5 ~ 10℃，接受直射光照射，每天向枝条上喷水 1 ~ 2 次，并保持盆土湿润。临近春节前 10 天，增温至 15℃左右，那么春节即可开花。如使盆栽梅花"五一"开花，可采用低温冷藏的方法。选择晚花品种，整个冬季将盆梅放在 0 ~ 1℃的冷室内，不见直射光，同时保持盆土相对干燥，直到 4 月上旬再逐步移到室外荫棚下，加强水肥管理，即能如期开花。

【园林应用】梅花是中国特色的花卉，在园林、绿地、庭园、风景区，可孤植、丛植、群植等；也可屋前、坡上、石际、路边自然配植，若用常绿乔木或深色建筑作背景，更可衬托出梅花玉洁冰清之美；另外，梅花可布置成梅岭、梅峰、梅园、梅溪、梅径、梅坞等；梅花又可盆栽观赏或加以修剪做成各式桩景。梅子生食，可生津止渴，也可制成话梅、梅干等；树干材质优良，纹理细腻，是用于手工艺雕刻的重要材料。

14.2.3 月季

【学名】*Rosa chinensis*

【别名】蔷薇花、玫瑰花、月月红、月月花、四季花

【科属】蔷薇科蔷薇属

【形态特征】常绿或半常绿灌木，直立、蔓生或攀援，大都有皮刺；奇数羽状复叶，小叶一般 3 ~ 5（7）片，宽卵形或卵状长圆形，长 2.5 ~ 6cm，叶缘有锯齿，两面无毛，光滑；托叶大部与叶柄合生，边缘有腺毛或羽裂；花生于枝顶，花朵常簇生，稀单生，花色甚多，色泽各异，径 4 ~ 5cm，多为重瓣，也有单瓣者；花有微香，花期 4 ~ 10 月（北方），3 ~ 11 月（南方），春季开花最多。蔷薇果肉质，成熟后呈红黄色，顶部开裂（见图 14-3）。

图 14-3　月季

【品种与类型】现代月季栽培品种已达 20000 多个，而且数目仍在不断增加，多为中国月季与欧洲蔷薇属植物杂交育成。栽培的品种可以分为 6 大类，即杂种香水月季（简称 HT 系）、丰花月季（简称 Fl 系）、壮花月季（简称 Gr 系）、微型月季（简称 Min 系）、藤本月季（简称 Cl 系）、灌木月季（简称 Sh 系）。不同类型的月季其形态特征有明显不同。如杂种香水月季以花香浓郁为主要特征，丰花月季以花多、成簇开放为主要特征，壮花月季以长势特别健壮为主要特征。

常见变种和变型有以下几种。

（1）紫月季（var.*semperflorens*），枝条纤细，有短皮刺；小叶 5 ~ 7 片，较薄，常带紫色；花大部分单生或 2 ~ 3 朵成伞房花序，深红色或深紫色，重瓣，有细长花梗。

（2）小月季（var.*minima*），植株矮小多分枝，高一般不超过 25cm，叶小而狭，花也较小，直径约 3cm，玫瑰红色，重瓣或单瓣，宜作盆景材料，栽培品种不多。

（3）变色月季（f.*mutabilis*），花单瓣，初开时硫黄色，继而变为橙色、红色，最后呈暗红色，直径 4.5 ~ 6cm。

（4）绿月季（var.*viridiflora*），花淡绿色，花瓣呈带锯齿的绿叶状。

（5）单瓣月季（var.spontanea），枝条圆筒状，有宽扁皮刺，小叶片 3 ~ 5 片，花瓣红色，单瓣，萼片常全缘，稀具少数裂片。为月季花原始种。

【产地及分布】原产中国湖北、四川、云南、湖南、江苏、广东等省，现世界各地均有栽培。原种及多数变种早在 18 世纪末、19 世纪初传至国外，成为近代月季杂交育种的重要原始材料。

【生态习性】月季喜日照充足、空气流通、排水良好而避风的生态环境，盛夏酷热时，又需适当遮阴。多数品种最适温度为白天 15 ~ 26℃，夜间 10 ~ 15℃。夏季高温持续 30℃以上，则开花减少，品质降低，进入半休眠状态。较耐寒，但冬季气温如低于 5℃，则进入休眠状态，冬季一般品种可耐 −15℃低温，耐寒品种可耐 −30℃低温。月季喜肥，宜栽于肥沃、疏松、富含腐殖质，pH 值为 6 ~ 7 的微酸性至中性土壤中，但对土壤的适应范围较宽。空气相对湿度以 75% ~ 80% 为宜，但在稍干或稍湿的环境中，亦能正常生长。

【繁殖】月季的繁殖方法有有性繁殖和无性繁殖两种。有性繁殖多用于培育新品种或培养砧木，无性繁殖有扦插、嫁接、分株、压条、组织培养等方法，其中以扦插、嫁接简便易行，生产上广泛采用。

（1）嫁接繁殖。嫁接砧木以粉团蔷薇、七姊妹等蔷薇品种为主，方法可以采用芽接、切接及嫩梢劈接。芽接可在 6 ~ 8 月份进行。切接可在 11 月下旬至翌年 2 月进行。嫩梢劈接在生长季节进行，当砧木发出新梢后，将新梢离老条 3 ~ 6cm 处截断进行劈接，接穗也用嫩梢，其粗细要与砧木粗细相当。接好后用塑料薄膜条扎缚，适当遮阴 10 天左右即可愈合。

（2）扦插繁殖。月季最佳的扦插时间分别为 4 ~ 5 月和 9 ~ 10 月，插条应选择当年生的半木质化的健壮枝条，最好在早晨带露水剪下，剪取插穗时根据节间长短剪成含 2 ~ 3 个芽眼、长度为 10 ~ 12cm 的枝段，插条下部的叶片应全部剪掉，只留顶端两片叶子进行光合作用。将插条的基部剪成“马蹄”形，先用木棒扎孔再扦插，扦插深度为插穗的 1/3，间距以叶片不搭在一起为宜，然后用手按压，使基质与插穗密切接触。扦插完毕要及时用喷壶浇透水，用塑料薄膜把插床盖好，扦插后的管理分为三个阶段，每个阶段持续时间为 7 ~ 10 天，第一阶段为阴湿阶段，此阶段的主要任务是避免阳光直射，用喷雾器经常喷雾防止叶片干枯；第二阶段是愈合阶段，主要任务是减少浇水，逐渐使基质干燥，早晨和傍晚可适当给予弱光照射；第三阶段是生根阶段，逐渐增加光照时间，基质干燥时可适量浇水。如此管理 1 个月左右即可生根移植。

（3）播种繁殖。月季种子具有休眠特性，未经处理或干藏种子不能发芽。秋末在月季花的果实由绿色转为红黄色时即可采收。将果实采收后，晾晒几天，然后用稍轻的碾子将果肉碾碎，用水将种子洗出，把种子与含水量 60% ~ 70% 的河沙均匀混合，在通气条件下置于 4℃环境中储藏，次年春季即可播种。

【栽培管理】月季栽培有露地栽培、盆花栽培和切花栽培 3 种方式。

（1）露地栽培。露地栽培要选择排水良好、光照充足、表土层深厚的地方。北方地区一般于早春和秋季栽植，栽植时应挖穴栽植，若土壤不良应及时改造，施入有机肥和磷肥，栽植前应对植株进行修剪，将过多的侧枝、病虫枝、断枝一并剪除，以减少蒸腾作用。夏季干旱时应浇足水，尤其在孕蕾期和开花期一定要保证供水，在雨季来临时注意排水。施肥应掌握薄肥勤施的原则。花谢后施肥，保证下次开花所需养分，入秋后多施磷钾肥，少施氮肥。

夏季修剪主要是剪除嫁接砧木上的萌蘖枝，花后剪除残花和疏去多余的花蕾，减少养分消耗为下次开花创造好的条件。冬季修剪应根据栽培目的、月季种类不同采取相应的修剪方式，对于园林绿地中的丛状月季一般每株丛只保留 3 ~ 5 个粗壮的 1 ~ 3 年生茎干，保留高度为 70cm，其余部分剪除，另外植株基部应保留少数粗壮嫩芽以备今后更新之用；对于花坛中的矮丛月季，可选留 3 ~ 5 个健壮茎干，每一茎干保留高度为 30cm 左右，将其中上部剪去，并将其内膛的杂乱枝一同清除。冬季北方严寒地区，要注意对月季进行防寒保暖，措施有地膜覆盖、埋土、设置风障、包扎等。

（2）盆栽。盆栽月季应选株矮或枝短的品种。盆土要求疏松透气、排水便利、酸碱度适宜，常用的培养土配比为：堆肥土 3 份、园土 7 份或堆肥土 2 份、煤渣 3 份、园土 5 份。盆的大小与植株的大小要适当。小苗上盆后，在根颈以上 2.5 ~ 4cm 处短截，将来选留 2 ~ 4 个分枝。春季与秋季盆土干后要及时浇水，夏季天气炎热，每天都要及时浇水。生长季节每两周左右施一次肥料，采用破碎的饼肥放在缸中加水沤制发酵，肥料腐熟后取上层肥液加十几倍水稀释后施入盆中。随着月季植株和根系的逐渐长大，盆栽月季应每 2 ~ 3 年换一次盆，以满足其生长发育的需要。花后应及时修剪，剪后追施肥水，以保证下次开花多、大，缓和树势。冬季休眠期进行一次重剪，避免植株生长过高。

（3）切花栽培。

1）品种选择。切花月季品种应选择花型优美、花枝长且挺直、重瓣性强、有光泽、具有较强抗病虫害能力，抗逆性强，产量较高的品种。同时应按市场的需求，适当安排各花色品种的栽培面积的比例。如红色可选用：加布里拉、玛丽娜等；金黄色可选用：黄金时代、金徽章、雅典纳等；粉红色可选用：婚礼粉、女主角、索尼亚等；紫色可选用：紫苔；橙色可选用：莫尼卡等。

2）定植。选择疏松肥沃、富含有机质、排水良好的沙壤土，用充分腐熟的牲畜粪作基肥，每公顷施 45000 ~ 60000kg，然后进行土壤消毒，杀菌灭虫。栽培床一般宽为 120 ~ 125cm，每行种 4 株，每平方米 8 ~ 10 株，有时考虑到株间透光、田间管理方便等因素，也可采用双行定植，此时栽培床宽为 60 ~ 70cm。栽培床做好后就可以定植了，定植可在 2 ~ 3 月进行，定植后及时浇透水，以后则控制浇水。

3）温度与光照。切花月季设施栽培要求的最适温度为昼温为 23 ~ 25℃，夜温 15 ~ 16℃，调整温度时要避免急变，室温急剧下降会导致产量降低，花色与花型变劣；月季喜光照充足，但夏季光照太强必须遮阴，冬季由于日照时间变短且强度弱，还常出现阴天和下雪，容易造成温室内光照不足，应采取人工补光。

4）浇水与施肥。浇水时应做到“见干见湿，浇则浇透”，春、秋季每 4 ~ 5 天浇水 1 次，夏季 2 ~ 3 天浇水 1 次，浇水的时间在早晨为好，冬季 10 天浇水 1 次，浇水时间应在中午，防止地温下降幅度过大而影响根系活动；月季喜肥，每年冬季施 1 次有机肥，在两行月季之间挖开 30cm 深、25 ~ 30cm 宽的浅沟，然后加入有机肥，用土覆盖并浇水。生长季施追肥，可用腐熟的饼肥水或各种无机肥配制成的营养液，一般每 10 ~ 15 天追施 1 次。

5）修剪。幼苗期及时去除所有的花蕾，培养开花母枝，剪除开花枝上的侧芽侧蕾，及时去除砧木上发出的芽。夏季修剪在6月中旬至7月进行，一般采用折枝法，具体做法是在距地面50 ~ 60cm处做折枝处理，即扭断其木质部，但要注意不要扭断韧皮部，然后将枝条压向地面。这样能最大限度地保留叶片数量为植株供养，既能保证秋、冬季产出优质的切花，又能从伤枝基部发出新枝，这些新枝可做更新主枝，也可以修剪成花枝。冬季在休眠期进行1次重剪，目的是使植株保持一定的高度，去掉老枝、弱枝、冗长枝、枯枝等。依品种的高度不同，一般在距地面45 ~ 90cm处重短截。在中国北方温室或塑料大棚内栽培，有加温设施条件时，不经过休眠同样能生产出高品质的切花来。

6）收获与处理。月季切花要适时采收，红色或粉红系月季，当萼片处折至水平位置，且外层1 ~ 2片花瓣开始向外松展时采收，黄色系月季略早，白色系或其他稍迟些采收。月季花枝采收后，应立即浸入清水中，使其吸足水分，放入5 ~ 6℃温度下冷藏，并进行分级和包装处理。

【园林应用】月季花姿卓越、色彩艳丽、香味浓郁，花期长，适应性广，是世界最主要的切花和盆花之一。宋代苏东坡曾形容月季为花落花开无间断，春来春去不相关。牡丹最贵惟春晚，芍药虽繁只夏初。唯有此花开不厌，一年长占四时春。由此可看出月季的高观赏性，在园林中有极高的应用价值。月季可用于布置花坛、花境、花带、花篱等，在草坪、园路角隅、庭园、假山等处配植也很合适；还可制作月季盆景；作切花、花篮、花束等；花可提取香料；根、叶、花均可入药，具有活血消肿、消炎解毒之功效。

14.2.4 山茶

【学名】*Camellia japonica*

【别名】山椿、耐冬、晚山茶

【科属】山茶科山茶属

图14-4 山茶

【形态特征】常绿灌木或小乔木，高达10 ~ 15m。叶片革质，互生，椭圆形、卵形至倒卵形，长5 ~ 10cm，宽2.5 ~ 5cm，先端渐尖或急尖，基部楔形，边缘有锯齿，叶面深绿色有光泽；花两性，常单生或2 ~ 3朵着生于枝梢顶端或叶腋间，花梗极短或不明显，花朵直径5cm以上；苞片约10枚，外被白色绢毛；雄蕊多数，外轮花丝下部连合成管，内轮离生，花丝无毛；雌蕊柱头一般3裂，子房3室，光滑无毛；蒴果球形，径2 ~ 3cm。花期1 ~ 4月（见图14-4）。

【品种与类型】山茶园艺品种很多，已超过5000个，中国目前栽培的品种约有300多个。根据其雄蕊的瓣化、花瓣的自然增加、雄蕊的演变、萼片的瓣化，大概可以分为3大类12个花型。

（1）单瓣类。花瓣5 ~ 7片，1 ~ 2轮排列，基部联合，雌雄蕊发育正常，可以结实。

单瓣型。本类只此1型。主要为原种和早期演变品种。如桂叶金心、亮叶金心等。

（2）半重瓣类。花瓣多在20片左右，有时可以达到50片，花瓣3 ~ 5轮排列，雄蕊瓣化。

1）半重瓣型。花瓣2 ~ 4轮排列，雄蕊小瓣与正常雄蕊大部分集中于花心，雄蕊趋于退化，偶尔能结实。如白绵球等。

2）五星型。花瓣2 ~ 3轮排列，花冠呈五星型，有雄蕊，雌蕊趋于退化。如玉玲珑、粉玲珑等。

3）荷花型。花瓣3 ~ 4轮，花冠荷花型，雄蕊存，雌蕊退化或偶然存在。如十样景、虎白爪等。

4）松球型。花瓣3 ~ 5轮，呈松球状，雌雄蕊均存在。如大松子、小松子等。

（3）重瓣类。雄蕊大部分或完全瓣化，花瓣数在50片以上，雌蕊退化。

1）托桂型。大花瓣 1 轮，发达的雄蕊小瓣聚集于花心，形成 3cm 左右的小球状，有发育雄蕊间杂其中。如白宝珠、金盘荔枝等。

2）菊花型。大花瓣 3 ~ 4 轮，少数雄蕊小瓣聚集于花心，直径 1 ~ 2cm，形状似菊花。如石榴红等。

3）芙蓉型。花瓣 2 ~ 4 轮，发育雄蕊较集中地生于近花心的雄蕊瓣中，或分散的簇生于若干个组合的雄蕊瓣中，开成芙蓉型花冠。如粉芙蓉等。

4）皇冠型。花瓣 1 ~ 2 轮，大量雄蕊小瓣聚集其上，并有数片大的雄蕊瓣居正中，呈皇冠状。如花佛鼎等。

5）绣球型。花瓣不呈轮状，层次不明显，花瓣与雄蕊瓣外形上无明显区别，少量发育雄蕊散生在雄蕊瓣中，形成绣球状花冠。如大红球等。

6）放射型。花瓣 6 ~ 8 轮，呈放射状，常六角形，雌雄蕊已不存在。如粉丹、六角白等。

7）蔷薇型。花瓣 8 ~ 9 轮，整齐，形若千层，雌雄蕊不存。如小桃红、雪塔等。

此外，同属植物中，还有云南山茶（*C.reticulata*）、茶梅（*C.sasanqua*），以及中国 20 世纪 60 年代发现的金花茶（*C.chrysantha*）等，都是重要的观赏花木。

【产地及分布】山茶原产于中国，野生山茶分布于浙江、四川、福建等省的沟、谷、山岳和山东崂山及沿海岛屿。在中国除东北、西北、华北部分地区因气候严寒不宜种植外，几乎遍及中国各地园林中。大面积露地栽培以四川、浙江、云南、福建、湖北、湖南、江西、安徽等省为多，尤以云南省为盛。现在日本、美国、英国、澳大利亚、意大利等国家也都有栽培。

【生态习性】山茶喜温暖、湿润的气候条件，较耐阴，忌曝晒。耐寒性因品种而异，接近原始种的品种能忍耐 −10℃低温，名贵品种抗低温能力较差。喜肥沃、疏松、微酸性的壤土或腐殖土，pH 值为 4.5 ~ 6.5 范围内都能正常生长。喜空气湿度大，忌干燥，宜在年降水量 1200mm 以上的地区生长。

【繁殖】山茶繁殖方式较多，可采用播种法、扦插法、压条法、嫁接法等多种方式进行繁殖，其中扦插和嫁接在生产上应用最多。

（1）播种法。适用于单瓣或半重瓣品种。种子 10 月中旬成熟，将采收的种子置室内通风处阴干，待蒴果开裂取出种子，可立即播种，也可用湿沙层积储藏，翌年 2 月播种。播种时以浅播为好，用蛭石作基质，维持室温 18 ~ 21℃，每晚加 10h 光照，能促进种子萌发，播后 2 周即发芽，30 天苗高达到 2.5cm，待幼苗具 4 ~ 5 片真叶时即可移栽，移栽时将直根先端剪去 1/3，促进侧根生长。

（2）扦插法。山茶扦插一年四季均可进行，尤以 6 月中下旬和 8 月下旬至 9 月上旬最为适宜。扦插基质可以采用山泥、蛭石、珍珠岩等。选树冠外部组织充实、叶片完整、腋芽饱满的当年生半木质化枝为插条，插穗长 8 ~ 10cm，先端留 2 片叶。剪取时，基部尽可能带一点老枝，插后易形成愈伤组织，发根快。插条清晨剪下，要随剪随插，插入基质 3cm 左右，密度以叶子互不遮盖为度。插床需遮阴，每天对叶面喷雾，保持湿润，温度维持在 20 ~ 25℃，插后约 3 周开始愈合，6 周后生根，当根长 3 ~ 4cm 时移栽上盆。

（3）嫁接法。嫁接繁殖适用于扦插和压条生根不良或生根慢的品种，通常选用单瓣类山茶、油茶、茶梅作砧木，嫁接方法有枝接和芽接。枝接可采用靠接法和劈接法，但劈接法成活率较靠接法低。劈接法在早春或深秋时均可进行，靠接法以 5 ~ 6 月进行为宜。芽接在山茶的生长季节均可进行，但以 5 ~ 7 月上旬最佳，一般用 T 形芽接法嫁接。

（4）压条。常用空中压条，宜于在生长季节进行。

【栽培管理】山茶在南方地区可以地栽也可以盆栽，北方主要作温室盆栽，这里主要介绍其盆栽的方法。

（1）上盆。花盆宜选透气、透水性强的素烧盆，盆土宜疏松、肥沃、排水良好的微酸性壤土。上盆一年四季均可，最好在秋季进行。

（2）浇水。山茶浇水用水最好是雨水或雪水，如用自来水需放在缸内存放 2 ~ 3 天方可使用，用水的 pH 值为 5.5 ~ 6.5。山茶浇水应见干见湿，保持土壤湿润。

（3）施肥。山茶施肥以有机肥为主，辅以化肥。4 ~ 5 月中旬，在春梢生长期，适当追施氮肥，在以后花芽分化期，追施磷、钾肥。夏季生长基本停止，不施肥或少施肥，秋季追施低氮高磷、钾肥料，冬季施基肥，以利于明年萌芽开花，每次施肥要结合浇水进行。

（4）温度和湿度。山茶生长适温为 18 ~ 25℃，极限高温为 30 ~ 35℃，极限低温为 0 ~ 5℃。温度偏高时，可以采用加强通风、遮阴、喷水等方式降温。冬季温度偏低时，可以包扎，设置风障，盆栽的移放室内。山茶要求空气相对湿度为 60% ~ 80%，低于 50% 则生长不良。

（5）光照。山茶忌烈日，喜半荫，因而炎热夏季，应给予遮荫、喷水、通风等，若温度超过 35℃，则易出现日灼，叶片枯萎，翻卷，生长不良。

（6）整形修剪。合理的整形修剪可使树形美观，枝叶茂密，减少病虫害发生，花大而艳丽。山茶修剪一般于 7 月中旬进行，剪去过密枝，交叉枝，病虫枝及重叠枝。

【园林应用】山茶树冠多姿，叶色翠绿，花大色艳，花期正值冬末春初，江南地区可丛植或散植于庭园、假山旁、草坪及树丛边缘，也可片植为山茶专类园。北方宜盆栽，用来布置厅堂、会场效果甚佳。

14.2.5 杜鹃

图 14-5 杜鹃

【学名】*Rhododendron simsii*

【别名】映山红、山石榴、山踯躅、红踯躅

【科属】杜鹃花科杜鹃花属

【形态特征】杜鹃既有常绿乔木、小乔木、灌木，也有落叶灌木。其基本形态是常绿或落叶灌木，分枝多，枝细而直；叶互生，长椭圆状卵形，先端尖，表面深绿色，疏生硬毛。总状花序，花顶生、腋生或单生，漏斗状，花色丰富多彩，品种繁多（见图 14-5）。

【品种与类型】杜鹃花全世界约有 900 余种，中国目前广泛栽培的园艺品种约有 300 种，根据其形态、性状、亲本和来源，将其分为东鹃、毛鹃、西鹃、夏鹃 4 个类型。

（1）东鹃。又称东洋杜鹃、久留米杜鹃、春鹃小花种等。最早在日本培育成，由日本山杜鹃、九州杜鹃、日本杜鹃和我国的白花杜鹃、春鹃等反复杂交而成，其主要特征是株型矮小，高度 1 ~ 2m，分枝散乱，叶少毛有光泽，花多且密，花朵细小，直径一般只有 2 ~ 4cm，常为单瓣，偶有花萼瓣化的套瓣。花期 4 ~ 5 月。如新天地、日出、大和之春等。

（2）毛鹃。俗称大叶杜鹃、春鹃大叶种等。由中国选育而成，主要由白花杜鹃、满山红、锦绣杜鹃等杂交而成。其特征是体型高大，达 2 ~ 3m，幼枝密被褐色硬毛，叶长达 10cm，粗糙多毛。花少而大，单瓣，花冠喇叭状，花期 2 ~ 4 月。如玉蝴蝶、紫蝴蝶、琉球红等。

（3）西鹃。最早在西欧的荷兰、比利时育成，故称西洋鹃，简称西鹃，系皋月杜鹃、映山红及毛白杜鹃反复杂交而成，是花色、花型最多最美的一类。其主要特征是，体型矮壮、树冠紧密、习性娇嫩、怕晒怕冻，花期 4 ~ 5 月，花色多种多样，多数为重瓣、复瓣，少有单瓣，花径 6 ~ 8cm，传统品种有皇冠、锦袍、天女舞、四海波等，近年出现大量杂交新品种，从国外引入的四季杜鹃便是其中之一，因四季开花不断而取名，深受人们喜爱。

（4）夏鹃。原产印度和日本，日本称之皋月杜鹃。发枝在先，开花最晚，一般在 5 月下旬至 6 月，故名夏鹃。其主要特征是枝叶纤细、分枝稠密，树冠丰满、整齐，叶片排列紧密，花径 6 ~ 8cm，花色、花瓣同西鹃一样丰富多彩。传统品种有长华、大红袍、五宝绿珠、紫辰殿等。其中五宝绿珠花中有一小花，呈台阁状，是杜鹃花中重瓣程度最高的一种。

【产地及分布】杜鹃花是一个大属，分布于欧洲、亚洲和北美洲，其中亚洲最多，中国产种类占全世界的59%，特别集中于云南、西藏和四川等省（自治区）的横断山脉一带，是世界杜鹃花的发祥地和分布中心。

【生态习性】杜鹃花属种类多，习性差异大，但多数种产于高海拔地区，喜凉爽、湿润气候，恶酷热干燥；要求富含腐殖质、疏松、湿润及 pH 值为 4.5 ~ 6.5 的酸性土壤；杜鹃花对光有一定要求，但忌烈日曝晒。

【繁殖】杜鹃的繁殖，可以用扦插、嫁接、压条、分株、播种等法。播种繁殖主要用于繁育新品种和砧木，在生产中，常用扦插和嫁接繁殖。

（1）扦插繁殖。

1）剪插穗。取当年生节间短而粗壮的半木质化枝条作插穗，长 6 ~ 8cm 左右，剪去下部叶片，留上部 2 ~ 3 片叶，下端用利刃斜削平滑。若插条上有花芽则必须去掉，否则影响生根。

2）扦插。西鹃在 5 月下旬至 6 月上旬，毛鹃在 6 月上旬至中旬，夏鹃在 6 月中旬至下旬进行扦插，扦插基质可用消过毒的兰花泥、河沙、蛭石、珍珠岩等。少量的可用盆插，大量的可用床插。将准备好的插条放在浓度为 100mg/l 的 IBA 中浸泡 2h 再扦插，可促进插穗生根，提高其成活率。扦插时先用木棒在基质上捣孔，然后插入插穗，深度为插穗长的 1/3 或 1/2。插后用细雾喷水，喷透。盆插则将花盆用塑料袋罩上，四周绑紧，保持空气湿度和温度，经常保持盆土湿润。

3）管理。扦插期间以遮光 50% 为宜，保持温度 20 ~ 25℃，经常喷雾，提高空气湿度，注意避免积水，常规扦插约 30 天即可生根，西鹃类生根慢，约需 50 天。扦插苗 2 ~ 3 年可开花。

（2）嫁接繁殖。

1）时间。宜在 5 ~ 6 月间，多采用嫩梢劈接。

2）砧木。选用 2 年生的毛鹃实生苗，要求新梢与接穗粗细相当，砧木品种以毛鹃玉蝴蝶、紫蝴蝶为好。

3）接穗。在西鹃母株上，剪取 3 ~ 4cm 长的嫩梢，去掉下部的叶片，保留端部的 3 ~ 4 片小叶，基部用刀片削成楔形，削面长约 0.5 ~ 1.0cm。在毛鹃当年生新梢 2 ~ 3cm 处截断，摘去该部位叶片，纵切 1cm，插入接穗楔形端，对齐形成层，用塑料薄膜带绑扎接合部，套正塑料袋，扎口保湿，置于荫棚下，忌阳光直射和暴晒。接后 7 天，只要袋内有细小水珠且接穗不萎蔫，即有可能成活，2 个月后去袋，翌春再解去绑扎带。

【栽培管理】杜鹃品种繁多，应用广泛，东鹃、毛鹃和夏鹃长势强健既可盆栽，又可在温暖地区地栽，唯有西洋杜鹃娇嫩脆弱，全用盆栽。

（1）地栽。在露地栽培时，宜选择地势稍高而略有倾斜的地块，以利于排水，栽植时苗木必须带土坨，栽植穴宜大，栽时底部多填肥沃腐殖土。

杜鹃的施肥应薄肥勤施，从萌芽到开花前，追施 2 ~ 3 次稀薄的沤制饼肥；花谢后，施 1 次以氮肥为主的液肥，或矾肥水即可。在花芽分化期喷施 2 次 0.2%磷酸二氢钾或 0.5% ~ 1%过磷酸钙，在炎热的盛夏则停止施肥。

杜鹃花喜湿、怕干又怕涝，只要保持土壤湿润，可不必浇水，但在萌芽期和开花期，一定要保证水的供应，在秋旱严重的年份，也要注意浇水以保证花芽分化的正常进行。

地栽杜鹃花的树形以自然形为主。生长期注意除去萌蘖枝，还需摘除过多的花蕾。休眠期要注意整形修剪，除以自然形为主外，还可整理成伞形、圆球形、宝塔形等。

（2）盆栽。

1）环境要求。栽培西鹃需室内和室外两种环境：室内是为了冬季防寒，温度不低于 −3 ~ −2℃，室外是为了度夏，在室外创造一个半阴而凉爽的生长环境。地面要有排水坡度，花盆放在搁板上。

2）选盆。一般选用素烧盆、瓦盆等浅盆或浅木箱为好。栽培时要尽量用小盆以免因杜鹃根系浅而造成浇水失控，不利生长。

3）用土。西鹃喜疏松肥沃、富含腐殖质的偏酸性土壤，土壤 pH 值为 5.5 ~ 6.5。一般盆土的配制采用 80% 的松叶（水杉）腐殖土和 20%的园土及 1% ~ 2%的骨粉或过磷酸钙混合土。

4）上盆。多在春季出房时或秋季进房时进行，栽好浇透水后置于阴凉处，待扎根后再放到固定处所。一般每2年换盆1次，10年后可3～5年换盆1次。

5）遮阳。西鹃从5～11月都要遮阳，棚高2m，遮阴网的透光率为20%～30%，两侧也要挂帘遮光。

6）肥水管理。西鹃是营养生长与生殖生长同步进行的杜鹃种类，需水量和施肥量较一般杜鹃大。因而肥水管理是栽培西鹃的关键。浇水时应根据天气状况、盆土干湿及生长发育需要灵活掌握，水质忌碱性，采用弱酸性软水最为适宜。春秋两季可每隔2～3天浇水1次，夏季气温高需每天浇水1～2次，冬季控制浇水以免烂根。西鹃对空气湿度要求在70%左右，在空气干燥的季节，还应用细眼喷壶向叶面及花盆周围洒水，增加空气湿度。肥料用腐熟的饼肥或氮、磷、钾复合肥，忌人粪尿，施肥时应掌握薄肥勤施的原则。春秋季是西鹃旺盛生长阶段，需每隔10～15天施用1次稀薄的矾肥水或饼肥水，盛夏季节植株生长缓慢处于半休眠状态，应停止施肥。

7）修剪。幼苗期常摘蕾、摘心，促使侧枝萌发，使植株迅速成型，长大成型后均以疏剪为主。

8）花期管理。西鹃开花后避免阳光直射，最好置于室内通风条件良好，有散射光的地方，可开花1个月之久。花后应摘除残花，加以修剪，妥为保养。

【园林应用】杜鹃为中国十大名花之一，在所有观赏花木之中，称得上花、叶兼美，地栽、盆栽皆宜，用途最为广泛。园林中最宜成丛配植于林下、溪旁、池畔、岩边、缓坡形成自然美景，又宜在庭院或与园林建筑相配植，如洞门前、阶石旁、粉墙前。又如设计成杜鹃专类园一定会形成令人流连忘返的景境。杜鹃花的木材质地细腻、坚韧，可制碗、筷、盆、钵、烟斗等日用工艺品。

14.2.6　一品红

【学名】*Euphorbia pulcherrima*

【别名】象牙红、老来娇、圣诞花、猩猩木

【科属】大戟科大戟属

图14-6　一品红

【形态特征】常绿灌木，高0.5～3m，茎叶含白色乳汁；茎光滑，嫩枝绿色，老枝深褐色；单叶互生，卵状椭圆形至披针形，全缘或浅裂，叶背有柔毛；茎顶花序下的叶片较狭，苞片状，称为顶叶，开花时呈朱红色，是主要观赏部位；顶生杯状花序，聚伞状排列，总苞淡绿色，雄花多数，常伸出总苞之外，雌花单生总苞中央，子房具长梗，受精后伸出总苞外。花期12月至翌年3月。果为蒴果（见图14-6）。

【品种与类型】常见栽培的园艺变种和品种有以下几种。

（1）一品白（var.*alba*），顶部总苞下叶片呈乳白色。

（2）一品粉（var.*rosea*），顶部总苞下叶片呈粉红色。

（3）重瓣一品红（var.*plenissima*），顶部总苞下叶片和瓣化的花序，形成多层的瓣化瓣，重瓣状，呈红色。观赏价值高。

（4）金奖一品红，顶叶鲜艳亮红，株型紧凑，不使用生长剂也能长成很漂亮的冠面，适应地域广。

（5）旗帜一品红，顶叶红色，株型紧凑，分枝性好。

（6）阳光一品红，顶叶鲜艳亮红，株型紧凑，根系发达，枝条健壮，分枝性好，出芽数量多而且整齐。

（7）亨里埃塔·埃克一品红，顶叶鲜红色，重瓣，外层平展，内层直立，十分美观。

（8）球状一品红，顶叶血红色，重瓣，顶叶上下卷曲成球形，生长慢。

（9）斑叶一品红，叶淡灰绿色，具白色斑纹，顶叶鲜红色。

【产地及分布】原产墨西哥，中国绝大部分省区市均有栽培，华南地区有露地栽培，北方作温室栽培，常见于公园、植物园及温室中。

【生态习性】一品红喜欢温暖湿润及阳光充足的环境，抗寒力较低，不耐霜冻，生长适温为 18 ~ 25℃，冬季温度不低于 10℃，否则会引起基部叶片变黄脱落，形成“脱脚”现象。一品红属典型的短日照植物，在日照 10h 以下的条件下才能开花。对土壤要求不严，以微酸性（pH 值为 6）、肥沃湿润、排水良好的沙质壤土为最好。

【繁殖】主要采用扦插繁殖。如在温室或塑料大棚内扦插，可在 3 月下旬进行。露地扦插最好在 4 月下旬至 6 月上旬进行。扦插基质可选用细沙、珍珠岩、泥炭，也可因地制宜地采用腐熟的锯木屑、细煤渣灰和细园土等，扦插前基质要用 0.1% 高锰酸钾溶液喷洒消毒。从母株上切取节间短而粗壮的一年生枝条，剪成 8 ~ 10cm 长的插穗，并将叶片剪去一半，以减少蒸腾，用水洗去切口处流出的白色乳液，并将切口上涂以草木灰，待稍干后再插入基质中，扦插深度 4 ~ 5cm，并浇透水，保持环境温度在 20℃左右，遮阴，保持空气和基质湿润，一般插后 20 ~ 30 天生根。

【栽培管理】一品红多在温室内盆栽。

（1）培养土的配制。盆栽一品红盆土宜用园土 7 份加腐熟的饼肥及砻糠灰 3 份混拌；或以园土 2 份、腐叶土 1 份和堆肥土 1 份配成。

（2）浇水。浇水要注意干湿适度，防止过干过湿，否则易引起植株下部叶片变黄脱落。春秋季节蒸发量小，浇水应该控制；夏季晴天蒸发量大，应在每天早晚各浇一次，一般见盆土干后即应浇水；冬季浇水宜在午前进行，午后浇水会使土温下降。

（3）施肥。一品红喜肥，生长期需氮肥较多，氮肥不足会引起下部叶片脱落，因此除了注意施基肥外，立夏和芒种前后，正是新芽新枝生长期，宜每 2 ~ 3 周施一次稀薄饼肥水。8 月中、下旬以后直至开花，可每隔 10 天左右施一次氮、磷结合的液肥，促进顶叶生长并使顶叶色泽更加艳丽。

（4）光照。一品红为短日喜光性植物，应放在阳光充足处，如光照不足，枝条易徒长、易感病害，花色暗淡，长期放置阴暗处，则不开花，冬季会落叶。为了提前或延迟开花，可控制光照，一般每天给予 8 ~ 9h 的光照，40 天便可开花。

（5）温度。栽培适宜温度为白天 26 ~ 29℃，夜间 18 ~ 20℃，温度过低会延缓生长。顶叶着色后，白天温度降至 20℃，夜间 15℃，可延长花期。在华南地区通常可露地种植。长江流域及北方地区要注意防冻，室外温度低于 15℃就要转入室内，以免受害。

（6）整形修剪。在清明节前后将休眠老株换盆，剪除老根及病弱枝条，促其萌发新技；生长期间进行 1 ~ 2 次摘心，促生侧枝；8 ~ 9 月应对植株进行整形，新梢每生长 15 ~ 20cm 可拉枝作弯 1 次，其目的是使株形短小，花头整齐，均匀分布，提高其观赏性。

【园林应用】一品红颜色鲜艳，观赏期长，又值圣诞、元旦、春节期间顶叶变色，具有良好的观赏效果。常用来布置会场、接待室、花坛等，又可作切花材料，制作花篮、插花等。温暖地区植于庭园点缀，具有画龙点睛之效。

14.2.7 八仙花

【学名】*Hydrangea macrophylla*

【别名】绣球、玉绣球、紫阳花

【科属】虎耳草科八仙花属

【形态特征】落叶灌木，小枝粗壮，皮孔明显。单叶对生，倒卵形或阔椭圆形，边缘有粗锯齿，叶柄粗壮；

图 14-7 八仙花

伞房花序顶生，具总梗，全为不孕花或由可孕花与不孕花组成，若两者均有时，不孕花排在花序外轮，不孕花具 4 枚花瓣状的大萼片，花瓣退化；可孕花花萼、花瓣较细，近等大；花初开绿色后转为白色，最后变成蓝色或粉红色。花期 6 ~ 9 月（见图 14-7）。

【品种与类型】同属植物约 80 种，中国产 45 种，八仙花的变种和品种较多，常见栽培的有以下几种。

（1）大八仙花（var.*hortensis*），花全为不孕性，萼片广卵形。

（2）蓝边八仙花（var.*coerulea*），花两性，深蓝色，边缘花为蓝色或白色。

（3）银边八仙花（var.*maculata*），叶缘白色，花序具可孕花和不孕花，是良好的观叶植物。

（4）紫茎八仙花（var.*mandshurica*），茎暗紫色，叶椭圆形，花蔷薇色。

（5）齿瓣八仙花（var.*macrosepala*），花白色，花瓣边缘锯齿牙。

（6）红帽八仙花（‘ChaperonRouge’），叶小、深绿色，花淡玫瑰红至洋红色。

（7）法国绣球（‘Merveille’），花洋红或玫瑰红色，可转变为蓝色或淡紫色。

（8）弗兰博安特八仙花（‘Flamboyant’），叶小，花大、洋红色，花径 5cm。

（9）大雪球八仙花（‘Rosabelle’），花序大，洋红或玫瑰红色，花径 20 ~ 25cm。

（10）斯特拉特福德八仙花（‘Stratford’），叶小、深绿色，花玫瑰红色。

【产地及分布】原产中国和日本，在中国江苏、浙江、福建、湖北、广西、四川、云南等省（自治区）均有分布。世界各地广为栽培。

【生态习性】喜温暖湿润的半阴环境。适生于肥沃、富含腐殖质、排水良好的酸性土壤，pH 值以 4.0 ~ 5.0 为宜，不耐盐碱；土壤酸碱度对花色有很大影响，酸性时花呈蓝色，碱性时花呈红色。

【繁殖】通常采用扦插、压条和分株进行繁殖，其中以扦插法最为常用。

（1）扦插。硬枝扦插可在 3 月上旬以前植株尚未萌芽时进行，此时切取枝梢 2 ~ 3 节进行温室盆插。也可在发芽后到 7 月新芽停止生长前进行嫩枝扦插，此时切取萌发的新梢，扦插于素沙中，遮阴，保持插床和空气湿润，在 18 ~ 25℃的条件下 10 ~ 20 天即可生根。扦插成活后，第二年即可开花。

（2）分株。宜在早春 3 月萌芽前进行，将带根的萌枝从母株上切下另行栽植即可。

（3）压条。在生长季节内进行，将靠近地面的健壮枝条直接压入土中，如果温度适宜 1 个月左右即可生根，然后在压条部位以下剪断，即可上盆或露地栽植。

【栽培管理】以盆栽为例加以介绍。

（1）培养土的配制。八仙花喜疏松、肥沃、排水良好的土壤，通常用腐叶土、园土、有机肥按 4 ∶ 4 ∶ 2 比例配制，规模生产时宜用草炭、珍珠岩、有机肥按 6 ∶ 2 ∶ 2 比例配制，上盆前应对培养土彻底消毒。

（2）施肥。八仙花喜肥，生长期间，一般每半个月施一次腐熟的稀薄饼肥水。生长前期以施氮肥为主，花芽分化和花蕾形成期施磷钾肥多一些，亦可叶面喷施 0.1% ~ 0.2%的磷酸二氢钾 2 ~ 3 次，花蕾透色后停止施肥。

（3）浇水。八仙花叶片大，需水量大，生长期间要保持盆土湿润，但浇水不宜过多，防止受涝引起烂根。夏季气温高，光线强，应结合遮阴每天向叶面喷水 2 ~ 3 次，增加空气湿度，降低温度；晚秋季节要逐渐减少浇水量，使枝条生长健壮，温室越冬可视植株生长状况掌握浇水，以盆土稍干为好。

（4）温度和光照。八仙花不耐高温，要求温度在 15 ~ 25℃之间，高温会使植株矮小花色淡化，降低品质。花蕾现色后，温度保持在 10 ~ 12℃，以提高花色，并起到保鲜的作用。八仙花耐阴，阳光直射会造成日灼，因此需遮阴。通常生长期需遮光 60%，花序透色后也要适当遮光，以免花色变淡，失去光彩。

（5）整形修剪。为使盆栽的八仙花冠形优美，多开花，就要对植株进行修剪，及时修剪疏除过密枝、病枯枝、重叠枝，促使枝条健壮，以获得良好的株型。一般在幼苗长至 10cm 时，作摘心处理，使腋芽萌发，选留萌发后的 4 个中上部新枝，将其余的腋芽摘除。当新枝长至 10cm 时，再进行第二次摘心，这样可控制长势，促使多花。花后应将老枝短截，保留 2 ~ 3 个芽即可。秋后应剪去新梢顶部，使枝条停止生长，以利越冬。

【园林应用】八仙花花大色美，耐阴性较强，是极好的观赏花卉。园林中可配置于稀疏的树荫下及林荫道旁，片植于荫向山坡。盆栽则常作室内布置，是窗台绿化和家庭养花的好材料。

14.2.8　蜡梅

【学名】*Chimonanthus praecox*

【别名】腊梅、黄梅花、香梅、香木、腊木

【科属】蜡梅科蜡梅属

【形态特征】落叶灌木，高达 3m；幼枝四方形，老枝近圆柱形，灰褐色，无毛或被疏微毛，有皮孔；叶纸质至近革质，椭圆状卵形至长圆状披针形，长 7 ~ 15cm，宽 2 ~ 8cm，顶端急尖至渐尖，基部广楔形或圆形，叶表有硬毛，叶背光滑；花单生，径约 2.5cm；花被外轮蜡黄色，中轮有紫色条纹，浓香；果托坛状，小瘦果种子状；花期 12 月至翌年 3 月，果熟期 8 月（见图 14–8）。

图 14–8　蜡梅

【品种与类型】常见 4 种变种：即素心蜡梅、罄口蜡梅、狗牙蜡梅、小花蜡梅。

（1）素心蜡梅（var.*concolor*），内外轮花被片均为黄色，瓣端圆钝或微尖，盛开时反卷，香味浓。

（2）罄口蜡梅（var.*grandiflora*），叶较宽大，长达 20cm，花也较大，径 3 ~ 3.5cm，外轮花被片淡黄，内轮花被片有浓红紫色边缘和条纹，杳味浓。

（3）狗牙蜡梅（var.*intermedius*），叶比原种狭长而尖，花较小，淡黄色，花被片基部有紫褐色斑纹，香味淡，花瓣尖似狗牙。

（4）小花蜡梅（var.*parviflorus*），花特小，径约 0.9cm，外轮花被片黄白色，内轮有浓红紫色条纹，香味浓。

【产地及分布】原产于中国中部，湖北、陕西、河南、安徽、四川等省均有分布，现在各地均有栽培。人工栽培以河南鄢陵县的蜡梅最为著名。

【生态习性】蜡梅性喜阳光，亦耐半阴，耐寒，耐旱，怕风，忌水湿，喜生于土层深厚、肥沃、疏松、排水良好的中性或微酸性沙质壤土上，在盐碱地上生长不良。

【繁殖】蜡梅的繁殖可用播种、分株、扦插、压条、嫁接等方法，生产上主要采用嫁接繁殖种苗。

（1）播种。可在 7 ~ 8 月果实成熟后取出种子随采随播，也可晾干后沙藏或干藏，等到第二年春天播种。播种前用冷水浸泡种子 24 ~ 48h，播后约 2 个月左右出苗。播种苗一般做砧木来使用。

（2）分株。在冬季落叶后至春季萌芽前进行，以 3 ~ 4 月成活率最高。方法是将丛生植株母株根际周围的土挖去，用锋利的刀剪开或切开其中带根的一部分，对枝干进行长度缩减后另行栽种。

（3）嫁接。嫁接是蜡梅最常用的繁殖方法，有切接、靠接、芽接等多种方法，一般以狗牙蜡梅做砧木，素心

蜡梅、虎蹄蜡梅等优良品种做接穗。切接在 2 ~ 3 月其新芽刚刚萌动时进行，以新芽萌发到麦粒大小（约 0.5cm）时为最佳时机，其时间很短，适合切接的时间仅 7 ~ 10 天，接穗选 1 年生枝条，砧木选粗 1 ~ 1.5cm 为佳。靠接在春夏两季均可进行，以 5 月最佳。另外，蜡梅还可在 7 ~ 8 月进行芽接。

【栽培管理】移植蜡梅，宜在秋、冬落叶后至春季发芽前进行，大苗要带土球。种植深度与原地相同。在管理中要掌握下列 3 条。

（1）施肥。蜡梅喜肥，每年的花谢后可在离植株 20cm 处，呈辐射状开沟施一次充分腐熟的有机肥，以补充开花所消耗的养分，并促进展叶。春季新叶萌发后至 6 月的生长季节，每 10 ~ 15 天施一次腐熟的饼肥水，以促发春梢，多形成开花枝。7 ~ 8 月的伏天正是花芽的分化期和新根生长旺盛期，可追施有机肥及磷钾肥，促使多形成花芽。每次施肥后都要及时浇水、松土，以保持土壤疏松，利于根系的生长发育。

（2）浇水。蜡梅耐旱怕涝，花谚中有“旱不死的蜡梅”的说法，水大会造成烂根、落叶、花芽减少，因此平时浇水要适当，做到“不干不浇，浇则浇透”。雨季注意排水，防止土壤积水。

（3）修剪。蜡梅萌发力强，耐修剪，其修剪时间多在 3 ~ 6 月进行，7 月以后则停止修剪。如果不适期修剪，则易抽生很多徒长枝，消耗过多的养分，导致花芽分化不良，影响开花。

【园林应用】蜡梅花开于寒月早春，花黄如蜡，清香四溢，为冬季观赏之佳品，是我国特有的珍贵观赏花木。一般以孤植、对植、丛植、群植等方式配置于园林与建筑物的入口处两侧和厅前、亭周、窗前屋后、墙隅等处；作为盆花、桩景和瓶花亦具特色；此外，蜡梅也可用作切花材料；蜡梅的花可提取香精，花烘制后为名贵药材，有解暑生津之效。

14.2.9 叶子花

【学名】*Bougainvillea spectabilis*

【别名】毛宝巾、九重葛、三角花

图 14-9 叶子花

【科属】紫茉莉科叶子花属

【形态特征】藤状灌木。枝、叶密生柔毛；刺腋生、下弯。叶片椭圆形或卵形，基部圆形，有柄。花序腋生或顶生；苞片椭圆状卵形，基部圆形至心形，暗红色或淡紫红色；花被管狭筒形，绿色，密被柔毛，顶端 5 ~ 6 裂；雄蕊通常 8 枚；子房具柄。花期冬春间（见图 14-9）。

【品种与类型】常见的园艺变种有以下几种。

（1）砖红叶子花（var.*lateritia*），苞片为砖红色。

（2）深红叶子花（var.*crimson*），苞片为有光泽的深红色。

【产地及分布】叶子花原产于巴西，现中国各地均有栽培。

【生态习性】喜温暖湿润、光照充足、通风良好的环境。不耐寒，宜在 10℃以上越冬；对土壤要求不严，以疏松肥沃、富含有机质的弱酸性沙壤土为好；性强健，耐修剪，忌积水。

【繁殖】叶子花以扦插繁殖为主，在 5 ~ 6 月选择生长健壮的一年生充实枝条，剪成 10cm 左右，保留上部叶片，剪去下部叶片，插入素砂中，遮阴、保湿，在 20 ~ 25℃条件下一个月左右生根，经过 2 年培育，可以开花。对于那些扦插不易生根的品种，可用嫁接法或空中压条法繁殖。

【栽培管理】叶子花在南方暖地常作露地栽培，在北方地区则作温室盆栽，现以盆栽为例加以介绍。

（1）培养土的配制。叶子花对土壤要求不严，但怕积水，不耐涝，因此必须选择疏松、排水良好的培养土，一般可选用腐殖土 4 份、园土 4 份、沙 2 份配制的培养土。

（2）浇水。春秋两季应每天浇水 1 次，夏季可每天早晚各浇水 1 次，冬季温度较低，植株处于休眠状态，应控制浇水，以保持盆土呈湿润状态为宜。生长季节适当控制水分，可促其花芽分化。梅雨季节要防积水以免植株烂根死亡。

（3）施肥。叶子花喜肥，春季换盆时，施足基肥，基肥可用腐熟鸡粪干或饼肥。生长旺盛期，每隔 7 ~ 10 天施腐熟饼肥水，以加速花芽分化。当叶腋出现花蕾时，多施磷钾肥。每次开花后都要加施追肥 1 次，这样可使叶子花在开花期不断得到养分补充。

（4）修剪。叶子花生长期新枝生长很快，易造成树形不美、枝条繁乱，应及时清理整形，及时短截或疏剪过密的内膛枝、枯枝、老枝、病枝，促生更多的茁壮枝条，以保证开花繁盛。每次开花后，要及时清除残花，以减少养分消耗。

【园林应用】叶子花色彩鲜艳，花形独特，且花量大、花期长，宜庭园种植或盆栽观赏。在华南地区庭院栽植可用于花架、拱门或高墙覆盖，形成立体花卉，盛花时期形成一片艳丽。北方作为盆花主要供冬季观花。老蔸可培育成桩景，苍劲艳丽，观赏价值尤高。

14.2.10 米兰

【学名】*Aglaia odorata*

【别名】树兰、米仔兰

【科属】楝科米仔兰属

【形态特征】常绿灌木或小乔木。多分枝，高 4 ~ 7m。顶芽、小枝先端常被褐色星形盾状鳞；奇数羽状复叶，叶轴有窄翅，小叶 3 ~ 5 枚，有光泽，倒卵形至长椭圆形，先端钝，基部楔形，全缘；圆锥花序腋生，长达 10cm；花黄色，形似小米，极香；夏秋开花；浆果卵形或球形（见图 14-10）。

图 14-10　米兰

【品种与类型】同属作观赏栽培的还有四季米兰（A.duperreana）四季开花，夏季开花最盛；大叶米兰（A.elliptifolia）常绿大灌木或小乔木，嫩枝常被褐色星状鳞片，叶较大，种子上有白色肉质假种皮；台湾米兰（A.taiwaniana），常绿小乔木，圆锥花序顶生或近于枝端叶腋，产于中国台湾省。

【产地及分布】原产中国南部及东南亚一带，现广泛种植于世界热带及亚热带地区。

【生态习性】喜温暖湿润和阳光充足环境，不耐寒，稍耐阴，土壤以疏松、肥沃的微酸性土壤为宜；生长适温为 20 ~ 25℃，对低温十分敏感，短时间的零下低温，就能造成整株死亡，冬季在室内越冬，温度不能低于 5℃。

【繁殖】采用扦插和高空压条法繁殖。

扦插可在 6 ~ 8 月进行，剪取顶端嫩枝，插穗长 10cm 左右，保留上端 2 ~ 3 片叶，其他叶子全部去除，以减少水分蒸发，削平切口，扦插基质可用河沙、珍珠岩、泥炭、蛭石等，扦插时，可先用竹筷在基质上打洞，间距 5cm 左右，然后将插穗插入洞中，深度约为插穗的 1/3，扦插完毕，浇透水，遮阴，保湿，在 25 ~ 28℃条件下约需 50 ~ 60 天即可生根。

高空压条宜在 5 ~ 8 月间选 1 ~ 2 年生健壮枝条进行环状剥皮，待伤口稍干再用苔藓或湿土、蛭石包裹，外用塑料薄膜上下扎紧，约 2 ~ 3 个月生根后即可剪下上盆，采用此法成活率高，成苗开花较快。

【栽培管理】米兰以盆栽为例加以介绍。

（1）培养土的配制。米兰喜湿润肥沃、疏松的壤土或砂壤土，以略呈酸性为宜。在配制培养土时，采用泥炭土 2 份，加沙 1 份，或者选用肥沃园土 2 份、堆肥土 2 份、沙 1 份，混合配制。

（2）浇水。浇水的原则是“见干见湿”，根据气候干湿情况，既要保持盆土湿润又不能长期水分过多。夏季气温高、蒸发量大，浇水量宜稍大；开花期浇水量要适当减少，以免引起落蕾；秋后天气转凉，生长缓慢，应控制浇水量。维持较高的空气湿度对米兰生长有利，在干旱和生长旺盛期，最好每天叶面喷水 1 ~ 2 次。

（3）施肥。米兰枝叶繁茂，生长期中不断抽生新枝，形成花穗，因此需肥量较大，春季开始生长后，就应及时追肥，追肥以腐熟的饼肥或麻酱渣水为好，米兰不能忍受浓肥，应掌握薄肥勤施的原则，追肥宜 7 ~ 10 天施一次，在肥水中亦应增加适量的过磷酸钙。10 月中下旬停止施肥，让新枝老练成熟，以利越冬。

（4）防寒越冬。根据米兰对温度的要求，越冬期间，室温保持在 10 ~ 12℃为宜，室温过高容易引起继续生长，对第二年生长发育不利，但温度过低，降到 5℃以下时，容易引起冻害。来年开春，要等气温稳定后才能搬到室外，以免春寒冻死植株。

（5）整形修剪。从小苗开始就要进行整形，保留 15 ~ 20cm 高的一段主干，不要让主枝从地面丛生而出，而要在 15cm 高的主干以上分杈修剪，以使株姿丰满。在每年春季移出室外时，要对米兰进行 1 次修剪，剪去枯枝、病虫枝和细弱的过密枝，以加强通风透光，并让养分集中在留下的枝条，促进植株之间的平衡与开花。生长期内一般不需要修剪，只是在树势不平衡时，将突出树冠的枝条进行短截。倘若生长期必须修剪，则应在每次开花后一周内进行。

【园林应用】米兰枝叶繁茂，花香馥郁，花期特长，宜盆栽布置于客厅、书房、门廊及阳台等处；暖地可在公园、庭院中栽植；花可供窨茶或提取香精；木材可供雕刻、制作家具等。

14.2.11 其他常见木本花卉

其他常见木本花卉种类见表 14-1。

表 14-1　　其他常见木本花卉种类

名称	学名	科属	观赏特征	习性	园林应用
桂花	*Osmanthus fragrans*	木犀科木犀属	叶常绿，花芳香	喜光，稍耐阴，喜温暖和通风良好的环境，具一定耐寒能力	作为园景树，可孤植、对植或成片栽植
广玉兰	*Magnolia grandiflora*	木兰科木兰属	叶常绿，花大而香，树姿雄伟	喜阳光，亦耐阴，喜温暖湿润气候，较耐寒	宜孤植或群植，公园、游园多有应用
樱花	*Prunus serrulata*	蔷薇科梅属	花色鲜艳亮丽，枝叶繁茂	喜阳光，温暖湿润的气候环境，具一定耐寒能力	可群植成林，也可作小路行道树、制作盆景等
木槿	*Hibiscus syriacus*	锦葵科木槿属	花期长，花朵硕大	适应性强。喜阳光亦耐半阴，耐寒，耐干旱	可丛植或单植于庭院、道旁，或作花篱、绿篱
茉莉	*Jasminum sambac*	木犀科茉莉属	叶色翠绿，花朵洁白，香气浓郁	喜温暖湿润气候，喜光，稍耐阴，不耐寒	宜作花篱，或盆栽观赏
栀子	*Gardenia jasminoides*	茜草科栀子属	枝叶繁茂，四季常绿，花芳香素雅	喜温暖湿润、光照充足的环境，忌强光暴晒，稍耐寒。典型的酸性土花卉	可成片丛植或配植于林缘、路旁或作花篱，盆栽观赏
白兰	*Michelia alba*	木兰科含笑属	花洁白清香、花期长	喜光照充足、暖热多湿气候，喜微酸性土壤，忌积水	园林中可孤植、散植或于道路两侧作行道树。北方作盆栽观赏
变叶木	*Codiaeum variegatum*	大戟科变叶木属	叶色千变万化，五彩缤纷	喜高温、高湿和阳光充足的环境，不耐寒	华南地区多用于公园、绿地和庭园美化，长江流域及以北地区作盆栽观赏

续表

名称	学名	科属	观赏特征	习性	园林应用
紫薇	*Lagerstroemia indica*	千屈菜科紫薇属	树姿优美、树干光滑、花色艳丽、花期长	性喜光，稍耐阴，喜温暖气候，耐寒性不强，耐旱，忌涝	园林中可孤植或丛植于林缘、草坪等处。又可作盆景观赏
紫荆	*Cercis chinensis*	豆科紫荆属	先花后叶、花朵繁多	性喜光，有一定耐寒性。萌蘖性强，耐修剪	宜丛植于建筑物前及草坪边缘

思考题

1. 木本花卉的定义是什么，有何特性？
2. 木本花卉在园林中有何应用？
3. 简述牡丹的繁殖和栽培技术。
4. 叙述梅花盆栽管理要点。
5. 如何进行月季的切花栽培？
6. 盆栽山茶时，需要注意哪些环节？

本章参考文献

[1] 北京林业大学园林系花卉教研组．花卉学［M］．北京：中国林业出版社，1988.

[2] 鲁涤非．花卉学［M］．北京：中国农业出版社，1998.

[3] 陈发棣，郭维明．观赏园艺学［M］．北京：中国农业出版社，2009.

[4] 孙可群，等．花卉及观赏树木栽培手册［M］．北京：中国林业出版社，1985.

[5] 傅玉兰．花卉学［M］．北京：中国农业出版社，2001.

[6] 刘会超，王进涛，武荣花．花卉学［M］．北京：中国农业出版社，2006.

[7] 陈有民．园林树木学［M］．北京：中国林业出版社，1990.

[8] 中国科学院中国植物志编辑委员会．中国植物志［M］．北京：科学出版社，1978.

[9] 楼炉焕．观赏树木学［M］．北京：中国农业出版社，2000.

本章相关资源链接网站

1. 花卉图片信息网 http：//www.fpcn.net/Default.html
2. 中国花卉网 http：//www.china-flower.com
3. 中国植物志 http：//frps.eflora.cn
4. 踏花行花卉论坛 http：//www.tahua.net
5. 园林在线 http：//www.lvhua.com
6. 海峡花卉网 http：//www.85151.com/index.php
7. 浴花谷花卉网 http：//www.yuhuagu.com
8. 中国花卉协会 http：//hhxh.forestry.gov.cn
9. 园林景观网 http：//gardens.liwai.com/index.htm

附　录

第6章　一、二年生花卉

图6-1　矮牵牛　图6-2　一串红　图6-3　鸡冠花　图6-4　金盏菊　图6-5　三色堇

图6-6　凤仙花　图6-7　万寿菊　图6-8　百日草　图6-9　石竹　图6-10　羽衣甘蓝

图6-11　彩叶草　图6-12　毛地黄　图6-13　雏菊　图6-14　欧洲报春　图6-15　半支莲

图6-16　五色苋　图6-17　虞美人　图6-18　金鱼草　图6-19　翠菊　图6-20　波斯菊

图6-21　风铃草　图6-22　瓜叶菊　图6-23　千日红　图6-24　美女樱　图6-25　福禄考

第7章 宿 根 花 卉

图 7-1 菊花

图 7-2 芍药

图 7-3 鸢尾

图 7-4 萱草

图 7-5 香石竹

图 7-6 非洲菊

图 7-7 红掌

图 7-8 君子兰

图 7-9 耧斗菜

图 7-11 铁线莲

图 7-12 宿根福禄考

图 7-13 松果菊

图 7-14 天竺葵

图 7-15 文竹

图 7-16 羽扇豆

图 7-17 荷包牡丹

第8章 球 根 花 卉

图 8-1 百合

图 8-2 唐菖蒲

图 8-3 郁金香

图 8-4 水仙

图 8-5 大花美人蕉

图 8-6　大丽花

图 8-7　仙客来

图 8-8　石蒜

图 8-9　风信子

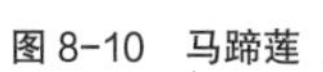

图 8-10　马蹄莲

图 8-11　朱顶红

图 8-12　球根秋海棠

图 8-13　花毛茛

第9章　水　生　花　卉

图 9-1　荷花

图 9-2　睡莲

图 9-3　千屈菜

图 9-4　王莲

图 9-5　萍蓬莲

图 9-6　凤眼莲

图 9-7　香蒲

图 9-8　再力花

图 9-9　菖蒲

图 9-10　金鱼藻

第10章 室内观叶植物

图 10-1 散尾葵

图 10-2 棕竹

小叶绿萝

绿萝

图 10-3 绿萝

图 10-4 白鹤芋

图 10-5 龟背竹

图 10-6 海芋

图 10-7 绿帝王

红宝石喜林芋

绿宝石喜林芋

图 10-8 红宝石

图 10-9 广东万年青

图 10-10 花叶万年青

图 10-11 金钱树

图 10-12 莺歌凤梨

图 10-13 火炬凤梨

图 10-14 空气凤梨

图 10-15 彩叶凤梨

图 10-16 天鹅绒竹芋

图 10-17 孔雀竹芋

图 10-18 苹果竹芋

图 10-19　铁线蕨

图 10-20　鸟巢蕨

图 10-21　肾蕨

图 10-22　巴西铁

图 10-23　彩叶朱蕉

图 10-24　吊兰

图 10-25　橡皮树

图 10-26　榕树

图 10-27　变叶木

图 10-28　发财树

图 10-29　肉桂

图 10-30　福禄桐

图 10-31　椒草

图 10-32　金边虎尾兰

大火焰网纹草

紫安妮网纹草

图 10-33　网纹草

第11章　兰 科 花 卉

图 11-1　春兰

图 11-2　蕙兰

图 11-3　建兰

图 11-4　墨兰

图 11-5　寒兰

图 11-6　大花蕙兰

图 11-7　蝴蝶兰

图 11-8　石斛兰

图 11-9　卡特兰

图 11-10　兜兰

图 11-11　文心兰

图 11-12　万代兰

第12章　地　被　植　物

图 12-1　二月兰

图 12-2　蛇莓

图 12-3　阔叶马齿苋

图 12-4　莓叶委陵菜

图 12-5　白花三叶草

图 12-6　白屈菜

图 12-7　百里香

图 12-8　狼尾草

图 12-9　玉带草

图 12-10　金叶过路黄

图 12-11　蓝羊茅

图 12-12　玉簪

图 12-13　麦冬

图 12-14　垂盆草

图 12-15　八角金盘

图 12-16　花叶络石

图 12-17　扶芳藤

图 12-18　常春藤

图 12-19　铺地柏

图 12-20　冬青

图 12-21　紫叶小檗

图 12-22　金叶女贞

图 12-23　阔叶箬竹

图 12-24　十大功劳

图 12-25　火棘

图 12-26　平枝荀子

图 12-27　富贵草

第 13 章　仙人掌类与多浆植物

图 13-1　金琥

图 13-2　仙人掌

图 13-3　蟹爪兰

图 13-4　长寿花

图 13-5　库拉索芦荟

图 13-6　不夜城芦荟

图 13-7　翠花掌

图 13-8　条纹十二卷

图 13-9　绿玉扇

图 13-10　露草

图 13-11　令箭荷花

图 13-12　昙花

图 13-13　石莲花

图 13-14　松鼠尾

图 13-15　虎刺梅

图 13-16　生石花

第14章　木　本　花　卉

图 14-1　牡丹

图 14-2　梅花

图 14-3　月季

图 14-4　山茶

图 14-5　杜鹃

图 14-6　一品红

图 14-7　八仙花

图 14-8　蜡梅

图 14-9　叶子花

图 14-10　米兰